矿区生态环境修复丛书

固废基环境功能材料

侯浩波 等 著

科学出版社
龍門書局

北京

内 容 简 介

本书针对我国日趋严峻的土壤污染问题，基于作者多年的研究成果，系统地介绍基于低品位工业废渣的固废基环境功能材料。全书共 6 章，分别为固废基环境功能材料的构建、固废基环境功能材料的常温制备、淤污泥绿色改性技术体系的构建、边界集料常温固化技术、尾矿胶结充填技术、重金属污染土壤靶向修复技术。

本书可供从事土壤污染防治与生态修复、大宗工业固体废物无害化处理与资源化利用的科研人员、工程技术人员使用，也可作为高校和科研院所研究生的教材和参考书。

图书在版编目（CIP）数据

固废基环境功能材料/侯浩波等著. —北京：龙门书局，2021.6

（矿区生态环境修复丛书）

国家出版基金项目

ISBN 978-7-5088-6027-5

I. ①固… II. ①侯… III. ①固体废物利用-功能材料-研究 IV. ①TB39

中国版本图书馆 CIP 数据核字（2021）第 110605 号

责任编辑：李建峰 刘 畅/责任校对：高 嵘

责任印制：彭 超/封面设计：苏 波

科 学 出 版 社
龍 門 書 局 出版

北京东黄城根北街 16 号

邮政编码：100717

http://www.sciencep.com

武汉精一佳印刷有限公司印刷

科学出版社发行 各地新华书店经销

*

开本：787×1092 1/16

2021 年 6 月第 一 版 印张：23

2021 年 6 月第一次印刷 字数：550 000

定价：278.00 元

（如有印装质量问题，我社负责调换）

“矿区生态环境修复丛书”

编　委　会

顾问专家

傅伯杰　彭苏萍　邱冠周　张铁岗　王金南
袁　亮　武　强　顾大钊　王双明

主　编

干　勇　胡振琪　党　志

副主编

柴立元　周连碧　束文圣

编　委（按姓氏拼音排序）

陈永亨　冯春涛　侯恩科　侯浩波　黄占斌　李建中
李金天　林　海　刘　恢　卢桂宁　罗　琳　齐剑英
沈渭寿　汪云甲　夏金兰　谢水波　薛生国　杨胜香
杨志辉　余振国　赵廷宁　周　旻　周爱国　周建伟

秘　书

杨光华

《固废基环境功能材料》

撰 著 组

侯浩波	周 旻	刘数华	黄绪泉	韩 毅
王小书	董祎挈	邵 雁	汪韦兴	冯 露
曾天宇	熊 巧	李 禾	蓝际荣	陈家骜

“矿区生态环境修复丛书”序

我国是矿产大国，矿产资源丰富，已探明的矿产资源总量约占世界的12%，仅次于美国和俄罗斯，居世界第三位。新中国成立尤其是改革开放以后，经济的发展使国内矿山资源开发技术和开发需求上升，从而加快了矿山的开发速度。由于我国矿产资源开发利用总体上还比较传统粗放，土地损毁、生态破坏、环境问题仍然十分突出，矿山开采造成的生态破坏和环境污染点多、量大、面广。截至 2017 年底，全国矿产资源开发占用土地面积约 362 万公顷，有色金属矿区周边土壤和水中镉、砷、铅、汞等污染较为严重，严重影响国家粮食安全、食品安全、生态安全与人体健康。党的十八大、十九大高度重视生态文明建设，矿业产业作为国民经济的重要支柱性产业，矿产资源的合理开发与矿业转型发展成为生态文明建设的重要领域，建设绿色矿山、发展绿色矿业是加快推进矿业领域生态文明建设的重大举措和必然要求，是党中央、国务院做出的重大决策部署。习近平总书记多次对矿产开发做出重要批示，强调“坚持生态保护第一，充分尊重群众意愿”，全面落实科学发展观，做好矿产开发与生态保护工作。为了积极响应习总书记号召，更好地保护矿区环境，我国加快了矿山生态修复，并取得了较为显著的成效。截至 2017 年底，我国用于矿山地质环境治理的资金超过 1 000 亿元，累计完成治理恢复土地面积约 92 万公顷，治理率约为 28.75%。

我国矿区生态环境修复研究虽然起步较晚，但是近年来发展迅速，已经取得了许多理论创新和技术突破。特别是在近几年，修复理论、修复技术、修复实践都取得了很多重要的成果，在国际上产生了重要的影响力。目前，国内在矿区生态环境修复研究领域尚缺乏全面、系统反映学科研究全貌的理论、技术与实践科研成果的系列化著作。如能及时将该领域所取得的创新性科研成果进行系统性整理和出版，将对推进我国矿区生态环境修复的跨越式发展起到极大的促进作用，并对矿区生态修复学科的建立与发展起到十分重要的作用。矿区生态环境修复属于交叉学科，涉及管理、采矿、冶金、地质、测绘、土地、规划、水资源、环境、生态等多个领域，要做好我国矿区生态环境的修复工作离不开多学科专家的共同参与。基于此，“矿区生态环境修复丛书”汇聚了国内从事矿区生态环境修复工作的各个学科的众多专家，在编委会的统一组织和规划下，将我国矿区生态环境修复中的基础性和共性问题、法规与监管、基础原理/理论、监测与评价、规划、金属矿冶区/能源矿山/非金属矿区/砂石矿废弃地修复技术、典型实践案例等已取得的理论创新性成果和技术突破进行系统整理，综合反映了该领域的研究内容，系统化、专业化、整体性较强。本套丛书将是该领域的第一套丛书，也是该领域科学前沿和国家级科研项目成果的展示平台。

本套丛书通过科技出版与传播的实际行动来践行党的十九大报告“绿水青山就是金山银山”的理念和“节约资源和保护环境”的基本国策，其出版将具有非常重要的政治意义、理论和技术创新价值及社会价值。希望通过本套丛书的出版能够为我国矿区生态环境修复事业发挥积极的促进作用，吸引更多的人才投身到矿区修复事业中，为加快矿区受损生态环境的修复工作提供科技支撑，为我国矿区生态环境修复理论与技术在国际上全面实现领先奠定基础。

干　勇　胡振琪　党　志
柴立元　周连碧　束文圣

2020 年 4 月

序　　言

土壤资源是人类赖以生存的物质基础，也是经济社会发展不可或缺的自然资源。土壤安全是国家安全的重要组成部分，随着我国经济的飞速发展，重点行业土壤污染日益突出，尤其在资源型和经济发达区域“毒地开发”等事件频发，严重威胁我国生态环境安全与人居环境安全。

环境功能材料是指具有独特的物理、化学、生物性能，并有优良的环境净化效果的新型材料，是场地土壤修复与安全利用的核心技术之一，其重点是开发出固废基土壤污染修复材料与绿色固化剂/稳定剂，形成基于自然的固体废物材料化利用与场地修复的中国解决方案。

武汉大学是国内最早开展固体废物材料化利用与场地修复的科研单位之一，三十多年来，侯浩波教授及其研究团队通过化学、物理、材料学、矿物学、地球化学等多学科的交叉融合，对土壤修复的理论、方法及技术开展了较系统的研究。通过对液态渣（燃煤锅炉排放的固体废物）组成、结构与性能的研究，提出了液态渣化学反应活性的三层次结构模型，并将该成果应用到粉煤灰活化处理中，发明了粉煤灰基土壤固化剂；开发了土壤固化剂的生产技术并工业化应用，提出了固化粉煤灰加高贮灰场坝体“金包银”技术。

《固废基环境功能材料》一书概括了侯浩波教授及其研究团队对固体废物材料化利用与场地土壤修复系统研究的成果，该书的出版将推动我国固体废物循环利用和土壤修复等方面的研究，并对相关研究与应用具有重要的借鉴和示范意义。

中国工程院院士　　柴立元

2020年12月

前　言

地球表层是以硅铝基矿物为主的固体物质环境，地壳岩石是广义上的“硅铝酸盐体系”。我国每年排放的几十亿吨各类固体废物中，尾矿、钢渣、飞灰、污泥等工业固体废物的主要化学成分均为 SiO_2 与 Al_2O_3，来源于地壳，最终的去向也必然是回归到地球环境之中。因此人类对矿物材料的利用过程实质上是固废基矿物在地球圈层循环中的一环。

与此同时，我国土壤污染形势严峻，面积大、污染重、影响广，全国土壤污染面积达 100 万 km^2，其中有 70%是重金属污染，基于固体废物硅铝矿物在地球圈层物质循环原理，合理调控硅铝基矿物的物理化学特性，以大宗低品位工业固体废物制备环境污染修复与治理材料，是资源节约、环境友好的固体废物与土壤污染防治的新思路。

1963 年 5 月，我出生于安徽省太湖县的一个小山村中，绿水青山是我家乡的特色。1978 年党的十一届三中全会明确了党和国家的工作重心转移到经济建设上来，我的家乡也得到了发展，但工业、矿产业的兴起促使了大宗工业固体废物的产生，由于发展初期人们对固体废物认识不足，对固废处理方面的研究还在起步阶段。本科毕业后，我师从著名的材料学家袁润章教授，在原武汉工业大学攻读无机非金属材料专业硕士学位，从事固体废物材料化利用的基础研究，并发表了多篇高影响因子学术论文，也是在此时，我深刻地认识到解决固体废物的出路就是资源化利用，其核心在于材料的开发，这也为我之后三十多年的研究打下了扎实基础。

第一个十年（1988～1998 年）：1988 年，我硕士毕业后即被分配到原武汉水利电力大学环境工程教研室任教，此时正是改革开放的第 10 年，工业发展如火如荼，尤其是以粉煤灰为代表的大宗工业固体废物产量激增，受到场地制约、安全风险等多方面影响，传统采用堆存填埋方式处理固体废物已表现出了明显的弊端。因此我第一个十年重点针对粉煤灰的资源化利用开展了不懈的研究，从微观晶格层面上深入分析粉煤灰的组成、结构与性能之间的关系，并针对其特性开发新型材料，基于研究成果，与吕梁教授出版了《粉煤灰性能与利用》教材，申请了我国首个土壤固化剂发明专利“一种土壤固化剂”（专利号 CZ98113594.3）。同时我也认识到，研究不应当只停留在理论层面，需要在工程上实际应用才能体现材料本身的价值。因此，自 1997 年起，我所研发的土壤固化剂在山西神头第一发电厂固化粉煤灰加高贮灰场坝体工程、蒙古国灰坝加高工程等国内外四十余个工程项目中得到应用，并取得较好的应用效果。

第二个十年（1998～2008 年）：1998 年起，随着我国工业化进程的进一步加快，我国经济进入腾飞阶段，建筑、冶金、化工、电力等行业固体废物的堆存消纳难题也逐渐凸显，除粉煤灰外，建筑垃圾、湖底淤泥、市政污泥、尾矿等多种固体废物的处理成为该时期的热点。因此，我研究的重心逐渐转变为多种工业固体废物的无害化处理与资源化利用，基于固体废物的特点提出了同相类同相固结理论，以低品位工业废渣为主要原料开发出特种胶凝材料——S 型固化剂和 E 型改性剂，并分别应用于安全处理各类淤污泥和各类尾矿，在解决了工业废渣的消纳问题的同时，又有效解决了流态硅铝基细粒料（淤污泥、尾矿等）处理和利用问题，真正实现了固体废物循环利用。该技术成功应用于武汉市三环线道路基层施工、武汉火车站西广场淤泥质土处理工程等多项重点工程，取得了较好的应用效果。

第三个十年（2008 至今）：2005 年，时任浙江省委书记的习近平同志在浙江安吉考察时首次提出了“绿水青山就是金山银山”的科学论断。从那时起，我深刻地认识到，对于固体废物的资源化利用应该不仅仅停留在减排与消纳上，更应当让固体废物在安全环保的状态下，回归大自然。同时我也深刻理解到要做到固体废物的污染控制与环境治理，其核心是研发和设计材料和装备，因此我的工作重心转变为硅铝质环境功能材料的研发与装备的设计上。在材料开发方面，通过潜心研究我发现，固体废物亚纳米化（200～2 000 μm）后，粉体材料在弱碱环境下能够激发其化学活性。此时制备环境功能材料的原料，从高温煅烧型固体废物拓宽到非高温煅烧型固体废物（如粉煤灰、赤泥、尾矿等），再依据同相类同相固结理论，实现污染物精准控制与治理。基于以上成果，我们研究团队成功开发了固废基环境功能材料系列化产品，包括土壤固化剂、污泥改性剂、尾矿胶结剂、土壤修复剂，并参编了行业标准《软土固化剂》（CJ/T 526—2018）。在装备研发方面，我们团队通过研究开发的场地土壤原位均混装备和泥浆固液射流搅拌成套装备，在工程中广泛应用，取得了显著效果，形成了基于自然的固体废物循环利用与场地土壤修复解决方案。

经过了三十余年的不懈努力，我们基本掌握了低品位工业废渣的无害化处理技术与资源化利用方式，发表了高水平论文 200 余篇，发明专利 100 余项，培养了硕士、博士研究生近 100 人。本书是我和科研团队三十余年研究成果的系统总结，希望能为固体废物的资源化利用、环境材料的研发与技术装备的革新提供借鉴与帮助。

本书由我组织撰写，负责书稿大纲的拟定与全书校核，并全程指导各章内容的编排工作。本书分为 6 章：第 1 章由武汉大学周旻副教授、曾天宇博士后整理撰写，主要介绍环境地球化学理论指导下的固废基环境功能材料的构建、意义及作用机制；第 2 章由武汉大学刘数华教授整理撰写，主要介绍固废基亚纳米环境功能材料的常温制备机制和性能；第 3 章由安庆师范大学韩毅讲师整理撰写，主要介绍淤污泥改性机理研究及工程应用；第 4 章由武汉大学董祎挈博士后整理撰写，主要介绍边界集料常温固化技术与现场工程应用；第 5 章由三峡大学黄绪泉副教授整理撰写，主要介绍固废基胶结剂的性能及在尾矿胶结充填技术中的应用；第 6 章由北京大学深圳研究生院王小书博士后、武汉大学冯露博士后整理撰写，主要介绍阴阳离子型靶向修复材料的固化作用机理及其在工程案例中的应用。

感谢柴立元院士对本书的帮助，他提出了很中肯的修改意见和建议，并为本书撰写序言！张发文博士、柯兴博士、魏娜博士、张发文博士、朱熙博士、邵雁博士、汪韦兴博士、柯兴博士、周显博士、耿军军博士、熊巧博士、李禾博士、陈家鹜博士、蓝际荣博士、涂晋硕士、冯柳羽硕士参与了研究工作，本书引用了他们的研究成果，本书的撰写也获得他们的大力支持，在此表示衷心感谢！张炎高工、王豪杰博士、向愉唯博士在本书撰写过程中提出了宝贵意见，在此一并表示感谢！

我的研究工作一直得到科学技术部、国家民族事务委员会、湖北省科学技术厅、湖北省生态环境厅、武汉大学的科技项目资助，特向各资助单位致以诚挚的谢意！

由于笔者的水平有限，书中难免出现一些疏漏之处，敬请各位读者批评指正。

侯浩波

2020 年 12 月于武汉珞珈山

目　　录

第 1 章　固废基环境功能材料的构建

土壤作为最基本的资源之一，一直以来与人类的生存与社会的发展紧密相关。在农业生产方面，土壤作为重要组成部分，能够起到提供农耕条件、解决人们温饱问题的关键作用；在生物多样性、生态系统等生态环境治理与检测方面，土壤同样扮演着重要的角色。因此，土壤在社会经济及环境等多方面均体现其不可替代的价值，是保障人类社会生产生活及生态系统的核心要素之一。

回顾人类社会和环境保护发展历程，土壤始终是人与地球密切关系中的重要一环。土壤具有典型的规律性，以及成分分布的简单性，能够成为人类了解自然、模拟生态系统结构的基础。但在传统意识中，以土壤为代表的大地因以百万年为单位的高温高压成岩作用方式而为人类所不可及。在此背景下，基于环境地球化学理论，按照模拟土壤元素成分、矿物相形成过程和物相组成结构等基本要素的技术思路，通过对各类工业固体废物成分进行协同互补匹配，使其转化为可替代自然资源的类似地壳中已经存在的矿物组成体系的固废基环境功能材料，是对“绿水青山就是金山银山”理念的有效践行；同时也对加强土壤的研究、利用和保护，加快形成资源再生型和环境友好型的空间格局、产业结构及生活方式，具有重大的现实意义和效益。

1.1　环境地球化学理论基础

环境地球化学是基于地球化学的新兴学科，以地球环境的基本化学性质、环境质量及其对人类健康的影响为主要研究内容，参考但不局限于传统的材料、能源体系，围绕自然界中元素的循环路线，分析各类自然现象的成因与规律。主要研究内容包括：①根据自然界中各类元素的存量、占比、分布进行原生环境评价，研究人工修复和改造环境的方案及可行性；②根据对人类生命活动的影响将元素分类，归纳存在形态并分析其影响人类健康的机理；③分区块进行环境地球化学研究，探讨地方性疾病与环境的联系，总结出对人类健康有利的环境地球化学因素，为延长人类寿命的研究提供思路；④探寻在原生地球环境形成的过程中起到关键作用的环境地球化学因素及机理，研究在此过程中能量扮演怎样的角色并确定元素背景值；⑤研讨人类的存在对地球环境构成和演化方向的影响；⑥根据历史记录和元素分析对 15 万年以来地球环境的变化进行推演；⑦从物理和生物两个方向分析化学元素的全球循环；⑧研究元素在环境中的分布、转化和转移对人类农耕的影响。

环境地球化学的研究，对人类社会可持续发展影响深远。社会经济飞速发展，带来了资源耗竭、环境破坏和生态失衡等问题，导致在地球上不同区域出现了许多新的、人为的化学元素地域分异和异常，以及人与环境生命有关元素的新的不平衡，对人类健康及生存发展有严重危害。因此，研究化学元素在环境生命系统中的地域分异和平衡，有利于人类对环境问题制订具有现实意义且长远的战略目标。

1.1.1 地壳天然岩体的组成

以层状结构的硅铝酸盐为主体的地壳天然岩体，已有近46亿年的历史。地壳岩石性能稳定，包含着地质系统中最丰富的资源，从地质学上分类，它符合“硅铝酸盐体系”的广义特征。按照地质矿物学理论，与自然界中存在的其他所有物质相同，地壳是由化学元素组成的，除人造元素外，整个元素周期表的元素都在地壳中或多或少地存在。在地球的全部圈层系统元素组成中铁占34.6%，氧占29.5%，硅占15.2%，镁占12.7%，镍占2.4%，硫占1.9%，钙和铝占2.2%，其他所有元素共占1.5%。而在地壳和地幔中则是以氧、硅、铝居多。地球、地壳与其他圈层中主要的化学元素组成与分布特征见图1.1。

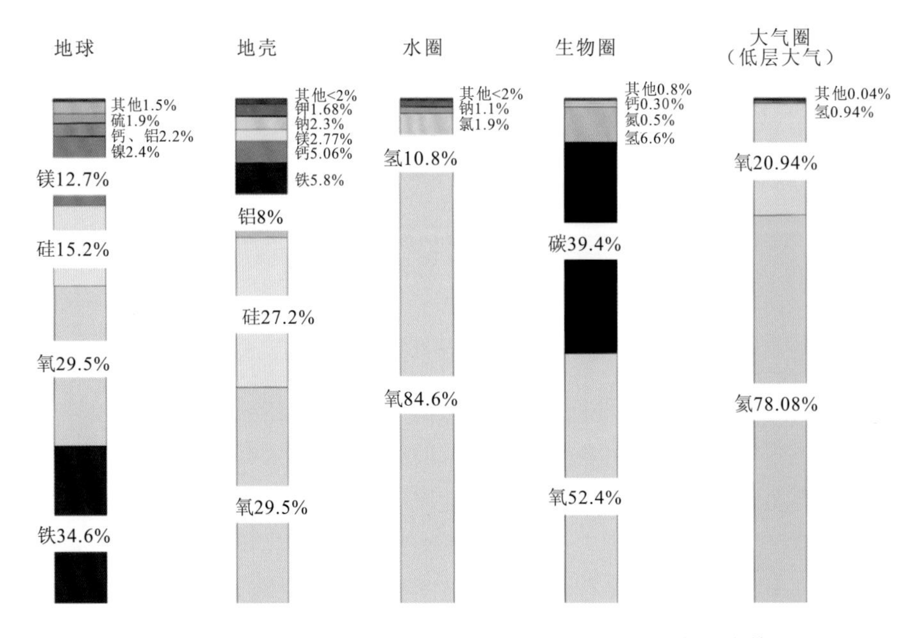

图1.1　地球、地壳与其他圈层中主要的化学元素组成与分布特征

Clarke等（1924）从大陆地壳中随机抽取了5 159份样品进行分析，利用其数据首次计算出地壳系统中主要化学元素的平均质量分数（表1.1）。

表 1.1　主要化学元素在地壳系统中的平均质量分数　（单位：%）

元素	符号	平均质量分数	元素	符号	平均质量分数
氧	O	46.05	钠	Na	2.78
硅	Si	27.88	钾	K	2.58
铝	Al	8.13	镁	Mg	2.06
铁	Fe	5.17	钛	Ti	0.62
钙	Ca	3.65	氢	H	0.14

因此，依照地质矿物学理论，地壳的主要构成部分是稳定存在了数亿年的层状硅铝酸盐体系矿物，体积占70%以上，基于硅铝基的天然矿物具有耐久稳定的物质结构和来源丰富的特点。

1.1.2　土壤圈的位置及内涵

土壤圈处于大气圈、岩石圈、水圈和生物圈之间的交互作用界面，作为枢纽联结组成地理环境的各个要素（图 1.2），有机界也通过土壤圈与无机界紧紧联系。地球表层为植物提供生长条件的部分即土壤圈，除土粒和矿物质外，其组成还包括水、空气和各类有机质及微生物，土壤圈是在气候、生物、母质、地形和年龄等多种因素复合作用下形成的自然结构，在漫长的演变进程中，人类的活动也扮演了重要的角色。换句话说，其他圈层相互作用促成了土壤圈的产生（Matson，1938）。到 20 世纪末，土壤圈有了新的定义，科学家认为土壤圈包括陆地表面和与之连接的浅水土壤，与生物膜有着较高的相似性（赵其国 等，1997）。土壤圈是最活跃的地圈，扮演着联结地表系统其他圈层的角色（Bahram，2018）。

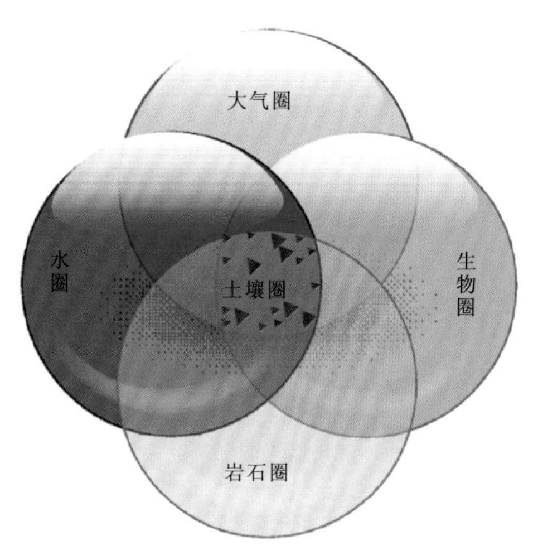

图 1.2　土壤圈和其他圈层的关系

1.1.3　土壤圈的特点及组成

在地球表层系统中，大气圈和水圈具有很强的流动能力，生物圈由复杂多样的个体组合而成，面对环境变化时有较强的调整能力，岩石圈对人类或其他动植物生命活动影响有着极强的抵抗能力，相比之下，土壤圈相对固定并对人类活动有明显反馈。

在自然环境中，土壤是运动的物质能量系统。系统内部进行着物质与能量循环，并且与环境不断进行着物质和能量的交换和转化。岩石物理和化学风化形成的矿物质质量占比超过土壤固相部分的90%，为土壤基质和环境元素提供了来源。矿物质按生成条件分为原生矿物和次生矿物两类。原生矿物是经过物理风化破碎后的岩石，主要有硅酸盐类矿物、氧化物类矿物、硫化物类矿物和磷酸盐类矿物，化学组成没有改变；次生矿物是化学风化后的原生矿物，有了新的化学成分及晶体结构。次生矿物主要以土壤黏粒形态存在，所以次生矿物有时也被称作黏土矿物。

土壤中的黏土矿物种类丰富，常见的主要有三类：一是以高岭石、蒙脱石、伊利石、绿泥石等为代表的次生层状铝硅酸盐类矿物；二是以针铁矿和褐铁矿为代表的次生氧化物类矿物；三是以石膏、白云石、方解石为代表的盐类矿物。土壤中4种典型层状硅酸盐矿物的晶体结构见图1.3。

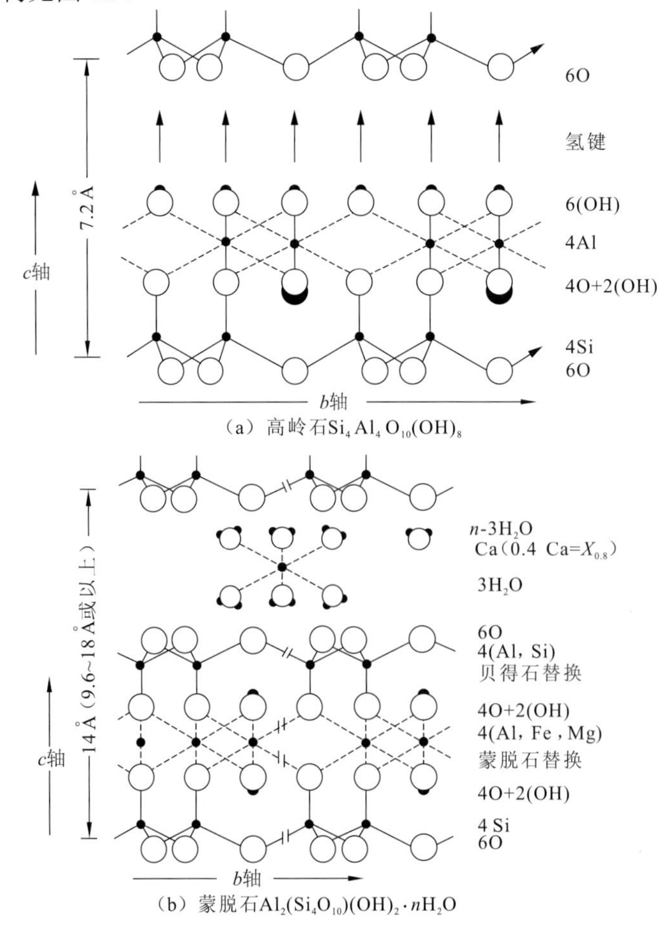

（a）高岭石$Si_4Al_4O_{10}(OH)_8$

（b）蒙脱石$Al_2(Si_4O_{10})(OH)_2\cdot nH_2O$

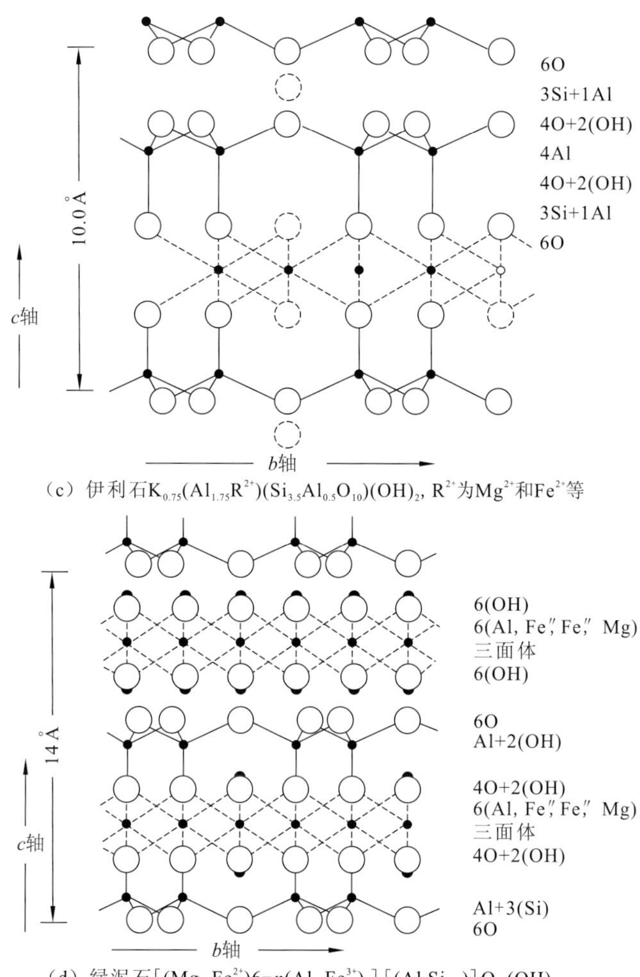

（c）伊利石$K_{0.75}(Al_{1.75}R^{2+})(Si_{3.5}Al_{0.5}O_{10})(OH)_2$，$R^{2+}$为$Mg^{2+}$和$Fe^{2+}$等

（d）绿泥石$[(Mg, Fe^{2+})6-n(Al, Fe^{3+})_n][(Al_nSi_{4-n})]O_{10}(OH)_8$

图 1.3　土壤中 4 种典型层状硅酸盐矿物的晶体结构

土壤物质主要组成元素是 O、Si、Al、Fe、Ca、Na、K、Mg 等，其质量分数高达 96%，其他元素质量分数多在千分之一甚至十亿分之一以下，属微量元素或痕量元素。南方地区某地采集的壤土类土壤中，各粒级中主要元素为 Si、Fe、Al、K、Ca 等，含量都比较接近，只是黏粒中的 Si 含量稍有下降，Fe、Al 等元素的含量有一定上升。土壤各粒级主要元素组成见表 1.2。

表 1.2　土壤各粒级主要元素组成　（单位：%）

粒级	Si	Fe	Al	K	Ca	Ti	Mg	Mn	Na	P	S
Ta	45.455 4	28.965 8	10.116 1	6.939 6	3.355 1	2.040 1	1.188 1	0.902 2	0.750 9	0.190 0	0.096 6
Tb	52.406 3	21.236	12.141 2	6.176 2	2.774	1.939 5	1.542 7	0.956 9	0.490 8	0.213 2	0.123 3
Tc	51.637 4	22.848 9	11.369 8	6.320 6	2.894 6	1.876 5	1.331 1	0.456 5	0.489 2	0.298 7	0.110 8
Td	53.933 2	21.230 7	11.289 7	6.504 3	2.775 1	2.014 1	0.984 7	—	0.908 1	0.297 2	0.062 9
Te	41.226 7	28.479 3	16.336 4	5.733	2.625 6	2.079 1	2.146 7	0.489 4	0.425 6	0.296 3	0.162 1

注：Ta 为石砾，Tb 为粗砂粒，Tc 为细砂粒，Td 为粉粒，Te 为黏粒

根据 X 射线衍射的分析结果（图 1.4），矿物相中 SiO_2 石英相占绝大部分，其他矿物有白云母、铁橄榄石、霞石、斜长石等。砂粒和粉粒的矿物相组成基本差不多，衍射峰的位置和峰强也非常接近，但黏粒的 X 射线衍射峰峰强明显下降，石英的特征峰相对其他矿物的特征峰也有下降，并有明显的黏土矿物相（蛇纹石、蒙脱石、针铁矿），由于 Fe 元素含量较高，蛇纹石长期的演变产生了含铁的蛇纹石固溶体。在粉粒和砂粒中针铁矿的衍射峰并不非常明显，但在黏土中其特征峰很明显。从土壤各粒级的理化性质可以看出，黏粒相对砂粒和粉粒，其有机质含量、阴离子交换量、游离态的 Fe 和 Al 含量、无定形的 Fe 和 Al 含量均有明显的上升。

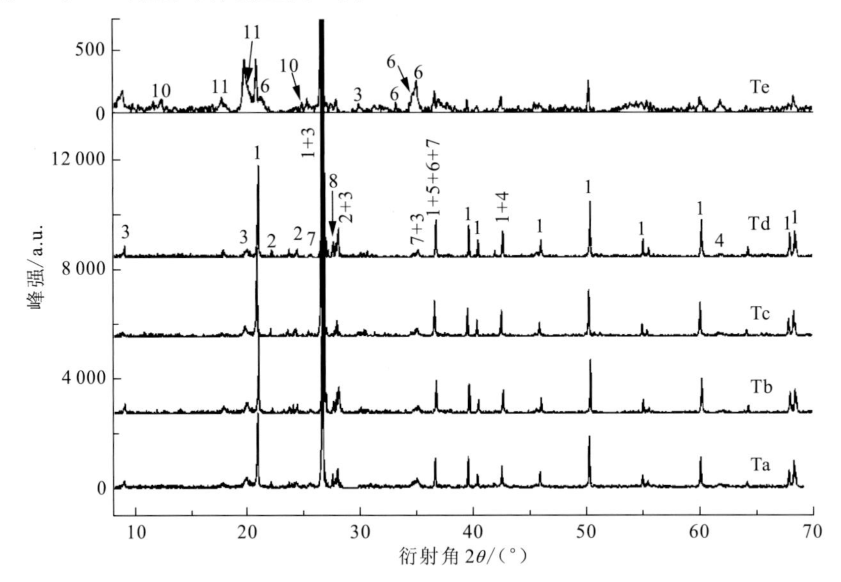

1—石英，2—微斜长石，3—钠长石，4—绿泥石，5—闪石，6—方解石，7—正长石，8—白云母，9—白云石，10—赤铁矿，11—黑云母

图 1.4　土壤各粒级 X 射线衍射图谱

1.1.4　固废基环境功能材料构建的意义

常见的固体废物，如钢渣、玻璃粉、脱硫渣、尾矿、污泥、飞灰等，除因人为添加而导致的某种组成偏高之外（如钢渣钙含量偏高是由于在冶炼过程中人为添加了氧化钙），其化学组成与地壳相似，如地壳中以 SiO_2 和 Al_2O_3 为主，其中 SiO_2 约占 60%，Al_2O_3 约占 15%，铁的氧化物占 7%，而氧化钙约占 6%，表明人类生活所在的地球表层是以硅铝质矿物为主的环境。这意味着工业固体废渣来源于地球，其最终的去向也必然是回归到地球环境之中，人类对矿物的利用过程实质上是硅铝质矿物在地球圈层内循环中的一环，而一旦这种循环被打破将产生环境问题。一方面，硅铝质矿物基的固体废物导致的污染类型为重金属污染和有机污染；另一方面，硅铝基矿物对环境污染具有净化作用，所以要顺应自然，采用固体废物为原料，开发出与天然矿物相结构类似的材料，进行环境修复。

此外，通过分析土壤圈的物质系统并进行土壤酸碱度测试，从结果来看土壤圈呈偏酸性。而以高钙体系为代表的现代无机胶凝材料中 $Ca(OH)_2$ 的质量分数均大于 60%，置放于地壳中的材料与土壤圈之间存在物质交换和能量转化。根据对蒙脱石、高岭石、伊利石三类黏土矿物绝对碱耗量的研究，设置同等试验条件下，蒙脱石碱耗量显著高于后两者。根据黏土矿物的碱耗效应可知，材料中 $Ca(OH)_2$ 等钙含量较高的碱，水化产物能够与传统黏土矿物发生化学反应，从而使反应体系中的碱度降低，当碱度降低至一定程度时，水化产物将发生分解，消耗体系中 $Ca(OH)_2$，水化产物的胶凝性能降低，材料耐久性变差。因此，以地壳中结构稳定、普遍存在并具有高致密性的矿物组成体系为模板构建固废基环境功能材料，具有一定的理论与现实意义。

著名材料科学家师昌绪院士曾提出，我国是一个材料大国，传统材料产量大、污染严重，资源能耗大，改造传统材料生产工艺，以地球丰富资源为基础研发材料体系，对缓解我国环境恶化和资源短缺具有重要意义（师昌绪，2009）。吴中伟院士也曾提出，为了保护人类赖以生存的地球，传统水泥的生产将逐渐受到限制，从而降低消耗和温室气体排放，提升质量以满足应用需求，甚至对问世 200 余年的波特兰水泥加以根本性的变革（吴中伟，1999，1998）。构建固废基环境材料正是这些思想的具体的体现。

1.2 固体废物的概念及分类

固体废物一般是指在社会的生产活动中产生的丧失原有利用价值而被丢弃的固态物质。固体废物具备二重性，废物属性具有相对性，经过技术处理与改造的固体废物可以转变为资源，不经处理的固体废物则会侵占土地资源，造成严重的生态破坏，威胁生物多样性和人类健康。固体废物不仅种类众多，而且同类固体废物的化学成分和物理性质也相差较多。固体废物的技术处理与改造也需要多种方法。因此，本书致力于研究固体废物资源化的理论和技术，实现固体废物的循环利用。

1.2.1 能源工业固体废物

1. 粉煤灰

粉煤灰是煤炭燃烧过程中产生的固体废物，主要成分是 SiO_2、Al_2O_3、CaO、MgO 等氧化物、一些有害元素（汞、铅、铜、银、镓、铟、镭、钇、镧族元素）和未燃尽炭。粉煤灰的物理性质和化学组成与煤炭成分、燃烧程度、锅炉构造和排出方式相关。国内外典型粉煤灰的化学成分见表 1.3。

表 1.3　国内外典型粉煤灰的化学成分　（单位：%）

化学成分	中国	加拿大	西班牙	美国
SiO_2	40～60	47	48.78	49.89
Al_2O_3	17～35	16.59	22.88	18.53
Fe_2O_3	2～15	20.13	6.50	8.17
CaO	1～10	8.70	14.05	10.52
MgO	0.5～2.0	3.40	4.80	2.43
Na_2O/ K_2O	0.5～4.0	1.14	1.98	1.51
TiO_2	0.5～4.0	0.61	0.92	0.83
P_2O_5	0.4～6.0	0.08	1.33	1.01
烧失量	1～26			

粉煤灰主要由无定形相和结晶相互相包裹而成。其中无定形相约占粉煤灰总量的55%～75%，无定形相中的玻璃体大多数是 SiO_2 和 Al_2O_3 的固溶体（空心微珠）。结晶相主要由莫来石、黄长石、石英、云母、赤铁矿、磁铁矿、方镁石、石灰构成。

2. 煤矸石

煤矸石主要产生于煤矿采选过程，主要由硅、铝、铁的氧化物构成，其主要成分与煤矿的地质年代、地壳运动和采选方式相关。但是，同一矿床的煤层产生的煤矸石，其化学成分波动不大。我国部分煤矿所排未燃煤矸石的化学成分见表 1.4。

表 1.4　我国部分煤矿所排未燃煤矸石的化学成分　（单位：%）

矸石来源与种类	烧失量	SiO_2	Al_2O_3	Fe_2O_3	CaO	MgO	SO_3	TiO_2	SiO_2/Al_2O_3
大同混矸	29.4	48.8	13.5	3.27	0.41	0.62	1.22	0.68	62.3
阳泉混矸	19.1	45.9	22.7	3.80	3.17	1.39	3.01	0.90	68.6
太原碳质页岩	33.4	37.6	12.6	9.02	2.03	0.81	1.71	0.72	50.2
太原泥质页岩	17.1	45.3	33.5	0.93	0.31	0.50	0.12	1.14	78.8
太原砂质页岩	15.0	55.2	21.6	4.53	1.03	0.47	—	0.77	76.8
盂县清城混矸	12.9	45.7	36.9	0.47	0.24	0.35	0.65	1.39	82.6
太原混矸	23.2	46.9	20.5	5.29	1.14	0.44	—	0.72	67.4

煤矸石主要是由黏土类和水云母类矿物组成，除此之外，还含有少量石英、碳酸钙、长石、铁白云母等。煤矸石燃烧后，碳含量降低，SiO_2 和 Al_2O_3 含量升高，与火山灰的化学成分相似。温度在 700～900 ℃时，煤矸石的矿物结晶相被分解破坏，变成无定形的非晶体，从而使其具有较高的化学活性。例如，高岭石（$Al_2O_3·2SiO_2·2H_2O$）在 500～600 ℃

会脱去层间水，破坏层间结构，形成无定形的偏高岭土（$Al_2O_3·2SiO_2$），从而具有火山灰活性。煤矸石的温度偏低时，会燃烧不完全，残留部分高岭石、水云母和赤铁矿。

3. 沸腾炉渣

沸腾炉渣（简称沸渣）主要是煤矸石或劣质煤在沸腾锅炉（流化床锅炉）燃烧排放的固体废渣，含碳量一般小于 3%。沸腾炉渣的化学成分与燃烧的煤矸石（或劣质煤）类别和燃烧温度有关，成分波动范围大。如表 1.5 所示，做混合材的灰渣成分以高铝低硅者为佳。

表 1.5　沸腾炉渣的化学成分　（单位：%）

编号	SiO_2	Al_2O_3	Fe_2O_3	CaO	MgO	烧失量
1	50.4	37.0	4.69	3.73	0.30	1.71
2	58.0	25.6	7.90	0.69	1.37	1.93
3	65.8	22.8	2.58	4.26	2.03	2.22
4	70.5	9.29	7.56	2.93	1.93	—

沸腾炉渣由于燃烧温度相对较高，煤矸石中大部分矿物会脱水导致晶格破坏，形成黏土矿物的脱水相，脱水相的组成与结构状态是影响沸腾炉渣火山灰活性的决定因素。由于两者的组成与结构不同，相应呈现最佳火山灰活性的煅烧条件也有一定差别。高岭石最佳脱水温度为 700～980 ℃，而云母类黏土矿物的最佳脱水温度为 900～1 100 ℃。煤矸石燃烧形成的炉渣的主要成分是硅酸盐黏土矿物和铝硅酸盐黏土矿物。

1.2.2　冶金工业固体废物

1. 钢渣

钢渣为炼钢副产物，产生过程中经历高温再冷却，形成类水泥熟料成分。其主要由 CaO、Fe_2O_3、SiO_2 和 Al_2O_3 等物质构成。钢渣中 Fe_2O_3 的含量远远高于水泥中的含量，但是 CaO 的含量则低于水泥中的含量。不同钢厂由于炼钢工艺及钢渣产生时间的不同，其钢渣化学成分变化较大。对同一钢厂，分不同季节取样，钢渣化学成分亦有一定幅度的变化，典型的钢渣化学成分比较见表 1.6 和图 1.5。

表 1.6　我国典型钢渣化学成分比较　（单位：%）

样品	MgO	Al_2O_3	SiO_2	P_2O_5	CaO	Fe_2O_3
样品 A	6.09	2.32	14.93	1.74	57.44	17.47
样品 B	6.28	3.59	15.50	1.45	49.84	23.34
样品 C	8.41	4.86	12.62	1.39	40.72	28.01

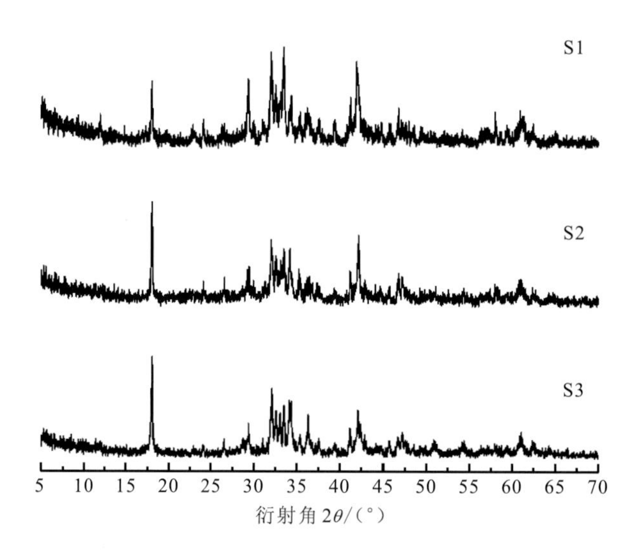

图 1.5　钢渣矿物成分 X 射线衍射分析

不同于水泥熟料，钢渣中硅、钙含量偏低，铁含量偏高。以武钢钢渣为例，钢渣中 $3CaO·SiO_2$ 含量远低于其在水泥中的含量，而铁铝酸盐含量则高于其在水泥中的含量，铝酸三钙含量亦稍微高于其在水泥中的含量。进而分析钢渣中矿物成分，主要包括：水化活性组分 β-C_2S、C_3S、$Ca_2(Al, Fe)_2O_5$ 等；惰性组分 RO 相（$MgO·2FeO$ 固溶体）、残留 FeO 等。

钢渣活性低主要是因为：①煅烧温度比较高，在 1 650 ℃左右会导致矿物晶型结构完整，活性较低；②钢渣中惰性组分含量高，可达到 30%以上；③钢渣中活性组分与惰性组分夹杂，惰性组分对活性组分的包裹阻碍了其水化活性。

2. 高炉矿渣

高炉矿渣是由铁矿原料、焦炭和助熔剂混合烧结而成，化学成分类似普通硅酸盐水泥，主要由 CaO、Al_2O_3、SiO_2 和 MgO 等构成。高炉矿渣的化学成分与矿石品级、生铁的种类有较大的关系，如表 1.7 所示。

表 1.7　高炉矿渣的化学成分组成　（单位：%）

项目	CaO	SiO_2	Al_2O_3	Fe_2O_3	MgO	SO_3	TiO_2	MnO_2	LOI
质量分数	37.68	30.46	14.95	1.12	9.90	1.95	0.72	0.27	1.44

高炉矿渣的主要成分是 $CaO-MgO-Al_2O_3-SiO_2$ 固熔体。碱性高炉矿渣矿物由黄长石、$2CaO·SiO_2$ 和少量的假硅灰石、钙长石组成。酸性高炉矿渣主要由无定形玻璃体、黄长石、假硅灰石、辉石和斜长石等组成。

矿渣的淬冷过程即由熔融态转变为玻璃态的过程。其淬冷的温度应该低到使熔体具有足够大的黏度，并使分子运动慢到不能重排成为较稳定的晶体形态。其冷却速率越快，玻璃体在一定程度上继续保持原有熔体结构特征的程度越大。玻璃态处于介稳状态，无定形玻璃相的内能比结晶相高，在转变为稳定晶相过程中，由于黏度大及动力学条件不足阻碍了转化。所以，在实际工业生产中，粒化高炉矿渣很难全部玻璃化。因此，高炉矿渣其实是玻璃相、结晶相和微晶相的混合态。

矿渣与水组成的混合浆体，在少量 $Ca(OH)_2$ 或水玻璃（激发剂）存在的情况下才能形成凝胶物质而具有水硬活性。当浆体的 pH＞13.0 时，矿渣的潜在水硬活性能被激发剂充分地激发出来。

3. 铬渣

铬渣即含铬废渣，包括铬铁矿高温焙烧水浸出铬酸钠后的残渣，以及含铬废水处理过程中产生的含铬废渣，是呈黄绿色的较坚硬的固体颗粒。铬渣成分与生产原料、工艺流程、操作条件关系较大（表1.8）。铬渣主要是由CaO、MgO、SiO_2、少量未反应完全的铬铁矿、水溶性的铬酸钠（Na_2CrO_4）和酸溶性的铬酸钙（$CaCrO_4$）组成。其中六价铬质量分数为1%～5%时，铬渣总体呈碱性。

表 1.8　铬渣的化学成分及含量　（单位：%）

样品来源	CaO	MgO	SiO_2	Fe_2O_3	Al_2O_3	Cr_2O_3 三价铬	CrO_3 六价铬
广州铬盐厂	35.00	22.00	8.00	10.00	8.00	3～4	—
锦州铁合金	24.00	23～24	3.5～5.5	5～6	5～7	3～5	0.3～0.8
绵阳剑南化工	33.53	34.12	6.52	12.02	8.48	1.65	0.4
南京铁合金	28.44	28.44	11.35	6.79	5.12	4.42	1.11
天津同生化工	32.84	25.25	18.32	11.18	2.95	5	1.69
重庆东风化工	28～35	20～29	7～12	9～13	6～9	2.0～4.5	0.8～2.5

铬渣中六价铬主要以四水铬酸钠、铬酸钙、铬铝酸钙和碱式铬酸铁的形式存在，还有部分六价铬在铁铝酸四钙、β-硅酸二钙固溶体中。

4. 赤泥

赤泥产生于铝土矿提取氧化铝的过程中，生产 1 t 氧化铝会产生约 1.5 t 的赤泥。赤泥的主要危害性为强碱性，一般 pH 为 9～13。赤泥的处理方式是坝场堆放，不仅占用大量的土地资源，还对生态环境造成极大的危害。

工业上主要使用拜耳法、烧结法和联合法生产氧化铝。高品位的铝土矿适用拜耳法，铝土矿的 Al_2O_3/SiO_2 约为 7～10，产生的赤泥主要由氧化铁、氧化铝组成。烧结法和联合法适用于中低品位的铝土矿，其 Al_2O_3/SiO_2 均为 4.5 以上，烧结法赤泥的主要物相为 $2CaO \cdot SiO_2$。我国铝土资源丰富，铝土矿的 Al_2O_3/SiO_2 平均值约为 5～6，适用于烧结法或联合法。山西、河南、贵州三大铝业主要以国内铝土矿为原料，过去采用的工艺以联合法生产工艺为主，然而随着近年来拜耳法工艺的不断发展和推广，以及我国去落后产能工作的不断推进，这些铝厂已经基本淘汰旧生产工艺，拜耳法逐渐成为主流。另外广西平果铝矿资源相对品位较高，山东铝业则主要采用进口铝土矿为原料生产，进口铝土矿主要是三水铝石型，品位很高，因此广西平果铝业和山东铝业长期以来均采用拜耳法生产工艺。不同工艺产生的赤泥的化学组分各不相同，我国不同产地及不同工艺赤泥的化学组成如表 1.9 所示。

表 1.9　我国不同产地及不同工艺赤泥的化学组成　（单位：%）

工艺	产地	SiO_2	Al_2O_3	Fe_2O_3	CaO	TiO_2	Na_2O+K_2O	灼碱
烧结法	山东	22	6	10	46	3	4	12
	山西	22	8	8	46	3	4	8
	贵州	25	8	6	38	4	4	12
联合法	郑州	20	8	8	44	8	3	8
	山西	20	9	8	45	3	3	8
国内拜耳法	广西平果	12	18	23	15	6	5	—
	山东	18	22	40	2	—	8	—
国外拜耳法	美国	12	18	40	6	10	8	—
	日本	15	18	42	—	4	8	10
平均		18	22	36	2	8	10	12

拜耳法产生的赤泥特征为高硅、高铝，而烧结法和联合法普遍表现为高硅、高钙。赤泥的矿物主要有碳酸钙、赤铁矿、β-硅酸二钙等，以及原铝土矿中没有反应的矿物。赤泥主要是由凝聚体、集粒体和团聚体组成的孔架状结构，具有较大的孔隙率和比表面积。同时，赤泥还具有高压缩性及较大的含水率（一般在 70%～95%）。

5. 锰渣

锰渣是在锰矿石生产电解锰的过程中，经酸解、中和、压滤、除杂后产生的酸浸渣、硫化渣和阳极渣的混合体。锰渣是黑色的粉末状固体废物，平均含水率为 30%左右，其浸出液 pH 为 6 左右。锰渣主要由 SiO_2、CaO、Al_2O_3、Fe_2O_3、MgO 和 MnO 组成。其中，CaO 和 SO_3 以 $CaSO_4{\cdot}nH_2O$ 形式存在，$(NH_4)_2Mn_2(SO_4)_3$ 是可溶性锰离子的主要形式，锰渣中还含有较高浓度的铬、镉、铅、砷等元素。

1.2.3　化学工业固体废物

1. 硫铁矿烧渣

硫铁矿烧渣产生于利用硫铁矿经煅烧生产硫酸的过程中。每生产 1 t 硫酸，要排放残渣 1 t 左右。全国每年排放的硫铁矿烧渣大约占化工废渣产量的 30%。硫铁矿烧渣大部分仍以堆置为主，没有进行合理利用。

从沸腾炉底部排出的是粗渣，从除尘器排出的是细渣。烧渣颗粒的粗细比大约为 7∶3，由于煅烧温度较高，排出过程中需加水降温增湿，最终排放烧渣含水率为 10%左右。

烧渣的主要成分与铁矿原料和煅烧工艺关系很大。硫铁矿烧渣成分主要是铁和硅的氧化物，还有一定量 S、Cu、Zn、Pd 等，整体呈红褐色。

2. 废石膏

废石膏主要产生于化工、电力等行业生产过程中，主要包括磷石膏、脱硫石膏和氟石膏三大类。

磷石膏产生于磷矿石与硫酸作用生产磷酸、过磷酸钙和磷胺过程中，每生产 1 t 磷酸，同时产生约 5 t 磷石膏，我国磷石膏的年排放量约 1 000 万 t。磷石膏主要由 95%～98%的二水石膏、1.0%～1.5%的 P_2O_5 和 0.3%的氟组成。

脱硫石膏产生于工业设施的烟气脱硫装置中。氧化钙与二氧化硫反应产生的脱硫石膏粒度细、杂质少，主要有二水石膏和未反应完全的碳酸钙等少量杂质。脱硫石膏的年排放量已经迅速上升到 1 000 万 t 左右。

氟石膏产生于萤石精粉与浓硫酸反应制造氢氟酸的过程中，每生产 1 t 氢氟酸产生大约 4 t 的无水氟石膏。氟石膏中主要含 80%～95%紧密堆积的无水硫酸钙和二水硫酸钙，0.5%～5.0%的氟石和 1.5%～4.0%的二氧化硅。

1.2.4　采矿工业固体废物

采矿工业固体废物主要是指在矿石的开采、浮选、冶炼和加工过程中产生的矿山废石和尾矿。这些固体废物的大量堆存，不仅占用大量宝贵的土地资源，而且存在巨大的安全隐患，如造成堆场的滑坡和泥石流等。此外，采矿工业固体废物中的重金属通过释放迁移等方式进入地表，并进一步渗入地下水，将造成严重的场地土壤及地下水污染。

1. 矿山废石

矿山废石是指在矿山开采过程中产生的脉石矿物。据统计：在采矿过程中，每开采 1 t 矿石会产生废石 2～3 t；在露天采矿过程中，每开采 1 t 矿石要剥离废石 6～8 t。可以看出，矿山开采过程中产生了大量的废石。

2. 尾矿

尾矿是选矿厂在选取矿石中“有用成分”后排放的固体废物。据《2019—2020 年度中国大宗工业固体废物综合利用产业发展报告》显示，2019 年我国尾矿总生产量约为 12.72 亿 t。其中：铁尾矿产量最大，约为 5.2 亿 t，占尾矿总产生量的 40.9%；其次为铜尾矿，产生量约为 3.25 亿 t，占 25.6%；黄金尾矿 1.98 亿 t，占 15.6%；其他有色金属尾矿产生量约为 1.19 亿 t，非金属尾矿产生量约为 1.1 亿 t。

1.2.5　建筑固体废物

建筑固体废物主要是指在工程建设过程中产生的工程渣土、废旧混凝土和废旧砖石，按照来源可分为工程渣土、装修垃圾、拆迁垃圾、工程泥浆等。随着工业化、城市化的快速发展，建筑行业产生的固体废物也逐渐增多。目前，我国建筑固体废物的产生量已占城市垃圾总量的 1/3 以上。

不妥善处理建筑固体废物会造成诸多危害：①侵占大量土地，如大型工程建设期间，每年需要增加建筑垃圾堆放用地，用于消纳原有建筑的拆除及新工地的建设垃圾，对城市造成不小的土地压力；②严重污染环境，建筑固体废物中含有大量的重金属，重金属的释放会污染土壤甚至地下水，对周边居民的生命健康造成潜在的威胁；③破坏土壤结构、造成地表沉降，我国建筑垃圾主要是以垃圾填埋 8 m 后加埋 2 m 土层的方式将其填埋，压实不紧密的填埋区域会造成地表的沉降和下陷，进而留下安全隐患。

1.2.6　其他固体废物

1. 淤泥

淤泥是在水体中经物理化学和生物化学作用形成的沉积物。我国的河流湖泊众多，淤泥污染严重，主要是由于淤泥的含水率高、强度低，且含有病原菌、重金属和有毒有害难降解有机物等有害成分，因此必须对其进行安全处置。2015 年 4 月国务院发布实施《水污染防治行动计划》（简称“水十条”）以来，我国在全国范围内广泛开展了以消除黑臭水体为主要目标的水环境综合治理工程，取得了显著的成效。

2. 生活垃圾

生活垃圾是指在日常生活中或者为日常生活提供服务的活动中产生的固体废物。近些年，随着经济的快速发展，城市生活垃圾产量激增，与此同时，城市生活垃圾分类、回收的处理能力相对滞后，因而造成“垃圾围城”的困境，严重影响城市的环境与社会稳定。2011 年 4 月底，国务院发布《国务院批转住房城乡建设部等部门关于进一步加强城市生活垃圾处理工作意见的通知》（国发〔2011〕9 号）指出，各地区、各有关部门要全面落实各项政策措施，推进城市生活垃圾处理工作。该意见进一步指出，到 2030 年，全面实行生活垃圾分类收集和处置，生活垃圾基本实现无害化处理。2017 年 3 月 30 日，国务院办公厅发布《国务院办公厅关于转发国家发展改革委住房城乡建设部生活垃圾分类制度实施方案的通知》（国办发〔2017〕26 号），提出 2020 年度生活垃圾的回收利用要达到 35%，对 46 座重点城市实施生活垃圾强制分类。

1.3 固体废物的活化方法及活化机制

无机非金属材料的化学反应活性或潜在反应活性主要取决于其结构的稳定性，一般而言，微观结构杂乱无序、呈无定形状态或晶格缺陷较多的材料，会在宏观上表现出较高的化学反应活性或潜在反应活性。广义上来说，固体废物的活性是指其化学反应能力的大小，但在胶凝材料的制备方面，一般则是指其在碱性溶液中或碱激发的条件下与其他物质或自身转化生成胶凝性组分的能力，这些碱或碱溶液可以是石灰、NaOH 等高碱度物质产生的。由组成来看，在固体废物中，Al_2O_3 和 SiO_2 作为两种重要的组成成分，其在一定条件下能够受到碱性物质的激发作用而发生结构改变，从而为固体废物构建环境修复胶凝材料提供有利条件。

1.3.1 固体废物的活化方法

固体废物活性激发的方法主要有以下 4 种。

（1）热活化。热活化是对固体物质进行煅烧的过程，使其矿物相发生极大变化，从而激发其潜在的化学反应活性。热活化的方法包括直接煅烧和微波辐照，固体废物热活化后化学反应活性主要与活化过程中的煅烧温度、加热时间、冷却方式、气氛制度（通氧情况）、物料形态、通风情况等条件有关。

（2）物理活化。常用的物理活化为机械活化，即向固体物质施加高能机械力，使反应体系中内能增大。物质发生晶格结构畸变，从而产生局部微观结构的改变，增强固体物质的反应活性。从高效与低能耗角度出发，固体物质的机械活化需要解决三个问题：①细度与活性之间的关系问题，即不过分地追求固体物质的细度达到更低数量级，使粒径保持合理恰当的粒径范围，使材料的活性效应得到最大的发挥；②能耗与活性之间的关系问题，活性的增加将提高能源的消耗，应当通过综合试验研究，确定合适的粉磨时间，使材料细度与粉磨时间达到最为经济合理的状态；③颗粒级配与细度的关系问题，大颗粒的物质主要起到堆积填充效果，而小颗粒物质能够填充大颗粒孔隙，但粉磨过程需要消耗大量能量，且需要提高水的用量，故为了达到高效节能的目的，需要调节固体物质的颗粒级配及粒径分布。

（3）化学活化。化学活化通常是指在固体物质中加入激发剂，使其与水化产物产生化学反应或二次反应的过程。化学激发剂的类型是影响化学活化反应程度的重要因素之一，常用的化学激发剂有石膏、磨细钙质粉料、磨细硅质粉料、粉煤灰、超细工业飞灰、石灰等。

（4）复合活化。固体废物的复合活化是上述三种活化方法的组合，如热力-化学复合活化、机械-化学复合活化、热力-机械-化学复合活化等。

1.3.2 固体废物的活化机制

上述活化方法的作用机制分别为以下 4 种。

（1）热活化机制。以煤矸石热活化为例，煤矸石中的矿物主要包括高岭石、水云母等层状结构黏土矿物，同时还含有少量长石、石英等具有支架结构的硅酸盐矿物。热活化过程的反应机理，是通过高温煅烧，使煤矸石结构中的各种矿物物质颗粒产生剧烈的热运动，结构中结合水从中脱除，阳离子的位置发生重组，使硅氧四面体、铝氧三角体聚合结构打散，形成大量氧化硅和氧化铝结构，体系的内能增大，稳定性降低，进而达到活化的目的。

（2）物理活化机制。通过在粉磨等外力作用下，固体废物在颗粒几何尺寸等基本要素上产生变化。一方面，粉磨后的颗粒因其粒径较小，可以减少材料在混合过程中的摩擦损耗，改善其颗粒级配，同时固体废物颗粒能填充到水泥颗粒中，减少水泥浆体的孔隙率，使毛细孔的数量减少，密实程度增强，水泥的颗粒效应、微填充效应等物理化学活性得到增强。另一方面，粉磨的过程能够促使固体废物表面发生错位、结构缺陷等结构的变化，可以在一定程度上破坏粗大玻璃体尤其是玻璃体表面坚固的保护膜及多孔颗粒的黏结体，从而使固体废物内部更多活跃的可溶性的 Al_2O_3 和 SiO_2 溶出，进一步提高固体废物的化学反应活性。与此同时，硅氧四面体、铝氧三角体在强烈机械力作用下，会发生一定的晶格无序化甚至畸变，使硅氧键和铝氧键发生断裂，固体废物的化学反应活性增强。

（3）化学活化机制。以煤矸石化学活化为例，煤矸石与熟料、水、激发剂混合后，材料中的 Al_2O_3 和 SiO_2 将与熟料水化产生的 $Ca(OH)_2$ 发生二次反应，形成水化硅酸钙与水化铝酸钙凝胶结构，该凝胶结构不溶于水。同时水化硅酸钙和水化铝酸钙凝胶又将发生连生与交叉效应，两者相互结合充填孔隙，使孔隙率得到进一步降低，力学性能进一步增强。

（4）复合活化机制。以粉煤灰机械-化学复合活化为例，采用物理-化学的处理方法进行活化，能够使粉煤灰中硅氧键和铝氧键发生断裂，SiO_2 聚合度降低，促进 SiO_2 和 Al_2O_3 溶出。当颗粒反应率增大到某设计数值后，生石灰将和溶出的 SiO_2、Al_2O_3 发生二次反应，生成 C-S-H 凝胶，然后在特定温度下进行脱水，形成以水化硅酸钙和水化铝酸钙为主的新物质，从而具有良好的胶凝性能。这种方法也被称为增钙法，是用调整粉煤灰组分的方法来提高活性。

1.4 固废基环境功能材料的构建及作用机制

固废基环境功能材料体系是根据地球地壳组成结构、地壳物质所含矿物为前提，根据地球化学理论及岩石矿物结构理论，充分运用分子结构设计原则与相似相容原理，对固体废物材料组成开展复配设计所产生的新型环境材料，其体系的建立是以地球丰富的硅铝基资源为基础设计的。

1.4.1 固废基环境功能材料的结构

固废基环境功能材料的构建是采用助磨、促安、活化组分的母料及机械化学活化等方法。活化剂通常为多种组分与少量的水泥熟料复合得到硅铝酸盐体系，一方面能起到助磨剂的效果，增加机械活化的效果；另一方面其在化学活化中充当催化剂，在激发固体废物的活性的同时能保证固废基胶凝材料的水化产物为沸石、钙矾石及低碱度水化硅酸钙等，这些物质与土壤中硅铝酸盐矿物的活性成分发生化学反应，产生化学结合，使得改性后的土壤具有好的耐水性和耐久性。

固废基胶凝材料 CaO-SiO_2-Al_2O_3 体系构成三元相图如图1.6所示，三元系统中 SiO_2 占35%～50%、Al_2O_3 占15%～38%、CaO 占20%～40%。

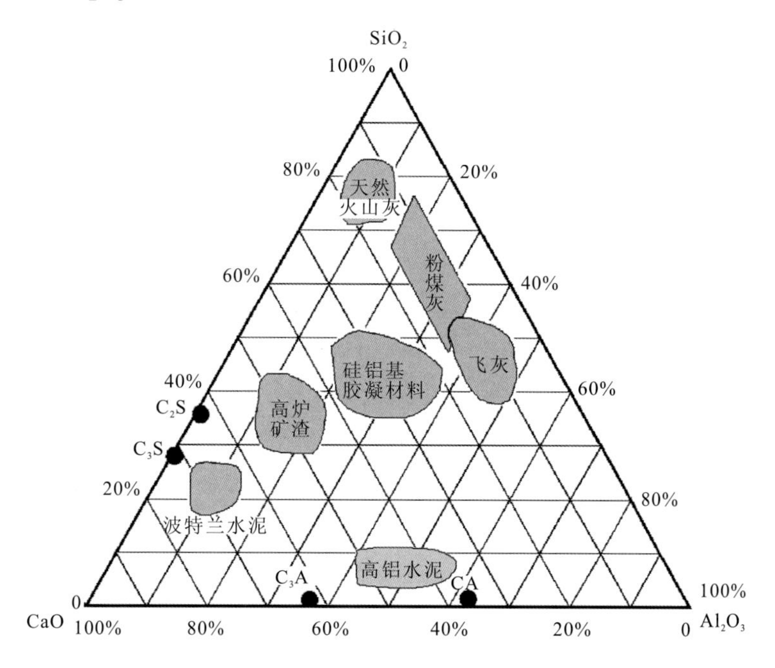

图1.6　固废基胶凝材料 CaO-SiO_2-Al_2O_3 体系构成三元相图

低品位固体废物中含有[SiO_4]四面体和[AlO_4]八面体矿物，不会同时出现[SiO_4]四面体和[Si_2O_7]双四面体结构单元，这与土壤颗粒具有类似的组成和结构。用固体废物与土壤发生反应时，由于同相-类同相接触，此时土壤颗粒提供了类似成核基体（晶核）的接触面，使晶核与接触面之间产生接触角 θ，降低了非均相成核时的形成临界晶核所需要克服的势垒，促进了体系的核化，能够生成稳定的晶相和结构单元。其作用机制遵循同相类同相反应理论（图 1.7），即结构相同（同相）或类似（类同相）的两种熔融体（或是其他高能态下）在析晶时，有晶体共同生长的趋向，进而能形成一种稳定的结晶。对于固相的共熔体而言，若两相组分 A、B 的晶体结构类型相同、原子半径差较小（一般＜15%）、价态相同或相近，电负性相近，则 A、B 两相易形成置换型的固溶体，此时，A 晶体构造单元与 B 晶体构造单元可以等比例置换，且不改变晶体结构。

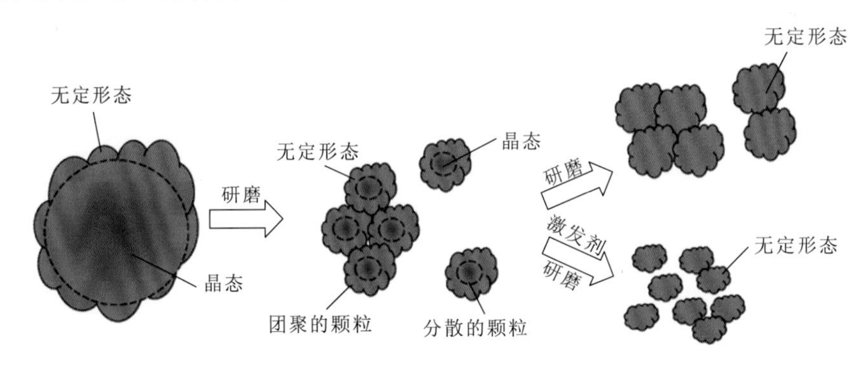

图 1.7　同相类同相反应理论

1.4.2　硅铝基环境功能材料的作用机理

固体废物如钢渣、玻璃粉、脱硫渣的主要水化产物是水化硅铝酸钙凝胶相（C-A-S-H）、钙矾石相（AFt）和单硫型水化硫铝酸钙（AFm）相。水化硅铝酸钙盐为类沸石结构，对重金属离子具有较强的吸附性能，而钙矾石和 AFm 相能与阴离子和阳离子（II、III）发生交换，从而起到固化稳定化重金属含氧阴离子和阳离子的作用。典型 AFm 相的结构见图 1.8。

AFm（Alumino-Ferrite-mono）相的通式为 $[Ca_2(Al, Fe)(OH)_6]X\cdot nH_2O$，AFm 主层的 Ca^{2+}被一定比例的 Al^{3+}或 Fe^{3+}取代，但由于 Al^{3+}和 Fe^{3+}的半径比 Ca^{2+}小，剩下的 Ca^{2+}会偏离主层中心，除与 6 个 OH^-配位以外，还会吸引一个层间水分子，形成了带正电的结构$[Ca_2(Al, Fe)(OH)_6\cdot 2H_2O]^+$，因此可以结合带负电的 OH^-、CO_3^{2-}、SO_4^{2-}、CrO_4^{2-}和卤素离子等阴离子。AFm 的晶胞参数 a 一般为 5.7～5.9 Å，大约是 $Ca(OH)_2$ 的 1.732 倍，c 的厚度一般会根据离子 X 和层间水分子的含量改变而变化。一旦改变环境温度和湿度，这些没有被结合的层间水很容易脱离出来，导致层间距离的减小。由于这一特性，同一个 X 的 AFm 通常有不同的结合水状态。

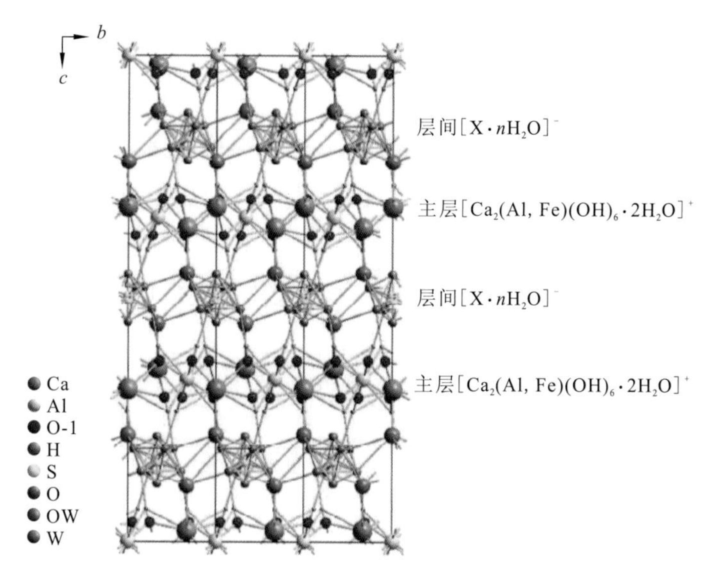

图 1.8　典型 AFm 相的结构示意图

研究发现钙矾石均可吸收 As(V)和 As(III)进入其通道内，As(V)以 $HAsO_4^{2-}$ 的形式替代 SO_4^{2-} 形成 Ca-As 固溶体，使 As 的浸出浓度得到降低。以上发现解决了硅钙基的胶凝体系对 Zn^{2+}、Pb^{2+}等部分二价两性重金属阳离子和如 CrO_4^{2-} 等高价重金属阴离子团在高碱性环境下存在迁移性增强、重金属钝化效率低的问题。

同时固体废物的碱激发水化可为重金属离子提供碱性环境，抑制重金属离子的可迁移性，并且部分重金属离子由于矿化作用，进入水化产物的晶体结构中，形成置换型固溶体，使重金属以非常稳定的形态存在于固溶体中，降低对环境的毒性。固废基环境功能材料中固废基固溶体对重金属离子的同相固结机制见图 1.9（周显，2017）。

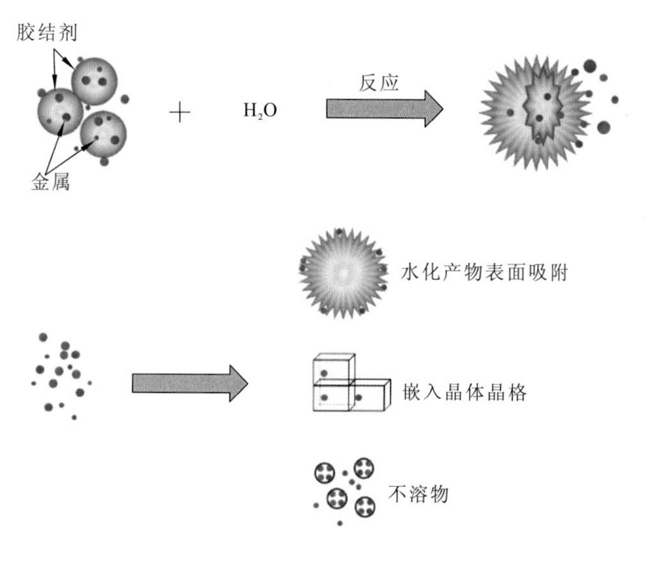

图 1.9　固废基环境功能材料中固废基固溶体对重金属离子的同相固结机制示意图

1.4.3 高硫型硅铝基环境功能材料的作用机理

通过观察固体废物在硫酸盐复盐体系下形成热力学稳定的水化产物及其矿物相体系，验证了水化氯铝酸钙能有效束缚重金属阴离子和两性重金属阳离子的分子机制。研究发现了在三元材料体系下，飞灰能通过硫酸盐和氯离子协同激发钢渣和玻璃粉，产生钙铝基水化产物钙矾石和弗里德（Friedel）盐及有序固溶体库策尔（Kuzel）盐，而 Friedel 盐和 Kuzel 盐较难溶于水，具有承受其中组分适当的变化而结构不发生变化的能力，这种组分的变化限于在晶体中以离子交换的形式发生，故而提高了体系对阴离子 Cl^-和 SO_4^{2-}的结合效率，从这一点来看，Friedel 盐与 Kuzel 盐对重金属离子的固化起了重要作用。

固废基环境功能材料中硫酸盐固溶体对重金属离子的同质取代机制见图 1.10。晶体结构中离子替换发生在 Ca^{2+}、Al^{3+}和 SO_4^{2-} 位置上，Ca^{2+}主要由二价的 Pb^{2+}、Cd^{2+}等阳离子替换；Al^{3+}可由 Ni^{3+}、Ti^{3+}和 Fe^{3+}等替换；Cl^-、SO_4^{2-} 可由 CrO_4^{2-} 和 AsO_2^{2-} 等替换，从而进入其矿物的晶格中。通过对重金属在硫铝酸盐体系中不同固溶体的热力学常数的计算，以及对初始 Al^{3+}/SO_4^{2-} /Cl^-比例的调节，使环境功能材料水化形成具备长期稳定性的重金属硫铝酸盐固溶体。

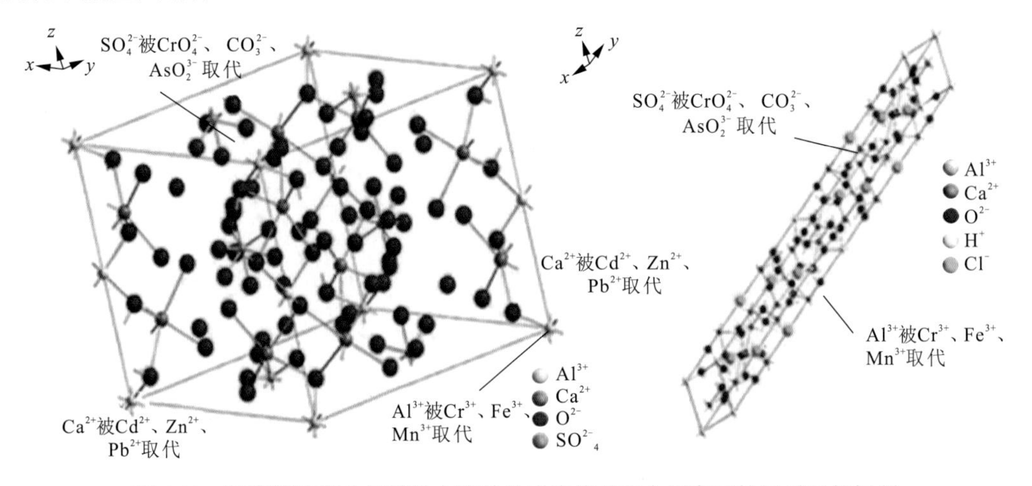

图 1.10　固废基环境功能材料中硫酸盐固溶体对重金属离子的同质取代机制

参 考 文 献

侯浩波, 周旻, 刘数华, 2018. 基于低品位废弃物的环境修复材料的构建与应用. 2018 中国环境科学学会科学技术年会论文集(第三卷): 7.

冷发光, 方坤河, 2000. 磷渣对水泥混凝土强度性能影响的正交试验研究. 云南水力发电(2): 39-43, 49.

龙莎莎, 谈树成, 蒋顺德, 2005. 浅析环境地球化学的研究现状. 云南地理环境研究(S1): 81-85.

钱玲, 2005. 利用黄金工业废渣生产双免砖的研究. 武汉: 武汉大学.
师昌绪, 2009. 中国材料科学技术现状与展望. 功能材料信息, 6(3): 11-13.
吴中伟, 1998. 绿色高性能混凝土与科技创新. 建筑材料学报, 1: 3-9.
吴中伟, 1999. 我国水泥工业的发展方向. 中国建材, 12: 50-51.
张淑会, 薛向欣, 刘然, 等, 2005. 尾矿综合利用现状及其展望. 矿冶工程, 3: 44-47.
赵其国, 孙波, 张桃林, 1997. 土壤质量与持续环境 I: 土壤质量的定义及评价方法. 土壤, 3: 113-120.
周显, 2017. 钙铝基双层层状材料固化重金属铬的机理研究. 武汉: 武汉大学.
BAHRAM M, HILDEBRAND F, FORSLUND S K, et al., 2018. Structure and function of the global topsoil microbiome. Nature, 560: 233-237.
CLARKE F W, WASHINGTON H S, 1924. The composition of the earths crust. USGS Professional Paper, 127.
MATSON S, 1938. The constitution of the pedosphere. Annals of the Agricultural College of Sweden, 5: 261-276.

第 2 章　固废基环境功能材料的常温制备

材料的性能很大程度上取决于细度，建立固体废物的粉磨动力学机制，开发新型助磨剂提高粉磨效率，深入探讨粉体材料细度与其活性的关系，有助于调控粉磨工艺，在控制粉磨能耗和成本的同时提高粉体材料的水化活性。研究亚纳米材料的作用机理，并采用物理和化学方法对其进行改性，可极大幅度提高其化学反应的作用，同时将其有害反应调控为有利反应，极大幅度提高亚纳米材料的修复效率。开展利用赤泥和煤矸石两种工业废弃物常温制备与合成土壤聚合物胶凝材料，探索其前驱体活性激发机制及固化体聚合机理，并解析聚合体固化稳定重金属 Pb、Cr 的过程机理，实现大宗固体废物的高效资源化利用的同时又开发出新型环境功能材料，达到以废治污的效果。

2.1　固体废物的粉磨动力学机制及对其性能的影响

Divas-Aliavden粉磨动力学方程是定量描述大多数固体颗粒粉磨过程最为广泛且有效的手段（Kotake et al.，2004；Kano et al.，2000）。Rosin-Rammler-Benne（RRB）分布模型和Swebrec分布模型，以及分形理论通常用来表征固体颗粒的粒度分布特性，能很好地表征大多数球磨粉体颗粒的粒度分布，为深入分析粉磨动力学行为及颗粒粒度分布提供了一种有效手段（Liu et al.，2016；Djamarani et al.，1997；Ozao et al.，1992）。Fuller模型是一种颗粒最紧密堆积的理想模型，通常用来与水泥基粉体材料的实际粒度分布作对比，以此来判定其与理想粒度分布的接近程度（Zhang，2009）。灰色关联分析主要用于确定各因素之间的影响程度或若干子因素对主因素的贡献程度，通过建立灰色系统模型可定量分析粒度分布对材料活性的影响等。Fuller模型和灰色关联分析均能更好地指导粉体颗粒的合理掺配，使亚微观范围内的胶凝材料颗粒形成紧密堆积的填充效果，可有效降低水泥凝胶体的孔隙率，改善孔结构，提高胶凝体系的性能（Zhang et al.，2007）。

2.1.1　粉磨动力学机制

以铜尾矿为典型固体废物，经球磨机分别粉磨15 min、30 min、45 min、60 min和90 min，采用激光粒度分析仪对粉磨不同时间的铜尾矿粉样品的粒度分布进行测定，结果如图2.1及图2.2所示。可以看出，球磨后铜尾矿粉总体要比水泥更细。随着球磨时间增加，铜尾矿粉细度增加，粒度分布变窄。球磨样品的最大粒径不超过135 μm，球磨

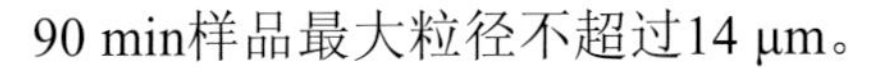

90 min样品最大粒径不超过14 μm。

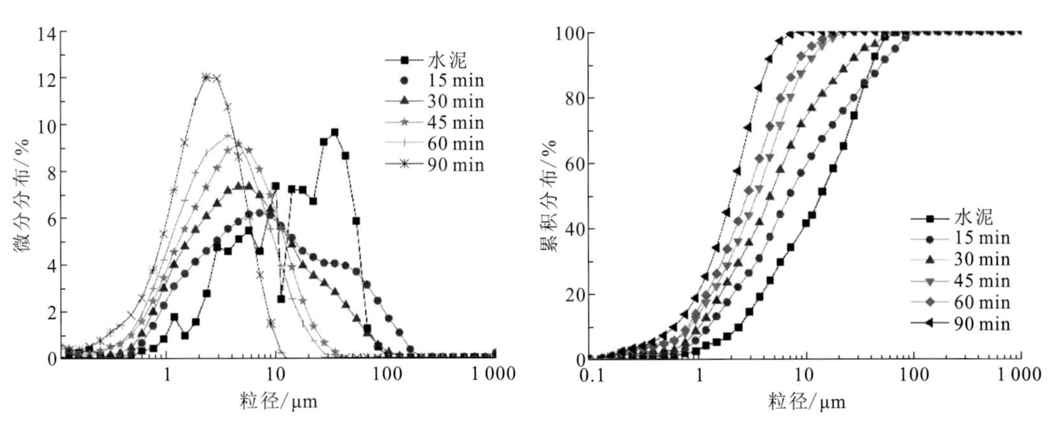

图2.1 不同粉磨时刻铜尾矿粉粒径微分分布　　图2.2 不同粉磨时刻铜尾矿粉粒径累积分布

大量研究证明大多数固体颗粒的粉磨过程服从粉磨动力学方程（Liu et al.，2010）。粉磨动力学研究的是粉磨过程中物料细度随时间变化的规律及各有关因素的影响：粉磨物料某粒径颗粒筛余量减少速率与该粒径筛余量呈正比，该规律可表示为

$$\frac{\mathrm{d}r}{\mathrm{d}t}=-K_t r \tag{2.1}$$

式中：r为粉磨t时间后某粒径的筛余量；t为粉磨时间；$\mathrm{d}r/\mathrm{d}t$为筛余量随时间的变化，即粉磨速率；K_t为粉磨速率常数。

对式（2.1）进行修正并积分，得到描述物料粉磨过程的动力学方程：

$$r=r_0\mathrm{e}^{-K_t}t^M \tag{2.2}$$

式中：r_0为被磨物料原始状态某粒径颗粒筛余量；M为时间指数，由被磨物料性质和粉磨条件决定。

根据上述动力学方程及累积分布曲线（图2.2），选取6种代表粒径（0.48 μm、0.95 μm、1.48 μm、2.91 μm、4.56 μm和11.19 μm）作为研究对象，分别计算出粉磨不同时间后6种代表粒径的颗粒筛余量，见表2.1。根据式（2.2），对6种代表粒径下的颗粒筛余量与粉磨时间的关系进行拟合，结果如表2.2和图2.3所示。可以看出，各曲线拟合效果较好，说明粉磨动力学方程能够很好地描述铜尾矿粉的粉磨过程。当粉磨时间相同时，代表粒径越大，对应粒径颗粒筛余量下降的速度越快，即粉磨速率越大，这说明铜尾矿粉在粉磨过程中粗颗粒比细颗粒易磨；随着粉磨时间的延长，6种代表粒径的粉磨速率均下降，粉磨90 min后样品的粉磨速率趋于零，说明铜尾矿粉在粉磨过程中出现了越磨越难磨的现象。这主要是因为粉磨后期随着粉磨时间的延长，物料出现了团聚效应和静电吸附效应，形成“二次颗粒”使物料的进一步磨细变得更加困难（Zhang et al.，2008）。

表 2.1　粉磨不同时间后 6 种代表粒径的颗粒筛余量　（单位：%）

粉磨时间/min	代表粒径/μm					
	0.48	0.95	1.48	2.91	4.56	11.19
15	98.27	94.36	86.99	73.74	62.81	38.08
30	97.37	91.51	82.26	64.71	50.49	23.59
45	95.31	87.78	77.70	56.05	38.31	8.17
60	95.40	86.27	74.06	48.60	29.07	4.50
90	92.76	81.39	66.07	29.34	8.34	0.01

表 2.2　6 种代表粒径各自粉磨动力学方程参数汇总

粉磨动力学参数	代表粒径/μm					
	0.48	0.95	1.48	2.91	4.56	11.19
K_t	0.001 74	0.008 02	0.022 73	0.028 34	0.037 31	0.098 27
M	0.832 64	0.719 80	0.638 71	0.812 37	0.874 80	0.827 28
R^2	0.970 19	0.996 15	0.995 35	0.979 48	0.978 96	0.098 27

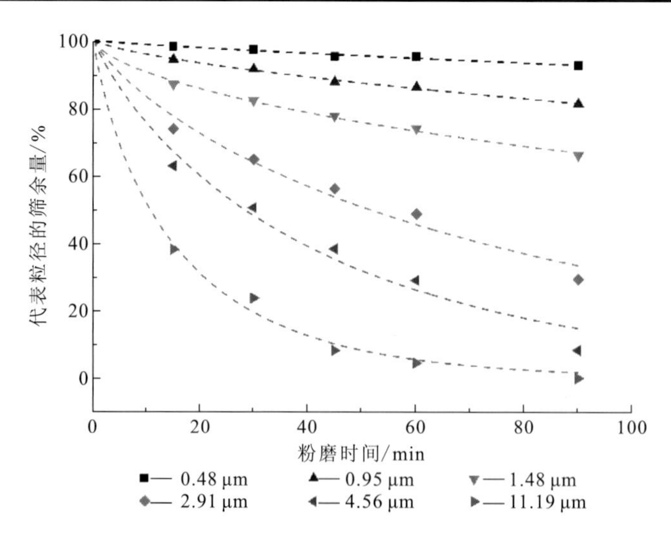

图 2.3　6 种代表粒径的颗粒筛余量与粉磨时间关系拟合曲线

图2.4为铜尾矿粉磨不同时间后的颗粒形貌图。可以看出，颗粒形貌主要呈现出不规则的块状、碎屑状、棱角状、粒状等。粉磨15 min的样品，粒度分布较宽，碎屑状的细颗粒吸附在块状或棱角状的粗颗粒上，这可能是由静电作用所致。随着粉磨时间的增加，颗粒状和碎屑状的细颗粒数量增加，块状和棱角状的粗颗粒数量减少，使得铜尾矿粉颗

粒整体球形度增加，这将有助于改善水泥净浆的工作性能和后期力学性能（Khatib，2005）。此外，随着粉磨时间的增加，除了粒径变小，颗粒大小也变得更加均匀，说明颗粒粒径分布变窄，这与所测粒径分布结果一致。

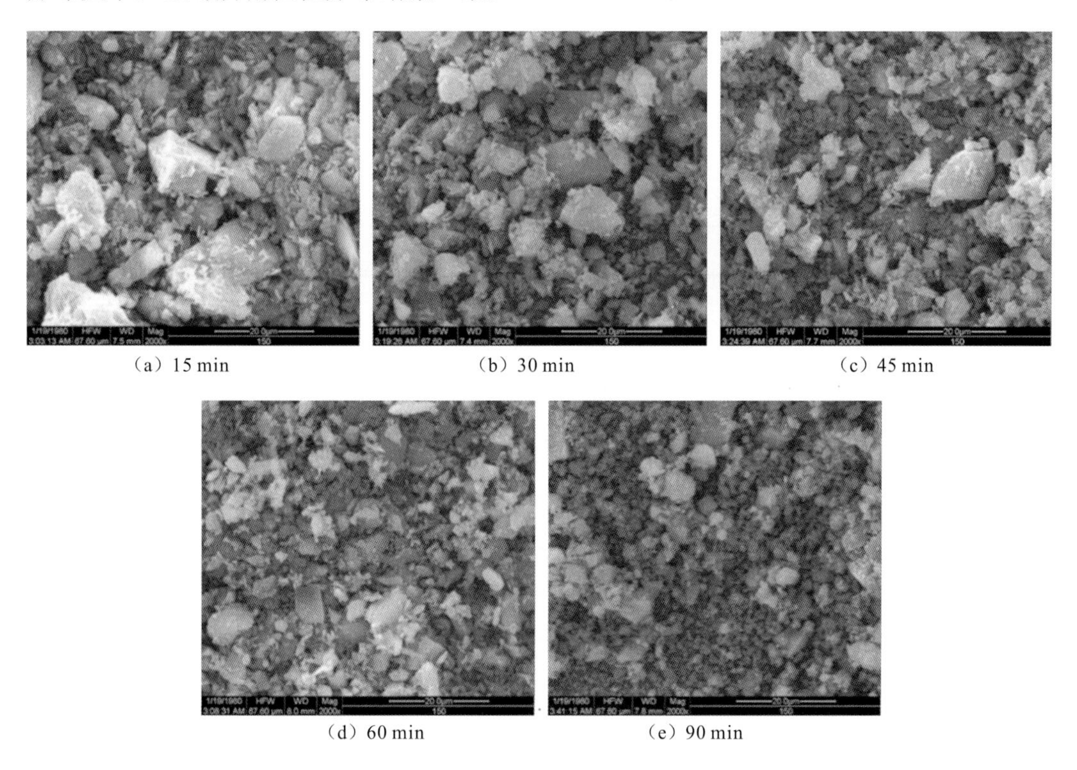

（a）15 min　（b）30 min　（c）45 min　（d）60 min　（e）90 min

图 2.4　铜尾矿粉颗粒形貌

表2.3为铜尾矿粉等效粒径（D_{10}、D_{25}、D_{50}、D_{75}、D_{90}）及比表面积（specific surface area，SSA）随粉磨时间变化的数值。等效粒径指累积粒度分布达到某一特定值时所对应的粒径值。如D_{90}是样品的累积粒度分布百分数达到90%时所对应的粒径，其物理意义即是粒径小于D_{90}的颗粒质量占颗粒总质量的90%（假设粉体为均质材料）。可以看到，随着粉磨时间的增加，等效粒径减小而比表面积增大。铜尾矿粉等效粒径整体而言均比水泥小（G15样品的等效粒径D_{90}除外），说明铜尾矿粉的整体细度要优于水泥，尽管如此，铜尾矿粉磨15 min和30 min后其比表面积却仍比水泥小，这可能是因为粉磨15 min和30 min试样中对比表面积贡献较大的超细颗粒（小于0.3 μm）数量较少，同时，对等效粒径贡献较大的粗颗粒也较少，因而等效粒径较小，如图2.1所示。当粉磨时间不少于45 min后，铜尾矿粉比表面积超过了水泥，而等效粒径大幅度小于水泥，这主要是因为随着粉磨时间的延长，铜尾矿粉中超细颗粒数量增加甚至超过水泥，而粗颗粒数量进一步减少。对铜尾矿粉等效粒径与粉磨时间、比表面积与粉磨时间的关系进行回归分析，得到回归曲线和回归方程分别如图2.5和图2.6所示。很明显，等效粒径和比表面积均与粉磨时间双对数曲线具有较好的线性相关关系，且等效粒径越大，其随着粉磨时间增加而下降的速度越大，说明粗颗粒比细颗粒更易磨，这与粉磨动力学方程分析得出的结论一致。

表 2.3　粉磨不同时间后铜尾矿粉的比表面积及各等效粒径

材料		粉磨时间/min	SSA/(m²/kg)	D_{10}/μm	D_{25}/μm	D_{50}/μm	D_{75}/μm	D_{90}/μm
铜尾矿粉	G15	15	265	1.26	2.74	6.99	21.23	50.25
	G30	30	387	1.04	1.99	4.63	10.54	24.59
	G45	45	588	0.85	1.64	3.45	6.30	10.30
	G60	60	690	0.81	1.44	2.82	5.10	8.26
	G90	90	727	0.61	1.17	2.04	3.17	4.39
水泥		—	437	2.37	4.75	13.60	28.20	40.36

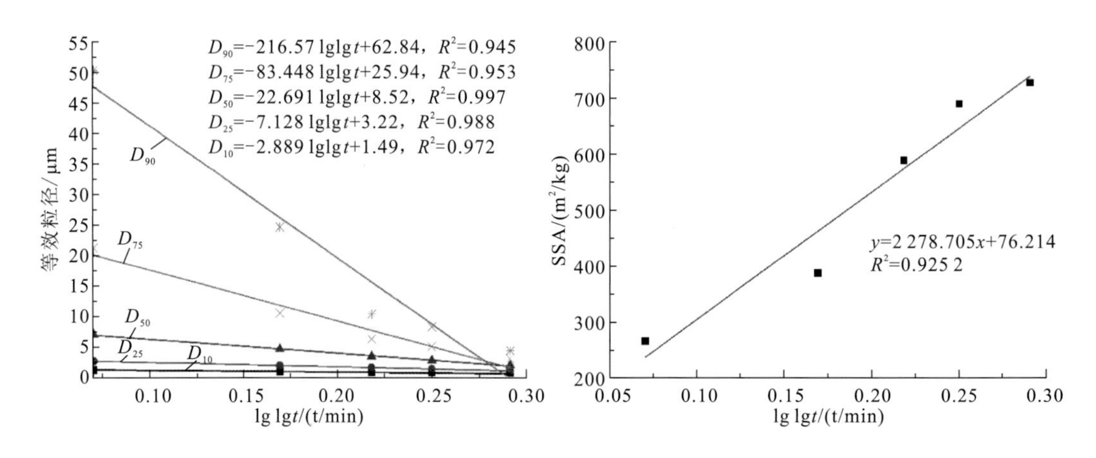

图 2.5　铜尾矿粉等效粒径与粉磨时间关系　　　图 2.6　铜尾矿粉比表面积与粉磨时间关系

除了细度和形貌，胶凝材料的颗粒粒径分布特征对其工作性能、水化反应、强度发展都有较大的影响。学者们提出了一系列数学模型[如高斯（Gaussian）分布模型、RRB分布模型、Swebrec分布模型等]来描述粒径分布特征（Basim et al.，2014）。其中，高斯分布模型最初是为了表征采煤厂煤矿破碎产物的粒度特征而提出的，并在描述其他矿物或岩石破碎体的粒度分布方面具有较为成功的应用（Rodríguez et al.，2016）。相比于高斯分布模型，RRB分布模型除了适用于上述情况，在表征粉磨物料的粒度分布方面也具有出色的效果（González-Tello et al.，2008；Djamarani et al.，1997）。然而，由于RRB分布模型的建立十分依赖于所分析的数据，如对于某些对象不能很好地表征全尺寸范围的粒度分布而只能表征某部分范围内的粒度分布（Menéndez-Aguado et al.，2015）。为了克服RRB分布模型的限制，学者们提出用Swebrec分布模型来代替RRB分布模型。Swebrec分布模型首次由Ouchterl提出，主要用来描述爆碎破碎过程中岩体的破碎规律，近年来也大量应用于表征粉磨细颗粒的粒度分布，并且在表征粉末物料全尺寸范围的粒度分布效果方面要明显优于RRB分布模型（Osorio et al.，2014；Delagrammatikas et al.，2007；Bentz et al.，1999）。然而，Swebrec分布模型却很难确定粒度分布的宽度。RRB分布模型的表达式为

$$R = 100\exp\left[-\left(\frac{d}{d^*}\right)\right]^n \tag{2.3}$$

式中：R为累积筛余质量分数；d为粉体颗粒粒径；d^*为粉体颗粒特征粒径（相当于筛余量为36.79%时所对应的粒径）；n为粉体颗粒的分布指数，数值越大表明粉体颗粒分布越集中，反之越分散。

Swebrec分布模型函数表达式为

$$F(x) = \frac{1}{1+\left[\frac{\ln\left(\frac{x_{\max}}{x}\right)}{\frac{x_{\max}}{x_{50}}}\right]^b} \tag{2.4}$$

式中：$F(x)$为颗粒粒径为x时的累积筛余质量分数（$0 < x < x_{\max}$）；$x_{\max}$为最大颗粒粒径；x_{50}为筛余质量分数为50%时对应的颗粒粒径；b为曲线波动参数。

用RRB模型和Swebrec模型对实验数据进行拟合，拟合结果分别如图2.7和图2.8所示，所得参数及相关系数R^2见表2.4。可以看出，两种模型的曲线拟合效果都较好，相关系数也较高。另外，RRB分布模型拟合得到的特征粒径参数d^*与测得的实际特征粒径参数d^*数值也都较为接近，这说明，铜尾矿粉颗粒在全尺寸范围的粒度分布既符合RRB分布，也符合Swebrec分布。然而，RRB分布模型拟合得到的相关系数R^2比Swebrec模型稍大，这也与玻璃粉的粒度分析结果一致。随着粉磨时间的延长，铜尾矿粉的特征粒径减小而分布系数增大，意味着随粉磨过程的持续，不仅能细化铜尾矿粉颗粒，而且能使粒径分布更集中，进而影响水化特性。而且，铜尾矿粉的特征粒径要远小于水泥的特征粒径，而其分布指数要大于水泥（粉磨15 min的样品除外），这也与前面颗粒粒度分布特征分析结果相呼应。相比于Swebrec分布模型，RRB分布模型不仅相关系数更高，拟合效果更好，而且能定量地描述粒度分布的分散程度，因而其在描述全尺寸范围的粒度分布的球磨物料方面有一定优越性。

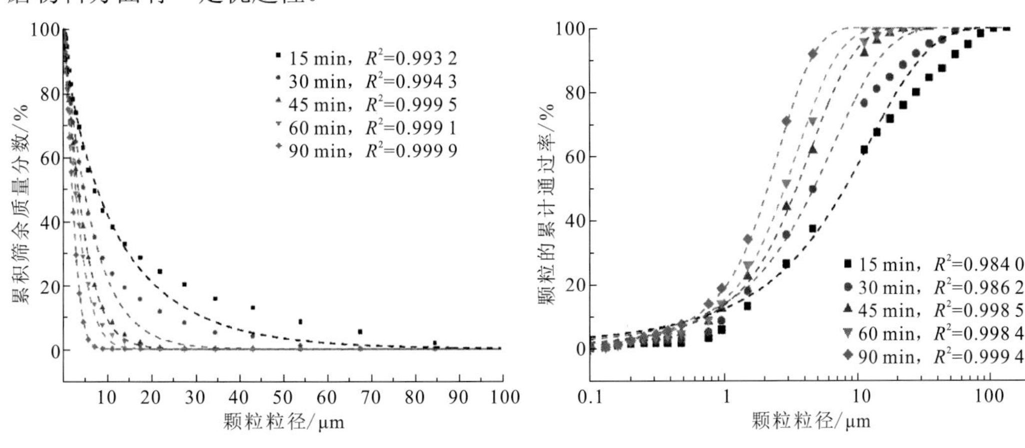

图 2.7　RRB 模型拟合结果　　图 2.8　Swebrec 模型拟合结果

表 2.4　RRB 模型和 Swebrec 模型参数和相关系数

模型	参数	粉磨时间/min					水泥
		15	30	45	60	90	
RRB	d^*（实测）/μm	11.877 7	6.780 5	4.738 8	3.836 0	2.578 5	17.874 0
	d^*（拟合）/μm	11.884 4	6.796 2	4.762 6	3.860 2	2.626 9	20.812 0
	n	0.850 0	1.013 8	1.199 2	1.287 1	1.573 1	0.986 1
	R^2	0.993 2	0.994 3	0.999 5	0.999 1	1.000 0	0.997 3
Swebrec	x_{50}/μm	7.994 3	4.680 8	3.472 7	2.831 4	2.105 7	13.595 0
	x_{max}/μm	132.42	67.49	34.40	27.48	14.01	84.49
	b	3.540 3	4.008 9	4.315 5	4.620 6	4.419 7	2.887 6
	R^2	0.984 0	0.986 2	0.998 5	0.998 4	0.999 4	0.991 0

除了水化程度，水泥基材料的初始堆积密度对硬化浆体的早期强度也具有极大的影响。为了获得粉体材料的最大堆积密度，学者们提出了一系列数学模型，包括Horsfield模型、Stovall模型及Andreasen模型等。然而，更多的学者主张用20世纪90年代Fuller和Thompson提出的最紧密堆积筛析曲线作为理想筛析曲线（Tavares et al.，2005），用于粉体材料的Fuller曲线数学表达式为

$$A = 100\left(\frac{d_i}{D}\right)^{0.4} \tag{2.5}$$

式中：A为筛分通过量，%；d_i为筛孔尺寸，μm；D为水泥基材料中最大颗粒粒径，μm。

为了研究铜尾矿粉对原始堆积密度的影响，首先计算出掺入30%铜矿粉后水泥基材料的典型粒径的筛余量，其（最大粒径80 μm，下同）与Fuller曲线对比见表2.5，水泥基复合体系与Fuller曲线的累积分布见图2.9。

表 2.5　水泥基复合材料与 Fuller 曲线典型粒径通过量对比

粒径/μm	Fuller 曲线典型粒径/μm	粉磨时间/min				
		15	30	45	60	90
0.1	6.90	0.00	0.00	0.00	0.00	0.00
1	17.33	3.91	4.81	5.99	6.50	8.02
2	22.87	11.02	12.93	14.63	16.24	20.04
4	30.17	24.58	28.02	31.39	34.10	40.49
8	39.81	42.32	46.68	51.28	52.95	56.11
10	43.53	47.52	51.91	56.57	57.93	59.75
16	52.53	59.45	63.44	67.67	68.09	68.58

续表

粒径/μm	Fuller 曲线典型粒径/μm	粉磨时间/min				
		15	30	45	60	90
20	57.43	65.52	69.36	73.04	73.24	73.38
24	61.78	71.00	74.73	77.75	77.82	77.84
30	67.55	78.77	82.24	84.34	84.36	84.36
32	69.31	81.12	84.45	86.30	86.31	86.31
40	75.79	88.39	91.23	92.54	92.54	92.54
45	79.44	91.78	94.37	95.41	95.41	95.41
60	89.13	97.03	98.99	99.17	99.17	99.17
80	100.00	99.06	99.91	99.91	99.91	99.91

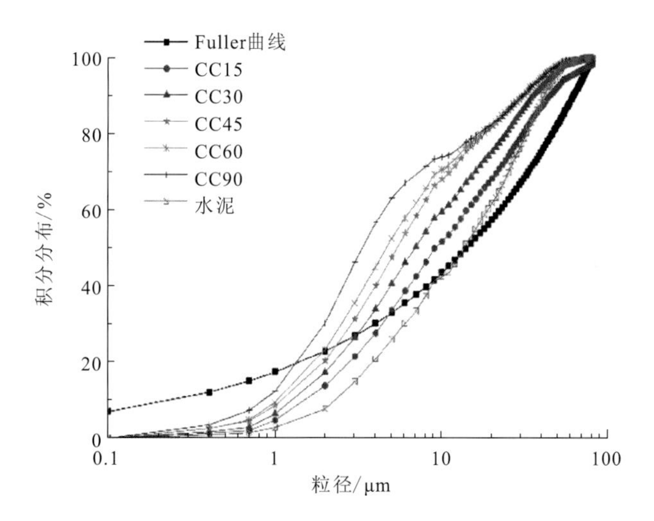

图 2.9　测试样品与 Fuller 曲线的累积分布对比

由图2.9可以看出，基准水泥粒度分布与Fuller曲线有较大差异，约在14 μm处与Fuller曲线相交。掺入铜尾矿粉后的复合水泥体系与Fuller曲线的交点粒径更小，使得在细粉部分的颗粒粒度累积分布更接近Fuller曲线，而粗粉部分的分布更偏离Fuller曲线，并且，这种现象随着掺入铜尾矿粉的粉磨时间越长表现得越明显。这主要是因为中细粉含量的增加，粗颗粒的相对减少，导致累积分布曲线的左移。

水泥基复合体系与Fuller曲线的区间分布曲线如图2.10所示。可以看出，与Fuller曲线相比，水泥基材料中粒径＜2 μm、10～11 μm、＞45 μm的筛分通过量少于Fuller曲线，粒径在2～10 μm、11～45 μm的筛分通过量多于Fuller曲线。为了接近Fuller曲线，需要增加＜2 μm颗粒和＞45 μm颗粒的含量（其中10～11 μm对整体分布影响较小，可忽略，下

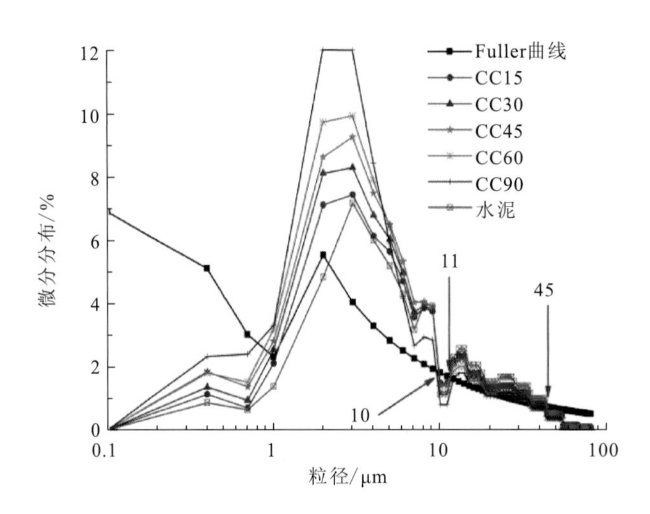

图 2.10　测试样品与 Fuller 曲线的区间分布对比

同），同时减少2～10 μm及11～45 μm颗粒的含量。掺入铜尾矿粉之后，虽然水泥基材料在<1 μm颗粒含量增多，在11～45 μm颗粒含量减少，使得此区间的分布曲线更接近Fuller曲线，但是同时却增加了在2～10 μm的颗粒含量，使得在此区间的分布曲线更加远离Fuller曲线，且这种现象随着掺入铜尾矿粉的粉磨时间越长表现得越明显。这说明铜尾矿粉的加入引入了大量中细度颗粒，减少了粗颗粒所占的比例，这也解释了累积分布曲线中掺铜尾矿粉样品后粒度分布曲线向左偏移的现象；而且，随着粉磨时间的增加，中细度颗粒含量越多，粗颗粒含量越少，因而向左偏移程度越大。

总之，掺入铜尾矿粉和增加粉磨时间能一定程度上改善水泥基材料的粒度分布，使某些区间分布更靠近Fuller曲线。但若仅从实现最紧密堆积的角度而言，增加粉磨时间并不能实现紧密堆积，反而将增加粉磨能耗。

近年来，分形理论的引入为研究粉体材料粒径分布特性提供了全新的思路。材料在破碎粉磨过程中由于外力冲击的作用，粗颗粒将以一定的概率破碎成几个近似的细颗粒，部分细颗粒再进一步以一定的概率破碎成更细的近似细颗粒，依次类推，最终得到更细、更多的粉体颗粒。在这个过程中，颗粒的破碎过程具有自相似性，且这种自相似性导致粉磨后的粉体颗粒将具有分形特性。粉体颗粒材料的这种分形特性主要由分形维数来表征，分形维数则由下面的格里菲斯模型方程计算得到

$$D = 3 - b \tag{2.6}$$

式中：b是$\lg[m(d)/d]$-$\lg d$曲线的斜率；$m(d)$为粒径小于d的颗粒质量；m为总的颗粒质量；$m(d)/d$实际就是粒径小于d的颗粒累积含量。

根据实测数据在$\lg[m(d)/d]$-$\lg d$坐标内绘制散点图，并线性拟合得到$\lg[m(d)/d]$-$\lg d$曲线，取拟合曲线斜率b，依据式（2.6）计算铜尾矿颗粒粒径分布分形维数D，如图2.11所示。可以看出，各铜尾矿粉$\lg[m(d)/d]$-$\lg d$曲线的拟合效果较好，相关系数R^2均≥0.950，说明铜尾矿粉颗粒粒度分布具有显著分形特征。

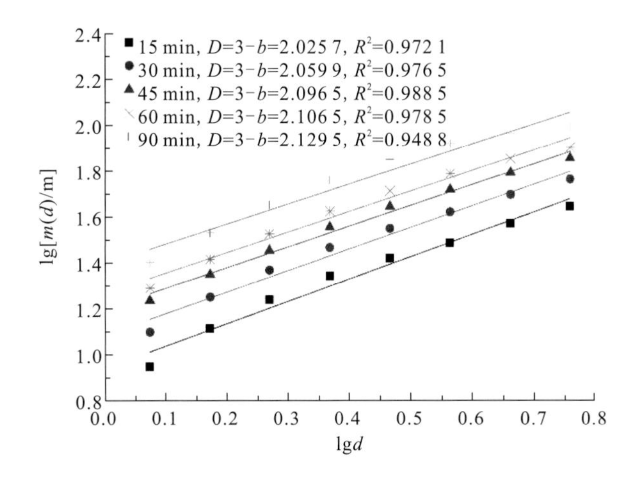

图 2.11 lg[$m(d)/m$]-lg$d$ 关系曲线

同时，粉磨时间t、不均匀系数n、特征粒径d^*及比表面积SSA与分形维数D之间的关系曲线如图2.12所示。

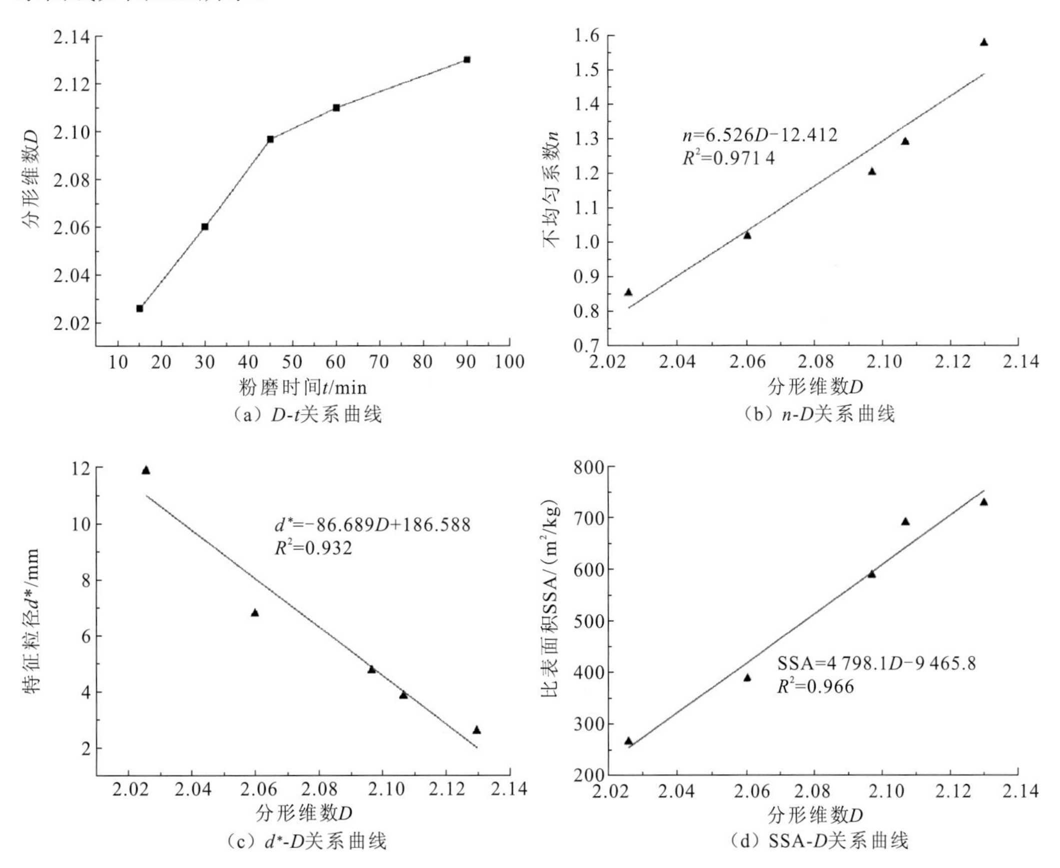

图 2.12 粉磨时间、不均匀系数、特征粒径及比表面积与分形维数之间的关系

从图2.12（a）可见，随着粉磨时间增加，分形维数D逐渐增大，粉磨30 min后，铜

尾矿粉分形维数随时间的延长趋于减缓，分形维数越大，铜尾矿粉颗粒越不容易破碎。在粉磨初期，由于颗粒粒径较大，内部缺陷较丰富，外部机械力作用下颗粒的破碎和细化主要由不断增长的结构缺陷导致，即所谓的体积粉碎。随着粉磨时间的持续，颗粒粒径和内部缺陷的数量都逐渐减少，而颗粒韧性逐渐提高，导致由碰撞、挤压、剪切作用造成的体积破碎效应明显削弱，此时颗粒的破碎和细化主要由表面破碎效应控制，即破碎只发生在颗粒表面上。粉磨后期颗粒之间发生的团聚作用及其所形成的缓冲垫层，严重阻碍了铜尾矿粉颗粒的进一步粉碎（Lange et al.，1997）。因此，随着粉磨时间的增加，铜尾矿粉分形维数持续增加，但其增加速率逐渐降低。

由图2.12（b）和（c）可见，不均匀系数与分形维数呈线性正相关，而铜尾矿粉特征粒径与分形维数呈线性负相关。n值越大代表颗粒粒径分布越窄，所以，分形维数越大，铜尾矿粉颗粒粒径分布越窄。特征粒径d^*代表大多颗粒的粒径，因此，分形维数越大，铜尾矿粉颗粒的整体粒径越小。因此，分形维数D也能较好地表征铜尾矿粉粒度分布的均匀性及整体颗粒细度。

由图2.12（d）可见，铜尾矿粉比表面积随着分形维数增加线性增加，实质上，分形维数反映了颗粒粒度分布的离散程度，同时比表面积与颗粒粒度分布特征、颗粒形貌及结构等紧密相关。因此，分形维数也可用来表征颗粒粒度分布特征。

2.1.2 固体废物的活性

铜尾矿粉抗压强度测试结果与活性指数计算结果如表2.6所示，与粉磨时间的关系如图2.13所示。活性指数根据标准《用于水泥混合材的工业废渣活性试验方法》（GB/T 12957—2005）计算，计算式为

$$H=\frac{R}{R_0}\times 100\% \tag{2.7}$$

式中：H为活性指数；R为含30%掺合料试样抗压强度；R_0为基准试件的抗压强度。

表 2.6　铜尾矿粉抗压强度测试结果与活性指数计算结果

粉磨时间/min	抗压强度/MPa			活性指数/%		
	R_3	R_{28}	R_{90}	H_3	H_{28}	H_{90}
30	12.31	24.09	43.57	52.07	49.65	62.28
60	12.73	26.95	45.42	53.85	55.55	64.94
90	13.16	29.55	47.44	55.65	60.92	67.83
水泥	23.64	48.51	69.95	—	—	—

注：R_3、R_{28}、R_{90}分别为水化龄期为 3 d、28 d、90 d 时试样的抗压强度，H_3、H_{28}、H_{90}分别为水化龄期为 3 d、28 d、90 d 时试样的活性指数

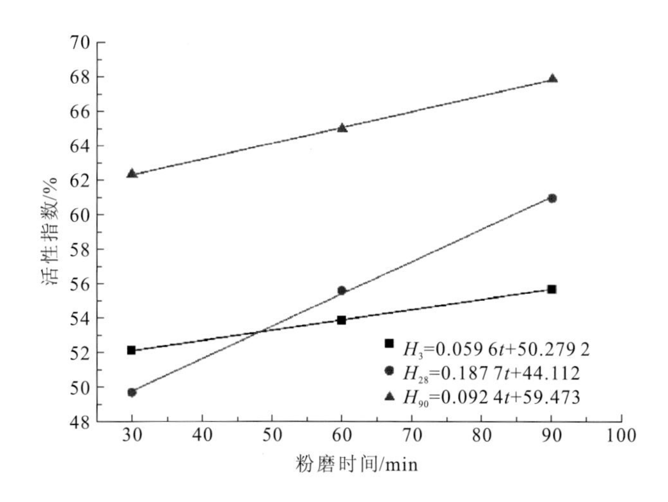

图 2.13　铜尾矿粉活性指数与粉磨时间的关系

可以看出，各龄期铜尾矿粉活性指数都随着铜尾矿粉磨时间的增加线性升高，说明铜尾矿粉活性随着粉磨时间的增加而升高。随着粉磨时间的增加，铜尾矿粉28 d活性指数升高最快，其次是90 d，铜尾矿粉3 d活性指数升高最慢。掺合料活性指数同时反映了其填充效应和活性效应。所以，随着粉磨时间的增加，铜尾矿粉活性指数升高，说明铜尾矿粉的填充效应和活性效应都可能相应增强。其中，水化龄期为28 d时，铜尾矿粉可能同时发挥了填充效应和活性效应，而水化龄期为3 d和90 d时铜尾矿粉可能分别主要发挥了填充效应和活性效应(Liu et al.，2015a；Guan et al.，2010）。

应用灰色关联分析法研究铜尾矿粉颗粒粒度分布对活性指数的影响规律。灰色关联分析法主要是用来定量分析影响因素（子序列）对结果（母序列）的贡献程度。首先，分别将粉磨30 min、60 min、90 min的铜尾矿粉颗粒粒度分布分成五个区间（0～1 μm、1～3 μm、3～5 μm、5～10 μm、＞10 μm），并计算出每个区间颗粒的质量分数，如表2.7所示。

表 2.7　铜尾矿粉在五个粒径区间的质量分数　（单位：%）

试样	0～1 μm	1～3 μm	3～5 μm	5～10 μm	>10 μm
C	9.36	26.70	16.62	21.14	26.17
D	14.97	37.62	21.63	19.66	6.11
E	20.05	52.10	21.62	6.17	0.05

注: C、D、E 分别指粉磨 30 min、60 min、90 min 的铜尾矿粉

然后，根据灰色关联分析法建立灰色关联模型。在这些灰色关联模型中，铜尾矿粉的颗粒粒度分布作为子序列（*Xi*, *i*=1, …, 5），龄期为3 d、28 d和90 d时铜尾矿粉的活性作为主序列（*Yj*，*j*=1, 2, 3），计算求得铜尾矿粉颗粒粒度分布与活性的灰色关联度和关

联极数，如表2.8所示。从表中可以看出，所有测试样品其关联极性在各龄期都表现出一定的规律性。当颗粒粒径小于5 μm时关联极性为正，当粒径大于5 μm时关联极性为负。这意味着增加粒径小于5 μm的颗粒含量有助于提高各龄期的强度，而增加粒径大于5 μm的颗粒含量则对各龄期强度发展不利。在小于5 μm的三个粒径区间里，3～5 μm的关联度在各龄期都为最高，0～1 μm在3 d龄期的关联度要高于1～3 μm，而在28 d和90 d龄期时则正好相反。

表 2.8 铜尾矿粉颗粒粒径分布灰色关联度和关联极数

主序列	子序列				
	*X*1（0～1 μm）	*X*2（1～3 μm）	*X*3（3～5 μm）	*X*4（5～10 μm）	*X*5（>10 μm）
*Y*1	0.801 2	0.683 7	0.907 4	−0.654 1	−0.466 6
*Y*2	0.837 1	0.844 1	0.946 3	−0.640 8	−0.466 0
*Y*3	0.806 9	0.815 7	0.915 8	−0.653 0	−0.467 6

粉磨处理能提高粒径小于5 μm的颗粒含量，然而，当粉磨时间超过60 min时，硬化试样各龄期强度增长贡献最大的3～5 μm颗粒含量提高并不明显，继续粉磨反而会造成不必要的能源浪费。因此，从经济和技术角度考虑，60 min可以作为铜尾矿粉最佳粉磨时间。

研究同时发现：对于铜尾矿粉，3～5 μm的颗粒兼具填充效应和水化活性，对复合胶凝材料的水化活性最为有利；但对于玻璃粉，0～3 μm颗粒决定胶凝体系的早期性能，而3～10 μm颗粒决定胶凝体系的后期性能。

此外，对于碱性氧气转炉钢渣这类活性低、难磨的矿物材料，可采用本书研制的助磨剂F1提高钢渣的粉磨效率，改善其水化性能，如图2.14所示。掺用0.05%的F1助磨剂，

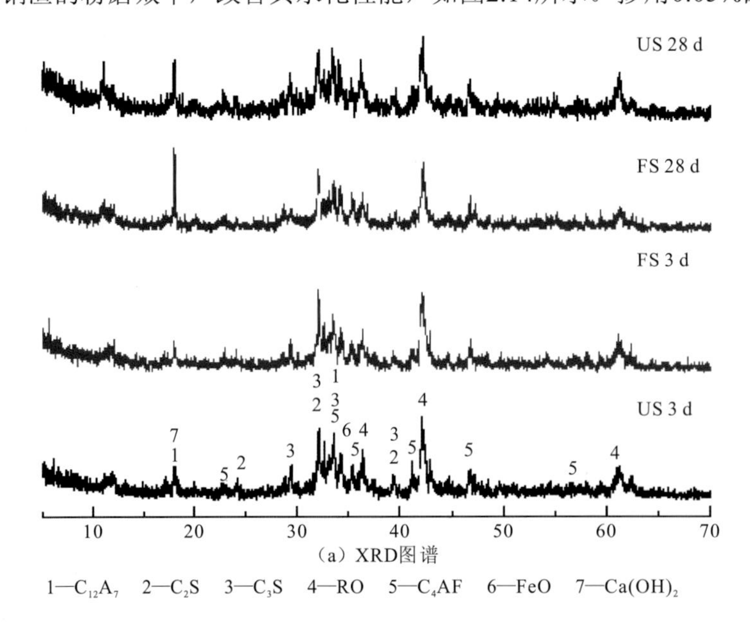

（a）XRD图谱

1—$C_{12}A_7$　2—C_2S　3—C_3S　4—RO　5—C_4AF　6—FeO　7—$Ca(OH)_2$

（b）SEM形貌分析

图 2.14　XRD 图谱与 SEM 形貌分析

US 为基准样，FS 为掺 0.05%的 F1 助磨剂试样；XRD 为 X 射线衍射（X-ray diffraction），SEM 为扫描电子显微术（scanning electron microscopy）

可使钢渣的细度增加至361.3 m^2/kg，且小于30 μm粒级颗粒增加，粒径分布趋于均匀。钢渣的早期水化性能显著增强，3 d生成更多的钙铝水合物，28 d水化产物形成网络结构，基体性能显著改善。

利用赤泥和煤矸石共混体制备土壤聚合物，由于共混体本身活性较低，而其活性又直接关系土壤聚合物最终产品的性质，探索合适的工艺对其进行活性激发在整个材料制备过程中至关重要。赤泥及煤矸石传统的活性激发方式主要以煅烧为主，但煅烧的高能耗属性限制了该方法的使用和发展。无机材料特别是两种以上共混材料在机械力作用下不仅可以发生物理结构上的变化，还可以发生化学形态上的变化。Djobo等（2016）利用机械力化学效应激发火山灰成功制备了土壤聚合物材料；Temuujin等（2009）探索研究了利用机械力化学效应激发粉煤灰制备土壤聚合物；类似的赤泥和煤矸石机械力化学效应激发的研究也存在（方莹 等，2008；Sun et al.，2007），但这些研究是对已经过高温煅烧的原料进行机械力粉磨激发，该机械力作用更多的是对材料物理结构上的改变，而对化学形态上的变化并没有太多贡献。Reynolds等（2002）利用机械力粉磨对低品位高岭土进行了活性激发，材料的活性得到明显提高。在煤矸石的活性激发过程中，为了提高煤矸石预激发后活性Al、Si的含量，一般需在激发过程中添加一定量的碱性氧化物（Li et al.，2010），而赤泥中恰好残存一定量的Na_2O，两者共混正好可以有效解决此问题。同时赤泥作为一种湿法冶金废渣，其主要成分以黏性土质为主，在机械粉磨过程中极易聚集黏附，需要添加一定量的助磨剂，而煤矸石中含有少量的原生煤，可以作为无机助磨剂使用，两者共混粉磨激发同时解决此问题。

对于土壤聚合物预激发粉末前驱体的活性判定目前仍没有固定的表征途径，以往的研究主要以其碱激发固化体28 d强度来验证其激发活性，然而由于试验周期长，不能实时监测材料的活性，急需针对性的定量表征手段。在判定材料预激发活性时，首先以强度为直观判定标准，确定材料预激发效果，并同时测定粉末材料的颗粒分布特征、硅铝碱溶率，利用强度与粒径分布特征、碱溶率和表面能变化的多元拟合回归，建立赤泥-煤矸石共混体预激发活性预测模型。

采用高速行星球磨机（XQM-4L，长沙天创）对原料进行机械力化学效应激发。考虑到不同研磨机的机械力活化和能量转化不同，同时在现有试验条件下使试验时间最短化，试验选用比研磨能最高的行星球磨机对材料进行激发。由于球磨机研磨效率不仅受球磨机本身型号的影响，同时受球料比和粉磨速度等因素的影响，为了统一试验条件，方便对比研究，设定球磨机转速为2 000 r/min，设定球料比为20∶1（质量比），对比粉磨时间对于材料激活性能的影响。

碱激发固化体的制备过程，采用的碱激发剂为3.4 mol/L水玻璃及5 mol/L NaOH混合溶液，其混合比为5∶3（质量比），液固比为0.4，首先将预激发固体粉末和碱激发剂混合，快速搅拌5 min后倒入20 mm×20 mm模具中，然后在80 ℃下养护1 d，脱模置于温度20 ℃±2 ℃、相对湿度95%以上的标准养护箱中养护至28 d，分别在7 d、14 d、28 d测定试样的强度，设计样品如表2.9所示，共分S1～S3 三个系列，分别用于确定激活方法、激活配比及激活时间三个变量。

表 2.9　样品制备方案

样品编号	材料组分	预处理方式
S1-1	100% RM	粉磨20 min
S1-2	100% CG	粉磨20 min
S1-3	20% CG，80% RM	单独粉磨后再混合
S1-4	20% CG，80% RM	混磨20 min
S1-5	20% CG，80% RM	600 ℃下煅烧2 h
S2-1	10% CG，90% RM	混磨20 min
S2-2	20% CG，80% RM	混磨20 min
S2-3	40% CG，60% RM	混磨20 min
S2-4	50% CG，50% RM	混磨20 min
S3-1	20% CG，80% RM	混磨10 min
S3-2	20% CG，80% RM	混磨20 min
S3-3	20% CG，80% RM	混磨40 min
S3-4	20% CG，80% RM	混磨60 min

注：RM为赤泥（red mud），CG为煤矸石（coal gangue）

1. 赤泥-煤矸石共混机械力粉磨激发的协同效应

确定赤泥和煤矸石共混体采用机械力化学效应进行激发的前提是探索两者共混的协同效应。固体粉末在机械力作用下活性提高，主要是通过晶格缺陷或畸变、新生表面、原子基团、外激电子的产生而引起的。利用赤泥和煤矸石共混预激发制备土壤聚合物，粉末共混体在机械力作用下同样会发生相应的物化反应，根据土壤聚合反应特征及前驱体需具备的物化特征，从Al(Al_2O_3)、Si(SiO_2)浸出特性，Al、Si结合能及矿物相变化三个方面同时对比赤泥、煤矸石原样及以三种不同预激发方式激活的赤泥-煤矸石共混体的物化特性，分析赤泥和煤矸石共混机械力粉磨激发的协同效应。

1）Al、Si 浸出特性

土壤聚合物材料的Al、Si浸出特性直接关系材料的性能。土壤聚合反应是在强碱激发下，原料中的硅铝酸盐首先解体为活性Al、Si，然后在溶解平衡条件下发生再聚形成新的三维网络结构的过程，因此，Al、Si的碱浸出特性是原料性质分析中重点关注的指标。取适量干燥固体粉末，按质量比1∶10加入5 mol/L NaOH溶液，在25 ℃±2 ℃条件下水平振荡24 h，静置过滤后取上清液利用电感耦合等离子体（inductively coupled plasma，ICP）光谱仪测定Al、Si的含量（Ye et al.，2014）。Al/Si浸出率为浸出液中所含Al/Si量和浸出前固体粉末中所含Al/Si的总量的比值。

由于土壤聚合物聚合反应过程第一阶段即预激发固体粉末中硅铝酸盐在碱激发剂作用下分解成为Al、Si活性单体，预激发固体粉末的Al、Si碱浸出特性对于材料是否可以有效制备土壤聚合物极其关键，各试样的Al、Si浸出特性如图2.15所示。为验证共混机械力激发的效果，试验同时设计了另外两种预激发共混体，即试样S1-3赤泥和煤矸石在单独粉磨后的共混试样和试样S1-5在600 ℃下煅烧2 h的赤泥-煤矸石共混体。可以看出，赤泥原样的Al浸出率为9.4%，煤矸石原样的Al浸出率则仅为2.9%，两者在单独粉磨20 min后以8∶2的比例共混，其浸出率仅为8.5%，按照原样浸出计算理论浸出率为8.1%，因此其单独粉磨后共混仅提高了0.4%，几乎没有影响，分析其原因主要是赤泥单独粉磨颗粒团聚沉积现象严重，颗粒比表面积不增大反而减小，虽然煤矸石单独粉磨比表面积增大，部分高岭土及石英晶体在粉磨激发下发生晶格畸变，会对Al浸出提供一定促进作用，然而其组成比例较小，对整个体系影响较小；煅烧活化试样Al浸出率达到了21%，较理论浸出率提高了两倍以上，表明煅烧对共混体具有较好的活化效果，但是依然低于共混机械力激发试样，证明赤泥-煤矸石共混机械力激发对材料的Al浸出协同效应明显。同样，各试样的Si浸出特性基本与Al浸出特性吻合，主要的差异在于共混粉磨激发试样S1-4和煅烧激发试样S1-5较Al浸出率增长幅度较小，可能是材料中Al源主要为赤泥中活性Al和三水铝矿及煤矸石中的高岭土成分，而Si源则主要是赤泥中的活性Si及煤矸石中的高岭土和石英，相对而言赤泥中活性Al成分高于Si，而煤矸石中石英处于较稳定状态在粉磨激发后依然较难在碱性条件下溶出。由以上分析，参照相关报道（Ye et al.，2014；Blum，1988），可以确定赤泥和煤矸石通过共混机械力粉磨激发可以有效促进材料的Al、Si碱溶出。

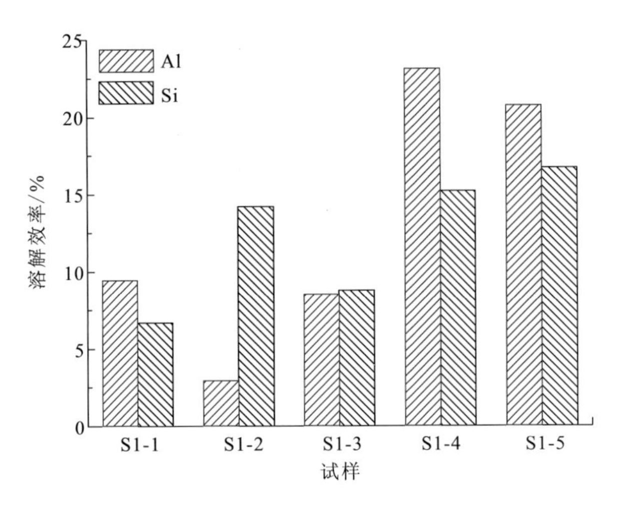

图 2.15　赤泥、煤矸石原样及不同方式预激发试样的 Al、Si 浸出特性

2）矿物相变化

矿物相的变化主要是检验预激发共混体的化学效应，图2.16是原样及三种不同激活方式的赤泥-煤矸石共混体的X射线衍射图谱。可以看出，石英和赤铁矿的特征衍射峰均清晰地存在于原样及预激发共混试样中（S1-1、S1-3、S1-4和S1-5），这是由于这两种矿物在机械力激发和高温煅烧激发时很难分解；通过共混机械粉磨激发及高温煅烧后赤泥和煤矸石共混样矿物相中出现了硅铝酸钠及霞石的特征峰，这两种矿物相的硅铝酸盐本身较容易在碱溶液中分解，使反应体系中Al、Si活性单体增多，促进土壤聚合反应，而

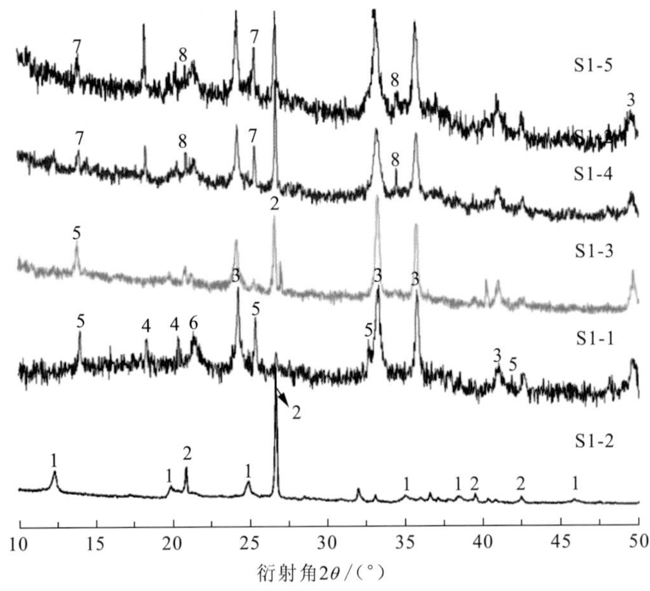

1—高岭石($Al_2O_3 \cdot 2SiO_2 \cdot 2H_2O$)，2—石英($SiO_2$)，3—赤铁矿($Fe_2O_3$)，4—三水铝石($Al(OH)_3$)，5—白云石($CaMg(CO_3)_2$)，6—二重高岭土($Al_2O_3 \cdot 2SiO_2$)，7—硅铝酸钠($AlNaO_6Si_2$)，8—霞石($Na(AlSiO_4)$)

图 2.16　原样及预激发试样的 X 射线衍射图谱

赤泥本身的钙霞石相和煤矸石的高岭土相均已消失，表明赤泥和煤矸石共混体在煅烧激发和共混粉磨激发下均能发生化学反应，这同时解释了前述Al、Si浸出特性分析的结果；然而赤泥和煤矸石单独粉磨后按比例混合试样S1-3却未出现类似S1-4和S1-5试样的矿物相变化，其主要特征衍射为赤铁矿和石英，值得注意的是赤泥原样在20～35 ℃具有明显的驼峰，预激发试样S1-4和S1-5也表现出同样的特征，但S1-3未有明显的凸出，说明单独机械力粉磨并不能达到预激发效果，同时间接证明了赤泥和煤矸石共混在机械力化学效应激发下对材料的活性增强具有协同促进效应。

3）物系 Al 2p 和 Si 2p 结合能的变化

Al 2p和Si 2p结合能是表征硅铝酸盐材料体系中Al、Si结合形式的重要手段。在机械力化学效应激发过程中，粉末激发体中晶体物质极易发生物化反应生成新的矿物相，其中硅铝酸盐规则结构通常会改变，直接导致粉末体中Al、Si的结合形式发生变化。

通过X射线光电子能谱（X-ray photo-electron spectroscopy，XPS）结果分析试样的Al 2p和Si 2p结合能的变化，结果如图2.17所示。从图中可以看出，赤泥和煤矸石原样的Al 2p结合能峰值分别位于74.59 eV和74.64 eV，经煅烧激发和共混机械粉磨激发试样的峰值降低为74.30 eV和74.31 eV，而单独粉磨后共混试样S1-3对应峰值为74.56 eV，较前两者变化小；通常Al 2p结合能的降低是由Al配位数的变化导致的，铝氧四面体$[AlO_4]^{5-}$中Al 2p结合能一般在73.40～74.55 eV，而铝氧八面体中则为74.10～75.00 eV，因此可以确定经过机械力和煅烧激发后，共混体的硅铝酸网络结构发生了变化。S1-4和S1-5两个试样中Al 2p结合能的变化归因于原样中钙霞石和高岭土中Al以铝氧八面体$[AlO_6]^{9-}$形式存在，经活化后其矿物相转变为在碱性溶液中易分解的硅铝酸钠及霞石矿物相，而在这两种矿物相中Al以四面体形式存在。Si 2p结合能的变化同样遵循XRD分析结果，经煅烧和共混机械粉磨激发，矿物相的转变直接导致Si—O聚合度的变化，Si—O聚合度的变化

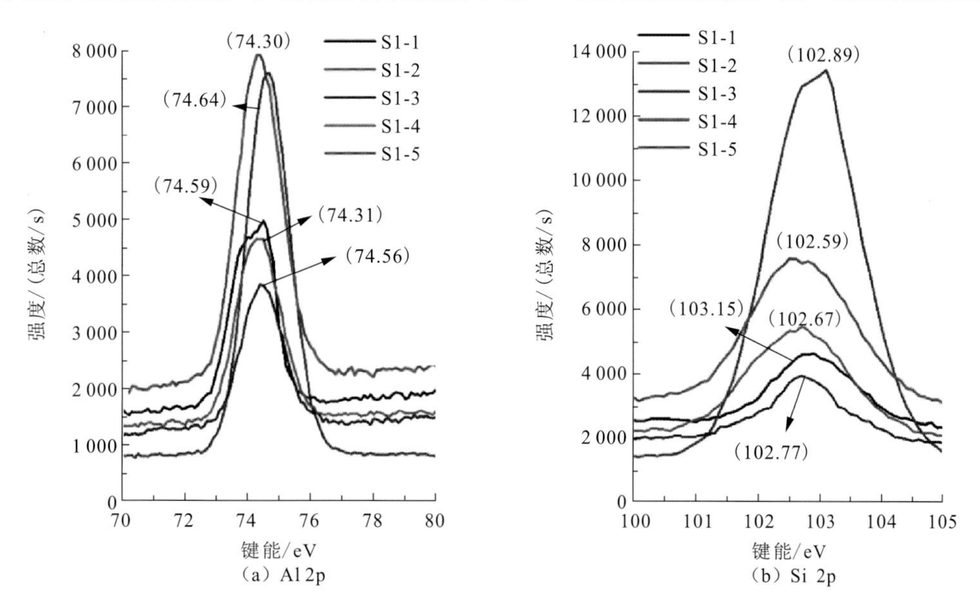

图 2.17　原样及预激发试样的 Al 2p 和 Si 2p 结合能

可以从矿物相Si/O摩尔比的变化中看出，两种有效的预激发方式促使Si/O摩尔比由原样的1∶3.4、1∶3.5均变化为1∶4，其Si 2p结合能较原样均降低，这从侧面证实了原样中晶体相Si源向低聚合态或无定形态转变的过程（Okada et al.，1998）。对比S1-3、S1-4和S1-5三个试样的Al、Si结合能变化，可以发现单独粉磨对于赤泥和煤矸石的预激发效果极其微弱，特别是化学效应极小，从而再次证实两者共混机械力激发的协同化学效应，然而难以否认的是煅烧激发从Al、Si结合能变化角度而言较共混机械力激发具有微弱的优势，在考虑能耗及环保的前提下，认定赤泥-煤矸石共混机械力激发粉磨前驱体更有优势。

2. 赤泥-煤矸石粉末前驱体激发工艺的优化及活性表征

如上所述，机械力粉磨激发工艺受多种参数的影响，特别是粉磨机械本身参数对于激发体活性变化具有显著的影响。粉磨机械本身各参数间具有相互联系性，为了稳定粉磨机械参数，选用高速行星球磨机，固定球料比和转速，探索粉磨时间、原料组成对材料活性的影响。

1）前驱体制备土壤聚合物机械性能

目前对于土壤聚合物粉末前驱体的活性检验没有统一的方法，众多研究者参照水泥等传统硅酸盐材料活性检验方法，认为制备相应条件下的土壤聚合物的强度变化是最为直接的检验标准，因此在优化共混机械力粉磨激发工艺的过程中，首先以抗压强度检验来考察前驱体的活性。

图2.18是不同原料配比和粉磨时间条件下经赤泥-煤矸石共混机械力激发试样制备的土壤聚合物抗压强度发展趋势。图2.18（a）显示，随着煤矸石的比例增大，试样的抗压强度先增大后减小，其中尤以赤泥和煤矸石质量配比为8∶2的试样S2-2抗压强度最为突出，表明该配比条件下赤泥-煤矸石共混体前驱体活性最好，同时在整个龄期内各试样的抗压强度不断增强，但各龄期间增长幅度也同样呈现先增长后降低趋势，说明煤矸石过量条件下会抑制材料碱激发强度的发展；图2.18（b）是不同粉磨时间下前驱体制备的土壤聚合物试样抗压强度变化情况：粉磨20 min后试样的抗压强度达到了最大，随着粉

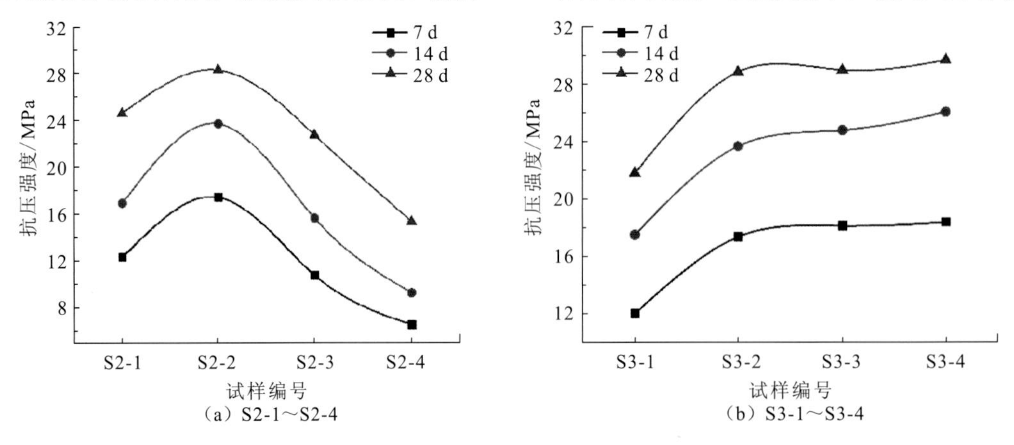

图 2.18　前驱体制备土壤聚合物抗压强度变化情况

磨时间继续增加，材料的抗压强度增长趋势变缓，这可能是因为材料颗粒粒径在粉磨20 min时达到了最佳分布状态，所以可以认定在试验限定的球料比和转速条件下粉磨激发20 min的试样S3-2为最佳。

本小节设置原料配比时主要是参考材料组成中Si/Al/Na的摩尔比值进行设置，如表2.10所示赤泥和煤矸石的配比由9∶1到5∶5，其SiO_2/Al_2O_3摩尔比变化范围为1.29～2.26，Na_2O/Al_2O_3 摩尔比变化范围为0.44～0.77，Reddy等（2016）在总结土壤聚合物性能与原料之间关系中指出 Na_2O/Al_2O_3的摩尔比为0.4～0.8，实验设定范围正好与之吻合。由前述前驱体激发后新生成矿物相中Si/Al/Na摩尔比1∶1∶1，而由原料矿物相组成可以看出原料中本身包含21.33%的石英，那么原料中Si源在激发过程中有一部分仍处于稳定状态，因此Na_2O/Al_2O_3摩尔比应至少大于1，综合确定煤矸石的掺料为10%以上。

表 2.10　不同配比赤泥-煤矸石共混体 SiO_2/Al_2O_3、Na_2O/Al_2O_3 摩尔比

样品编号	RM∶CG	SiO_2/Al_2O_3	Na_2O/Al_2O_3
S2-1	9∶1	1.29	0.77
S2-2	8∶2	1.53	0.70
S2-3	6∶4	2.01	0.53
S2-4	5∶5	2.26	0.44
S1-1	10∶0	1.05	0.86
S1-2	0∶10	3.50	0.02

2）粉末前驱体的表面能

表面能是指在恒温、恒压条件下，可逆地增加材料表面积所需要做的功，也即材料表面粒子相对内部粒子多出的能量。表面能是衡量材料表面活性的重要指标，同时也是包括比表面积等颗粒表面特征参数的总括，比表面积的变化直接导致颗粒表面能的改变，特别是对机械力化学效应作用下的颗粒。通过吸附法计算前驱体的表面能，详细计算过程如下：根据表面化学原理，吸附气体在粉末颗粒表面的浓度一定大于内部结构的浓度，此差值为表面超量（mol/cm^2），差值与气体吸附量的关系为

$$\tau = Q / Q_0 \cdot S \tag{2.8}$$

式中：Q为气体吸附量，cm^3/g；Q_0为气体摩尔体积，22 400 mL/mol；S为比表面积，m^2/g。根据朗缪尔（Langmuir）吸附理论，材料表面气体吸附量可表示为

$$Q = \frac{abP}{1+bP} \tag{2.9}$$

式中：a为单层饱和吸附量，cm^3/g；b为吸附平衡常数；P为吸附压力，MPa。

由吉布斯吸附公式，可知表面张力变化如式（2.10）所示，将式（2.9）代入式（2.10），整理变化即可用式（2.11）求出材料在吸附气体前后的表面能变化值π(J/m^2)。

$$d\gamma = -\tau RT d\ln P \tag{2.10}$$

$$\pi = -\int d\gamma = \int \tau RT d\ln P = \frac{aRT}{Q_0 S}\ln(1+bP) \tag{2.11}$$

式中：R为气体常数，8.314 3 J/mol·K；T、P为吸附气体热力学参数。

为了有效表征赤泥-煤矸石共混体在机械粉磨作用产生的物化效应，试样通过吸附模拟测定前驱体的表面能变化情况。由式（2.11）可知计算材料吸附气体前后的表面能变化值π，需要确定的参数包括前驱体比表面积S、单层饱和吸附量a、吸附平衡常数b及吸附试验条件下N_2的热力学参数T和P，其中S由BET多点吸附法测定；T、P按实验条件设置分别为303.15 K和0.108 MPa；a和b主要通过吸附曲线数据分析得出。

式（2.9）进行变形可得

$$\frac{1}{Q} = abP + \frac{1}{a} \tag{2.12}$$

由式（2.12）可以看出，$1/Q$和P呈线性相关，其中a和b的乘积为斜率k，而$1/a$为截距d，那么通过对各试样的参数$1/Q$和P线性拟合即可求出a和b值，各试样的拟合曲线如图2.19所示，拟合效果基本良好，所得直线斜率k、截距d及计算所得a和b的值如表2.11所示，最后通过式（2.11）即可算出试样吸附气体前后表面能变化值π。

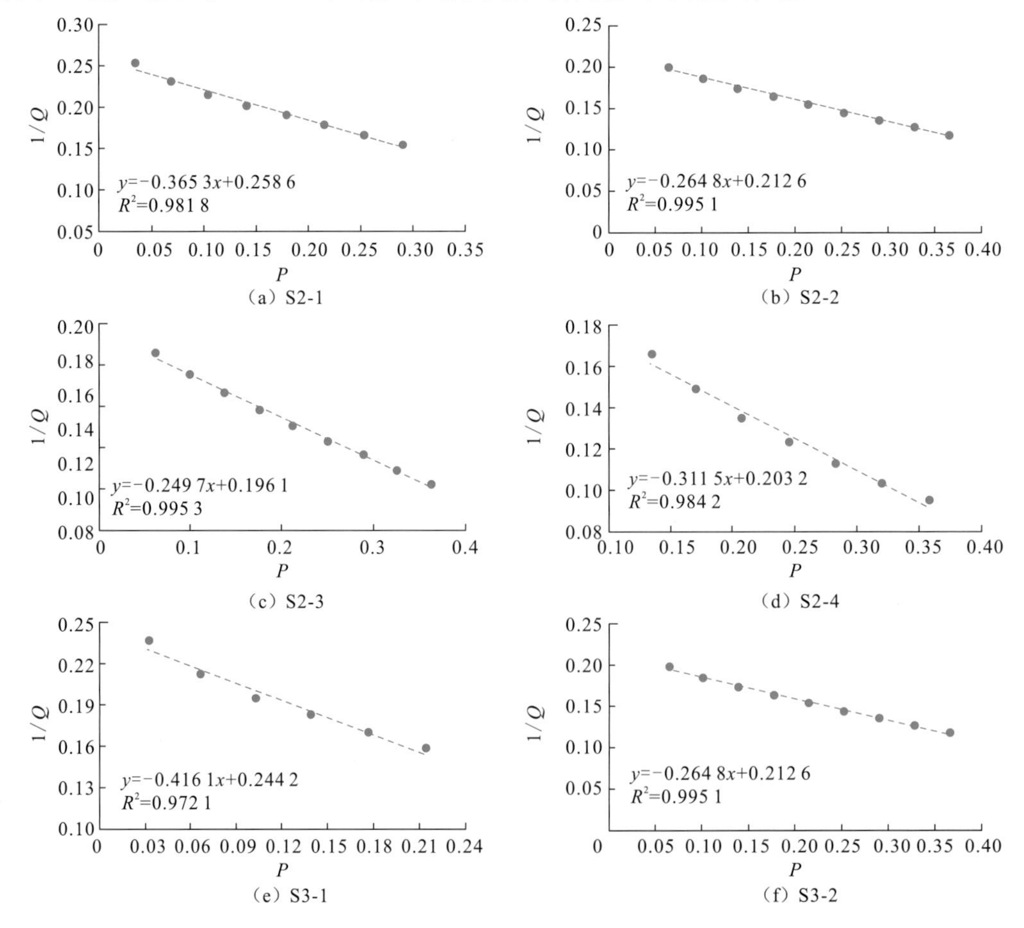

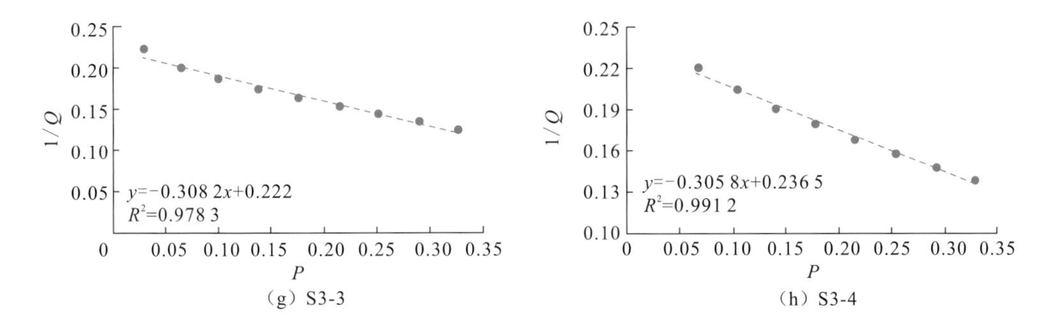

（g）S3-3　　（h）S3-4

图 2.19　$1/Q$ 和 P 线性关系拟合

表 2.11　前驱体表面能计算相关参数

样品编号	S/(m²/g)	k	d	a/(mL/g)	b	$\|\pi\|$/(J/m²)
S2-1	19.69	−0.365	0.258 6	3.866 976	−0.094 47	0.130 8
S2-2	23.64	−0.265	0.212 6	4.703 669	−0.056 30	0.139 1
S2-3	26.05	−0.250	0.196 1	5.099 439	−0.048 97	0.119 1
S2-4	32.48	−0.312	0.203 2	4.921 260	−0.063 30	0.118 9
S3-1	21.45	−0.416	0.244 2	4.095 004	−0.101 61	0.111 5
S3-2	22.64	−0.265	0.212 6	4.703 669	−0.056 30	0.139 1
S3-3	23.17	−0.308	0.222 0	4.504 505	−0.068 42	0.145 2
S3-4	22.96	−0.306	0.236 5	4.228 330	−0.072 32	0.145 5

由表2.11中S2-1～S2-4试样的吸附前后表面能的变化可知赤泥和煤矸石配比为8∶2时，试样表面能最大，其活性较其他试样更具优势。同时可以看出，随着煤矸石比例的增大，粉末的比表面积呈增长趋势，但表面能却并没有呈现相同的趋势，这表明机械力化学效应激发体的活性并不依赖于材料的表面积。同时对同一配比不同粉磨时间条件下试样S3-1～S3-4的表面能变化情况进行分析，材料的表面能增长到一定程度则基本保持不变，说明此时增加粉磨时间只会增加能耗，对于材料的表面活性增长并无太大促进作用，这也恰好与强度变化分析相一致。因此，可以优选共混机械力粉磨激发参数赤泥和煤矸石的配比为8∶2，机械粉磨时间为20 min。

3）粉磨前驱体的颗粒分布特征

在研究赤泥和煤矸石共混前驱体活性表征时，必须确定预激发粉末体的物化参数，颗粒粒径分布特征无疑是粉末体重要的物理指标，然而表征颗粒分布特征的参数很多，包括D_{10}、D_{30}、D_{50}、D_{60}、D_{90}及比表面积等，这些参数在总体上可以有效解释预激发颗粒分布状况，但由于参数过多，无法定量化表达粒径分布特征。因此，可采用具有统计学意义的平均粒径来定量化粒径分布特征（张茂根 等，2000）。

假设激活粉末体为理想球体，其平均直径$D(p, q)$计算公式为

$$D(p,q)=\left(\frac{\sum_{i=1}^{k} n_i D_i^p}{\sum_{i=1}^{k} n_i D_i^q}\right)^{\frac{1}{p-q}} \tag{2.13}$$

式中：n为直径是D的颗粒的数量；p为1～4整数值，q为0～3整数值，p、q取值不同代表不同的物理意义，本小节研究颗粒体平均粒径分布，分布取值为p=4和q=3，表示平均粒径，整理式（2.13）可得

$$D(4,3)=\frac{\sum_{i=1}^{k} n_i D_i^4}{\sum_{i=1}^{k} n_i D_i^3} \tag{2.14}$$

根据各试样粒径分布特征数据，代入式（2.14）可以求出各试样的平均粒径。在优化机械粉磨激发工艺的过程中对各试样的颗粒粒径分布特征进行检测，为了直观反映机械粉磨作用效果，选取颗粒累积分布特征进行分析，如图2.20所示。对比赤泥和煤矸石不同配比共混体在相同条件下粉磨激发后的粒径分布，R9G1和R8G2粒径分布基本没有太大区别，R8G2在30 μm粒径分布略有增加，而随着共混体中煤矸石比例的增加，颗粒累积分布明显向低粒径方向移动，说明煤矸石较赤泥更易粉碎，在共混粉磨过程中其助磨的作用突出；图2.20（b）则反映了赤泥和煤矸石相同配比下不同粉磨时间颗粒粒径分布变化情况，粉磨体主要有三个主峰，分别位于3 μm、7 μm和32 μm附近，随着粉磨时间的增加，三个累积分布峰均增大，但是总体峰位并未改变，表明机械粉磨时间的增加并不一定会提高粉磨效率。综上所述，从粒径累积分布特征角度，增加煤矸石的比例或增加粉磨时间更有助于颗粒向微粒径转移，然而参照水泥胶凝材料对粒径的要求，土壤聚合物材料也同样对颗粒粒径有要求，虽然具体的限定范围仍然未能确定，但通过试样的性能对比，也可以发现并不是颗粒粒径越小，粉末土聚合反应越好，因此从分布特征上无法实现共混机械粉磨激发工艺优化的目标。

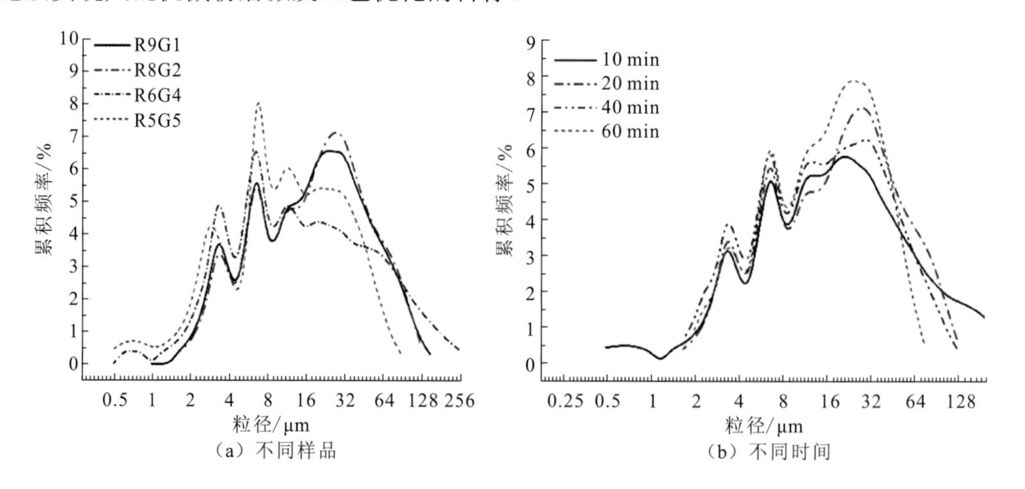

图 2.20　试样颗粒累积分布特征

在以上分析基础上，考虑后续对赤泥-煤矸石共混体活性定量表达的需求，前驱体的颗粒粒径分布特征必须采取定量化的表达方式定义，采用$D(p, q)$粉末颗粒体积平均粒径对其定量化表达。根据式（2.14）计算各试样的平均粒径$D(4, 3)$如表2.12所示。随着煤矸石比例的增大，其平均粒径逐渐减小，随着粉磨时间的增加该值同样减小，但是从数值上分析R8G2和R6G4基本接近，这可能是煤矸石和赤泥的比例在这两种组合之间达到协同效应的平衡，当煤矸石量超过平衡所需，材料的粒径急剧下降；同时粉磨40 min试样和粉磨60 min试样的平均粒径也基本接近，说明在粉磨40 min时粉磨已经达到最佳效果，再增加粉磨时间只会徒增能耗。

表 2.12　试样的粒径特征　（单位：μm）

赤泥占比/%	样品编号				粉磨时间/min			
	R9G1	R8G2	R6G4	R5G5	10	20	40	60
10	2.94	3.68	3.45	2.35	3.16	3.68	3.18	3.56
20	4.82	5.95	5.70	3.62	5.68	5.95	5.31	5.78
30	6.40	8.98	8.37	5.89	8.41	8.98	7.18	8.12
40	9.82	12.95	12.20	7.32	11.96	12.95	10.51	11.23
50	14.93	17.94	16.92	10.11	16.59	17.94	14.33	14.87
60	22.82	23.14	22.08	13.58	22.36	23.14	19.31	18.86
70	34.77	29.43	28.74	18.90	30.78	29.43	25.65	23.47
80	54.13	39.02	38.66	26.06	45.95	39.02	33.95	29.25
90	89.05	57.59	57.38	36.87	84.34	57.59	48.92	37.92
***D*(4, 3)**	80.73	51.32	50.33	32.44	77.07	51.32	42.81	41.71

4）粉末前驱体的 Al、Si 碱浸出特征

在优选机械粉磨激发工艺的过程中，同时测定了各前驱体的 Al、Si 浸出特性，测定在 3 mol/L、5 mol/L、8 mol/L、10 mol/L 氢氧化钠浸提液作用下各试样的浸出情况，如图 2.21 所示。从图 2.21（a）和（b）可以看出，随着煤矸石比例的增大，试样的 Al 浸出率明显减少，但 Si 浸出率变化较小，出现这种现象的原因可能是煤矸石比例增加后，煤矸石中的高岭土活化效果逐渐减弱，但煤矸石的助磨作用显著增大，促使赤泥中未分解且处于较稳定态的铝酸盐矿物分解或发生晶格畸变降低了结构稳定度，在碱溶作用下进一步释放，致使试样中 Al 浸出率明显增大，然而赤泥中的 Si 源主要稳定态的石英在机械力作用下并没有产生太大结构变化，也不能在碱溶作用下释放。从图 2.21（c）和（d）可以看出，试样随着粉磨时间的延长，Al、Si 的浸出率均呈现增长趋势，但到后期增长趋势减缓，粉磨效率降低。从所有试样的浸出结果看，随着碱溶液浓度的升高，试样的 Al、Si 浸出率均呈现增长趋势，表明各激发体具备在碱激发条件下持续释放 Al、Si 活性

单体的条件，可以用以制备土壤聚合物，同时在 5 mol/L 之后增长趋势逐渐减缓。

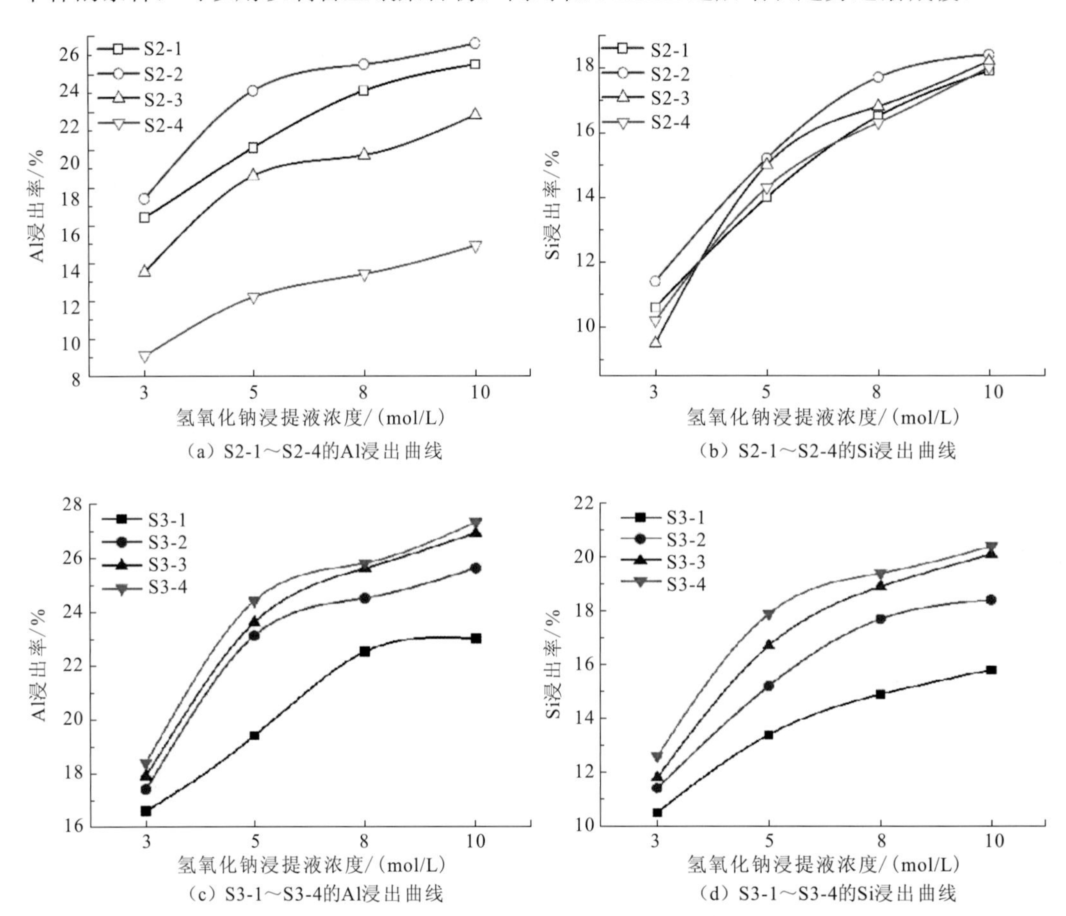

图 2.21　机械粉磨预激发共混体 Al、Si 浸出率

5）赤泥-煤矸石共混前驱体的活性表征及预测模型

土壤聚合物制备过程中其固相粉末组分的胶凝活性对于终端材料性能极其关键，然而现有研究针对土壤聚合物原料活性的定量表征研究相对较少。土壤聚合物最初是以纯相高岭土或偏高岭土为原料，纯相物质的活性认定主要通过定量化其参与反应的矿物相即可实现，随着土壤聚合物原材料的不断丰富，硅铝酸盐固体废物不断引入，导致其原料的组成不断复杂化，同时其作为土壤聚合物前驱体使用时，必须通过有效的激活方式进行活性激发，传统的利用固化强度来判断是最为有效且真实的活性鉴定方法，然而此方法实验周期长且需要消耗大量样品，对于材料研发进程极其不利。通过机械力化学效应对赤泥和煤矸石共混体进行激发，机械力作用下共混体在物化特征上有显著的变化，参考土壤聚合物聚合反应的特征，确定可定量化的指标包括表面能π、平均粒径$D(4, 3)$及Al、Si浸出率等，因此以相应粉末试样碱激发固化体抗压强度为活性判定标准，设其为应变量y，以上述4个指标为自变量x_i，通过多因素线性拟合，即可建立赤泥-煤矸石共混体强度预测模型，以该模型间接表征前驱体活性。样本包括试验过程中可定量化的样

本及优化试样样本，各样本及各参数如表2.13所示。

表 2.13　模型拟合样本及参数

编号	试样/时间	y/ MPa	x_1/ (J/m^2)	x_2/μm	x_3/%	x_4/%
1	R9G1	24.55	0.130 833 1	80.733 56	20.1	14
2	R8G2	28.22	0.139 074 2	50.320 66	23.1	15.2
3	R6G4	22.68	0.118 962 7	50.328 59	18.6	15
4	R5G5	15.26	0.119 120 4	32.435 46	12.2	14.3
5	10 min	21.77	0.111 455 4	77.069 72	19.4	13.4
6	40 min	28.95	0.145 262 4	42.808 61	23.6	16.7
7	60 min	29.66	0.145 511 0	32.710 47	24.4	17.9
8	R8.5G1.5	27.25	0.134 265 3	68.433 45	20.5	14.5
9	R7.5G2.5	24.37	0.132 490 7	50.330 27	22.9	15.5
10	R7G3	24.05	0.127 866 3	50.325 45	22.1	15.9
11	R6.5G3.5	23.03	0.121 046 2	50.327 05	19.4	15.3
12	R5.5G4.5	17.18	0.119 027 5	36.340 45	14.7	14.7
13	15 min	26.35	0.123 078 5	68.450 56	20.6	14.4
14	30 min	29	0.142 306 5	45.806 52	23.5	16.2
15	50 min	29.32	0.144 065 5	36.721 35	24.1	17.5

注：y 为粉末试样碱激发固化体抗压强度；x_1 为表面能的绝对值；x_2 为平均粒径；x_3 为 Al 浸出率；x_4 为 Si 浸出率

采用软件PASW Statistics 18.0将y作为因变量，x_1、x_2、x_3、x_4作为自变量，建立多元线性回归模型。首先不考虑变量的多重贡献问题，方法中选择“进入”，表示所有的自变量都进入模型，模型拟合调整后的R^2为0.909，拟合度较高，回归方程显著性检验的p值为0，表示被解释变量与解释变量全体的线性关系是显著的，可建立线性方程式(2.15)。

$$y=152.590x_1+0.087x_2+0.615x_3+0.675x_4-22.655 \tag{2.15}$$

由表2.14可知，除x_1外，其他变量均大于显著性水平（Sig.>0.05），因此需要重新建模。

表 2.14　模型拟合相关参数

模型	非标准化系数		t	Sig.
	B	标准误差		
（常数）	−22.655	13.579	−1.668	0.126
x_1	152.590	61.759	2.471	0.033
x_2	0.087	0.062	1.413	0.188
x_3	0.615	0.290	2.121	0.060
x_4	0.675	1.004	0.672	0.517

重新建模采用“向后筛选”方法，见式（2.16），回归方程显著性检验的p值为0，模型拟合调整后的R^2为0.914，模型拟合参数如表2.15所示。

$$y=160.241x_1+0.050x_2+0.766x_3-14.480 \tag{2.16}$$

表 2.15　模型拟合相关参数

模型	非标准化系数		t	Sig.
	B	标准误差		
（常数）	14.480	5.883	2.461	0.032
x_1	160.241	59.169	2.708	0.020
x_2	0.050	0.027	1.850	0.041
x_3	0.766	0.180	4.261	0.001

分析上述拟合模型，一次拟合结果将预先设定的4个变量均考虑在内：表面能x_1代表机械力作用下颗粒的新生表面的能量变化，平均粒径x_2表征颗粒物理分布特征，x_3和x_4则反映的是机械力作用下颗粒中硅铝酸盐释放能力；其中Al的释放均来自原料中的铝酸盐或已有的活性Al组分，而这些组分在土壤聚合物反应过程中是直接参与反应的，然而Si源还包括一部分稳定态的石英，由于碱浸出试验反应条件与碱激发土聚合反应条件存在一定差异，可能在碱浸出过程中石英Si源对浸出量有一定干扰，在向后筛选二次模拟时，应将其剔除。从模型公式上看，增加一个单位表面能，材料碱激发固化体抗压强度提高160.241 MPa，然而在本小节计算条件下，其强度变化范围也仅为个位数的变动，符合试验规律，如果采取更为高效的表面能激发方式，对于固化体抗压强度的变化将具有重大贡献；而对于平均粒径而言，其增加一个单位，仅会引起0.05 MPa强度增长，而在粉磨激发过程中随着时间的推移，粒径的变化逐渐减小，因此单纯地增加粉磨时间是无法实现赤泥-煤矸石共混体的预激发活性的；Al浸出率对于强度的单位贡献值为0.766，而在本试验样本中，该值的变化区间为11.4，强度增长为8.96 MPa，因此提高原料的Al浸出率也是增加其活性的重要手段。由上述分析可知，在对赤泥-煤矸石共混体进行机械力粉磨激发过程中首先应探索如何快速高效提高其表面能，然后为提高其活性Al的浸出率，最后再考虑粒径的变化。

3. 赤泥-煤矸石前驱体机械力活化效应分析

基于前述赤泥-煤矸石共混粉磨协同效应、机械粉磨工艺优化及粉末前驱体活性表征的研究，对赤泥-煤矸石共混体在机械力化学效应作用下引起的化学变化进行分析，选取赤泥-煤矸石配比为8∶2的共混体在不同粉磨时间下的前驱体作为研究对象，利用XRD、FTIR（傅里叶变换红外光谱仪，Fourier transform infrared spectrometer）及SEM揭示机械力作用下共混体的活化机制。

1）XRD 分析

图2.22为赤泥-煤矸石共混体随粉磨时间增加矿物相变化情况。赤泥和煤矸石在共混机械力作用下，其中主要发生的矿物相变化为，三水铝石和高岭石特征衍射峰逐渐消失，取而代之的是硅铝酸钠和霞石，在粉磨10 min时三水铝石还未完全消失，但粉磨20 min后该相完全消失，硅铝酸钠和霞石衍射峰逐渐增大，但是粉磨40 min和60 min的试样该特征峰并没有太大变化，同时在20°～35°的衍射峰出现凸起，表明无定形态物质的生成，但是由于原料物相复杂，衍射峰杂峰众多，该现象并不特别明显。分析其中发生化学反应的原因，可能是赤泥中残留的Na^+、[SiO_4]、[AlO_4]和煤矸石的高岭石相$Al_2O_3·2SiO_2·2H_2O$在机械力作用下发生反应向$NaAlSiO_4$相转变，从而使共混体中Al、Si的结合能降低，导致其在后续的碱激发反应过程中更易释放Al、Si单体，促进土壤聚合反应的持续进行。

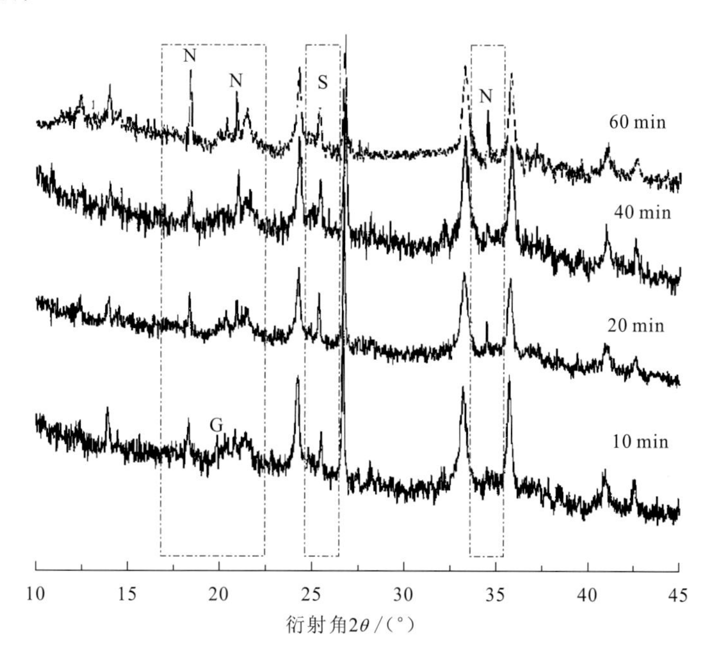

G—三水铝石($Al(OH)_3$)，S—硅铝酸钠($AlNaO_6Si_2$)，N—霞石($Na(AlSiO_4)$)

图 2.22　不同粉磨时间作用下共混体的 XRD 图谱

2）FTIR 分析

土壤聚合物材料结构的表征可以通过红外光谱分析鉴别。利用赤泥和煤矸石作为原料开发土壤聚合物，其前驱体结构主要呈现为复杂的Si—O基团的振动。Si—O基团都是由$[SiO_4]^{4-}$四面体组成，在不同的矿物组成结构中其通过彼此连接形成不同的网络构成，同时Al^{3+}可取代Si形成$[AlO]^{5-}$四面体，也可形成$[AlO_6]^{9-}$八面体，因此在关注前驱体化学键的变化时，主要关注Si—O—Si、O—Si—O及Si—O—Al的变化情况。

图2.23显示的是不同粉磨时间下共混体的红外光谱变化情况，其主要的变化出现在

低波数段400～800 cm^{-1}和中波数段800～1 300 cm^{-1}。在低波数段，位于465 cm^{-1}的谱带为［TO_4］四面体中Si—O—Si(Al)的弯曲振动，而位于545 cm^{-1}的吸收峰主要为［AlO_6］八面体中Si—O—Al的弯曲振动，其发生配位改变的是硅铝酸盐。在中波数段，主要出现一个宽的Si—O—Si(Al)不对称振动峰，这是由共混体中多种Al、Si组分的特征吸收峰重叠所致，其中位于911 cm^{-1}附近的谱带为Si—O—末端振动；位于999 cm^{-1}的谱带则对应Si—O—Si(Al)不对称振动，这个峰往往被认为是无定形物质形成的标志（Granizo et al.，2010），在1 099 cm^{-1}附近的振动主要为结构孔隙中Si—O—Si的伸缩振动，对应的1 150 cm^{-1}附近谱带为位于硅铝酸盐结构表面的Si—O—Si伸缩振动（Criado et al.，2007）。

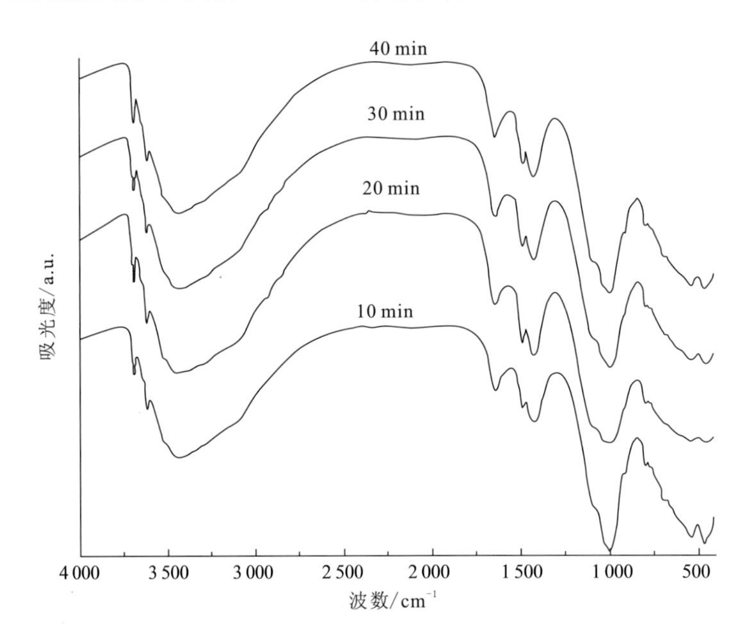

图 2.23　不同粉磨时间作用下共混体的 FTIR 图谱

为了深入了解在中波数段谱带变化的原因，将 800～1 300 cm^{-1} 段（Criado et al.，2007）各试样的波谱转化为吸收率，并利用分峰软件对波谱进行分峰处理（图 2.24），分别统计不同谱带的峰面积和峰位置波数，具体统计结果见表 2.16。随着粉磨时间的增加，变化最大的谱带为 1 150～1 170 cm^{-1}，其主要反映的是颗粒表面 Si—O—Si(Al)的伸缩振动，反映了材料表面的硅铝酸盐聚合度不断降低，表明粉磨作用对材料表面的影响极大；相反，位于网络孔径结构中的 Si—O—Si(Al)所对应的振动吸收带（910～920 cm^{-1}）却没有明显的变化，表明粉磨作用很难对硅铝酸盐内部深层次网络结构造成破坏；谱带 990～1 005 cm^{-1} 的吸收峰位和峰面积随粉磨时间不断减小，表明粉磨时间增加促使前驱体 Si—O 聚合度不断降低，该谱带的变化正好说明高岭土矿物结构发生破坏，导致 XRD 分析中并未发现硅铝酸盐的存在（Criado et al.，2007）。

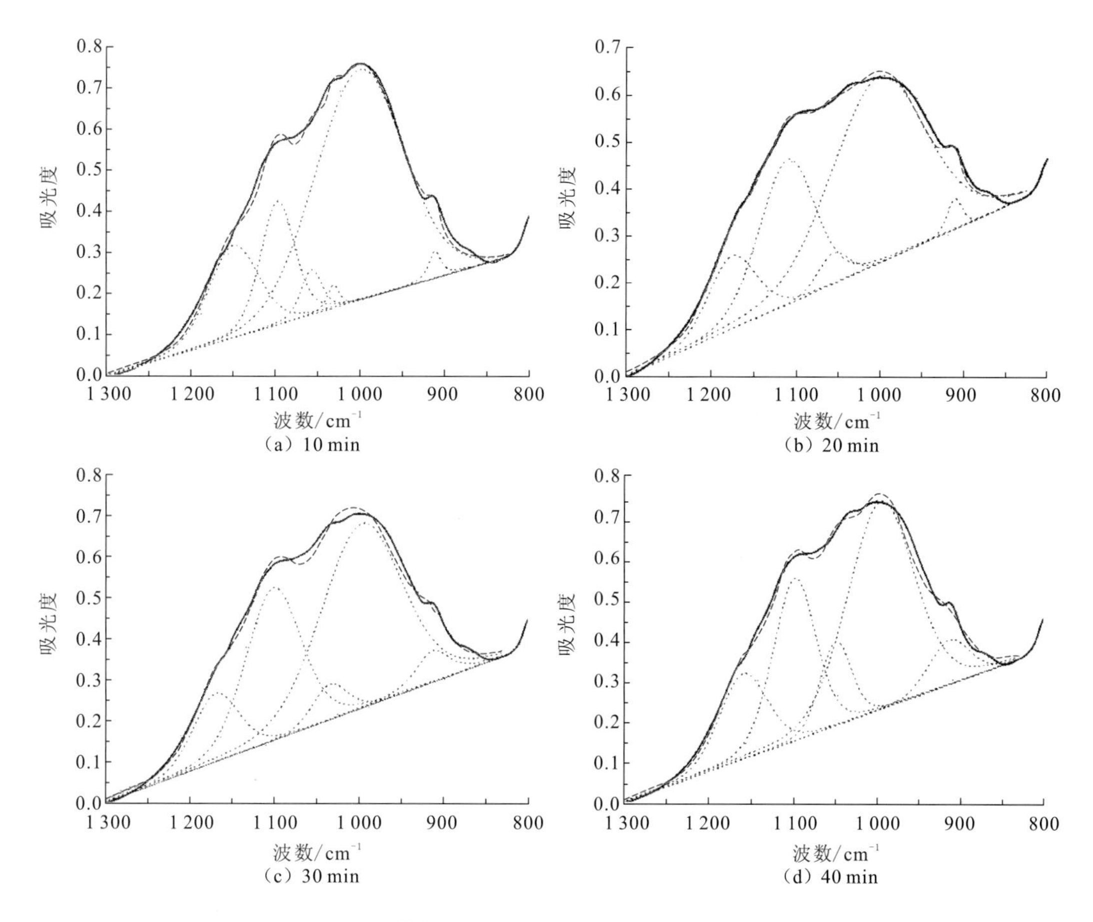

图 2.24　不同粉磨时间作用下共混体的 FTIR 图谱分峰处理

表 2.16　FTIR 图谱分解谱带的峰面积及峰位

吸收带/cm^{-1}	峰面积（100%）				峰值位置/cm^{-1}			
	10 min	20 min	30 min	40 min	10 min	20 min	30 min	40 min
910～920	0.014 5	0.014 9	0.053 8	0.061 3	912	911	914	914
990～1 005	0.638 0	0.578 5	0.539 3	0.474 8	1 001	1 000	999	996
1 025～1 035	0.053 4	0.031 3	0.043 5	0.090 5	1 032	1 036	1 034	1 050
1 090～1 115	0.147 1	0.262 8	0.264 2	0.238 0	1 097	1 102	1 098	1 099
1 150～1 170	0.155 1	0.112 5	0.099 2	0.135 5	1 150	1 176	1 150	1 160

3）SEM 分析

图2.25对比了赤泥原样、煤矸石原样及共混粉磨前驱体的微观形貌变化。赤泥原样主要是由大量微小的不规则颗粒集聚成的大尺寸的团聚体，而煤矸石原样主要是由大量的层状叠加的片状晶体物质组成。这些片状层压叠加结构在粉磨过程中极易被破坏，相

反赤泥内部的小颗粒聚集体却很难被破坏，由此可解释煤矸石的加入对于共混体粉磨具有助磨作用；经过共混机械粉磨激发后，试样的微观特征则表现为无定形态的颗粒团簇，这可能是赤泥和煤矸石共混后，赤泥颗粒和煤矸石片状颗粒在机械力作用下相互包覆，晶体缺陷不断增大，结构无序的非晶颗粒不断增多所致。

（a）赤泥原样　（b）煤矸石原样

（c）共混前驱体（×1 000）　（d）共混前驱体（×5 000）

图 2.25　赤泥、煤矸石原样及共混前驱体微观形貌

4）共混体机械力活化过程分析

固体粉末特别是多种粉末在机械力作用下，活化能的提高主要依赖于三个方面的变化：①原料中晶体物质产生缺陷或畸变，从而破坏化学反应平衡致使材料表面活化能发生改变；②机械力致使粉末颗粒微细化和凝胶化，且分散度增加致使新生表面产生，表面能发生改变；③新生表面产生新生原子基团，促进活性物质间的反应（Jia，2014）。

综上所述，将赤泥-煤矸石共混体通过机械粉磨激发，其激发过程主要包括三个方面（图2.26）：①赤泥-煤矸石粉末的单纯混合，主要表现为原料中稳定矿物相赤铁矿和石英之间的混合；②成分间互相包覆，主要表现为活性Si、Al及结构畸变的硅铝酸盐矿物被稳定态物质包裹；③新生物质的产生，主要表现为新生低聚合度硅铝酸盐及原有活性硅铝酸盐的释放。

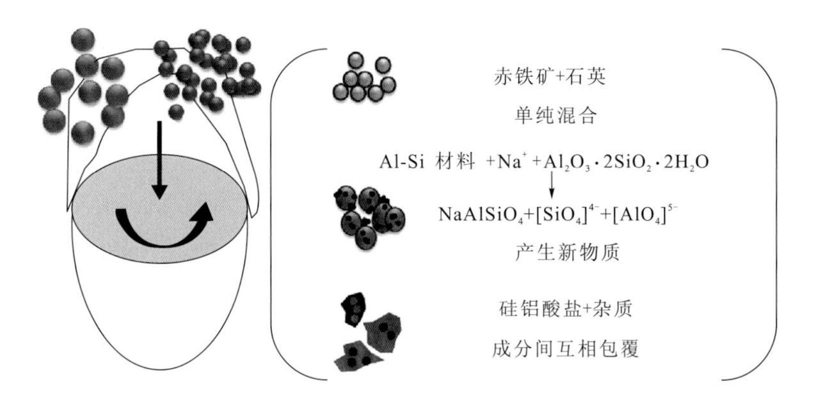

图 2.26　机械力粉磨激发赤泥-煤矸石共混体作用方式

2.2　新型环境功能材料的作用机理、改性机制及性能

2.2.1　环境功能材料的作用机理

由于水泥、粉煤灰及矿渣的颗粒级配不良，其浆体结构中存在大量10 μm以内的孔隙，200～20 000 nm亚纳米粉体材料（尤其是10 μm以内的粉体颗粒）可填充到这些孔隙中，使粉体颗粒之间发生紧密堆积效应，从而改善浆体孔结构；同时，还可充当C-S-H凝胶的成核基体，加速C_3S的水化；此外，在水化产物$Ca(OH)_2$的激发作用下，亚纳米粉体材料还可参与水化，进一步改善材料性能（刘数华 等，2010）。

1. 填充效应

亚纳米材料通常具有比水泥、粉煤灰及矿渣等传统材料更高的细度，因而具有更好的微集料填充效应。亚纳米材料的填充效应主要表现为亚纳米材料对水泥浆基体和界面过渡区中孔隙的填充作用，使浆体更为密实，减小孔隙率和孔隙直径，改善孔结构。

环境扫描电子显微镜（environmental scanning electron microscope，ESEM）照片显示，纯水泥试样由于颗粒粒径较为单一，且10 μm以下颗粒较少，填充效果最差，空隙最多；加入亚纳米材料后，由于其粒径很小，能与水泥熟料及粉煤灰和矿渣形成良好的级配，故具有很好的填充效果（图2.27）。

孔结构测试结果表明，亚纳米材料对砂浆和混凝土的孔结构均具有明显的改善作用，随着亚纳米材料掺量的增加，＞200 nm的多害孔明显减少，50 nm和20 nm以下的少害孔或无害孔明显增加，亚纳米材料具有显著的孔隙细化作用。

(a) 100%水泥

(b) 70%水泥-30%亚纳米粉体

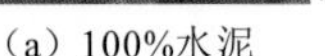

图 2.27 初凝前浆体的微观结构

2. 加速效应

亚纳米材料在材料体系的水化和硬化过程中有加速作用，粉体颗粒作为一个个成核场所，致使溶解状态中的C-S-H遇到固相粒子并接着沉淀其上的概率有所增大，这种作用在早期是显著的，无论何种水泥，掺入亚纳米材料后均加速了其水化，亚纳米材料的细度越大，其早期抗压强度增长越明显。

水泥的水化过程经历了一系列极为复杂的物理化学过程，但仅从相变热力学的角度考察，认为C-S-H凝胶形成过程的推动力是其相变前后自由能的下降，即

$$\Delta G_{T,P} \leqslant 0 \tag{2.17}$$

式中：$\Delta G_{T,P} < 0$ 表示该过程自发进行，C-S-H凝胶大量生成。$\Delta G_{T,P} = 0$ 表示该过程达到了平衡：当一微小C-S-H颗粒出现时，由于颗粒很小，其溶解度远高于平面状态的溶解度，在相平衡温度下，这些晶粒被重新溶解。

当外界条件发生变化时，系统中的某一相处于亚稳状态，它有转变为另一较为稳定新相的趋势。若相变的驱动力足够大，这种转变将借助于小范围内较大的涨落而开始。C-S-H不断结晶析出的第一步是晶核的形成，它分为均匀成核和非均匀成核。在水泥水化的实际过程中，晶核往往借助于集料（粗细集料和微集料）表面、界面等区域形成。如果晶核依附于亚纳米材料颗粒表面形成，则高能量的晶核与液体的界面被低能量的晶核与成核基体（亚纳米材料颗粒表面）所取代，从而降低了成核位垒。

非均匀成核的临界位垒 $\Delta G_{\mathrm{k}}^{*}$ 与接触角θ的关系为

$$\Delta G_{\mathrm{k}}^{*} = \Delta G_{\mathrm{k}} \cdot f(\theta) \tag{2.18}$$

式中：$\Delta G_{\mathrm{k}}^{*}$ 为非均匀成核时自由能的变化（临界成核位垒）；ΔG_{k} 为均匀成核时自由能的变化；$f(\theta) = (2+\cos\theta)(1-\cos\theta)^2/4$。

由非均匀成核的临界位垒 $\Delta G_{\mathrm{k}}^{*}$ 与接触角 θ 的关系可知，在成核基体上形成晶核时，成核位垒应随着接触角 θ 的减小而下降。若 $\theta = 180°$，则 $\Delta G_{\mathrm{k}}^{*} = \Delta G_{\mathrm{k}}$；若 $\theta = 0°$，则 $\Delta G_{\mathrm{k}}^{*} = 0$。由于 $f(\theta) \leqslant 1$，非均匀成核比均匀成核的位垒低，析晶过程容易进行。适当掺量的亚纳米材料充当了C-S-H的成核基体，降低了成核位垒，加速了水泥的水化。

同时，基于胶凝体系的水化进程，即结晶成核与晶体生长过程$F1(\alpha)$、相边界反应过

程$F2(\alpha)$和扩散过程$F3(\alpha)$，建立水泥的水化动力学模型。随着胶凝体系细度的提高，水化诱导期提前结束，第二放热峰显著提前，且放热量增大；从水化动力学过程来看，结晶成核与晶体生长过程和相边界反应过程缩短，更快地进入扩散过程，如图2.28所示。

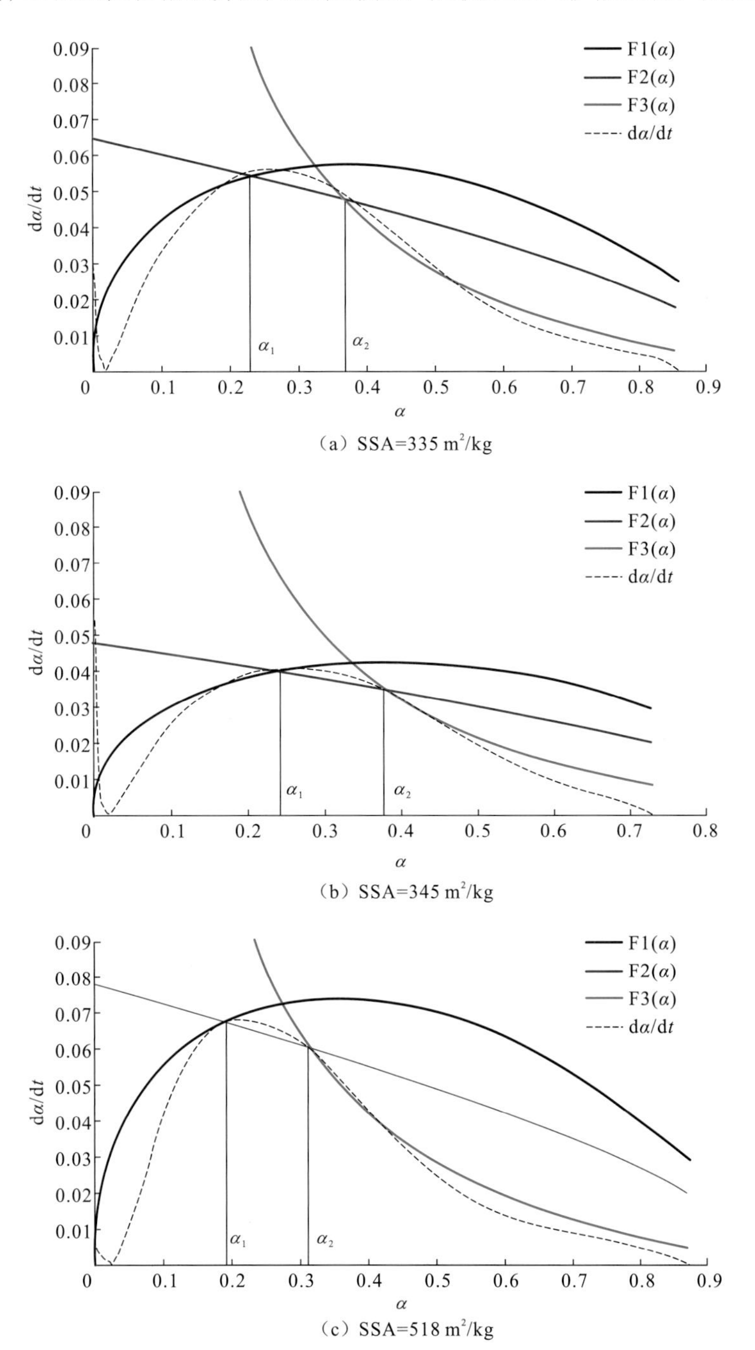

（a）SSA=335 m²/kg

（b）SSA=345 m²/kg

（c）SSA=518 m²/kg

图 2.28　细度对水化动力学进程的影响

3. 活性效应

针对玻璃粉（glass powder，GP）、石灰石粉（limestone powder，LP）、钢渣粉（steel slag powder，SSP）、低品质粉煤灰等典型硅铝质材料，观测其在复合胶凝体系水化硬化过程中的作用机理。玻璃粉的主要成分是SiO_2和Al_2O_3，分别占55.75%和10.64%；石灰石粉的主要成分是$CaCO_3$；钢渣粉的主要成分是CaO、Fe_2O_3和SiO_2，合计约占74%。

从图2.29可以看出，随着玻璃粉掺量的增加，复合体系的抗压强度显著下降，但后期强度增长幅度较大；纯水泥试样28 d至90 d的强度增长幅度为4.9%；玻璃粉掺量为15%、30%和45%时，28 d至90 d的强度增长幅度分别为33.7%、48.3%和17.9%；玻璃粉中的活性SiO_2与水泥水化产物$Ca(OH)_2$反应生成C-S-H凝胶，可有效保障复合体系的后期强度增长。

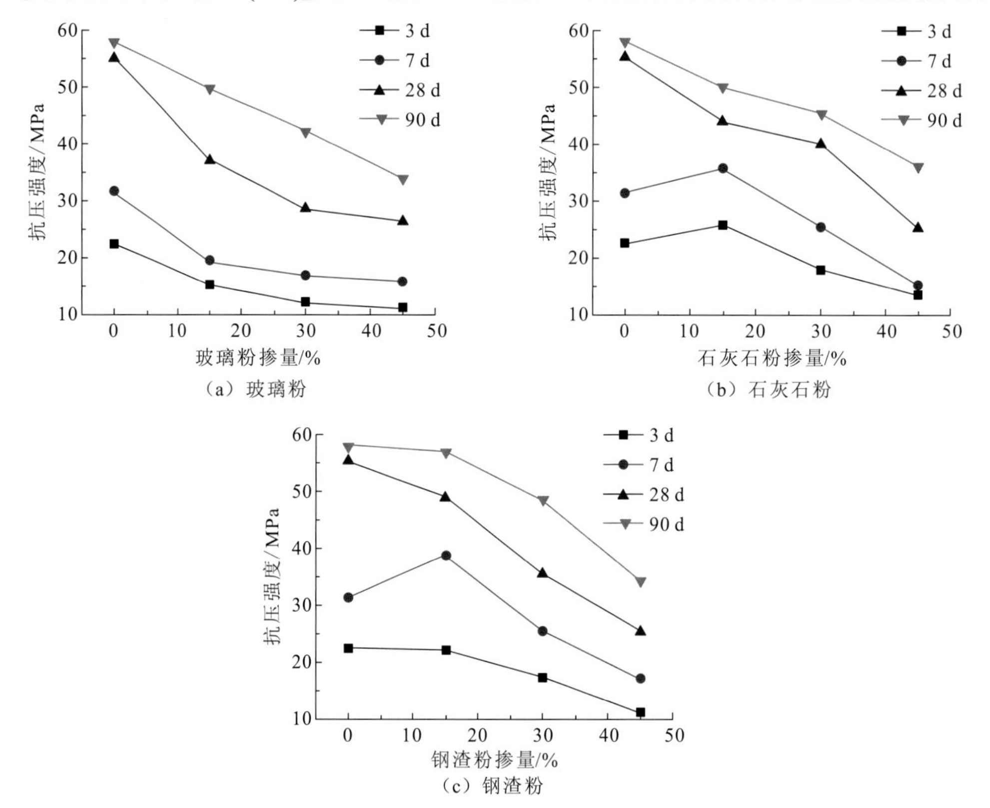

图 2.29　硅铝质材料对复合胶凝材料抗压强度的影响

与玻璃粉不同，随着石灰石粉掺量的增加，其复合体系的3 d和7 d强度呈先增大后减小的趋势；当石灰石粉掺量为15%时，强度增加显著；28 d和90 d强度则随石灰石粉掺量的增加而减小。石灰石粉早期的填充效应和加速效应可有效改善复合胶凝材料的早期强度，但随着水化反应的进行，石灰石粉后期水化活性较低的问题逐渐显现，导致后期强度增长能力不足。钢渣粉也有相似问题，在掺量较小时（15%），对复合体系的强度影响较小，在7 d时甚至能提高其强度；但掺量较大时，对强度的不利影响显著。

从水化产物的XRD图谱（图2.30）来看，纯水泥试样的晶相水化产物主要是$Ca(OH)_2$、水化铝酸钙和未水化熟料；与纯水泥试样相比，玻璃粉-水泥复合体系的 $Ca(OH)_2$ 衍射峰明显降低，特别是后期，这与玻璃粉的火山灰反应消耗 $Ca(OH)_2$ 有关。

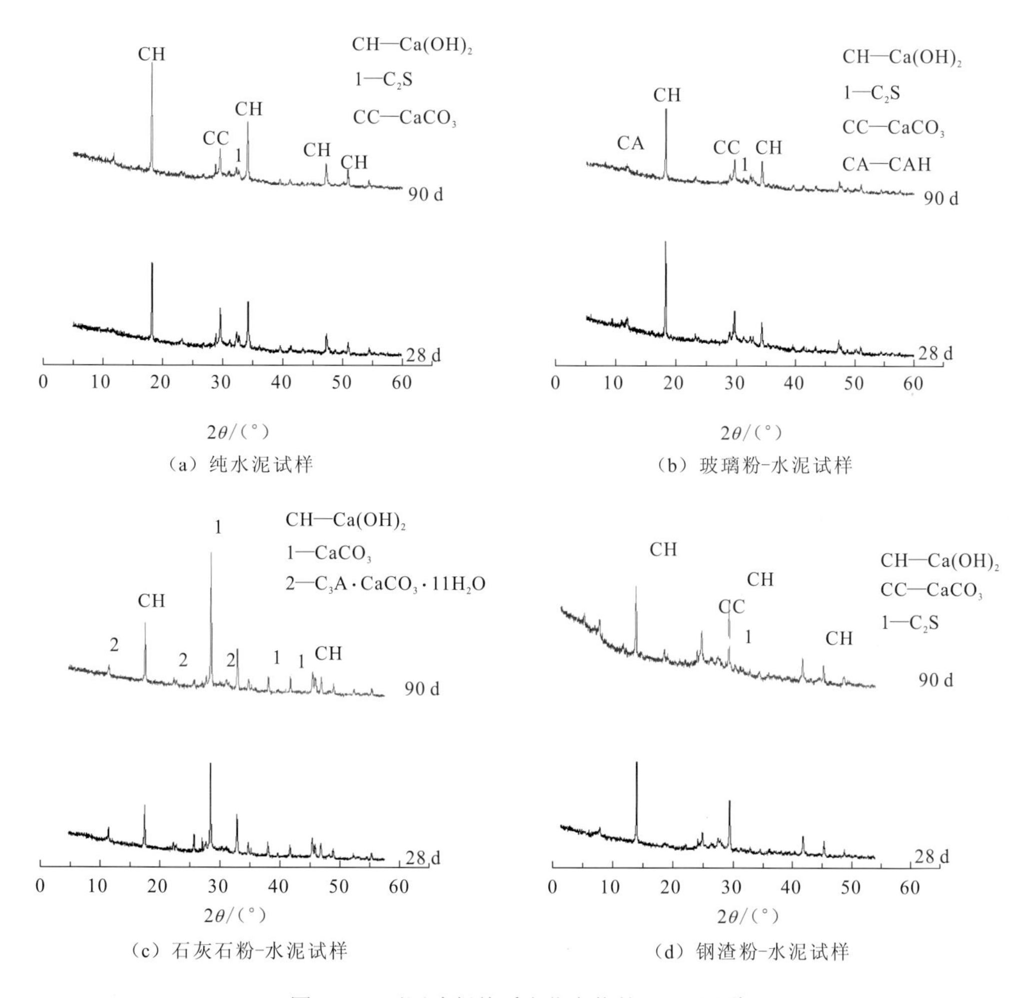

图 2.30 不同胶凝体系水化产物的 XRD 图谱

玻璃粉的火山灰反应需要较高的碱度，因而早期火山灰活性较低，而后期火山灰活性较高。石灰石粉-水泥复合体系的水化产物有所不同，主要晶相产物为$Ca(OH)_2$和$CaCO_3$。由于石灰石粉主要以填充效应为主，参与水化反应的能力很弱，$Ca(OH)_2$衍射峰随着龄期的延长仍有增强；石灰石粉早期基本不参与反应，后期（90 d）会与铝酸盐反应生成水化碳铝酸钙，但其生成量很小。由于含有一定量的$2CaO·SiO_2$，其$Ca(OH)_2$的衍射峰较强，而且随着反应龄期的延长还有增强的趋势。

不同胶凝体系的热分析测试结果如图2.31所示，从差热分析（differential thermal analysis，DTA）的吸热峰位置来看，主要水化产物为$Ca(OH)_2$和C-S-H凝胶，根据不同胶凝材料的加热失重情况，可计算主要水化产物$Ca(OH)_2$的含量，如图2.32所示。

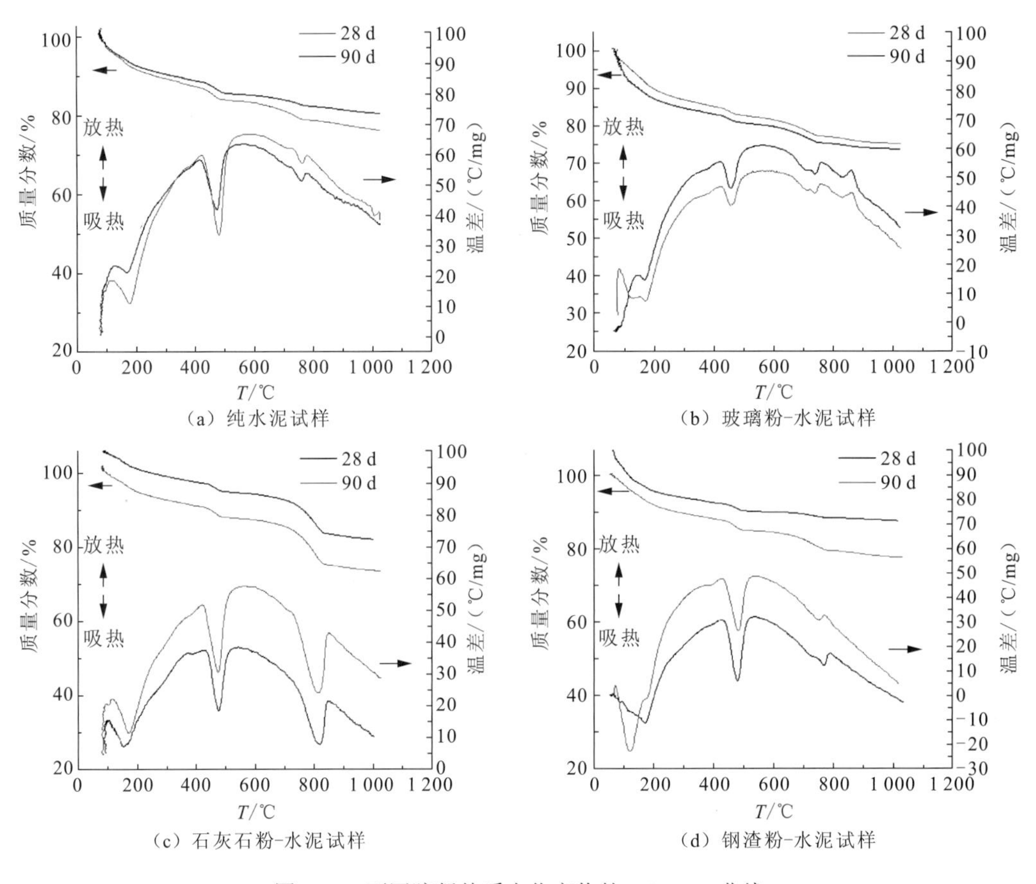

图 2.31　不同胶凝体系水化产物的 TG-DTA 曲线

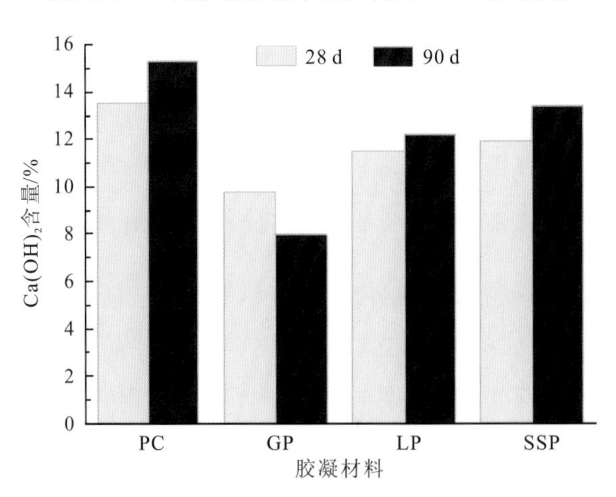

图 2.32　不同胶凝材料的水化产物 $Ca(OH)_2$ 含量

对于纯水泥试样，$Ca(OH)_2$的含量最高，而且随着反应龄期的延长，$Ca(OH)_2$含量增加。对于玻璃粉-水泥试样，由于玻璃粉取代了30%的水泥，$Ca(OH)_2$的生成量明显减少；而且，由于玻璃粉后期水化反应会消耗$Ca(OH)_2$，且消耗的$Ca(OH)_2$量大于水泥继续水化生成的$Ca(OH)_2$量，后期的$Ca(OH)_2$含量更低。对于石灰石粉-水泥试样，同样由于石灰石粉取代了30%的水泥，其$Ca(OH)_2$生成量减小；但是，与玻璃粉不同，石灰石粉的水化活性极低，基本不参与水化，因而后期的$Ca(OH)_2$含量随着水泥的继续水化仍有增加。钢渣粉由于含有$2CaO·SiO_2$，因而其$Ca(OH)_2$含量相对于石灰石粉-水泥试样更高，主要也是$2CaO·SiO_2$反应生成$Ca(OH)_2$所致。

图2.33为纯水泥试样的SEM照片：28 d时有大量纤维状C-S-H凝胶，一些针棒状钙矾石和六方片状$Ca(OH)_2$夹杂在其中，浆体结构相对疏松；随着反应的进行，浆体结构更加密实，继续水化生成的水化产物填充孔隙，其性能得到提高。

（a）28 d

（b）90 d

图 2.33　纯水泥试样的 SEM 照片

与纯水泥试样相比，玻璃粉-水泥试样的水化产物C-S-H凝胶的生成量更高，相应的$Ca(OH)_2$含量更低；90 d时浆体结构较为密实，对后期强度有较大改善（图2.34）。

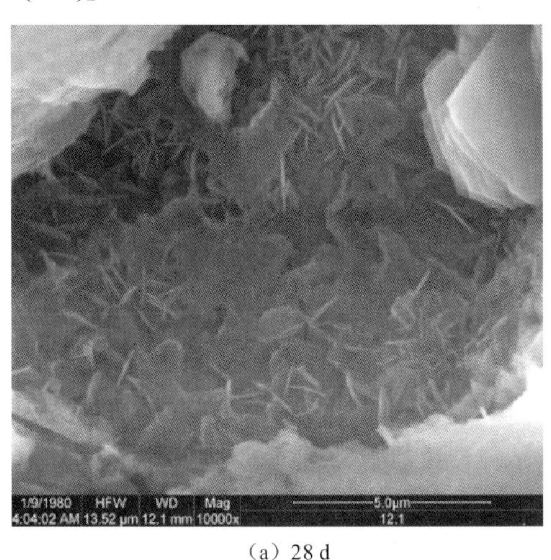

（a）28 d

（b）90 d

图 2.34　玻璃粉-水泥试样的 SEM 照片

石灰石粉对复合体系水化产物的影响最小，但由于水泥用量的减少，其结构更为疏松（图2.35），反映到强度上则更小。钢渣粉由于含有较多的$2CaO·SiO_2$，其水化反应可生成$Ca(OH)_2$，在90 d时仍可观察到大量$Ca(OH)_2$（图2.36）。

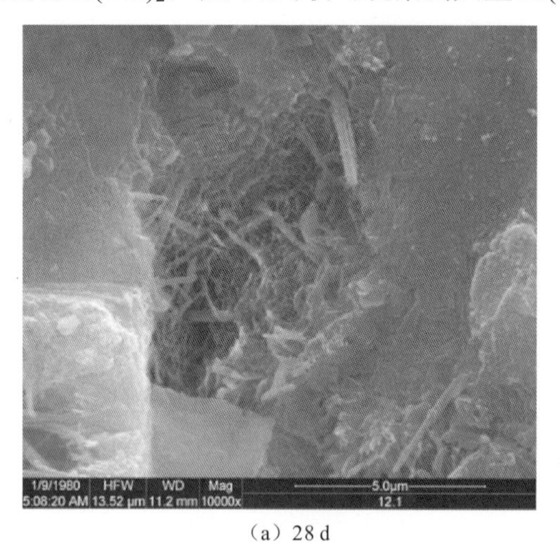

（a）28 d

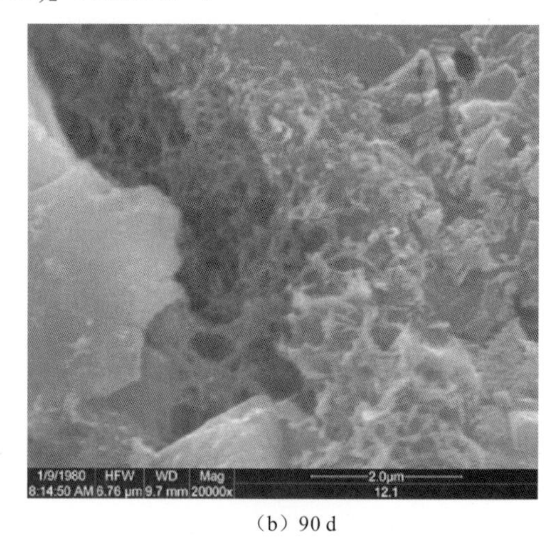

（b）90 d

图 2.35 石灰石粉-水泥试样的 SEM 照片

（a）28 d

（b）90 d

图 2.36 钢渣粉-水泥试样的 SEM 照片

2.2.2　硅铝质环境功能材料的改性机理及性能

不同材料在$CaO-SiO_2-Al_2O_3$三相系统中的分布（质量分数）如图2.37所示（Lothenbach et al.，2011）。绝大多数辅助胶凝材料CaO含量比水泥低，自身基本无独立水硬性，粒化高炉矿渣CaO含量相对较高，具有潜在水硬性。废弃玻璃粉在三相系统中分布近于粉煤灰、硅灰、天然火山灰、偏高岭土等富硅类材料，既无独立水硬性，也无潜在的水硬性能，需要外在提供钙源后才能发生二次水化反应。

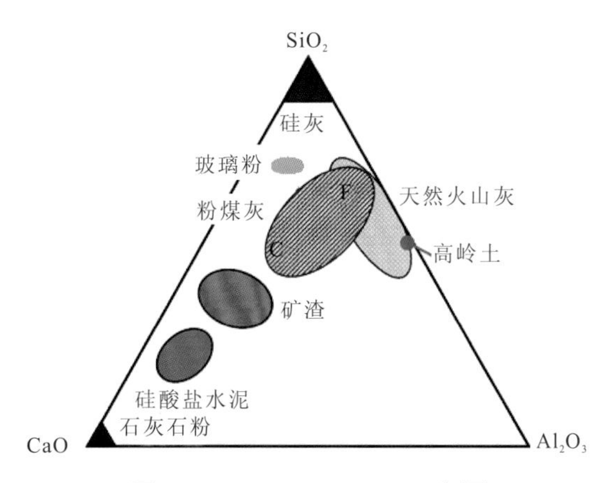

图2.37　$CaO-SiO_2-Al_2O_3$三相图

掺硅铝质-水泥复合材料与水接触后，熟料先与水发生水化反应，生成水化硅酸钙、$Ca(OH)_2$、水化铝酸钙等产物。此时，硅铝质材料的掺入稀释了体系中水泥含量，使体系水量相对增加，因而在水化刚开始几分钟内的水化速率一度曾大于纯水泥样水化速率；另一方面，体系水量的相对增加也致使孔溶液中Ca^{2+}浓度相对减少，从而使Ca^{2+}达到过饱和状态的时间相应延长，因而延长了体系水化诱导期。随着体系水化产物$Ca(OH)_2$增多，液相中碱度也增加，硅铝质材料颗粒在极性OH^-作用下，硅氧玻璃体结构不断被破坏溶解，Si—O—Si断裂，Si—OH形成，导致玻璃体不规则网络结构中因桥氧键断裂而发生解聚作用。

$$\equiv Si—O—Si\equiv + OH^- \longrightarrow \equiv Si—O^- + HO—Si\equiv \tag{2.19}$$

硅氧玻璃体结构不断被破坏溶解的同时，液相中SiO_4^{4-}、Ca^{2+}、Na^+等离子的数量也在不断累积而逐渐达到对新的水化产物的过饱和状态，并可维持足够的时间使离子之间相互反应析出，实现水化产物的成核、生长及彼此搭接，形成结构网系，反应过程为

$$xCa(OH)_2 + SiO_2 + mH_2O \longrightarrow xCaO \cdot SiO_2 \cdot nH_2O \tag{2.20}$$

当液相中Ca^{2+}相对于SiO_4^{4-}不足时，高碱性水化硅酸钙也可能参与如下反应使其钙硅比有所降低。

$$x(1.5 \sim 3.0)CaO \cdot SiO_2 \cdot nH_2O + ySiO_2 \longrightarrow z(0.8 \sim 1.5)CaO \cdot SiO_2 \cdot nH_2O \tag{2.21}$$

上述过程即为硅铝质材料中活性SiO_2与水泥水化生成的$Ca(OH)_2$和高碱性水化硅酸钙发生二次反应（即火山灰反应），生成低碱性水化硅酸钙的过程。从另一角度看，液相中生成析出低碱性水化硅酸钙凝胶的同时又消耗掉了大量液相离子。根据溶解平衡理论及化学平衡理论可知，低碱性水化硅酸钙凝胶反过来又促进了水泥的水化及硅铝质材料的进一步溶解与水化，共同推动反应持续进行。

图2.38为纯水泥试样在不同龄期水化产物情况。可以看出，普硅水泥水化产物中晶体类型主要有$Ca(OH)_2$、$CaCO_3$，以及少量的钙矾石、水化铝酸钙（C-A-H）、未反应熟料等。$CaCO_3$可能主要是样品发生碳化生成的。随着龄期的增长，反应物$2CaO·SiO_2$特征峰强逐渐减弱，水化产物$Ca(OH)_2$特征峰强有所增大，说明普硅水泥水化程度随着龄期的增长而增加。

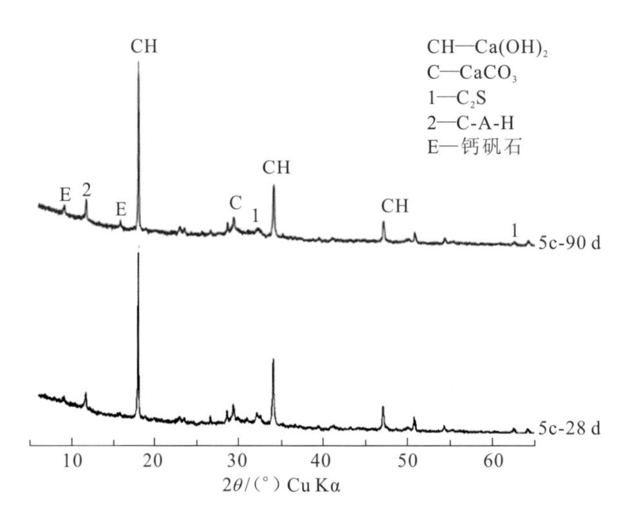

图 2.38　纯水泥试样在不同龄期水化产物情况

图 2.39 为硅铝质材料-水泥试样在不同龄期水化产物 XRD 图谱，主要晶相水化产物为 $Ca(OH)_2$、$CaCO_3$，以及少量的钙矾石、水化铝酸钙（C-A-H）、未反应熟料等，对体系水化产物种类影响不大。但与水泥不同的是，随着龄期的增长，$Ca(OH)_2$ 特征衍射峰强度却明显减弱，且蒸养条件下，峰值减小幅度更明显，这可能是硅铝质材料在后期发生了火山灰反应而消耗掉了部分 $Ca(OH)_2$ 所致。

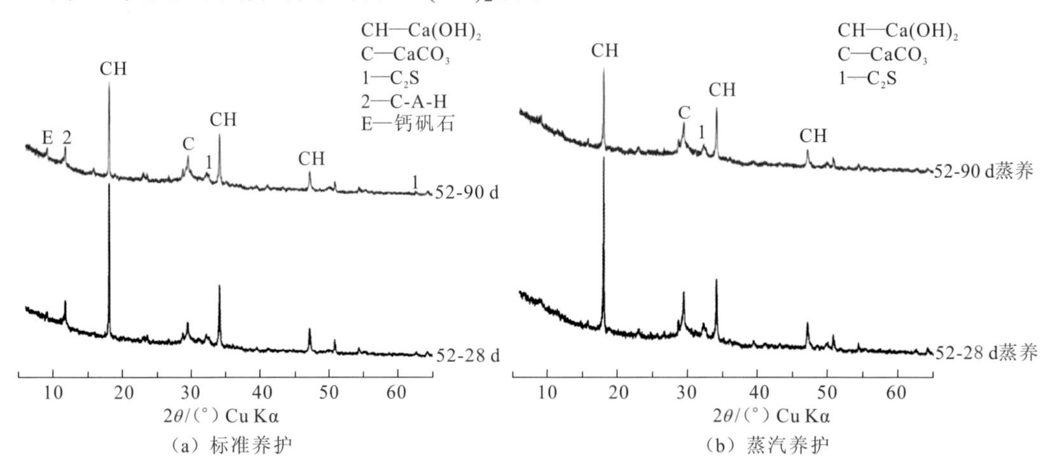

图 2.39　掺硅铝质材料试样在不同龄期水化产物情况

随着龄期的增长，体系中硅酸盐水泥水化程度增加，理论上将有更多的$Ca(OH)_2$生成；但与此同时，水化后期$Ca(OH)_2$数量的累积又诱导并促进玻璃体的火山灰反应的发生，而这个过程又消耗掉了$Ca(OH)_2$，因而两者相互作用，共同决定了体系中总的$Ca(OH)_2$数量。当后者作用大于前者时，$Ca(OH)_2$总量将会有所减小，因而出现对应特征衍射峰强度减弱的现象。

根据TG-DTA曲线特征还可以定量计算出一些水化产物的数量，可以间接分析硅铝质材料对体系水化特性的影响，如图2.40所示。随着龄期的增长，纯水泥样水化程度不断加深，水化生成的$Ca(OH)_2$含量逐渐升高。掺入硅铝质材料后，体系中$Ca(OH)_2$量随着龄期的增长而降低，硅铝质材料发生了火山灰反应，且火山灰反应程度也随龄期的增长而增加，当火山灰反应消耗掉的$Ca(OH)_2$量大于体系中水泥部分新生成的$Ca(OH)_2$量时，$Ca(OH)_2$总量将会有所减少。

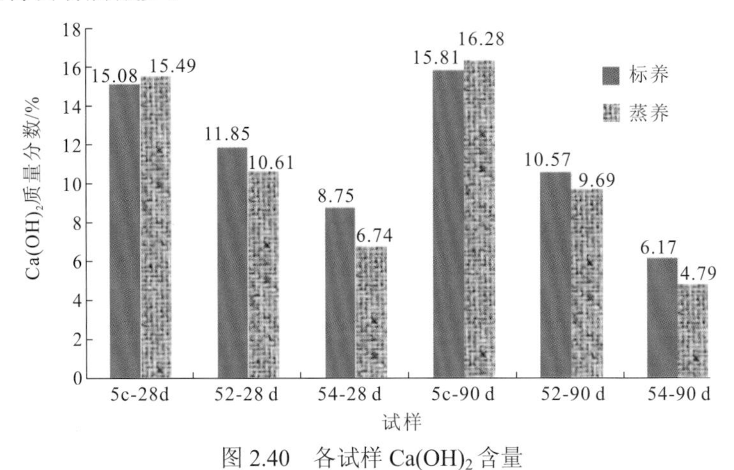

图 2.40　各试样 $Ca(OH)_2$ 含量

与龄期增长作用效果相似，蒸养处理后纯水泥样水化生成的$Ca(OH)_2$含量增多，说明蒸养促进了普硅水泥水化。蒸养处理后所有掺硅铝质材料试样水化生成的$Ca(OH)_2$含量都有所减少，可有效地激发与提高硅铝质材料的反应活性。

图2.41为普硅水泥净浆在28 d龄期微观形貌图，图2.42为掺20%硅铝质材料净浆在28 d龄期微观形貌图。纯水泥浆体中有大量纤维状水化硅酸钙凝胶存在，呈团簇放射状生长，同时也可能有少量杂乱的细针状钙矾石掺杂其中，但不易区分开来。这些物质彼此间交叉、连生，形成连续的网状结构，同时将未水化颗粒黏结起来，构成体系骨架。水泥水化28 d时各个凝胶团簇之间虽已经有明显搭接，但仍不够充分，交接处存在大量孔隙，结构显得较为疏松。另外水化产物小孔处也有六边形层状薄片的$Ca(OH)_2$晶体出现，定向交叉于凝胶中，由于生长空间相对充分，晶粒也相对较大。

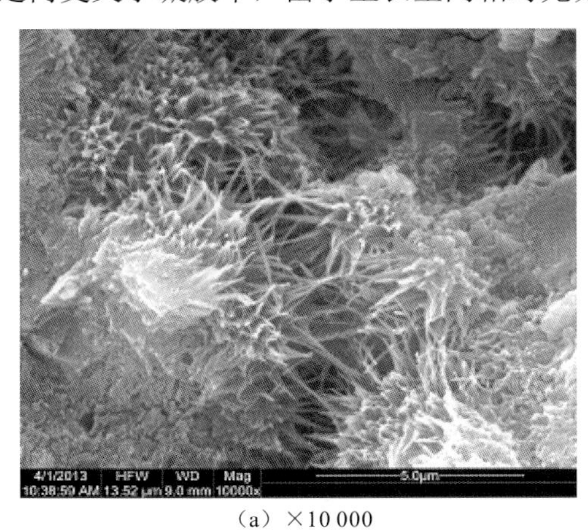

（a）×10 000

（b）×20 000

图 2.41　纯水泥净浆在 28 d 龄期微观形貌图

（a）×10 000

（b）×20 000

图 2.42　掺 20%硅铝质材料净浆在 28 d 龄期微观形貌图

掺入硅铝质材料后体系孔隙有所减少，结构变得紧凑以致某些部位的水化产物难以辨认，这可能是因为硅铝质材料颗粒较细，有效地改善了粉体的堆积密度，使产物孔隙减少。水化产物中也存在大量水化硅酸钙凝胶，但形态与纯水泥体系中的纤维分叉状有所不同，多由不规则的短柱状及薄片状凝胶粒子交叉结合在一起形成网络结构。

图2.43为掺40%硅铝质材料净浆在28 d龄期微观形貌图。体系某处有一个较大尺寸（50 μm）的硅铝质材料颗粒存在，并且颗粒周边出现了一个明显的圆形反应环。与碱骨料反应环有明显不同的是，这个反应环里面及附近区域并没有发生开裂及出现微细裂缝，而是紧密地与周边结合为一个整体。这可能是因为硅铝质材料颗粒边缘发生火山灰反应后生成的水化硅酸钙凝胶不断填充于界面过渡区，从而有效地将硅铝质材料颗粒固结在基体中，同时大尺寸硅铝质材料颗粒又能起到类似于混凝土中骨料的骨架作用而与周边凝胶共同贡献基体强度，说明细度达到一定水平后，体系不容易发生碱骨料反应的规律。硅铝质材料颗粒在水泥基材料中的反应是一对矛盾集合体，既可能发生有益的火山灰反应，又可能发生有害的碱硅酸反应（alkali silica reaction，ASR），而反应的走向主要受颗粒尺寸控制。

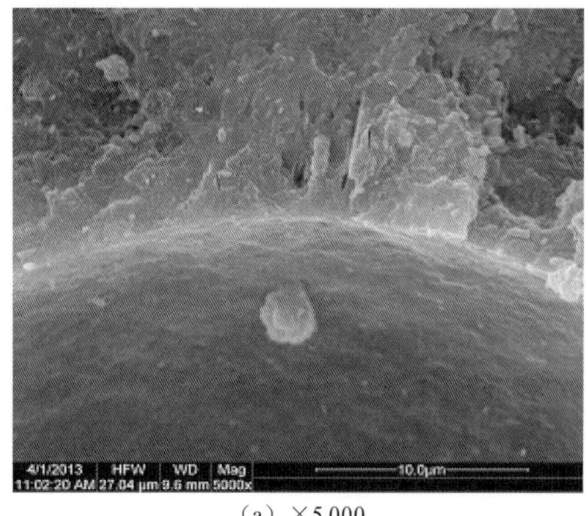

（a）×5 000

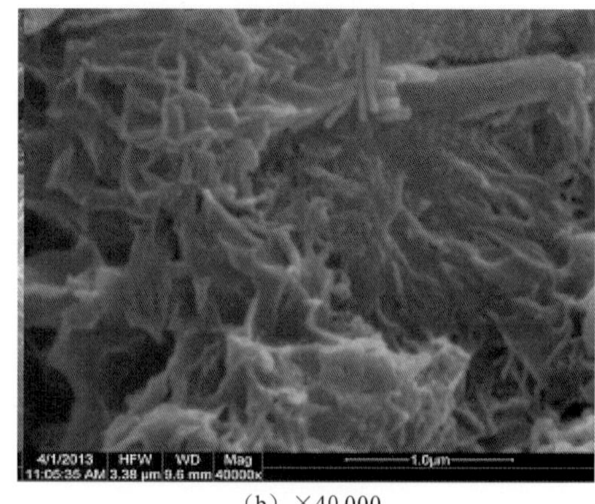

（b）×40 000

图 2.43　掺 40%硅铝质材料净浆在 28 d 龄期微观形貌图

图2.44为普硅水泥净浆在90 d龄期微观形貌图。随着龄期的增长，不断生成的水化产物逐步填充于孔隙中，使体系结构致密化。此时水化硅酸钙凝胶已经充分地交叉连接为整体，基本已看不到像早期时呈团簇放射状及纤维状形态的凝胶存在。与28 d龄期相比，可以看到体系中有更多六边形层片状的$Ca(OH)_2$晶体生成，这些晶体大都垂直定向交叉于水化硅酸钙凝胶中，生成了更多水化产物的规律与XRD测试结果相一致。

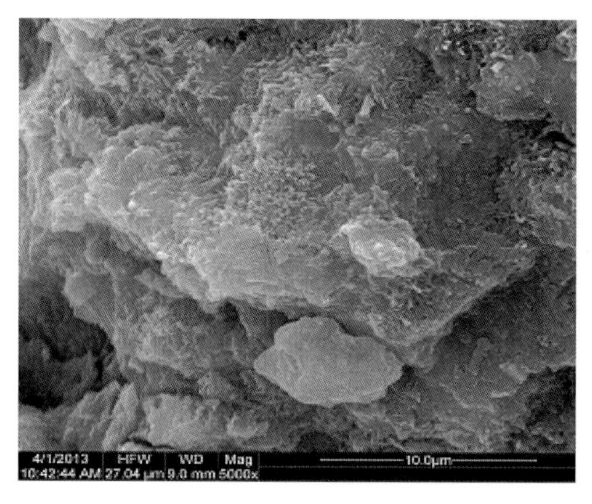

（a）×5 000

（b）×10 000

图 2.44　纯水泥净浆在 90 d 龄期微观形貌图

图2.45为普硅水泥净浆90 d水化产物凝胶能量色散X射线分析（energy dispersive X-ray analysis，EDXA）：普硅水泥水化生成C-S-H凝胶具有较高的钙硅比，呈无序的六水硅钙石类物质。同时Al元素也占有一定比例，说明产物中的确有水化铝酸钙存在。

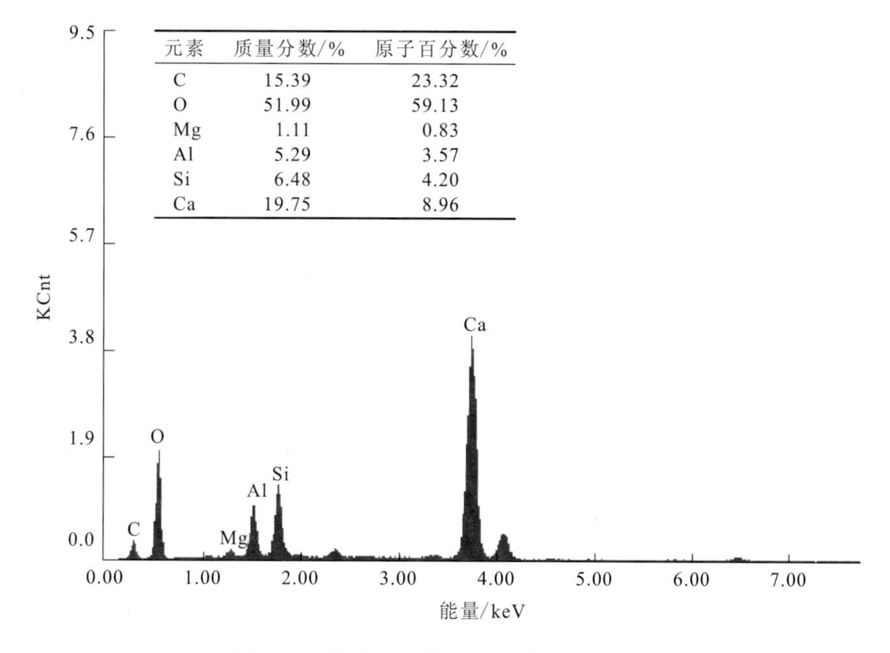

元素	质量分数/%	原子百分数/%
C	15.39	23.32
O	51.99	59.13
Mg	1.11	0.83
Al	5.29	3.57
Si	6.48	4.20
Ca	19.75	8.96

图 2.45　纯水泥净浆在 90 d 龄期 EDXA 图

图2.46分别为掺20%及40%硅铝质材料净浆在90 d龄期微观形貌图。整体来看，很难观察到片状$Ca(OH)_2$晶体的存在，而是大量不规则网络状水化硅酸钙凝胶。随着龄期的增长，微观结构十分致密，许多部位水化产物的种类及形态都变得难以辨认。图2.47为掺40%硅铝质材料试样在90 d龄期水化产物凝胶能量色散X射线衍射分析，与纯水泥不同，该试样中水化生成C-S-H凝胶钙硅比较低，呈托勃莫来石类结构，凝胶强度往往较高。低Ca/Si型水化硅酸钙的生成可能与两个原因有关：①硅铝质材料中的活性SiO_2与硅酸盐水泥水化生成的$Ca(OH)_2$发生火山灰反应的结果；②多余的活性SiO_2与硅酸盐水泥水化生成的高Ca/Si型水化硅酸钙继续反应生成低Ca/Si型水化硅酸钙。

（a）掺20%硅铝质材料净浆

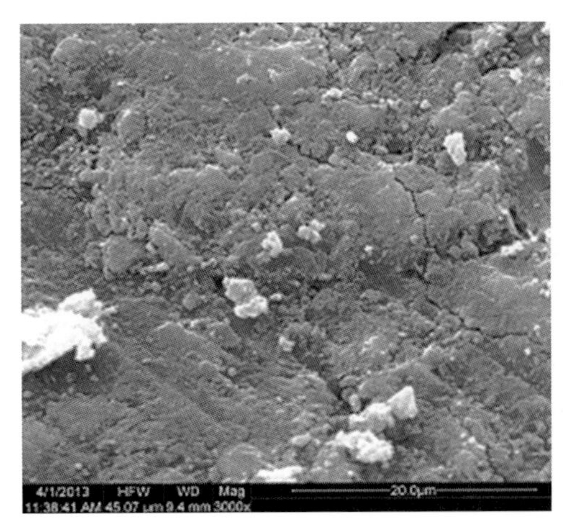

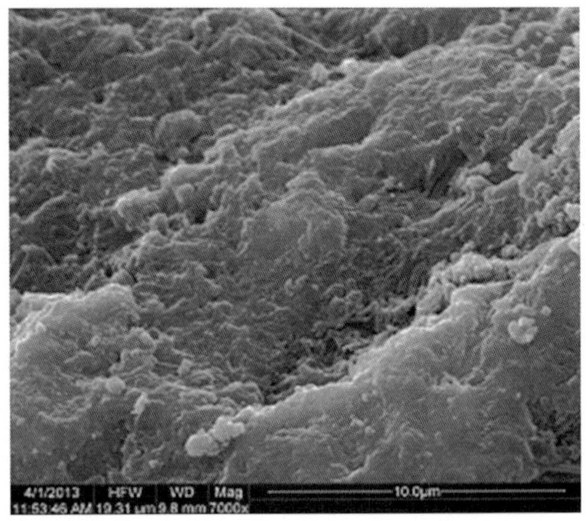

（b）掺40%硅铝质材料净浆

图 2.46　掺 20%及 40%硅铝质材料净浆在 90 d 龄期微观形貌图

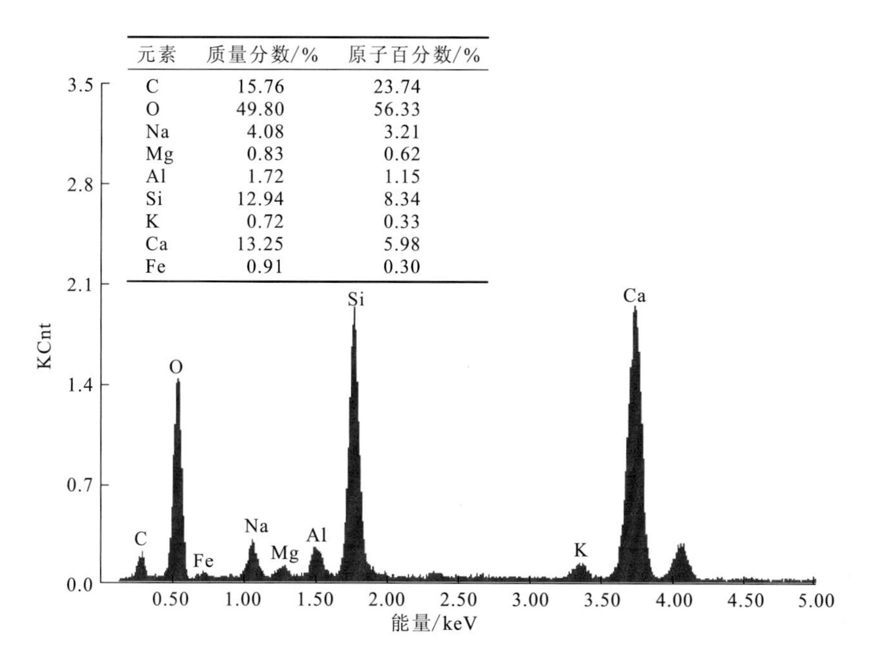

元素	质量分数/%	原子百分数/%
C	15.76	23.74
O	49.80	56.33
Na	4.08	3.21
Mg	0.83	0.62
Al	1.72	1.15
Si	12.94	8.34
K	0.72	0.33
Ca	13.25	5.98
Fe	0.91	0.30

图 2.47　掺 40%硅铝质材料净浆在 90 d 龄期 EDXA 图谱

此外，凝胶中碱金属Na与K有一定含量。一方面某些硅铝质材料中有较高碱含量，火山灰反应时这些元素可能会以离子形态释放到液相中；另一方面，低钙型水化硅酸钙凝胶对碱的吸附能力较强，使这些碱金属离子又固溶到凝胶中。可以预见，碱金属被吸附后，孔隙溶液中pH将会有所下降，而这将会对凝胶的稳定性、抗侵蚀性等性能产生影响。

硅质材料在胶凝体系中的反应，既可能是有益的火山灰反应，形成C-S-H凝胶；也可能是有害的碱硅酸反应，形成(N，K)-S-H凝胶（Idir et al.，2011）。材料的颗粒尺寸控制其反应走向（图2.48）：对于大颗粒，颗粒表面在OH^-的侵蚀下溶解，并与溶液中的$Ca(OH)_2$反应生成C-S-H，直至$Ca(OH)_2$局部耗尽，由于孔隙溶液中SiO_2浓度的提高，

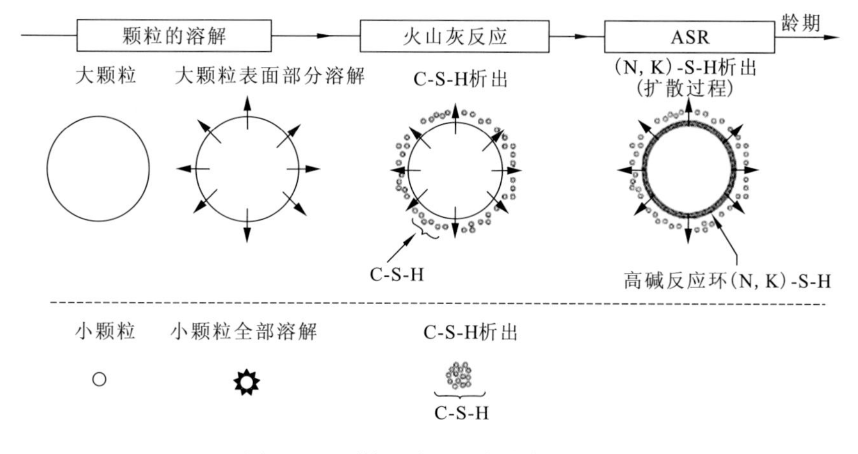

图 2.48　颗粒尺寸对反应走向的影响

生成(N，K)-S-H凝胶，导致ASR膨胀破坏（图2.49）；而小颗粒（粒径小于200 μm）在孔隙溶液中则可全部溶解，只发生火山灰反应。按照同相类同相反应理论，Na^+形成Si—O—Na而进入C-S-H结构中，形成稳定的反应产物，改善基体的微结构和性能。进一步的研究发现，可以通过卤素（特别是F^-）作为辅助激发剂。由于F^-的离子半径（1.25 Å）与O^{2-}（1.32 Å）的相近，性质相似，根据同相类同相反应理论，F^-能进入硅氧四面体的晶格，对O^{2-}进行替代，且替代后的硅氧四面体难以形成新的硅氧网络，达到促进颗粒活化的目的。

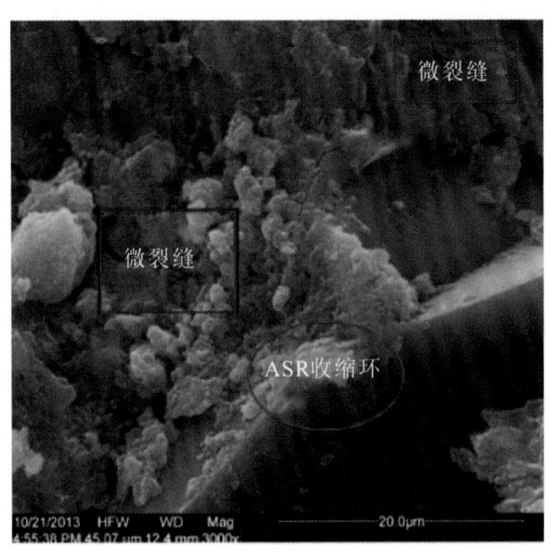

图 2.49　硅质材料的 ASR 及开裂现象

2.2.3　硅铝质环境功能材料的反应机制的调控作用

以玻璃粉为例，火山灰反应会在ASR之前进行，对于小颗粒，玻璃粉中的SiO_2全部参与反应生成水化C-S-H，没有多余的SiO_2参与ASR。对于大颗粒则会有剩余的SiO_2参与ASR生成碱硅酸凝胶。普遍的观点是：当玻璃粉用作水泥替代物时，在相同取代率时，随着废玻璃粒径减小ASR膨胀值有降低的趋势，当玻璃粉平均粒径小于300 μm时，不存在ASR膨胀危害。不同研究者得到的结论不同，有研究提出玻璃粒径0.9～1 mm时没有ASR膨胀。有些研究结果认为玻璃碴颗粒不发生ASR膨胀的平均粒径在0.6～1.18 mm以下，也有认为这个临界区域在0.15～0.30 mm以下。由于影响ASR膨胀是多因素共同作用的，不同学者所做试验条件不相同，研究结果必然会有所不同。并不是说玻璃粉越细越好，不发生ASR膨胀的玻璃粉粒径的确有一个限值，当玻璃粉很细时，尽管仍然存在一定程度ASR膨胀，但是这个膨胀值处于很低水平，不会对其在混凝土的应用造成影响。

当玻璃粉达到一定细度后，不仅不会产生ASR膨胀，而且会对由活性骨料产生的ASR膨胀起到一定的抑制作用。对不同粒径大小的玻璃粉（＜300 μm）对ASR膨胀的抑制效果进行试验，测试结果曲线如图2.50所示。由图中大致趋势可知：玻璃粉越细，对ASR

膨胀的抑制效果越明显；当玻璃粉粒径小于209.2 μm时，玻璃粉的掺入不仅不会额外地促进ASR膨胀，还对ASR膨胀具有一定的抑制效果。

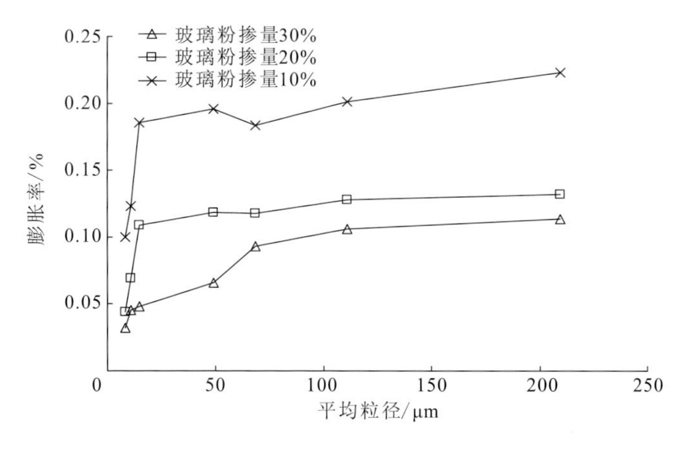

图 2.50　不同平均粒径玻璃粉的 ASR 膨胀曲线

一方面，当玻璃颗粒粒径比较大时，颗粒表面在OH^-的侵蚀下溶解；释放出来的SiO_2与溶液中的$Ca(OH)_2$反应生成C-S-H，直至$Ca(OH)_2$局部耗尽；此后，由于孔隙溶液中SiO_2浓度的提高，生成碱硅酸凝胶。而当玻璃粉粒径较小时，玻璃粉在孔隙溶液中只发生火山灰反应则可全部溶解，同时由于玻璃粉也含有较高含量的Ca^{2+}，释放到孔隙溶液中参与火山灰反应，没有多余的活性成分与SiO_2发生ASR反应。另一方面，平均粒径较小的玻璃粉火山灰活性较强，玻璃粉颗粒均匀地包裹在活性骨料周围，首先自身溶解发生火山灰反应生成C-S-H凝胶；此后这些小颗粒的C-S-H凝胶包裹在活性骨料周围与活性骨料中的SiO_2发生二次反应生成低钙硅比的C-S-H，因而没有多余的活性SiO_2参与ASR生成碱硅酸凝胶，同时低钙硅比的C-S-H较为密实，包裹在活性骨料周围阻止ASR的发生，因此掺入玻璃粉后反倒对ASR起到一定抑制效应；而那些平均粒径较大的玻璃粉中还有一定量的大颗粒玻璃，这部分玻璃颗粒溶解较慢，相应生成的C-S-H的量就会较少，颗粒之间的孔隙也较大，无法较密实地包裹在活性骨料周围，同时自身也会发生ASR，因此削弱了整体的抑制效果（Liu et al.，2015b）。

当玻璃粉的掺量为10%，玻璃粉的平均粒径小于8.2 μm时，可以将ASR膨胀控制在安全范围；当玻璃粉的掺量为20%，经过插值计算可知，玻璃粉平均粒径小于16.95 μm时，能达到很好的抑制效果；当玻璃粉的掺量为30%，经过插值计算可知，掺入玻璃粉平均粒径小于144.08 μm时，可使ASR膨胀率小于0.1%。可见玻璃粉对ASR膨胀的抑制效果由玻璃粉粒径及掺量共同决定，整体来看，玻璃粉越细，掺量越大，玻璃粉对ASR膨胀的抑制效果越明显。同时，当玻璃粉平均粒径小于14.94 μm时，随着平均粒径的降低，ASR膨胀抑制曲线陡降，抑制效果越来越明显；而对于粒径处于14.94～209.2 μm的玻璃粉，其ASR膨胀抑制效果随着平均粒径的减小有所增加，但整体变幅不大。由此说明：玻璃粉对ASR膨胀的抑制效果存在临界粒级区域，当平均粒径大于这个区域时，其抑制率随平均粒径减小而增加的效果相对有限；当玻璃粉平均粒径小于这个区域，其抑制效果随平均粒径减小而明显增强；本小节中得出这个临界平均粒径是14.94 μm（约15 μm），但考虑对玻璃粉的细度划分不够充分等因素，尚需要后续进一步的验证。

进一步就玻璃粉的平均粒径和掺量两个因素对ASR膨胀的抑制作用的规律进行定量分析，如图2.51所示。由以上数据特征可以看出玻璃粉对ASR膨胀的抑制率与玻璃粉平均粒径成对数相关，与掺量线性相关，因此考虑建立模型为

$$Y = \ln\ln\left(A + BP + CD\right) \tag{2.22}$$

式中：Y为28 d龄期各试件ASR膨胀率相对于不掺玻璃粉体系膨胀率的降低幅度，即Y=1-掺玻璃粉试件28 d的ASR膨胀率/不掺玻璃粉试件28 d的ASR膨胀率；A、B、C为参数；P为玻璃粉掺量；D为玻璃粉平均粒径。

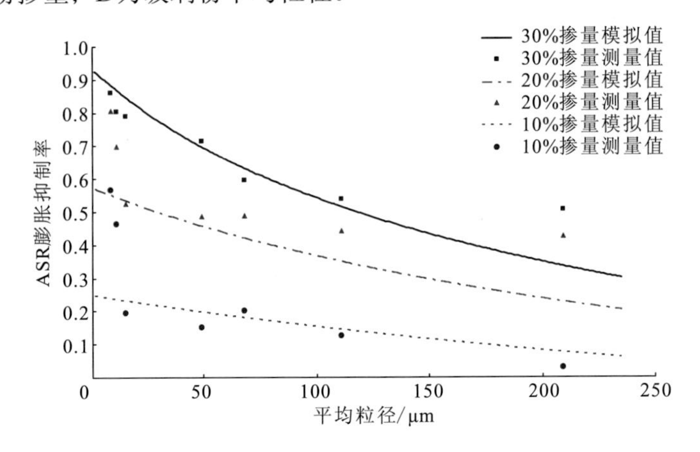

图 2.51　玻璃粉的掺量和平均粒径对 ASR 膨胀的抑制作用

通过回归分析计算参数，计算结果为

$$Y = \ln\ln\left(11.061\ 82 - 27.147\ 2P + 0.019\ 369D\right) \tag{2.23}$$

玻璃粉对ASR膨胀的抑制效率与玻璃粉粒径和掺量紧密相关，根据上述经验公式，可以利用玻璃粉的粒径及掺量粗略估计其对ASR膨胀的抑制效果，同时也可以为合理选用玻璃粉的掺量及粒径大小提供依据。根据模拟曲线计算可知，当玻璃粉掺量为10%时，即使玻璃粉粒径达到较小尺度也无法将ASR膨胀控制在安全范围，这与实际测试结果有一定出入；当玻璃粉掺量为20%，玻璃粉的平均粒径小于9.25 μm时，可以将ASR膨胀率控制在0.1%以内（ASR膨胀抑制率为56.52%）；当玻璃粉掺量为30%，玻璃粉的平均粒径小于149.40 μm时，就能达到理想效果。

图2.52为不掺玻璃粉体系和掺30%玻璃粉体系的EDX对比测试结果。由图可知，掺入玻璃粉后对C-S-H组成产生了一定的影响，首先，会降低C-S-H的C/S比，低钙硅比的水化C-S-H更加密实，对体系的力学性能有利；其次，掺入玻璃粉后生成的C-S-H中含有一定量的Na^+，说明玻璃粉发生火山灰反应生成的C-S-H会结合固化一定量的碱金属离子，这可以有效地降低孔隙溶液中有害碱的浓度，降低ASR的反应程度，降低ASR膨胀（Liu et al.，2015b）。

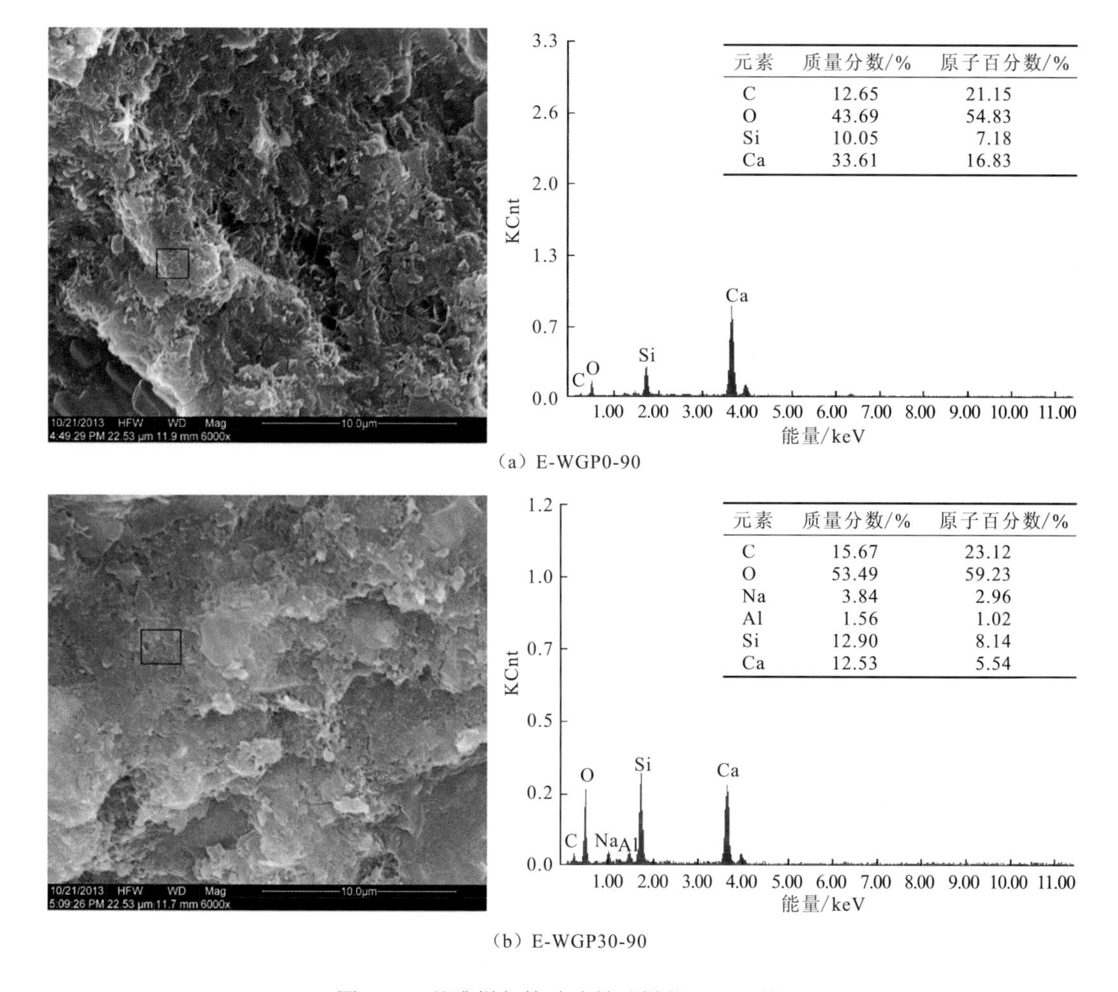

（a）E-WGP0-90

（b）E-WGP30-90

图2.52　基准样与掺玻璃粉试样的EDX对比

同时掺玻璃粉和玻璃骨料体系的微观结构较为致密，其中都存在大量C-S-H凝胶，但形态与普硅水泥体系不同。水泥水化主要生成的是纤维状的I型C-S-H，玻璃粉火山灰反应生成的C-S-H主要是III型C-S-H。高温养护条件下，水泥水化主要生成的是II型C-S-H和III型C-S-H，玻璃粉火山灰反应生成的主要是网络状的II型C-S-H，这是因为高温会促进水泥迅速水化同时会促进玻璃粉较早发生火山灰反应。掺入30%玻璃粉后，玻璃骨料周围没有发现ASR反应环，说明当掺入一定量的玻璃粉后，的确能有效地抑制ASR。

本章提出采用玻璃粉等亚纳米硅质粉体材料来控制大尺寸颗粒的反应类型及其走向，随着亚纳米硅质材料掺量的增加和粒径的减小，尤其是其平均粒径小于10 μm时，在弱碱环境下，低品位废弃物中的组分都产生了很强的火山灰效应。

2.3　赤泥-煤矸石共混环境功能材料合成机理及重金属固化特性

在环境领域，固体废物种类繁多、特性复杂，具有污染特性和资源特性并存的属性，因此在固体废物综合处理过程中，讲究“减量化、无害化和资源化”三化并行。目前尤为突出的固体废物污染问题表现在大宗工业固体废弃物上，诸如冶金废渣、采矿废渣、燃料废渣、化学废渣等，产量大、污染大，探索规模化、资源化的综合利用途径成为关键，利用大宗固体废弃物制备建筑胶凝材料无疑是最具潜力的废物资源化途径。在污染控制方面，近年来重金属污染控制日趋严峻，重金属污染修复材料逐渐成为该领域关注的重点。很多工业废弃物不仅具备一定表面活性，同时经适当处理后具备一定的胶凝活性，对于重金属表现出一定的吸附、物理包覆及化学固结特性，因此利用大宗工业废弃物开发胶凝材料的同时，实现其重金属污染修复功能的耦合是极具研究价值的方向。

在上述背景下，本节将利用赤泥和煤矸石两种工业废弃物常温制备与合成土壤聚合物胶凝材料，探索其前驱体活性激发机制及固化体聚合机理，并解析聚合体固化稳定化重金属Pb、Cr的过程机理。

2.3.1　赤泥-煤矸石共混环境功能材料聚合反应过程及动力学

基于上述共混体机械力活化的研究，以活性最佳的预激发共混体R8G2制备土壤聚合物（编号GR8G2），并与赤泥和煤矸石共混比为9∶1、煅烧温度为800 ℃工艺下制备的土壤聚合物（编号CR9G1）进行比对，利用材料的等温量热曲线和Krstulovic-Dabic模型（KD模型）进行动力学分析，对比反应速率常数的变化，解释土壤聚合物的聚合反应过程。

1. 聚合反应过程

土壤聚合物因其结构组成的多变，明确的结构形态一直未能统一，仅有的共识为无定形态硅铝酸盐聚合三维网络结构，其形成过程主要是通过碱激发Al、Si单体聚合形成硅铝酸凝胶，并不断向大分子结构聚合。目前对于其聚合机理依然不够成熟，不同的原料导致不同的反应过程，不同的研究方法表征不同的反应阶段，目前较为公认的形成机理为四阶段反应理论（Liew et al.，2016；Provis et al.，2007；Duxson et al.，2007）：①固相粉末体硅铝酸盐在碱性条件下溶解阶段；②Al、Si活性单体聚合硅铝配合物凝胶阶段；③硅铝配合物凝胶在碱激发剂作用下再聚合阶段；④聚合体优化发育增长阶段，如图2.53所示。

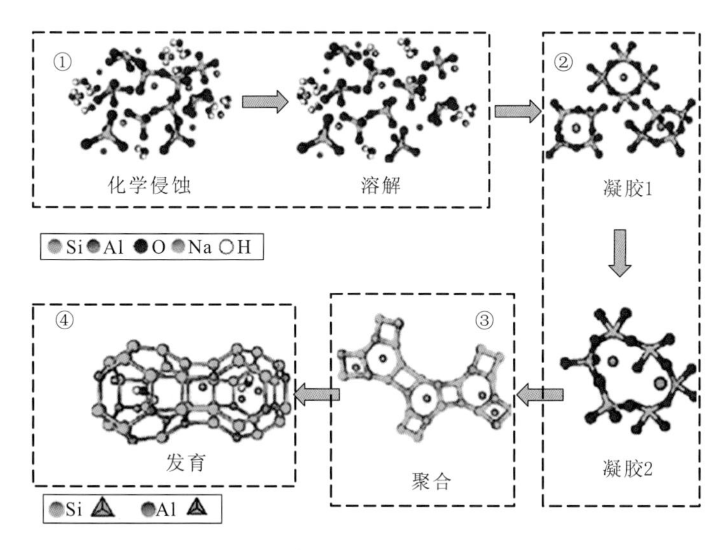

图 2.53　土壤聚合物四阶段反应机理图

选取赤泥-煤矸石共混体在机械力作用下制备土壤聚合物，根据前述分析过程可知，该过程除发生上述碱激发过程的四阶段反应，还需增加前期的预激发阶段反应，因此将其反应过程总结为五个反应阶段。

第一阶段，赤泥-煤矸石活化阶段，主要是原料中稳定态硅铝酸盐在机械力作用下形成强碱在三维空间均匀分布的$NaAlSiO_4$架状结构，并不断扩散形成以霞石为主的物相。

$$Al_2O_3 \cdot 2SiO_2 \cdot 2H_2O \xrightarrow{\text{研磨}} Al_2O_3 \cdot 2SiO_2 + H_2O \quad (2.24)$$

$$nAl_2O_3 \cdot mSiO_2 + Na_2O \xrightarrow{\text{研磨}} NaAlSiO_4 + NaAlO_2 \quad (2.25)$$

第二阶段，碱溶阶段，主要反应过程为前驱体中硅铝酸盐在强碱作用下形成单体。

$$Al_2O_3 \cdot 2SiO_2 + AlSiO_4^- + OH^- \longrightarrow [Al(OH)_4]^- + [OSi(OH)_3]^- + [SiO_2(OH)_2]^{2-} \quad (2.26)$$

第三阶段，硅铝酸盐聚合凝胶的形成，主要是反应体系中 Al、Si 活性单体在体系中达到溶解平衡后发生再聚形成低聚合度硅铝酸盐胶体的过程。

$$\begin{aligned}&[Al(OH)_4]^- + [OSi(OH)_3]^- + [SiO_2(OH)_2]^{2-} + H_2O + Na^+ \longrightarrow \\ &\quad Na \cdot x[OSi(OH)_3] \cdot yH_2O \\ &\quad + Na \cdot x[SiO_2(OH)_2] \cdot yH_2O + Na \cdot x[Al(OH)_4] \cdot yH_2O\end{aligned} \quad (2.27)$$

第四阶段，再聚合反应阶段，上一阶段形成的硅铝酸盐凝胶继续向网络结构的硅铝酸盐聚合体转变。

$$x[OSi(OH)_3]^- \cdot yH_2O + x[Al(OH)_4]^- \cdot yH_2O + zNa^+ \longrightarrow Na\text{+}(SiO_4)(AlO_4)\text{+}_n + OH^- \quad (2.28)$$

最后一个反应阶段为聚合体优化发育阶段，即网状结构之间发生聚合生成更加稳定的三维网络聚合结构。

$$\begin{aligned}&Na\text{+}(SiO_4)(AlO_4)\text{+}_n + OH^- + Si-Al-\text{材料}(s) \longrightarrow \\ &Na\text{+}(SiO_4)(AlO_4)\text{+}_n \cdot Si-Al-\text{材料}(s)\end{aligned} \quad (2.29)$$

以上反应阶段准确地说应该是两个孤立的反应过程，即固态粉末原材料的活化过程和碱激发土壤聚合物形成过程。碱激发土壤聚合物形成过程包括4个阶段，这4个阶段动力学过程不是孤立存在的，而是同时存在于反应体系中（Zhang et al.，2009）。

2. 聚合反应动力学模拟

对于赤泥-煤矸石共混体土壤聚合物反应动力学的研究，借助无机胶凝材料水化动力学分析方法，利用试样的7 d等温量热曲线，对聚合反应过程分阶段进行讨论，然后利用克努森（Knudsen）方程计算聚合反应程度及反应速率，并根据KD模型计算反应级数及反应速率常数，对放热曲线进行动力学重构。

1）赤泥-煤矸石共混土壤聚合物聚合反应放热特性

图2.54为GR8G2和CR9G1的等温量热曲线及累积放热曲线。按照水泥水化反应阶段的划分，将图2.54（a）中两个试样的放热曲线分为5个阶段，分别为第一放热峰所对应的快速反应阶段，第一放热峰和第二放热峰之间的过渡区对应的诱导期，第二放热峰对应的反应加速期和减速期及向后逐渐趋于零的衰退期。当然不能否认的是该反应体系有出现微弱的第三个放热峰，将其看成是前面过程的循环。结合土壤聚合物反应机理分析，在10～20 min 反应时间内两个试样出现的尖锐放热峰，应该对应的是前驱体中硅铝酸盐的解聚碱溶过程，第二放热峰对应的聚合反应过程，第三个微弱的峰对应的网络结构优化发育过程。对比两个试样的放热峰，GR8G2的放热峰早于CR9G1出现，可能是因为GR8G2颗粒尺寸较小，且比表面积更大，固液相接触良好，在碱溶作用下迅速达到平衡开始聚合反应。图2.54（b）表明GR8G2的累积放热大于CR9G1，由前述试样养护7 d强度发现GR8G2同样大于CR9G1，表明土壤聚合物的累积放热量与去固化体的强度发展具有明显关联关系。

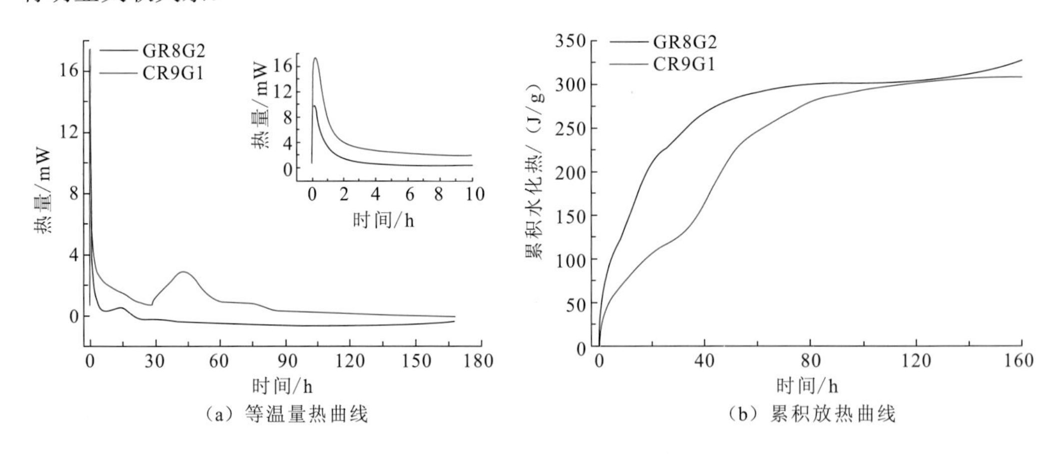

图 2.54　两种土壤聚合物的 7 d 等温量热曲线及累积放热曲线

2）动力学模型参数的确定

对土壤聚合物聚合反应进行动力学分析，首先必须确定反应放热速率dQ/dt和反应放热量Q。在水泥水化动力学分析中，Knudsen方程常被用于分析计算这两个参数。由前述土壤聚合物的碱激发聚合反应同样是一个持续放热反应过程（Yao et al.，2009），利用该方法同样可以计算相应的动力学参数。

首先通过等温量热曲线数据得到两种土壤聚合物反应过程的放热量与时间的关系，然后由Knudsen方程求聚合反应进度α和反应速率$\mathrm{d}\alpha/\mathrm{d}t$，其计算过程为

$$\alpha(t)=\frac{Q(t)}{Q_{\max}} \tag{2.30}$$

$$\frac{\mathrm{d}\alpha}{\mathrm{d}t}=\frac{\mathrm{d}Q}{\mathrm{d}t}\cdot\frac{1}{Q_{\max}} \tag{2.31}$$

$$\frac{1}{Q}=\frac{1}{Q_{\max}}+\frac{t_{50}}{Q_{\max}(t-t_0)} \tag{2.32}$$

式中：$Q(t)$为反应时间t时的放热量；$Q_{\max}$为累积放热量；$\alpha(t)$为t时刻的反应进度；t_0为诱导期结束时间；t_{50}为聚合反应半衰期。

将等温量热曲线数据代入上述公式即可求出两个试样的Knudsen方程及最终累积放热量$Q_{\max}$。如表2.17所示，对比两个试样的$Q_{\max}$，GR8G2>CR9G1，表明经机械力化学效应激发的赤泥-煤矸石共混体的碱激发聚合反应过程相对更为完全；对比t_{50}可以看出，粉磨激发试样反应速率更快，可能是机械力作用下，赤泥和煤矸石共混颗粒不断减小，且相互接触面积逐渐增大，反应活性也得到显著提高，而高温煅烧共混体由于混合不够均匀，其颗粒间接触面积较小，聚合放热反应相对延缓。

表 2.17 两种最优试样的动力学模型参数及 Knudsen 方程

试样	$Q_{\max}$ / (J/g)	t_{50}/h	Knudsen 方程
GR8G2	337.37	13.89	$10\,000/Q=33.44+1235.4/(t-t_0)$
CR9G1	308.24	38.08	$10\,000/Q=30.27+420.53/(t-t_0)$

3. KD 模型分析

在利用KD模型计算聚合反应级数n及反应速率常数K时，忽略放热量占总放热量微小的诱导期结束之前的放热过程，从诱导期结束时间开始讨论土壤聚合物聚合反应过程（Krstulović et al.，2000）。在利用KD模型计算聚合反应级数n及反应速率常数K时，忽略放热量占总放热量微小的诱导期结束之前的放热过程，从诱导期结束时间开始讨论土壤聚合物聚合反应过程。根据试样的放热曲线及NG（结晶成核和晶体生长阶段）、I（相边界反应过程）、D（扩散过程）过程的微分公式，作$\ln[-\ln(1-\alpha)]$-$\ln(t-t_0)$、$\ln[1-(1-\alpha)^{1/3}]$-$\ln(t-t_0)$、$2\ln[1-(1-\alpha)^{1/3}]$-$\ln(t-t_0)$对数曲线，并对其进行线性拟合计算三个反应阶段的动力学参数n和K_i，如图2.55所示。

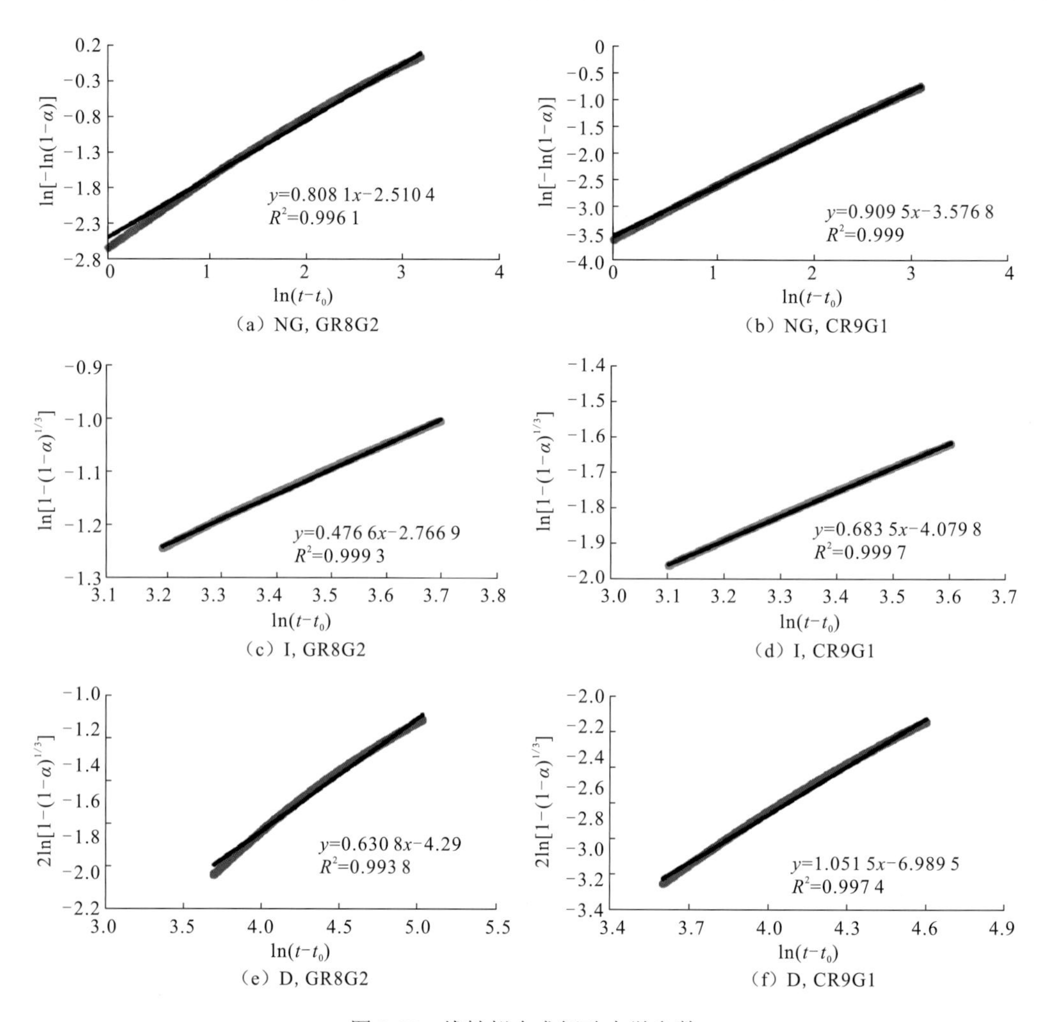

图 2.55　线性拟合求解动力学参数

将上述求得的n和K_i分别代入各自反应阶段的微分式中，可以求得每个过程的反应速率函数$F_i(\alpha)$与聚合反应程度α之间的曲线，并将其与$d\alpha/dt$对α同时作图2.56。

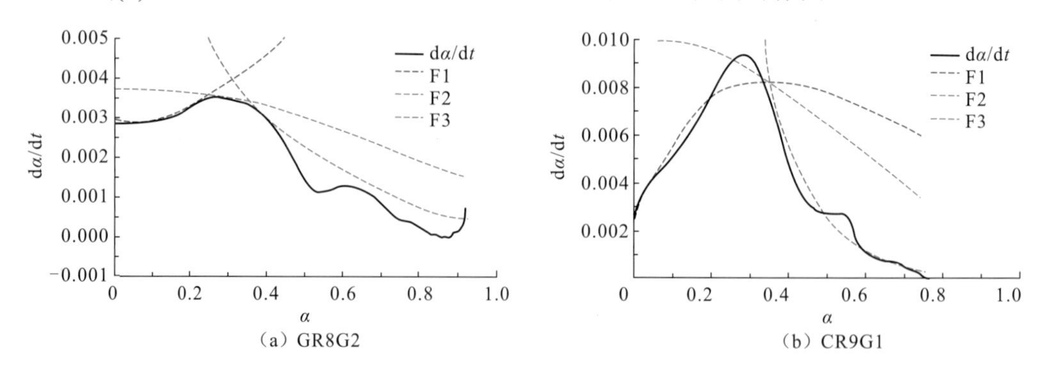

图 2.56　水化反应动力学热谱曲线重构

如图2.56所示，GR8G2试样的F1和F2能较好地模拟反应速率曲线，然而F3却吻合较差，而对于CR9G1试样，F1和F3模拟较好而F2模拟较差，表明土壤聚合物碱激发聚合反应并不雷同于单纯的水泥水化反应，其反应过程应该是多种反应同时进行的复杂反应过程，其中机械力化学效应激发的赤泥-煤矸石共混体在碱激发过程中主要受结晶成核和晶体生长阶段NG和相边界反应过程 I 控制，这两个过程共同初期的碱溶液平衡后到聚合反应平衡的过程，而对于煅烧活化的赤泥-煤矸石共混体其碱激发聚合反应过程主要由结晶成核和晶体生长阶段NG和扩散过程D控制，当然必须忽略在衰退期出现的第三放热峰，在NG和D过程中间段，与 I 过程曲线不匹配，表明该土壤聚合物聚合反应并未受相边界条件限制，可能是因为聚合反应依然在持续进行。根据前述土聚合反应碱激发阶段的反应过程，可以发现该反应过程复杂，4个阶段同时进行，尤其碱溶平衡和单体再聚合两个过程处于动态平衡的过程中，反应在理论上持续进行，因此并未发展到相边界条件控制阶段。然而扩散过程D吻合较好，可能的原因是聚合反应过程持续进行过程中，材料体系中固液相由于反应的不断进行，部分无定形态土壤聚合物已经形成，未反应的部分只能通过扩散作用继续进行反应。

所得动力学参数如表2.18所示，在土壤聚合物碱激发结晶成核和晶体生长阶段，机械力活化的赤泥-煤矸石共混土壤聚合物K_{NG}明显大于煅烧活化共混体，表明机械力活化赤泥-煤矸石共混体在碱激发聚合反应过程中初期结晶成核更快，聚合反应平衡时间更早，颗粒粒径对土壤聚合物网络结构的形成具有重要关联性；从K_D的对比也可以看出机械力活化共混体扩散速率更快，在反应体系中更容易扩散促使反应快速进行，这也印证了前述两者半衰期的差别。总体而言，可以利用K_D模型模拟土壤聚合物反应动力学过程，尤其是聚合反应成核过程的模拟重构拟合性很好。

表 2.18　反应动力学参数

试样	n	K_{NG}	K_I	K_D
GR8G2	0.8081	0.0448	0.0030	0.0137
CR9G1	0.9095	0.0196	0.0026	0.0009

2.3.2　赤泥-煤矸石共混环境功能材料固化重金属特性

土壤聚合物因其超强的机械性能和固封能力，常被用于固封核污染废料及其他重污染废弃物，特别是重金属污染材料。研究其内在的固化稳定化机理，必须从其材料本身出发，探索重金属的迁移转化规律，掌握其固化稳定化规律。本节主要利用赤泥-煤矸石共混土壤聚合物固化稳定化重金属，其中赤泥由于自身特殊的化学组成，具有良好的吸附性，经常被用作制备重金属吸附剂、污水絮凝剂等重金属污染治理材料（Liu et al., 2011），这也为土壤聚合物用于重金属的固化稳定化提供了有利条件。

目前，对于重金属污染的研究主要集中于Pb、Cr、Cd、Hg、Zn、Ni及Cu污染，其中Pb和Cr是两种具有代表性的污染物。Pb在污染介质中主要以离子态Pb^{2+}形式存在，其在酸性条件下极易释放，是一种典型的金属阳离子形态污染物质；Cr在污染介质中主要以含氧阴离子的形式存在，其主要有Cr(VI)和Cr(III)两种价态，且Cr(VI)毒性大于Cr(III)，在浸出反应中对氧化还原状态极其敏感，属典型的含氧阴离子重金属污染物。选择Pb、Cr作为两种代表性重金属元素，进行赤泥-煤矸石基土壤聚合物固化稳定化重金属研究，向上述赤泥-煤矸石共混前驱体（R8G2）中加入定量重金属Pb、Cr，在碱激发作用下实现材料固化，并通过固化体机械性能测试、重金属浸出毒性及形态分布检测评价材料对两种重金属的固化稳定化效果，并借助XRD、扫描电子显微镜等检测手段揭示其固化稳定化机理。

按表2.19所示配制相应试样，重金属Pb和Cr分别以粉末状$Pb(NO_3)_2$、$K_2Cr_2O_7$形式添加，添加量以赤泥-煤矸石前驱体质量为基准，每种$K_2Cr_2O_7$重金属添加量分别为0.5%、1%、1.5%及2%。为更好地比较赤泥-煤矸石基土壤聚合物固化稳定化重金属Pb和Cr的效果，试样同时设3个R42.5普通硅酸盐水泥对照组，分别为C0、C1和C2，其中C0为水泥空白固化组，C1为添加1% $Pb(NO_3)_2$的水泥试样，C2为添加1%$K_2Cr_2O_7$的水泥试样。

表 2.19　重金属 Pb、Cr 固化/稳定化实验设计

试样	前驱体粉末	活化剂	液固比	重金属
F0	80% RM1+20% CG1	1.6 SiO_2:Na_2O:7.5 H_2O	0.4	—
F1	80% RM1+20% CG1	1.6 SiO_2:Na_2O:7.5 H_2O	0.4	0.5% $Pb(NO_3)_2$
F2	80% RM1+20% CG1	1.6 SiO_2:Na_2O:7.5 H_2O	0.4	1% $Pb(NO_3)_2$
F3	80% RM1+20% CG1	1.6 SiO_2:Na_2O:7.5 H_2O	0.4	1.5% $Pb(NO_3)_2$
F4	80% RM1+20% CG1	1.6 SiO_2:Na_2O:7.5 H_2O	0.4	2% $Pb(NO_3)_2$
F5	80% RM1+20% CG1	1.6 SiO_2:Na_2O:7.5 H_2O	0.4	0.5% $K_2Cr_2O_7$
F6	80% RM1+20%.CG1	1.6 SiO_2:Na_2O:7.5 H_2O	0.4	1% $K_2Cr_2O_7$
F7	80% RM1+20% CG1	1.6 SiO_2:Na_2O:7.5 H_2O	0.4	1.5% $K_2Cr_2O_7$
F8	80% RM1+20% CG1	1.6 SiO_2:Na_2O:7.5 H_2O	0.4	2% $K_2Cr_2O_7$
C0	100% R42.5 水泥	去离子水	0.5	—
C1	100% R42.5 水泥	去离子水	0.5	1% $Pb(NO_3)_2$
C2	100% R42.5 水泥	去离子水	0.5	1% $K_2Cr_2O_7$

1. 固化体机械性能的变化

土壤聚合物固化稳定化重金属主要通过物理包覆和化学键合，物理包覆客观上会对土壤聚合物固化体的孔隙造成一定影响，使其致密度有所下降，化学键合主要是重金属离子在聚合反应过程中发生离子替代进入网状结构体中，在一定程度上化学结构发生变化，因此将重金属离子引入土壤聚合物中进行固化稳定化，一定程度上会对固化体的机械性能产生影响。

图2.57为赤泥-煤矸石基土壤聚合物固化重金属Pb、Cr后的机械性能。可以看出，随着重金属量的增加，材料的强度均呈现降低趋势，在养护期7 d时这种变化相对较为平缓，这可能是因为固化体在7 d时聚合反应仍然在持续进行，在这段养护期间重金属掺入对其反应的破坏作用和聚合反应正向过程处于同时发展状态；各试样强度随龄期增长不断增长，随着重金属Pb的掺量增大，其折损也不断增加，掺量为2%时，固化体28 d强度较空白组试样强度降低约25%，证明Pb^{2+}的掺入对于固化体聚合反应具有一定破坏作用，这可能归因于Pb在聚合固化反应中与部分碱性激发剂发生反应，破坏反应平衡状态，致使聚合反应不完全。从图2.57（b）中可以看出，掺入重金属Cr同样表现出与掺Pb试样类似的变化趋势，主要区别在于两个高浓度试样F7、F8，其抗压强度随龄期变化明显放缓，说明Cr_2O_7的掺入对于固化体后期强度发展具有较大的抑制作用。图2.57（c）对比了空白组、Pb和Cr掺量均为1%的土壤聚合物试样和普通硅酸盐水泥试样在养护龄期内抗压强度的变化，从图中可以看出R42.5硅酸盐水泥固化强度明显优于赤泥-煤矸石基土壤聚合物，两种重金属的掺入都对强度发展有所抑制，Palomo等（2003）和Zhang等（2008）也在其相关研究中报道了此种现象，赤泥-煤矸石基土聚物强度折损相对更加明显，可能与赤泥和煤矸石本身杂质较多，参与土聚合反应的成分相对复杂有关系。

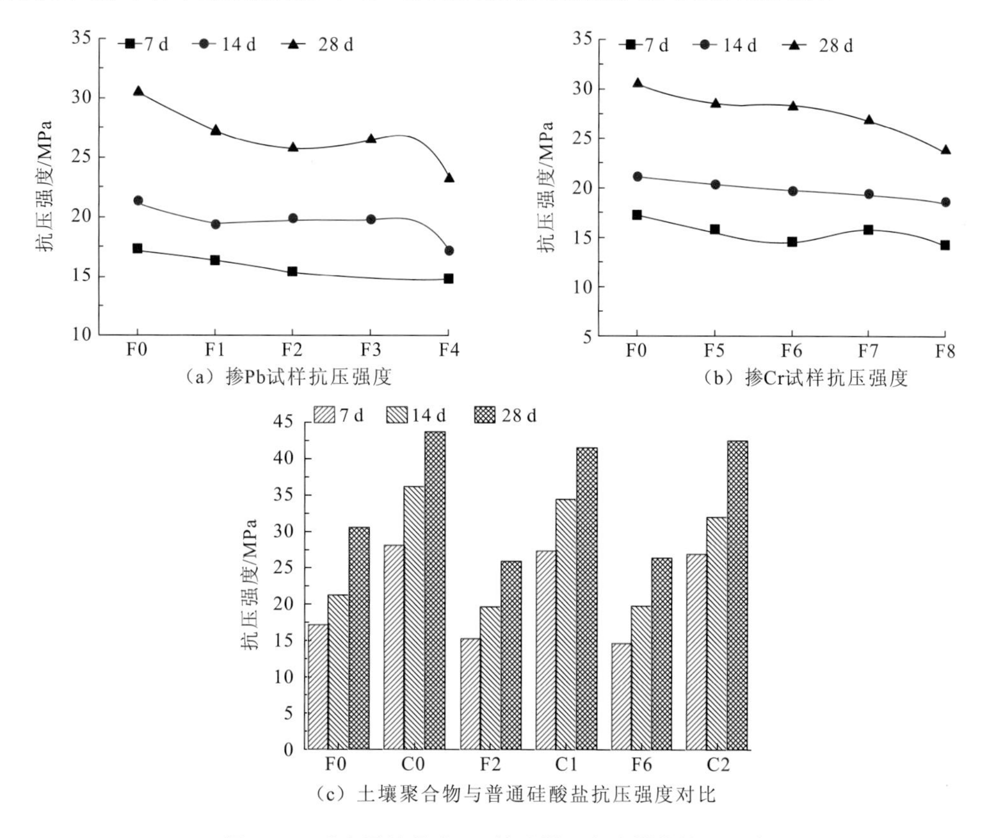

（a）掺Pb试样抗压强度

（b）掺Cr试样抗压强度

（c）土壤聚合物与普通硅酸盐抗压强度对比

图 2.57　重金属掺量为 1%的试样及空白样的抗压强度

2. 前驱体自稳定作用

为了更好地评价赤泥-煤矸石基土壤聚合物对重金属Pb、Cr的固化稳定化作用，考察赤泥-煤矸石预激发前驱体对于重金属Pb、Cr的自稳定作用。如表2.20所示，随着重金属投加量的增大，共混体重金属浸出量也逐渐增大，从浸出率的数据可以看出随着投加量的增大，浸出量越高，但与投加量显然不成正比。Pb投加量为1%～1.5%，浸出率没有显著变化，然而当投加量达到2%浸出率显著增加，说明共混体对Pb的自稳定效率有所下降。随着Pb的投加量的增大，离子交换态的Pb显然增多，当投加量达到1%之后，材料中Pb的4种难溶态比例基本保持同等水平，说明共混体对重金属铅的自稳定能力基本稳定，在实验投加量范围内均可达到50%以上，当然必须指出的是投加量为0.5%时，各形态的比例却有明显不同，这主要归因于赤泥和煤矸石本身含有一定量的重金属，投加量较少是其本身中所含重金属一定程度上干扰真实自稳定效果的显示。

表 2.20　赤泥-煤矸石共混前驱体中重金属 Pb、Cr 浸出量及浸出率

Pb 投加量占比/%	Pb			Cr		
	总含量/(mg/kg)	浸出量/(mg/L)	浸出率/%	总含量/(mg/kg)	浸出量/(mg/L)	浸出率/%
0.0	26	0.00	0.00	653	0.03	0.00
0.5	3156	42.07	26.66	2423	40.08	32.08
1.0	6286	125.82	40.03	4193	91.76	43.77
1.5	9416	194.12	41.23	5463	132.71	48.59
2.0	12546	317.20	50.57	7733	213.40	53.19

从表2.20中投加Cr的赤泥-煤矸石共混体材料中Cr的浸出量及浸出率，不难发现共混体显现与投加Pb共混体基本相同的变化趋势，最低自稳定率也在50%左右。图2.58（b）显示投加量为1.5%和2%时，共混体中Cr的 4 种难浸出形态比例基本保持相同，而投加量为0.5%和1%时，各形态的分布明显变化较大。这主要是因为原料中Cr含量相对Pb较高，原料中的Cr处于稳定不变的形态，新投加的离子态重金属，在预激发过程中不断发生形态变化。在后续碱激发固化稳定化过程中真正参与物化反应过程的主要为共混体中可浸出部分。

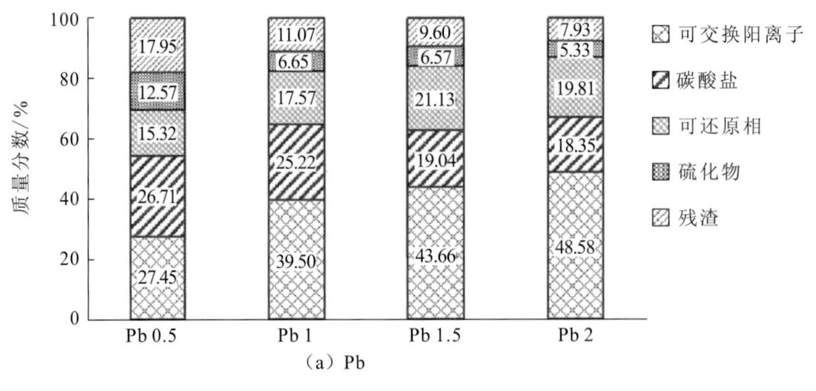

（a）Pb

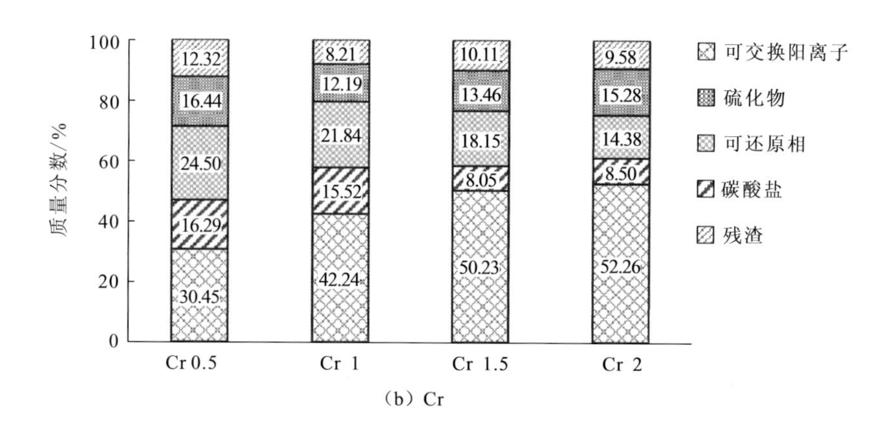

图 2.58　赤泥-煤矸石预激发共混体中重金属分布形态

3. 固化体重金属 Pb、Cr 浸出特性

浸出毒性是反应固化体中重金属对环境的危害程度的重要指标。浸出毒性浸出方法（toxicity characteristic leaching procedure，TCLP）是当前国内外普遍通用的重金属浸出毒性检测方法，首先采用此方法对固化体进行重金属浸出行为的检测，即文中所述静态浸出特性检测；同时考虑该固化材料为强碱激发材料，材料体系呈现强碱特征，为了减小材料体系对缓冲溶液的中和影响及更真实反映材料中重金属固化稳定化效果，试验还采用了改进的动态TCLP浸出方法对固化体进行浸出检测，用以判定固化体对重金属Pb、Cr的真实固化稳定化效果。

1）静态浸出特性检测

表2.21给出了重金属固化稳定化试样的浸出量及固定率。首先需要指出的是表中所列三个标准规定的重金属浸出毒性检测方法均不相同,《生活垃圾填埋场污染控制标准》（GB 16889—2008）规定使用醋酸缓冲溶液法，由于醋酸溶液的强缓冲能力一般被认为是重金属浸出毒性检测方法中最严格的方法,而本小节采用的TCLP方法正是国际普遍共用的醋酸缓冲溶液法；同时，我国对于重金属污染固化稳定化处理后固化体重金属毒性浸出参考标准依然不明确，特别是非危险废物的处理处置很难界定标准，参考《危险废物填埋污染控制标准》（GB 18598—2019）。从浸出量的角度分析，对比《危险废物填埋污染控制标准》（GB 18598—2019），投加Pb的试样在养护龄期28 d时F2能满足排放标准，投加Cr的试样在养护龄期28 d时均能满足排放标准。相比浸出量，重金属的固定率更能直观反映材料的固化稳定化效果，表2.21同时列出了各试样在不同养护龄期的重金属固定率，各试样在试验设定的三个龄期内，对重金属的固化稳定化率均可达到90%以上；对比Pb和Cr的固定率，Pb的固定率明显优于Cr，不同掺量下Pb固定率均大于Cr，主要原因在于Pb在碱性环境下相对Cr处于更稳定状态，相对较难浸出。

表 2.21　试样的重金属浸出值及固定率

重金属	试样	浸出量/(mg/L)			固定率（100%）		
		7 d	14 d	28 d	7 d	14 d	28 d
Pb	F1	10.11±0.303	—	—	0.94	1.00	1.00
	F2	27.15±1.052	12.16±0.193	1.04±0.055	0.91	0.96	1.00
	F3	41.26±1.280	30.93±0.210	1.84±0.021	0.91	0.93	1.00
	F4	41.27±2.326	40.01±1.520	3.98±0.115	0.93	0.94	0.99
Cr	F5	9.25±0.127	2.03±0.010	0.51±0.002	0.92	0.98	1.00
	F6	11.44±0.085	3.15±0.022	1.87±0.032	0.95	0.98	0.99
	F7	22.30±0.050	12.15±0.650	4.99±0.265	0.92	0.96	0.98
	F8	26.83±0.140	19.57±0.432	12.69±0.035	0.93	0.95	0.97

部分污染控制标准如下：

限值 a: Pb 1 mg/L；Cr 1.5 mg/L，《综合污水排放标准》（GB 8978—2002）

限值 b: Pb 0.25mg/L；Cr 4.5 mg/L，《城市生活垃圾填埋场污染控制标准》（GB 16889—2008）

限值 c: Pb 1.2 mg/L；Cr 15 mg/L，《危险废物安全填埋场污染控制标准》（GB 18598—2019）

同时记录各试样浸出液的pH，如表2.22所示。各试样浸出液pH均在4以上，大于原缓冲溶液的pH 2.88，表明赤泥-煤矸石土壤聚合物固化体对于醋酸缓冲溶液具有较强的缓冲作用，前述静态TCLP浸出结果不能全面反映材料中重金属的可浸出状态。

表 2.22　固化体 TCLP 浸出液 pH（平均值±标准偏差，*n*=3）

重金属	样品	7 d	14 d	28 d
Pb	F1	4.50±0.01	4.45±0.02	4.66±0.02
	F2	4.53±0.01	4.48±0.01	4.63±0.01
	F3	4.51±0.02	4.49±0.01	4.64±0.02
	F4	4.50±0.01	4.45±0.02	4.65±0.02
Cr	F5	4.41±0.02	4.45±0.01	4.59±0.02
	F6	4.43±0.01	4.44±0.02	4.61±0.01
	F7	4.43±0.01	4.46±0.03	4.64±0.01
	F8	4.43±0.02	4.42±0.02	4.66±0.02

2）动态浸出特性检测

动态浸出检测是为了弥补材料碱性特性对醋酸浸提溶液的缓冲作用导致不能全面反映材料固化稳定化重金属特性的缺点而进行的改进的TCLP浸出检测。如表2.23所示，在整个浸出过程中，浸出液的pH均大于醋酸缓冲溶液的pH 2.88，但相对较小，在结束阶段

18 h时各试样的pH基本接近缓冲溶液的pH。这就说明在整个浸提阶段，醋酸浸提溶液均保持了较好的缓冲作用，该浸出方法的累积浸出值可以较准确地反映材料对离子态Pb、Cr的固化稳定化效果。

表2.23　动态浸出试验后试样pH（平均值±标准偏差，n=3）

试样	1 h	2 h	5 h	9 h	18 h
F1	3.12±0.02	3.33±0.01	3.66±0.02	3.62±0.03	2.95±0.01
F2	3.42±0.02	3.03±0.02	3.68±0.03	3.58±0.02	3.01±0.01
F3	3.56±0.01	3.27±0.01	3.74±0.04	3.64±0.02	2.99±0.02
F4	3.53±0.02	3.48±0.01	3.31±0.03	3.58±0.01	3.04±0.02
F5	3.01±0.01	3.12±0.02	3.59±0.03	3.36±0.01	3.10±0.01
F6	3.31±0.02	3.28±0.03	3.82±0.01	3.73±0.03	3.13±0.02
F7	3.25±0.01	3.27±0.01	3.87±0.02	3.66±0.02	3.07±0.02
F8	3.45±0.01	3.33±0.02	3.82±0.01	3.62±0.02	3.02±0.01

表2.24列出各试样动态浸出每一时段的浸出量，并计算得出样品的累积浸出量。图2.59为动态累积浸出量与静态TCLP浸出量的对比，可以看出各试样Pb的动态累积浸出量均略大于静态浸出量。随着Pb浓度的升高，这种涨幅越来越大，这主要归因于Pb在酸性条件下更易于浸出，固化体本身对于Pb的固化稳定化能力处于稳定状态，当Pb投加量增大时，浸出量自然有所增大；图2.59（b）显示的变化则出现反常，动态累积浸出量理论上动态浸出各阶段缓冲溶液的酸性更强，浸出量应该更高，然而该实验中部分试样出现动态累积浸出量低于静态浸出量的情况，Zhou等（2017）在对于重金属Cr的固化稳定化研究中认为Cr的稳定态更多存在于酸性环境中。因此在相对酸性更强的浸出液作用下并不能有效增加其浸出量，F8试样之所以有所增加，主要得益于Cr投加量相对较大，在静态浸出时部分Cr由于浸出液的缓冲能力有限并未完全释放，而在动态浸出时则得到释放。

表2.24　动态浸出各时段的浸出量（平均值±标准偏差，n=3）

试样	1 h	2 h	5 h	9 h	18 h
F1	0.00±0.000	0.00±0.000	0.00±0.000	0.01±0.000	0.03±0.000
F2	0.29±0.002	0.13±0.001	0.25±0.001	0.22±0.001	0.28±0.001
F3	0.54±0.002	0.30±0.002	0.65±0.001	0.38±0.001	0.64±0.001
F4	1.27±0.021	0.87±0.009	1.12±0.006	0.71±0.003	1.84±0.007
F5	0.12±0.001	0.11±0.001	0.21±0.002	0.05±0.000	0.28±0.001
F6	0.45±0.001	0.27±0.001	0.39±0.002	0.42±0.002	0.28±0.002
F7	1.08±0.012	0.99±0.010	0.97±0.003	0.51±0.003	1.21±0.003
F8	3.64±0.020	2.87±0.018	3.71±0.022	1.66±0.015	2.45±0.014

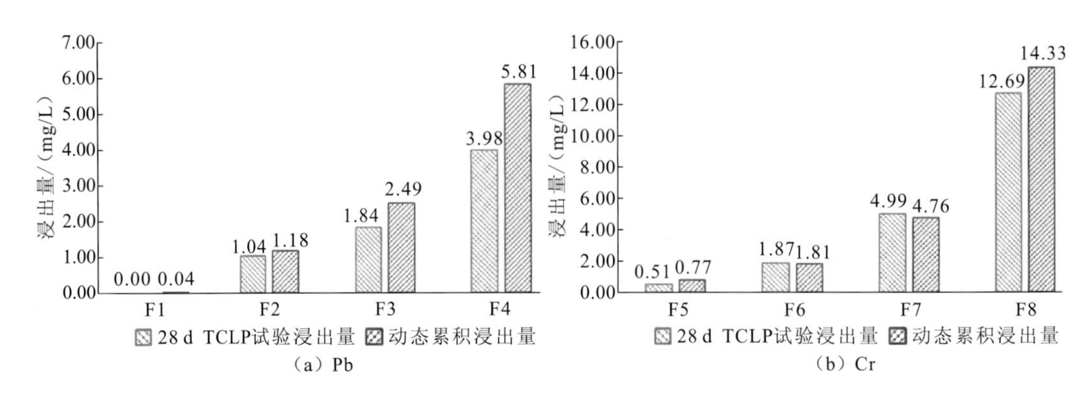

图 2.59　重金属动态累积浸出量和静态浸出量对比

为了更加深入分析各试样重金属释放特性，根据上述结果计算列出各试样在动态浸出各时段浸出量占累积浸出量的比例，如图2.60所示。从图2.60（a）可以看出，剔除Pb含量最低的F1试样，随着Pb含量的升高，试样在9～18 h阶段浸出比例不断增大，考虑静态浸出在此阶段醋酸溶液的缓冲作用已经减弱，因此认为此结果相对较真实，而F1中Pb的浸出之所以主要呈现在5～18 h阶段，是因为其Pb含量较低，大部分Pb以稳定态形式存在，仅有的不稳定态很有可能被固化体物理包覆而处于相对较稳定的状态，只有在浸出后期固化体物理包覆不断释放才能得以浸出。从图2.60（b）很难看出类似Pb浸出的规律，仔细观察发现前5 h试样的Cr浸出量随着Cr含量的升高不断增大，在5～18 h的阶段并没有明显的规律可循，可能的原因是Cr在酸性条件下更易于沉淀。

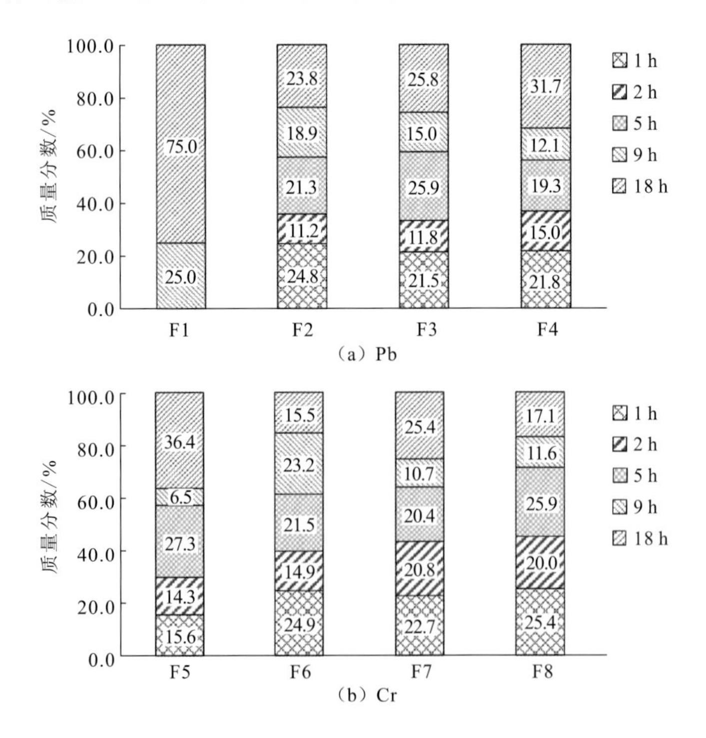

图 2.60　动态浸出各时段浸出量占总浸出量的比

4. 固化体重金属 Pb、Cr 形态转化特征

由于重金属的浸出行为受到固化体物理形态、化学结构及其他潜在因素的互相影响，对于固化体中重金属的潜在危害，仅通过浸出毒性测试进行综合评判是不全面的。重金属的化学形态分布是对固化体中重金属的全解析，也是表征重金属迁移转化能力的重要参数。因此在固化体浸出毒性的基础上，采用Tessier五步连续提取法对试样进行重金属化学形态分布的分析，对比研究了重金属投加量为1%的试样在不同龄期重金属形态分布及不同投加量试样在养护28 d时重金属形态分布情况，结合浸出毒性分析结果，探讨重金属Pb、Cr在赤泥-煤矸石共混土壤聚合物中的迁移转化规律。

图2.61为重金属Pb、Cr投加量为1%试样在各养护龄期的化学形态分布情况。从图2.61（a）可以看出随着养护龄期的增大，重金属Pb的离子交换态趋于消失，这与前述浸出毒性检测相吻合；整个龄期内Pb的碳酸盐结合态均很少；随着龄期的增长残渣态不断增多，硫化物结合态和可还原态变化相对较小，这三种形态在各个龄期基本占据总量的80%左右；Pb的稳定态分布基本呈现残渣态＞硫化物结合态＞可还原态＞碳酸盐结合态。图2.61（b）反映Cr投加量为1%的试样随着养护龄期的增大，离子交换态同样趋于零，表明可浸出量为零，说明该材料对Cr同样具有较好固化稳定化效果，同时随着龄期的增长，固化体中Cr的形态逐渐由离子交换态向硫化物结合态和残渣态转移，而可还原态相对变化不大。

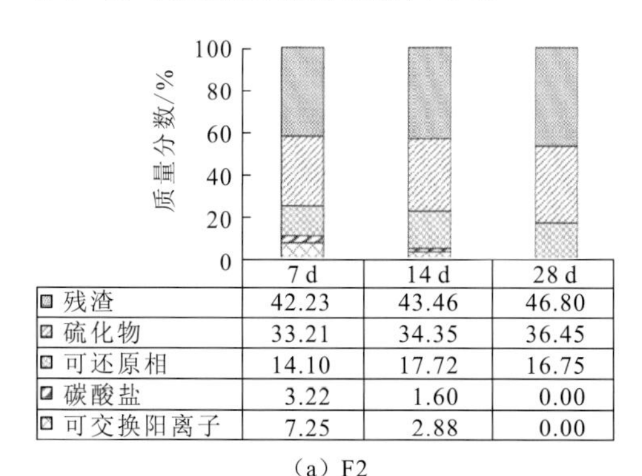

	7 d	14 d	28 d
残渣	42.23	43.46	46.80
硫化物	33.21	34.35	36.45
可还原相	14.10	17.72	16.75
碳酸盐	3.22	1.60	0.00
可交换阳离子	7.25	2.88	0.00

（a）F2

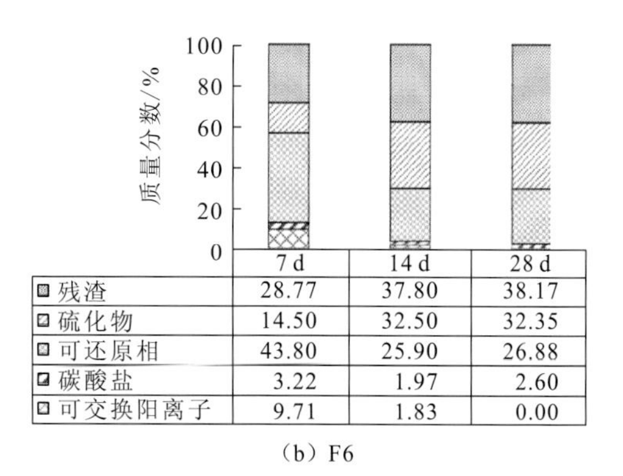

	7 d	14 d	28 d
残渣	28.77	37.80	38.17
硫化物	14.50	32.50	32.35
可还原相	43.80	25.90	26.88
碳酸盐	3.22	1.97	2.60
可交换阳离子	9.71	1.83	0.00

（b）F6

图 2.61　试样 F2 和 F6 各龄期重金属形态分布情况

不同投加量对于固化体中重金属化学形态的分布影响见图2.62。在试验投加范围内，材料对重金属Pb的固化稳定化效果均较好，养护28 d固化体中离子交换态的Pb基本趋于零，所有固化试样中Pb主要呈现残渣态、硫化物结合态和可还原态；随着投加量的增多，残渣态所占比例逐渐减少，可能的原因是超量的Pb在固化体中随材料聚合反应的深入，逐渐向硫化物结合态和可还原态转变。图2.62（b）给出了随Cr投加量变化固化体中Cr的化学形态分布情况，随着投加量增加到1.5%，固化体出现离子交换态Cr，但总体稳定态的比例依然处在95%以上，对Cr的稳定化效果仍然比较显著；随着Cr投加量的增大，固化体中残渣态所占比例逐渐减小，而碳酸盐结合态逐渐增多，说明在该土壤聚合物中超量的Cr随聚合反应的进行逐渐向碳酸盐结合态转化。

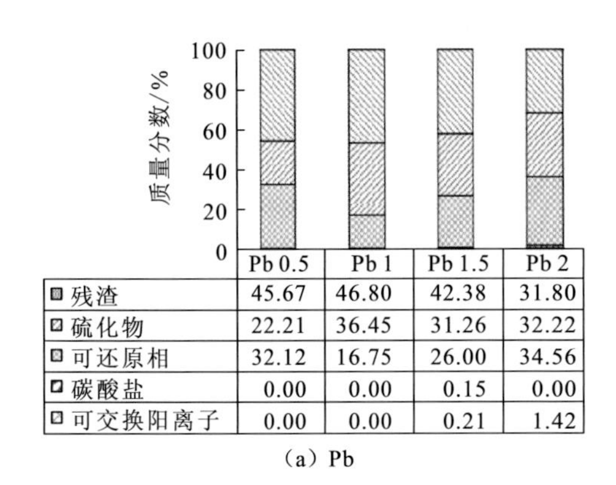

	Pb 0.5	Pb 1	Pb 1.5	Pb 2
残渣	45.67	46.80	42.38	31.80
硫化物	22.21	36.45	31.26	32.22
可还原相	32.12	16.75	26.00	34.56
碳酸盐	0.00	0.00	0.15	0.00
可交换阳离子	0.00	0.00	0.21	1.42

（a）Pb

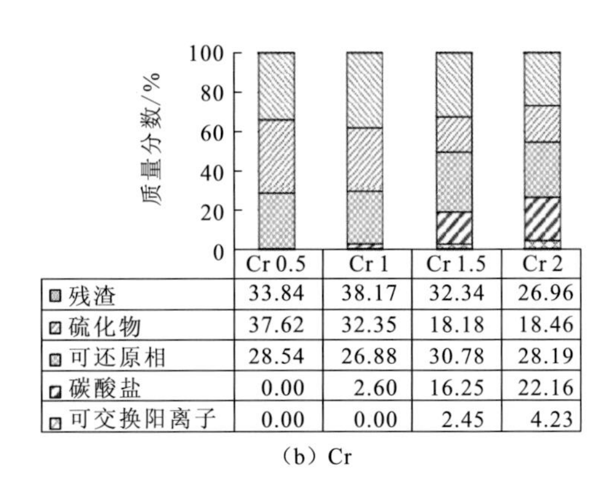

	Cr 0.5	Cr 1	Cr 1.5	Cr 2
残渣	33.84	38.17	32.34	26.96
硫化物	37.62	32.35	18.18	18.46
可还原相	28.54	26.88	30.78	28.19
碳酸盐	0.00	2.60	16.25	22.16
可交换阳离子	0.00	0.00	2.45	4.23

（b）Cr

图 2.62　养护 28 d 试样重金属形态分布情况

2.3.3　重金属铅、铬固化机理

由于土壤聚合物原料、化学组成及碱激发剂的多变性，对该领域的研究不能形成统一的认识。本小节开发赤泥-煤矸石基土壤聚合物，为了能探索其应用价值，选取两种典型的重金属离子Pb^{2+}、Cr(VI)进行固化稳定化试样，以前述毒性浸出特性及重金属形态分布为评价标准，材料对Pb^{2+}、Cr(VI)具备良好的固化稳定化效果，考察其固化稳定化过程。

1. XRD 和 FTIR 分析

从图2.63中可以看出，以Pb投加量为1%的试样F2为例，赤泥-煤矸石基土壤聚合物在养护龄期内并未形成明显的含Pb晶体形态特征峰；随着养护龄期的增长，试样中硅铝酸钠（$AlNaO_6Si_2$）和霞石（$Na(AlSiO_4)$）的特征峰变弱直至消失，这是因为这两种物质在碱性条件下逐渐分解为[SiO_4]、[AlO_4]单体并参与再聚合固化反应；然而当Pb含量为1.5%和2%时，固化体矿物相中出现Pb_3SiO_5的衍射峰，这与Palomo等（2003）的发现类似，表明一部分Pb^{2+}与材料体系中活性Si发生反应以硅酸盐形态得以稳定化，但这种反应十分微弱，极有可能是反应初期液态碱激发剂中液态Si在反应未达到平衡时即与离子态Pb^{2+}发生反应，进而导致碱激发平衡的延迟，从而解释了掺入重金属Pb后固化体的强度出现一定折损。当然，以上仅是Pb^{2+}固化稳定化的一部分，Pb^{2+}更多是进入土壤聚合物无定形态聚合体结构中（Zhang et al.，2008）。

图2.64为试样对应的红外光谱曲线（FTIR），2 000～4 000 cm^{-1}的波谱主要反映的是H_2O的伸缩振动，与研究内容关系不大，因此并未绘制该部分波谱，主要反应变化集中于三个方面：①1 450 cm^{-1}处对应的CO_3^{2-} 的伸缩振动，可能是反应过程中空气中CO_2参与到反应之中，出现部分碳酸盐；②Si—O—Si弯曲振动峰随龄期变化由996 cm^{-1}移动至997 cm^{-1}，表明聚合物反应持续进行，结构趋于稳定，随着重金属量的增加，该峰值又移动到992 cm^{-1}，表明Si—O—Si(Al)聚合度下降，这可能是Pb^{2+}在反应过程中随聚合网状结构的形成进入聚合体结构之中，导致原有三维网络结构发生变化；③在690 cm^{-1}附近Si—O—Al振动波谱带，其主要变化规律与Si—O—Si弯曲振动带相似，也说明反应过

程中Pb^{2+}的加入导致聚合体聚合度下降，Pb参与形成无定形态聚合体的聚合反应。

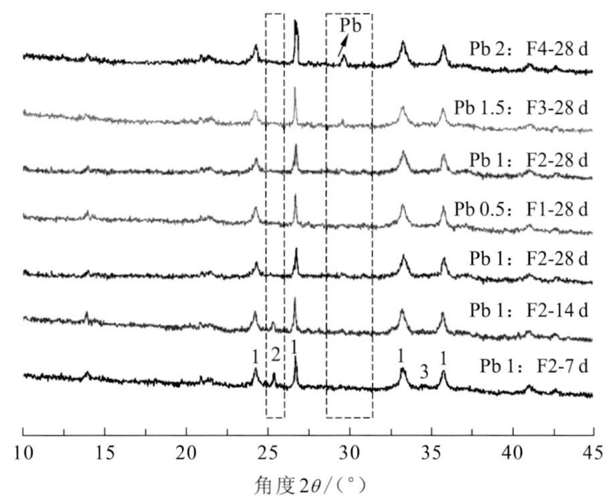

1—赤铁矿(Fe_2O_3)，2—硅铝酸钠($AlNaO_6Si_2$)，3—霞石($Na(AlSiO_4)$)

图 2.63　固化稳定化 Pb 的土壤聚合物试样 XRD 图谱

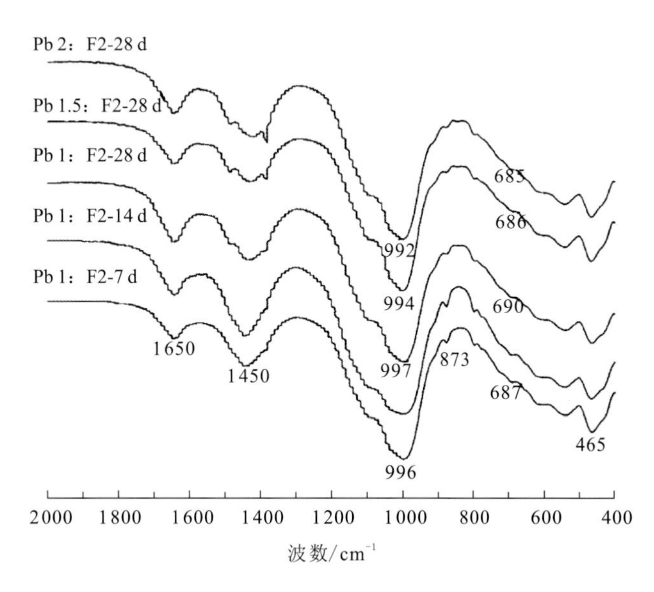

图 2.64　固化稳定化 Pb 的土壤聚合物试样的 FTIR 光谱

图2.65是赤泥-煤矸石土壤聚合物固化稳定化重金属Cr试样的矿物相分析。对于Cr投加量为1%的试样F6而言，整个养护龄期仅能观察到土聚合反应的相关信息，而Cr在整个晶体相中并未出现特征反应峰；投加量为2%的试样F8，同样发现了Cr盐（Na_2CrO_4）特征峰（Palomo et al.，2003），该盐属可浸出态，在前述浸出毒性及重金属形态分析时同样发现离子交换态Cr的存在，然而量很少，按正常情况在晶体相中很难显现，分析其中原因可能是该盐存在于表面结构空隙中，按照土壤聚合物结构分析Na^+、K^+在网络结构中均可以平衡离子存在，在投加$K_2Cr_2O_7$时，提供了K^+，在聚合反应过程中Cr_2O_7与未反应的碱激发剂

发生反应生成 Na_2CrO_4，剩余的K^+则在网络结构中担当平衡离子，这样网络结构中的Cr虽然为离子交换态存在，但由于土壤聚合物网络结构孔道的吸附作用对重金属具有良好的稳定化作用，其在土壤聚合物结构体形成过程中则进入其网络孔道中，当重金属Cr投加过量时土壤聚合物孔道吸附作用减弱，其矿物相组成则在XRD检测中得以表现。

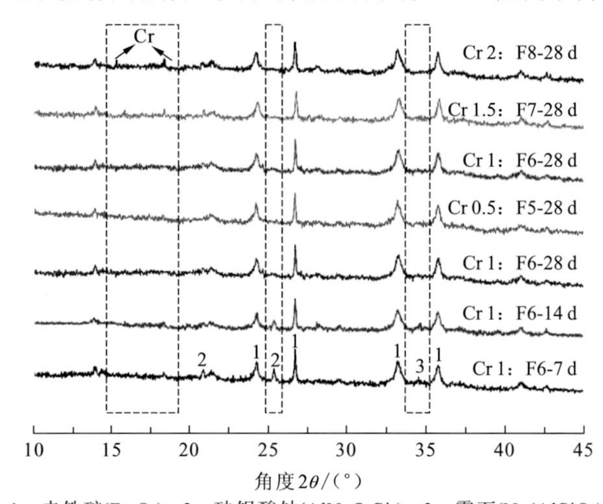

1—赤铁矿(Fe_2O_3)，2—硅铝酸钠($AlNaO_6Si_2$)，3—霞石($Na(AlSiO_4)$)

图 2.65　固化稳定化 Cr 的土壤聚合物试样 XRD 图谱

同样，从图2.66红外光谱变化中也可以看出，Si—O—Si振动谱峰随养护龄期的变化逐渐蓝移，而随着Cr添加量的增大，又出现红移，但基本变化较小，认定其有别于Pb在土壤聚合物固化过程中参与聚合反应。由于土壤聚合物网络结构孔道具有良好的重金属吸附作用，当其吸附大量重金属时同样会对结构聚合度产生影响，这种影响主要是土壤聚合物网络构架的变形，从而使固化体聚合度下降。因此，参考XRD分析可以判定重金属Cr在赤泥-煤矸石共混土壤聚合物固化体以网络孔道吸附作用实现稳定化。

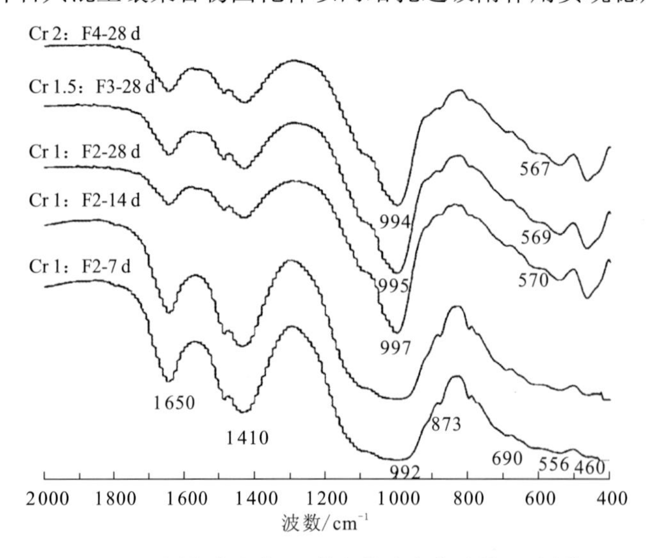

图 2.66　固化稳定化 Cr 的土壤聚合物试样 IR 图谱

2. SEM-EDX 分析

图2.67为试样F2和F6养护28 d的微观结构图。掺入重金属Pb和Cr的土壤聚合物固化体并没有太大的区别，微观上主要以不规则的无定形态硅铝酸盐聚合体为主，其中包括两种形态，一种为表面致密光滑的块状形貌，一种则为粒状或者絮状聚集体；为了深度探究其结构体的化学组成，分别对两种形貌进行了能量色散X射线分析（EDXA），如图2.68所示，图2.68（a）、图2.68（b）分别为图2.67（b）中点1和点2对应的能谱图，图2.68（c）、图2.68（d）分别为图2.67（d）中点1和点2对应的能谱图。从图2.68（a）中可以看出粒状聚集体主要以硅铝酸盐为主，也存在大量Fe、Na的含量显著低于Al、Si，这可能是聚合反应不完全所致，也可以发现Pb的存在；从图2.68（b）中可以看出该致密结构体为典型的土壤聚合物聚合体，同样发现了Pb的存在，证明在聚合网络结构中存在Pb，说明Pb^{2+}参与了土聚合反应；由图2.68（c）、图2.68（d）可知，F6试样中的粒状聚集体同样为未反应完全的无定形态硅铝酸盐凝聚体，致密块状结构为无定形态土壤聚合物网状结构体，两种形貌中都同样存在Cr，然而从两者的含量上看，明显网状结构体中相对十分微弱，由前述Cr在土聚合反应过程中主要通过进入土壤聚合物网络孔道实现稳定化，因此其在网络框架结构中含量极其微弱。

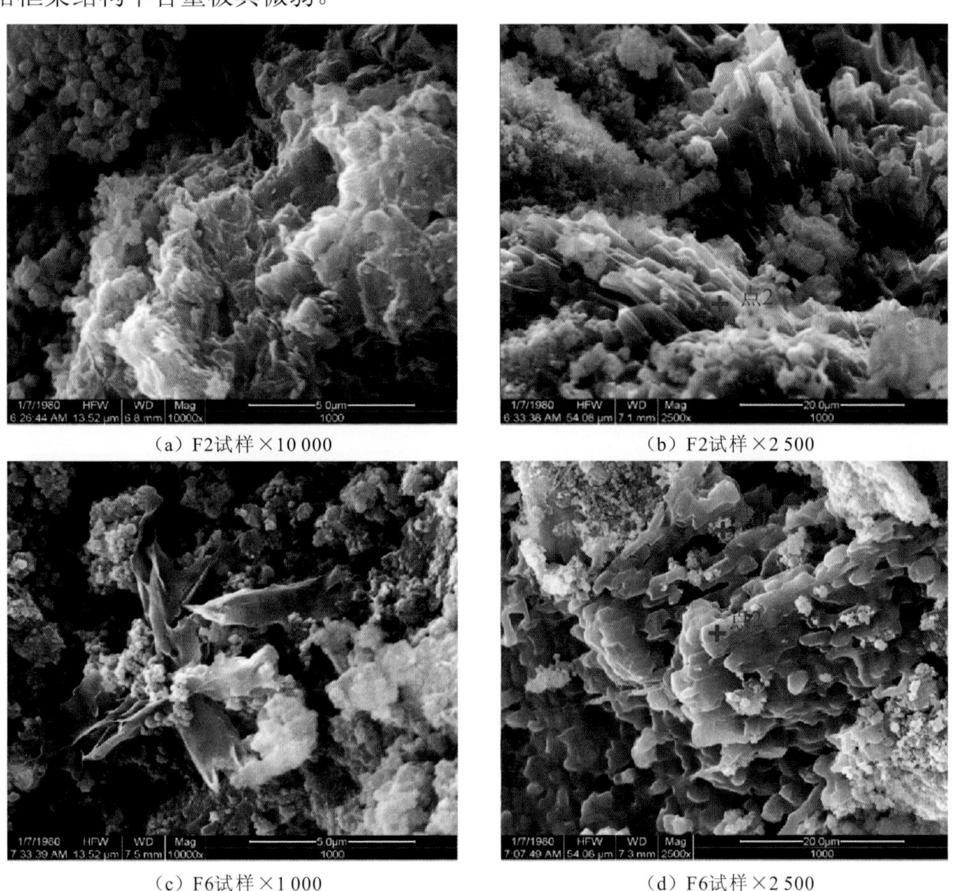

（a）F2试样×10 000　（b）F2试样×2 500

（c）F6试样×1 000　（d）F6试样×2 500

图 2.67　F2 和 F6 试样养护 28 d 扫描电镜图

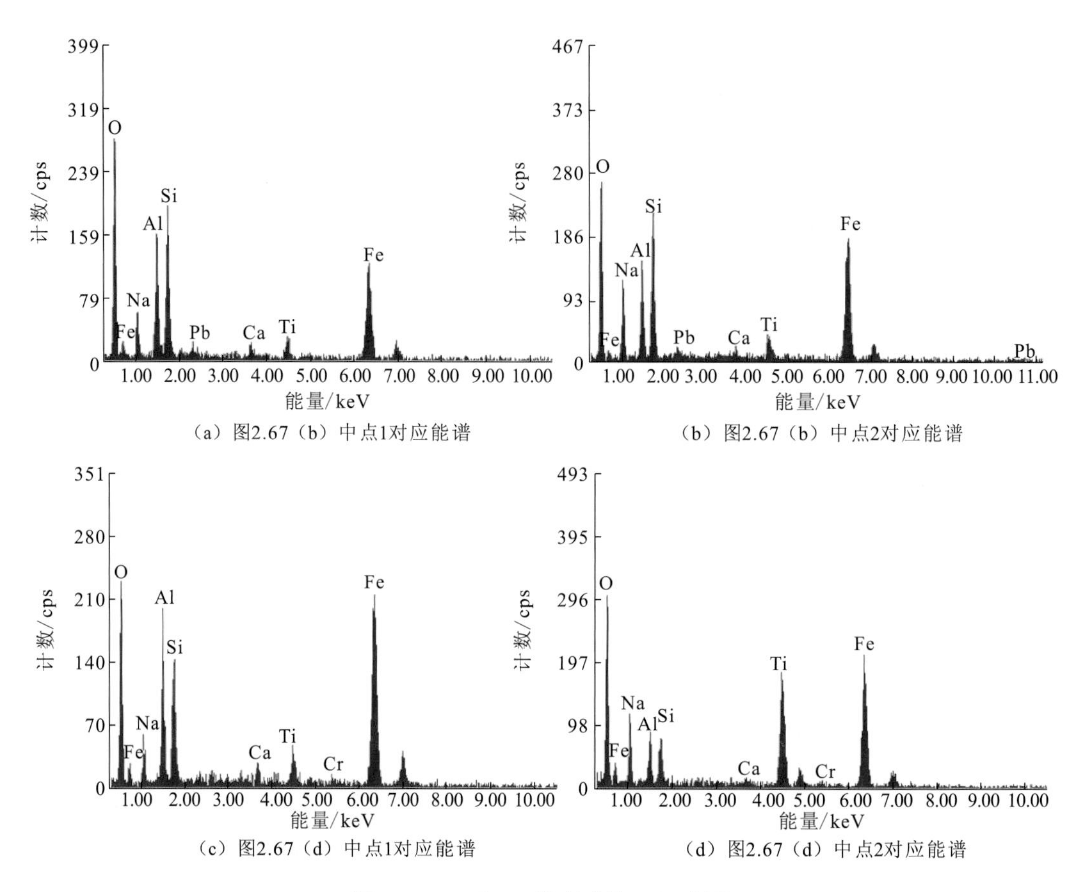

（a）图2.67（b）中点1对应能谱　（b）图2.67（b）中点2对应能谱

（c）图2.67（d）中点1对应能谱　（d）图2.67（d）中点2对应能谱

图 2.68　F2 和 F6 微观形貌 EDX 图谱

参 考 文 献

方莹，芋艳梅，张少明，2008. 机械力化学效应对煤矸石物理性能的影响. 材料科学与工艺，16(2)：290-292.

刘数华，冷发光，李丽华，2010. 混凝土辅助胶凝材料. 北京：中国建材工业出版社.

张茂根，翁志学，黄志明，等，2000. 颗粒统计平均粒径及其分布的表征. 高分子材料科学与工程，16(5)：1-4.

BASIM G B, KHALILI M, 2014. Particle size analysis on wide size distribution powders: effect of sampling and characterization technique. Advanced Powder Technology, 26(1): 200-207.

BENTZ D P, GARBOCZI E J, HAECKER C J, et al., 1999. Effects of cement particle size distribution on performance properties of Portland cement-based materials. Cement and Concrete Composite, 29(10): 1663-1671.

BLUM L A, 1988. Role of surface speciation in the low-temperature dissolution of minerals. Nature, 331(6155): 431-433.

CRIADO M, FERNANDEZ-JIMENEZ A, PALOMO A, 2007. Alkali activation of fly ash: Effect of the SiO_2/Na_2O ratio: Part I　FTIR study. Microporous and Mesoporous Materials, 106(1-3): 180-191.

DELAGRAMMATIKAS G, DELAGRAMMATIKAS M, TSIMAS S, 2007. Particle size distributions a new approach. Powder Technology, 176(2-3): 57-65.

DJAMARANI K M, CLARK I M, 1997. Characterization of particle size based on fine and coarse fractions. Powder Technology, 93(2): 101-108.

DJOBO J N Y, ELIMBI A, TCHAKOUTE H K, et al., 2016. Mechanical activation of volcanic ash for geopolymer synthesis: Effect on reaction kinetics, gel characteristics, physical and mechanical properties. RSC Advances, 6(45): 39106-39117.

DUXSON P, FERNANDEZ-JIMENEZ A, PROVIS J L, et al., 2007. Geopolymer technology: The current state of the art. Journal of Materials Science, 42(9): 2917-2933.

GONZÁLEZ-TELLO P, CAMACHO F, VICARIA J M, et al., 2008. A modified Nukiyama-Tanasawa distribution function and a Rosin-Rammler model for the particle-size distribution analysis. Powder Technology, 186(3): 278-281.

GRANIZO M L, ALONSO S, BLANCO-VARELA M T, et al., 2010. Alkaline Activation of Metakaolin: Effect of Calcium Hydroxide in the Products of Reaction. Journal of the American Ceramic Society, 85(1): 225-231.

GUAN B, YE Q, WU Z, et al., 2010. Analysis of the relationship between particle size distribution of α calcium sulfate hemihydrate and compressive strength of set plaster:Using grey model. Powder Technology, 200(3): 136-143.

IDIR R, CYR M, TAGNIT-HAMOU A, 2011. Pozzolanic properties of fine and coarse color-mixed glass cullet. Cement and Concrete Research, 33: 19-29.

KANO J, MIYAZAKI M, SAITO F, 2000. Ball mill simulation and powder characteristics of ground talc in various types of mill. Advanced Powder Technology, 11(3): 333-342.

KHATIB J M, 2005. Properties of concrete incorporating fine recycled aggregate. Cement and Concrete Research, 35(4): 763-769.

KOTAKE N, DAIBO K, YAMAMOTO T, et al., 2004. Experimental investigation on a grinding rate constant of solid materials by a ball mill-effect of ball diameter and feed size. Powder Technology(143-144): 196-203.

KRSTULOVIĆ R, DABIĆ P , 2000. A conceptual model of the cement hydration process. Cement & Concrete Research, 30(5): 693-698.

LANGE F, MÖRTEL H, RUDERT V, 1997. Dense packing of cement pastes and resulting consequences on mortar properties. Cement and Concrete Research, 27(10): 1481-1488.

LI C, SUN H H, LI L T, 2010. A review: The comparison between alkali-activated slag (Si plus Ca) and metakaolin (Si plus Al) cements. Cement and Concrete Research, 40(9): 1341-1349.

LIEW Y M, HEAH C Y, AL BAKRI M M, et al., 2016. Structure and properties of clay-based geopolymer cements: A review. Progress in Materials Science, 83: 595-629.

LIU S, LI Q, XIE G, et al., 2016. Effect of grinding time on the particle characteristics of glass powder. Powder Technology, 295: 133-141.

LIU S, SHEN L, WANG O, et al., 2010. Investigation on crushing kinetic equation of ball milling of quartz powder. Advanced Materials Research(156-157): 812-816.

LIU S, WANG S, TANG W, et al., 2015a. Inhibitory Effect of Waste Glass Powder on ASR Expansion Induced by Waste Glass Aggregate. Materials, 8(10): 6849-6862.

LIU S, XIE G, WANG S, 2015b. Effect of glass powder on microstructure of cement pastes. Advances in Cement Research, 27(5): 259-267.

LIU Y J, NAIDU R, MING H, 2011. Red mud as an amendment for pollutants in solid and liquid phases. Geoderma, 163(1-2): 1-12.

LOTHENBACH B, SCRIVENER K, HOOTON R D, 2011. Supplementary cementitious materials. Cement and Concrete Research, 41: 1244-1256.

MENÉNDEZ-AGUADO J M, PEÑA-CARPIO E, 2015. Particle size distribution fitting of surface detrital sediment using the Swrebec function. Journal of Soils and Sediments, 15(9): 2004-2011.

OSORIO A M, MENÉNDEZ-AGUADO J M, BUSTAMANTE O, et al., 2014. Fine grinding size distribution analysis using the Swrebec function. Powder Technology, 258: 206-208.

OZAO R, OCHIAI M, 1992. Thermal analysis and self-similarity law in particle size distribution of powder samples. Part 3, Thermochimica Acta, 208(2): 279-287.

PALOMO A, PALACIOS M, 2003. Alkali-activated cementitious materials: Alternative matrices for the immobilisation of hazardous wastes: Part II Stabilisation of chromium and lead. Cement and Concrete Research, 33(2): 289-295.

PROVIS J L, DEVENTER J S J V, 2007. Geopolymerisation kinetics: 2 reaction kinetic modelling. Chemical Engineering Science, 62(9): 2318-2329.

REDDY M S, DINAKAR P, RAO B H, 2016. A review of the influence of source material's oxide composition on the compressive strength of geopolymer concrete. Microporous and Mesoporous Materials, 234: 12-23.

REYNOLDS R C, BISH D L, 2002. The effects of grinding on the structure of a low-defect kaolinite. American Mineralogist, 87(11-12): 1626-1630.

RODRÍGUEZ B Á, GARCÍA G G, COELLO-VELÁZQUEZ A L, et al., 2016. Product size distribution function influence on interpolation calculations in the bond ball mill grindability test. International Journal of Mineral Process, 157: 16-20.

SUN H H, FENG X P, LIU X M, et al.,2007. The influence of mechanochemistry on the structure speciality and cementitious performance of red mud. Rare Metal Materials and Engineering, 36: 568-570.

TAVARES L, KING R P, 2005. Continuum damage modeling of particle fracture. ZKG International, 58(1): 49-58.

TEMUUJIN J, WILLIAMS R P, RIESSEN A V, 2009. Effect of mechanical activation of fly ash on the properties of geopolymer cured at ambient temperature. Journal of Materials Processing Technology, 209(12): 5276-5280.

YAO X, ZHANG Z, ZHU H, et al., 2009. Geopolymerization process of alkali-metakaolinite characterized by isothermal calorimetry. Thermochimica Acta, 493(1): 49-54.

YE N, YANG J K, KE X Y, et al., 2014. Synthesis and characterization of geopolymer from bayer red mud with thermal pretreatment. Journal of the American Ceramic Society, 97(5): 1652-1660.

ZHANG D, 2009. Influence of high fineness additives on particle size distribution cement based composite system. Journal of Wuhan University of Technology, 31(14): 15-22.

ZHANG J G, PROVIS J L, FENG D W, et al., 2008. Geopolymers for immobilization of Cr^{6+}, Cd^{2+}, and Pb^{2+}. Journal of Hazardous Materials, 157(2-3): 587-598.

ZHANG Y, LIN Z, 2008. Research on the particle character of slag micro-powder produced by difference grinding method. Journal of Wuhan University of Technology, 30(5): 42-46.

ZHANG Y, ZHANG X, 2007. Grey correlation analysis between strength of slag cement and particle fractions of slag powder. Cement and Concrete Composite, 29(6): 498-504.

ZHONG L, WEN N, YU Y, 2014. Fractal research on the particle size distribution and activity index of iron ore tailings powder. Materials Science and Technology, 22(4): 67-73.

ZHOU X, ZHOU M, WU X, et al., 2017. Reductive solidification/stabilization of chromate in municipal solid waste incineration fly ash by ascorbic acid and blast furnace slag. Chemosphere, 182: 76-84.

ZHANG Z H, YAO X, ZHU H J, et al., 2009. Role of water in the synthesis of calcined kaolin-based geopolymer. Applied Clay Science, 43(2): 218-223.

第 3 章　淤污泥绿色改性技术体系的构建

淤污泥包括城市污水处理厂污泥（城市污泥）、给水厂污泥、排水沟道（清通、养护）污泥、城市水体疏浚淤泥和海泥等。其中，污泥产生量日益增加，按“水十条”规划污水处理率的要求，预计 2020 年污泥产量将达到 6 000 万 t 以上，淤泥每年产生量则超过几十亿吨（Feng et al.，2015）。近 10 年，我国围海造地面积超过 30 万 hm^2，但每年疏浚海泥倾倒量达 1.5 亿 m^3。这些淤污泥由于高含水率其处理处置困难，污泥中有机物吸附包裹大量水分，使其难以脱去，而底泥中重金属及海泥中氯离子更会对环境造成危害，已有造成严重污染影响环境卫生和海洋生态的失败教训。传统淤污泥改性技术难以有效降低含水率，仍然高达 80%左右，而且无法处理泥质中有毒有害物质。因此，亟须创建淤污泥绿色改性处理技术体系以解决这些问题。

3.1　淤污泥泥质特性

1. 污泥的危害

污泥是以胞外聚合物（extracellular polymeric substance，EPS）为骨架的亲水性有机聚集体，含有大量的有机物，其中包括碳水化合物、蛋白质、木质纤维素物质及一些微量有机物（Vardanyan et al.，2018；侯海攀，2012）。污泥的无机成分主要包括一些土壤颗粒、土壤胶体、无机盐分及（N、P、K 等）无机营养元素等（何培培　等，2008）。

污泥的组成成分复杂，含有大量的污染成分，如果处理不当，就很容易对环境造成二次污染，主要分为以下几个方面（Wei et al.，2018；张诗楠，2014；Rai et al.，2004）。

（1）污泥中含有如大肠杆菌等病原菌，易导致疾病的扩散，危害环境安全和人类的身体健康。

（2）污泥中含有微量的如多环芳烃、除草剂、杀虫剂、多氯联苯、表面活性剂等难降解有机物，会通过迁移转化进入食物链，需要控制其环境风险。

（3）污泥中部分不稳定有机物很容易被分解，产生 H_2S、NH_3 和 SO_2 等有毒、有害、恶臭气体，造成空气污染，影响人们生活质量；或者这些不稳定的有机物被水溶解，然后进入地表或地下水体造成水环境的污染（刘蕾　等，2017）。

有些市政污泥含有大量的重金属，不经过合适的处理处置，会影响生态环境安全（陈宝　等，2015）。

2. 污泥调理的必要性

一般而言，污泥浓缩、调理、脱水与稳定等过程称为污泥处理，将堆肥、填埋、干化和焚烧等最终利用称为污泥处置（梁梅，2009）。首先，污泥经过浓缩初步减容；再进行厌氧消化，降解污泥中的有机物，杀灭细菌、病毒等病原菌，同时回收产生的能源物质（此过程根据实际情况确定有无）；然后通过一定的方法进行污泥调理，提高污泥的脱水性能；通过脱水和干化实现污泥的减量，从而利于污泥的运输和最终处置；最后通过一定的途径进行污泥的最终处置和消纳（孙永军，2014）。污泥脱水主要在于体积的减少和处理性能的改善，伴随着更为严格的污泥处理和处置规定而来的是对更高效的污泥调理方法的需求。以含水率80%的污泥为例，当其含水率降低至60%，污泥体积减小一半（高廷耀 等，2007）。污泥脱水是污泥后续处理中最重要的工艺，因为它决定了最终的污泥处理和交通运输费用（Remmen et al.，2017）。常见的污泥处置方法如土地利用、填埋及焚烧等，均要求污泥的含水率低于60%甚至更低（吕文杰，2016）。污泥脱水是决定污泥处理成本和污泥处理工艺中一个重要的环节，因此污泥脱水困难直接导致污泥体积庞大，不方便交通运输，直接提高了污泥的处理费用，从而导致现阶段整体污泥的处置成本高（Skinner et al.，2015；Bennamoun et al.，2013）。所以，现阶段污泥难脱水，脱水成本高、能耗大，是经济、高效处理污泥的"瓶颈"，也是亟待解决的难题（Peng et al.，2014；Liu et al.，2013）。

目前，污泥脱水常用的方法主要有自然干化、热力脱水和机械脱水三种。污泥干化中，虽然自然干化能耗和成本都较低，但是由于自然干化主要是通过渗透、蒸发和撇除三种方法脱除污泥水分，所以脱水时间较长，维护工作量较大，在脱水过程中易产生恶臭，不适合大规模使用（姜文超 等，2008）。热力脱水是指利用不同热源提供的热除去污泥中水分的方法，热力脱水的主要优点是脱水效率高，缺点是占地面积小、产生二次污染及能耗大（Lin et al.，2001）。机械脱水主要包括压滤脱水、离心脱水和真空过滤脱水三种方法，均是通过外加的机械力实现污泥的固液分离，从而对污泥进行脱水，这类方法脱水时间短，同时，能耗和成本相对较少（Jin et al.，2004）。因此，机械脱水成为当今国内外污泥脱水采用的常规方法，也是污泥脱水技术的主导方向（王锦，2012）。

但是，剩余污泥是一种高塑性的流体，其抗压缩性能极差，如果不经过调理直接脱水，污泥泥饼的含水率仍在90%以上（Wang et al.，2015）；同时，我国大多数污水处理厂并没有厌氧消化环节，导致在污泥脱水之前，污泥的含水率极高，有机质含量及有毒有害物质含量也相当高，污泥的脱水性能极差，进而导致污泥脱水效果不佳。因此，污泥脱水前必须通过物理作用、化学作用或物理化学作用，改变污泥的絮体结构，从而改善污泥的脱水性能，这一过程称之为污泥调理（綦峥，2010）。污泥调理在污泥的处理与处置流程中，作为一个承上启下的环节，通过有效改善污泥的性质促进污泥的脱水作用，为污泥的后续处理处置及资源化利用奠定基础，因此，如何找寻有效的调理方法提高污泥脱水性能成为国内外研究的热点。

接下来我们所研究的污泥为武汉某污水处理厂湿污泥（城市污泥），该湿污泥取回后首先剔除其中杂质，之后采用器皿封存，在密封、遮光的环境中保存，温度控制在 10 ℃，湿度大于 90%，防止污泥失水和降解。表 3.1~表 3.3 分别给出了湿污泥基本性质指标的测定值、湿污泥样品化学全分析结果及污泥中重金属含量和浸出浓度。

表 3.1　湿污泥样品各项基本性质

试样	105 ℃下含水率/%	65 ℃下含水率/%	有机物含量/%	pH
1	82.60	77.95	50.9	7.84
2	82.87	78.16	52.1	7.95
3	82.51	77.89	52.4	7.88
平均值	82.67	78.0	51.8	7.89

表 3.2　湿污泥样品化学全分析结果　　（单位：%）

元素	900 ℃灼烧污泥的化学组成	105 ℃烘干污泥的化学组成	原污泥的化学组成
SiO_2	45.174	16.45	2.96
Al_2O_3	14.319	5.215	0.94
Fe_2O_3	11.585	4.219	0.759
MgO	2.605	0.949	0.17
CaO	7.786	2.835	0.51
K_2O	2.283	0.831	0.15
Na_2O	1.165	0.424	0.076
TiO_2	0.860	0.313	0.05
MnO_2	0.226	0.197	0.015
合计	86.00	31.43	5.63

表 3.3　污泥中重金属含量、浸出浓度及 GB 5085.3—2007 标准限值

项目	重金属元素						
	Zn	Cu	Cr	Pb	Ni	As	Cd
原污泥中重金属含量/（mg/kg）	950	382	495	101	40	29	—
原污泥中重金属浸出浓度/（mg/L）	59.12	10.73	1.97	0.29	1.68	0.02	—
GB 5085.3—2007 中限值/（mg/L）	100	100	5	5	5	5	1

注：① 原污泥中重金属含量指 mg 重金属/kg 干污泥，Cr 的测定值为六价铬的浸出浓度

② —表示未检出

图3.1和3.2分别为污泥原样XRD图谱和扫描电镜图。根据相应图表分析可得出以下结论。

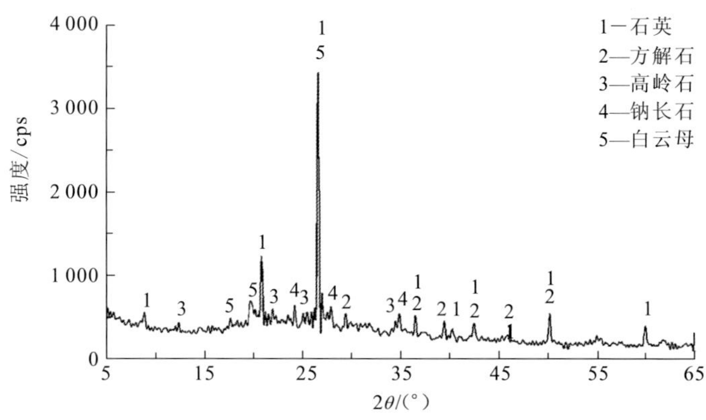

图3.1 污泥原样X射线衍射图谱

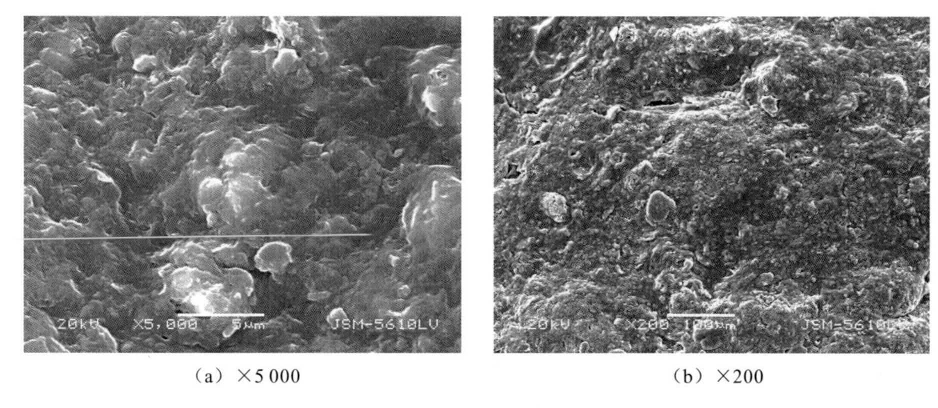

(a) ×5 000 (b) ×200

图3.2 污泥原样扫描电镜图

(1)湿污泥的pH为7.8，基本呈中性。污泥中有机物含量为51.8%，含量偏高。以烘干温度105 ℃时测定的含水率(82.67%)作为原污泥的初始含水率，且后续试验中污泥脱水含水率的测定温度取105 ℃，以避免污泥中的有机物影响含水率的测定结果。

(2)污泥的化学全分析结果表明，原污泥中固体成分本来含量不高，其固体成分中无机物只占31.34%。无机物成分中，硅占到45%。利用XRD对污泥的矿物组成进行定性分析，结果表明，石英是污泥中最主要的矿物，此外，污泥中还包含部分方解石及少量的高岭石、钠长石和白云母等矿物，这类矿物没有水化活性，但是由于同相类同相的作用，可能使得外加的硅酸盐类水化胶凝材料胶凝性能提高。同时，污泥中还存在大量的无定形物质(主要为有机质)，有机质会弱化改性材料的水化程度。

(3)本试验中污泥重金属含量的测定结果与陈同斌等(2014)对我国污泥中重金属含量的统计结果基本相符：陈同斌等的统计结果表明，Zn是我国城市污泥中平均含量最高的重金属元素，其次是Cu，再次是Cr，而毒性较大的元素Hg、Cd、As含量往往较低。本试验污泥原样中主要的重金属元素也为Zn、Cu、Cr、Pb、Ni五种。同时，将原污泥中重金属浸出浓度与我国《危险废物鉴别标准 浸出毒性鉴别》(GB 5085.3—2007)

中的标准值进行比较后发现，Zn、Cr 两种元素的浸出浓度超过标准规定限值，在后续污泥处置或资源化利用中应予以重视，通过对重金属的固化或稳定化处理，减轻其对环境的影响，防止造成环境的二次污染。

（4）污泥的形态分析结果表明，由于污泥中颗粒很细，颗粒间形成的毛细管力很大，黏结力很强，颗粒大多数以团聚形式存在，只能观察到极少量真实晶体的形状。同时污泥中分布较多的纤维，有机物、无机物等处于纤维之间的空隙中，整块污泥呈现疏松多孔的结构。

3.1.1　淤泥泥质特性

淤泥取自不同湖泊疏浚底泥，该湖泊沉积底泥内物质比较丰富且疏浚清淤工程都在进行中。淤泥取回后首先剔除其中少量杂质，之后采用器皿封存，在密封、遮光的环境中保存，温度控制为 10 ℃，湿度大于 90%，防止淤泥失水和降解。

表 3.4～表 3.6 分别给出了淤泥基本物理及化学性质指标的测定值、淤泥中重金属浸出浓度和淤泥化学全分析结果。

表 3.4　淤泥基本物理及化学性质

样品	含水率/%	有机质质量分数/%	pH	砂质量分数/%（粒径＞0.063 mm）	粉砂质量分数/%（粒径 0.063～0.004 mm）	黏土质量分数/%（粒径＜0.004 mm）
1#	89.70	15.73	7.64	22.76	63.08	14.16
2#	83.46	1.81	7.18	60.45	37.44	2.11

表 3.5　淤泥中重金属浸出浓度及 GB 5085.3—2007 标准限值　（单位：μg/L）

样品	重金属元素				
	As	Hg	Pb	Cd	Cr(VI)
1#	1.668	10.300	4.760	0.024	3.57
2#	1.882	7.955	6.078	0.018	4.152
GB 5085.3—2007 限值	5000	100	5000	1000	5000

表 3.6　淤泥样品化学全分析结果　（单位：%）

组分	1#	2#
SiO_2	73.41	59.4
Al_2O_3	15.3	14.91
Fe_2O_3	5.007	5.099

续表

组分	1#	2#
K_2O	2.074	1.878
CaO	1.25	2.066
TiO_2	0.997	0.774
MgO	0.871	0.924
Na_2O	0.606	0.48
MnO	0.041 3	0.073 1
合计	99.556 3	85.604 1

图 3.3 为淤泥的粒径分布图。表 3.7 是淤泥粗颗粒的矿物成分统计，可以看出，淤泥粗颗粒的造岩矿物为石英、伊利石、高岭石及少量绿泥石；此外，从 X 射线衍射图谱（图 3.4）可知，淤泥中的黏土矿物成分主要是大量的石英和斜长石，少量钠长石、伊利石和高岭石。淤泥按类型划分为伊利石-高岭石型，由于含有吸水能力极强的黏土矿物，淤泥土的含水量极高。

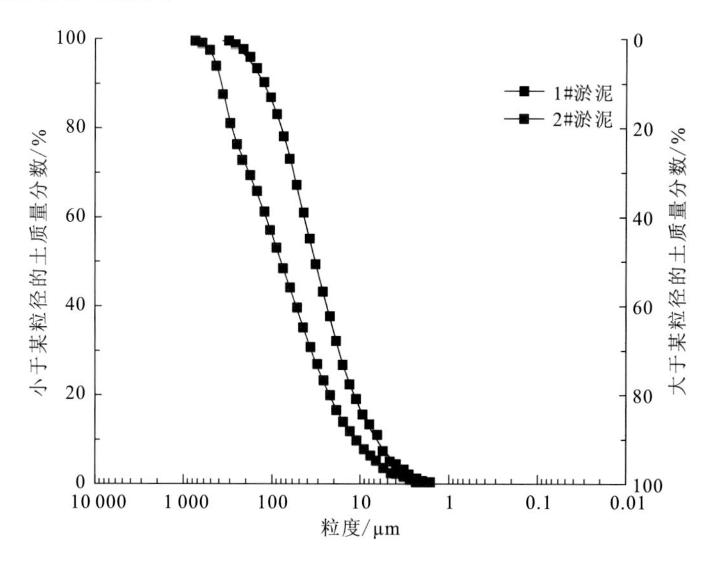

图 3.3　淤泥的颗粒粒径分布

表 3.7　2#淤泥的矿物成分质量分数统计表　（单位：%）

项目	黏粒	高岭石	蒙脱石	伊利石	石英	长石	绿泥石	黄铁矿及其他
质量分数	30～64	7～13	1.1～6.9	20～22	33～65	1.4～1.6	2～5	1.4～2.0

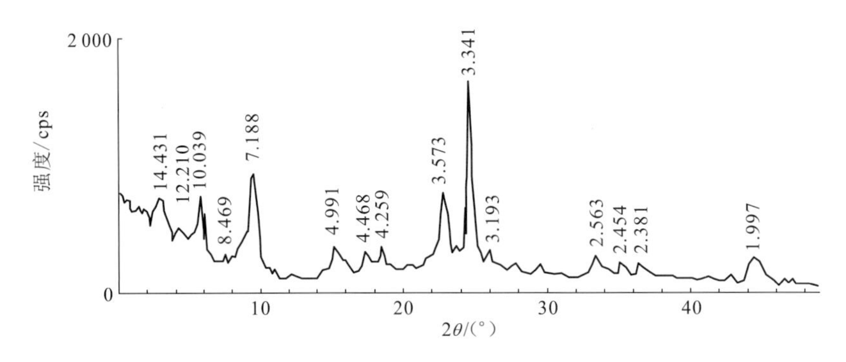

图 3.4　淤泥中黏土矿物 X 射线衍射图谱

图 3.5 和图 3.6 为淤泥 SEM 图，SEM 电镜图表明，淤泥以高孔隙性和结构连接、排列（黏土矿物之间的连接、黏粒与粉粒之间的连接和排列）为主要特征。1#泥样表现出来的是絮凝状的微结构，2#泥样则表现出来的是粒状的微结构。它们都具有一定的结构性特性。

（a）×6 000, 5 μm

（b）×10 000, 3 μm

图 3.5　1#泥样的 SEM 图

（a）×1 000, 30 μm

（b）×1 000, 30 μm

图 3.6　2#泥样的 SEM 图

总体来说，淤泥的含水率较高，均在 80%以上，pH 为 7.1～7.7，呈微碱性。1#淤泥的有机质质量分数达到 15.73%，为高有机质底泥，表观呈深黑色黏稠状，2#淤泥的有机质质量分数为 1.81%，表观呈灰色。两种淤泥中主要的重金属为 As①、Hg、Pb、Cd、Cr 五种，重金属含量也不高，与我国《危险废物鉴别标准 浸出毒性鉴别》(GB 5085.3—2007)中的标准值进行比较后发现，五种重金属的浸出浓度均远低于 GB 5085.3—2007 的限值。淤泥的化学全分析结果表明：两种来源的淤泥中无机物总含量均有 85%以上，其中 Si 为主要的化学成分，Al 含量其次；1#泥样中含有一定量的 C，而 2#泥样中的 C 含量却低于检测限。淤泥的粒度与淤泥的来源有关。表 2.1 说明 1#淤泥主要以粉砂（粒径 0.063～0.004 mm）为主，其次为砂（粒径 2.0～0.063 mm）。而 2#淤泥以砂（粒径 2.0～0.063 mm）为主，黏土（粒径 0.004～0.000 05 mm）仅占 5%以下。

3.1.2　海泥泥质特性

海泥是一种深海中矿物泥，其主要特点是含有丰富的矿物质，以及特有的孔状结构。而“海泥吹填土”就是通过河口或航道疏浚及浅海底泥挖掘等人工吹填方式而形成的高盐度、高黏性、淤泥质沉积物，吹填土不是经过自然成土过程形成的，可以看作一种人工土壤，它的形成过程与人类活动密切相关。从传统意义上来讲，吹填土不能称为“土壤”，它有土壤的组成成分，但没有土壤结构；有土壤的形态，但没有土壤的性质和肥力。由于长期受海水浸渍影响，吹填土土壤剖面各层次含盐量都很高，含盐量都在 1.0%以上，最高可达 4.0%。盐分离子以 Cl^-、Na^+为主，占盐离子总量的 95%以上，为氯化钠型，与海水同质。土壤 pH 在 7.9～8.3，呈弱碱性；有机质质量分数较低，为 0.7～1.2 g/kg。从海泥粒径分布来看，泥样的级配不均匀（图 3.7），重金属分析结果表明海泥中重金属含量较高，部分重金属浸出浓度超过标准限值（表 3.8），重金属污染较为严重。

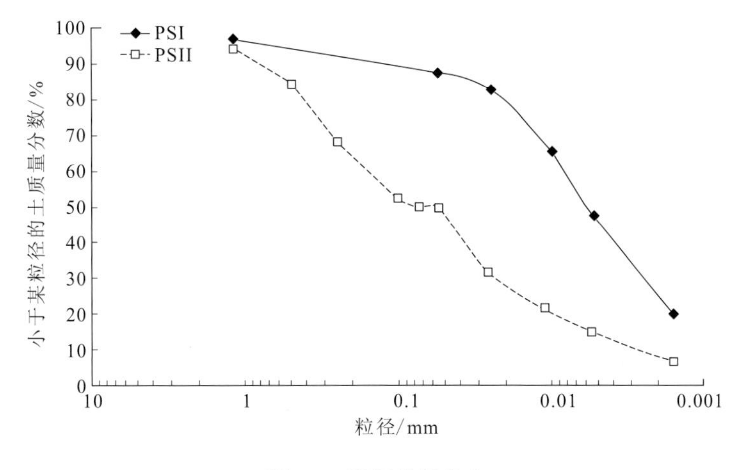

图 3.7　海泥粒径分布

① As 为类金属，但其毒性与重金属相近，因此本书将其归为重金属

表 3.8　海泥泥样重金属质量分数及浸出浓度

项目	As	Pb	Ni	Cd	Cr	Zn
质量分数/(mg/kg)	205.60	47.24	691.58	7.84	16.52	285.10
浸出浓度/(mg/L)	8.61	0.27	16.47	0.84	0.01	0.72

3.2　HAS 固废基污泥改性剂

3.2.1　HAS 固废基污泥改性剂原料

耐水土壤固化剂 HAS 固废基污泥改性剂以具有潜在活性的矿物材料为主要原材料，是加入适量石膏和表面活性剂等改性剂材料磨细制成的，能显著改善污泥、淤泥（包括淤泥质土、泥浆）理化性质，提高其脱水性能的功能材料。其主要原料包括活性矿物材料和石膏。

（1）活性矿物材料：原材料包含但不限于符合《用于水泥中的粒化高炉矿渣》（GB/T 203—2008）规定的粒化高炉矿渣，符合《用于水泥中的粒化电炉磷渣》（GB/T 6645—2008）规定的粒化电炉磷渣，符合《用于水泥中的粒化高炉钛矿渣》（JC/T 418—2009）规定的粒化钛矿渣，符合《用于水泥和混凝土中的粉煤灰》（GB/T 1596—2017）规定的粉煤灰，符合《用于水泥和混凝土中的硅锰渣粉》（YB/T 4229—2010）规定的硅锰渣粉和符合《用于水泥和混凝土中的锂渣粉》（YB/T 4230—2010）规定的锂渣粉。

（2）石膏：天然石膏应符合《天然石膏》（GB/T 5483—2008）中规定的 G 类和 A 类二级（含）以上的石膏或硬石膏的要求；工业副产石膏应符合《用于水泥中的工业副产石膏》（GB/T 21371—2019）中的相关要求。

3.2.2　HAS 固废基污泥改性剂技术要求

HAS 固废基污泥改性剂应满足以下技术要求。

（1）细度：污淤泥调理剂的细度需满足 80 μm 方孔筛筛余≤5%。

（2）比表面积：污淤泥调理剂比表面积≥350 m^2/kg。

（3）凝结时间：污淤泥调理剂初凝时间≥45 min，终凝时间≤300 min。

（4）改性淤泥抗剪强度：改性后 3 d 龄期的淤泥内摩擦角≥10°，黏聚力≥20 kPa。

（5）改性淤泥含水率：改性后 3 d 龄期的淤泥含水率降低值≥10.0%，且改性淤泥含水率小于液性指数。

3.3 淤污泥改性过程及作用机制

3.3.1 基于高级氧化技术的污泥深度破壁理论

近年来，芬顿氧化、臭氧氧化等高级氧化调质工艺得以广泛应用。相比物理调理和其他化学调理，高级氧化技术具有一定节能优势，调理效果好，同时氧化过程能潜在地去除污泥中的可能对最终污泥处置环境造成影响的难降解有机物。过硫酸盐高级氧化技术是一项基于活化硫酸根自由基（$\cdot SO_4^-$）降解有机污染物的技术，广泛应用于土壤和地下水的修复领域。过硫酸盐在水中产生过硫酸根离子（$S_2O_8^{2-}$），在光、热、过渡金属离子等条件下，$S_2O_8^{2-}$可活化分解为$\cdot SO_4^-$，氧化还原电位由+2.1 V提升至+2.6～+3.1 V，与传统的芬顿氧化技术产生的$\cdot OH$相比，氧化性更强、在环境中相对稳定且适用的环境pH范围更广，$\cdot SO_4^-$是亲电子基团，通过夺取目标有机物分子上的电子形成有机自由基来实现氧化过程。活化过硫酸盐新型高级氧化技术由于其产生的强氧化性硫酸根自由基，可将有毒难降解有机物降解而受到了国内外学者的关注，被广泛应用于环境领域（Hussain et al.，2017）。王晨曦等（2015）利用硫酸根自由基高级氧化体系降解染料废水，利用Fe^{2+}和CuO活化过硫酸盐产生硫酸根自由基，研究表明，体系中还存在羟基自由基，两种自由基共同作用降解有机物。李仲等（2014）利用Fe^0、加热和紫外光活化过硫酸盐产生硫酸根自由基处理垃圾填埋场渗滤液，与Fe^{2+}活化过硫酸盐和芬顿氧化在同等条件下对COD_{cr}的去除率相比较，Fe^0活化过硫酸盐最优，去除率为68%，对色度的去除率达到90%以上，并提高了垃圾渗滤液的可生化性。Chen等（2017）利用FeS活化过硫酸钠降解废水中2, 4-二氯苯氧乙酸（2,4-D），研究了反应pH、温度、过硫酸钠浓度、FeS投加量及阴离子对反应过程的影响，结果表明，2, 4-D能有效地矿化，体系中共同存在$\cdot SO_4^-$和$\cdot OH$，其中，羟基自由基起主导作用。Ismail等（2017）研究了紫外光、可见光、电和Fe^{2+}活化过硫酸钾降解抗生素，发现体系pH对自由基的分配具有很大影响作用。污泥EPS中蛋白质、多糖、核酸分子上存在氨基（—NH_2）、羧基（—COOH）、烷氧基（—OR）等供电子基团，使$\cdot SO_4^-$与EPS的反应速率加快。EPS是在污水处理过程中微生物在菌体外部形成的一些高分子的有机聚合物。EPS是污泥的主要组成成分，其质量（包括其结合的水）占污泥总质量的80%，总有机物的50%～90%，污泥干重的15%，EPS在很大程度上决定了污泥的脱水性能和絮体结构（Wei et al.，2012；Houghton et al.，2001）。在不同的营养环境中形成的污泥，其微生物化学EPS的化学成分也一定会存在差异，各成分比例也有所改变。经研究表明，除蛋白质、多糖外，污泥EPS主要成分还包括腐殖酸、呈中性和酸性的聚糖，以及核酸等（辛明，2015；黄兴 等，2009）。其中蛋白质和多糖占EPS总重的70%～80%。蛋白质表面含有—NH_4^+、—COOH、—$CONH_2$、—OH、—SH等亲水性基团，有利于污泥絮体中吸附水的存在。多糖表面带有SO_4^{2-}、PO_4^{3-}、—COO—等官能团，使其在菌体周围容易形成水化膜（Yu et al.，2009）。研究表明，随着EPS

中蛋白质和多糖的溶解，所携带的这些亲水性基团被破坏，污泥絮体中的结合水转化为自由水，最终提高了污泥的脱水性能（Hu et al.，2018；Henriques et al.，2007）。Zhen 等（2012）深入研究了 Fe^{2+}活化过硫酸盐对污泥脱水的改善效果和机理，在最佳调理条件即 $S_2O_8^{2-}$ 浓度为 1.2 mmol/g VSS①，Fe^{2+}浓度为 1.2 mmol/g VSS，pH 为 3.0～8.5 时，毛细吸水时间（capillary absorption time，CST）降低率为 88.8%，显著地改善了污泥的脱水性能。

1. 活化过硫酸盐高级氧化调理

首先，进行活化过硫酸盐高级氧化调理污泥脱水的实验，考虑铁盐（Fe^{2+}）投加量、SPS 投加量、反应 pH、反应温度等实验指标对污泥脱水性能的影响，并用响应曲面分析的 BBD（Box-Benhnken design）试验设计对活化过硫酸盐高级氧化过程进行参数优化，为后续生物质骨架构建体的投加提供基础。以 CST 降低率为考察指标，首先进行了单独投加 Fe^{2+}和 SPS 的污泥调理实验，测定了时间-界面曲线，并考察了抽滤后泥饼的含水率。本小节实验污泥采用 L1 污泥。

1）单独投加 Fe^{2+}

取一定量的污泥放入 500 mL 的烧杯中，在 300 r/min 的转速下搅拌 30 min，使污泥能够充分地混合，然后投加不同剂量的 Fe^{2+}，投加量范围为 6.71～40.26 mg/g DS②，在 500 r/min 的转速下搅拌 5 min，然后测定调理后污泥的 CST 和沉降性能，最后将调理后的污泥进行抽滤脱水 10 min，测定泥饼的含水率。Fe^{2+}投加量对 CST 降低率、时间-界面曲线及泥饼含水率的影响如图 3.8 所示。

由图 3.8（a）可知，随着 Fe^{2+}投加量的增加，CST 的降低率呈升高趋势。当 Fe^{2+}的投加量为 33.5 mg/g DS 时，CST 的降低率为 47.4%，当投加量继续增加，CST 降低率有所降低，这可能是由于投加 Fe^{2+}后，在搅拌的作用下，Fe^{2+}转化为 Fe^{3+}，从而起到混凝的作用，进而提高了 CST 降低率，然而混凝的效果有限，进一步增加 Fe^{2+}的投加量不能更大幅度地提高脱水效果。

由图 3.8（b）可知，Fe^{2+}的投加量从 6.71 mg/g DS 增加到 33.5 mg/g DS 时，变化趋势和 CST 降低率的变化趋势一致。当 Fe^{2+}的投加量为 0 时，静置 90 min 后，泥水界面处于 96.9 mL，当 Fe^{2+}的投加量为 33.5 mg/g DS 时，静置 90 min 后，泥水界面处于 80.8 mL。

由图 3.8（c）可知，当不添加任何调理剂时，抽滤 10 min 后基本得不到水样，泥饼含水率仍然为 95%左右，当 Fe^{2+}的投加量为 33.5 mg/g DS 时，泥饼的含水率为 80%，说明脱水性能得到了一定程度的改善，泥饼含水率的结果与 CST 降低率和沉降性能结果均保持一致。结合这三者，单独投加一定量的 Fe^{2+}能在一定程度上改善污泥的脱水性能。

---

① VSS 为挥发性悬浮固体物质（volatile suspended solids）

② DS 为干基（dry solids）

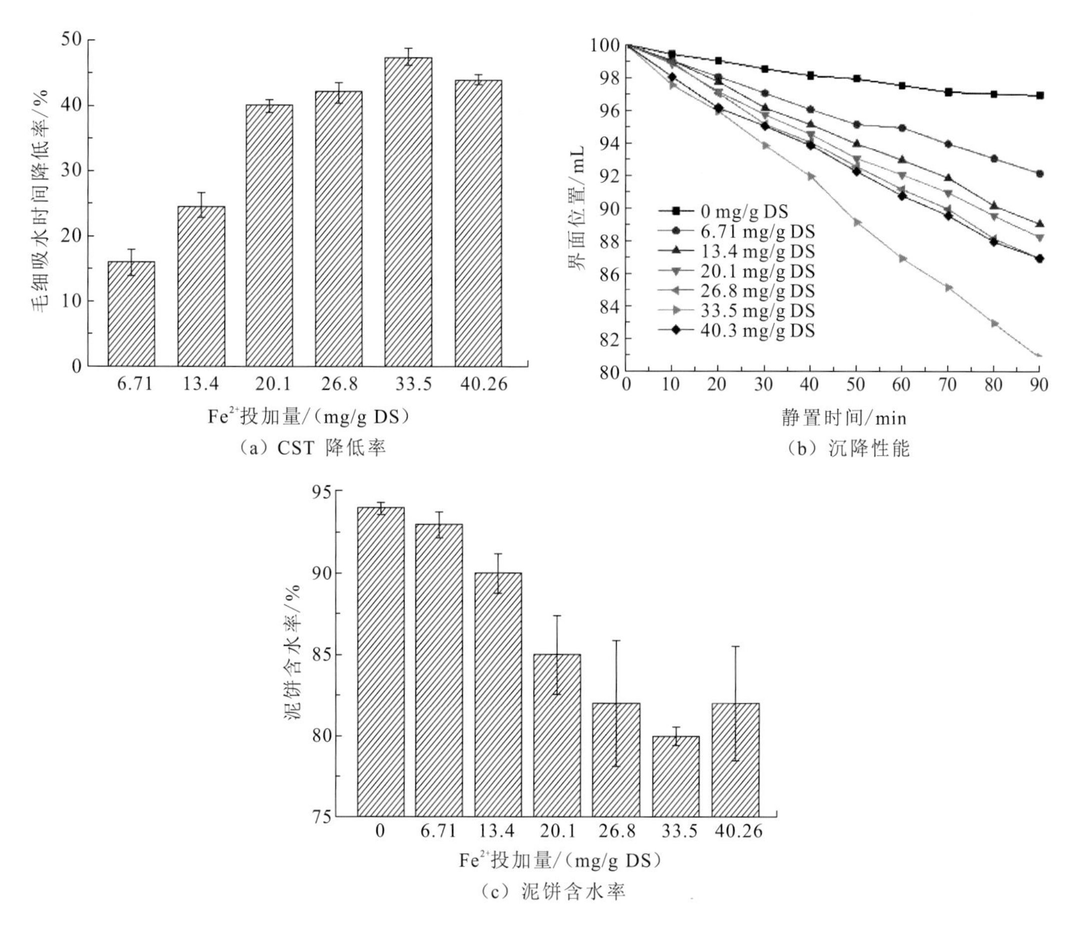

（a）CST 降低率　（b）沉降性能　（c）泥饼含水率

图 3.8 单独投加 Fe^{2+}时，Fe^{2+}投加量对 CST 降低率、沉降性能及泥饼含水率的影响

2）单独投加 SPS

考虑单独投加不同剂量的 SPS 对污泥脱水性能的影响，SPS 投加量在 33.3～199.8 mg/g DS 变化，调理过程如上所述，然后测定调理后污泥的 CST 降低率、时间-界面曲线和泥饼含水率，实验结果如图 3.9 所示。

由图 3.9（a）可知，当 SPS 的投加量为 99.9 mg/g DS 时，CST 的降低率为 33%，为此投加范围内最大的降低率。随着 SPS 投加量增加至 199.8 mg/g DS 时，CST 降低率由 33%降低到 18%。结果表明单独投加 SPS 能够在一定程度上改善污泥的脱水性能。这是因为 SPS 分解产生$\cdot SO_4^-$自由基，破坏了污泥絮体，但是产生的自由基数量有限，所以进一步提高 SPS 的投加量不会进一步引起 CST 降低率的升高。

由图 3.9（b）可知，当 SPS 的投加量为 99.9 mg/g DS 时，静置 90 min 后，污泥的泥水界面为 92.7 mL，为最低泥水界面。

由图 3.9（c）可知，单独投加 SPS，基本不能改善污泥的脱水性能，抽滤后泥饼的含水率均在 90%左右，当 SPS 的投加量为 99.9 mg/g DS 时，泥饼的含水率为 89%，与原污泥泥饼含水率相比，差别不大。结果表明，单独投加 SPS 不能有效地改善污泥的脱水性能。

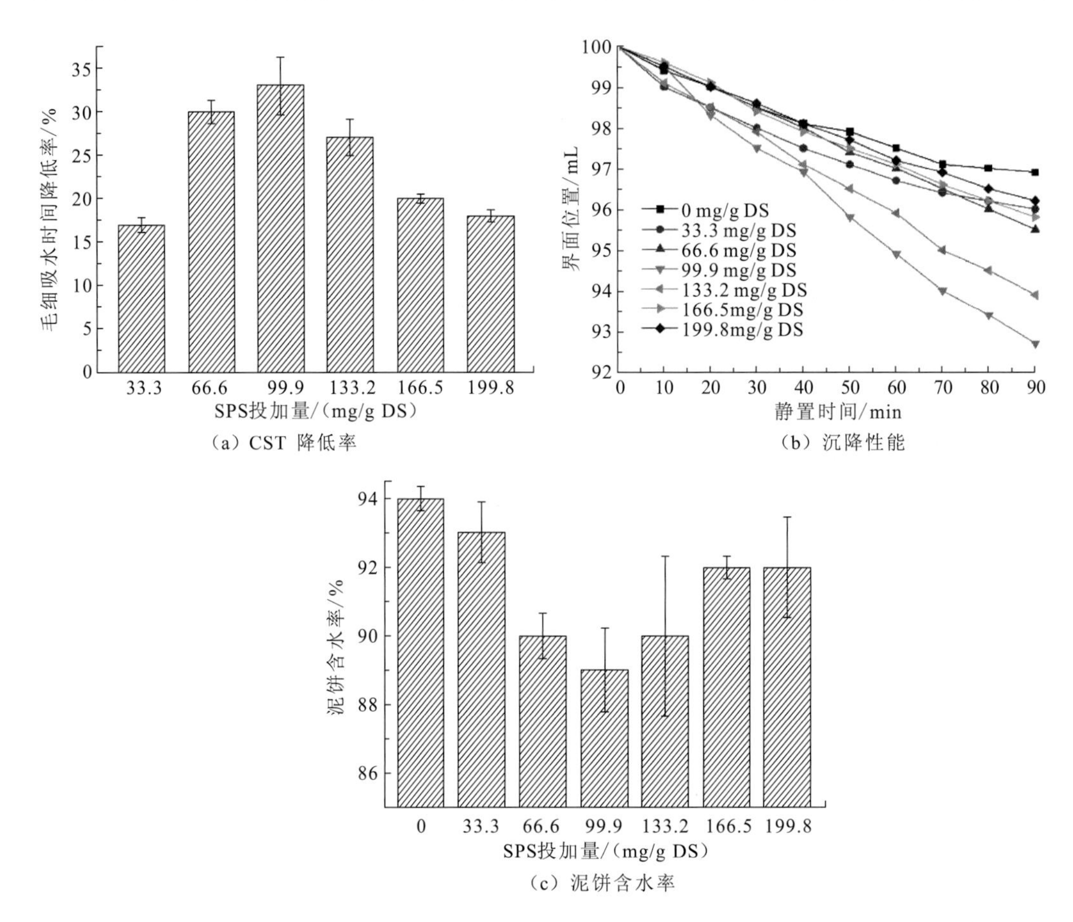

图 3.9　单独投加 SPS 时，SPS 投加量对 CST 降低率、沉降性能以及泥饼含水率的影响

3）固定 Fe^{2+}投加量，改变 SPS 投加量

结合前期探索实验结果，固定 Fe^{2+}的投加量为 15.6 mg/g DS，考察 SPS 的投加量在 39.1～115.5 mg/g DS 变化对 CST 降低率、沉降性能及抽滤后泥饼含水率的影响。首先，取一定量的污泥放入 500 mL 的烧杯中，在 300 r/min 的转速下搅拌 30 min，使污泥能够充分地混合，然后加入 SPS 以 500 r/min 的转速搅拌 3 min，然后投加 Fe^{2+}溶液以 500 r/min 的转速搅拌 5 min。实验结果如图 3.10 所示。

由图 3.10(a)可知，当 SPS 的投加量为 77.9 mg/g DS 时，CST 降低率最大，为 89.2%，随着 SPS 的投加量从 39.1 mg/g 增加到 77.9 mg/g，CST 降低率从 57.3%增加到 89.2%。随着 SPS 投加量的继续增加，CST 降低率呈现降低的趋势。

由图 3.10（b）可知，当 SPS 的投加量为 77.9 mg/g DS 时，静置 90 min 后，泥水界面位于 79 mL 处，为最低泥水界面。

由图 3.10（c）可知，当 SPS 的投加量为 77.9 mg/g DS 时，泥饼的含水率最低，为 70%。

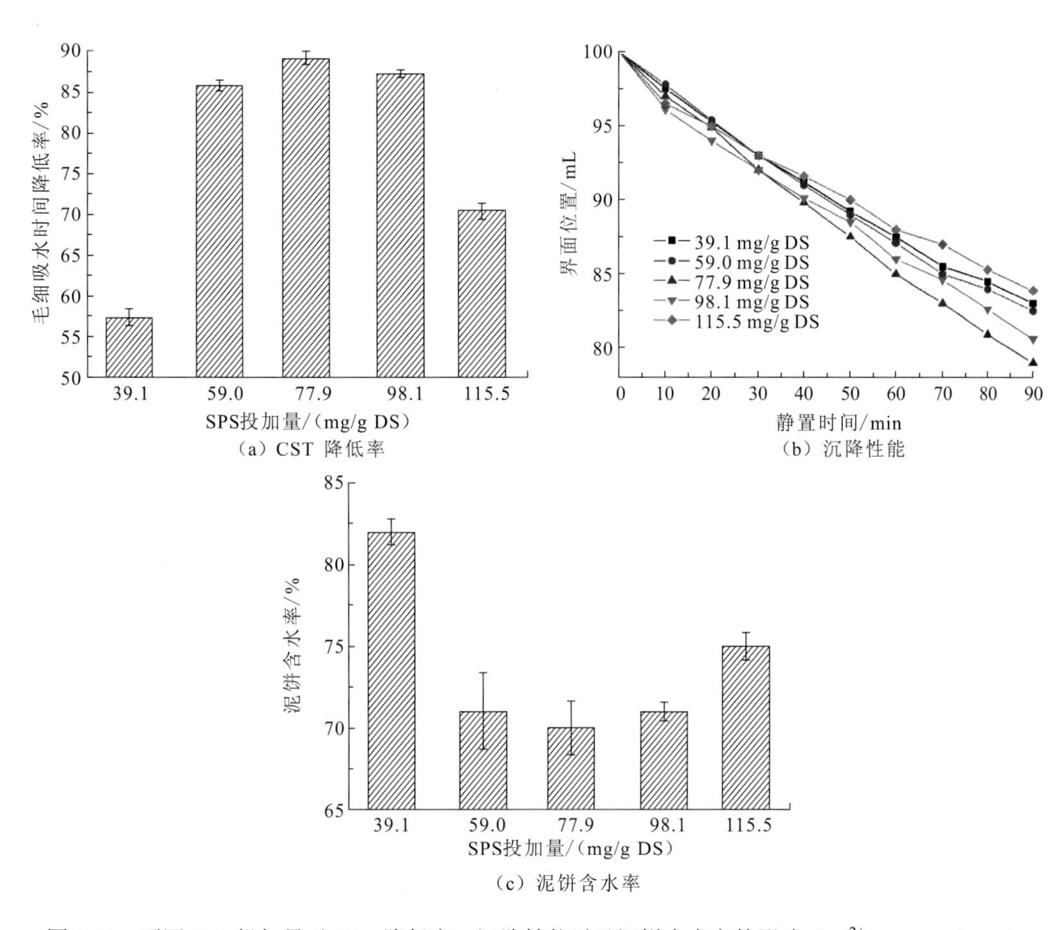

（a）CST 降低率

（b）沉降性能

（c）泥饼含水率

图 3.10 不同 SPS 投加量对 CST 降低率、沉降性能以及泥饼含水率的影响（Fe^{2+}=15.6 mg/g DS）

4）固定 SPS 投加量，改变 Fe^{2+}投加量

固定 SPS 的投加量为 77.9 mg/g DS，考察 Fe^{2+}的投加量在 7.8～23.4 mg/g DS 变化时对 CST 降低率、沉降性能及抽滤后泥饼含水率的影响。调理过程如上所述，结果如图 3.11 所示。

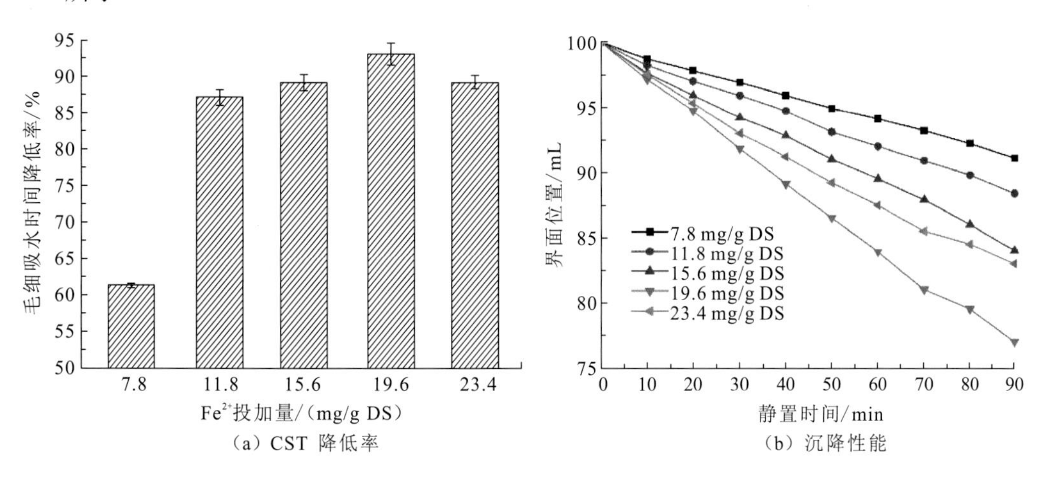

（a）CST 降低率

（b）沉降性能

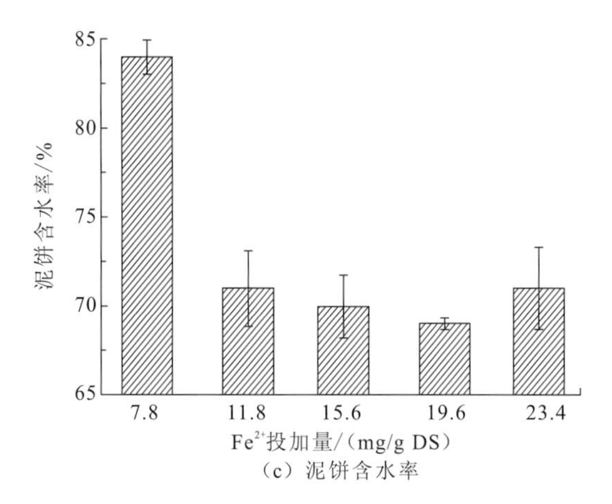

(c) 泥饼含水率

图 3.11 不同 Fe^{2+}投加量对 CST 降低率、沉降性能及泥饼含水率的影响（SPS=77.9 mg/g DS）

由图 3.11（a）可知，当 Fe^{2+}的投加量在 7.8～23.4 mg/g DS 时，随着 Fe^{2+}投加量的增加，CST 降低率逐渐升高，当 Fe^{2+}的投加量为 19.6 mg/g DS 时，CST 的降低率最大，为 93.1%，之后随着 Fe^{2+}的投加量的继续增加，CST 降低率开始降低，当 Fe^{2+}的投加量为 23.4 mg/g DS 时，CST 的降低率由 93.1%降低到 89.2%，说明 CST 的降低率并不是随着 Fe^{2+}的投加量的一直增加而持续增加，而是在一个区间范围内有这一趋势。这是因为过量的 Fe^{2+}会消耗产生的$\cdot SO_4^-$自由基，减少体系中的活性基团，从而降低了脱水效果（Hussain et al.，2012；Liang et al.，2008）。

$$Fe^{2+} + 2S_2O_8^{2-} \longrightarrow Fe^{3+} + \cdot SO_4^- + SO_4^{2-} \tag{3.1}$$

$$\cdot SO_4^- + Fe^{2+} \longrightarrow Fe^{3+} + SO_4^{2-} \tag{3.2}$$

由图 3.11（b）可知，当 Fe^{2+}的投加量为 19.6 mg/g DS 时，静置 90 min 后，泥水界面位于 77 mL 处，为最低泥水界面。与 CST 降低率的结果保持一致。

由图 3.11（c）可知，当 Fe^{2+}的投加量为 19.6 mg/g DS 时，抽滤 10 min 后，泥饼的含水率为 69%。

5）Fe^{2+}/SPS 调理后污泥 SEM 图

由图 3.12 可知，原污泥经过 Fe^{2+}/SPS 调理后，原有的大块污泥絮状结构分解为小块的絮体，出现了很多颗粒状物质，分布松散，孔结构增多。这可能是由于 Fe^{2+}/SPS 加入

（a）×10 000

（b）×2 000

（c）×1 000

图 3.12 活化过硫酸盐高级氧化后污泥 SEM 图

后，产生的$\cdot SO_4^-$自由基具有强氧化作用，破坏了 EPS 结构，使其分解为小分子物质，EPS 的破坏能够释放污泥内部的结合水，孔结构又有利于水分的溢出，从而污泥的脱水性能得到了改善。

2. 不同调理条件对污泥脱水性能的影响

为了比较不同调理条件对 CST 降低率、沉降性能及泥饼含水率的影响，进行了 4 组实验，调理条件分别为单独投加 Fe^{2+}，投加量为 19.6 mg/g DS；单独投加 SPS，投加量为 77.9 mg/g DS；先投加 SPS，再投加 Fe^{2+}，投加量分别为 19.6 mg/g DS 和 77.9 mg/g DS，调理方法如上所述。原污泥作为空白对照，实验结果如图 3.13 所示。

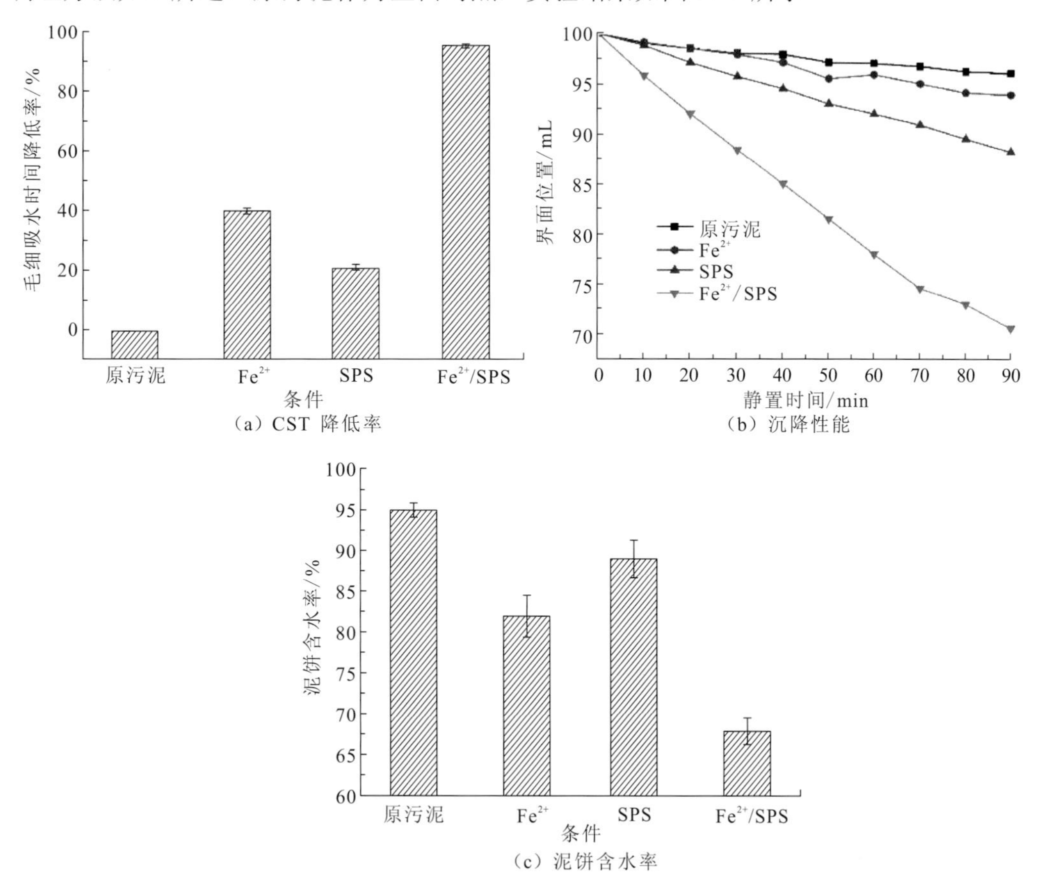

(a) CST 降低率

(b) 沉降性能

(c) 泥饼含水率

Fe^{2+}—单独投加 Fe^{2+}，SPS—单独投加 SPS，Fe^{2+}/SPS—投加 Fe^{2+}和 SPS

图 3.13 不同调理条件下对 CST 降低率、沉降性能及泥饼含水率的影响

由图 3.13（a）可知，单独投加 Fe^{2+}和单独投加 SPS 时，CST 降低率分别为 40%和 21%，共同投加 Fe^{2+}和 SPS 时，CST 降低率达到 95.5%，表现了很突出的脱水效果。

由图 3.13（b）可知，原污泥在沉降 90 min 后，泥水界面位于 96 mL 处。经过 Fe^{2+}、SPS 和 Fe^{2+}/SPS 调理后，泥水界面分别位于 93.9 mL、88.2 mL 和 70.6 mL，说明经过 Fe^{2+}/SPS 调理后，沉降性能有了显著提高。

由图 3.13（c）可知，原污泥经过 Fe^{2+}/SPS 调理后，抽滤 10 min 后，泥饼的含水率由 95%降低到 67%。结果表明，活化过硫酸盐高级氧化技术能有效地改善污泥的脱水性能。

3. 不同调理 pH 对污泥脱水性能的影响

研究表明，$\cdot SO_4^-$自由基在中性或者酸性溶液中比较稳定，而在碱性条件下会发生如下反应（Wei et al.，2016）：

$$\cdot SO_4^- + H_2O \longrightarrow HSO_4^- + \cdot OH \quad (3.3)$$

$$\cdot SO_4^- + OH^- \longrightarrow SO_4^{2-} + \cdot OH \quad (3.4)$$

Liang 等（2009）研究表明，在 pH 为 7 左右，活化过硫酸盐调理污泥脱水性能良好。因此，本小节选取 pH 为 5～10 进行调理实验。先投加 SPS，再投加 Fe^{2+}，投加量分别为 19.6 mg/g DS 和 77.9 mg/g DS，在常温下进行调理。实验结果如图 3.14 所示。

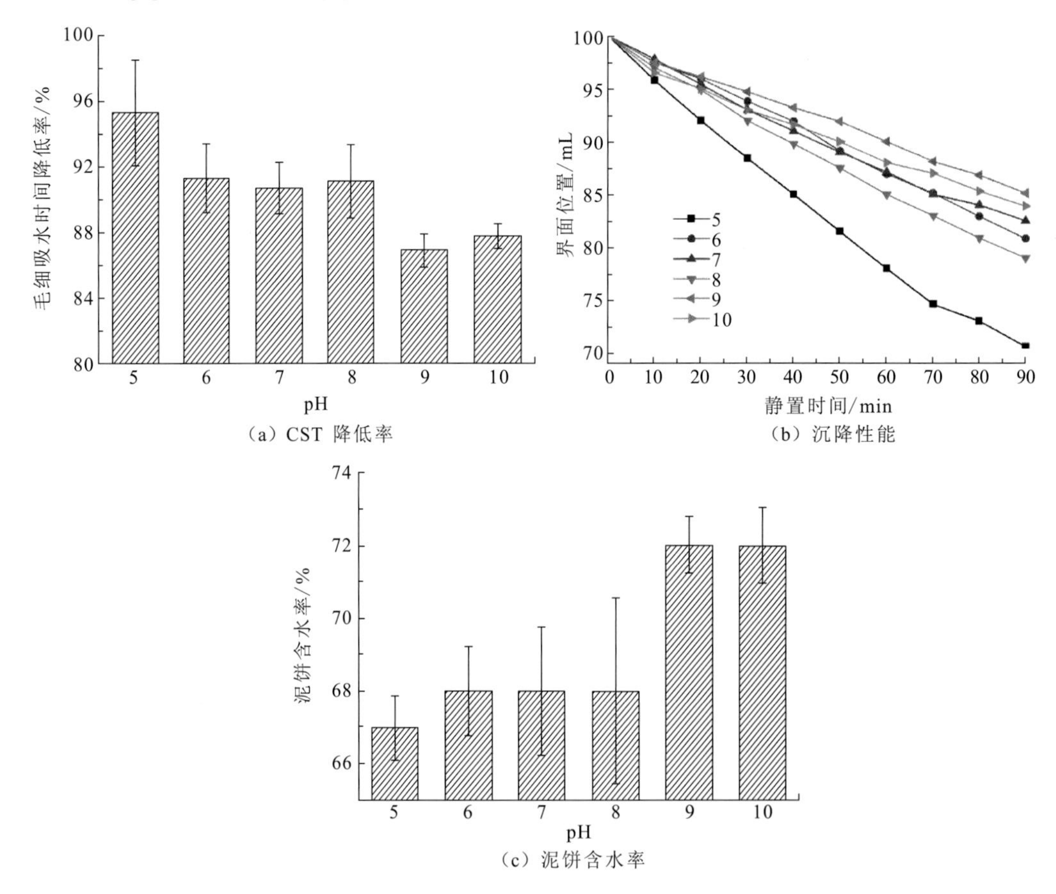

图 3.14 不同 pH 对 CST 降低率、沉降性能及泥饼含水率的影响

由图 3.14（a）可知，在不同的 pH 下，经过 Fe^{2+}/SPS 调理后，CST 的降低率为 86.9%~95.3%，在 pH 为 5 时，CST 的降低率最高为 95.3%，当 pH 在 5～8 时，CST 的

降低率都高于 90%，在 pH 为 9～10 时相对较低。

由图 3.14（b）可知，沉降实验结果和 CST 的降低率变化趋势保持一致。调理污泥在静置 90 min 后，在 pH 为 5、6、7、8、9、10 时，泥水界面分别位于 70.6 mL、80.8 mL、82.5 mL、79 mL、85.1 mL 和 83.9 mL。结果表明，Fe^{2+}/SPS 高级氧化过程在 pH 为 5～10 时都有一个较好的氧化效果，能较大程度地改善污泥脱水的效果，与 Zhen 等（2012）研究结果一致。

由图 3.14（c）可知，在 pH 为 5～10 时，调理后泥饼的含水率均在 70%左右，与 CST 降低率和沉降性能结果一致。

4. 不同调理温度对污泥脱水性能的影响

研究表明，Fe^{2+}/SPS 高级氧化过程在温和的温度下都能保持良好的氧化还原能力。本小节选取室温（25 ℃）～70 ℃为调理温度，研究其对污泥脱水效果的影响，如图 3.15 所示。

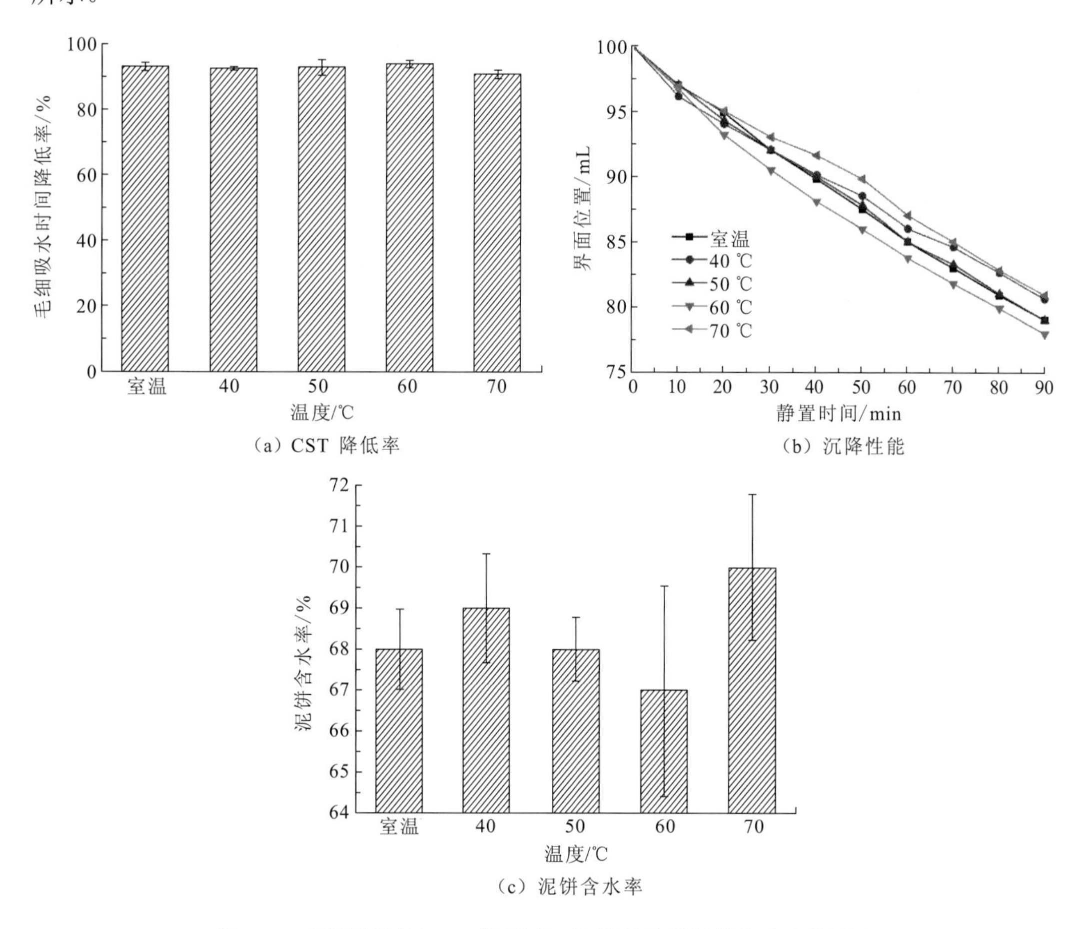

图 3.15　不同温度对 CST 降低率、沉降性能及泥饼含水率的影响

由图 3.15（a）可知，在室温和温和水热的调理下，CST 降低率都在 90%以上，表

明调理后污泥脱水性能得到了较大改善，Fe^{2+}/SPS 高级氧化过程能够较好地适应温度的变化。

由图 3.15（b）可知，调理后污泥静置 90 min 后，调理温度为室温、40 ℃、50 ℃、60 ℃和 70 ℃时，泥水界面分别位于 79 mL、80.6 mL、79 mL、78 mL 和 80.9 mL。实验结果与 CST 降低率结果一致。

由图 3.15（c）可知，不同温度调理后，抽滤 10 min，泥饼的含水率为 70%左右，进一步说明，Fe^{2+}/SPS 高级氧化过程调理污泥脱水在温和的处理温度下均能有良好的效果，与 Zhen 等（2012）研究结果一致。

5. 复合调理骨架构建体投加量影响

1）稻壳粉投加量影响

首先，探讨了稻壳粉（rice husks，RH）的投加量对污泥脱水性能的影响。投加量范围为 133～600 mg/g DS，确定 SPS 投加量为 99.9 mg/g DS，Fe^{2+}投加量为 33.5 mg/g DS，不同稻壳粉投加量时 CST 降低率、时间-界面曲线和泥饼含水率如图 3.16 所示。

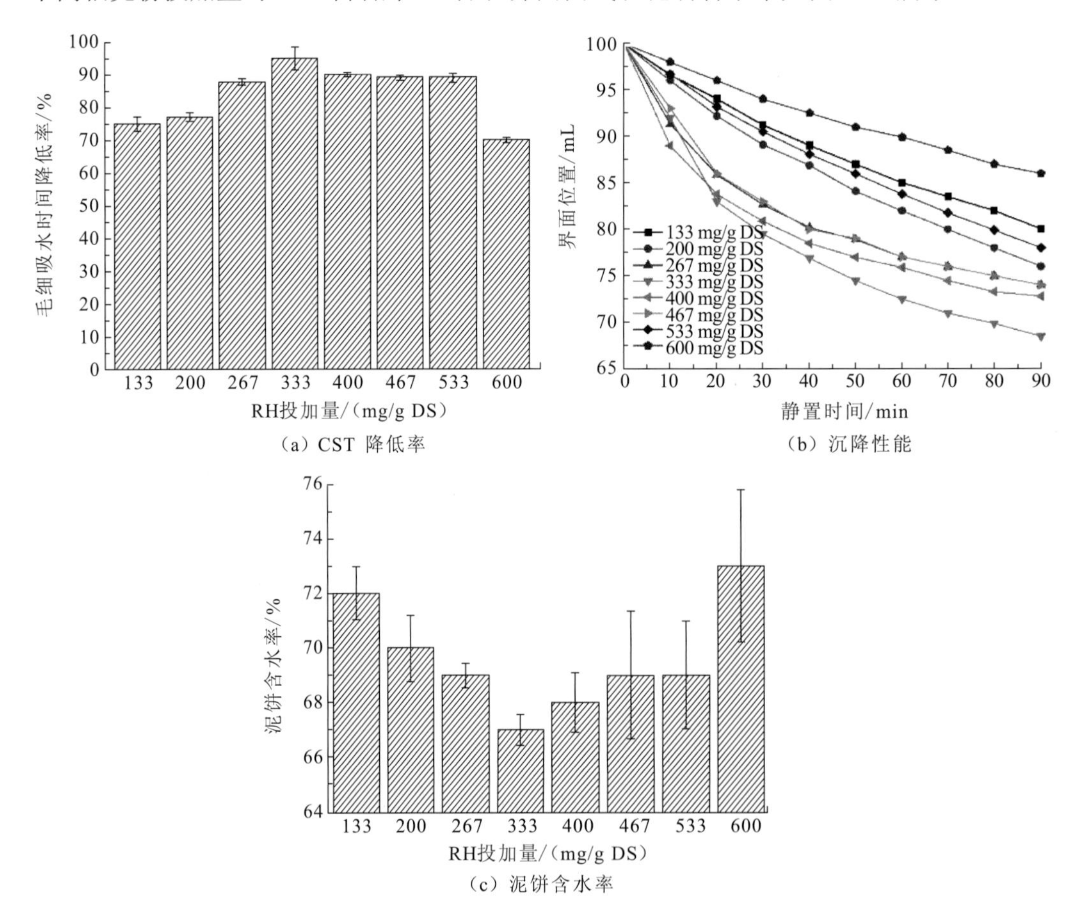

图 3.16　稻壳粉投加量对 CST 降低率、沉降性能及泥饼含水率的影响

由图 3.16（a）可知，当稻壳粉的投加量为 133 mg/g DS 时，CST 降低率为 75%，随着稻壳粉的投加量从 133 mg/g DS 增加到 333 mg/g DS，CST 降低率从 75%升高到 95%。然而，随着稻壳粉投加量的继续增加，CST 降低率呈现降低的趋势，当稻壳粉的投加量增加到 600 mg/g DS 时，CST 降低率为 70%。

由图 3.16（b）可知，当稻壳粉的投加量为 333 mg/g DS 时，静置 90 min 后，泥水界面位于 68.5 mL 处，为最低泥水界面。

由图 3.16（c）可知，当稻壳粉的投加量为 333 mg/g DS 时，泥饼的含水率最低，为 67%。

结果表明，稻壳粉在一定投加量范围内，有利于改善污泥脱水性能，但是随着投加量的继续增加，对污泥脱水性能有负面影响，这可能是由于过多固体颗粒的加入能够堵塞水分流出的通道，降低污泥脱水性能。

2）木屑粉投加量影响

探讨了木屑粉（wood flour，WF）的投加量对污泥脱水性能的影响。投加量范围为 133～600 mg/g DS，其他调理条件与投加稻壳粉时调理条件一样，不同木屑粉投加量的 CST 降低率、时间-界面曲线和泥饼含水率如图 3.17 所示。

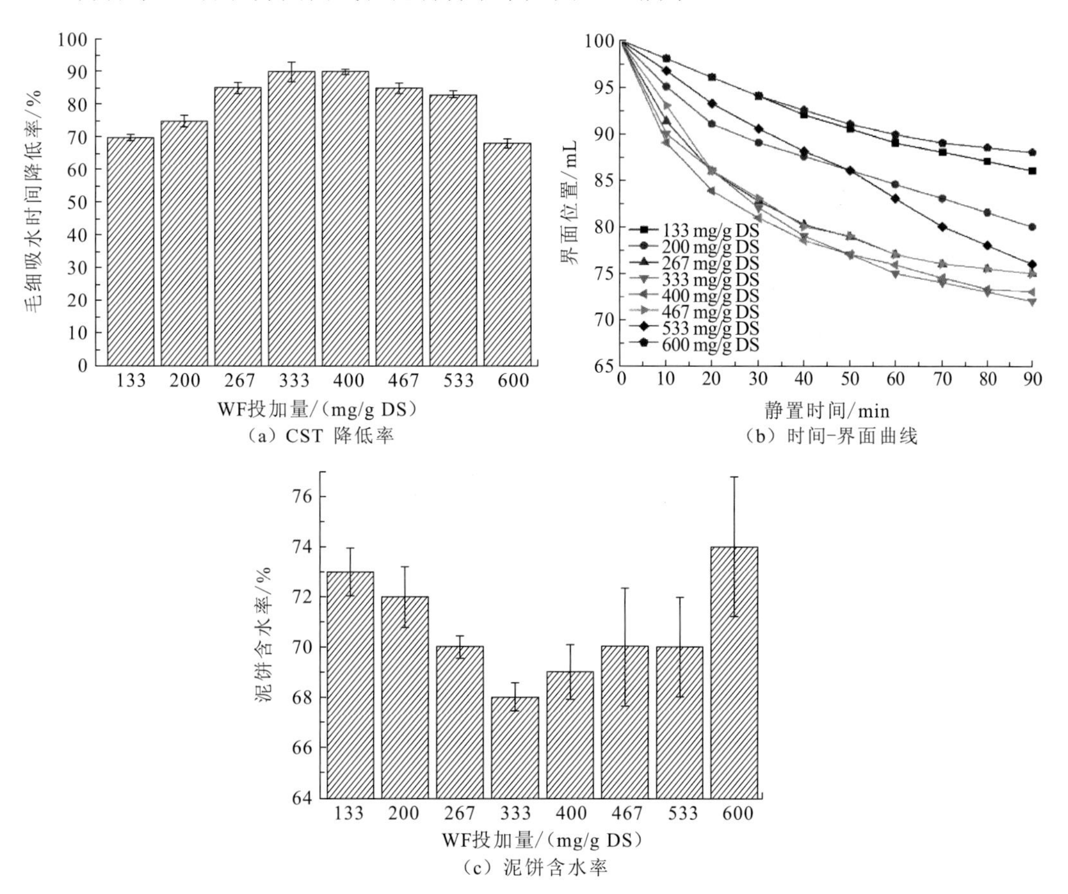

图 3.17　木屑粉投加量对 CST 降低率、沉降性能及泥饼含水率的影响

由图 3.17（a）可知，当木屑粉的投加量为 133 mg/g DS 时，CST 降低率为 70%，随着木屑粉的投加量从 133 mg/g DS 增加到 333 mg/g DS 和 400 mg/g DS 时，CST 降低率从 70%均升高到 90%。然而，随着木屑粉投加量的继续增加，CST 降低率呈现降低的趋势，当木屑粉的投加量增加到 600 mg/g DS 时，CST 降低率为 68%。

由图 3.17（b）可知，当木屑粉的投加量为 333 mg/g DS 时，静置 90 min 后，泥水界面位于 72 mL 处，为最低泥水界面。

由图 3.17（c）可知，当木屑粉的投加量为 333 mg/g DS 时，泥饼的含水率最低为 68%。

结果表明，木屑粉与稻壳粉随着其投加量的改变，对于污泥脱水性能的改变有相同的变化趋势，比较两者对污泥脱水性能的改善程度，在同样的投加量 333 mg/g DS 时，其他调理条件完全相同的条件下，稻壳粉和木屑粉作为骨架构建体时，CST 的降低率分别为 95%和 90%，最低泥水界面分别为 68.5 mL 和 72 mL，泥饼含水率分别为 67%和 68%。由此可见，稻壳粉对污泥脱水性能的改善程度较高，因此，选定稻壳粉为本小节后续实验的骨架构建体。

6. pH 对复合调理污泥脱水性能的影响

选取 pH 为 1～13 进行污泥调理实验。首先调节 pH 到所需的值，然后投加 SPS，再投加 Fe^{2+}，最后投加稻壳粉或者木屑粉。根据优化实验结果，选取 SPS 投加量为 151.5 mg/g DS，Fe^{2+}投加量为 46 mg/g DS，稻壳粉投加量为 333 mg/g DS，在常温下进行调理，调理过程如上所述。

1）初始 pH 对活化过硫酸盐-稻壳粉复合调理污泥脱水性能的影响

研究 pH 对活化过硫酸盐-稻壳粉复合调理污泥脱水性能的影响，其他调理条件不变，实验结果如图 3.18 所示。

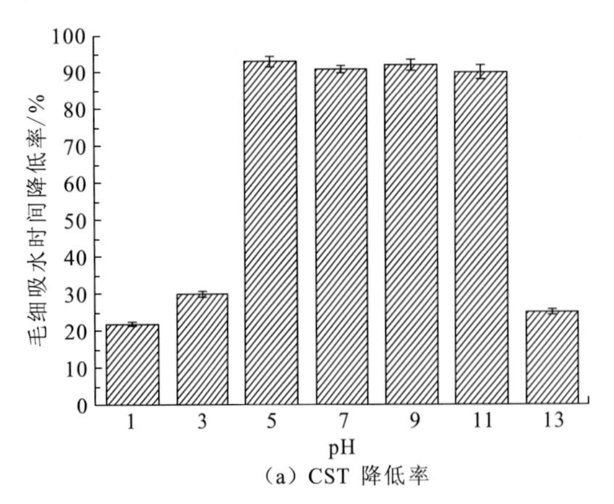

(a) CST 降低率

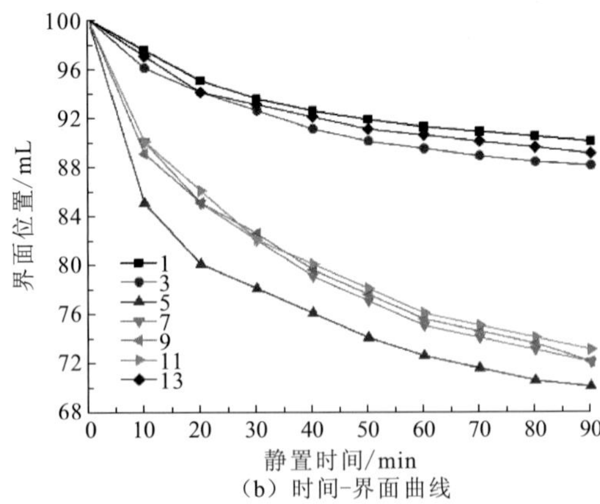

(b) 时间-界面曲线

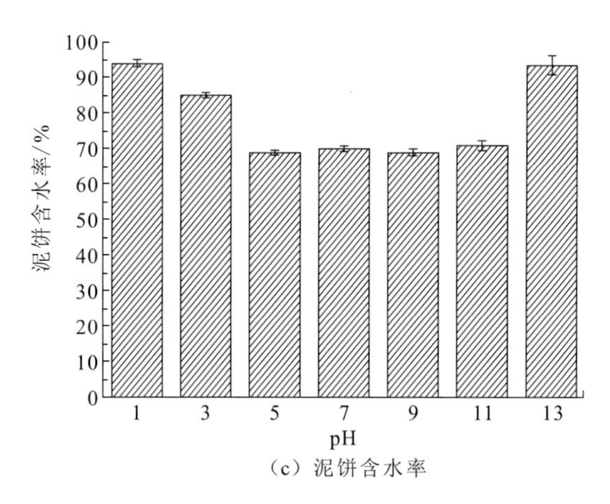

（c）泥饼含水率

图 3.18 不同 pH 对活化过硫酸盐-稻壳粉协同调理污泥脱水过程 CST 降低率、沉降性能及泥饼含水率的影响

由图 3.18（a）可知，非常明显地看到，在强酸和强碱的条件下，CST 降低率很不理想，但 pH 在 5～11，CST 降低率在 90%左右，结果表明，活化过硫酸盐-稻壳粉协同调理污泥脱水在强酸和强碱的条件下都不能很好地改善污泥的脱水性能。调理 pH 应控制在中性左右。

由图 3.18（b）可知，在 pH 为 1、3、13 时，污泥混合液静置 90 min 后，泥水界面分别位于 90 mL、88 mL 和 89 mL 处。在 pH 为 5、7、9、11 时，污泥混合液静置 90 min 后，泥水界面分别位于 70 mL、72 mL、72 mL 和 73 mL 处。这与 pH 对活化过硫酸盐高级氧化单独调理污泥脱水时的结果一致。

由图 3.18（c）可知，在中性左右的条件下，均能取得一个较低的泥饼含水率，在强酸和强碱条件下，污泥混合液抽滤 10 min，基本无滤液流出，污泥脱水性能没有得到改善，最低泥饼含水率为 70%，在 pH 为 5 时获得，与上述结果一致。

2）初始 pH 对活化过硫酸盐-木屑粉复合调理污泥脱水性能的影响

研究pH对活化过硫酸盐-木屑粉复合调理污泥脱水性能的影响，其他调理条件不变，实验结果如图 3.19 所示。

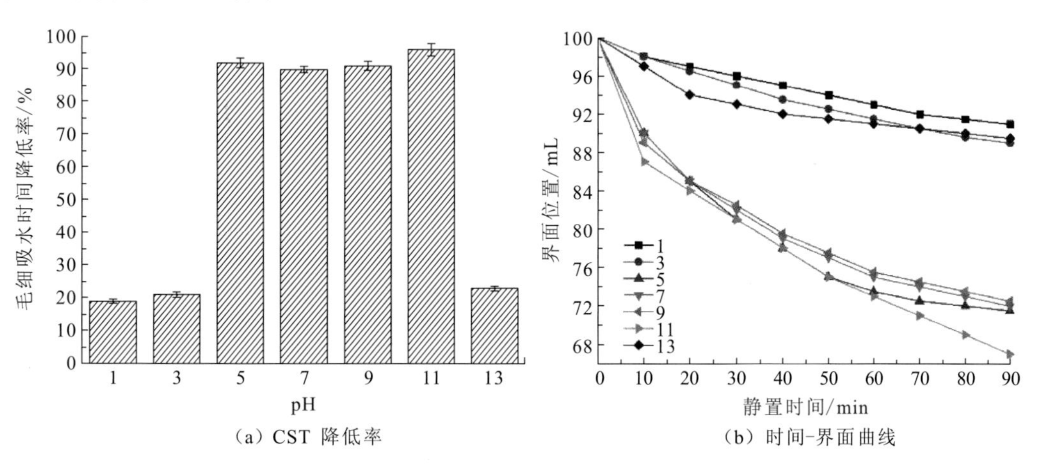

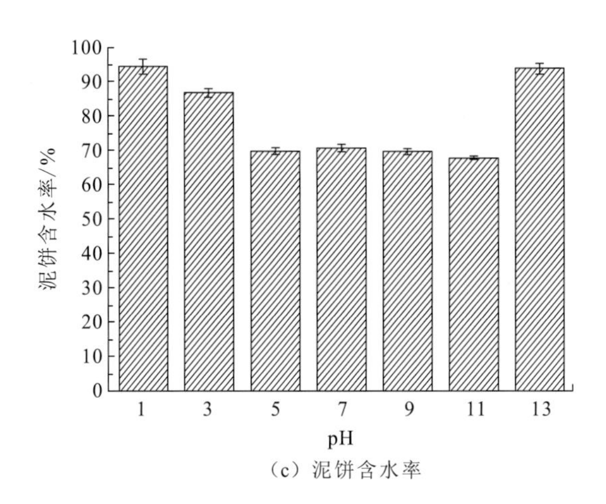

（c）泥饼含水率

图 3.19　不同 pH 对活化过硫酸盐-木屑粉复合调理污泥脱水过程 CST 降低率、沉降性能及泥饼含水率的影响

由图 3.19（a）可知，pH 对活化过硫酸盐-木屑粉复合调理污泥脱水性能的影响与对活化过硫酸盐-稻壳粉复合调理污泥脱水性能的影响类似，在 pH 为 5～11 时均能取得较高的 CST 降低率，最高为 96%，在 pH 为 11 时获得。

由图 3.19（b）可知，在 pH 为 1、3、13 时，污泥混合液静置 90 min 后，泥水界面位于 91 mL、89 mL 和 89.5 mL 处。在 pH 为 5、7、9 和 11 时，泥水界面位于 71.5 mL、72 mL、72.5 mL 和 67 mL 处。

由图 3.19（c）可知，当 pH 为 11 时，抽滤 10 min 后，泥饼含水率为 68%，为最低泥饼含水率。同样在 pH 为 3 和 11 时，几乎抽不出滤液，泥饼含水率与原污泥含水率接近。

3）初始 pH 对活化过硫酸盐-稻壳粉复合调理污泥脱水性能后反应体系 pH 的影响

一般而言，活化过硫酸盐调理污泥脱水时会发生如下反应（Wu et al.，2017; Liu et al.，2016）：

$$\cdot SO_4^- + H_2O \longrightarrow OH + SO_4^{2-} + H^+ \tag{3.5}$$

$$S_2O_8^{2-} + H_2O \longrightarrow 2HSO_4^- + 1/2O_2 \tag{3.6}$$

$$HSO_4^- \longrightarrow SO_4^{2-} + H^+ \tag{3.7}$$

此外，氧化反应促使污泥絮体破解，部分有机物降解成为小分子的有机酸。因此，如果活化过硫酸盐调理有效，理论上调理后的 pH 为酸性，较调理前，pH 应有所下降。

从图 3.20 可以看出，当初始 pH 为 1、3、13 时，调理后 pH 分别为 1.05、2.49、10.59，变化不大，说明在上述 pH 下，活化过硫酸盐高级氧化没有发挥很好的调理作用。而当初始 pH 为 5、7、9、10 时，调理后 pH 分别为 2.66、2.79、2.84、3.59，pH 下降明显，均为酸性，说明活化过硫酸盐在调理体系中发挥了良好的作用，结果与上述污泥脱水性能结果一致。

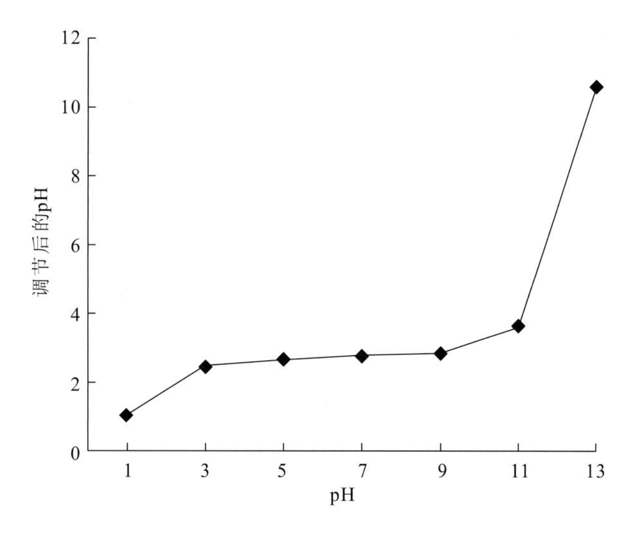

图 3.20　不同初始 pH 调理后污泥混合液 pH 的变化

7. 温度对活化过硫酸盐-生物质复合调理污泥脱水性能的影响

在污泥调理过程中，温度是常会考量的实验因素，本小节选取 25～90 ℃进行实验，比较其对污泥脱水性能的影响。选取 SPS 投加量为 151.5 mg/g DS，Fe^{2+}投加量为 46 mg/g DS，生物质投加量为 333 mg/g DS，在原 pH 下进行调理，调理过程如上所述。

1）温度对活化过硫酸盐-稻壳粉复合调理污泥脱水性能的影响

研究温度对活化过硫酸盐-稻壳粉复合调理污泥脱水性能的影响，其他调理条件不变，实验结果如图 3.21 所示。

由图 3.21（a）可知，在 25～90 ℃，活化过硫酸盐-稻壳粉复合调理污泥脱水过程都有良好的效果，CST 降低率都在 90%左右，实验过程中发现，随着温度的升高，原污泥的 CST 逐渐升高，Yu 等（2014）研究表明，在一定范围内随着温度的升高，会恶化污泥的脱水性能。

由图 3.21（b）可知，在不同温度调理后，污泥混合液静置 90 min 后，泥水界面都低于 75 mL，沉降性能良好。

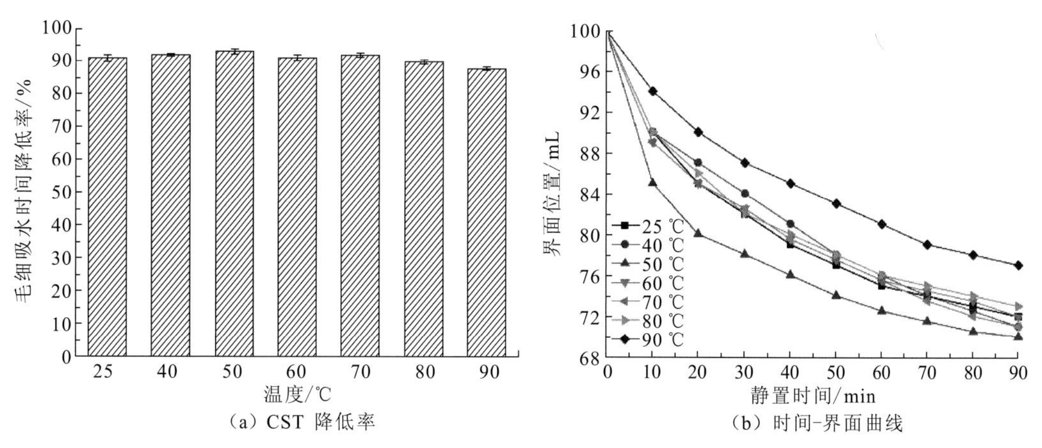

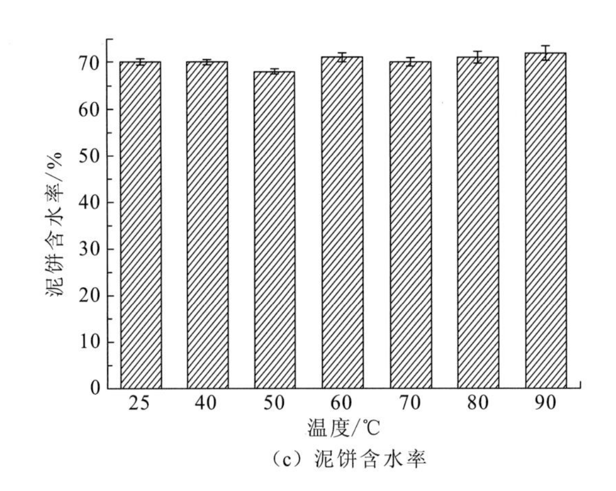

（c）泥饼含水率

图 3.21　不同温度对活化过硫酸盐-稻壳粉复合调理污泥脱水过程 CST 降低率、沉降性能及泥饼含水率的影响

由图 3.21（c）可知，在不同温度调理后，抽滤 10 min 后，泥饼的含水率都在 70%左右，说明在较温和的条件下，活化过硫酸盐-稻壳粉复合调理污泥都能较好地改善污泥的脱水性能。

2）温度对活化过硫酸盐-木屑粉复合调理污泥脱水性能的影响

研究温度对活化过硫酸盐-木屑粉复合调理污泥脱水性能的影响，其他调理条件不变，实验结果如图 3.22 所示。

由图 3.22（a）可知，在 25～90 ℃，活化过硫酸盐-木屑粉复合调理污泥脱水过程都有良好的效果，CST 降低率都在 90%左右。

由图 3.22（b）可知，在不同温度调理后，污泥混合液静置 90 min 后，泥水界面都位于 70～75 mL，沉降性能良好。

由图 3.22（c）可知，在不同温度调理后，抽滤 10 min，泥饼的含水率在 69%～73%。

结果表明，在温和的温度下，木屑粉和稻壳粉作为骨架构建体与活化过硫酸盐高级氧化复合调理污泥脱水，都能较好地提高污泥的脱水性能。说明活化过硫酸盐-稻壳粉/木屑粉复合调理污泥脱水效果良好。

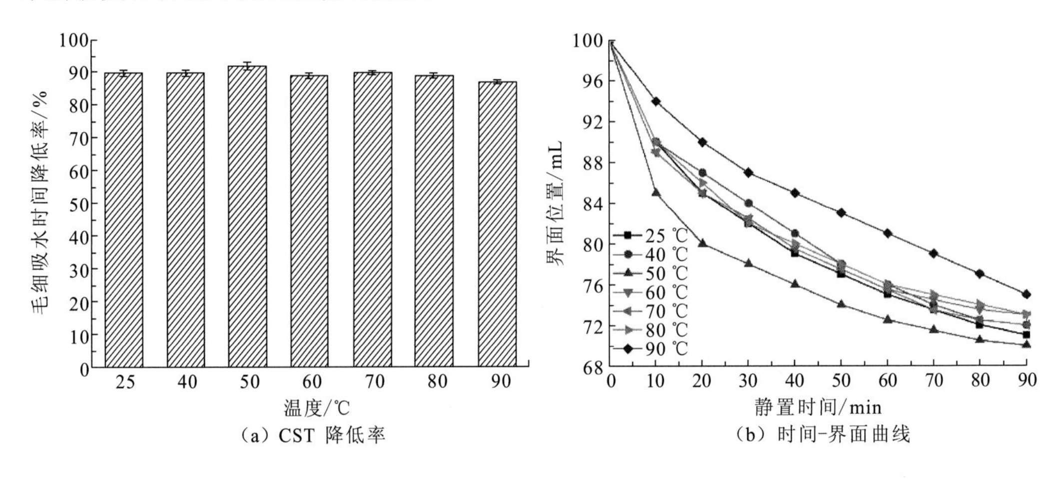

（a）CST 降低率　　（b）时间-界面曲线

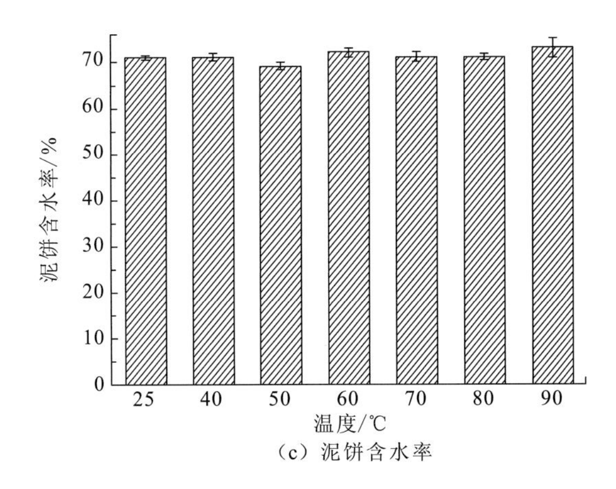

(c) 泥饼含水率

图 3.22　不同温度对活化过硫酸盐-木屑粉复合调理污泥脱水过程 CST 降低率、沉降性能及泥饼含水率的影响

8. 不同调理条件对污泥相关特性的影响

研究不同调理条件对污泥脱水性能的影响，实验方案和调理过程如表 3.9 所示。本小节污泥采用 L2 污泥。

表 3.9　实验方案及调理过程

样品	调节剂	温度/℃	投加量/（mg/g DS）			调理过程
			SPS	Fe^{2+}	RH	
RS	无	25	0	0	0	150 (r/min)/30 min
RH25	RH	25	0	0	333	150 (r/min)/30 min→RH→150 (r/min)/15 min
SF25	SPS/Fe^{2+}	25	152	46	0	150 (r/min)/30 min→SPS→150 (r/min)/5 min→Fe^{2+} 溶液→150 (r/min)/5 min
SFR25	SPS/Fe^{2+}/RH	25	152	46	333	150 (r/min)/30 min→SPS→150 (r/min)/5 min→Fe^{2+} 溶液→150 (r/min)/5 min→RH→150 (r/min)/10 min
SFR52	SPS/Fe^{2+}/RH	52	152	46	333	150 (r/min)/30 min→SPS→150 (r/min)/5 min→Fe^{2+} 溶液→150 (r/min)/5 min→RH→150 (r/min)/10 min
SFR80	SPS/Fe^{2+}/RH	80	152	46	333	150 (r/min)/30 min→SPS→150 (r/min)/5 min→Fe^{2+} 溶液→150 (r/min)/5 min→RH→150 (r/min)/10 min

注：RS 代表原泥；RH25 代表 25 ℃下的稻壳粉；SF25 代表 25 ℃下的过硫酸盐及亚铁离子；SFR25 代表 25 ℃下的过硫酸盐、亚铁离子及稻壳粉；SFR52 代表 52 ℃下的过硫酸盐、亚铁离子及稻壳粉；SFR80 代表 80 ℃下的过硫酸盐、亚铁离子及稻壳粉；后同

根据实验方案，每个调理实验第一步都是先将污泥搅拌均匀，复合调理过程先加入 SPS，搅拌 5 min 后加入 Fe^{2+}溶液，搅拌 5 min 后加入稻壳粉，搅拌 10 min，完成污泥调理后测试 CST 降低率、沉降性能及泥饼含水率。

此外，对调理前后污泥混合液 pH、Zeta 电位、粒径分布进行测试，分析结合水含量的变化、孔径分布及微观形貌。

首先考察根据上述实验方案中的调理条件对污泥进行调理，测定调理前后 CST 降低率和污泥比阻（specific resistance to filtration，SRF）、时间-界面曲线和抽滤后泥饼的含水率，比较不同调理条件对污泥脱水性能的影响。实验结果如图 3.23 所示。

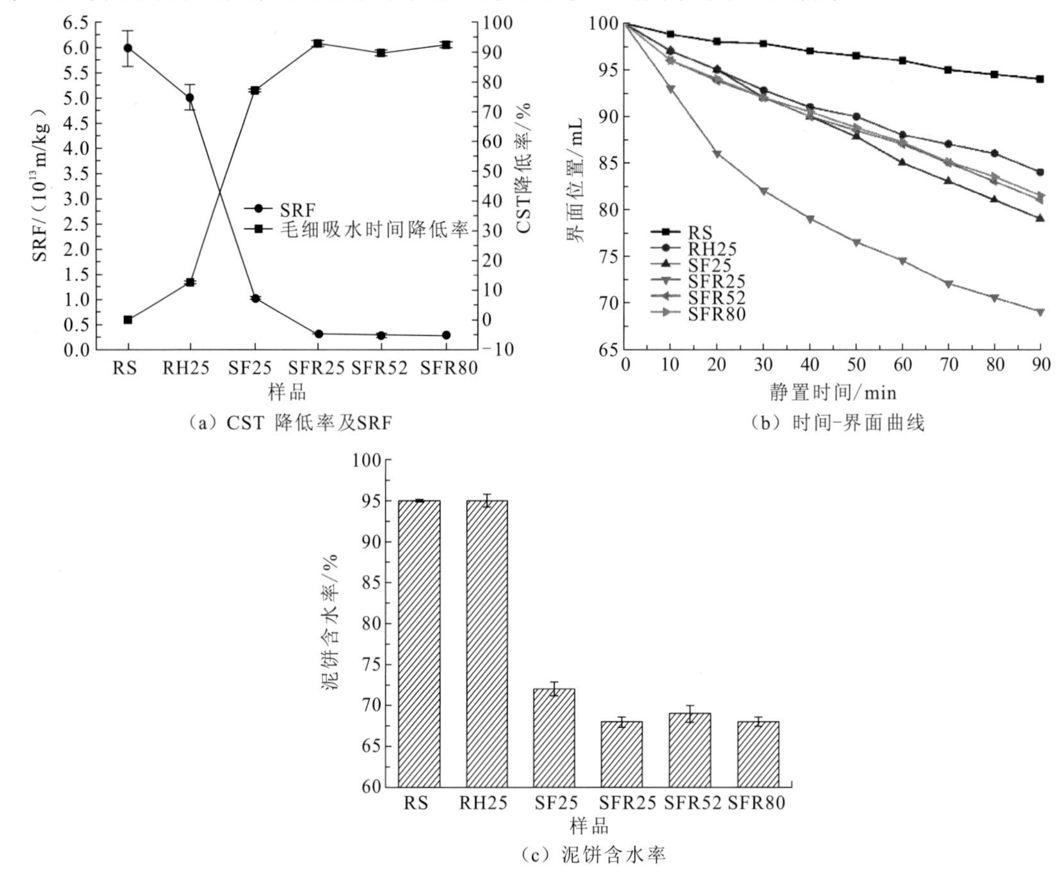

图 3.23　不同调理条件对 CST 降低率和 SRF、沉降性能及泥饼含水率的影响

由图 3.23（a）可知，当只添加稻壳粉时，CST 降低率仅为 12.6%，基本没有改善污泥的脱水性能，经过活化过硫酸盐高级氧化调理后，CST 降低率增加到 77.2%，在此基础上，加入稻壳粉复合调理后，在常温 25 ℃下，CST 降低率增加到 92.8%，在 52 ℃和 80 ℃下，CST 降低率分别为 89.6%和 92.6%。原污泥的 SRF 为 5.98×10^{13} m/kg，属于难过滤污泥，加入稻壳粉单独调理后，SRF 降低为 5.01×10^{13} m/kg，但未引起本质的变化，经过活化过硫酸盐调理后，SRF 降低至 1.02×10^{13} m/kg，降低率为 79.6%，在此基础上，加入稻壳粉复合调理后，SRF 继续降低至 0.32×10^{13} m/kg，降低率为 93.6%，变为容易过滤污泥，调理温度对 SRF 的影响不大。结果说明，活化过硫酸盐-稻壳粉复合调理能显著地提高污泥的过滤性能和脱水性能。

由图 3.23（b）可知，静置 90 min 后，原污泥的泥水界面位于 94 mL 处，经过稻壳粉单独调理后，泥水界面位于 84 mL 处，这可能是由于稻壳粉的加入改变了污泥混合液的颗粒粒径，固体含量增加，使其容易团聚，从而增强了污泥沉降性能。经过活化过硫酸盐调理后，泥水界面位于79 mL处，加入稻壳粉复合调理后，在25 ℃、52 ℃和80 ℃下，泥水界面分别为69 mL、81 mL 和 85 mL。这可能是由于随着温度的升高，污泥中大块的絮体结构分解破坏，小分子难以团聚沉降，细小颗粒会堵塞污泥内部孔结构，从而降低了沉降性能（Wang et al.，2017）。

由图 3.23（c）可知，原污泥和经过稻壳粉单独调理的污泥在抽滤 10 min 后，泥饼含水率仍在95%左右，在抽滤的过程中，肉眼观察到基本无滤液流出。经过活化过硫酸盐调理后，泥饼含水率降低为72%，加入稻壳粉复合调理后，在25 ℃、52 ℃和80 ℃下，泥饼含水率分别为68%、69%和68%。

上述结果表明，单独投加稻壳粉基本不能改善污泥的脱水性能，活化过硫酸盐能较好地改善污泥的脱水性能，与稻壳粉复合调理，污泥脱水性能得到进一步改善，说明稻壳粉是一种有效的骨架构建体。在不同温度下，污泥脱水过程均有良好的效果，说明活化过硫酸盐-稻壳粉复合调理能适应一定温度的变化，比较稳定，值得注意的是，这里的温度仅指本小节探讨的小于100 ℃的低温水热，这与前人研究结果一致（Park et al.，2016；Chu et al.，2016）。

当污泥中固体含量不变时，用SRF可以表征污泥的过滤性能，但固体含量发生改变后，仅仅利用SRF并不能全面地反映污泥的过滤性能，因此，引入污泥净产率和泥饼可压缩系数，阐述污泥调理剂对污泥渗透性和过滤性能的影响（Asakura et al.，2009；Benítez et al.，1994）。

图 3.24 为不同条件调理前后污泥净产率和泥饼可压缩系数的变化情况。一般来说，污泥经过调理后，由于调理剂的加入，污泥的固体浓度会发生变化，特别是骨架构建体的加入，会增加污泥混合液的固体浓度，包含污泥本身颗粒的浓度和调理剂颗粒的浓度。因此，利用污泥净产率来评价污泥脱水性能的好坏。

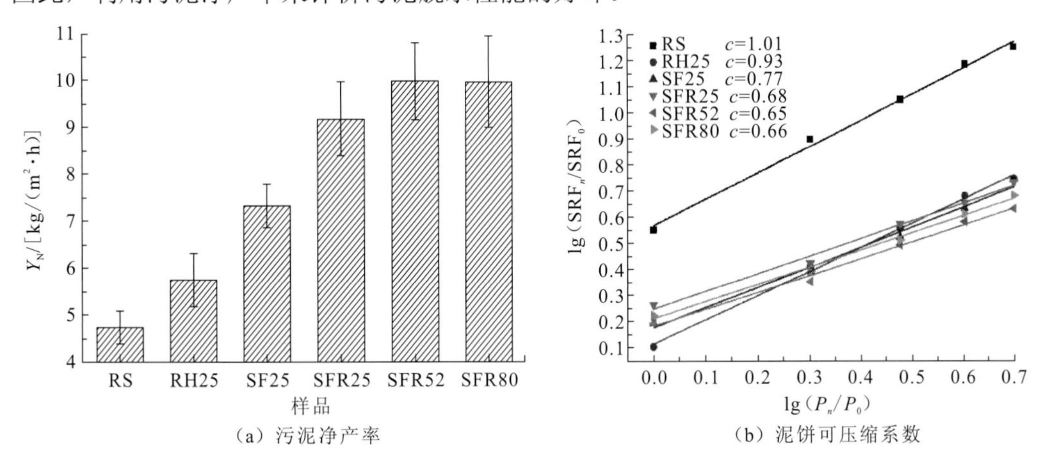

（a）污泥净产率　（b）泥饼可压缩系数

图 3.24　不同调理条件对污泥净产率和泥饼可压缩系数的影响

从图 3.24（a）可知，调理前后污泥净产率变化较大，原污泥的污泥净产率为4.75 kg/(m^2·h)，经过稻壳粉的单独调理后，净产率升高至 5.75 kg/(m^2·h)，这是因为一定量稻壳粉的加入增加了污泥混合液的固体浓度，但是并没有明显地改善污泥的脱水性能，净产率略微上升。经过活化过硫酸盐调理后，污泥净产率升高至 7.32 kg/(m²·h)，对于整个污泥混合液体系来说，Fe^{2+}是以溶液加入且 SPS 投加量相对较少，净产率的升高主要是由于污泥絮体中有机物发生反应改变了污泥中固体相对含量，促使污泥脱水性能得到了极大改善，增加了一定时间过滤的固体量。经过活化过硫酸盐-稻壳粉复合调理后，污泥净产率增加至 9.18 kg/(m²·h)，说明两者存在协同作用，能显著地改善污泥脱水性能，提高污泥净产率。

从图 3.24（b）可知，原污泥泥饼的可压缩系数为 1.01，在受外力压缩时易产生形变，造成供自由水流出的孔洞变小甚至堵塞，导致脱水性能差（Sveegaard et al.，2012）。经过稻壳粉和活化过硫酸盐单独调理后，可压缩系数分别降低至 0.93 和 0.77，前者是因为稻壳粉的刚性结构，降低了滤饼的可压缩性，保留了水分流出的孔道，但是并未改变污泥中絮体的结构，所以降低率不高；后者是由于活化过硫酸盐的加入，促使污泥絮体发生了分解，释放了其中的结合水，这些微小的絮体能够形成结构较原污泥絮体坚硬的团聚体，增强了其抗压缩能力。经过活化过硫酸盐-稻壳粉复合调理后，泥饼的可压缩系数降低至 0.68，抗压缩能力强。这一方面是因为活化过硫酸盐改变了污泥絮体的大小和结构，另一方面是因为稻壳粉与污泥絮体形成了刚性的网络结构，起到了很好的骨架支撑作用，泥饼可压缩性降低，最终提高了污泥的脱水性能（Yang et al.，2018; Lin et al.，2001）。

研究不同调理条件对调理后 pH 和 Zeta 电位的影响，实验结果如图 3.25 所示。从图 3.25（a）可以看出，原污泥的 pH 为 7.1，单独加入稻壳粉后，pH 几乎没有变化，为 7.0，加入 SPS/Fe^{2+}后，pH 降低至 2.92，说明在污泥混合液体系内，发生了活化过硫酸盐高级氧化反应，反应方程式见 3.3.1 小节，添加稻壳粉作为骨架构建体后，体系的 pH 基本不变，在 2.89 左右。

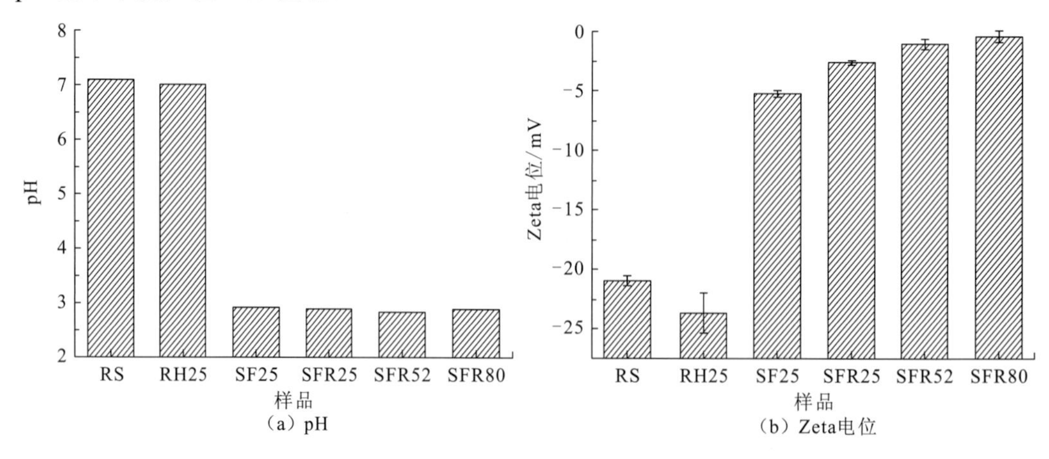

图 3.25　不同调理条件对 pH 和 Zeta 电位的影响

一般认为污泥表面电荷均为负值，这是因为 EPS 的带电官能团决定了污泥的表面电荷，EPS 中带负电荷的官能团居多，如蛋白质、硫酸根和羧基等，其他带正电荷的基团较少（Wilen et al.，2003）。从图 3.25（b）可以看出，原污泥的 Zeta 电位为−20.9 mV，表明原污泥颗粒以带负电荷为主，单独投加稻壳粉时，Zeta 电位变为−23.7 mV，絮体间相互排斥使污泥混合液保持稳定的状态，因此，单独投加稻壳粉不能改善污泥的脱水性能。加入活化过硫酸盐后，Zeta 电位变为-5.28 mV，变化显著，表明污泥颗粒之间的电荷斥力变小，污泥体系脱稳，有利于污泥脱水，当加入稻壳粉作为骨架构建体后，在 25 ℃、52 ℃和 80 ℃下，Zeta 电位分别变为-2.59 mV、-1.0 mV 和-0.37 mV。DLVO 理论认为胶体的稳定性取决于胶体之间的范德瓦耳斯力和由粒子间双电层交联引起的排斥力之和，用 Zeta 电位表示。胶体的稳定性一般取决于 Zeta 电位的相对大小，一般认为，Zeta 电位接近于零时，胶体脱稳（Pevere et al.，2007；Mikkelsen et al.，2002）。对于污泥体系，污泥具有良好的脱水性能，这表明，活化过硫酸盐高级氧化和稻壳粉复合调理能显著地降低污泥体系 Zeta 电位的绝对值，从而改善污泥的脱水性能。

不同调理过程处理的污泥混合液粒径分布如图 3.26 所示。由图 3.26 可以看出，原污泥的 D_{10}、D_{50} 和 D_{90} 分别为 12.65 μm、32.8 μm 和 124.6 μm，单独加入稻壳粉后，D_{10}、D_{50} 和 D_{90} 都增大，这是因为稻壳粉粒径较大，加入污泥后使混合液粒径增大。当经过 SF25 调理后，D_{10} 和 D_{50} 变小，而 D_{90} 变大，这是因为活化过硫酸盐产生的$\cdot SO_4^-$破坏污泥絮体结构，分解大颗粒物质。当加入稻壳粉作为骨架构建体，即经过 SFR25、SFR52 和 SFR80 调理后，D_{10}、D_{50} 和 D_{90} 均减小，其中 D_{90} 分别减小至 97.48 μm、95.15 μm、92.67 μm，Feng 等（2009）研究指出当污泥混合液粒径分布在 80～90 μm 时，污泥的脱水效果最好，这与本小节结果一致。污泥混合液粒径的改变是因为活化过硫酸盐高级氧化破坏了污泥中 EPS 的结构，稻壳粉的加入进一步改变了污泥混合液的粒径。污泥中大颗粒物质分解为小颗粒，为水分的溢出提供通道，从而增强了污泥的脱水性能。

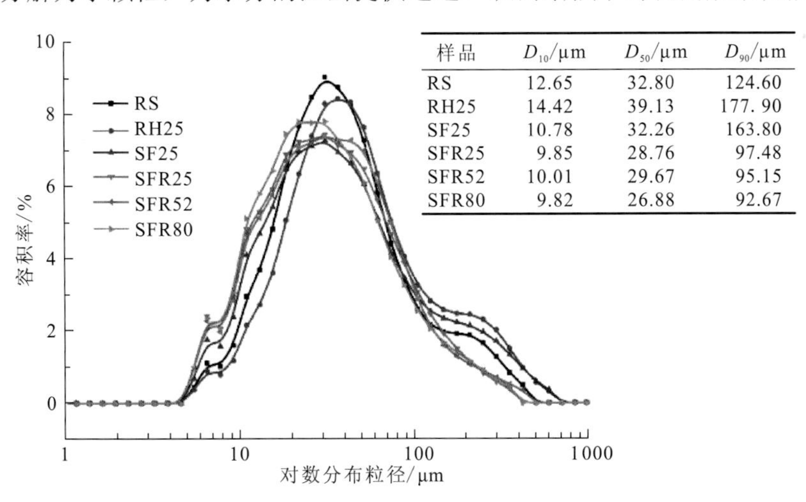

样品	D_{10}/μm	D_{50}/μm	D_{90}/μm
RS	12.65	32.80	124.60
RH25	14.42	39.13	177.90
SF25	10.78	32.26	163.80
SFR25	9.85	28.76	97.48
SFR52	10.01	29.67	95.15
SFR80	9.82	26.88	92.67

图 3.26　不同调理条件处理后的污泥粒径分布

粒径大小对于污泥脱水性能的影响并不一致，这是因为调理过程不仅能够改变污泥絮体的粒径，还能改变污泥颗粒的性质，所以单独用粒径大小来判断污泥脱水性能的好坏是片面的。采用粒径在某一区间内的分布率比 D_{10}、D_{50} 和 D_{90} 更能反映调理过程对污泥粒径的影响。以 5.5 μm、37 μm、124.5 μm、296 μm、418.6 μm 和 592 μm 为临界点，比较在不同区间内的频率分布，结果如图 3.27 所示。

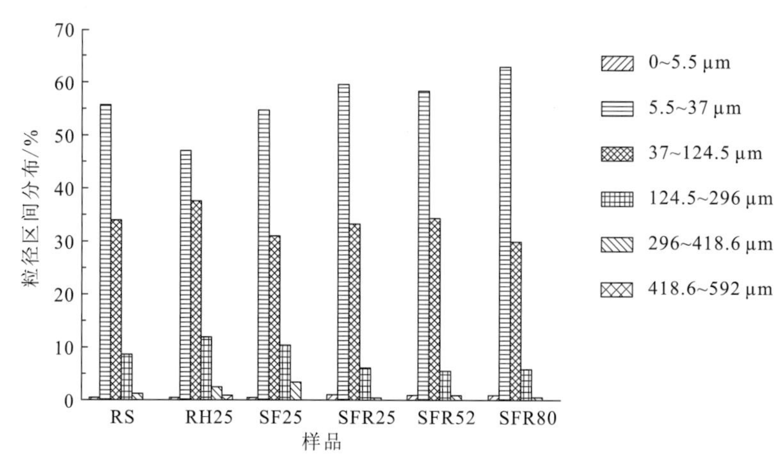

图 3.27　不同调理条件处理后的污泥粒径区间分布

由图 3.27 可知，原污泥和调理后污泥混合液粒径主要分布在 0～124.5 μm，其中在 5.5～37 μm 体积分数最大，仅仅经过 RH25 调理后出现 418.6～592 μm 的粒径，这是由稻壳粉的粒径所决定的。原污泥经过 RH25 调理后，在 0～5.5 μm 和 5.5～37 μm 的体积分数分别由 0.43%降低到 0.37%、55.62%降低为 46.91%，而在 124.5～592 μm 体积分数均升高。与上述 D_{10}、D_{50} 和 D_{90} 结果相符。经过 SF25 调理后，在 0～5.5 μm、124.5～418.6 μm 体积分数升高，相反的在 55～124.5 μm 体积分数降低。经过 SFR 调理后，无论在何种温度下，在 0～37 μm 的体积分数均升高，说明细小颗粒增加，而在 37～418.6 μm 几乎所有体积分数均降低。这一变化趋势与 SF25 调理后的粒径分布不尽相同，说明稻壳粉的加入改变了污泥体系内粒径的分布，最终影响了不同调理条件对污泥脱水性能的影响。总体而言，经过活化过硫酸盐高级氧化-稻壳粉复合调理后，污泥絮体粒径变小，改变了污泥絮体的粒径分布和颗粒性质，从而提高了污泥的脱水性能。

大量的研究表明，EPS 的含量与污泥脱水性能的变化紧密相关，因此，定量分析污泥调理前后 EPS 的含量有着重要的意义。EPS 中主要成分为蛋白质（protein，PN）和多糖（polysaccharide，PS），S-EPS 和 B-EPS 中的 PN 和 PS 含量变化如图 3.28 所示。

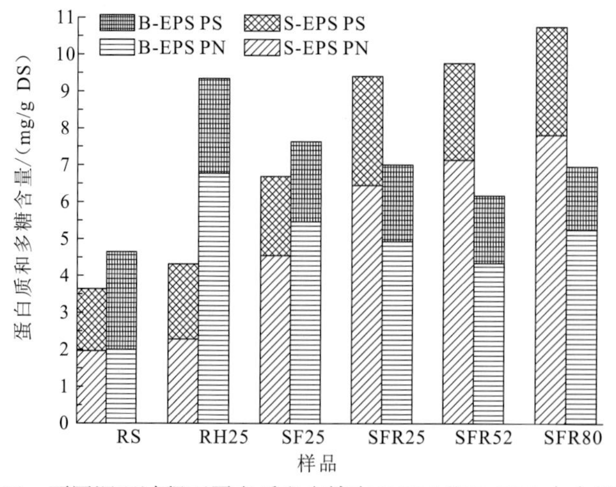

图 3.28　不同调理过程下蛋白质和多糖在 S-EPS 和 B-EPS 中含量变化

结果显示，原污泥 S-EPS 和 B-EPS 中 PN 的含量分别为 1.96 mg/g DS 和 2 mg/g DS，PS 的含量分别为 1.68 mg/g DS 和 2.65 mg/g DS。PN 在 S-EPS 和 B-EPS 的含量小于 PS 的含量。单独投加稻壳粉后，PN 的总含量变为 9.04 mg/g DS，PS 的总含量变为 4.61 mg/g DS，与原污泥的 PS 总含量 4.33 mg/g DS 相比差别不大。经过 SF25 调理后，PN 的总含量继续升高到 10.06 mg/g DS，PS 的总含量为 4.25 mg/g DS，经过 SFR 调理后，PN 的总含量持续升高到 11.4 mg/g DS 左右，PS 的总含量为 5 mg/g DS。与原污泥对比，调理后 PN 的总含量升高，PS 的总含量变化不大。经过对比发现，无论是 S-EPS 还是 B-EPS，调理后 PN 含量都升高，而对于 PS，调理后 S-EPS 中 PS 含量升高，而 B-EPS 中 PS 含量降低。而且调理后 PN 总含量远高于 PS 总含量，这与前人的研究结果一致（Zhang et al., 2015）。PN 和 PS 的分布变化源于调理过程破坏了污泥絮体中 EPS 的结构，EPS 分解，污泥中的结合水释放转变为自由水，最终提高了污泥的脱水性能。

本小节根据 TG-DSC 曲线计算出调理前后污泥中总水、结合水和自由水的含量，研究活化过硫酸盐-稻壳粉复合调理对污泥中水分含量的影响。图 3.29 为调理前后污泥的 TG 曲线，从图中可以看出，在 150 ℃左右，原污泥基本衡重，曲线趋于平稳，说明水分全部失去，质量损失最大，而其他调理后污泥曲线随着温度的升高，持续在下降，表示调理过程改变了污泥内部水分的分布，将 150 ℃看作水分完全失去的点，150 ℃后的质量下降不属于本小节讨论的范围，由此可以得到不同样品中总水的含量。

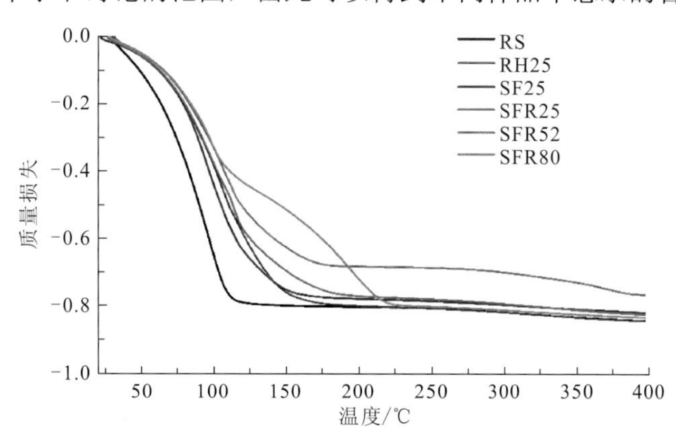

图 3.29　调理前后污泥的 TG 曲线

测定 DSC 曲线时，选用的最低温度不同，得到的结合水含量也不同。Erdincler 等（2000）在测定结合水时，没有确定最低温度，冷切速率为 2 ℃/min，Lee 等（1995）在测试时选用的最低温度为 60 ℃，冷切速率为 10 ℃/min。此外，不同性质和来源的污泥，结合水的含量也不相同（Neyens et al., 2003）。本小节选用 20 ℃为最低温度，然后上升到 10 ℃，得到 DSC 曲线，如图 3.30 所示，由下式计算出自由水的含量：

$$w_f = Q/\Delta H$$

式中：w_f 为自由水质量，mg；Q 为峰面积，mJ；ΔH 为自由水的熔融焓，333.3 J/g。

表 3.10 为污泥调理前后水分分布，可知，原污泥中结合水的质量分数为 0.145 g/g，单独加入稻壳粉调理后，自由水和结合水的含量均有所降低。经过 SF25 调理后，调理

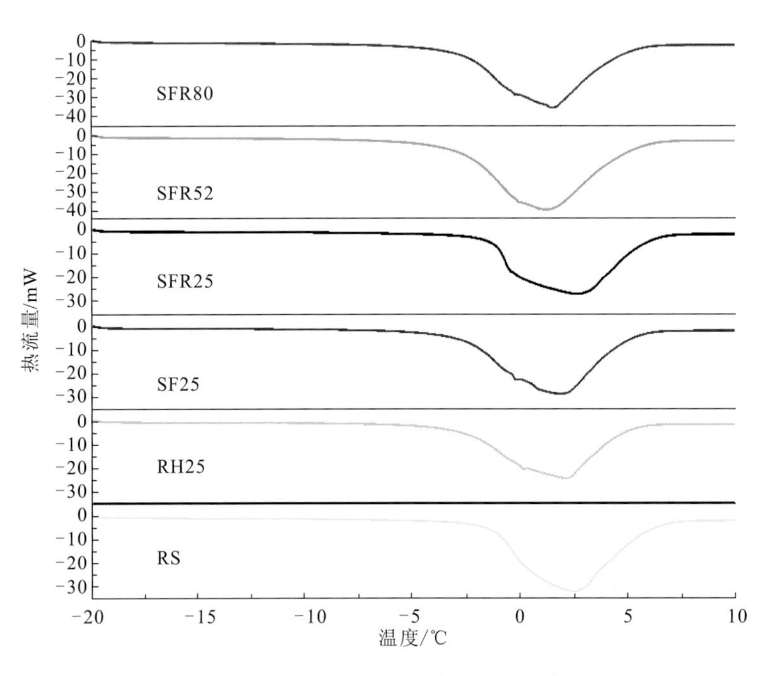

图 3.30　调理前后污泥的 DSC 曲线

污泥的结合水质量分数降低至 0.110 g/g，与原污泥相比，降低了 24%。在此基础上加入稻壳粉复合调理后，结合水质量分数进一步降低至 0.049 g/g，与原污泥相比，降低了 66%，与 SF25 调理污泥相比，降低了 55%。说明经过活化过硫酸盐调理后，污泥中的 EPS 分解或破坏，改变了污泥体系中水分的分布，并释放出一部分结合水。加入稻壳粉后，起到了骨架构建体的作用，使结合水进一步向自由水转化，为水分的溢出提供了通道。同时，随着调理温度的升高，经过 SFR52 和 SFR80 调理后，结合水进一步略微减少，说明在一定范围的温度内，复合调理都能使污泥中结合水向自由水转化，从而提高污泥的脱水性能。

表 3.10　调理前和调理后污泥的水分分布　（单位：g/g）

项目	RS	RH25	SF25	SFR25	SFR52	SFR80
总水量	0.780	0.746	0.733	0.683	0.638	0.637
自由水	0.635	0.630	0.623	0.634	0.591	0.600
结合水	0.145	0.116	0.110	0.049	0.047	0.037

原污泥和不同调理过程产生的污泥的 XRD 图谱见图 3.31。由图 3.31 中可以看出，石英相和钠长石相在所有样品中都存在，当单独加入稻壳粉调理时，污泥的主要物相组成没有发生明显变化，经过 SF25 调理后，产生了新的物相为硅铝酸钠，可能是因为活化过硫酸盐高级氧化引起了污泥体系内的化学反应。加入稻壳粉后，由图 3.31（b）可以看出，经过 SFR25、SFR52 和 SFR80 调理后，污泥的主要物相组成没有发生变化，说明稻壳粉仅仅起到物理调理作用，充当污泥调理体系的骨架构建体，不会改变污泥的本来结构。

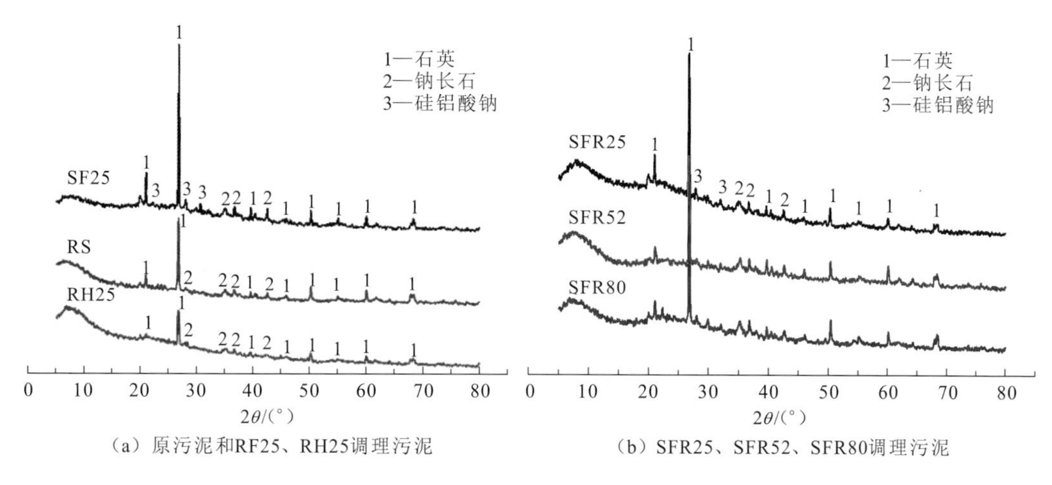

（a）原污泥和RF25、RH25调理污泥　（b）SFR25、SFR52、SFR80调理污泥

图 3.31　原污泥和不同调理污泥的 XRD 图谱

原污泥和不同调理污泥的场发射扫描电镜（field emission scanning electron microscope，FESEM）图，如图 3.32 所示。由图 3.32（a）可知，原污泥表现为致密的板片状结构，有不规则的颗粒分布在表面，加入稻壳粉单独调理后，依然为成片的紧密结构。经过 SF25 调理后，污泥形貌发生了明显的变化，样品不再呈紧密的片状，而出现了很多孔洞，污泥絮体变得疏松。进一步加入稻壳粉，经过 SFR25、SFR52 和 SFR80 调理后，出现了层状结构，层间有许多孔洞，这种结构有利于污泥内部自由水的流出，说明稻壳粉的加入，形成了一个有效的污泥-稻壳粉骨架结构，使其在较大压力下依然能够保持通透，从而提高了污泥的脱水性能。

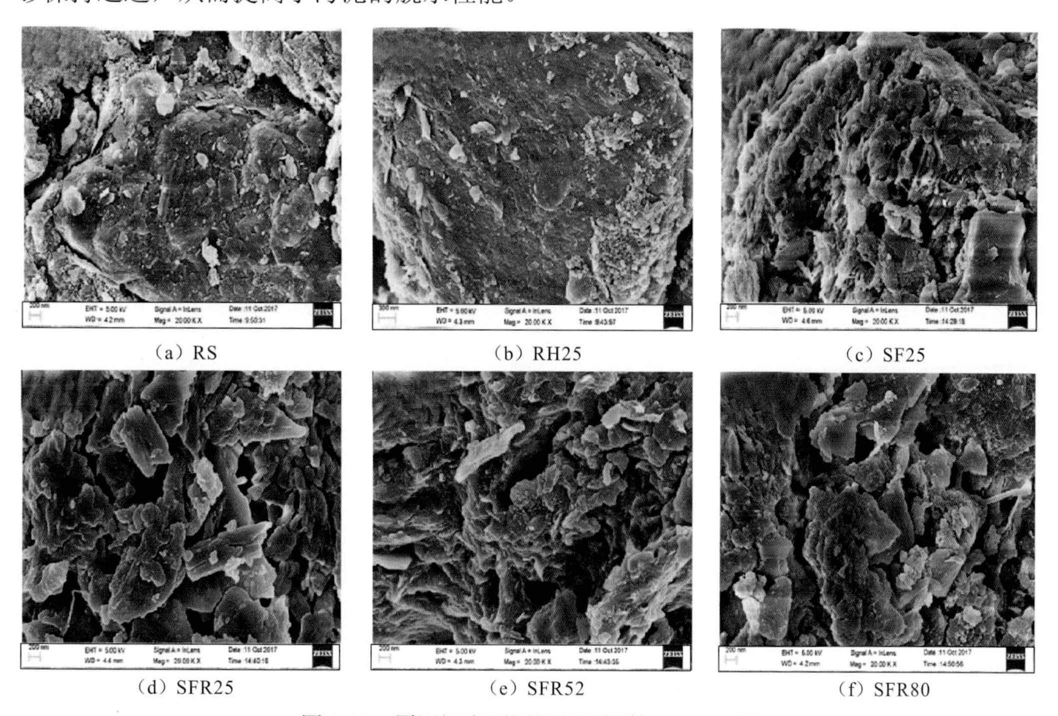
（a）RS　（b）RH25　（c）SF25
（d）SFR25　（e）SFR52　（f）SFR80

图 3.32　原污泥和不同调理污泥的 FESEM 图

XRD 图谱和 SEM 图谱定性地描述了原污泥和不同调理过程对污泥絮体结构的影响，结果表明活化过硫酸盐高级氧化和稻壳粉具有良好的协同作用，经过活化过硫酸盐调理后污泥絮体内 EPS 分解，破坏了原污泥中致密的絮体结构，产生了大量的孔洞，EPS 的破坏使其包裹的结合水转化为自由水，加入稻壳粉后，形成了污泥-稻壳粉骨架结构，提高泥饼的渗透性，为自由水的流出提供了通道。表明活化过硫酸盐高级氧化和稻壳粉作为骨架构建体复合调理污泥能显著地提高污泥的脱水性能。

原污泥和不同条件下调理后的污泥泥饼结构参数如表 3.11 所示。

表 3.11　原污泥和调理污泥泥饼的结构参数

样品	比表面积/(m^2/g)	孔隙容积/(cm^3/g)	平均孔径/nm
RS	12.59	0.061	19.25
RH25	9.51	0.048	20.01
SF25	3.93	0.032	32.42
SFR25	2.26	0.021	34.52
SFR52	2.01	0.018	36.62
SFR80	2.69	0.023	33.69

由表可知，原污泥泥饼的比表面积为 12.59 m^2/g，单独加入稻壳粉调理后，比表面积减小为 9.51 m^2/g，经过活化过硫酸盐调理后，比表面积减小显著，为 3.93 m^2/g，当在此基础上加入稻壳粉作为骨架构建体后，比表面积进一步减小为 2.26 m^2/g，与原污泥相比，降低了 82%，比表面积越大，对水分的吸附能力越强，比表面积的减小说明污泥脱水性能的增强（Karr et al.，1978）。这主要是因为污泥中絮体分解为小颗粒物质，释放出颗粒间包裹的水分，而稻壳粉的加入起到了良好的骨架构建体作用，进一步提高了污泥的脱水性能，减小了污泥泥饼的比表面积。对泥饼颗粒的孔体积进行分析可知，泥饼颗粒的孔体积与比表面积具有相同的变化趋势，这也是因为颗粒内部所携带的水分减少，引起孔体积的减小（Zhang et al.，2014）。泥饼颗粒的平均孔径与比表面积和孔体积具有相反的变化趋势，逐步增大，说明小颗粒凝聚成稍大颗粒，有利于污泥脱水。

原污泥和不同调理污泥的红外光谱如图 3.33 所示。由图 3.33（a）可知，原污泥分别在 1 034 cm^{-1}、1 426 cm^{-1}、1 545 cm^{-1}、1 647 cm^{-1}、2 855 cm^{-1}、2 926 cm^{-1} 和 3 409 cm^{-1} 处出现明显的吸收峰。在 1 034 cm^{-1} 处的吸收峰是由多糖类物质具有的 C—O—C 伸缩振动引起的；在 1 426 cm^{-1} 和 1545 cm^{-1} 处的小吸收峰是由酚醛树脂中的 O—H 和 C—O 的伸缩振动引起的（Peng et al.，2017）；在 1 647 cm^{-1} 处的吸收峰可能是蛋白质肽键（酰胺）存在的 C—O 的伸缩振动（Hu et al.，2016）；在 2 855 cm^{-1} 和 2 926 cm^{-1} 处的吸收峰源于脂类物质亚甲基上 CH_2 的不对称和对称的伸缩振动（Nesic et al.，2012）。3 409 cm^{-1} 处的吸收峰为 O—H 的伸缩振动（Kumar et al.，2006）。单独加入稻壳粉调理后，各

个吸收峰没有明显的变化。经过 SF25 调理后，各个吸收峰发生了偏移，在 1 541 cm^{-1}、1 439 cm^{-1} 和 1 085 cm^{-1} 处的吸收峰的峰强增加明显，说明与此对应的官能团含量增多，这可能是由于活化过硫酸盐促使污泥絮体内的 EPS 分解，糖类和蛋白质的分布发生了变化，从而引起了与之相关的官能团含量变化。加入稻壳粉后，在 1 643 cm^{-1} 处的吸收峰的峰强升高明显，且提高调理温度能促进这一升高趋势，说明在活化过硫酸盐和稻壳粉的共同作用下，污泥 EPS 中不溶态蛋白质溶解。在 1 439 cm^{-1} 附近的吸收峰几乎消失，对应的 O—H 和 C—O 键减少，说明污泥中的大分子有机物分解。结果表明，活化过硫酸盐能够使污泥 EPS 中蛋白质和多糖发生分解，含量发生变化，引发与之相关的官能团改变，稻壳粉的加入能够促进这一变化，温度升高带来的影响不明显，EPS 中蛋白质和多糖发生分解促使其包裹的结合水转化为自由水，从而提高污泥的脱水性能。

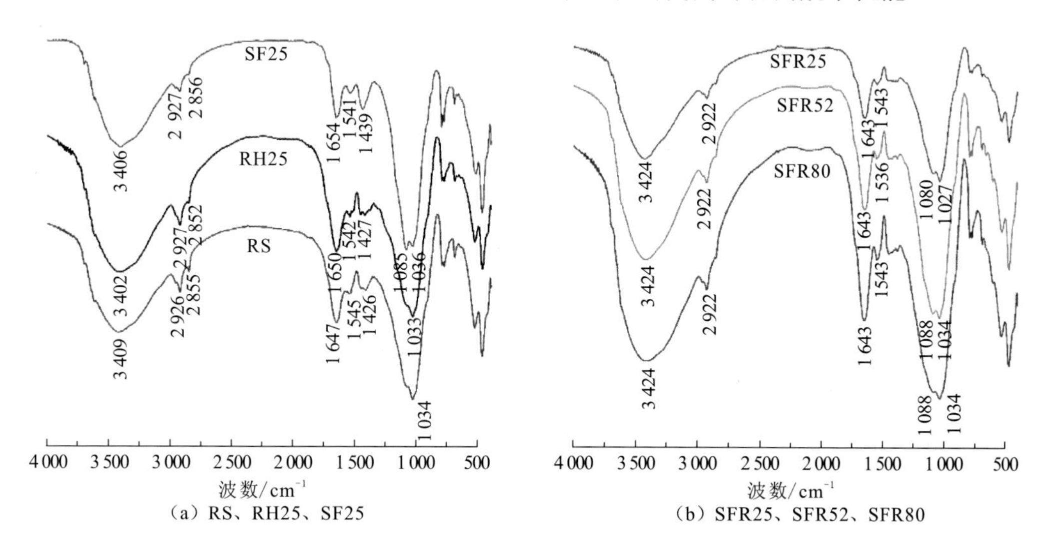

（a）RS、RH25、SF25　（b）SFR25、SFR52、SFR80

图 3.33　原污泥和不同调理污泥的红外光谱

上述实验均采用的是过 0.25 mm 方孔筛的稻壳粉作为骨架构建体，为了进一步探究稻壳粉作为骨架构建体对污泥脱水性能的影响，将经过 0.25 mm 方孔筛筛分后的稻壳粉进一步经过 0.075 mm、0.15 mm 方孔筛，得到粒径小于 0.075 mm、0.075～0.15 mm、0.15～0.25 mm 和小于 0.25 mm 的稻壳粉样品，记为 R1、R2、R3、R4。将这些稻壳粉用于污泥调理实验，除粒径外，其他调理条件和上述 SFR25 调理条件保持一致，对照组记为 RS，小于 0.075 mm、0.075～0.15 mm、0.15～0.25 mm 和小于 0.25 mm 稻壳粉调理污泥分别记为 RH1、RH2、RH3 和 RH4。

研究不同粒径稻壳粉对污泥脱水性能的影响，测试指标有 SRF、CST 降低率、泥饼含水率、沉降性能、污泥净产率、污泥泥饼可压缩系数和污泥滤液 Zeta 电位。

采用上述不同粒径稻壳粉 R1、R2、R3 和 R4 作为骨架构建体调理污泥，测定调理前后 SRF 值和 CST 降低率、时间-界面曲线和抽滤后泥饼的含水率，实验结果如图 3.34 所示。

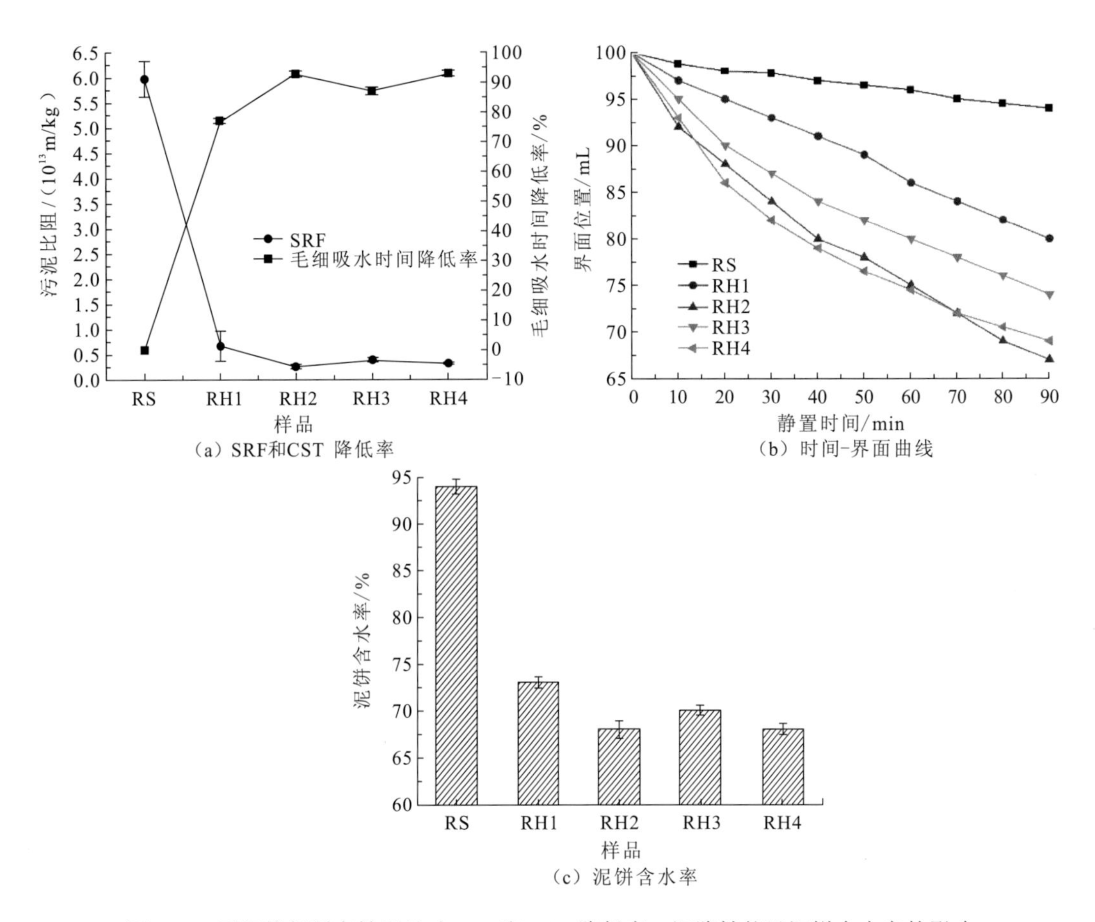

图 3.34　不同粒径稻壳粉调理对 SRF 和 CST 降低率、沉降性能及泥饼含水率的影响

由图 3.34（a）可以看出，原污泥的 SRF 为 5.98×10^{13}m/kg，为难脱水污泥，调理后 RH1、RH2、RH3 和 RH4 的 SRF 分别为 0.68×10^{13} m/kg、0.27×10^{13} m/kg、0.39×10^{13} m/kg 和 0.32×10^{13}m/kg，为较易脱水污泥，SRF 的降低率分别为 88.6%、95.5%、93.5%和 94.6%，CST 的降低率分别为 77%、93%、87%和 92.8%，可知，当稻壳粉的粒径小于 0.075 mm 时，SRF 和 CST 的降低率都为最小值；当稻壳粉的粒径位于 0.075～0.15 mm 时，SRF 和 CST 降低率最大；随着稻壳粉的粒径继续上升到 0.15～0.25 mm 时，SRF 和 CST 降低率不再继续上升；RH4 的骨架构建体为不同粒径级配后的稻壳粉，SRF 和 CST 降低率与 RH2 不分上下。说明稻壳粉粒径过小或者过大都不利于改善污泥的脱水性能（Badalians et al.，2018）。

由图 3.34（b）可以看出，100 mL 不同粒径稻壳粉调理后的污泥混合液 RH1、RH2、RH3 和 RH4 静置 90 min 后，泥水界面分别位于 80 mL、67 mL、74 mL、69 mL 处，RS 泥水界面位于 94 mL 处。

由图 3.34（c）可以看出，抽滤 10 min 后 RS、RH1、RH2、RH3 和 RH4 的含水率分别为 94%、73%、68%、70%和 68%。RH2 和 RH4 泥饼含水率最低，与上述 SRF 和

CST 降低率结果相符。上述结果表明，稻壳粉的粒径对污泥脱水性能影响显著，应作为投加骨架构建体时需考虑的因素之一。

图 3.35（a）表示不同粒径稻壳粉对污泥净产率的影响，从图中可以看出，未经调理的污泥净产率为 4.75 kg/(m²·h)，明显要低于调理后的污泥，一般来说，污泥净产率越大，污泥脱水效果越好，表明经过调理后，污泥的脱水性能得到了显著的改善，与原污泥相比，RH1、RH2、RH3 和 RH4 的污泥净产率分别是原污泥净产率的 1.3 倍、2.1 倍、1.7 倍、1.9 倍，可以看出，RH2 的污泥净产率最大，脱水效果最好，这与上述结果一致。图 3.35（b）表示不同粒径稻壳粉调理后污泥泥饼可压缩系数的变化。未经调理的污泥泥饼可压缩系数为 1.01，说明原污泥为高度可压缩的污泥。经过调理后，RH1、RH2、RH3 和 RH4 污泥的泥饼可压缩系数分别降低至 0.78、0.63、0.71 和 0.68。一般认为，当泥饼可压缩系数低于 0.75 时，污泥在机械脱水时能保持一定的刚性结构和渗透性，有利于污泥中水分的溢出，泥饼可压缩系数越低，脱水性能越好（赵瑞娟 等，2013）。结果表明稻壳粉的加入显著降低了污泥泥饼的可压缩系数，提高了污泥的脱水性能，其中，RH2 泥饼的可压缩系数最小，与上述结果一致。

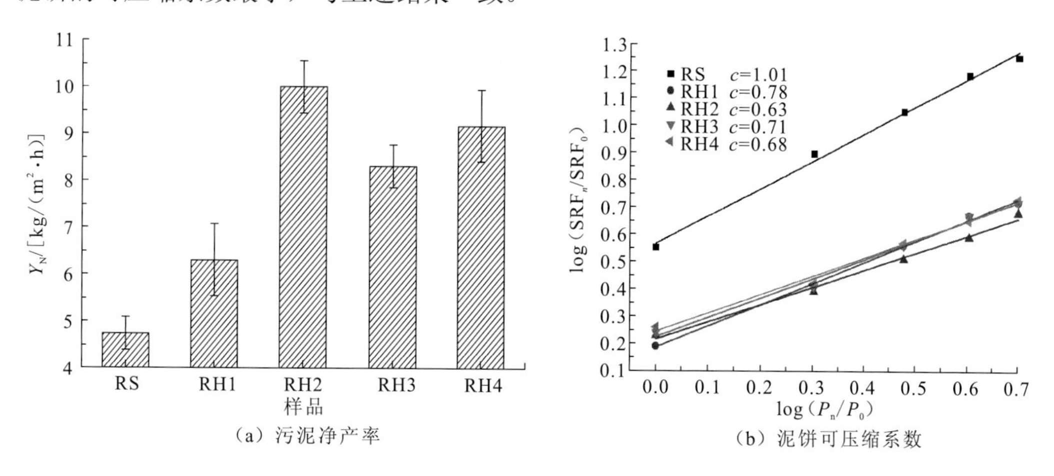

图 3.35 不同粒径稻壳粉调理对污泥净产率和泥饼可压缩系数的影响

图 3.36 为原污泥 RS 和不同粒径稻壳粉调理后 RH1、RH2、RH3 和 RH4 的 Zeta 电位，分别为−20.9 mV、−1.46 mV、−1.05 mV、−1.2 mV 和−2.59 mV，这说明原污泥中颗粒存在较大的静电斥力，污泥体系处于一个稳定难脱水的状态（Guo et al.，2015）。一般来说，Zeta 电位的绝对值越低，越接近于 0 时，污泥混合液体系越不稳定，颗粒间电子斥力减小，内部颗粒容易团聚，这一现象有利于污泥脱水（He et al.，2015）。根据前述污泥脱水性能分析结果，RH1、RH2、RH3 符合这一规律，但是 RH4 例外，说明 Zeta 电位不是决定污泥脱水性能唯一因素。

图 3.37 为 R4 稻壳粉中，R1、R2 和 R3 的质量分布，结果表明，R4 中，R2 占比超过 50%，为 75%，其次为 R1，占比为 19.2%，R3 占比最小，为 5.8%。

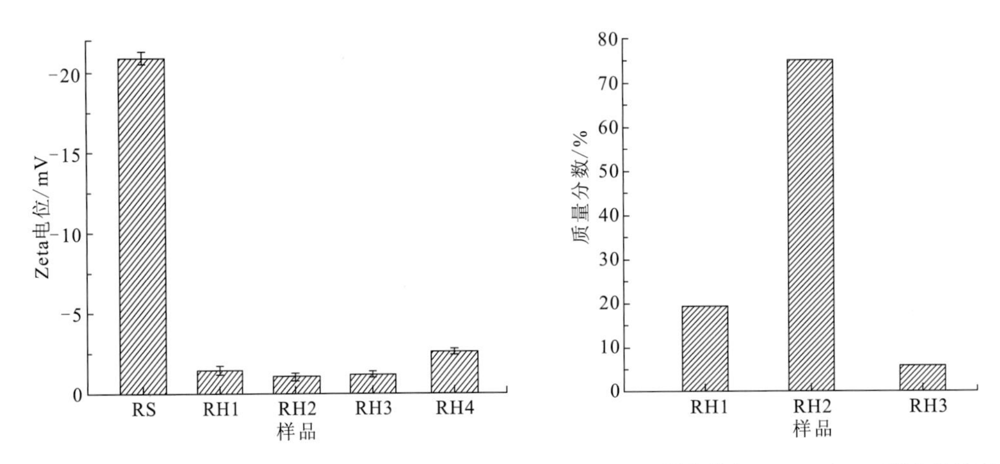

图 3.36　不同粒径稻壳粉调理对 Zeta 电位的影响　　图 3.37　R4 稻壳粉中 R1、R2 和 R3 稻壳粉的质量分布

图 3.38 为不同粒径稻壳粉 R1、R2、R3 和 R4 的粒径分布图，可以看出随着稻壳粉粒径的增大，粒径分布范围逐步增加，R4 的粒径分布范围最大。对比 R1、R2 和 R3 的 D_{10}、D_{50} 和 D_{90} 发现，随着粒径的逐渐增大，D_{10}、D_{50} 和 D_{90} 均显著增加。然而对比 R4 和其他粒径的稻壳粉发现，D_{10}、D_{50} 和 D_{90} 呈现不同的变化趋势，R4 的 D_{10} 最小，D_{50} 仅大于 R1，D_{90} 仅小于 R3，R4 稻壳粉包含 R1、R2 和 R3 粒径范围内的稻壳粉，说明不同粒径范围稻壳粉配比后能显著地改变稻壳粉粒径的分布。

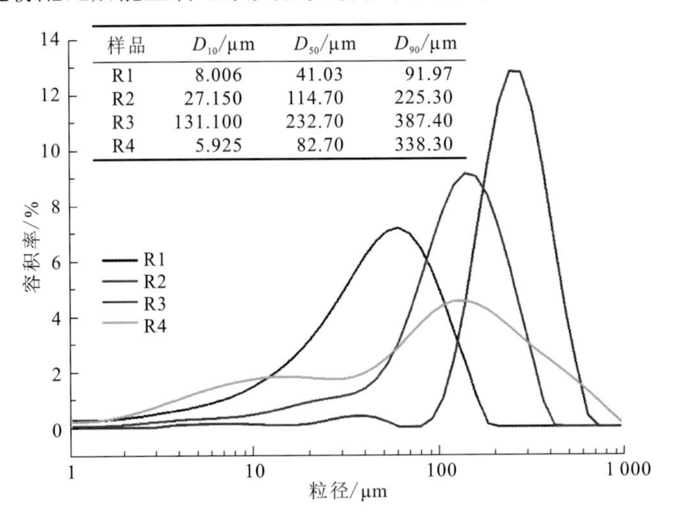

样品	D_{10}/μm	D_{50}/μm	D_{90}/μm
R1	8.006	41.03	91.97
R2	27.150	114.70	225.30
R3	131.100	232.70	387.40
R4	5.925	82.70	338.30

图 3.38　不同粒径稻壳粉的粒径分布

图 3.39 为经过 R1、R2 和 R3 调理后污泥粒径分布图，RS 和 R4 调理后污泥粒径分布图见前面分析。表 3.12 为原污泥及不同粒径稻壳粉调理后污泥的 D_{10}、D_{50} 和 D_{90}。由粒径分布图可知，RH1、RH2 和 RH3 的体积分数峰值向右偏移，说明粒径逐渐变大，且很明显的是，RH3 出现了两个峰值，说明经过 R3 调理后的污泥混合液中粒径分布不均匀，有大颗粒的存在，这是因为 R3 稻壳粉的粒径本身就比较大，调理污泥后影响了污泥混合液中粒径的分布，这一现象不利于形成规则的骨架结构去改善污泥脱水性能，这

一结果与之前污泥脱水效果一致。对比原污泥和RH1、RH2、RH3和RH4的D_{10}、D_{50}和D_{90}，可以看出与原污泥相比，D_{10}都有所减小，这是因为活化过硫酸盐促使污泥絮体分解，使粒径小于10 μm的颗粒占比增加。各污泥样品的D_{90}与原污泥相比，RH1略微减小，RH2和RH3均增加，RH3的D_{90}高达301.2 μm，这是因为用于调理的稻壳粉R1粒径较小，R2和R3粒径较大，污泥中过小和过大颗粒的存在都不利于污泥脱水，这是因为前者会堵塞污泥内的孔道，使水分不能顺利流出，后者是因为大颗粒污泥絮体内包裹着大量的水分，这与之前的污泥脱水性能结果一致，RH1和RH3的脱水效果都低于RH2和RH4。RH4的D_{10}和D_{90}均在中间水平，粒径分布均匀，有利于污泥脱水，而且在RH4中，RH2的质量分数最大。对比D_{50}可知，RH4最小，D_{50}又称为中心粒径，通常用来表示该颗粒群的粒径大小，说明经过粒径级配后的稻壳粉更好地充当骨架构建体的作用。综上所述，通过比较不同粒径范围内稻壳灰作为骨架构建体对污泥的改善效果，可以推断出以下结论，粒径太小不利于污泥脱水，Sorensen等（1995）通过研究也表明污泥粒径太小不利于污泥脱水。对比单一粒径范围的稻壳粉，骨架构建体粒径位于0.075～0.15 mm时，能够起到良好的骨架作用，经过粒径级配后的稻壳粉与单一粒径范围的稻壳粉相比，在污泥体系内能更好地建立骨架结构，这可能是因为污泥内本来存在各种粒径范围的污泥絮体，而各个粒径级配后的稻壳灰正好能够满足具有不同粒径絮体的污泥体系，最终提高污泥的脱水性能。

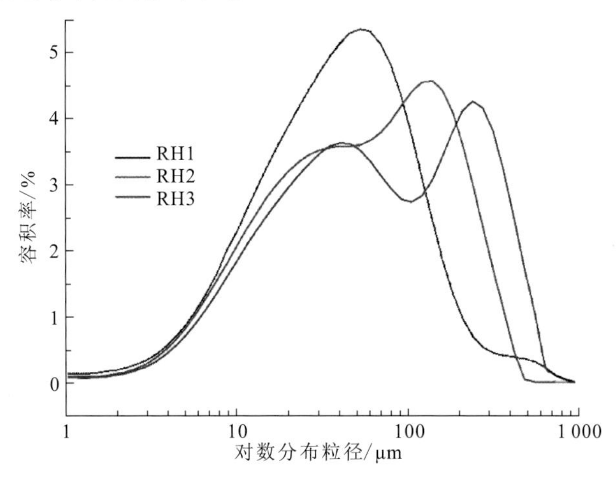

图3.39　不同粒径稻壳粉调理后的污泥粒径分布

表3.12　不同粒径稻壳粉调理前后污泥D_{10}、D_{50}和D_{90}　（单位：μm）

样品	D_{10}	D_{50}	D_{90}
RS	12.650	32.80	124.6
RH1	8.142	36.88	120.8
RH2	8.941	52.13	197.8
RH3	9.859	59.43	301.2
RH4	9.850	28.76	97.48

根据以上活化过硫酸盐与稻壳粉复合调理污泥脱水前后 Zeta 电位、粒径、EPS 和 SEM 等的变化情况，作出以下调理过程示意图（图 3.40）。

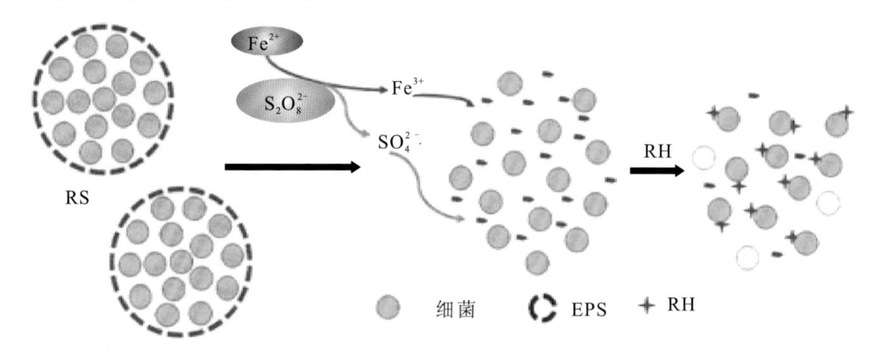

图 3.40　活化过硫酸盐-稻壳粉复合调理污泥机理图

首先 Fe^{2+}本身就具有中和污泥中负电荷离子的絮凝作用，SPS 在搅拌的作用下可产生少量的硫酸根自由基，进而在 Fe^{2+}的活化作用下，产生大量的硫酸根自由基。硫酸根自由基引发污泥絮体内 EPS 的分解，絮体结构破坏，释放出其中裹挟的水分，加入稻壳粉后，稻壳粉表面携带的正电荷继续中和污泥絮体的负电荷，致使污泥絮体脱稳，而且稻壳粉的硬性结构使污泥具有一定的刚性骨架结构，使泥饼在受到外力压缩时仍然能保持通透性，利于水分的溢出。根据上述分析，稻壳粉的粒径也是重要的决定因素之一，稻壳粉中大小不一的粒径与污泥的粒径互相配合，使得污泥混合液的粒径变得均匀，污泥颗粒容易团聚沉降，最终，污泥的脱水性能得到显著改善。

3.3.2　改性淤泥结构变化及固结机理

1. 干化试验

以最佳配比配制淤泥干化剂，并以其作为干化材料进行淤泥干化试验。试验指标为干化淤泥含水率，试验因素为干化剂掺量η和养护时间t，具体试验方案如表3.13所示，其中干化剂与湿淤泥含量为质量分数。

表 3.13　干化剂干化试验方案

试验编号	干化剂质量分数/%	湿淤泥质量分数/%
1	5	95
2	10	90
3	15	85
4	20	80

续表

试验编号	干化剂质量分数/%	湿淤泥质量分数/%
5	25	75
6	30	70
7	35	65
8	40	60
9	50	50

干化剂干化试验结果如表 3.14 所示。

表 3.14　干化剂干化试验结果

试验编号	3 h	1 d	3 d	7 d	14 d
1	73.49	72.06	70.65	58.37	55.16
2	67.57	65.89	64.93	61.99	58.83
3	62.12	60.34	58.74	55.86	52.18
4	56.8	54.78	51.96	48.01	44.86
5	51.89	50.59	49.27	47.68	45.18
6	47.35	46.17	45.04	43.81	41.52
7	43.16	42.12	40.95	38.16	36.18
8	38.92	36.85	35.59	34.16	32.38
9	30.83	29.87	28.93	28.38	27.66

为分析干化剂对淤泥的干化效果，将干化剂试验结果与生石灰干化试验及原淤泥自然干化试验结果进行比较，分别研究不同材料干化后淤泥含水率随材料掺量及龄期的变化关系。

应该指出，以干化淤泥含水率的降幅作为衡量各种材料干化效果的指标时，其反映的是包括材料本身干化效果、物理蒸发效果等在内的综合干化效果，无法准确反映材料吸水性能的高低。此外，就淤泥含水率的定义来看，它是淤泥中水分质量与淤泥总质量的比值，因此，干化材料作为干物质加入淤泥体系时无疑会增加总体质量从而导致含水率的数值降低。为研究材料本身的实际吸水（减水）效果，并进一步分析干化剂与生石灰的干化机理，本小节引入单位干化淤泥中水分转化量 θ（g/g 干化淤泥）作为对比和衡量淤泥干化效果的另一个指标。θ 指加入干化材料进行干化、养护后，某一龄期条件下单位质量干化淤泥中由材料本身导致的水分减少（转化）量（不包括物理蒸发所导致的水分减少量）。根据此定义，可将 θ 采用原淤泥含水率、干化淤泥含水率及材料掺量三者进行表示。

设湿淤泥初始质量为 M，其中水分的质量为 m，掺加的干化材料质量为 ΔM，养护至某龄期时淤泥-干化材料混合体系中水分的减少（转化）量为 Δm/g，则

$$w_1 = \frac{m}{M} \tag{3.8}$$

$$w_2 = \frac{m - \Delta m}{M + \Delta M} \tag{3.9}$$

$$\eta = \frac{\Delta M}{M + \Delta M} \tag{3.10}$$

式中：w_1 为淤泥初始含水率，w_2 为加入干化材料干化后淤泥的含水率，η 为材料掺量，将式（3.8）、式（3.10）代入式（3.9）计算得

$$\theta = \frac{\Delta m}{M + \Delta M} = w_1 \cdot (1 - \eta) - w_2 \tag{3.11}$$

应该指出，按式（3.11）计算时，其中的 Δm 为体系中包含自然蒸发因素在内的水分减少量，若 θ 对应的龄期较长，计算 θ 时还应从 Δm 中剔除自然蒸发产生的水分减少量。

2. 材料掺量对淤泥体系干化效果的影响

养护龄期为 3 h 时，干化淤泥含水率随干化剂及生石灰掺量的变化情况如图 3.41 所示。

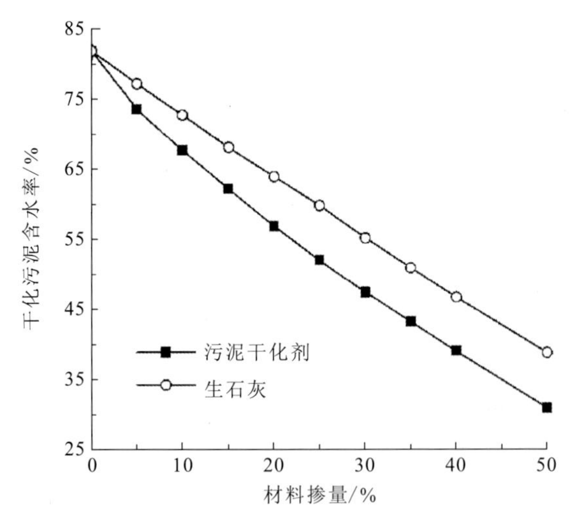

图 3.41　干化淤泥体系含水率随材料掺量变化（t=3 h）

由图 3.41 可看出，与生石灰相比，干化剂的干化效果有了较大程度的提高，尤其是对目标含水率在 40%～60%的淤泥半干化处理方式，干化效率较高。与普通硅酸盐水泥和 HAS 固化剂对应的含水率的下降曲线类似，干化剂对应的含水率下降曲线其降幅渐缓，而生石灰对应的干化淤泥含水率基本呈直线下降。

为剔除淤泥干化剂和生石灰作为干物质加入淤泥体系对淤泥含水率下降所产生的影响，更准确地分析两种干化材料的实际干化效果，将表 3.13 和表 3.14 中养护龄期 t=3 h 时干化剂和生石灰的干化试验结果代入式（3.11），分别计算不同掺量条件下单位质量干化淤泥中水分减少量 θ，两种干化材料对应的水分减少量 θ 随材料掺量的变化情况如图 3.42 所示。此处计算 θ 时，由于养护龄期较短，因此未考虑自然蒸发对淤泥体系含水率的影响。

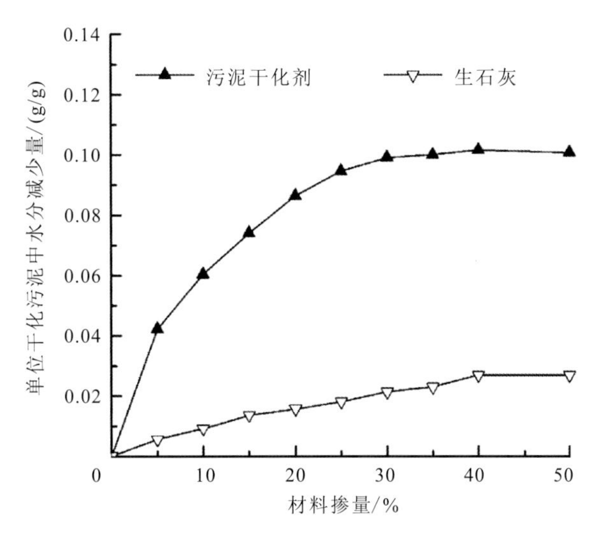

图 3.42　单位质量干化淤泥中水分减少量随材料掺量的变化（t=3 h）

由图3.42可更清楚地看出，随着干化剂掺量由0增至25%左右时，θ增加较快，此后随着掺量的增加θ的增幅很小，曲线趋于平缓。而对于生石灰，随着其掺量的增加，θ基本呈直线增加，仅当其掺量增至50%后增幅趋于平缓。两种曲线下降趋势的差异与两种材料水化及干化机理的差异密切相关。

对干化剂，当湿淤泥与干化剂混合后淤泥中的水分与干化剂组分间会发生一系列复杂水化反应。因此，淤泥中部分水分会通过化学反应转化为水化产物中的化学结合水，体系中水分形态的转变可实现淤泥干化。显然，随着干化剂掺量的增加，水化反应速度提高，水化产物生成量显著增加，导致单位淤泥中水分转化量逐渐增加，干化效果提高。在此过程中，干化剂掺量为反应速度的控制因素。但随着材料掺量的进一步增加，单位淤泥中水分转化量增加至峰值后逐渐趋于固定值，这可能是由于淤泥体系中可参与水化反应的水分形态主要为重力水和部分结合力较弱的毛细水和表面水（以下总称自由水），而体系中另一部分结合力较强的毛细水和表面水及体系中的结合水无法参与水化反应。因此，随着材料掺量的进一步增加，体系中的可参与水化反应的自由水量大幅降低，导致干化过程的控制因素变为体系中的自由水剩余量，因此水化反应速度又逐渐降低，而单位淤泥中的水分转化量增幅渐缓。

对生石灰，其干化机理包括化学转化和物理蒸发两部分，为研究生石灰干化淤泥过程的控制因素，首先从理论上计算其干化过程的化学转化水量与物理蒸发水量，并进行比较。显然，生石灰与湿淤泥混合后，一方面CaO能与水分子反应生成$Ca(OH)_2$，将部分自由水转化为化学结合水，同时其水化放出大量的热对淤泥中除结合水外所有形态的水分均有蒸发作用。若忽略生石灰水化放热对淤泥中有机物的影响，其干化过程可表示为

$$CaO + H_2O \longrightarrow Ca(OH)_2 + Q \ \ (Q = 64.9\ kJ/mol) \tag{3.12}$$

$$H_2O(l) + 2\ 258\ kJ/kg \longrightarrow H_2O(g) \tag{3.13}$$

因此，理论上1 g生石灰水化反应本身转化水量为18/56=0.32 g，水化反应放热蒸发水量为$\frac{64.9\times 1\ 000}{56\times 2\ 258} = 0.51\ g$，其水化反应放出的热量对干化的贡献比水化产物的化学转化量大。可见，生石灰的干化机理主要为水化放热产生的物理蒸发。

另一方面，淤泥中除结合水外所有形态水分基本都能被热量蒸发，因此以下通过粗略计算淤泥体系中总水量与生石灰干化过程所需的水量，以分析生石灰干化淤泥过程中自由水量是否会成为干化过程的控制因素。由于湿淤泥中结合水含量较少，计算时假设所有水分均能被生石灰放出的热量蒸发。

按生石灰的最大掺量50%计算，假设干化淤泥体系为50 g湿淤泥掺加50 g生石灰，湿淤泥含水率按82%计算，生石灰中CaO含量按100%计算，则湿淤泥中总水量约为50×82%=41 g，CaO水化生成$Ca(OH)_2$的理论结合水量为50×0.32=16 g，反应过程中蒸发水量为50×0.51=25.5 g，因此干化过程总需水量为16+25.5=41.5 g，略大于湿淤泥中的初始水量。对45%掺量的生石灰按同样方法计算，体系初始水量为45.1 g，而干化过程总需水量为36.45 g，小于其初始水量。因此生石灰掺量小于45%时，干化过程的控制因素为材料掺量，单位质量淤泥中水分减少（转化）量θ随掺量的增加而增加，而当其掺量继续增加至≥50%时，湿淤泥中的水分量逐渐被消耗殆尽，淤泥体系中剩余自由水量变为水化过程的控制因素，因而θ的增幅逐渐变缓。

3. 养护龄期对淤泥体系干化效果的影响

经15%掺量的干化剂和生石灰分别干化后，两淤泥体系含水率随龄期的变化曲线如图3.43所示。此外，将原淤泥含水率随龄期的变化曲线也标注于图3.43中，原淤泥含水率的降低基本反映了自然蒸发对淤泥含水率的影响。

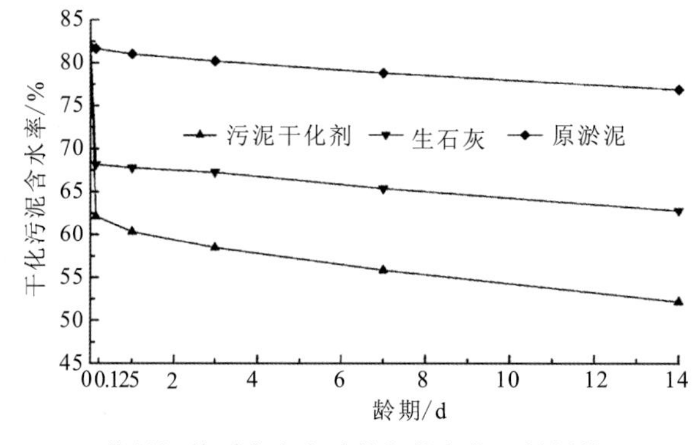

图 3.43　干化淤泥体系含水率随龄期的变化（材料掺量 η=15%）

0.125 d 为 3 h

由图3.43可以看出，龄期$t \geq 3$ h后，生石灰对应的淤泥含水率下降曲线与原淤泥含水率的下降曲线类似，两者含水率的下降速率基本一致，而干化剂干化后淤泥含水率下降速率明显大于前两者。

为进一步分析淤泥体系中自由水分随龄期增加的变化情况，仍采用θ作为衡量材料干化效果的指标。由于龄期增加导致自然蒸发对干化淤泥体系含水率有一定影响，因此计算θ时需剔除干化淤泥体系中的自然蒸发水量。为便于计算，假设自然蒸发对原淤泥和两种干化淤泥含水率的影响基本相同，后面计算θ时干化淤泥体系中的自然蒸发量直接按原淤泥的蒸发水量计算。此外，由于体系中生石灰和干化剂掺量均为15%，为简化计算，假设初始湿淤泥质量为85 g，两种干化材料质量均为15 g，经两材料干化后，养护至某一龄期时淤泥体系中水分蒸发量为x，水化反应水分减少量为y。具体计算过程如下。

（1）首先根据原淤泥的自然干化试验结果计算不同龄期时原淤泥中自然蒸发水量x_0。如表3.15所示，养护龄期为3 h时原淤泥含水率由初始的81.79%降至81.66%，因此可列出式（3.14），解得龄期t=3 h时，x_0=0.602 5 g。同理，可将1 d、3 d、7 d、14 d时原淤泥中蒸发水量计算出，具体结果列于表3.15。

$$\frac{85\times 0.817\,9 - x_0}{85 - x_0} = 0.816\,6 \tag{3.14}$$

表3.15　15%材料掺量时两种干化淤泥体系及原淤泥中水分变化情况

龄期 t/d	原淤泥中自然蒸发水量 x_0/g	干化淤泥体系（湿淤泥 85 g，干化剂 15 g）干化材料对应的水分减少量 y/g		θ/[g/(g 干化淤泥)]	
		生石灰	干化剂	生石灰	干化剂
0.125	0.602 5	1.299	7.173	0.013 1	0.071 7
1	3.319	0.691	7.865	0.007 2	0.078 7
3	6.668	0.069	8.282	0.000 7	0.082 8
7	11.885	0.018	8.416	0.000 2	0.084 2
14	18.023	0.008 9	8.723	0.000 1	0.087 2

（2）假设原淤泥中水分自然蒸发量x_0与干化淤泥中水分自然蒸发量x相等，根据干化淤泥不同龄期时含水率的试验结果，计算两种干化材料干化后淤泥体系中水分减少量y。仍以3 h龄期为例，干化剂干化后淤泥体系含水率由初始的81.79%变为61.63%，生石灰干化后淤泥体系含水率由初始的81.79%变为67.95%，因此可以列出式（3.15）和（3.16），将$x=x_0$=0.602 5带入式中解得$y_{干化剂}$=7.66 g，$y_{生石灰}$=1.378 g。同理，可将1 d、3 d、7 d和14 d时生石灰和干化剂淤泥体系中水分减少量计算出，具体结果列于表3.15。

$$\frac{85\times0.8179-x-y_{复合改性剂}}{100-x}=0.6163 \tag{3.15}$$

$$\frac{85\times0.8179-x-y_{生石灰}}{100-x}=0.6795 \tag{3.16}$$

根据上述计算结果，进一步计算各龄期时干化剂和生石灰对应的 θ，列于表 3.15 中，并以龄期为横坐标，θ 为纵坐标作散点图以分析经生石灰和干化剂干化后，两淤泥体系中水分转变量随龄期的变化情况，其相应的变化曲线如图 3.44 所示。

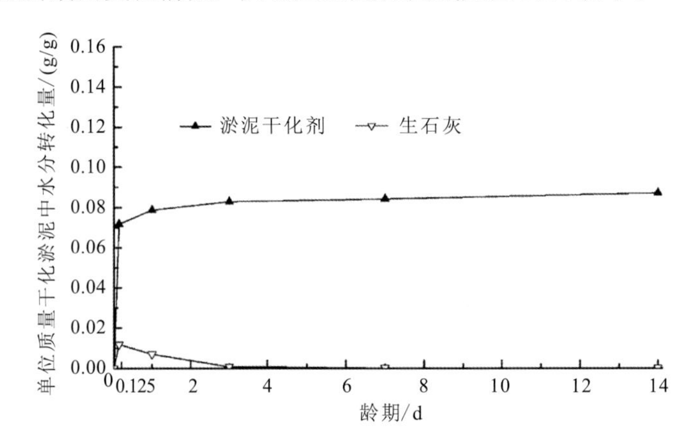

图 3.44　单位质量干化淤泥中水分转化量随龄期的变化（材料掺量 η=15%）

从图3.44可以更清楚地看出，随着养护龄期的增加，生石灰对应的θ在t=3 h时达到最大，此后逐渐减少，趋近于0，因此生石灰干化淤泥时主要水分减少量集中在较短龄期内。而干化剂对应的θ不仅在3 h时就远高于生石灰，而且随着龄期的增加，θ仍继续增加，但随着龄期的进一步增加其增幅渐缓，曲线趋于平滑。因此，淤泥干化剂的早期及后期干化效果均远优于生石灰。

4. 干化机理分析

1）矿渣基干化剂 XRD 定性分析

取干燥磨细后的样品进行 XRD 定性分析，其水化产物的 XRD 图谱如图 3.45 所示，由图可知 1 d 和 3 d 两龄期水化样品的图谱中均存在多处钙矾石（AFt）和水化硅酸钙（C-S-H）的特征峰，且水化 1 d 时的产物图谱中已有较强的钙矾石衍射峰，但两图谱中均未找到低硫型水化硫铝酸钙（AFm）的特征峰。因此，干化剂的主要水化产物为钙矾石和水化硅酸钙，通过水化产物的生成将体系中大量自由水转化为钙矾石和水化硅酸钙中的化学结合水，从而将其转变为固体的一部分。此外，由图 3.45 可知，干化剂水化反应速度较快，水化 1 d 即能形成大量钙矾石，这可能是干化剂 3 h 时即具有较佳干化效果，因为从分子量计算可知钙矾石晶体中的含水量达 46%左右。此外，随龄期的增加，AFt 和 C-S-H 的衍射峰强度有一定增强，即水化产物的生成量随龄期的延长有所增加，因此干化剂后期干化效果优于生石灰。

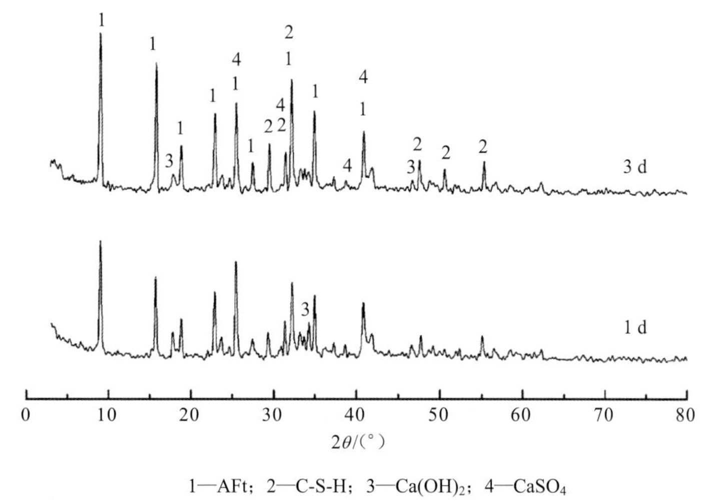

1—AFt；2—C-S-H；3—Ca(OH)₂；4—CaSO₄

图3.45 干化剂水化1 d和3 d后水化产物的XRD图谱

另外，干化剂的水化产物中没有低硫型水化硫铝酸钙产生。这可能是因为干化剂的配方试验优化了其中 $CaSO_4$ 等组分的含量，使最终的水化反应朝产生 AFt 的方向进行。显然，根据分子量计算，AFt 晶体的含水量显著高于 AFm，因此 AFt 的大量生成有利于提高自由水转化量，从而提高淤泥的干化效果。

干化剂的水化产物主要为钙矾石和水化硅酸钙，其中，钙矾石晶体的含水量较高，因此从理论上分析认为钙矾石的大量生成有利于淤泥的快速、高效干化。为研究干化剂的干化机理，对不同龄期条件下（1 d和3 d）净浆产物中钙矾石的生成量进行XRD半定量分析，以粗略计算干化剂水化过程中钙矾石的生成所对应的水分转化量，并同干化试验结果计算出的水分转化量进行比较分析。

物相的XRD半定量分析主要基于水化产物中各种物相的衍射强度随其含量增加而提高的原理（祁景玉，2006），本实验中钙矾石的半定量分析采用*K*值法，参比样选用分析纯试剂TiO_2，其纯度大于98.0%，且细度与单矿物相同。这主要是由于TiO_2的X射线衍射峰形状比较完整，且与被测晶体在峰面积上不会有明显的重叠（李玉华 等，2003）。具体分析步骤如下。

（1）纯净钙矾石矿物的制备。*K*值法需通过纯的单矿物测定出该矿物的*K*值，因此首先要进行纯净钙矾石矿物的制备。主要制备方法（李玉华 等，2003；彭家慧 等，2000；Chung，1974）为，以$Al_2(SO_4)_3·18H_2O$和CaO为原料，将各原料按1∶6（物质的量比）进行配料后采用反应式（3.17）溶液法合成钙矾石，其中$Al_2(SO_4)_3·18H_2O$为分析纯试剂，CaO为分析纯$CaCO_3$经900℃煅烧所得（Cogger et al.，1941）。

$$Al_2(SO_4)_3 \cdot 18H_2O + 6Ca(OH)_2 \xrightarrow{H_2O} 3CaO \cdot Al_2O_3 \cdot 3CaSO_4 \cdot 32H_2O \qquad (3.17)$$

将配制好的石灰溶液缓慢加入硫酸铝溶液中，不断振荡，密封7 d后采用无水乙醇洗涤并用真空抽滤，于室温下至恒重，之后将样品磨细至10 μm左右备用。

本实验合成的钙矾石的X射线衍射图如图3.46所示。

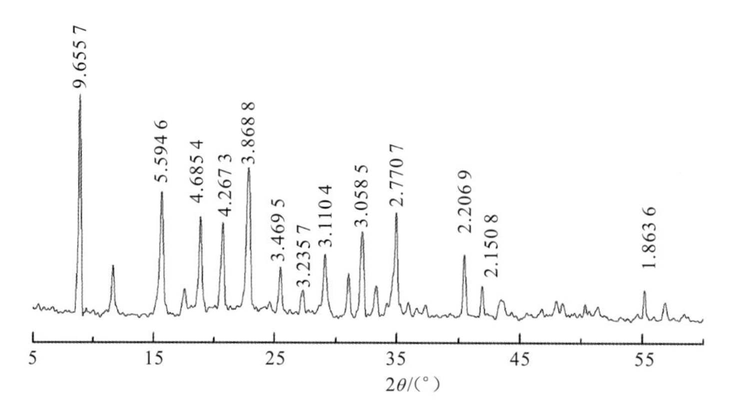

图 3.46　合成钙矾石（AFt）的 X 射线衍射图

（2）K值测定。按质量比1∶1称取纯AFt和TiO_2，在玛瑙研钵中将混合样与少许无水乙醇一起研磨成10 μm左右细粉并混合均匀，之后将混合样品（标准样）进行XRD分析，测出它们的衍射峰强度值I_{AFt}和I_{TiO_2}，K值即可按式（3.18）计算（祁景玉，2006）：

$$K = I_{AFt} / I_{TiO_2} \tag{3.18}$$

（3）分别测定水化1 d和3 d样品中钙矾石的含量。准确称取1 gTiO_2和9 g水化产物，用玛瑙研钵采用类似的方法研磨至10 μm左右细粉并混合均匀，之后将混合样品（复合样）进行XRD分析，测出它们的衍射峰强度值I_1和I_2，则水化产物中钙矾石的含量可由式（3.18）计算（祁景玉，2006）：

$$W_{AFt} = K \times \frac{I_1}{I_2} \times \frac{W_T}{1 - W_T} \times 100\% \tag{3.19}$$

式中：W_{AFt}为水化产物中钙矾石的含量；K为标准样测定计算后所得K值；I_1为复合样中钙矾石衍射峰强度；I_2为复合样中TiO_2衍射峰强度；W_T为复合样中TiO_2的含量。

按上述步骤，利用K值法测得的1 d和3 d水化样品中钙矾石含量分别为62.95%和64.68%。因此，可根据干化剂的水灰比进行体系水化过程中水分转化量的大致计算。

干化剂净浆产物配制时干化剂质量为400 g，根据其水灰比，所加水的质量为$0.49 \times 400 = 196$ g，则水化产物总质量为596 g，因此水化1 d和3 d后生成的钙矾石量分别为$596 \times 0.629\,5 = 375.18$ g和$596 \times 0.646\,8 = 385.49$ g。而按照钙矾石分子式（$3CaO \cdot Al_2O_3 \cdot 3CaSO_4 \cdot 32H_2O$）计算，其晶体含水量为$\frac{32 \times 18}{1\,254} = 45.93\%$，因而水化1 d和3 d后钙矾石生成所对应的水分转化量分别为172.32 g和177.06 g，即单位质量干化剂水化反应生成钙矾石对应的水分转化量分别为172.32/400=0.431 g和177.06/400=0.443 g。若按干化剂掺量15%计算，则龄期为1 d和3 d时单位质量干化淤泥中钙矾石对应的水分转化量约为$\frac{0.431 \times 15}{100} = 0.064\,7$ (g/g)和$\frac{0.443 \times 15}{100} = 0.066\,5$ (g/g)。而根据表3.15，水化1 d和3 d时干化剂对应的水分减少量θ分别为0.078 7 (g/g)和0.082 8 (g/g)，因此水化硅酸钙的生成转化的自由水量约为0.014 (g/g)和0.016 3 (g/g)，可见钙矾石的生成对体系中自由水的转化量远高于水化硅酸钙。故水化产物中钙矾石的生成量是决定干化剂干化效果优劣的主要影响因素，而钙矾石的大量生成也是干化剂相对于普硅水泥和HAS固化剂其干化效果显著提高的原因。

2）矿渣的结构及其活性激发机理

高炉矿渣是利用高炉冶炼生铁时的副产物在 1 400～1 500 ℃下由铁矿石的土质成分和石灰石助溶剂熔融化合而成的（吴达华 等，1997），其化学组成主要为氧化钙、氧化硅和氧化铝，另外还含有少量氧化镁等化合物。慢冷的矿渣活性较差，只能用作铺路石和混凝土基料，而快冷的矿渣熔浆固化成灰白色或乳黄色的细小颗粒，称为高炉水淬矿渣，它具有较高的潜在活性，可用于生产矿渣水泥和无熟料水泥。矿渣快速冷却的目的是阻止结晶而凝固成玻璃体，因此高炉水淬矿渣大多由玻璃体组成，偶见析晶（徐彬 等，1997）。从热力学观点来看，矿渣所具有的潜在活性主要是由于其中玻璃相的内能较结晶相高，它有转变为稳定晶相的倾向，因此矿渣中玻璃相的含量越高则矿渣的活性越高。

现有研究表明，矿渣玻璃体结构是由不同的氧化物相互交织在一起形成的向各方向发展的空间网络，它的分布由于不具有晶体特征，因此表现出近程有序、远程无序的特性，同时，玻璃相中存在两相结构，一相为含钙较多的连续相，另一相含硅较多，呈球状或柱状并均匀分散于连续相中，富钙相相当于胶结物，维持着整个矿渣玻璃体结构的稳定（徐彬 等，1997）。袁润章等（1982）认为，富钙相的主要网络形成体 Ca—O、Mg—O 键比 Si—O 键弱得多，且具有庞大的内比表面积，因此其化学稳定性较差，是矿渣化学活性的主要来源：当富钙相在碱性介质中与 OH^-迅速反应而溶解后，矿渣玻璃体解体，富硅相逐步暴露于碱性介质中。当然，除玻璃体外，矿渣中形成的极少量 β-C_2S 晶相也具有一定的化学活性。

然而，磨细的水淬矿渣单独与水混合时，由于水分子的作用不足以克服富钙相的分解活化能，富钙相在水中能继续保持其结构稳定，仅矿渣表面发生轻微的水化反应，部分物质溶解和水化，且矿渣颗粒表面会形成一层缺钙的硅铝酸盐保护膜，该保护膜既阻止了水进入矿渣玻璃体内部，也阻止了矿渣内部离子的渗出，从而阻止了矿渣的进一步水化（吴达华 等，1997）。因此，磨细矿渣与水的反应十分缓慢，其水硬活性是潜在的，必须通过手段进行激发。孙家瑛等（1988）研究认为，矿渣的水化首先必须在水溶液中有大量的极性分子或者离子，如极性 H_2O 和 OH^-等，而且这些极性 H_2O 和 OH^-能够进入玻璃体结构的内部空穴中，再依靠它们与活性阳离子发生激烈的反应从而导致矿渣解体，并在水溶液中建立起对形成的水化产物为高度过饱和的溶液，同时维持足够的时间，使水化产物完成成核与生长过程，彼此交叉搭接，形成结构网。目前研究较多的激发方式主要有以下三种。

（1）物理激发（机械激发）。主要利用机械粉磨的方法，将矿渣磨细来提高矿渣微粉的比表面积从而增加矿渣颗粒表面的活化点数量，以达到加快矿渣水化反应进程的目的。研究认为（杨南如，1996），粉磨过程中强烈的机械冲击、剪切、磨削作用和颗粒间的相互挤压、碰撞作用可促使玻璃体发生部分解聚，使得玻璃体中的分相结构在一定程度上得到均化，使其表面和内部产生微裂缝，从而使极性分子或离子更容易进入玻璃体结构的内部空穴，加快矿渣的分解和溶解。目前，现有技术已可将矿渣磨细至比表面积 6 000～8 000 cm^2/g，甚至是超细磨至 8 000～12 000 cm^2/g，以获得较高的活性，但能耗较高。

（2）热激发。热激发主要通过提高环境温度来加快矿渣的水化速度，从而对矿渣进行激发。研究表明（Brough et al.，2002；施惠生 等，2001；Zhou et al.，1993），矿渣的水化反应过程同样遵循一般的化学反应规律，即温度升高，反应速度加快。

（3）化学激发。通过加入化学激发剂破坏矿渣玻璃体的结构，激发矿渣活性，促进矿渣在常温下水化反应的进行。袁润章（1987）研究认为，矿渣激发剂的作用主要包括：①促进矿渣的解体；②有利于稳定水化产物的形成；③有利于水化产物网络结构的形成。

目前，研究和应用较多的矿渣激发剂主要包括两大类，一类为碱激发剂，以 $Ca(OH)_2$ 和 NaOH 为代表，另一类为硫酸盐激发剂，以石膏（$CaSO_4$）为代表。有研究认为，碱激发剂的作用是使矿渣玻璃体解体，生成钙离子、硅酸根与铝酸根离子，它们相互反应生成水化硅酸钙与水化铝酸钙，当硫酸盐同时存在时，后者又可进一步反应生成水化硫铝酸钙（李东旭，2001）。孙家瑛等（1988）提出，矿渣在碱激发剂作用下，首先从玻璃体表面开始发生水化反应，表面上的 Ca^{2+}、Mg^{2+}是吸附在碱介质中的，而 O^{2-}则吸附质子形成氢氧化物和水从而破坏表面结构，而玻璃体中富钙连续相的表面受 OH^-作用后，有的 Na^+可能与 Ca^{2+}起交换作用从而导致玻璃体解体溶解，$Ca(OH)_2$ 则与反应生成的 $Si(OH)_4$形成较难溶的 C-S-H。此外，大量研究表明，硫酸盐对玻璃体的激发机理主要依靠水化初期 SO_4^{2-} 与铝酸盐形成水化硫铝酸钙来破坏玻璃体结构，因此 SO_4^{2-} 存在的体系中，水化初期即有较多水化硫铝酸钙生成。

当然，超细磨技术和高温活化方法均受设备和经济效益的限制，因此大多数矿渣水泥均采用适当提高粉磨细度及添加部分激发剂的方法来对矿渣进行活化。

3）干化剂各组分水化反应分析

以矿渣活化理论为基础，结合干化剂净浆样品 XRD 分析结果，对干化剂中各组分的水化反应分析如下。干化剂加水后，其中各组分迅速溶解，其中生石灰溶于水后生成氢氧化钙，释放出 Ca^{2+}和 OH^-，体系碱度迅速增加，石膏溶解后释放出 Ca^{2+} 和 SO_4^{2-}，无机促凝剂也迅速溶解释放出 Al^{3+}和 SO_4^{2-}，因此在很短时间内固体颗粒间的液相已不再是纯水，而是含有大量 Ca^{2+}、OH^-、SO_4^{2-} 和 Al^{3+}的溶液，其中 Al^{3+}可迅速地与溶液中 Ca^{2+}、OH^-和 SO_4^{2-} 等反应，生成钙矾石。同时，干化剂中激发组分 A 也能迅速溶解释放出 Ca^{2+}、$Al(OH)_4^-$和 SO_4^{2-}，并在溶液中存在大量 SO_4^{2-} 的条件下迅速水化反应，生成钙矾石，此外 A 中 β-C_2S 也能发生水化反应生成水化硅酸钙和氢氧化钙，但由于水化反应初期溶液中氢氧化钙浓度较高，β-C_2S 的水化程度较小，水化硅酸钙生成量很少。由于各种离子溶出速度很快，反应体系中的溶液几分钟内便达到过饱和，开始生成钙矾石。因此，干化剂体系初期水化反应主要为活性激发剂 A、促凝剂及生石灰和石膏的溶解和迅速水化，产生钙矾石。

之后，在溶液中高浓度 OH^-和硫酸盐的双重激发下，矿渣组分表面的硅氧网络结构层的保护膜逐步被破坏，其内部玻璃体结构网络开始加速解聚和溶解。孙家瑛等（1988）认为，由于玻璃体中富钙相的网络形成体 Ca—O 和 Mg—O 等键的键强比富硅相的 Si—O 键弱得多，作为连续相的富钙相，其首先解体并作为通道使 OH^- 逐步进入表面结构被破坏的矿渣玻璃体内部，从而加速破坏矿渣玻璃体的网络结构。解体后矿渣中的活性 SiO_2 和活性 Al_2O_3 发生水化反应，形成水化硅酸钙和水化铝酸钙，并在溶液中存在大量 $Ca(OH)_2$ 和 $CaSO_4$ 的条件下生成水化产物钙矾石，水化过程主要反应式如式（3.20）～式（3.22）所示（过江 等，1997）：

$$\text{活性 } SiO_2+m_1Ca(OH)_2+aq \longrightarrow m_1CaO\cdot SiO_2\cdot aq \tag{3.20}$$

$$\text{活性 } Al_2O_3+m_2Ca(OH)_2+aq \longrightarrow m_2CaO\cdot Al_2O_3\cdot aq \tag{3.21}$$

$$\text{活性 } Al_2O_3+3Ca(OH)_2+3(CaSO_4\cdot 2H_2O)+aq \longrightarrow 3CaO\cdot Al_2O_3\cdot 3CaSO_4\cdot 32H_2O \tag{3.22}$$

水化过程早期，干化剂中激发组分 A 与促凝组分迅速水解形成的钙矾石主要在整个水化体系中起晶种（晶核）的作用，因为干化剂中 A 组分和促凝组分所占比例较小，水化生成的钙矾石量也较小。而水化早期晶种的形成主要起到了加速中、后期矿渣水化速度的作用，从而促进钙矾石晶体含量的大幅度升高。所谓晶种，一般指为了达到掌握和控制某种特定物质成核的目的，而在反应体系中引入的组成、结构和所需生成晶体形同或极为相似的晶体，通过晶种的引入促进平衡状态下水化物的析出，并使局部规正反应的晶体生成受到晶种结构的诱导，加速水化硬化过程（森茂二郎，1982）。显然，矿渣的水化产物钙矾石从液相中析晶时，也首先需经过成核过程，而激发组分 A 早期水化生成的钙矾石与矿渣水化生成的钙矾石结构基本相同，因此能起到部分核化作用。此外，液相中钙矾石成核时要形成液-固相界面需要一定的能量，即需克服成核势垒 ΔGr，如果在液相中存在晶种，则核化可在晶种表面进行，而晶种表面所具有的表面能可大大降低矿渣水化成核反应的势垒：即钙矾石水化成核反应从无晶种状态下的均相成核反应变为晶种存在时的非均相成核反应，因此成核势垒可由原来的 $\Delta Gr=\dfrac{16\pi r^3}{\Delta G_V^2}$ 减小为 $\Delta Gr_{\text{晶种}}=\dfrac{16\pi r^3}{\Delta G_V^2[(2+\cos\theta)(1-\cos\theta)^2/4]}$，其中 θ 为液相在晶种表面的润湿角，当 $\theta=0$ 时，$\Delta Gr_{\text{晶种}}=0$，没有成核势垒；当 $\theta=90°$时，$\Delta Gr_{\text{晶种}}=1/2\Delta Gr$，这时成核势垒减为原来的一半（张云升 等，2001）。因此，激发剂 A 的加入可以迅速水化形成钙矾石晶种，从而降低矿渣水化产物钙矾石由液相转变为晶体时的成核势垒，提高了其成核概率，加快了核化、晶化速率，加速了矿渣的水化，同时，由于晶核诱导作用，造成以晶核为核心的局部规正，形成水化产物的近程有序排列，使水化产物的应力场分布趋向均匀而且其内部胶结结构增强。

分析干化剂水化过程中、后期钙矾石的生成，主要是矿渣在生石灰和硫酸盐激发下解体并释放出大量活性 SiO_2 和活性 Al_2O_3，而溶解于溶液中的活性 Al_2O_3 能和 $CaSO_4$ 产生剧烈快速的反应，生成 AFt 相。该过程中生石灰的加入对钙矾石的迅速、大量生成具有较大的影响。主要原因为：一方面，生石灰水化放出大量热，可以提高矿渣水化速度；另一方面，其水化产生的高碱度环境激发了矿渣活性，促进了钙矾石的大量生成。Daimon

（1985）的研究认为矿渣的水化在不加 $Ca(OH)_2$ 的情况下形成了水化硅酸钙，从而将 Al_2O_3 从矿渣中解离出来，$CaSO_4$ 同解离出来的 Al_2O_3 缓慢反应生成 AFt，反应在整个过程中以一定的可控制速率进行；而随着 $Ca(OH)_2$ 的加入，高碱度环境会导致 Al_2O_3 迅速溶解，$CaSO_4$ 和解离出来并进入溶液中的 Al_2O_3 产生剧烈和快速的反应，生成 AFt 相。

同时，水化过程中、后期钙矾石的产生速率和产生量还与过饱和溶液中 Ca^{2+}、OH^-、SO_4^{2-} 和 AlO_2^- 的浓度有关。这些离子在过饱和溶液中大量存在，在相互碰撞中结成 $3CaO \cdot Al_2O_3 \cdot 3CaSO_4 \cdot 32H_2O$ 分子，分子的碰撞进一步连成分子串，从而生成钙矾石，此过程可用式（3.22）表示。对此类过饱和溶液中钙矾石相的形成和转化条件，Bogue（1955）曾对四元交互水盐系进行了研究并提出了 $CaO-Al_2O_3-CaSO_4-H_2O$ 四元相图，他认为高硫型水化硫铝酸钙（钙矾石相）是唯一稳定的四元复盐，它具有广泛的析晶范围，而 $2CaO \cdot Al_2O_3 \cdot 8H_2O$ 和 $3CaO \cdot Al_2O_3[Ca(OH)_2 \cdot CaSO_4] \cdot 12H_2O$ 固溶体都是亚稳相，且其认为液相中 SO_3 的浓度高低会导致 Aft 相和 AFm 相之间的转化，SO_3 浓度高时会产生 AFt，而当其被消耗殆尽，浓度降低时，则产生 AFm。D'Ans 等（1954）在其基础上进一步分析了体系稳定平衡下的溶解度曲线图并据此确定了 $CaO-Al_2O_3-CaSO_4-H_2O$ 系统的稳定平稳析晶面、边界线和不变点，同时提出了其各自的平衡固相产物，亦即当体系中液相化学组成不同时，系统水化反应生成不同产物。可见，要使体系反应朝生成 AFt 的方向进行，必须调整溶液中 Ca^{2+}、OH^-、SO_4^{2-} 和 AlO_2^- 离子浓度，使其位于 D'Ans 所提出的 $CaO-Al_2O_3-CaSO_4-H_2O$ 相图中 GFE_2H_2 析晶面中，这样平衡固相仅为钙矾石 $3CaO \cdot Al_2O_3 \cdot 3CaSO_4 \cdot 32H_2O$，无 AFm 等其他固相产生。

$$3CaO + Al_2O_3 + 3CaSO_4 + (31\sim32)H_2O \longrightarrow 3CaO \cdot Al_2O_3 \cdot 3CaSO_4 \cdot (31\sim32)H_2O \quad (3.23)$$

因此，干化剂的配方试验实际上是通过对各组分初始配比进行调整和优化，使得水化反应后期体系中 Ca^{2+}、OH^-、SO_4^{2-} 和 AlO_2^- 等离子浓度相互匹配，从而使反应最终朝 AFt 生成量最大化的方向进行，以实现淤泥体系中水分形态的迅速转化，因此通过配方试验对干化剂各组分配比进行优化调整后可取得最佳的淤泥干化效果。随着反应的不断进行和钙矾石的大量生成，溶液中 Al_2O_3 浓度不断消耗逐渐降低，也进一步促进了矿渣的不断解体和水化，因此水化反应中、后期水化硅酸钙的生成量也逐渐增加，但主要水化产物为钙矾石相。

5. 钢渣基改性剂

原始淤泥为絮状结构，其含水能力强，淤泥中部分的微生物残体及有机物颗粒之间比表面积虽然大，但是紧紧相邻，造成许多毛细孔隙（图 3.47）。

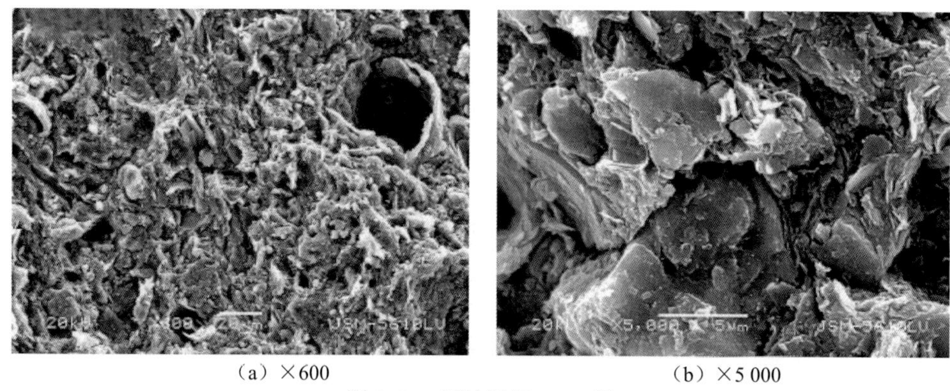

(a) ×600　　(b) ×5 000

图 3.47　原始淤泥 SEM 图

加入含硫型钢渣改性剂 S1 改性一天后，其淤泥结构可见图 3.48，原絮状层布的淤泥结构被粒径 3～5 μm 的细棒状水化生成物分离，此水化生成物在淤泥体系均匀分布，交错生长从而将原毛细孔隙结构打破，形成流通孔道，便于水分的蒸发。由此生成物呈长棒状、辐射状生长形态，以及生长时间为 1 d 判断为类似钙矾石类物质。进一步做能谱分析发现，此长棒状产物中含有高含量 Fe，以及根据水泥在淤泥环境生成的钙矾石形态对比，认为硫型钢渣改性剂 S1 在淤泥体系早期生成物为铁钙矾石。S1 改性剂净体水

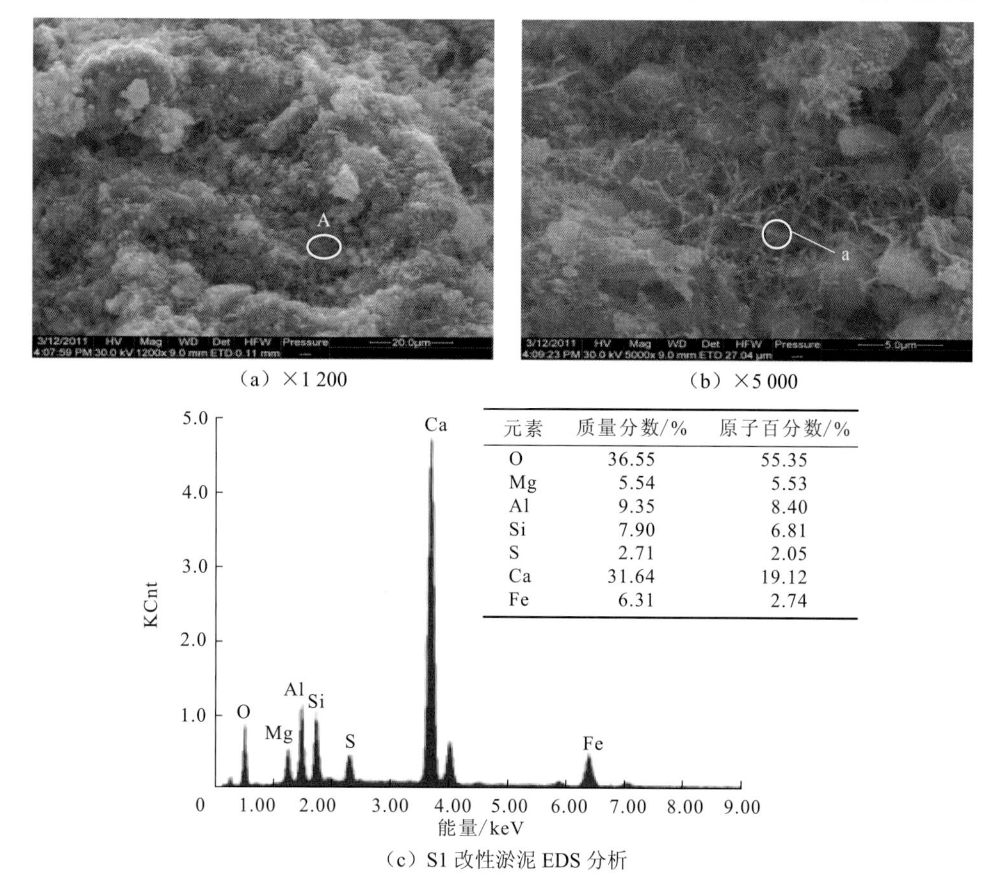

元素	质量分数/%	原子百分数/%
O	36.55	55.35
Mg	5.54	5.53
Al	9.35	8.40
Si	7.90	6.81
S	2.71	2.05
Ca	31.64	19.12
Fe	6.31	2.74

(a) ×1 200　　(b) ×5 000

(c) S1 改性淤泥 EDS 分析

图 3.48　S1 改性淤泥 SEM-EDS 分析

化产物矿物分析结果显示（图 3.49），在水化早期，主要是铁铝酸钙、硅酸三钙与铝酸钙参与反应，生成钙矾石、铁钙矾石、凝胶、氢氧钙石。后期，生成的氢氧钙石又参与反应，硅酸三钙、铁铝酸钙全部被消耗，硅酸二钙逐渐参与反应，生成凝胶。

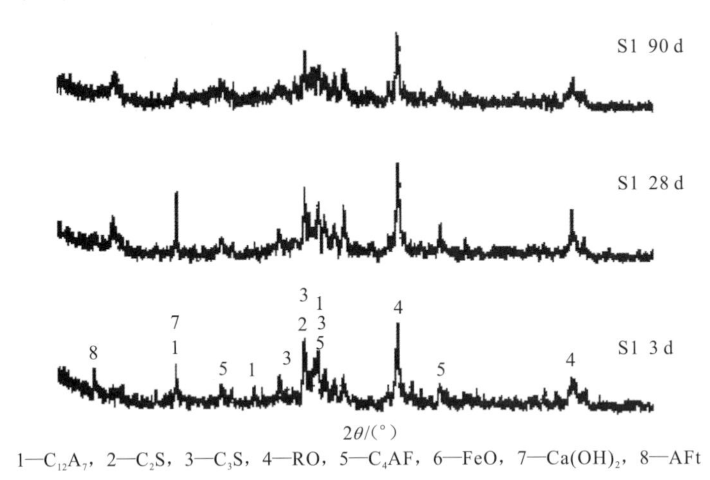

图 3.49　改性剂 S1 的水化产物分析

1）孔隙率的变化

各改性剂淤泥水化产物及淤泥结构 SEM 图如图 3.50 所示。在水化初期，石灰改性淤泥中，淤泥被生成的片状氢氧钙石（直径大于 10 μm）分割成团聚体状，由于石灰水化的大量放热，团聚体与团聚体之间的水分大量蒸发，但是在放热结束后，由于团聚体颗粒内部淤泥依然保持原状，持高含水率结构，所以后期含水率下降不明显。水泥改性淤泥中，由于水泥水化作用在淤泥体系被延缓，原本针状 C-S-H 凝胶与棒状钙矾石均为生长成型，其对淤泥结构的改变并未起到太大作用。S2 型钢渣基淤泥改性剂改性淤泥后，淤泥中生成的小粒径（粒径 1 μm 左右）立方体铁带铝酸盐分割或填补孔隙，所以其脱水效果不佳。S1 型钢渣基淤泥改性剂改性淤泥后，淤泥被均匀分散生长的水化生成物，粒径 3 μm 左右针棒状铁钙矾石均匀分割，改变其原有层片絮凝结构，有利于水分的挥发。

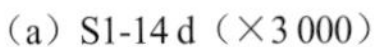

（a）S1-14 d（×3 000）

（b）S1-14 d（×5 000）

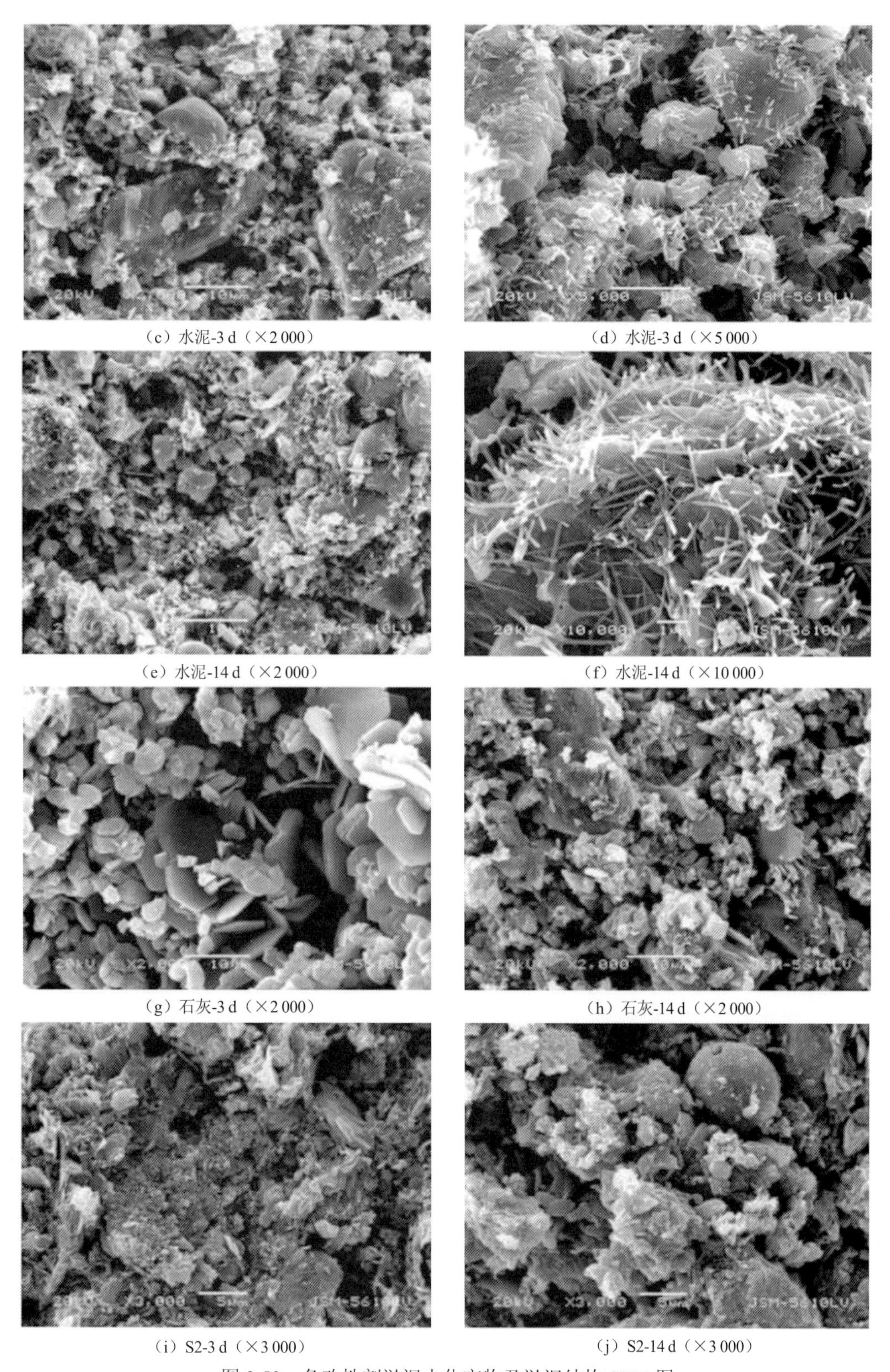

（c）水泥-3 d（×2 000）　（d）水泥-3 d（×5 000）

（e）水泥-14 d（×2 000）　（f）水泥-14 d（×10 000）

（g）石灰-3 d（×2 000）　（h）石灰-14 d（×2 000）

（i）S2-3 d（×3 000）　（j）S2-14 d（×3 000）

图 3.50　各改性剂淤泥水化产物及淤泥结构 SEM 图

本小节将以上主观描述定量化，引进土壤学中常用性质土壤孔隙率这一概念，结合水泥孔隙率与土壤孔隙率概念借鉴水泥土壤孔隙率测定方法，由改性淤泥孔隙率变化规律来解释含水率变化规律。原始淤泥孔隙率为32.64%，含水率为78%，经过S1改性后，孔隙率可达49.15%。石灰与S2的加入使得淤泥孔隙率反而减小。这是因为片状或立方状的生成物填补了孔隙。

由孔隙率规律可知，孔隙率越大，则淤泥含水率越低，但是淤泥含水率的改变除与此有关外，是否还受其他因素影响，若是受其影响，其变化规律与含水率规律之间有何数学联系，需要进一步探讨。

2）pH与离子半径

淤泥中微生物细胞体内的水分通常包含于内部结合水，由于加入淤泥的改性剂多为强碱性物质，可以破坏微生物的细胞膜，使细胞液渗出，使得内部结合水变为外部液体之后进行去除。碱性越强，对细胞膜的破坏作用越强。内部结合水量与细胞数量比率有关。pH的影响同样表现在淤泥颗粒表面电荷的变化上。淤泥颗粒普遍带有负电，所以它一般吸附正离子。在不同的pH环境中，淤泥片状颗粒由于板面和棱边带同号或者异号会有不同的结合方式。淤泥颗粒结合方式的改变导致了淤泥结构的改变从而影响其中水分的蒸发。

淤泥中晶体的晶格表面的 OH^- 与 O^{2-} 可以与附近的水分子以氢键形式结合，而次层水分子又以同样方式与其他水分子结合，从而形成吸附结合水的一部分。此外，由于淤泥的亲水性，带负电的淤泥颗粒能将水分牢牢吸附于表面，使得极性分子定向排列形成水化层，这是淤泥吸附结合水的第二个来源。还有，由淤泥颗粒吸附的正离子所携带的水分构成吸附结合水的第三部分。淤泥颗粒由以上方式所吸附的水分子定向排列依附于颗粒，直到结合力被水分子热运动减弱，水分子排列开始不规则。

水分子被吸附的难易程度取决于离子的电价与离子的半径。对于同价离子，半径越小其水化膜越厚。对于不同价态离子，情况则复杂，一般高价态离子水化膜厚于低价态水化膜，但是高价态离子具有高表面电荷密度，所以它的电场强度高于低价态离子，从而导致其离子于淤泥颗粒间静电力的作用超过了水化膜厚度的作用。综合正离子的电价和水化离子半径双作用，将正离子的吸附能力大小排序如下：$H^+>Al^{3+}>Ca^{2+}>Mg^{2+}>Na^+>Li^+$。由之前结论，钢渣中铁含量相较于水泥多，但钙含量较低，且水化产物检测中发现含铁离子。也就算是说，钢渣中有较水泥中含有更多的可溶解铁离子，更少的溶解钙。根据以上水化膜厚度规律，则无论次溶解铁为三价态还是二价态，钢渣水化含铁产物可吸附水量较之水泥产物多。

由以上分析可知，在脱除细胞内部结合水与表面吸附水方面，钢渣基淤泥改性剂的脱水效果将优于水泥。通常内部结合水和表面吸附水总共只占淤泥总含水量的10%左右。

3）润湿热

随着热运动增加，水分子间结合力逐渐减弱，从而形成淤泥间的结合水（含有牢固结合水及疏松结合水）。结合水可以测量润湿热为判定指标。润湿热，即在液体润湿多孔介质的过程中，能量发生变化，所放出一定量的热量。润湿热与比面，固体和液体的

化学性质及介质的孔隙度有关，其关系式为

$$W=\left(R_{sg}-R_{s1}\right)\varphi V\varepsilon=\left(R\lg\cos\theta\right)\varphi V\varepsilon \tag{3.24}$$

式中：φ 为孔隙率；V 为多孔介质的体积，m^3；ε 为比面，m^2/m^3。

可见，孔隙率越大，润湿热越大；比面越大，润湿热越大。在淤泥体系可以理解为，其中结合水分含有量越大，原孔隙结构越多，抽孔水分后所测得润湿热则越大。反之，若是测得润湿热越大，代表比表面积与孔隙结构越大，则疏松结合水孔隙多，其凝聚能力越弱，结合水脱除率则越高。

淤泥原始润湿热为 5.97 J，加入 S1 改性后，其润湿热增加到 10.21 J，由之前结论证明，S1 改性剂能够在淤泥体系中生成 3～5 μm 的细棒状铁钙矾石，此水化产物将原有层层覆叠的淤泥絮凝体毛细结构破坏，从而利于水分的蒸发。由润湿热的变化可以推测，其对淤泥结构的改变增加了毛细孔隙，使得游离在淤泥颗粒附近的结合水更容易蒸发除去。贫硫性改性剂 S2 与水泥堆润湿热的改变效果相似，石灰堆润湿热的提高效果稍微高于水泥但是低于 S1。

4）电位

分散粒子表面常带有电荷从而吸引周围的反离子，这些反离子在两相界面呈扩散状态分布且形成扩散双电层。根据斯特恩（Stern）双电层理论将双电层分为两部分，即为 Stern 层和扩散层。分散粒子于外电场作用下，稳定层与扩散层发生相对移动产生的滑动面是剪切面，此剪切面对远离界面的流体中的某一点的电位称作 Zeta 电位或电动电位（ζ-电位）。即 Zeta 电位是连续相与附着在分散粒子上的流体稳定层之间的电势差。所以 ζ-电位可以反映结合水层的厚度，根据胶体和表面化学知识可以得到扩散双电子层的近似公式（20 ℃）：

$$\zeta=4\pi\sigma d/D=0.157\sigma d' \tag{3.25}$$

式中：σ 为胶粒表面电荷密度；d 为离子半径；d' 为扩散双电子层有效厚度；D 为介质的介电常数。

由公式（3.25）可见，电位越高则结合水层水化膜厚度越大。电位只有在胶体相对介质有移动过程才有意义，本实验做的淤泥为固体，并非悬浮体系，在此处引用 ζ-电位来衡量淤泥脱水性能的影响，是因为在淤泥体系形成过程中，淤泥絮凝脱水，形成了初步细胞间隙孔，此细胞间隙孔形成与淤泥颗粒 ζ-电位有重大关系，随后的压滤过程虽然外加机械力作用使得淤泥胶团之间的间隙减小，但是由于胶团之间反作用力对外加机械力的缓冲作用，淤泥胶团体系内部淤泥颗粒间的毛细孔结构改变困难，加入改性剂固化淤泥，改性剂在淤泥体系水化生成的微米级别水化产物则可能破坏原淤泥颗粒间的微细毛孔间隙结构，形成新的稳定体系、新的毛细微孔。假设固化剂在淤泥内溶解并再结晶过程所形成微小环境为类似悬浮液环境，其溶解并再结晶过程中也形成双电层，得到新的 ζ-电位。将改性淤泥粉磨至微米级，测定其 ζ-电位，此电位可以反映新毛细微孔形成能力。由于 ζ-电位越小，颗粒间排斥力越小，结合水层水化膜厚度越小，所形成的毛细间隙孔径则越小，淤泥毛细间隙水含量减少。

5）固结机理

HAS 固化剂的组成除含有硅酸盐水泥类主要成分外，还含有早强成分、硫酸盐类激发剂、强碱激发剂和保水剂，其碱度比相同标号水泥高，用于淤泥固化时，不仅会生成胶结力强的 CSH，而且对土粒的火山灰活性有强的激活作用，这进一步加强了固化土的结构连接。这是 HAS 固化剂固化土强度高的原因之一。

另一方面，HAS 固化剂中含有较多的 CaO 和 SO_3，在水化硬化中产生了过大的延迟膨胀，破坏了水泥硬化体结构，从而使固化剂砂浆强度降低。研究表明，水泥中添加适量的石膏，可提高水泥强度，但当水泥中 SO_3 含量超过 3.5%～4.0%时，水泥强度急剧下降，而此时试件的湿胀率骤升。这是 HAS 固化剂强度胶砂较低的主要原因。

然而，淤泥固化土与固化剂砂浆在结构、强度形成速度和硬化体变形特性方面均存在较大的差异：固化剂砂浆含水量低、结构密实，几个小时内就可硬化，形成强度高的脆性体；而固化土，含水量高、孔隙率大，硬化过程缓慢，固化后的土体仍有一定的塑性变形性能。故淤泥固化土结构比固化剂砂浆结构有更多时间和空间容纳较大的膨胀量，而不至于产生大膨胀应力而破坏固化土的结构。由水泥和混凝土强度理论可知，适时、适量的水化均匀膨胀，有利于其硬化体结构的密实和强度提高。因此，本小节中 HAS 淤泥固化剂配制的淤泥固化土的强度最高。适量的 CaO、SO_3 在淤泥中水化吸水膨胀，降低了固化体的自由水含量，提高了固化体的密实度，增强了粒间的结构连接，对固化土强度做出重大贡献。

3.3.3 海泥常温固化机理

本小节将研究对海泥的常温固化，固化方式分别采取原位固结和水下浇注。

1. 原位固结

原位固结实验如图 3.51 所示。

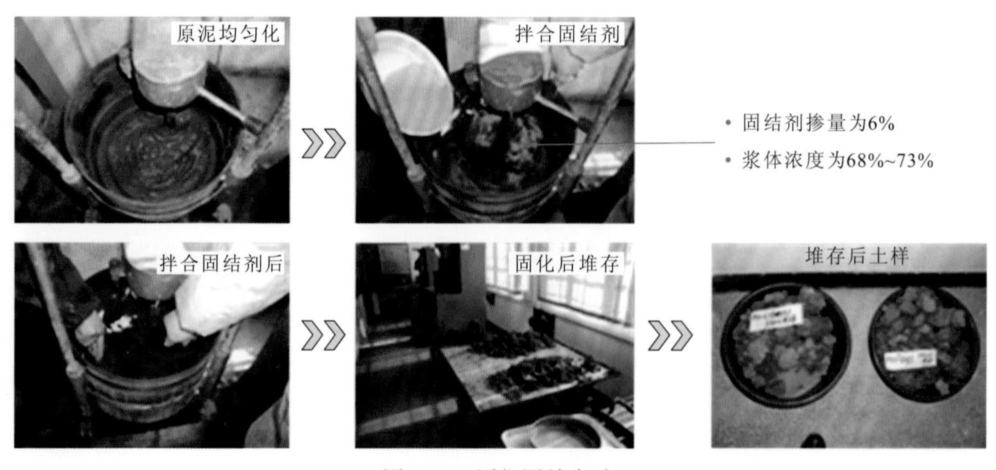

图 3.51 原位固结实验

2. 水下浇注固结

水下浇注固结实验如图 3.52 所示。固结剂掺量为 6%～8%，浆体浓度为 75%。

（a）拌合后浇注

（b）浇注后水下养护

图 3.52　水下浇注固结实验

3. 指标检测

图 3.53 为上述固结实验固化体的强度检测。

（a）试样准备

（b）试样

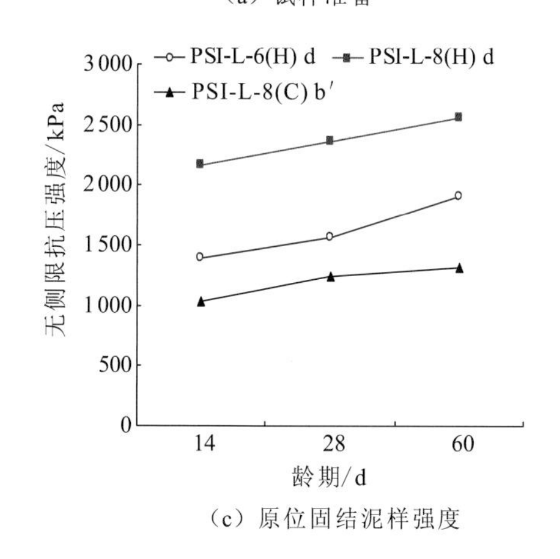

（c）原位固结泥样强度

PSI-L-6(H) e　PSI-L-8(H) e　PSI-L-8(C) c′

无侧限抗压强度/kPa：350　300　250　200　150　100　50　0

14　28　60

龄期/d

（d）水下浇注固结泥样强度

图 3.53　固化体强度检测

4. 固结机理

1）同相类同相固结机理

该固结剂为硅铝基，与泥样组成结构类似，两者发生同相类同相接触，由于具有类似的成核基体接触面，降低了非均相成核时的形成临界晶核所需势垒，促进体系形成稳定晶相。如图 3.54 所示。

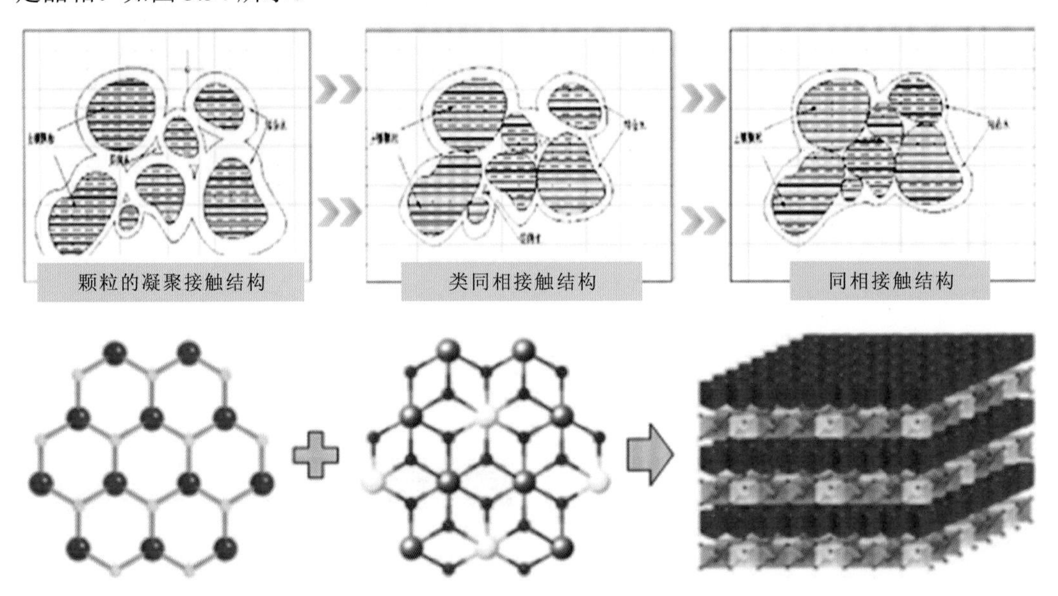

图 3.54　同相类同相固结机理

2）表面反应胶结机理

海泥的平均粒径小于 10 μm，粒径分布如图 3.55 所示。海泥表面具有较高的活性，可与固结剂产生胶结作用，固结剂还吸收海泥中的盐分，有利于体系的稳定。

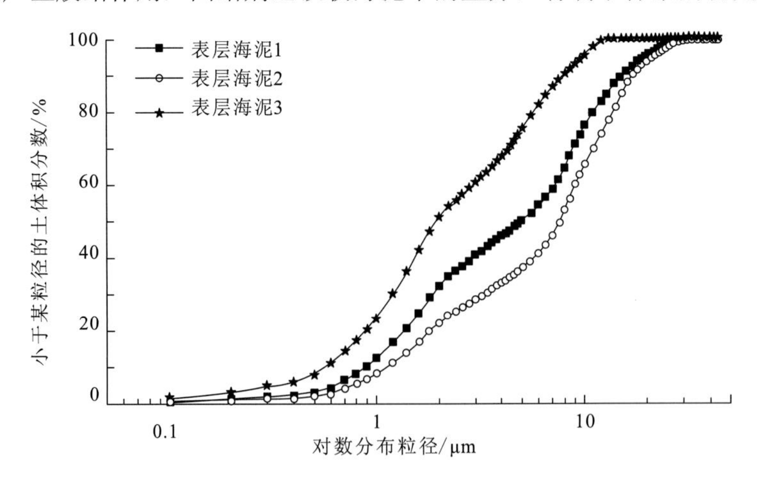

图 3.55　海泥粒径分布图

表面反应胶结作用机理图如图3.56所示。

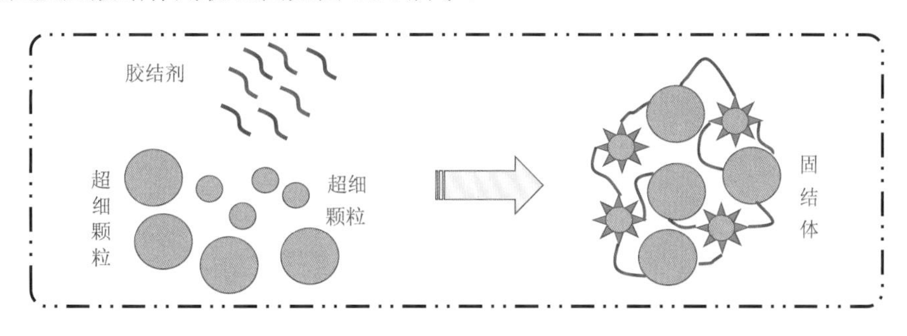

图3.56　作用机理图

3.4　固废基淤泥改性剂工程应用与示范

3.4.1　昆明滇池宝象河和外海北部疏浚底泥脱水工程

1. 项目背景

滇池位于昆明市西南，是云贵高原最大的淡水湖泊，水域面积为309.5 km^2，滇池水域自1996年修建了船闸以后被分割为既相互联系、但又几乎互不交换的草海、外海两部分。草海位于滇池北部，平均水深为2.5 m，面积为11.14 km^2；外海为滇池的主体，平均水深为5 m，面积为298.36 km^2。滇池地理位置及污染现状见图3.57。

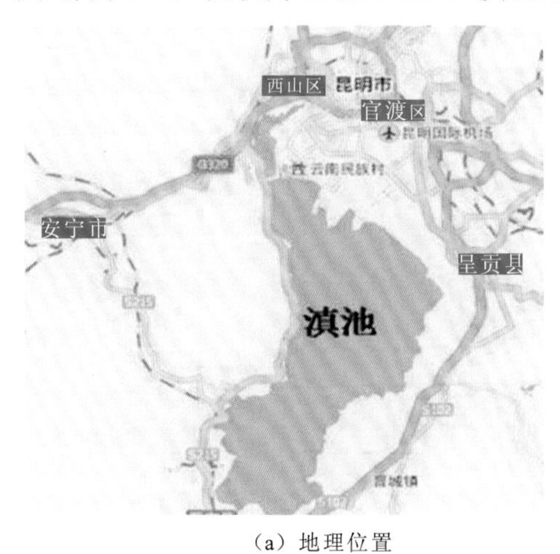

（a）地理位置

（b）污染现状

图3.57　滇池地理位置及污染现状图

该项目是滇池外海主要入湖口及重点区域淤泥疏浚三期工程，是滇池治理六大工程之一生态清淤的重要部分。包括外海主要入湖口及重点区域淤泥疏浚三期工程，淤泥处理量约385万 m^3；草海及入湖河口清淤工程，淤泥处理量约234.5万 m^3（水下自然方）。

该项目的成功开展，创造了全球湖泊治理机械脱水工程处理量之最。

2. 工艺流程

项目的切入点是消除内源——受污染的湖泊底泥，采用环保疏浚工艺将受污染底泥从湖底剥离，通过管道输送到淤泥机械脱水化学改性一体化工艺段进行脱水；脱水后产生的尾水进入水体修复工艺段，经修复后的水体回流进入滇池；淤泥机械脱水化学改性一体化工艺产生的泥饼可作为改良土进行资源化利用。滇池水体环境综合治理思路如图 3.58 所示。

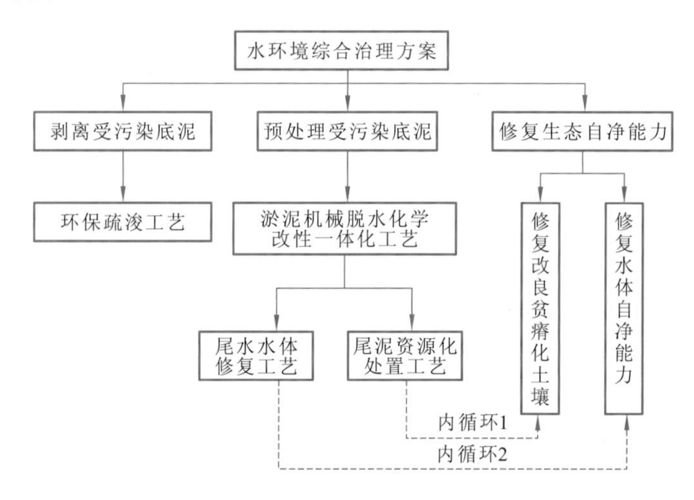

图 3.58　滇池水体环境治理综合方案整体思路图

该项目采用核心技术“淤泥机械脱水化学改性一体化处理技术”，工艺流程图见图 3.59，利用 HAS 淤泥改性剂等材料对疏浚泥浆进行改性，从而降低其比阻、扩大淤泥渗水通道，再通过板框压滤机对改性后的疏浚泥浆进行挤压得到泥饼。挤压过程使泥浆中的自由水迅速大量外排，产出的泥饼含水量低于 40%，遇水不泥化。可同时实现对重金属、病原体等的固化稳定化，最终达到淤泥“减量化、无害化、稳定化”的处理目标。改性后的淤泥土可用于园林绿化、土壤改良、工程回填等。该技术特别适合于污染重、施工场地小、周边土地资源稀缺的城市湖泊、河道清淤工程。

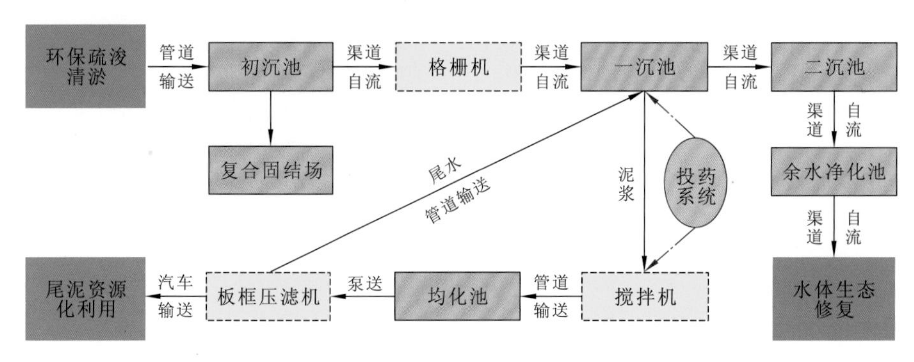

图 3.59　工艺流程图

3. 治理效果

该项目应用技术的生产效率与传统技术相比提高了1～2倍，能够缩短滇池换水周期1～2年。各项指标均达到或优于项目要求标准。

1）尾泥技术指标

（1）处理后底泥重金属含量及pH等指标达到《城镇污水处理厂污泥处置 土地改良用泥质》（GB/T 24600—2009）及《城镇污水处理厂污泥处置 园林绿化用泥质》（GB/T 23486—2009）要求泥质标准；理化指标及限值满足表3.16中的要求。

表3.16　理化指标及限值

序号	理化指标	限值
1	pH	6～9
2	含水率	＜40%
3	7 d无侧限抗压强度	＞120 kPa

（2）处理后的底泥浸出液中重金属含量小于《危险废物鉴别标准 浸出毒性鉴别》（GB 5085.3—2007）的浓度限值。

（3）采用脱水固结施工工艺底泥最大减量≥60%。

（4）尾泥脱水固化外加剂材料为环保产品，并满足工程相关建设标准要求。

（5）尾泥可制砖，各指标均满足《透水路面砖和透水路面板》（GB/T 25993—2010）和《植草砖》（NY/T 1253—2006）要求。

2）外排尾水（入滇池）技术指标

水质主要指标SS、COD_{Cr}、TP、NH_3-N、TN、pH及水体重金属含量均小于《地表水环境质量标准》（GB 3838—2002）IV类水限值，具体如表3.17所示。脱水工艺尾水与滇池原水对比见图3.60。

表3.17　外排（入滇池）尾水技术要求水质标准限值

标准	COD_{Cr}/(mg/L)	TP/(mg/L)	NH_3-N/(mg/L)	TN/(mg/L)	pH	水质类型
GB 3838—2002	≤30	≤0.1（湖泊）	≤1.5	≤1.5	6～9	IV类

图3.60　脱水工艺尾水与滇池原水对比图

3.4.2　唐山丰南临港经济开发区吹填场地固结处理工程

1. 项目背景

唐山丰南临港经济开发区地处环渤海、环京津双重圈腹地和京津经济战略合作的核心区域，到 2020 年园区控制规划核准面积为 41.64 km^2，其中 10 km^2 的第一起步区项目布局已基本完成，为保证新进项目能够顺利落地，加快西扩区、第二起步区及化工产业区的基础设施建设迫在眉睫。其地理位置及现场状况见图 3.61。

（a）地理位置

（b）现场状况

图 3.61　唐山丰南临港经济开发区地理位置及现场状况图

丰南临港经济开发区距离渤海湾约 1 km，为天津滨海新区围海吹填造陆工程形成的海泥沉积软土区。场地在吹填完成以后，表面经过水分蒸发形成具有一定承载力的硬壳，而下层土层含水率高、孔隙比大、压缩性高、承载力低，属于软基层，无法应对一般机械进场。

该场地主要存在的问题包括：①海泥吹填土性质不均、力学强度较差，且一些用工业垃圾填埋的滨海滩涂杂填土中常含有有毒有害物质；②固化处理面积约 350 万 m^2，工程量约 540 万 m^3，施工时间仅为 6 个月，实施和协调管理难度大；③工程场区地质情况复杂，全线为软基础地带，90%项目区域为漫水区，且项目地处河北，冬季容易结冰给施工带来不便。

2. 工艺流程

1）海泥原位改性技术

海泥原位改性技术即是向海泥中添加 HAS 海泥固化剂，通过搅拌混合、养护、压实，使海泥、水、固化材料之间发生一系列的水解和水化反应，使得松软无强度的海泥变成具备一定力学性能的回填土料，其工艺流程图见图 3.62。

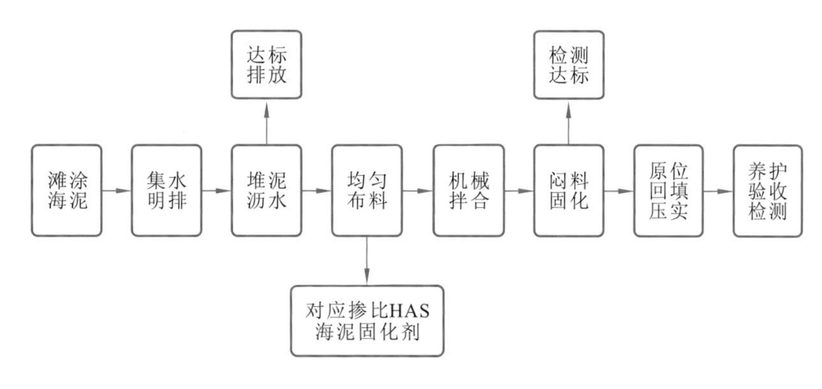

图 3.62　海泥固化工艺流程图

2）技术原理

HAS 海泥固化剂通过一系列的水解、水化反应，在海泥颗粒表面产生胶凝物质，并形成不可逆转的凝结硬化壳，使海泥具备一定的水稳定性和强度稳定性。同时，胶凝类产物在海泥颗粒之间形成网状结构，结晶类产物则填充网格孔隙，使海泥内部变得致密，从而具备一定的结构强度。另外，海泥颗粒的凝结硬化壳可有效控制其中污染物质的活性，从而起到一定的“减污”作用。

3. 项目实施过程

1）堆泥沥水

对于海泥含水量较高区域，开挖降水沟渠，以沥干海泥明水。一边推进施工便道的同时，一边堆载海泥沥水，沟内明水由主渠排入场区外，见图 3.63。

图 3.63　堆泥沥水施工作业图

2）固化剂布料拌和

根据各分区海泥性质、最优含水率、实际湿密度的不同，选用不同配合比的海泥固化剂进行施工作业。采用机械布料，在局部地区可以辅以人工布料的方式。沿海泥一侧或周边开始，逐步向内推进，将海泥与 HAS 海泥固化剂原位拌和 3～5 遍，直至拌和均匀，见图 3.64。

图 3.64　拌和作业图

3）闷料固化

拌和好的物料根据场地条件，进行摊薄处理，见图 3.65，检测达标后回填。闷料结束后的固化海泥应以现场手握成团、两手轻捏即散为宜。

图 3.65　现场闷料固化图

4）回填压实

对于闷料后的海泥固结体，采取分层、分块（段）回填压实，见图 3.66。通过控制海泥固结体干密度和最大干密度的比值确定压实系数。

图 3.66　回填压实作业图

5）场地平整

在最后一层回填前对施工区域进行标高测量，通过计算进行场区内土方平衡，见图3.67。对高于设计顶标高区域固化海泥挖方至设计标高，采用装载机或小型自卸车运至需要回填区域，多余土方固化后外运至业主指定弃土场处置。

图3.67　场地平整作业图

6）养护与检测

每一块（段）海泥软土地基经碾压并经检验符合标准后，自然养护。养护开始后1～2 d，使用洒水车保持潮湿状态下养护。经检测，改性固化后的海泥场地，地基承载力可达110 kPa以上，工后沉降小于300 mm，前期试验段连续观测6个月沉降小于70 mm，可满足场平地基、建筑地基及道路路基等常见地基要求，见图3.68。

图3.68　固化场地养护与检测图

4. 工程效益

1）经济效益

截至2018年3月，采用HAS海泥固化剂及滩涂软基地基处理应用技术，完成丰南临港经济开发区第二起步区350万 m^2 的场地处理工程，固化海泥量约五百多万方，总投资逾3亿元。

对比传统的高真空击密法和无砂垫层真空预压法分别节约直接工程投资 44.5 元/m^2 和 57.5 元/m^2。

2）社会效益

HAS 海泥固化剂及滩涂软基地基处理应用技术大大缩短工期，为当地政府提早供应良好的工业用地。丰南临港经济开发区基础设施工程项目主要涉及的道路、管网、路灯、电力绿化等基础设施建设已全部启动，未来渤海湾畔的一座“滨海新城”将在这里崛起。

3.4.3 竹皮河流域水环境综合治理 PPP 项目

1. 项目背景

竹皮河流域发源于荆门城区，是汉江主要支流之一，全长 74 km，流域面积 639.6 km^2，其位置见图 3.69。20 世纪 70 年代以来，荆门工业与城市建设迅速发展，大量工业废水与生活污水排入竹皮河内，造成水质急剧恶化，不仅影响城市居民生活环境，也制约着城市经济的发展。从 1987 年起，竹皮河流域已开展三次大规模治理，一定程度上控制了水质恶化的势头，但竹皮河水质状况常年为劣 V 类水体，未达到功能区要求的地表水 IV 类标准。该项目是湖北省首个财政部公共私营合作制（public private partnership，PPP）示范项目，旨在恢复竹皮河水体功能，确保竹皮河进入汉江断面的水质符合要求，并且进一步改善竹皮河生态环境，美化城市面貌，造福沿岸人民。

图 3.69　竹皮河位置图

竹皮河河道综合治理工程，包含竹皮河流域内竹皮河（城区段）、王林港和杨树港三条河流，治理河道总长 45.8 km。主要建设内容包含水利工程、控源截污、生态修复及景观提升四个部分，涉及截污、清淤、水质生态修复、生态补水、生态护岸、桥梁、拦河坝和生态景观改造及绿化工程等多项子工程在内的综合治理，工程预算近 8.2 亿元。

2. 工艺流程

1）HAS 淤泥改性技术

HAS 淤泥改性技术是依据常温下同相类同相固结和污泥深度破壁原理，利用 HAS 胶凝材料改善淤泥的理化性能，使得松软无强度的淤泥变成具有一定力学性能的淤泥改性土，具备资源化利用的条件。

2）尾水提升技术

（1）下行垂直潜流人工湿地。人工湿地污水处理技术是利用基质、植物、微生物的物理、化学、生物三重协同作用使污水得到净化的水处理技术。具有投资少、操作简单、维护和运行费用低及景观效果好等优点。该项目利用该技术提升竹皮河夏家湾污水处理厂尾水水质，打造景观节点，形成生态自然的修复系统。

（2）廊道式人工湿地。它是由一级湿地、二级湿地、三级湿地、溢流堰组成的污水处理系统，其工艺流程图见图 3.70。具有处理负荷高、成本及后期管理费用低、操作简单等技术优势。此外，该技术能有效避免湿地内部积水断流而造成局部严重厌氧的问题、整个系统出水的含氧量是普通湿地出水含氧量的 2 倍以上。该技术应用于竹皮河项目，实现对夏家湾污水处理厂出水的尾水水质提升。

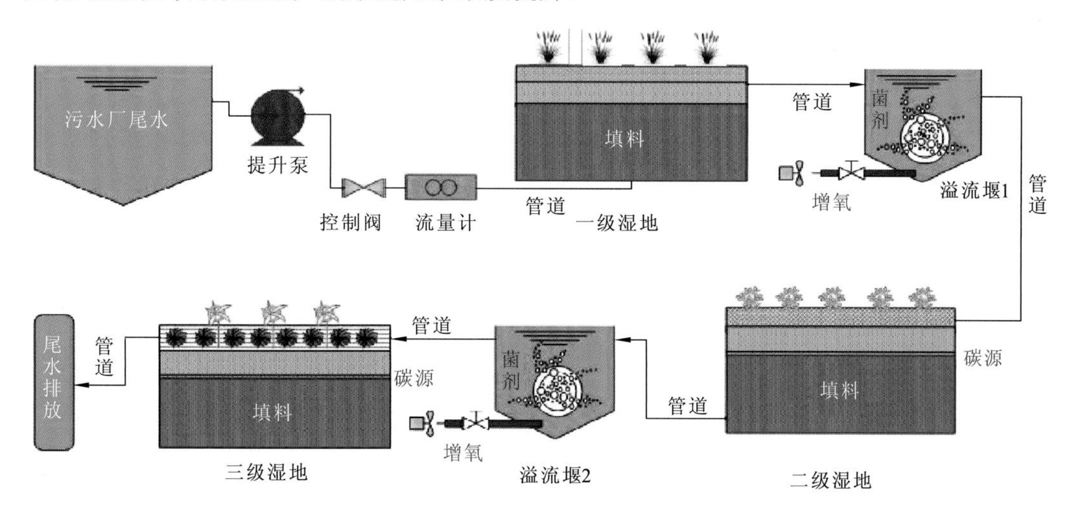

图 3.70　廊道式人工湿地工艺流程图

3. 治理效果

1）水质改善及生态修复情况

竹皮河流域河道截污工程、清淤工程、水生态修复工程及景观工程实施后，三条河道的水体黑臭现象好转，水质有了不同程度的提升，生态环境质量明显提高（图 3.71）。

（a）竹皮河上游治理前

（b）竹皮河上游治理后

图 3.71　竹皮河治理效果图

2）淤泥处理与资源化利用情况

清淤工程实施后，产生淤泥 87 万 m^3，经 HAS 淤泥改性技术处理后，最终体积约 33.4 万 m^3，淤泥减容效果明显。淤泥经改性后，颗粒粒径、含水率、孔隙比和界限含水率均发生明显变化，从高含水率的淤泥“改良”成中等塑性、低含水率的粉质黏土，且改性淤泥的抗剪强度与无侧限抗压强度明显提高，凝聚力＞20 kPa，内摩擦角＞15°，无侧限抗压强度＞50 kPa。

根据第三方专业检测单位现场取样检测结果显示，经固化处理后的淤泥改性土的重金属总量、石油烃（C_{10}～C_{40}）含量、多环芳烃指标检测值低于建筑用地中第一类用地的土壤环境筛选值，满足公园绿地土壤环境质量要求。同时，淤泥改性土的相关养分指标检测值符合《绿化种植土壤》（CJ/T 340—2016）标准要求。

将改性后的淤泥用于河道改造中微地形景观改造（图 3.72），相对于直接外运处置而言，减少了淤泥的大范围、长距离转运，避免了淤泥二次污染的风险或填埋场地的占用，节约了大量土地资源。

（a）生态补水

（b）提高堤防防洪标准

图 3.72　竹皮河流域水环境综合治理项目图

参 考 文 献

陈宝, 姜琴, 赵影, 等, 2015. 热化法对污泥资源化利用中重金属的去除效果分析. 环境科学导刊, 34(3): 56-59.
戴蒙, 1985. 矿渣水泥水化机理和动力学//第七届国际水泥化学会议论文选集. 北京: 中国建筑工业出版社: 254-262.
高廷耀, 顾国维, 周琪, 2007. 水污染控制工程(下册). 北京: 高等教育出版社.
过江, 彭续承, 鲍勇峰, 1997. 应用粒化高炉矿渣降低高水胶凝材料成本的可行性研究. 湖南有色金属, 13(1): 13-14.
何培培, 余光辉, 邵立明, 等, 2008. 污泥中蛋白质和多糖的分布对脱水性能的影响. 环境科学, 29(12): 3457-3461.
侯海攀, 2012. 有机复合调理剂对生活污泥脱水性能的影响研究. 武汉: 华中科技大学.
黄兴, 孙宝盛, 吕英, 2009. MBR 中活性污泥胞外聚合物的物理提取方法研究. 中国给水排水, 5: 80-83.
姜文超, 张智, 曲振晓, 等, 2008. 污水厂污泥一体化竖式强化渗滤浓缩自然干化与消化研究. 环境工程学报, 2(8): 1127-1131.
李东旭, 2001. 矿渣水泥水化产物平衡体系的研究. 材料导报, 15(1): 68-70.
李玉华, 徐风广, 王娟,等, 2003. 水泥水化物中钙矾石的 X 射线定量分析. 光谱实验室, 20(3): 334-337.
李仲, 2014. 活化过硫酸盐深度处理垃圾焚烧厂渗滤液的研究. 重庆: 重庆大学.
梁梅, 2009. 基于骨架构建体的污泥脱水及污泥蒸压砖耐久性研究. 武汉: 华中科技大学.
刘蕾, 李亚林, 刘旭, 等, 2017. 活化过硫酸盐-骨架构建体对污泥脱水性能的影响. 广州化工, 45(8): 73-76.
罗雪梅, 唐朝培, 韦星华, 等, 2006. 水淬矿渣的综合利用[J]. 中国资源综合利用, 24(4): 18-21.
吕文杰, 2016. 污泥化学调理及旋流脱水研究. 上海: 华东理工大学.
毛苇, 2013. 基于骨架构建体污泥深度脱水泥饼中重金属稳定性研究. 武汉: 华中科技大学.
彭家惠, 楼宗汉, 2000. 钙矾石形成机理的研究. 硅酸盐学报, 28(6): 511.
祁景玉, 2006. 现代分析测试技术. 上海: 同济大学出版社: 90-93.
綦峥, 2010. 水滑石型污泥脱水剂的制备及污泥脱水性能. 哈尔滨: 哈尔滨工业大学.
森茂二郎, 1982. 新型水泥与混凝土. 北京: 中国建筑工业出版社: 125.
施惠生, 陈更新, 范付忠, 2001. 温度对高钙粉煤灰水泥基材料性能的影响. 水泥(9): 1-4.
孙家瑛, 诸培男, 1988. 矿渣在碱性溶液激发下的机理. 硅酸盐通报(6): 16-24.
孙家瑛, 诸培南, 吴初航, 等, 1988. 矿渣在碱性溶液激发下的水化机理探讨. 硅酸盐通报(6): 16-25.
孙永军, 2014. 紫外光引发聚合 P(AM-DAC-BA)及其污泥脱水研究. 重庆: 重庆大学.
王晨曦, 2015. 基于硫酸根自由基的不同高级氧化体系降解偶氮染料橙黄 G 的研究. 广州: 华南理工大学.
王锦, 2012. 改性木粉污泥脱水剂的制备及其应用研究. 西安: 长安大学.
吴达华, 吴永革, 林蓉, 1997. 高炉水淬矿渣结构特性及水化机理. 石油钻探技术, 25(1): 31-34.

辛明, 2015. 典型污泥 EPS 对重金属及相应纳米颗粒的吸附. 哈尔滨: 哈尔滨工业大学.

徐彬, 蒲心诚, 1997. 矿渣玻璃体分相结构与矿渣水玻璃活性本质的关系探讨. 硅酸盐学报, 25(6): 728-733.

徐彬, 蒲心诚, 1997. 矿渣玻璃体微观分相结构研究. 重庆建筑大学学报, 19(4): 53-57.

杨南如, 1996. 碱胶凝材料形成的物理化学基础(II). 硅酸盐学报, 24(4): 59-63.

袁润章, 高琼英, 1982. 矿渣的结构特性对其水硬活性的影响. 武汉建材学院学报(1): 7-13.

袁润章, 1987. 矿渣结构与水硬活性及其激发机理. 武汉工业大学学报(3): 297-302.

赵瑞娟, 李小明, 杨麒, 等, 2013. 酸改性沸石对污泥调理的影响.环境工程学报, 7(7): 2678-2684.

张诗楠, 2014. 污泥深度脱水中重金属迁移转化规律及其固化研究. 武汉: 华中科技大学.

张云升, 胡曙光, 王发洲, 2001. 晶种在矿渣混凝土中的增强作用. 山东建材学院学报, 15(1): 13-16.

AMIR S, HAFIDI M, MERLINA G, et al., 2005. Sequential extraction of heavy metals during composting of sewage sludge. Chemosphere, 59(6): 801-810.

ASAKURA H, ENDO K, YAMADA M, et al., 2009. Improvement of permeability of waste sludge by mixing with slag or construction and demolition waste. Waste Management, 29(6): 1877-1884.

BADALIANS G G, ZAKIZADEH N, MASIHI H, 2018. Application of peroxymonosulfate-ozone advanced oxidation process for simultaneous waste-activated sludge stabilization and dewatering purposes: A comparative study. Journal of Environmental Management, 206: 523-531.

BENÍTEZ J, RODRÍGUEZ A, SUÁREZ A, 1994. Optimization technique for sewage sludge conditioning with polymer and skeleton builders. Water Research, 28(10): 2067-2073.

BENNAMOUN L, ARLABOSSE P, LÉONARD A, 2013. Review on fundamental aspect of application of drying process to wastewater sludge. Renewable and Sustainable Energy Reviews, 28: 29-43.

BOGUE R H, 1955. The Chemistry of Portland Cement. 2nd Edition. Washinton: Reinhold Publishing Co.: 495-541.

BROUGH A R, ATKINSON A, 2002. Sodium silicate-based, alkali-activated slag mortars Part 1. Strength, hydration and microstructure Cement and Concrete Research, 32: 865-879.

CHEN H, ZHANG Z L, FENG M B, et al., 2017. Degradation of 2,4-dichlorophenoxyacetic acid in water by persulfate activated with FeS (mackinawite). Chemical Engineering Journal, 313: 498-507.

CHU W H, HU J L, BOND T, et al., 2016. Water temperature significantly impacts the formation of iodinated haloacetamides during persulfate oxidation. Water Research, 98(1): 47-55.

CHUNG F H, 1974. Quantitative X-Ray Diffraction Analysis of Ettrite, Thaumasite and Gypsum in Concretes and mortars. Journal Of Applied Crystallography, 15(7): 526.

COGGER R N, MERKER H M, 1941. Evaluating filter aids. Industrial and Engineering Chemistry, 33(10): 1233-1237.

DAIMON M, 1985. Quantitative-determination of fly-ash in the hydrated fly ash-$CaSO_4 \cdot 2H_2O$-$Ca(OH)_2$ system. Cement and Concrete Research, 15(2): 357-366.

D'ANS J, EICK H, 1954. Investigation on the setting process of blastfurnace slag. Zement-Kalk-Gips (7): 449-458.

ERDINCLER A, VESILIND P A, 2000. Effect of sludge cell disruption on compactibility of biological sludges. Water Science & Technology, 42(9): 119-126.

FENG L Y, LUO J Y, CHEN Y G, 2015. Dilemma of Sewage Sludge Treatment and Disposal in China. Environmental Science & Technology, 49: 4781-4782.

FENG X, DENG J C, LEI H Y, et al., 2009. Dewaterability of waste activated sludge with ultrasound conditioning. Bioresource Technology, 100: 1074-1081.

GRUBE M, LIN J G, LEE P H, et al., 2006. Evaluation of sewage sludge-based compost by FT-IR spectroscopy. Geoderma, 130(3–4): 324-333.

GUO J Y, MA J, 2015. Bioflocculant from pre-treated sludge and its applications in sludge dewatering and swine wastewater pretreatment. Bioresource Technology, 196: 736-740.

HE D Q, WANG L F, JIANG H, et al., 2015. A Fenton-like process for the enhanced activated sludge dewatering. Chemical Engineering Journal, 272: 128-134.

HENRIQUES I D, LOVE N G, 2007. The role of extracellular polymeric substances in the toxicity response of activated sludge bacteria to chemical toxins. Water Research, 41(18): 4177-4185.

HOUGHTON J I, QUARMBY J, STEPHENSON T, 2001. Municipal wastewater sludge dewaterability and the presence of microbial extracellular polymer. Water Science & Technology A Journal of the International Association on Water Pollution Research, 44(2-3): 373-379.

HU C, DENG Y J, HU H Q, et al., 2016. Adsorption and intercalation of low and medium molar mass chitosans on/in the sodium montmorillonite. International Journal of Biological Macromolecules, 92: 1191-1196.

HU S G, HU J P, LIU B C, et al., 2018. In situ generation of zero valent iron for enhanced hydroxyl radical oxidation in an electrooxidation system for sewage sludge dewatering . Water Research, 165: 162-171.

HUSSAIN I, LI M Y, ZHANG Y Q, et al., 2017. Insights into the mechanism of persulfate activation with nZVI/BC nanocomposite for the degradation of nonylphenol. Chemical Engineering Journal, 311: 163-172.

HUSSAIN I, ZHANG Y, HUANG S, et al., 2012. Degradation of p-chloroaniline by persulfate activated with zero-valent iron. Chemical Engineering Journal, 203(5): 269-276.

ISMAIL L, FERRONATO C, FINE L, et al., 2017. Elimination of sulfaclozine from water with $\cdot SO_4^-$ radicals: Evaluation of different persulfate activation methods. Applied Catalysis B: Environmental, 201: 573-581.

JIN B, WILÉN B M, LANT P, 2004. Impacts of morphological, physical and chemical properties of sludge flocs on dewaterability of activated sludge. Chemical Engineering Journal, 98(1), 115-126.

KARR P R, KEINATH T M, 1978. Influence of particle size on sludge dewaterability. Journal, 50(8): 1911-1930.

KUMAR M, ADHAM S S, PEARCE W R, 2006. Investigation of seawater reverse osmosis fouling and its relationship to pretreatment type. Environmental Science & Technology, 40(6): 2037-2044.

LAURENT J, CASELLAS M, CARRÈRE H, et al., 2011. Effects of thermal hydrolysis on activated sludge solubilization, surface properties and heavy metals biosorption. Chemical Engineering Journal, 166(3): 841-849.

LEE D J, HSU Y H, 1995. Measurement of bound water in sludges:A comparative study. Water Environment Research, 67(3): 310-317.

LI X Y, YANG S F, 2007. Influence of loosely bound extracellular polymeric substances (EPS) on the flocculation, sedimentation and dewaterability of activated sludge. Water Research, 41: 1022-1030.

LIANG C J, LEE I L, HSU I Y, et al., 2008. Persulfate oxidation of trichloroethylene with and without iron activation in porous media. Chemosphere, 70(3):426-435.

LIN C F, SHIEN Y, 2001. Sludge dewatering using centrifuge with thermal/polymer conditioning. Water Science & Technology A Journal of the International Association on Water Pollution Research, 44(10): 321-325.

LIN Y F, JING S R, LEE D Y, 2001. Recycling of wood chips and wheat dregs for sludge processing. Bioresource Technology, 76(2): 161-163.

LIU H, YANG J K, ZHU N R, et al., 2013. A comprehensive insight into the combined effects of Fenton's reagent and skeleton builders on sludge deep dewatering performance. Journal of Hazardous Materials, 258-259: 144-150.

LIU H Z, BRUTON T A, LI W, et al., 2016. Oxidation of benzene by persulfate in the presence of Fe(III)- and Mn(IV)-containing oxides: Stoichiometric efficiency and transformation products. Environmental Science&Technology, 50: 890-898.

MIKKELSEN L H, KEIDING K, 2002. Physico-chemical characteristics of full scale sewage sludges with implications to dewatering. Water Research, 36(10): 2451-2462.

NATARAJAN E, NORDIN A, RAO A N, 1998. Overview of combustion and gasification of rice husk in fluidized bed reactors. Biomass & Bioenergy, 14(5-6): 533-546.

NESIC A R, VELICKOVIC S J, ANTONOVIC D G, 2012. Characterization of chitosan.montmorillonite membranes as adsorbents for Bezactiv Orange V-3R dye. Journal of Hazardous Materials, 209-210: 256-263.

NEYENS E, BAEYENS J, 2003. A review of thermal sludge pre-treatment processes to improve dewaterability. Journal of Hazardous Materials, 98(1): 51-67.

OSMAN G, AYSENUR K, SADIK D, 2006. The reuse of dried activated sludge for adsorption of reactive dye. Journal of Hazardous Materials, 134(1-3): 190-196.

PARK S, LEE L S, MEDINA V F, 2016. Heat-activated persulfate oxidation of PFOA, 6:2 fluorotelomer sulfonate, and PFOS under conditions suitable for in-situ groundwater remediation. Chemosphere, 145: 376-383.

PENG H L, ZHONG S X, XIANG J X, et al., 2017. Characterization and secondary sludge dewatering performance of a novel combined aluminum-ferrous-starch flocculant (CAFS). Chemical Engineering Science, 173: 335-345.

PENG Z, FANG F, CHEN Y P, et al., 2014. Composition of EPS fractions from suspended sludge and biofilm and their roles in microbial cell aggregation. Chemosphere, 117: 59-65.

PEVERE A, GUIBAUD G, 2007. Effect of Na^+ and Ca^{2+} on the aggregation properties of sieved anaerobic granular sludge. Colloids & Surfaces A: Physicochemical & Engineering Aspects, 306(1): 142-149.

POXON T L, DARBY J L, 1997, Extracellular polyanions in digested sludge: Measurement and relationship to sludge dewaterability. Water Research, 31(4): 749-758.

RAI C L, STRUENKMANN G, MUELLER J, et al., 2004, Influence of ultrasonic disintegration on sludge growth reduction and its estimation by respirometry. Environmental Science & Technology, 38(21): 5779-5785.

REMMEN K, NIEWERSCH C, WINTGENS T, et al., 2017. Effect of high salt concentration on phosphorus recovery from sewage sludge and dewatering properties. Journal of Water Precess Engineering, 19: 277-282.

SANIN F D, VESILIND P A, 1994. Effect of centrifugation on the removal of extracellular polymers and physical properties of activated sludge. Water Science & Technology, 30(8): 117-127.

SKINNER S J, STUDER L J, DIXON D R, et al., 2015. Quantification of wastewater sludge dewatering. Water Research, 82: 2-13.

SORENSEN P B, CHRISTENSEN J R, BRUUS J H, 1995. Effect of Small Scale Solids Migration in Filter Cakes during Filtration of Wastewater Solids Suspensions. Water Environment Research, 67(1): 25-32.

SVEEGAARD S G, KEIDING K, CHRISTENSEN M L, 2012. Compression and swelling of activated sludge cakes during dewatering. Water Research, 46(16): 4999-5008.

VARDANYAN A, KAFA N, KONSTANTINIDIS V, et al., 2018. Phosphorus dissolution from dewatered anaerobic sludge: Effect of pHs, microorganisms, and sequential extraction. Bioresource Technology, 249: 464-472.

WANG L, LI A, 2015. Hydrothermal treatment coupled with mechanical expression at increased temperature for excess sludge dewatering: The dewatering performance and the characteristics of products. Water Research, 68: 291-303.

WANG L F, QIAN C, JIANG J K, et al., 2017. Response of extracellular polymeric substances to thermal treatment in sludge dewatering process. Environmental Pollution, 231: 1388-1392.

WEI H, GAO B Q, REN J, et al., 2018. Coagulation/flocculation in dewatering of sludge: A review. Water Reasearch, 143: 608-631.

WEI L L, WANG K, ZHAO Q L, et al., 2012. Fractional, biodegradable and spectral characteristics of extracted and fractionated sludge extracellular polymeric substances. Water Research, 46(14): 4387-4396.

WEI X Y, GAO N Y, LI C J, et al., 2016. Zero-valent iron (ZVI) activation of persulfate (PS) for oxidation of bentazon in water. Chemical Engineering Journal, 285: 660-670.

WILEN B M, JIN B, LANT P, 2003. The influence of key chemical constituents in activated sludge on surface and flocculating properties. Water Research, 37(9): 2127-2139.

WU Y L, PRULHO R, BRIGANTE M, et al., 2017. Activation of persulfate by Fe(III) species: Implications for 4-tert-butylphenol degradation. Journal of Hazardous Materials, 322: 380-386.

YANG J, CHEN S, LI H, 2018. Dewatering sewage sludge by a combination of hydrogen peroxide, jute fiber wastes and cationic polyacrylamide. International Biodeterioration & Biodegradation, 128: 78-84.

YU G H, HE P J, SHAO L M, et al., 2009. Characteristics of extracellular polymeric substances (EPS) fractions from excess sludges and their effects on bioflocculability. Bioresource Technology, 100(13): 3193-3198.

YU J, GUO M H, XU X H, et al., 2014. The role of temperature and $CaCl_2$ in activated sludge dewatering under hydrothermal treatment. Water Research, 50: 10-17.

ZHANG H, YANG J K, YU W B, et al., 2014. Mechanism of red mud combined with Fenton's reagent in sewage sludge conditioning. Water Research, 59: 239-247.

ZHANG W, YANG P, YANG X, et al., 2015 Insights into the respective role of acidification and oxidation for enhancing anaerobic digested sludge dewatering performance with Fenton process. Bioresource Technology, 181: 247-253.

ZHEN G, LU X, WANG B, et al., 2012. Synergetic pretreatment of waste activated sludge by Fe(II)-activated persulfate oxidation under mild temperature for enhanced dewaterability. Bioresource Technology, 124(9): 29.

ZHEN G Y, LU X Q, ZHAO Y C, et al., 2012. Enhanced dewaterability of sewage sludge in the presence of Fe(II)-activated persulfate oxidation. Bioresource Technology, 116: 259-265.

ZHOU H, WU X, 1993. Kinetic study on hydration of alkali-zctivated slag. Cement and Concrete Research, 23: 1625-1632.

第 4 章　边界集料常温固化技术

边界集料是指含泥量 5%以下的除级配碎石以外的泥饼、砂石、建筑垃圾、建筑渣土等，一般不适宜大量用于路堤、路基施工的材料。但随着我国目前经济发展，工程所产生的大量边界集料不但占用大量土地、造成资源的极大浪费，而且成为环境的主要污染源之一，因此对边界集料的减量化和资源化处理方法是势在必行的。路堤、路基施工中，采用边界集料作为原料可解决此难题，但随着时间的推移，受到边界集料自身级配不均匀，长期受压等影响，容易产生收缩裂缝，对路堤与道路的安全运营带来极大的威胁。

基于工业废渣的高强耐水土壤固化剂（HAS 固废基土壤固化剂）的研制就是在这一形势下应运而生的，它是利用工业废渣为原料（80%以上），生产的一种新型水硬性胶凝材料。其生产工艺将传统水泥生产的“两磨一烧”变为“一磨”，从而节约了大量能源并减少了温室气体的排放。HAS 固废基土壤固化剂可在较大的范围内替代水泥，能够用于固结边界集料，具有适用面广、处理处置量大、处理种类多样、处理成本低的特点，处理后的废物无害、无味、无毒，并可以在道路、市政、水利、电厂灰坝、淤泥处理、矿山回填等领域得到广泛的资源化利用，符合可持续发展战略和循环经济要求（涂晋，2005）。

4.1　固废基土壤固化剂

4.1.1　HAS 固废基土壤固化剂的分类与特点

HAS 固废基土壤固化剂以工业废渣为主要原材料，成本低。HAS 固化剂除自身水化产生胶凝物质固化土壤外，还能与土壤颗粒中的硅铝酸盐矿物发生反应产生胶凝物质，保证了固结土体具有较高的强度和耐水性。HAS 固化剂充分发挥土壤颗粒中硅铝盐矿物的活化作用，使土壤颗粒相界面在产生物理结合的同时，也产生化学结合，解决了土壤固化剂固化土壤的耐水性问题。近年来通过加大对 HAS 固化剂的开发深度和力度，研发出了 HAS 固化剂的系列产品：有针对淤泥固结的 HAS-II 型产品；有针对颗粒级配较差的砂质土壤（包括长江、黄河沉积砂）固结的 HAS-III 型产品，以及对特殊土壤（膨胀土、湿陷性土）固结的 HAS-IV 型产品，使 HAS 固化剂的应用范围更广。在产品应用技术方面，形成了各应用领域相对成熟的技术规定，为 HAS 固化剂迅速大规模推广应用打下坚实基础。同时为水利、交通、市政工程等领域的应用做到就地取材，降低工程造价，提供了新的技术手段，推动了水利、交通、矿业的技术进步。此外，HAS 固化剂的生产，不仅大量利用了工业废渣，减轻了环境污染，而且为建材行业提供了一种新型胶凝材料，实现了建材行业产品的升级换代。

4.1.2 HAS 固废基土壤固化剂的原料与技术指标

1. HAS 固废基土壤固化剂的原料

HAS 固废基土壤固化剂是以经高温煅烧后的工业固体废物为主要原材料，通过加入适量石膏和激发剂混合磨细制成的，能显著改善和提高软土、过湿土、尾砂等土壤类细粒料力学性能的一种水硬性硅铝基胶凝材料。其原料主要包括工业固体废物和石膏。

（1）工业固体废物：原材料包含但不限于符合 GB/T 203—2008 规定的粒化高炉矿渣，符合 GB/T 6645—2008 规定的粒化电炉磷渣，符合 JC/T 418—2013 规定的粒化钛矿渣，符合 YB/T 4229—2010 规定的硅锰渣粉和符合 GB/T 1596—2017 规定的粉煤灰。

（2）石膏：天然石膏应符合 GB/T 5483—2008 中规定的 G 类和 A 类二级（含）以上的石膏或硬石膏；工业副产石膏应符合 GB/T 21371—2008 中的相关要求。

2. HAS 固废基土壤固化剂的主要技术参数

固废基土壤固化剂的技术参数主要包括细度、比表面积、凝结时间、强度值（王慧 等，2000），其具体要求如下。

（1）细度：80 μm 方孔筛筛余≤5%；

（2）比表面积：≥320 m^2/kg；

（3）凝结时间：初凝时间要求≥45 min，终凝时间要求≤600 min；

（4）强度指标：满足表 4.1 的要求。

表 4.1　HAS 固化剂强度指标

项目	抗压强度		抗折强度	
养护天数/d	3	28	3	28
强度/MPa	≥10.0	≥32.5	≥2.5	≥5.5

3. HAS 固废基土壤固化剂胶砂强度检测

胶砂强度是表征固化材料的重要参数，为了更加具体表征 HAS 固废基土壤固化剂的强度特征，通过胶砂强度试验检测得 HAS 固化剂在不同龄期的胶砂强度，如表 4.2 所示。可以看出，标准养护 28 d 时，抗压强度已达到 63.2 MPa，超过传统 P·O42.5 水泥，具有较高的胶砂强度。

表 4.2　HAS 固化剂各龄期胶砂强度

项目	抗折强度			抗压强度		
养护天数/d	3	7	28	3	7	28
强度/MPa	8.1	10.2	11.3	48.1	57.6	63.2

4.2　边界集料常温固化性能

4.2.1　粉煤灰固化体的性能

1. 粉煤灰固化体的击实特性

1）粉煤灰的最大干密度

土壤的力学性能与最优含水量密切相关，而粉煤灰同样存在最优含水量，固化粉煤灰材料的含水量显著影响其抗压强度和抗渗性能；因此在设计固化粉煤灰配合比时，首先确定其最大干密度，在最大程度上获得固化材料的强度（侯浩波，1997）。通过研究得出粉煤灰的击实试验结果如表 4.3 所示。

表 4.3　粉煤灰的击实试验结果

加水量/%	含水率/%	湿密度/(g/cm^3)	干密度/(g/cm^3)
27	26.0	1.484	1.178
29	27.5	1.511	1.185
31	29.0	1.548	1.204
32	30.0	1.498	1.152

由击实曲线可知：粉煤灰的含水率在 29%左右时其干密度达到最大值，即粉煤灰在此时可达到最佳压实效果。考虑搅拌过程中的水分损失，将粉煤灰的最优含水率定为 29%，最大干密度定为 1.204 g/cm^3。

考虑 HAS 固化剂需要一段时间水化反应，在对固化材料做击实试验时，将固化材料搅拌均匀放置 1 d 后进行，粉煤灰固化体的击实试验结果如表 4.4 所示，可以看出，随着 HAS 固化剂掺量的增加，干密度变化略有提升，但变化幅度不大。

表 4.4　粉煤灰固化体的击实试验结果

粉煤灰质量分数/%	HAS 掺量/%	含水率/%	干密度/(g/cm^3)
100	0	29	1.20
95	5	30.4	1.22
93	7	30.9	1.23

续表

粉煤灰质量分数/%	HAS 掺量/%	含水率/%	干密度/(g/cm^3)
91	9	31.2	1.24
89	11	31.8	1.25
87	13	32.0	1.26
85	15	32.5	1.27

2）固化粉煤灰的最小压实程度

固化材料未经外加功夯实时，是一种处于松散的混合物，完全不具有强度，只有将固化材料夯实后，使其颗粒紧密连接，以使水化反应、离子交换及其他的表面反应进行彻底，才能保证固化材料拥有强度。在工程施工中，固化材料的压实度是控制施工质量的重要参数之一，压实度的大小直接影响最终的固化材料的性能指标。但是，理想中的100%完全压实是不存在的，只能研究在哪种压实度情况下才能最大程度反映出固化材料的真实性能。

为此，将 HAS 固化剂掺量为 9%的固化粉煤灰在不同的压力下制得试块，然后测得试块在 28 d 的干密度及无侧限抗压强度，通过固化粉煤灰在不同压实度下表现出的抗压强度，找到工程施工中最理想的压实度。试验配合比及结果见表 4.5。

表 4.5　固化粉煤灰压实度与抗压强度的关系

项目	成型压强/MPa										
	10	12.5	15	17.5	20	22.5	25	27.5	30	35	40
干密度/（g/cm^3）	1.09	1.12	1.13	1.15	1.16	1.17	1.19	1.19	1.20	1.20	1.21
28 d 无侧限抗压强度/MPa	1.0	1.5	2.1	2.5	2.8	3.0	3.4	3.5	3.5	3.6	3.6
压实度/%	87.2	89.3	90.7	91.8	92.6	93.9	95.0	95.9	96.4	97.2	98.3

将固化材料进行不同程度的压实后，成型试样的干密度和无侧限抗压强度也会随之发生变化：压实度太小时，固化材料不能成型，更谈不上有抗压强度；当压实度达到一定值后，固化材料的强度随压实度的提高而迅速变大；当压实度达到 95%以上时，其 28 d 的干密度和无侧限抗压强度的变化就非常小：当固化材料的压实度由 95%提升到 98.3%时，干密度仅提升 0.02 g/cm^3，无侧限抗压强度提升 0.2 MPa；若将固化材料进行进一步的压实，其强度的变化不是太明显。在这种情况下，压实度为 95%的固化材料能最大程度表现出固化材料的性能。因此，综合粉煤灰击实特性，可以将工艺施工中的固化材料的最小压实度定为 95%。

2. 固化剂掺量对粉煤灰固化体性能的影响

1）HAS 固化剂掺量的选择

影响固化材料强度最活跃的因素是固化剂的掺量，在其他条件确定时，固化材料的抗压性能与固化剂的掺量近似线性关系。从固化剂与粉煤灰的作用来看：在固化粉煤灰中，固化剂和粉煤灰既起填充集料空隙的作用，又起黏结作用。固化剂中有硅酸三钙、硅酸二钙、铝酸三钙及铝酸二钙，与水反应产生氢氧化钙，这样粉煤灰中的氧化硅和氧化铝都要与之发生火山灰反应。固化剂用量过多强度固然高，但不仅造成成本过高，而且产生收缩裂缝，降低材料的使用寿命；粉煤灰用量过多，则会有部分的粉煤灰未能参加反应，而且因为固化剂比例太低，施工中拌和不易均匀，从而使固化剂的存在失去意义。因此，固化剂与粉煤灰的比例选择是否得当，将直接影响固化材料内部的反应程度进而对其的一系列性能产生影响。

据有关研究表明，对于同一类型固化剂稳定类材料，其抗冲刷能力随着固化剂剂量的减少而缓慢减弱，但下降到临界固化剂含量（一般为 4%左右），抗冲刷能力将急剧降低。因此，稳定类材料，固化剂含量不宜低于 4%；但也不宜过高，过高易使基层裂缝增加。另一方面，粉煤灰是火力发电厂燃烧粉煤的副产品，SiO_2 和 Al_2O_3 含量较大，而 CaO 含量较低，一般为 2%～6%，因此一般情况下粉煤灰只是一种惰性材料，只有与固化剂水化时产生的 $Ca(OH)_2$ 不断结合，生成不溶、安定的水化硅酸钙，才具有一定的强度，在这一过程中，吸收了固化剂中的碱。因此，适当粉煤灰的加入可以大大降低固化剂发生碱-集料反应的风险。研究表明，在固化剂掺量为胶凝材料重量的 25%时，固化剂水化形成的碱度，可以使粉煤灰的活性得以完全发挥（涂光灿，2004）。

固化粉煤灰材料中，固化剂掺量的确定原则主要是在满足预计技术性能的前提下，选用较小的掺量，以确保经济性。如果掺量超过 15%，则考虑采用膜料复合防渗形式，可选用 5%固化剂的固化粉煤灰材料作为铺盖的保护层及过渡层，以保证防渗结构的整体性和稳定性。由于固化剂的掺量会对固化材料的使用性能产生很大的影响，同时也会给整个工程的造价带来浮动，在经济允许的范围内，将 HAS 固化剂的掺量在 5%～15%内调整，以不同掺量的固化粉煤灰的配合比及不同龄期的抗压强度性能展开对比，具体配合比如表 4.6 所示。

表 4.6　固化粉煤灰的配合比　（单位：%）

编号	配合比	
	HAS 固化剂	粉煤灰
A1	5	95
A2	7	93
A3	9	91
A4	11	89
A5	13	87
A6	15	85
A7	20（水泥）	80

2）HAS 固化剂掺量对固化材料强度的影响

固化粉煤灰的性能试验测试其强度，结果如表 4.7 所示。

表 4.7　固化粉煤灰的强度结果　　（单位：MPa）

试验天数/d	A1	A2	A3	A4	A5	A6	A7
7	1.2	1.6	1.8	2.5	3.2	3.8	2.8
14	1.5	1.9	2.4	3.7	4.9	5.5	4.1
28	2.2	2.8	3.5	4.9	6.5	7.4	5.3

可以看出，在控制了固化粉煤灰的成型参数之后，随着固化剂掺量的增大，固化粉煤灰的强度也在增加，且固化剂的掺量越大，固化材料的强度增长越快，这是因为粉煤灰固结材料随着固化剂掺量的增大水化速度加快，形成了多孔状的胶凝体水化产物结构。在粉煤灰颗粒周围形成片状的胶凝体，随着水化的进行，粉煤灰颗粒转变为胶凝体的组成部分，因此固化粉煤灰的前期强度较低，中、后期强度较高。

3）HAS 固化剂掺量对固化粉煤灰抗冻性能的影响

由松散颗粒构成微孔网状组织的固化材料，在外界天然条件下，受到冻融循环所产生外力造成结构破坏是常见现象，因而抗冻能力被认为是评价固化材料耐久性能的关键指标。固化材料的冻害是由静水压和渗透压所引起的，这是由于固化材料在固结体形成的过程中产生许多孔洞，在冻害环境下粗孔中水的冰点为 0 ℃，最先结冰，毛细孔水的蒸汽压小于普通水的蒸汽压，且孔径越小则冰点越低。如果固化土中的毛细孔吸满水，在某一负温下，将有一部分毛细孔水结成冰，水转变成冰时体积膨胀 9%，把尚未结冰的水推向空气泡方向，从而形成静水压；另外，冰的蒸汽压小于水的蒸汽压，当固化材料中某处孔隙内的水结冰时，这个蒸汽压的差别使附近尚未冻结的水向冻结区迁移，并在该区转变成冰，这个推动液体流动的压力就是渗透压。因此，冻结对于固化材料的破坏是水转变冰时的体积膨胀造成的静水压，以及冰水蒸汽压差别所造成的渗透压共同作用的结果。这两种压力之和超过固化材料的极限强度时，固化材料就遭到破坏。本实验中固化粉煤灰的抗冻性能结果如表 4.8 所示。

表 4.8　固化粉煤灰的无侧限抗压强度结果

项目	A1	A2	A3	A4	A5	A6	A7
冻后 28 d 无侧限抗压强度/MPa	1.8	2.5	3.2	4.5	5.9	6.8	4.8
损失/%	16	10	9	8.3	7.8	7.4	8.8
软化系数/%	80	80	82	85	90	94	88

固化粉煤灰中固化剂的掺量增加时，固化材料的强度损失在不断地减小，软化系数在增大，在经历 20 次冻融循环之后，固化剂掺量较高的固化粉煤灰还能保持良好的抗冻

性能；A7 为掺入水泥试样，且水泥掺量达到 20%，但无论是强度损失还是软化系数，均低于 HAS 固化剂掺量 15%的试样（侯浩波，1997）。

4）HAS 固化剂掺量对固化粉煤灰抗渗性能的影响

固化粉煤灰的抗渗性能试验结果见表 4.9。

表 4.9　固化粉煤灰的渗透系数结果

项目	A1	A2	A3	A4	A5	A6	A7
7 d 渗透系数	1.2	1.6	1.8	2.5	3.2	3.8	2.8
冻前渗透系数	5.7×10^{-5}	4.0×10^{-5}	7.4×10^{-6}	2.5×10^{-6}	4.6×10^{-7}	1.3×10^{-7}	3.1×10^{-6}
冻后渗透系数	—	—	—	—	3.1×10^{-6}	2.8×10^{-6}	5.8×10^{-5}

固化材料的抗渗性能同抗冻性能是相互联系的。从表 4.9 中可以看到，随着固化剂掺量的增加，固化材料的抗渗性能也在不断提高。当固化剂掺量为 5%时冻前渗透系数为 5.7×10^{-5} cm/s，当固化剂掺量为 15%时冻前渗透系数达到 1.3×10^{-7} cm/s，冻后渗透系数也有 2.8×10^{-6} cm/s，说明固化粉煤灰有较好的抗渗、抗冻能力，能达到渠道防渗材料的要求。

4.2.2　石屑和煤渣对粉煤灰固化体性能的影响

固化粉煤灰经机械压实的压力作用后，其水化混合物填充粉煤灰中的空隙，将空隙中的空气排出，并在外力（机械力）的作用下紧密压实，使粉煤灰颗粒之间及粉煤灰颗粒和固化剂之间彼此靠近，使外力所做的绝大部分功转变为颗粒间的范德瓦耳斯力，这一作用为物理力学作用，它使得松散的颗粒重新排列，以缩短颗粒间距离，使得固化剂粉煤灰能聚结，从而为有效地发生化学反应提供了条件，这是固化粉煤灰最开始的强度形成方式。在早期，混合料的骨架强度主要依靠外力的机械压实，石屑和煤渣间的摩擦作用和相互嵌挤作用，混合料中的骨架强度随混合料胶结而形成晶体网状结构，其强度也随之增加，同时骨架嵌挤作用形成的骨架强度在早期强度中起决定性的作用，有较多的接触点，内摩擦力明显增强，导致固化粉煤灰的强度有较大幅度的上升。反之，在石屑和煤渣间形成嵌挤结构，集料颗粒间接触点少，内摩擦阻力低，造成固化粉煤灰的强度偏低。因此，石屑和煤渣掺入后，击实特性与力学强度特性参数均会发生一定变化，需要进一步的试验验证。

1. 石屑对粉煤灰固化体的击实特性的影响

固化材料的加水量与固化材料的组分（阮燕 等，2003），即粉煤灰、HAS 固废基土壤固化剂及石屑的掺量存在某种关系，可以通过数值分析的方法得到这个经验公式。通过试验研究，获得在不同粉煤灰和石屑掺比下的最大干密度，及其对应的最优含水量，试验结果如表 4.10 所示。

表 4.10　固化材料的击实试验结果

粉煤灰质量分数/%	石屑质量分数/%	HAS 质量分数/%	含水率/%	干密度/（g/cm^3）
0	90	10	7.0	2.06
10	80	10	9.5	1.96
20	70	10	11.9	1.87
30	60	10	14.4	1.78
40	50	10	16.9	1.67
50	40	10	19.4	1.59
60	30	10	23.5	1.50
70	20	10	28.7	1.41
80	10	10	31.3	1.34

设最优含水量为 Q，单位质量的粉煤灰、HAS 固化剂和石屑的需水量分别为 A、B、C，可以认为 $Q=M_{粉}\times A+M_{HAS}\times B+M_{石}\times C$，将结果用最小二乘法进行拟合可以得到：$A$=0.285；$B$=0.360；$C$=0.038。即单位质量的粉煤灰、HAS 固化剂和石屑的需水量分别为 0.285、0.360 和 0.038。所以在固化粉煤灰的施工过程中，固化材料的总需水量就可以按照这个经验公式来计算：

$$Q=0.285M_{粉}+0.360M_{HAS}+0.038M_{石}$$

2. 石屑和煤渣对粉煤灰固化体力学性能的影响

1）石屑和煤渣掺量的选择

在我国通常使用两种类型粉煤灰集料混合料：一种是密实式的，即集料含量占 80%~85%，同时具有规定的级配，固化剂含量为 15%～20%，起填充集料空隙和黏结作用；另一种是悬浮式，即集料仅占 50%～60%，不要求集料具有一定级配，集料悬浮于水泥和粉煤灰混合料之间。依据已有研究成果，当集料含量为 60%~80%时，随着集料含量的增加，混合料的抗压强度也随之增加，但集料含量超过 80%时，其抗压强度反而随之降低（胡海燕 等，2002）。

因此，可以仿照混凝土加入骨料来提高固化材料的抗压强度，在固化粉煤灰中加入石屑或煤渣，通过实验测得石屑或煤渣的掺量对固化材料抗压性能的影响，看其是否能代替混凝土作为防渗材料。为了让固化材料有良好的抗压性能，固定 HAS 固化剂的掺量为 10%，然后用不同比例的石屑和煤渣掺入固化粉煤灰中来完成试验，试验配合比如表 4.11 所示。

表 4.11　掺骨料固化粉煤灰的配合比　（单位：%）

编号	HAS 固化剂	粉煤灰	石屑	煤渣
B1	10	30	60	—
B2	10	40	50	—
B3	10	50	40	—
B4	10	60	30	—
B5	10	70	20	—
B6	10	80	10	—
B7	10	90	0	—
C1	10	80	—	10
C2	10	70	—	20
C3	10	60	—	30
C4	10	50	—	40
C5	10	40	—	50
C6	10	30	—	60
D1	10	30	50	10
D2	10	30	40	20
D3	10	30	30	30
D4	10	30	20	40
D5	10	30	10	50

2）掺石屑固化粉煤灰抗压强度

掺石屑后固化粉煤灰的无侧限抗压强度如表 4.12 所示。

表 4.12　掺石屑后固化粉煤灰的无侧限抗压强度　（单位：MPa）

编号	试验天数/d		
	7	14	28
B1	9.6	11.2	15.5
B2	8.5	10.3	12.8
B3	6.2	8.5	11.2
B4	5.5	7.1	9.5
B5	4.2	5.4	7.8
B6	2.9	4.3	5.9
B7	2.0	3.3	4.2

从试验结果来看，若在固化粉煤灰中掺少量石屑作骨料后，试块的强度随石屑的增加显著增大；固化材料具有良好的抗压强度，不仅因为加入石屑作骨料，更因为粉煤灰的特性使其在固化材料中既改善了混合料的和易性，又促进了混合料中固化剂的水化反应（田凤琴 等，2006），原因有以下几个方面。

（1）形态效应：光滑的圆球状粉煤灰微粒能均匀地分布于固化剂颗粒之间，有效地阻止固化剂颗粒间的相互黏结，改善固化剂浆体的流动性。

（2）活性效应：粉煤灰中存在大量的活性 SiO_2 和 Al_2O_3，这些活性成分在有水的情况下能与固化剂水化的 $Ca(OH)_2$ 反应，生成水化硅酸钙和水化铝酸钙，降低固化剂水化反应产物的浓度，这对加快固化剂的水化和尽早充分利用固化剂的胶凝性具有明显的促进作用。上述反应多在固化剂水化产物的空隙中进行，因此显著降低了混合料内部结构的空隙率，也改善了孔结构（连通孔、大孔减少），提高了混合料的密实性。

（3）微集料效应：粉煤灰中多数颗粒是表面光滑、致密、细粒的、海绵状的硅铝酸盐玻璃微珠，其级配好，堆积体的比表面积小。当粉煤灰颗粒填充于固化剂颗粒间的空隙后，能使固化材料的密实度明显提高，硬化后的干缩明显减少，改善纯固化粉煤灰的抗裂性。另外，粉煤灰颗粒在固化剂颗粒之间的隔离作用使水分易于渗入，促进了固化剂-粉煤灰体系内的水化反应速度。

从本组试验的结果来看，28 d 后试块 B1 强度可以达到混凝土的 15 MPa，效果最好；有选择性地对 B1 进行抗冻和抗渗实验，其冻融损失仅为 7%左右，冻前渗透系数达到 1.3×10^{-7} cm/s，冻后渗透系数也达到 3.1×10^{-7} cm/s，可见在固化粉煤灰中加入石屑作骨料的作用非常明显；B2、B3 强度均达到 10 MPa 以上，B4、B5 强度均达到 7.5 MPa 左右，说明增加粗骨料的比例即改善级配可以很大程度地提高固化粉煤灰的性能，甚至可以尝试在渠道防渗工程中用来代替混凝土（刘文永 等，2003）。

3. 掺煤渣固化粉煤灰强度

掺煤渣固化粉煤灰的无侧限抗压强度测试结果见表 4.13。

表 4.13　掺煤渣固化粉煤灰的无侧限抗压强度　（单位：MPa）

编号	试验天数/d		
	7	14	28
C1	1.5	2.3	4.5
C2	2.9	3.6	4.8
C3	3.9	5.8	6.1
C4	3.7	6.5	6.8
C5	3.7	5.7	6.2
C6	2.4	4.6	5.8

针对北方地区少砂石的状况，在固化粉煤灰中掺入大量石屑的代价太大，从经济和环保的角度出发，应采用廉价的物料作骨料；煤渣也是电力行业产生的工业废渣之一，粒径分布与石屑相当，具有一定的强度，如能将其大规模应用于工程方面，也将会对环境保护和发展起到积极作用（王景权，2005；胡珊 等，2002）。

从试验结果来看，加入煤渣后的固化粉煤灰的强度大于纯固化粉煤灰的强度，可见煤渣可以用作骨料，但就总体而言，其抗压强度的结果不如 B 组的理想，经初步分析是由于煤渣易碎，本身的抗压强度低于石屑；掺煤渣作骨料后，随着煤渣掺量的增加，固化材料的抗压强度是先升高后降低，这是因为随着粉煤灰的减量，胶凝材料减少，从而使固化体的强度降低。

4. 掺石屑煤渣固化粉煤灰的强度

掺煤渣和石屑固化粉煤灰的强度试验结果见表 4.14。

表 4.14　掺煤渣和石屑固化粉煤灰的强度结果　（单位：MPa）

编号	试验天数/d		
	7	14	28
D1	6.5	8.4	10.5
D2	8.1	8.2	10.2
D3	6.1	7.5	9.3
D4	5.5	7.0	8.5
D5	5.2	6.8	8.3

由于 C 组固化粉煤灰的强度不如 B 组，采用混合骨料的方法，在 C 组配合比基础上用煤渣代替部分石屑，观察固化材料的性能，以达到经济性的目的。

D 组实验中固化材料的抗压强度较 C 组有大幅度的提高，且均能达到 7.5 MPa，但和 B 组相比还是有一定差距，这是石屑和煤渣的压碎值的差异造成的，说明在工程设计参数要求较低的情况下，可以在固化粉煤灰施工时采用混合骨料的方法。

4.2.3　固化剂-边界集料作为道路基层材料的性能

1. 边界集料固化体的击实特性

上述研究验证了固化剂对粉煤灰与石屑的混合料具有较好的固定作用，现实施工应用中，多为含泥石屑等边界集料作为填料进入道路基层，而含泥量也将直接影响道路基层性能，因此需要针对含泥石屑的掺量开展研究。

为了尽量模拟集料中含泥量的变化情况，并结合施工现场最不利条件，设计四种含泥量水平。四种含泥量水平分别为 15%、20%、25%、30%。同时为了检验粉煤灰对 HAS 稳定粒料可能存在的干缩开裂情况是否有减少或减缓的效果，在 HAS 稳定粒料中掺入了粉煤灰，考察掺入一定量的粉煤灰后 HAS 稳定粒料的强度与干缩特性。试验中采用了 16 种 HAS 稳定粒料混合料，试验编号分别为 H1～H8、M1～M8。各试样击实曲线如图 4.1～图 4.4 所示，通过击实曲线求得各试样的最佳含水率与最大干密度。试验方案与击实试验结果见表 4.15 和表 4.16。

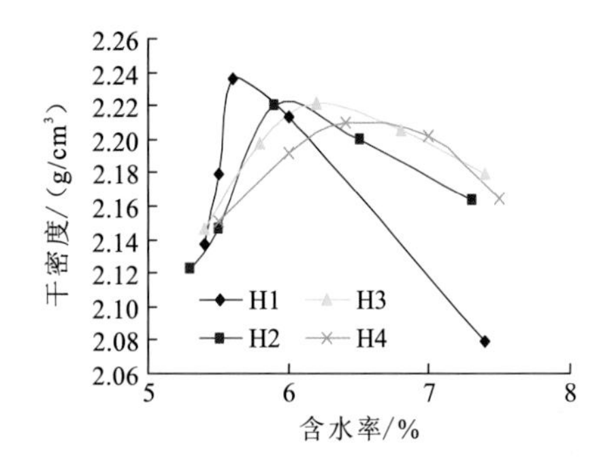

图 4.1　H1～H4 击实曲线

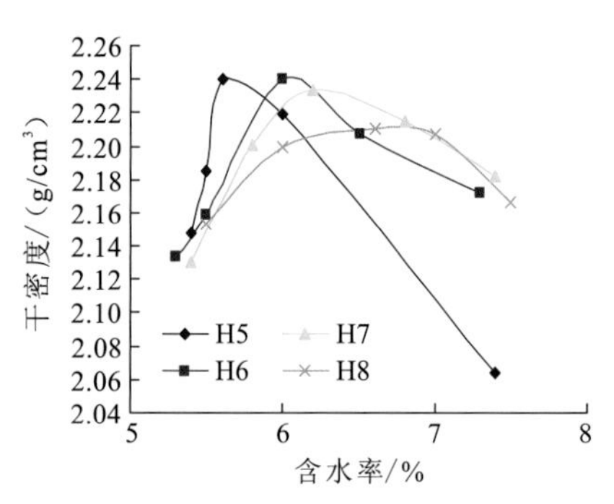

图 4.2　H5～H8 击实曲线

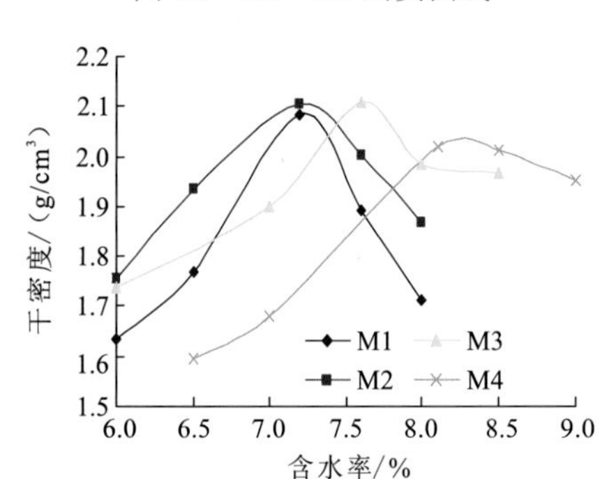

图 4.3　M1～M4 击实曲线

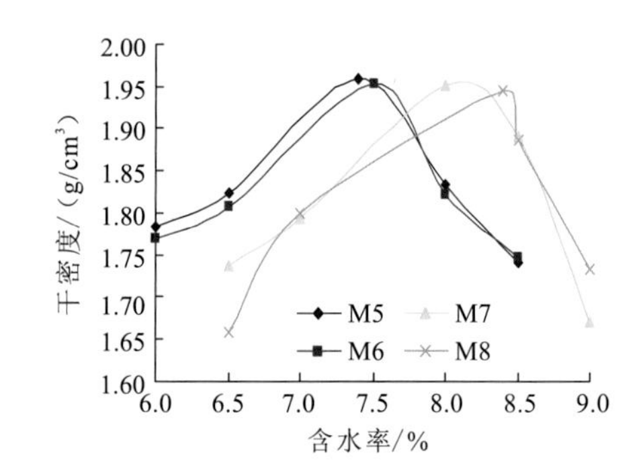

图 4.4　M5～M8 击实曲线

表 4.15　HAS 稳定粒料击实试验结果

编号	HAS 固化剂掺量/%	石屑（含泥量/%）	最佳含水率/%	最大干密度/（g/cm³）
H1	5	95(15)	5.6	2.236
H2	5	95(20)	5.9	2.220
H3	5	95(25)	6.2	2.221
H4	5	95(30)	6.4	2.210
H5	6	94(15)	5.6	2.240
H6	6	94(20)	6.0	2.240
H7	6	94(25)	6.2	2.234
H8	6	94(30)	6.6	2.210

表 4.16　粉煤灰改性后 HAS 稳定粒料击实试验结果

编号	HAS 固化剂+外掺剂/%	石屑含泥量/%	最佳含水率/%	最大干密度/（g/cm³）
M1	5%固化剂+ 20% 粉煤灰	75(15)	7.2	2.084
M2	5%固化剂+ 20% 粉煤灰	75(20)	7.2	2.103
M3	5%固化剂+ 20% 粉煤灰	75(25)	7.6	2.108
M4	5%固化剂+ 20% 粉煤灰	75(30)	8.1	2.020
M5	5%固化剂+ 30% 粉煤灰	65(15)	7.4	1.960
M6	5%固化剂+ 30% 粉煤灰	65(20)	7.5	1.953
M7	5%固化剂+ 30%粉煤灰	65(25)	8.0	1.952
M8	5%固化剂+ 30%粉煤灰	65(30)	8.4	1.945

2. 边界集料固化体的力学特性

抗压强度是研究固化体的必要的指标。按击实试验得出的 16 组最佳含水量 W_0 与最大干密度 ρ_0 配制圆柱形试件，在 HAS 固化剂的作用前期（7 d）和作用后期（28 d）进行该项试验。试验结果如图 4.5～图 4.8 所示。

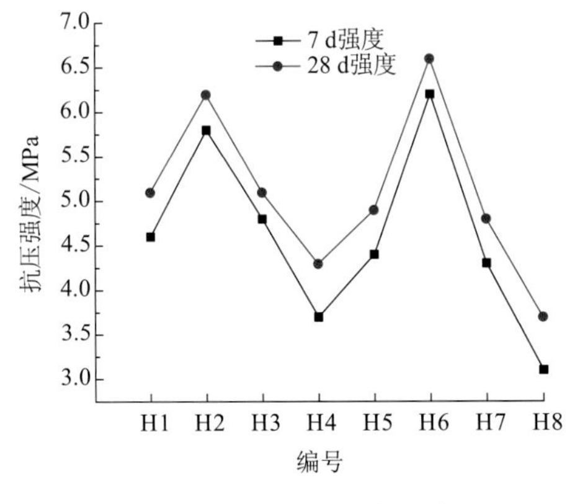

图 4.5　H1～H8 击实曲线

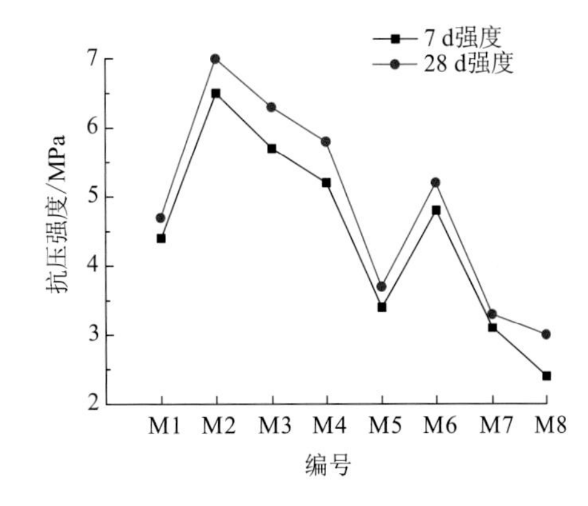

图 4.6　M1～M8 击实曲线

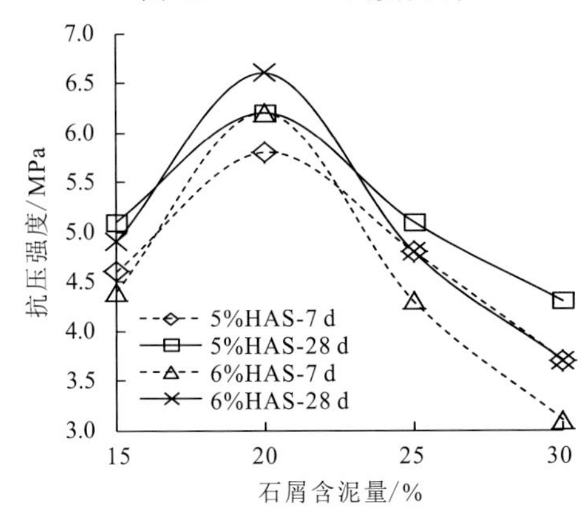

图 4.7　含泥量对固化体强度的影响

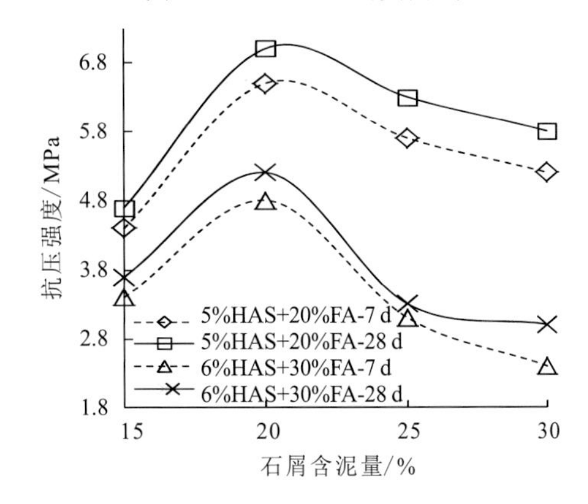

图 4.8　含泥量对 HAS+粉煤灰固化体强度的影响

从 7 d 抗压强度结果可以看出，当固化体中含泥量为 20%左右时，出现最大的抗压强度。这主要是因为在含泥量较小的级配中，细粒料含量偏少，与固化剂、水形成的结合料的含量少，稳定效果未达到最佳；当增加细料的含量时，由于细粒料的增多，级配发生改变，更多的集料“悬浮”在结合料中，抗剪切能力下降。另外，随着固化剂掺量的加大，强度有所提升；对于掺入粉煤灰的试件而言，20%的粉煤灰掺量下强度指标好于 30%掺量的试件，这说明外掺料粉煤灰的掺量有一最佳值，过多地掺入粉煤灰导致级配变化，降低了固化体的强度，28 d 抗压强度结果也反映了这一规律。强度指标并非在含泥量越小时越好，由于固化体存在一个最佳级配组成，在处于最佳级配下的含泥量水平时，试件达到最大的抗压强度，增大或减少细粒料的含量（含泥量）均会导致固化体的试件强度下降。

4.3　边界集料固化体干缩抗裂性能

4.3.1　边界集料固化体土壤失水干缩特性

1. 边界集料固化体的失水率

失水率是考察固化土壤失水干缩效果的重要指标之一，采用表 4.15 和表 4.16 的试验配比，在最佳含水量 ω_0 与最大干密度 ρ_0 制作 24 种 5 cm 的小梁试件开展研究。采用压力机静压成型，在标准养护室内养护 7 d 后，养生温度为 20 ℃，相对湿度大于 90%。养生结束后置于自然状态，测量小梁质量变化，同时用千分表测量其干缩量，通过计算测试失水率、干缩应变、干缩系数（冯柳羽，2006）。

从标准养护室中取出置于自然状态时，小梁会发生失水干缩。小梁失水率随时间的变化规律见图 4.9 与图 4.10，失水率 W 表示单位干材料失去的水的量，图中“W_{H1}”对应于编号为 H1 的固化体混合料失水率，其余以此类推，试件测定周期为 18 d。

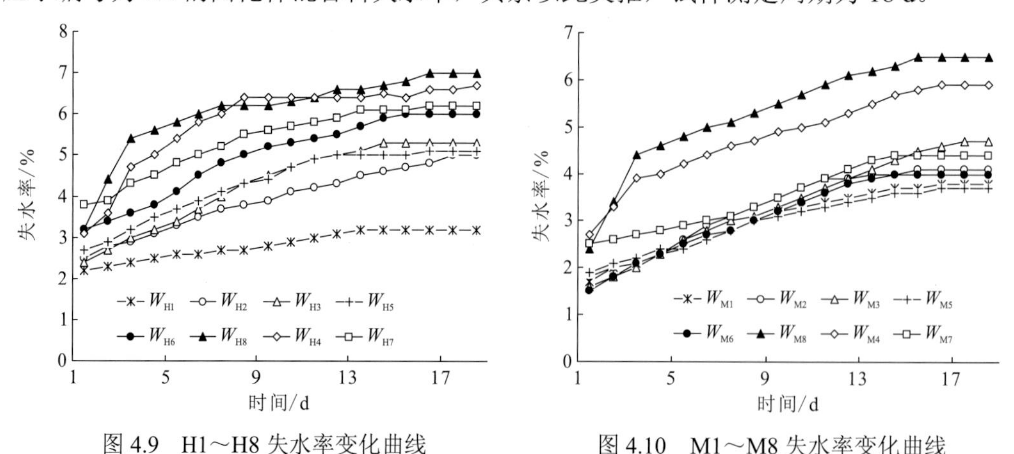

图 4.9　H1～H8 失水率变化曲线　　图 4.10　M1～M8 失水率变化曲线

在固化剂用量一定的情况下，试件的失水率与含泥量，与固化体的级配有直接的关系：含泥量的增大、细集料含量高会导致试件的最终失水率大，而含泥量较少的试件最终失水率小。如图中 W_{H4} 与 W_{H8} 的最终失水率远大于其他试件，这两个试件的含泥量均为 30%（廖公云 等，2005）。这主要是因为含泥量大则黏粒、胶粒的含量大，比表面积越大，吸水性越强，收缩也越显著。粉煤灰的掺入改变了固化体试件的干缩性能，直接的表现是在相同的含泥量与固化剂用量的情况下试件的最终失水率小于未掺粉煤灰改性的试件。主要的原因是粉煤灰的掺入，改变了级配，级配中含泥量虽然未改变，但实际含泥量减少了，也就是黏粒、胶粒的比例减小，这也说明失水率与粒料的级配有直接的关系；同时由于粉煤灰中细小的圆滑球形颗粒的含量大，活性高，需水量少，则失水与收缩均不显著（姜蓉 等，2002）。

2. 边界集料固化体的干缩应变

利用上述所测得的小梁试件干缩量和相应的水分损失量，可以计算试件的干缩应变和平均干缩系数，计算公式为

$$E_d = \Delta l / L \tag{4.1}$$

$$\alpha_d = E_d / W \tag{4.2}$$

式中：E_d 为小梁的干缩应变，$\times 10^{-6}$；α_d 为小梁的平均干缩系数，$\times 10^{-6}$；L 为小梁的长度，240 mm；Δl 为含水量损失 W（失水率）时小梁的整体收缩量，0.001 mm。

16 种小梁试件自然干缩应变随时间的变化规律如图 4.11 与图 4.12 所示。图中“E_{H1}”对应于编号为 H1 的固化体混合料的干缩应变，其余以此类推，试件测定周期为 18 d。

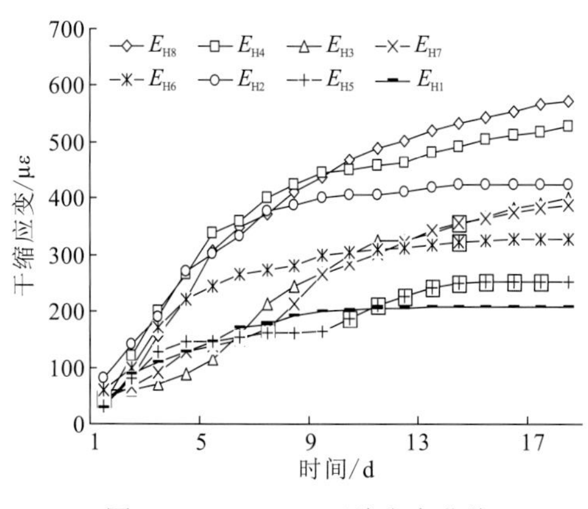

图 4.11　H1～H8 干缩应变曲线

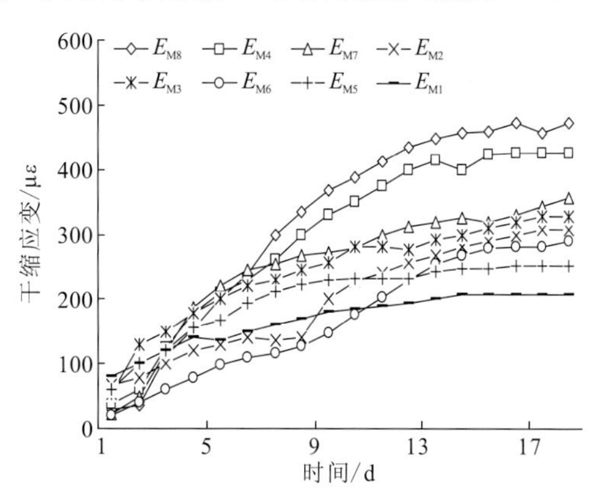

图 4.12　M1～M8 干缩应变曲线

固化体的干燥收缩表现出的规律类似于失水率的变化规律，即随着时间的延长干缩应变逐渐增大，5～7 d 后增幅趋缓。在固化剂用量一定的情况下，试件的干缩应变与含泥量有直接的关系：含泥量的增大、细集料含量高会导致试件的最终失水率大、干缩应变大，含泥量应控制在 20%以内，最好为 15%。如图中 H4 与 H8 的干缩应变均大于其他试件，这两个试件的含泥量均为 30%。这主要是因为粒料含泥量大，则黏粒、胶粒的含量大，则成型试件收缩显著。掺入粉煤灰后，相同含泥量水平下，试件的干缩应变减小。分析其主要原因是粉煤灰细粒的引入，一方面降低了细粒黏土的吸水性，降低了其收缩性；另一方

面，粉煤灰的细粒起到了一定的劈裂作用，使细粒土粒之间间距增大，即降低间距缩小的趋势，以此来减小粒料的收缩。固化剂用量一定时，含泥量相同时，粉煤灰掺量增加，干缩应变有减小的趋势。建议含泥量在20%以内时，粉煤灰掺量可适当提高。

3. 边界集料固化体的干缩系数

根据式（4.1）和式（4.2）可以算出小梁的干缩系数，如图4.13和图4.14所示，整体上看，随着时间延长，干缩系数基本在15 d后趋于平衡。含泥量在15%～30%变化时，粒料的干缩系数都在一个数量级上，含泥量在20%的干缩系数相对较大，最大值在7 d左右出现，随后下降，其中在固化剂掺量6%时，后期的干缩系数较小。从图可以看出：掺用粉煤灰情况下，固化剂用量为5%或6%，粒料干缩系数也都在一个数量级上，含泥量在15%或20%时干缩系数均较小。总之，无论是否掺用粉煤灰，石屑含泥量控制在20%以内，粒料的干缩性能较好。

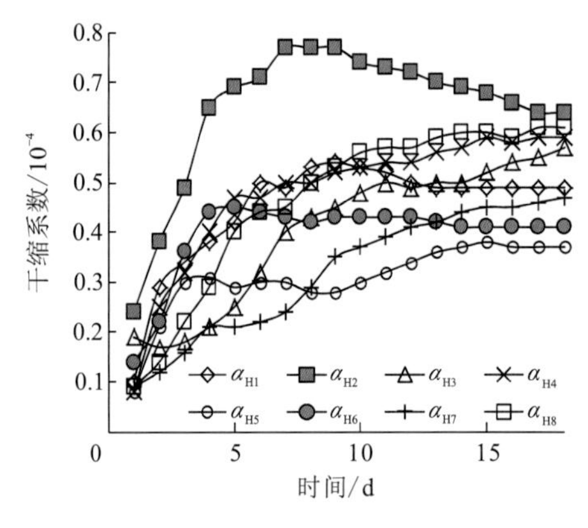

图4.13　H1～H8干缩系数曲线

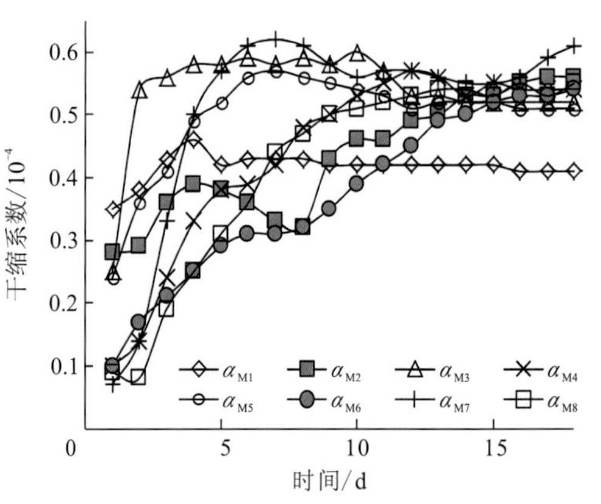

图4.14　M1～M8干缩系数曲线

4. 边界集料固化体的干缩回归分析

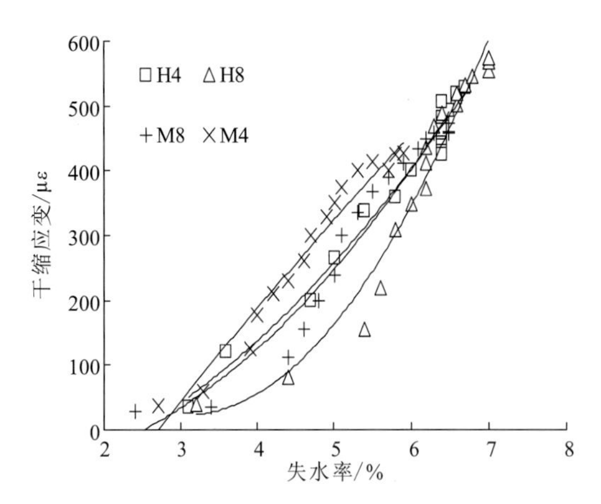

图4.15　失水率与干缩应变拟合曲线

对16种固化体小梁的干缩试验数据进行整理，可得小梁干缩应变与失水率的关系，如图4.15所示。图中曲线具有一个共同点，即固化体混合料的干缩应变随着失水率的增大而增加，只是增加的幅度不同。对含泥量越大的粒料混合料，含水量及干缩应变的变化越敏感。

对图4.15中的数据，采用曲线回归分析方法，可以获得相应的干缩应变、平均干缩系数与失水率的关系曲线。部分小梁干缩应变与失水率的拟合曲线，如表4.17所示。

表 4.17　失水率与干缩应变关系

试件编号	拟合方程	相关系数 R^2
H4	$E_d = 12.1w^2 + 11.62w - 102.29$	0.980 3
H8	$E_d = 37.305w^2 - 228.33w + 372.12$	0.957 5
M4	$E_d = -3.3598w^2 + 167.61w - 428.94$	0.964 6
M8	$E_d = 15.515w^2 - 17.157w - 54.124$	0.955 0

注：E_d为小梁干缩应变，w 为失水率

由拟合方程及相关系数可知，四个编号试件的失水率与干缩应变关系曲线拟合程度高，相关性非常好，在其他含泥量水平下，利用固化体，失水率与干缩应变也具有很好的相关性。

5. 边界集料固化体的干缩灰色关联分析

灰色关联分析方法是运用灰色系统基本理论进行多因素重要性分析的有效方法，其基本思想是根据序列曲线几何形状的相似程度来判断其联系是否紧密。曲线越接近，相应序列之间的关联度就越大，则因素（影响因素序列）对目标值（指标序列）的影响就越大。因而采用灰色关联分析方法，就可以对影响水泥固化体最大干缩应变因素（含泥量、粉煤灰和固化剂用量等）进行重要性分析。含泥量、粉煤灰和固化剂用量等因素对固化体失水率、干缩应变的影响序列，如表 4.18 所示。

表 4.18　灰色关联分析序列值

指标序列			影响因素序列		
7 d 抗压强度/MPa	失水率/%	最大干缩应变/με	含泥量/%	粉煤灰质量分数/%	HAS 质量分数/%
4.6	3.2	208	15	0	5
5.8	5.0	424	20	0	5
4.8	5.3	402	25	0	5
3.7	6.7	527	30	0	5
4.4	5.1	252	15	0	6
6.2	6.0	328	20	0	6
4.3	6.2	388	25	0	6
3.1	7.0	573	30	0	6
4.4	3.8	208	15	20	5
6.5	4.1	308	20	20	5
5.7	4.7	328	25	20	5
5.2	5.9	427	30	20	5

续表

指标序列			影响因素序列		
7 d 抗压强度/MPa	失水率/%	最大干缩应变/με	含泥量/%	粉煤灰质量分数/%	HAS 质量分数/%
3.4	3.7	252	15	30	6
4.8	4.0	289	20	30	6
3.1	4.4	357	25	30	6
2.4	6.5	473	30	30	6

灰色关联分析方法弥补了采用数理统计方法做系统分析的缺陷，它对样本量的多少和样本有无规律等同样适用。经计算，各影响因素（含泥量、粉煤灰量与 HAS 用量）与抗压强度（7 d）之间（7 d 与 28 d 的抗压强度变化规律相同）的灰色关联度为（0.771，0.551，0.821）；与最大失水率之间的灰色关联度为（0.891，0.456，0.834）；与最大干缩应变之间的灰色关联度为（0.907，0.461，0.788）。

从计算结果来看，各影响因素对强度、最大失水率的灰色关联度大于与最大干缩应变之间的关联度，影响次序略有不同。含泥量对最大失水率和最大干缩应变之间两个指标的影响最显著；HAS 对抗压强度的影响较为显著；而粉煤灰对三个指标的影响均不太明显，其对抗压强度的影响略大于对其他两个指标。因此将含泥量控制在一定范围，同时保持粒料级配的完整合理性，对于 HAS 稳定含泥粒料做道路基层具有重要意义，根据前面的强度、收缩试验，并结合灰色关联分析结果，本小节认为粒料中含泥量在 20%～25%（水洗法）、粉煤灰掺量为 20%、HAS 固化剂用量在 5%～6%（施工现场适当放宽结合料的用量）时，HAS 稳定含泥粒料可以表现出高强度、低收缩性能。

4.3.2　固化剂与水泥的失水干缩效应对比

HAS 固化剂对含泥石屑等边界集料具有较好的固定作用，可显著改善固化体干缩应变。分别采用 HAS 固化剂与水泥作为胶凝材料，开展小梁试件的失水干缩试验，并对试验效果进行对比。试验所采用的配合比参照现场施工要求，试验结果如表 4.19 所示。

表 4.19　试样各龄期的干缩参数

配合比（质量比）	龄期/d	失水率/%	干缩应变/10^{-4}	干缩系数/10^{-4}
HAS 固化剂：粉煤灰：石屑=6：20：74（小梁试件 5 cm×5 cm×24 cm）	1	2.3	0.42	0.18
	7	3.1	0.87	0.28
	28	3.8	1.20	0.32
HAS 固化剂：粉煤灰：石屑=5：19：76（小梁试件 5 cm×5 cm×24 cm）	1	2.1	0.30	0.14
	7	3.0	0.74	0.25
	28	3.6	1.10	0.31

续表

配合比（质量比）	龄期/d	失水率/%	干缩应变/10^{-4}	干缩系数/10^{-4}
HAS 固化剂：石屑=5：95（小梁试件 5 cm×5 cm×24 cm）	1	1.2	0.21	0.10
	7	2.7	0.94	0.35
	18	3.2	1.16	0.36
水泥：碎石=5：95（小梁试件 5 cm×5 cm×24 cm）	1	2.2	0.13	0.06
	7	5.7	2.09	0.37
	18	6.0	3.09	0.52
水泥：碎石=5：95（中梁试件 10 cm×10 cm×40 cm）	1	0.62	0.03	0.05
	7	1.69	0.18	0.11
	28	2.36	2.04	0.71

可以看出，HAS 固化剂稳定含泥石屑、粉煤灰基层早期干缩应变略大，但 7 d 以后显著降低，在 28 d 只有水泥稳定碎石基层 18 d 应变值的 35.5%～38.8%，干缩系数降低至水泥稳定碎石基层 18 d 应变系数的 48.1%～61.5%（平树江　等，2004）。而 HAS 固化剂稳定含泥石屑 1 d 干缩应变略大，但后期干缩应变迅速下降，28 d 干缩应变只有水泥稳定碎石 37.5%左右和采用中梁试件的 56.8%，由于受失水率影响，水泥稳定碎石的 28 d 干缩系数高于 HAS 土壤固化剂稳定石屑基层试件干缩系数(廖公云　等,2002;2001)。

4.3.3　边界集料固化体的抗裂性能

1. 边界集料固化体的抗裂性能分析

HAS 固化剂固化原状粉煤灰、石屑强度试验结果表明，试块强度可以达到 15.2～16.5 MPa，考虑成型试块尺寸对强度影响也可以达到混凝土强度 C10 等级要求，而抗裂性能也是固化体试块的重要力学参数之一。采用固化剂配合石屑对粉煤灰固化，开展抗裂与软化性能研究，相关配比与试验结果如表 4.20 所示。可以看出，S1、S2 两组试样软化系数都在 90%以上，抗冻性能好，冻融循环 25 次后，强度损失仅为 7.7%、7.8%，冻融后，两组试样的渗透系数都增大。

表 4.20　固化粉煤灰、石屑性能试验结果

编号	配合比/（kg/m^3）	28 d 标养强度/MPa	28 d 饱水强度/MPa	软化系数/%	25 次冻融后强度/MPa	强度损失/%	冻前渗透系数/（cm/s）	冻后渗透系数/（cm/s）
S1	粉煤灰：固化剂：石屑：水=520：175：1040：200	15.6	14.7	94	14.7	7.7`	1.29×10^{-8}	3.14×10^{-7}

续表

编号	配合比/（kg/m^3）	28 d标养强度/MPa	28 d饱水强度/MPa	软化系数/%	25次冻融后强度/MPa	强度损失/%	冻前渗透系数/（cm/s）	冻后渗透系数/（cm/s）
S2	粉煤灰：固化剂：石屑：水=830：190：440：260	13.1	11.27	86	11.6	12.8	4.35×10^{-8}	1.21×10^{-6}

此外，针对S1和S2配比的固化体试块开展了抗冲磨及干缩试验，由表4.21和表4.22结果显示，固化粉煤灰、石屑试件的抗冲磨性能较好，固化体干缩较小，28 d干缩率为-4.21×10^{-4}～-5.86×10^{-4}，在施工中按一定宽度预留收缩缝，能够保证护坡不裂缝（李亚梅，2003）。

表4.21　固化粉煤灰、石屑抗冲磨强度

编号	每次冲磨平均失重率/（g/kg）				平均失重率/（g/kg）	抗磨强度/（h/cm）
	1	2	3	4		
S1	6.06	2.12	3.13	5.03	4.09	4.19
S2	9.21	5.77	6.32	7.17	7.12	2.34

表4.22　固化粉煤灰石屑干缩率　（单位：10^{-4}）

编号	试验天数/d				
	1	3	7	14	28
S1	−0.42	−1.52	−2.13	−4.03	−5.86
S2	−0.37	−0.95	−1.22	−2.77	−4.21

2. 边界集料固化体的抗裂机理分析

HAS固废基土壤固化剂固化粉煤灰、石屑具有较好的抗裂性能和抗磨强度，此处从水化热分析边界集料固化体的抗裂机理。采用《水泥水化热测定方法》（GB/T 12959—2008）对32.5普硅水泥和HAS固化剂进行水化热测定对比，试验结果见表4.23。

表4.23　水化热对比值　（单位：kJ/kg）

材料	试验天数/d			
	1	3	5	7
水泥熟料	162	228	252	261
32.5普硅水泥	155	213	237	250
HAS-I固化剂	82	148	173	189
HAS-IV固化剂	67	134	161	171

从表4.24中可看出，HAS固废基土壤固化剂的水化热远远低于32.5普硅水泥，1 d的水化热基本上为水泥的一半，这主要是由固化剂和水泥不同的材料组成原理导致的。

表4.24 普硅水泥和HAS固化剂的组成

材料	水泥熟料	掺合料	石膏	母料
32.5普硅水泥	70%～75%	15%～25%	5%	—
HAS固化剂	10%～20%	75%～80%	5%～7%	3%

表4.24为普硅水泥和HAS固化剂的材料组成，普硅水泥中水泥熟料占其比例达到70%以上，而固化剂中水泥熟料的掺加比例不超过20%。占固化剂比例较大的材料为矿渣、粉煤灰等一类的火山灰材料及石膏（张舒畅，2005）。

三种成分中水泥熟料的水化热最大，火山灰材料也具有一定的水化热但远低于水泥熟料，石膏水化热最小。因此HAS固化剂的材料配比导致其水化热远远低于普硅水泥，这也是掺HAS固化剂固化含泥碎石稳定基层不易产生温度裂缝的主要原因。

4.4 固废基土壤固化剂工程应用与示范

4.4.1 武汉市三环线东段道路施工工程

武汉市三环线东段青化路立交至老武黄立交建设项目，是武汉三环线最后施工的一段，全长9 646 m，北起青化路立交，南接老武黄立交，双向6车道，设计车速80 km/h，其中道路段长约2 191 m，桥梁段长约7 455 m。现场试验配比参数见表4.25。

表4.25 武汉三环线现场试验配比

配合比/%			石屑含泥量/%	击实试验		7 d浸水强度/MPa
H4000	石屑	碎石		最优含水率/%	最大干密度/（g/cm^3）	
5	60	35	14.5	5.7	2.27	5.41

通过现场检测发现，施工所用石屑基本成粉状，无明显级配，含泥量高达14.5%，采用水泥稳定碎石石屑无法满足要求（梁志林 等，2005），因此该段在施工前，根据现场条件改进工艺，并进行固化剂配合比设计，再开展了相关现场试验，结果如表4.26所示，可以看到7 d进水强度可达到5.41 MPa，满足道路基层施工要求，可以开展现场施工。现场施工如图4.16所示。

图 4.16 HAS 固化基层施工

表 4.26 三环线基层无侧限强度测试结果

试件编号	试件高度/mm	养护质量损失/g	试件吸水量/g	试件干密度/（g/cm³）	破型荷载/N	单个试件抗压强度/MPa
1	152.6	—	109	2.23	80 235	4.5
2	153.1	—	99	2.24	66 211	3.7
3	154.2	—	120	2.22	63 179	3.6
4	153.6	—	114	2.20	79 110	4.5
5	154.7	—	118	2.24	71 424	4.0
6	154.1	—	107	2.22	67 396	3.8
7	153.4	—	113	2.21	81 657	4.6
8	152.9	—	89	2.20	75 848	4.3
9	153.8	—	119	2.25	87 053	4.9
10	153.2	—	106	2.23	77 984	4.4
11	153.8	—	118	2.26	66 715	3.8
12	153.3	—	110	2.21	74 002	4.2
13	154.9	—	103	2.20	83 238	4.7
平均抗压强度/MPa 4.2	标准差/MPa 0.4		偏差系数/% 10.0		$R_{c0.95}$ 强度判定/MPa 3.5	

实际施工即采用 5%HAS 固废基土壤固化剂、60%石屑和 35%碎石稳定基层，养护完成后即开展无侧限抗压强度与钻芯取样强度检测，结果如表 4.26 和表 4.27 所示，可以看出 7 d 无侧限抗压强度平均 4.2 MPa，现场钻芯取样强度平均高达 6.8 MPa，性能良好，满足设计要求。该工程于 2011 年建成，通车后车流量巨大，且常年受大量重型车碾压，使用至今，采用 HAS 固化剂水稳后的基层未发现有开裂沉降现象，沥青路面路用性能良好，而采用水泥稳定碎石基层后沥青路面产生了明显的开裂现象（图 4.17 和图 4.18）（石爱云，2019）。

表 4.27　三环线基层现场钻芯强度测试结果

芯样尺寸/mm		破坏荷载/kN	单块抗压强度/MPa	换算系数	抗压强度/MPa
直径	高度				
94	116	35.0	5.0	1.1	5.5
94	127	45.0	6.5	1.1	7.2
94	124	47.5	6.8	1.1	7.4
94	126	47.0	6.8	1.1	7.4
94	120	49.5	7.1	1.1	7.8
94	127	57.5	8.3	1.1	9.1
94	129	36.5	5.3	1.1	5.8
94	121	56.0	8.1	1.1	8.9
94	114	43.5	6.3	1.1	6.9
94	121	19.5	2.8	1.1	3.0
94	130	42.0	6.1	1.1	6.7
94	133	38.0	5.5	1.1	6.0

图 4.17　采用 HAS 固化水稳基层后沥青路面

图 4.18　采用水泥稳定碎石基层后沥青路面

4.4.2 电厂贮灰场灰坝加高工程

粉煤灰是燃煤电厂排出的一种工业废渣。我国每年的粉煤灰排放量达 1.3 亿 t，由于利用率仅 40%，大部分堆放在贮灰场。贮灰场粉煤灰堆放到一定高度后要进行灰坝加高，增加库容。加高灰坝的筑坝材料一般用土，由于取土、运土的费用高，导致工程造价高。利用 HAS 固化剂固化粉煤灰加高子坝，坝中间用原状粉煤灰填筑，表面用固化灰护坡，其强度、抗冻融性、耐久性和抗渗性等各项技术指标均能满足设计要求，可就地取材，并大大降低工程造价。该材料与技术已成功应用于山西某电厂，具体案例如下。

1. 工程概况

工程应用的发电厂贮灰场位于山西省，于 1989 年建成投入使用，距电厂直线距离约 5 km。贮灰场占地面积为 235.6 万 m^2，有效贮灰库容为 364.4 万 m^3，贮灰场分三期建设。初期灰坝设计坝顶高程 293.0 m，可供堆灰 8 年，分别于 1998 年和 2000 年，采用当地土料加高一级子坝和二级子坝。现 I、II 格灰面已接近坝顶，必须进行灰坝的加高，以保证电厂安全生产。

2. 技术方案

1）固化粉煤灰技术参数

固化粉煤灰的干重度＞11.0 kN/m^3，渗透系数＜1.0×10^{-5} cm/s；抗剪强度的内摩擦角≥36°，凝聚力≥80 kPa。

2）固化粉煤灰性能及抗冻性

固化粉煤灰筑坝技术已经有 8 年的工程应用历史，改造后的灰场目前运行状况良好，未出现冻融剥离现象。

3）坝体结构

固化粉煤灰加高灰坝典型坝体结构横剖面图如图4.19所示，即在原灰面上加高子坝，

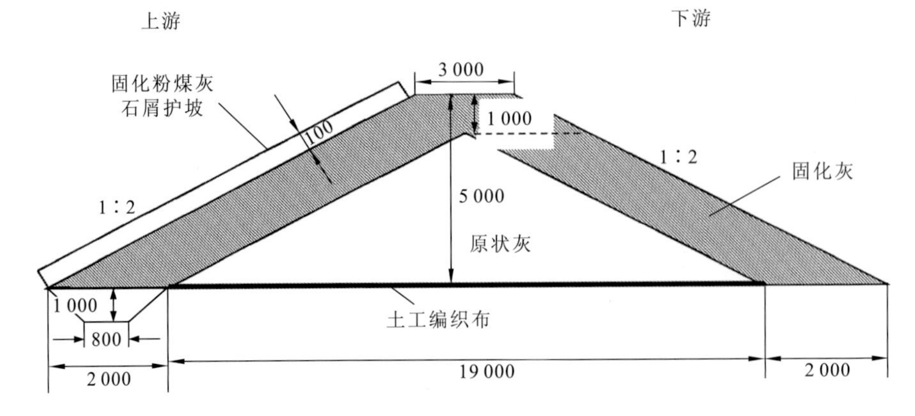

图 4.19 固化粉煤灰加高灰坝典型坝体结构横剖面图

子坝的上下游边坡均为 1∶2，子坝上下游坡面采用固化粉煤灰填筑，固化灰水平宽度为 2 m，坝顶固化灰的厚度为 1 m，中间全部用原状粉煤灰填筑，即所谓的“金包银”技术。下游的坝脚设堆石棱体，边坡不用再护坡；上游迎水面用固化粉煤灰石屑护坡，护坡与固化粉煤灰间不用铺设土工布，坝体上游坝脚的趾板也用固化粉煤灰填筑。

4）坝基处理

通过对子坝坝基承载能力的校核与坝体沉降变形计算，采用我们设计的坝体结构，子坝基础仅需将原灰洒水碾压，使之干重度达到 9 kN/m^3，再铺上一层 260 g/m^2 土工编织布，就可达要求。这比传统设计的用土工布包 300 mm 厚石子做基础，工程造价要低得多。

5）坝体施工

采用分层碾压的办法施工，固化粉煤灰采用路拌机（移动式搅拌机）进行搅拌。具体施工时，每层松铺厚度 300 mm 原状粉煤灰，将 HAS 固化剂按计量人工铺在坝体上下游的固化粉煤灰区内，用路拌机将固化粉煤灰搅拌均匀，然后用胶轮压道机压实，达到设计干重度，按此方法施工直至坝顶。

如图 4.20 所示，固化粉煤灰石屑施工，将 HAS 固化剂、粉煤灰、石屑按计量搅拌均匀，直接铺在坝体上，用平板振动器振实即可，每次施工宽度为 6～8 m，连续作业，整个坝体护坡连成一片，中间不用留收缩缝。

图 4.20　固化粉煤灰筑坝现场施工图

6）护坡

如图 4.21 所示，固化粉煤灰有一定强度，因此坝体外坡不再护坡。内坡迎水面采用 HAS 固化剂固化粉煤灰石屑（含泥沙砾石、钢渣等）进行护坡，厚度 8～12 cm，该护坡材料相当于 C10～C15 标号混凝土，造价仅为水泥混凝土的 70%左右。

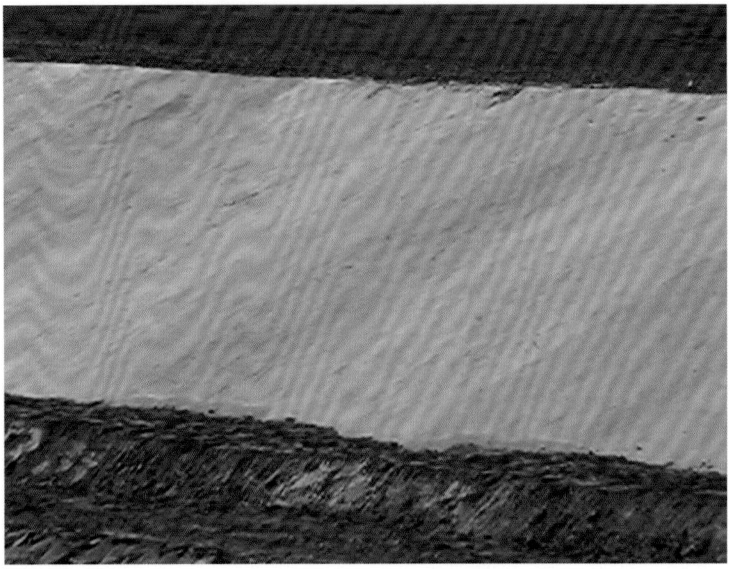

图 4.21　固化粉煤灰坝体砌护图

7）工程检测

该工程项目中，每方固化剂掺量为 170 kg，经过检测强度达到 C15 混凝土要求，造价仅为混凝土的 70%。

3. 经济分析

以加高灰坝 5 m 为例进行分析，对于整个坝体，固化粉煤灰与原灰的质量比为 32.3∶67.7，按电力系统定额，原灰碾压施工费为 10.57 元/m^3，固化粉煤灰施工费为 55.9～66.44 元/m^3，则坝体造价为 25.2～28.62 元/m^3。就坝体本身而言，造价比用土和水力冲填粉煤灰略高，但用固化粉煤灰筑坝，整体施工方量仅为用土（坝坡为 1∶2.5）和水力冲填粉煤灰（坝坡 1∶3）的 83.9%和 72.2%，同时省去了坝基处理、外护坡及内护坡的土工布等费用，工程造价大大降低（表 4.28）。

表 4.28　各种筑坝方式坝体造价比较

筑坝方式	基础处理		内护坡		外护坡		坝体		总造价/元
	长度/m	造价/元	长度/m	造价/元	长度/m	造价/元	体积/m^3	造价/元	
用土筑坝	24	792	13.46	471	—	—	77.5	1 938	3 201
水力冲填粉煤灰	29	957	15.8	553	—	198	90	1 440	3 148
固化粉煤灰	19	133	11.18	190	—	—	65	1 860～1 639	2 183～1 962

因此，固化粉煤灰筑坝造价仅为其他方式的70%左右。

工期比较：固化粉煤灰与用土筑坝的施工速度相近，水力冲填粉煤灰采取分段分层施工，每层需12 h，施工效率仅为碾压灰坝效率的20%，施工周期长。

4.4.3　长江堤防铜陵河段崩岸治理工程

长江堤防铜陵河段崩岸治理工程，针对长江流域冲积的粉砂土开展固化稳定化施工，填筑长江地方铜陵段护坡，施工工艺流程如图4.22所示，包括混合料拌和、铺料、整平、压实、质检、养护等。具体施工步骤分为以下七步。

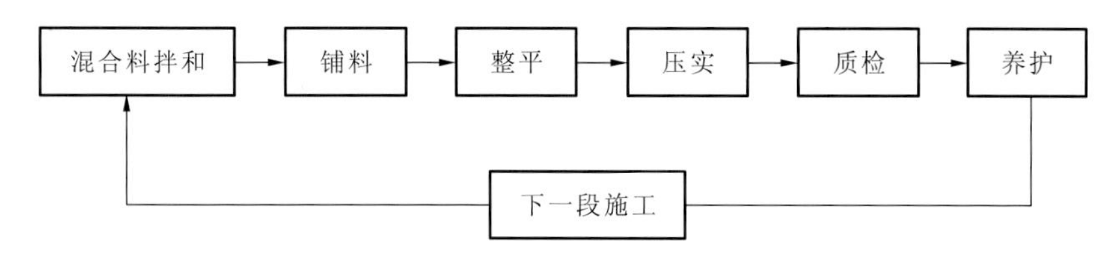

图4.22　施工工艺流程图

（1）作业区划分。护坡施工时，采用流水作业法，使每道工序紧密衔接，缩短从拌和到压实成型的时间。每一流水作业段的长度为50～250 m。每个流水作业区按6 m×6 m分块施工，横向和纵向设置伸缩缝，施工中采用6 m×6 m×0.3 m木板分隔，最后采用沥青灌注。

（2）基底处理。施工时，在江堤斜坡上下两侧标桩上设标记，并进行高程测量，标出固化边缘的设计高度。渠道斜坡上的乱石杂物清除；并按照要求坡度整型，并洒水夯实。利用取土场的土时，去除含草根、树根、乱石等杂物。检测土的含水率，以符合固化类混合料的最佳含水量的要求，若不能满足要求时，则对土采取处理措施，坡表面干燥时，铺料前洒水润湿。

（3）现场拌和要求。严格按施工配比进行集中拌和，控制加水秒数，拌和完成后，混合料含水率应略大于最佳含水量，以手捏成团、平摊不马上松散为宜。搅拌时间不少于2 min，确保拌和均匀。

（4）混合料摊铺要求。混合料采用人工铺料，松铺厚度为19.5～20 cm，铺料厚度均匀。进行上部面层施工时，将底层顶面拉毛，洒水湿润，再摊铺混合料。先将混合料铺平，采用锹和耙人工整型。

（5）压实和成型。整型后混合料应在最佳含水量时压实，当表层含水量不足时，洒水再进行碾压。采用坡面夯实机压实，振动3～4遍。压实时重叠部分为1/5坡面夯实机的宽度，压实成型后结构层表面平整。压实过程中，若出现松散、起皮的现象，应及时采取换料、洒水等措施。

（6）养护。固化土壤护坡压实成型后，保湿养护期不宜少于7 d。当气温低于5 ℃时，采用保温覆盖养护。

（7）施工质量控制。各道工序应在严格控制的条件下进行施工，有专人负责，严格把关，保证工程施工质量，施工中按混凝土的要求每 200 m^2 送检一次试样。

该工程于 2010 年开始施工，施工现场如图 4.23 所示，施工至今已 10 年，固化效果好，表面未发现开裂现象。

图 4.23　江堤护坡 HAS 固化施工图

4.4.4　武汉市武青三干道改造工程

武青三干道是武汉市洪山区兴建的由武昌青山至螃蟹岬的一条高等级主干道，于 2001 年开工，2002 年底完工。该工程设计 6 车道，水泥混凝土路面厚 24 cm、宽 22 m，基层为 30 cm，双层二灰稳定碎石[水泥∶石灰∶粉煤灰∶碎石＝3∶7∶45∶45（质量比）]，设计 7 d 抗压强度为 1.5 MPa，顶面弯沉值为 100。2002 年 10 月份路面施工进入高潮，从 11 月起连续经历雨雪天气，二灰稳定碎石不易成形，即使硬结了，路面施工时施工车辆开过又会产生推挤和回弹，反复处理费工、费时（甄启霜 等，2004）。后经武汉市洪山区建设局、市政设计院、施工单位共同研究，决定采用 HAS 固化剂稳定含泥石屑粉煤灰作道路基层，并在施工前开展了现场试验，结果如表 4.29 所示，现场试验效果良好，成型快，早期强度高，施工合易性好，能够极大加快工程进度。施工现场如图 4.24 所示。

表 4.29　基层配比及检测结果

编号	配合比/%			石屑含泥量/%	击实试验		压实度/%	弯沉值	7 d 浸水强度/MPa
	HAS	粉煤灰	石屑		最优含水率/%	最大干密度/（g/cm³）			
H1	6	19	75	15	8.5	1.97	97	22～46	3.9～5.4
H2	6	19	75	15	8.7	1.95	97	24～34	3.4～5.2

图 4.24　采用 HAS 固化石屑道路基层

2003 年 7 月 30 日，道路竣工半年后，受武汉市洪山区建设局委托，在工程验收的同时，组织有关技术专家对 HAS 固化剂筑路进行技术评审，经充分讨论形成以下意见。

（1）HAS 固化剂是以工业废渣为主要原材料，生产的一种高强耐水土壤固化新材料，对于固结含泥量较大的石屑、黏性土、粉煤灰等效果明显，是一种新型环保筑路材料，有良好的发展前景。

（2）武青三干道应用 HAS 固化剂稳定基层试验段，各项验收资料完整，强度检测数据（弯沉值、无侧限抗压强度和压实度）符合设计要求。

（3）用 HAS 固化剂稳定基层材料，配合比设计、施工工艺、强度检测与水泥稳定基层和底基层的要求相同，参照采用《公路路面基层施工技术规范》（JTJ 034—2000）和《固化类路面基层和底基层技术规程（CJJ/T 80—1998）》进行施工组织与管理。

（4）与水泥稳定碎石和三灰土稳定碎石相比，用 HAS 固化剂稳定粉煤灰、含泥石屑和统仓碎石等，施工操作更为方便，材料可不需特别选择；碾压成型快，外观良好，早期强度高，特别适用在不利的气候条件下进行施工。

（5）武汉地区工业集中，工业废渣、粉煤灰和采石场废料严重污染环境，用 HAS 固化剂稳定材料筑路能消化废渣废料，改善环境。

以上意见证明采用 HAS 固废基土壤固化剂稳定含泥石屑用于道路基层能够达到国家相关标准的同时实现资源的回收利用，降低施工成本。2011 年 10 月，在武青三干道使用 10 年后，分别对采用 HAS 固化剂和水泥固化稳定碎石基层的水泥路面进行抽查，如图 4.25 和图 4.26 所示，发现采用 HAS 固化剂稳定碎石基层的水泥路面平整、无纵横裂缝，路用性能良好；而采用水泥稳定碎石的水泥路面出现大面积横纵向裂缝、空洞等现象。说明 HAS 稳定含泥碎石用作道路基层具有明显效果，可以大大提高道路寿命。

图 4.25　采用 HAS 固化基层后水泥路面

图 4.26　采用水泥固化基层后水泥路面

参 考 文 献

冯柳羽, 2006. HAS 处理道路基层干湿效应研究. 武汉: 武汉大学.

侯浩波, 1997. 固化粉煤灰作为灰坝筑坝材料的研究. 武汉水利电力大学学报(5): 57-60.

侯浩波，孙琪, 1997. 用固化粉煤灰加高电厂灰坝. 粉煤灰综合利用(4): 5-8.

胡海燕, 李才, 2002. 水泥、粉煤灰稳定级配碎石基层在重交通道路上的应用. 交通标准化(6): 63-64.

胡珊, 栾海, 2002. 季节性重冰冻地区高等级公路粉煤灰路基冻稳定性的研究. 公路(5): 53-57.

姜蓉, 尹敬泽, 顾安全, 2002. 半刚性基层材料强度与收缩性能的试验研究. 公路(12): 107-110.

李亚梅, 2003. 水泥稳定碎石基层裂缝原因分析与防治. 交通科技(1): 37-39.

梁志林, 胡东, 2005. 粉煤灰对水泥稳定级配碎石路面基层结构强度的影响. 公路(7): 131-136.

廖公云, 黄晓明, 2001. 水泥稳定粒料收缩试验. 东南大学学报(自然科学版) (3): 70-72.

廖公云, 黄晓明, 2002. 水泥稳定粒料集料级配干缩性能研究. 公路交通科技(6): 41-44.

廖公云, 黄晓明, 傅智, 2005. 含泥量对水泥稳定粒料干缩特性的影响. 公路交通科技(1): 22-25, 32.

刘文永, 付海明, 2003. 高掺量粉煤灰固结材料的矿物组成及微观结构研究. 岩石矿物学杂志(4): 449-452.

平树江, 李汉江, 刘好成, 2004. 粉煤灰在公路路面底基层中的应用研究. 粉煤灰综合利用(5): 12-14.

阮燕, 方坤河, 曾力, 等, 2003. 固化粉煤灰防渗铺盖材料的研制. 哈尔滨工业大学学报(7): 826-829.

石爱云, 2019. 水泥稳定碎石基层裂缝病害分析及预防措施. 交通世界(24): 16-17.

田凤琴, 王欣荣, 2006. 水泥(石灰)粉煤灰混合料的最佳配合比的分析. 黑龙江交通科技(3): 4-5.

涂光灿, 2004. 粉煤灰固结筑灰坝(堤)的试验研究及应用. 电力建设(1): 16-19.

涂晋, 2005. HAS 固化粉煤灰作渠道衬砌材料的应用试验研究. 武汉: 武汉大学.

王慧, 朱步祥, 朱步纲, 2000. 渠道防渗新材料: 土壤固化剂及其应用. 节水灌溉(6): 35-38.

王景权, 2005. 工业废渣在路面基层中的应用. 辽宁交通科技(8): 21-24.

张舒畅, 2005. 粉煤灰路用性能综述. 山西建筑(3): 99-100.

甄启霜, 佟丽萍, 2004. 二灰土半刚性基层缩裂分析. 黑龙江交通科技(3): 35-36.

第 5 章　尾矿胶结充填技术

我国提高尾矿利用率、促进矿山安全生产和改善矿山生态环境刻不容缓。采空区固结充填消纳尾矿量较大，是解决难处理尾矿安全处置最有效的方法，但对目前越来越细和污染物尤其是重金属浸出浓度明显提高的尾矿颗粒，矿山充填用传统固结胶凝材料无法利用，存在掺量和充填成本高，浆体流动性差、充填体表层有浮泥现象、作业效率低，固结体强度低、泌水量大、浸出液污染物超标和污染风险大等难题。因此，迫切需要开发一种新的全尾矿固结环境功能材料，来解决上述难题。高硫型环境功能材料是以矿渣和石膏（掺量大于 20%）为主、对细粒料的矿山尾矿具有显著固结效果的亚纳米尺度固废基环境功能材料。

尾矿固结体的孔结构的孔径变化范围多介于纳米和微米之间，但尚不清楚该范围内的孔隙对于材料的强度和耐久性等的影响。国外学术界对超细尾矿含量对新鲜浆体的流动度开展了相关研究，但是忽视了粒度范围与级配优良程度等因素，缺乏尾矿颗粒级配对于流动性能、固结体孔隙结构和强度影响进行系统和深入研究。本章旨在针对不同尾矿粒度的固结剂开发和性能分析，揭示其与固废基尾矿固结微观架构及作用机制，构建尾矿固结体强度和硫酸盐侵蚀下损伤模型。

5.1　尾 矿 特 性

5.1.1　尾矿的粒度分布

尾矿的粗细状况主要取决于选矿工艺水平的高低，而尾矿的粒度分布主要取决于矿石中有用元素的赋存状态。尾矿井下充填的最终目的在于减少尾矿在地表的大量堆积的同时，胶结形成的充填体能发挥支护作用，限制采场周边围岩结构的位移和形变，减轻矿柱的受压负荷，降低围岩的能量释放速率。经过国内外研究人员的实践，普遍认为胶凝材料的水化性能、料浆浓度、胶砂比、尾矿颗粒级配及养护龄期等因素直接决定了充填体的强度。

1. 尾矿粒度分类

目前，国内对尾矿的分类主要有粒级所占百分比、平均粒径及岩石生成法三类（表 5.1）（丁德强，2007）。国外采选矿行业通常以超细尾矿（＜20 μm）的质量分数为依据来划分尾矿的粗细类别（表 5.2），当超细尾矿含量＞60%为细尾矿（Fall et al.，2005a）；超细尾矿含量在 35%～60%为中尾矿；超细尾矿含量在 15%～35%为粗尾矿。

表 5.1　国内矿山传统的尾矿粒级分类　（单位：μm）

	粗		中		细	
含量/%	＞74	＜19	＞74	＜19	＞74	＜19
	＞40	＜20	20～40	20～55	＜0	＞50
平均粒径	极粗	粗	中粗	中细	细	极细
	＞250	＞74	74～37	37～30	30～19	＜19

表 5.2　国外矿山尾矿常用分类标准　（单位：%）

项目	粗	中	细
超细尾矿（＜20 μm）的质量分数	15～35	35～60	＞60

图 5.1 为国内几种典型尾矿筛分图，从图中可以发现传统分类方法已无法界定尾矿类别。根据上述筛分曲线进行分析，得出样品中含量为 50%对应的颗粒粒径（D_{50}），如表 5.3 所示。从表中数据来看，我们认为可以按照 D_{50} 值进行分类，如表 5.4 所示。

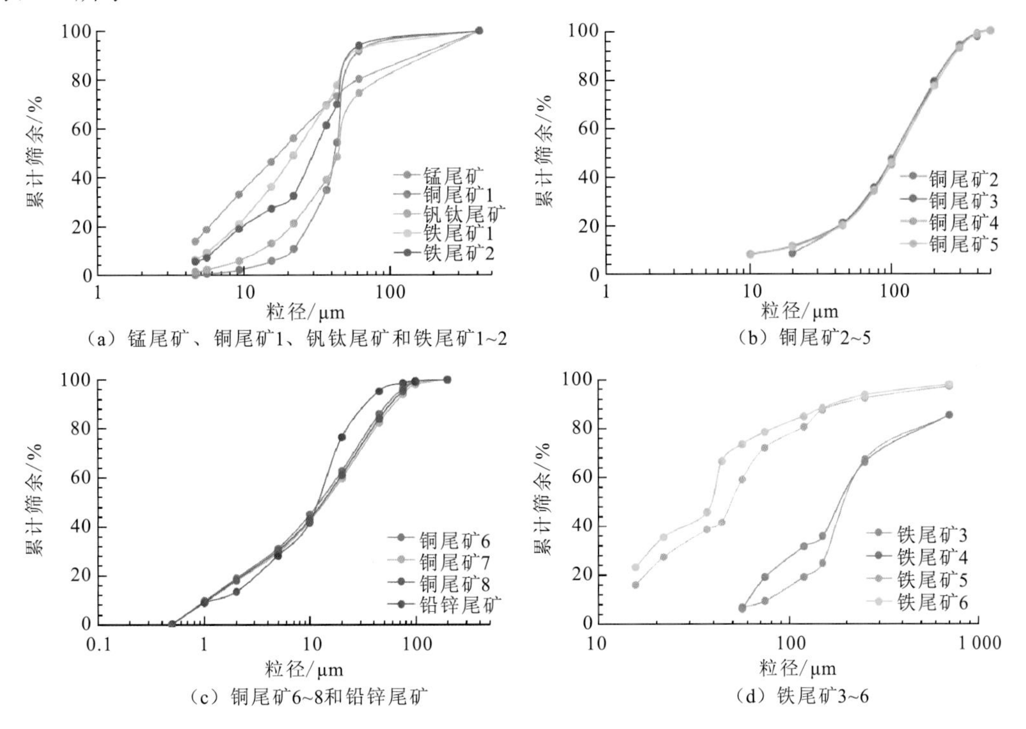

（a）锰尾矿、铜尾矿1、钒钛尾矿和铁尾矿1~2　（b）铜尾矿2~5

（c）铜尾矿6~8和铅锌尾矿　（d）铁尾矿3~6

图 5.1　国内几种典型尾矿筛分曲线图

表 5.3　典型尾矿筛分颗粒含量 50%对应粒径 D_{50}　（单位：μm）

锰尾矿	铜尾矿 1	钒钛尾矿	铁尾矿 1	铁尾矿 2	铜尾矿 2	铜尾矿 3	铜尾矿 4	铜尾矿 5
14.31	44.32	45.00	17.39	30.0	109.1	106.8	111.7	110.6
铜尾矿 6	铜尾矿 7	铅锌尾矿	铜尾矿 8	铁尾矿 3	铁尾矿 4	铁尾矿 5	铁尾矿 6	
12.27	13.84	9.261	13.39	209.4	190	59.4	32.5	

表 5.4　典型尾矿粒度分类表　（单位：μm）

特细	细	粗	中粗	特粗
$D_{50}\leqslant 10$	$10<D_{50}\leqslant 20$	$20<D_{50}\leqslant 45$	$45<D_{50}\leqslant 80$	$D_{50}>80$

2. 典型尾矿粒度分布与分类新定义

尾矿的粒度分布对于需水量、胶凝材料消耗量及充填体的强度发展有着重大影响，国内几种典型尾矿的粒度分布测定结果见图 5.2。

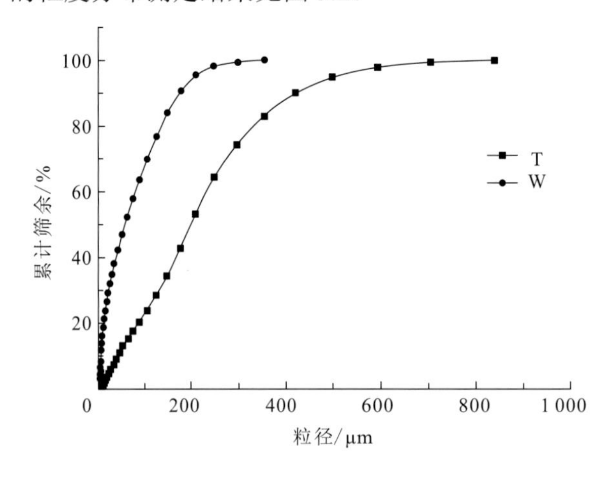

图 5.2　尾矿 T 和 W 的激光粒度分布图

随着矿产资源的消耗量的增大，选矿工艺水平的提高，排出尾矿粒度越来越小。从图 5.1 中能够清楚看到 37 μm 以下颗粒已占到尾矿的 35%～70%，30%样品中 20 μm 以下尾矿颗粒达到 50%以上，10 μm 以下有的尾矿颗粒甚至达到 45.12%，已达到亚纳米尺度。

根据结果可知，尾矿 T（大冶铜尾矿）和 W（五矿矿业尾矿）的中位粒径（D_{50}）分别为 198.4 μm 和 57.70 μm，表明尾矿 W 相对较细，但按照我们分类标准分布尾矿 T 和 W 分别属于特粗尾矿及中粗尾矿。

5.1.2　尾矿的组成及浸出毒性

1. 尾矿的成分

尾矿作为膏体充填的主体材料，大多数情况下是作为惰性集料（骨料）。如果尾矿中含硫量较低，则在充填过程中被认为基本不参与反应。本小节采用的两种原尾矿分别为大冶铜绿山矿尾矿（T）和安徽五矿尾矿（W）。其中，铜绿山矿尾矿外观为浅黑色，五矿尾矿外观为红褐色。尾矿 T 和 W 的氧化物组成见表 5.5。

表 5.5　铜绿山尾矿和五矿尾矿的物化性质　（单位：%）

尾矿	化学组成							级配参数	
	CaO	Fe_2O_3	MgO	Al_2O_3	SiO_2	CO_2	SO_3	Cc	Cu
T	27.07	21.03	7.07	5.99	27.52	9.03	0.3	1.82	5.68
W	2.45	29.06	2.41	5.12	59.67	—	0.045	1.15	13.2

从表 5.5 可以看出，铜绿山矿尾矿（T）主要由 SiO_2、Fe_2O_3、MgO 及 CaO 组成，四种氧化物所占比例为 82.69%；五矿尾矿（W）主要由 SiO_2、Fe_2O_3 及 Al_2O_3 组成，三种氧化物所占比例为 93.85%。煤油比重瓶法所测比重结果表明，尾矿 W 略重于尾矿 T（GB/T 208—2014）。另外，尾矿 T 和 W 的含硫量分别为 0.3%和 0.05%，表明两种尾矿含硫量很低，因此可以不考虑尾矿本身所含硫化物的氧化可能带来的硫酸盐侵蚀的问题。

尾矿 T 和 W 的矿物衍射图谱如图 5.3 所示。两种尾矿的 XRD 检测结果表明，尾矿 T 的主要矿物组分包括二氧化硅、碳酸钙、白云石、透辉石及锰钙辉石；尾矿 W 的主要矿物组分有二氧化硅、三氧化二铁及镁黄长石。

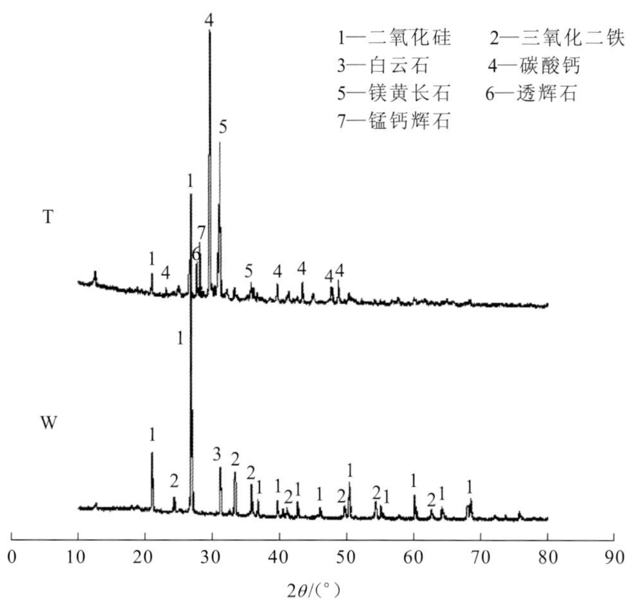

图 5.3　尾矿 T 和 W 的 XRD 图谱

2. 浸出毒性

大量亚纳米尺度尾矿粒径导致颗粒稳定结构被破坏并与水作用下，重金属物质大量溶出，尾矿浸出液重金属浓度甚至超过标准限值的 200 倍以上，造成严重环境污染（表 5.6）。

表 5.6 几种尾矿重金属浸出浓度 （单位：mg/L）

试样	Zn	Cu	Cr	Cd	Mn	Ni	Pb
大信锰尾矿	0.44	—	—	0.30	1036.3	0.38	0.43
永州铅锌尾矿	6.9	0.39	—	0.32	—	—	5.85
车江铜尾矿	10.5	0.19	—	0.20	—	—	1.94
湘潭锰尾矿	5.86	0.11	—	0.04	—	—	1.80
污水排放标准	5.0	2.0	1.5	0.1	5.0	1.0	1.0

5.1.3 尾矿的其他特性

1. 尾矿的容重与比重

尾矿的物理化学性质对于充填体抗压强度、泌水性能、水化产物的分析等重要充填参数有着重要影响。因此，对尾矿的物理化学性质进行准确的测定与评价十分必要，测定尾矿的物理化学性质之前，将尾矿置于搅拌机内充分搅拌使其各处尾矿保持性质均衡非常重要。两种尾矿的容重、比重及初始含水率等基本物理性质测定结果见表 5.7。

表 5.7 两种尾矿的基本物理参数

尾矿	容重/（g/cm^3）	比重	初始含水率/%
W	1.66	2.93	8.3
T	1.62	2.91	5.5

从表 5.7 所测的数据来看，五矿尾矿的容重和比重均略重于铜绿山尾矿。一般来说，选矿工艺水平越高，产出的尾矿平均颗粒越细。而尾矿比重的大小取决于其真密度的大小。

2. 尾矿最优含水率和最大干密度

参照《土工试验方法标准》（GB/T 50123—1999），通过击实试验来确定尾矿的最优含水率和最大干密度，两种尾矿对应的击实线如图 5.4 所示。

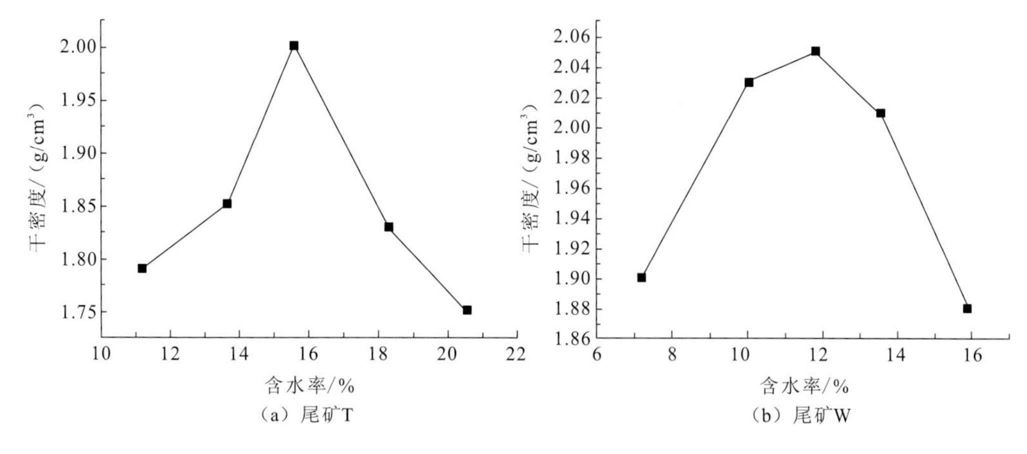

图 5.4　铜绿山和五矿尾矿击实线

通过击实试验测得的两种尾矿的最优含水率和最大干密度列于表 5.8。

表 5.8　两种尾矿的最优含水率和最大干密度

尾矿	最优含水率/%	最大干密度/（g/cm³）
五矿尾矿	11.8	2.05
铜绿山尾矿	15.5	2.01

由击实试验结果可知，两种尾矿的最大干密度相差不大，五矿尾矿最大干密度略高。但是五矿尾矿的最优含水率明显低于铜绿山尾矿，这主要是由两者的粒度分布差异造成的。

5.2　固废基尾矿胶结剂

5.2.1　固废基尾矿胶结剂原料

固废基尾矿胶结剂是以经高温煅烧后的工业固体废弃物为主要原材料，通过加入适量石膏和激发剂混合磨细制成的，能显著改善和提高软土、土壤类细粒料等力学性能的一种水硬性固废基尾矿固结剂。其原料主要包含工业固体废弃物和石膏。

（1）工业固体废弃物。原材料包含但不限于符合 GB/T 203—2008 规定的粒化高炉矿渣，符合 GB/T 6645—2008 规定的粒化电炉磷渣，符合 JC/T 418—2009 规定的粒化钛矿渣，符合 YB/T 4229—2010 规定的硅锰渣粉和符合 GB/T 1596—2017 规定的粉煤灰。

（2）石膏。天然石膏应符合 GB/T 5483—2008 中规定的 G 类和 A 类二级（含）以上的石膏或硬石膏的要求；工业副产石膏应符合 GB/T 21371—2019 中的相关要求。

5.2.2 原料技术要求

（1）细度。尾砂胶结剂的细度需满足 80 μm 方孔筛筛余≤5%。

（2）比表面积。尾砂胶结剂比表面积≥320 m^2/kg。

（3）凝结时间。尾砂胶结剂初凝时间≥45 min，终凝时间≤10 h。

（4）强度指标。不同龄期的强度应符合表 5.9 规定。

表 5.9 尾砂胶结剂强度指标 （单位：MPa）

项目	抗压强度		抗折强度	
	3 d	28 d	3 d	28 d
尾砂胶结剂	≥10.0	≥32.5	≥2.5	≥5.5

5.3 尾矿固结性能的影响

国内外学者研究成果表明，尾矿固结充填中，尾矿细颗粒含量等颗粒级配参数对于新鲜浆体流动性有重大影响。但是膏体充填与自流式胶结充填对于浆体的流动性能需求并不一致。原因在于，自流式胶结充填的矿浆浓度普遍较低，泌水严重，尾矿颗粒之间相互作用产生的摩擦阻力较小，自身流动性能好，一般在重力作用下即可实现自流。而膏体充填由于矿浆浓度普遍在 80%以上，料浆呈牙膏状，稠度很高，不易分层离析，需在泵压条件下才能实现管道输送。因此，膏体充填对于新鲜浆体的流动性能要求较为严格。事实上，满足一定流动性需求是成功制备一种膏体的关键因素。有研究表明，制备一种膏体充填料，超细尾矿（即粒径小于 20 μm）的含量一般要达到 15%以上（丁德强，2007）。

5.3.1 沉降性能

尾矿的沉降性能直接影响尾矿的脱水难易程度，决定了尾矿浆的固液分离及沙仓进砂时间。因此，研究尾矿的沉降性能对制备合格的膏体料浆有着重要的意义。

一般来说，尾矿的沉降压缩会表现出三个阶段：沉降开始后，粗颗粒以较快速度下沉，细颗粒随之缓慢下沉，最细的颗粒部分悬浮于上部，水和砂没有出现清晰的分层界面；最先下沉的粗颗粒堆积压缩直至互相接触趋于紧密状态；后续下沉的细颗粒部分沉降至粗颗粒表层，并逐渐压缩使粗细颗粒进一步紧密接触，并最终达到最大压缩浓度，沉降过程结束。

为了解两种尾矿的泌水及沉降规律，对矿浆浓度分别为 45%、65%和 75%的砂浆进行了沉降试验，测定了 0、5 min、10 min、20 min、30 min、40 min、60 min 和 120 min 的料浆浓度及容重。

（1）矿浆浓度为 45%的尾矿浆体，在 2 h 沉降时间内的料浆容重见表 5.10。相应的料浆沉降浓度曲线见图 5.5。

表 5.10　矿浆浓度为 45%的尾矿浆体沉降容重数据表　（单位：N/m^3）

类别	时间/min							
	0	5	10	20	30	40	60	120
尾矿 T	1.47	1.56	1.59	1.59	1.59	1.61	1.62	1.62
尾矿 W	1.48	1.57	1.59	1.60	1.61	1.62	1.63	1.63

在矿浆浓度为 45%的料浆沉降试验中，两种尾矿浆的上清液基本澄清，尾矿 T 和 W 在沉降了 120 min 后的矿浆浓度分别为 55.81%和 52.30%。由图 5.5 可知，两种尾矿的沉降过程基本上持续了 120 min，120 min 后上清液基本澄清。而且，由于尾矿 W 颗粒较细，沉降速度比尾矿 T 要慢，120 min 后的矿浆浓度也更低。

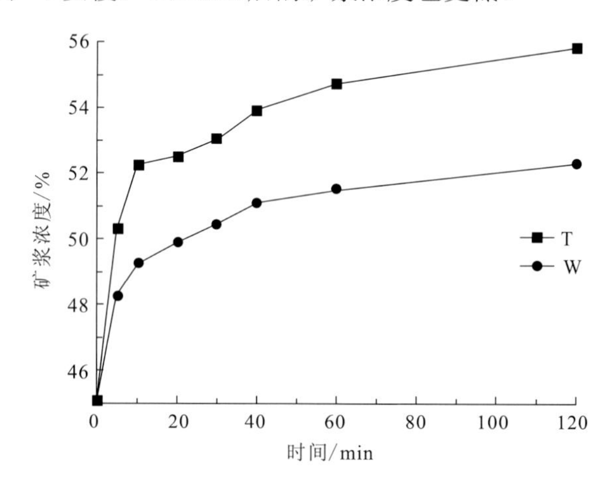

图 5.5　矿浆浓度 45%的料浆沉降浓度曲线图

（2）矿浆浓度为 65%的尾矿浆体，在沉降 2 h 内的料浆容重变化情况见于表 5.11。

表 5.11　矿浆浓度为 65%的尾矿浆体沉降容重数据表　（单位：N/m^3）

类别	时间/min							
	0	5	10	20	30	40	60	120
尾矿 T	1.68	2.00	2.04	2.05	2.05	2.06	2.06	2.06
尾矿 W	1.69	2.01	2.06	2.07	2.08	2.08	2.08	2.08

在矿浆浓度为 65%的料浆沉降试验中，120 min 后两种尾矿浆的上清液基本澄清，

尾矿 T 和 W 在沉降了 120 min 后的矿浆浓度分别为 82.59%和 79.80%。由图 5.6 可知，对于尾矿 T，沉降过程基本上集中于前 40 min 内，40 min 之后沉降速度逐渐趋缓；而对于尾矿 W，沉降过程主要集中于前 60 min。

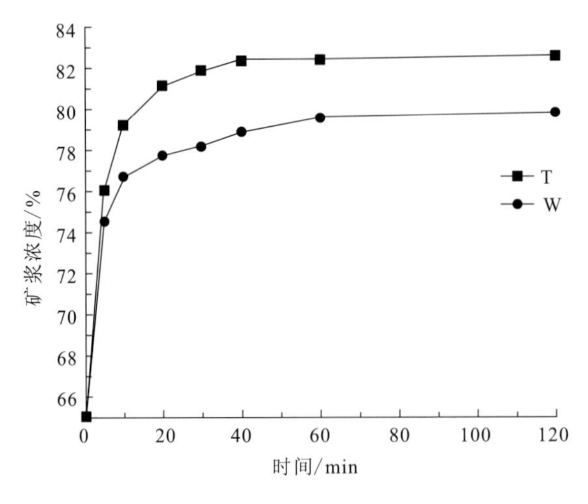

图 5.6　矿浆浓度 65%的料浆沉降浓度曲线图

（3）矿浆浓度为 75%的尾矿浆体，在 2 h 沉降时间内的料浆容重见表 5.12。图 5.7 中，在矿浆浓度为 75%的料浆沉降试验中，120 min 后两种尾矿浆的上清液基本澄清，尾矿 T 和 W 在沉降了 120 min 后的矿浆浓度分别为 83.78%和 81.77%。

表 5.12　矿浆浓度为 75%的尾矿浆体沉降容重数据表

类别	时间/min							
	0	5	10	20	30	40	60	120
尾矿 T	1.93	2.05	2.08	2.08	2.09	2.10	2.10	2.10
尾矿 W	1.93	2.06	2.09	2.09	2.09	2.10	2.10	2.11

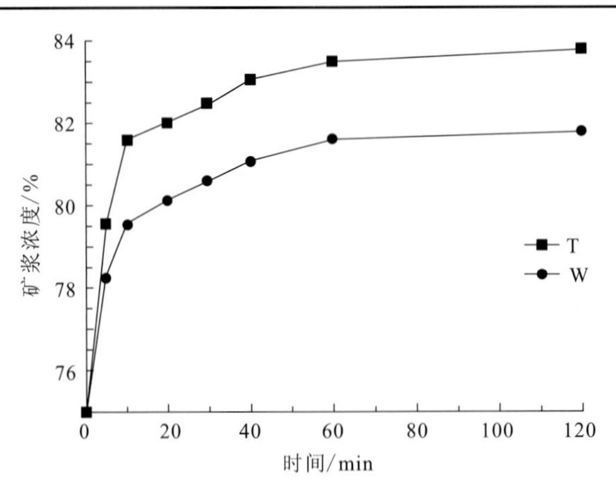

图 5.7　矿浆浓度为 75%的料浆沉降浓度曲线图

由图 5.7 可知，两种尾矿的沉降过程基本上集中于前 60 min 内，60 min 之后沉降速度逐渐趋缓。由尾矿的三组沉降试验可得出以下结论。

（1）细尾矿的沉降速度较慢；

（2）砂浆初始矿浆浓度越高，沉降 2 h 后沉降层矿浆浓度和沉降料浆容重越高；

（3）2 h 的沉降时间基本上可以使两种尾矿沉降层的矿浆浓度和料浆容重达到最大值；

（4）由于尾矿 W 的真密度较高，沉降层中尾矿 W 的容重较尾矿 T 稍大一些。

沉降性能还受以下因素影响。

1）流动度试验

流动度的测定原理在于，通过测量某种配比下的砂浆，在跳桌（测量流动度的仪器为水泥胶砂流动度测定仪，简称跳桌）上按规定振动后，砂浆扩展后的范围来衡量其流动性能。其中，装砂浆的试模规格为：高度 60 mm±0.5 mm，上口内径 70 mm±0.5 mm，下口内径 100 mm±0.5 mm，下口外径 120 mm，模壁厚大于 5 mm。具体测量步骤参照国标《水泥胶砂流动度测定方法》（GB/T 2419—2005）。

2）坍落度试验

坍落度是用来衡量混凝土的可泵性能和塑化性能的一项常用指标。坍落度的主要影响因素包括衡器的称量偏差、集料颗粒级配变化、含水量、水泥水化热量及外加剂的用量等。坍落度评价的是混凝土的和易性，包括混凝土的流动性、保水性和黏聚性。根据国标《混凝土含气量测定仪》（JG/T 248—2009）所描述，坍落度测试所用的坍落度筒规格为，顶部内径为 100 mm±1 mm，底部内径为 200 mm±1 mm，高度为 300 mm±1 mm。坍落度的详细测量步骤参见《普通混凝土拌合物性能试验方法标准》（GB/T 50080—2002）。

在国外，尾矿膏体料浆的工作性能或流动性能一般采用坍落度来衡量（Ercikdi et al., 2010）。坍落度的测量是基于料浆在自重的作用下发生坍落，料浆在坍落前后的高度差即为坍落度值。国内研究工作者根据多年的实践经验总结出，全尾矿膏体适宜的泵送料浆坍落度分别为：全尾矿细石膏体 10～20 cm，而全尾矿膏体 12～20 cm。国内金川镍矿、大冶铜绿山矿及云南驰宏锌锗矿等少数大型矿业公司建成了尾砂膏体充填站，也用坍落度来衡量膏体的流动性能。三个膏体的充填站对充填浆体的坍落度要求见表 5.13。

表 5.13　膏体充填相关指标

矿业公司	体积流量/（m^3/h）	坍落度/cm	泵送压力/MPa
金川镍矿	60	15～20	12
大冶铜绿山矿	80	15～20	6
云南驰宏锌锗矿	50	20～25	2.0～3.2

考虑坍落度的测量精度偏低，尤其当要研究胶结料种类、外加剂或是其他活性矿

物添加剂的加入对于坍落度的影响时，该问题更为突出。因此，本试验同时测定流动度和坍落度，互为参照。流动度的测定方法参照国标《水泥胶砂流动度测定方法》(GB/T 2419—2005）进行。

尾矿 T 和 W 按照质量比 8∶2，6∶4，4∶6 和 2∶8 配制，两种原尾矿作为对照组，各组分配比见表 5.14，充分混匀后的理论粒度分布如图 5.8 所示。

表 5.14　流动度与坍落度测定配比表

编号	配比	超细尾矿含量/%	胶砂比	质量浓度/%
M-1	全 T	4.2	1∶9	77
M-2	T∶W=8∶2	8.9		
M-3	T∶W=6∶4	13.5		
M-4	T∶W=4∶6	18.2		
M-5	T∶W=2∶8	22.9		
M-6	全 W	27.6		

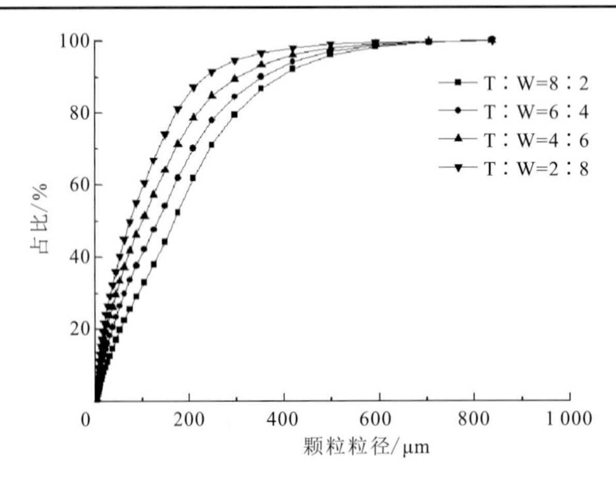

图 5.8　四种配比下混合尾矿粒度分布

由图 5.8 可知，尾矿 W 含量越高，混合尾矿的中位粒径逐渐向小粒径处偏移，表明混合尾矿粒度分布越来越细。同时，超细尾矿的含量也越来越高。四种混合尾矿及两种原尾矿的 D_{10}、D_{30}、D_{50} 及 D_{60} 列于表 5.15。

表 5.15　尾矿粒径特征

编号	配比	D_{10}/μm	D_{30}/μm	D_{50}/μm	D_{60}/μm	$D(4, 3)$
M-1	全 T	40.83	131.5	198.4	232.1	238.65
M-2	T∶W=8∶2	23.34	91.70	167.74	202.81	207.43
M-3	T∶W=6∶4	13.11	62.17	132.81	168.91	176.21

续表

编号	配比	D_{10}/μm	D_{30}/μm	D_{50}/μm	D_{60}/μm	$D(4, 3)$
M-4	T：W=4：6	9.15	44.64	99.79	133.56	144.98
M-5	T：W=2：8	6.89	32.34	74.51	102.63	113.76
M-6	全 W	5.98	23.26	57.70	78.91	82.54

3）平均粒径计算

平均粒径的研究，有助于理解浆体流变形态的变化规律。表征粒度分布的参数有很多，包括 D_{10}、D_{30}、D_{50}、D_{60}、D_{90}，以及不均匀系数（Cu）和曲率系数（Cc），这些参数尽管可以从整体上较为详尽地描述颗粒或粉体的粒度分布状况和级配优良与否，但是存在数据过多的问题。因此，有学者试图从统计学的角度，从总体上描述一批颗粒或粉体的大小，即用平均粒径来描述粒度分布状况（张茂根 等，2000）。假设颗粒为理想球体，则平均直径 $D(p, q)$可用下列公式来计算

$$D(p,q)=\left(\frac{\sum_{i=1}^{k} n_i D_i^p}{\sum_{i=1}^{k} n_i D_i^q}\right)^{1/(p-q)} \tag{5.1}$$

式中：n_i 为具有直径 D_i 的颗粒的数量；p 和 q 取值不同时，则 $D(p, q)$具有不同的物理意义。其中，p 表示被平均对象，q 表示平均方法。p 可以是 1～4 的整数值，q 可以是 0～3 的整数值，且 p 总是大于 q。当 p 取 1，表示直径；当 p 取 2，表示表面积（直径的平方）；当 p 取 3，表示体积（直径的三次方）；当 p 取 4，表示四次矩（直径的四次方）。当 q 取 0，代表颗粒数；当 q 取 1，表示直径；当 q 取 2，表示表面积（直径的平方）；当 q 取 3，表示体积（直径的三次方）。

因此，当 p=4，q=3 时，$D(4, 3)$根据以下公式计算即为体积（重量）平均粒径。

$$D(4,3)=\frac{\sum_{i=1}^{k} n_i D_i^4}{\sum_{i=1}^{k} n_i D_i^3} \tag{5.2}$$

经过计算，六种配比尾矿的平均粒径 $D(4, 3)$见于表 5.15，随着较细尾矿 W 掺量的升高，混合尾矿的 D_{10}、D_{30}、D_{50}、D_{60} 和平均粒径 $D(4, 3)$都呈现一致性的降低现象。

4）流动度替代坍落度原因分析

赵才智（2008）经过研究认为充填体的坍落度在 20 cm 左右较为合适。有学者研究减水剂的添加对于高硫充填体的应用，坍落度值满足 7 英寸（17.78 cm）即可（Ericikdi et al.，2010）；用超声波脉冲研究充填体的强度特性的试验中，对于坍落度要求在 16.51～21.59 cm（Yilmaz et al.，2014）；有学者研究充填体的饱和导水率的试验中，对于坍落度的设定指标为 18 cm（Fall et al.，2009）。他们认为当浆体的坍落度达到 18 cm 即可满足绝大多数尾矿膏体充填要求。

尽管坍落度仍然是现阶段国内外用来衡量膏体工作性能的核心指标，但坍落度的测

定通常对砂的需求量很大，郑州大学教授通过对比测定流动度和坍落度研究发现，相比于坍落度，流动度的测定可以大大节省料浆用量，坍落度法测定膏体流动度过程中存在测量精度较差的问题（郑娟荣 等，2013）。用坍落度筒测定的坍落度值是由料浆自重引起的，而且相同的材料和程序下不同的人测量的坍落度误差较大（约为 2 cm）；而跳桌测定的流动度值由两部分构成：第一，自重作用下料浆的流动；第二，跳桌振动作用下发生的流动。膏体料浆本身不易离析，自重作用产生的流动占比较小，而跳桌振动的频率和振幅一般是固定的。因此郑娟荣等人提出用电动跳桌仪来替代坍落度法测定膏体的流动度。通过跳桌测定某矿全尾矿膏体料浆流动度值的试验研究，跳桌测定膏体流动度值所产生的误差远远小于坍落度法测定的结果。因此，本章试验从节约尾矿用量及测量精度的角度考虑，用跳桌来测定流动度，以流动度替代坍落度来衡量膏体的流动性能。

然而，目前并没有开展过针对尾矿膏体的最低流动度指标的相关研究。因此，本节以流动度和坍落度的试验所获数据为基础，对流动度和坍落度进行相关性分析，建立流动度与坍落度的线性方程，即可获得针对尾矿膏体所需满足的最低流动度指标。

5）相关性方程的建立

在同一胶砂比为 1∶9、矿浆浓度 77%的情况下，研究超细尾矿含量对流动度和坍落度的影响。两种尾矿的配比见表 5.15，所测得的流动度与坍落度结果见图 5.9。

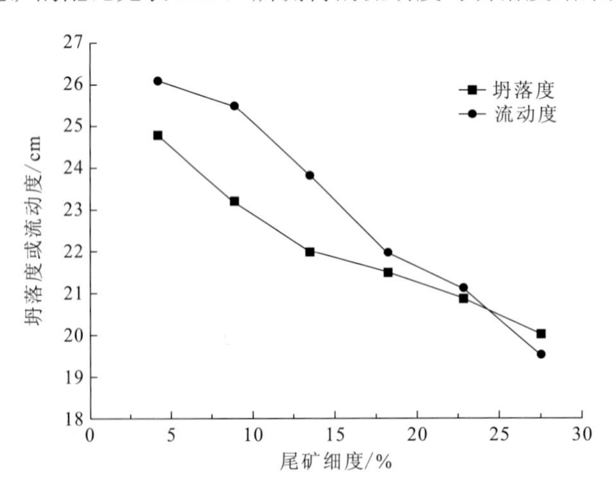

图 5.9　坍落度与流动度随尾矿细度的变化

由图 5.9 可知，超细尾矿含量对膏体的流动度和坍落度均有重大影响。随着细颗粒含量的升高，坍落度和流动度均呈现显著下降趋势。其中，当细颗粒含量从 4.2%升高到 27.6%时，坍落度从 24.9 cm 下降到 20.2 cm；同时，膏体的流动度从 26.1 cm 下降到 19.5 cm。相同的情形下，流动度值下滑得更快。

造成这种现象的原因有两方面：一方面，细颗粒尾矿比表面积更大，对水的吸附能力更强；离析现象不容易发生（Zhao et al.，2012）；另一方面，细尾矿颗粒增多，集料之间更容易发生摩擦和碰撞，导致了流动度和坍落度的下降（Ke et al.，2015；Senapati et al.，2013）。而流动度下降更快的原因在于，流动度的产生除由自重造成的以外，更多的是由跳桌振动造成的。

在胶砂比为 1∶9、矿浆浓度 77%的试验数据的基础上（图 5.9），运用 Excel 软件进行相关性分析，可以得出流动度与坍落度的线性方程及决定系数。假设流动度为 F，坍落度为 S，则两者的线性关系经过软件分析后得

$$F = 0.6376S + 7.4021 \tag{5.3}$$

该方程的决定系数 R^2 为 0.9217，显著性水平为 0.002，表明流动度与坍落度显著相关，该线性方程可靠。目前国外矿山对坍落度的最低要求为 18 cm，将 S=18 cm 代入式（5.1），计算可得 F 为 18.87 cm。因此，如果充填膏体的流动性能用跳桌测定的流动度来衡量，则流动度不应低于 18.87 cm。

5.3.2　浆体流变性能

1. 流变形态理论

尾矿充填浆体是一种由水、胶凝材料及尾矿等骨料混合而成的非均质的固液两相流，与液体单相流存在很大的差异。研究充填浆体的流体形态是研究浆体在管道中运动规律等的重要基础。

浓度较高的浆体往往需要施加一个较大的外力才能使浆体结构屈服并开始流动，导致浆体流动的最小外力即为屈服应力。屈服应力的大小取决于形变温度、形变速度和形变程度，并与材料的物理性质密切相关。流体在运动过程中，与管道内壁之间存在黏附力，以及流体本身所存在的内聚力及分子运动等因素，使得流体各层流速存在差异且互相影响，从而产生一种内摩擦力。这种由于流体流动所产生的内摩擦力即为流体的黏性。流体的黏性是表征流体抵抗剪切变形的能力。与液体单相流不同的是，尾矿或者胶凝材料的加入，会显著增加流体的黏性。原因主要有两方面：第一，固体颗粒与液体接触面积的增加导致固液两相流体中内摩擦力的增大；第二，固体颗粒的加入使得两相流相界面的加大，在分子力的作用下使得固体颗粒的表面产生一层分子吸附水层，层内液体分子所受的分子作用力很高，因此该层液体的黏性远高于自由水的黏性。一般的，当剪切应力与切变率呈线性相关时，黏性系数接近于常数，此时的两相流可称为牛顿流体；当剪切应力与切变率呈非线性相关时，此时的两相流即为非牛顿流体（黄玉诚，2014）。

牛顿流体的流变公式可表示为

$$\tau = \mu \cdot \gamma \tag{5.4}$$

式中：τ 为剪切应力，Pa；μ 为黏性系数，Pa·s；γ 为剪切速率，s^{-1}。从式（5.4）可以看出，牛顿流体的剪切速率和剪切应力呈线性相关，而且流变曲线经过原点，表明牛顿流体的屈服应力为 0。

而非牛顿流体则包括黏塑性流体、假塑性流体、膨胀流体和具有屈服应力的假塑性流体等。这些流体都可以用非线性流体方程，即 Herschel-Bulkley 方程来描述（Wu et al.，2013）：

$$\tau = \tau_0 + \mu \cdot \gamma^n \tag{5.5}$$

式中：τ_0为屈服应力，Pa；n为流动指数。

流体的具体流型取决于τ_0和n的大小。分类依据为：当τ_0=0，n=1时，为牛顿流体；当τ_0=0，n<1时，为假塑性流体；当τ_0=0，n>1时，为膨胀流体；当τ_0>0，n=1时，为黏塑性流体；当τ_0>0，n<1时，为具有屈服应力的假塑性流体；当τ_0>0，n>1时，为具有屈服应力的膨胀流体。

2. 流变试验步骤

为了研究新鲜浆体的流变特性，需将尾矿、胶结剂和水在容器内配置成一定浓度的浆体，再进行流变试验。采用NXS-11A型旋转黏度计研究超细尾矿含量对新鲜浆体流变形态的影响。用于配置浆体的各组分的配比见表5.15。试验步骤如下所示。

（1）根据表5.15的配比，称取相应质量的尾矿、H型胶结料和水，在500 mL的烧杯中混合，并充分搅拌至均匀，制得相应的浆体；

（2）将配置好的浆体沿着黏度计的外筒内壁徐徐倒入，并记录室温；

（3）预先估计黏度值，并选择适当的转速，然后接通电源进行测量。详细记录不同的剪切速率下相对应的剪切应力；

（4）重复（1）～（3）的步骤，直至完成6个样品的流变特性测定试验。

3. 流变试验结果

在相同浓度和胶砂比下，通过对超细尾矿含量不同的6种砂浆体的流变特性进行测试，并记录不同剪切速率下的剪切应力。流变试验结果如图5.10所示。

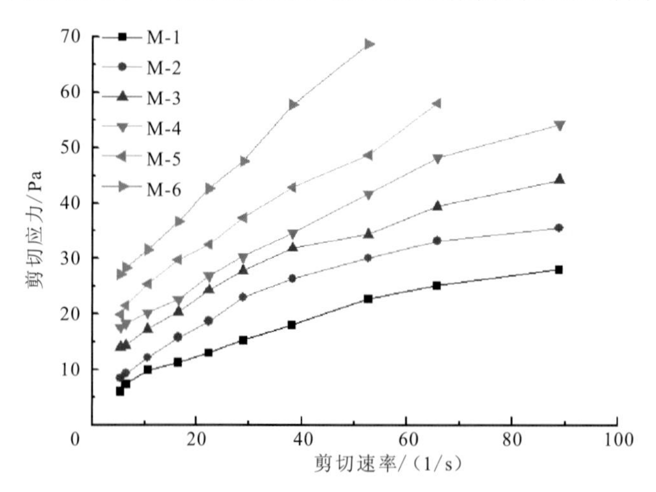

图5.10　不同超细尾矿含量浆体的流变曲线

从图5.10可以看出，在任一超细尾矿含量下，剪切应力都随着剪切速率的增加而升高。这是因为内筒在转动时受到两方面的阻力：第一，运动过程中所产生的动阻力；第二，浆体的黏性和静摩擦力的存在而产生的静阻力。虽然转速的增加会在一定程度上减少静阻力，但是在这个过程中，动阻力会随着转速的增加而迅速增大。而且，在有限的试验条件下，6 个样品的剪切速率和剪切应力都近似呈现线性关系。

另外，从图 5.10 也可以看出，超细尾矿含量的高低对于浆体的流型有显著影响。从图中可以直观地看出，随着超细尾矿含量的升高，流变曲线的斜率逐渐增大。这是因为超细尾矿含量的提高，不仅会提高浆体整体的黏性，还使得浆体中的颗粒在流动过程中的碰撞概率和摩擦阻力提高，导致了总体阻力的增加。

从图 5.10 还可以观察到，在剪切速率逐渐增加的后期，样品 M-1、M-2 和 M-3 的流变曲线的斜率有逐渐减小的趋势。这是由于浆体中超细尾矿含量较少，导致了浆体的均质性较差。相比超细尾矿含量较高的样品，平均粒径更粗的浆体更容易出现大颗粒沉降的现象。这种现象导致浆体上部浓度较低，而下部浓度较高，所测剪切应力小于实际的剪切应力。

4. 流变形态拟合

从图 5.10 的流变曲线可知，剪切应力随着剪切速率的增加而近似呈直线升高（n=1），呈现出黏塑性流体的特征。用 Herschel-Bulkley 模型（简称 H-B 模型）进行回归，回归分析得到的浆体的屈服应力 τ_0 和黏性系数 μ 列于表 5.16。

表 5.16　回归分析所得的流变参数 τ_0 和 μ

参数	M-1	M-2	M-3	M-4	M-5	M-6
τ_0/Pa	6.69	9.79	14.33	15.97	18.49	22.41
μ/(Pa·s)	0.27	0.34	0.37	0.46	0.61	0.89
R^2(adj.)	0.960 1	0.909 8	0.951 4	0.986 4	0.988 9	0.997 7

含有超细尾矿颗粒以及胶凝材料的浆体，在水中物理化学作用下，超细颗粒在水中形成絮团并增长，互相连接形成网络状结构。这种网络状结构具有一定的抗剪切变形的能力，即屈服应力。而且这种抗剪切变形的能力往往随着超细颗粒含量的增加而提高。因此浆体中细粒级颗粒含量的高低决定着屈服应力的大小。因此，从表 5.16 的回归结果可观察到，随着超细尾矿含量的降低，屈服应力逐渐减小的现象。

有研究结果显示，浆体中尾矿或其他骨料的平均粒径进一步增大，屈服应力会逐渐降低，趋近于 0（黄玉诚，2014）。当屈服应力为 0 时，这种近似线性关系的流型即为牛顿流体。因此，浆体中骨料的平均粒径对浆体的流体类型有显著影响。

5.3.3　流动度影响因素

1. 矿浆浓度

现有的研究成果表明，影响膏体流动度的影响因素很多，包括胶砂比、矿浆浓度、减水剂等外加剂的掺量等。由于尾矿物理性质的不同，致使研究结果有显著差异。表 5.17 列出了 1∶9 的胶砂比下 4 种矿浆浓度时的流动度。

表 5.17　1∶9 的胶砂比下 4 种矿浆浓度时的流动度　（单位：cm）

编号	矿浆浓度/%			
	72	75	77	80
M-1	29.3	27.0	26.1	23.1
M-2	27.7	25.8	25.6	21.2
M-3	26.5	24.4	24	20.5
M-4	25.0	23.1	22.4	19.7
M-5	24.1	22.0	21.3	18.9
M-6	23.0	21.5	19.5	18.5

由表 5.18 可以看出，M-1 组尾矿膏体在矿浆浓度 72%和 80%时的流动度分别为 29.3 cm 和 23.1 cm。M-6 组尾矿膏体在矿浆浓度 72%和 80%时的流动度分别为 23.0 cm 和 18.5 cm。流动度试验结果表明，膏体的矿浆浓度对于流动度起着决定性作用。在超细尾矿含量一定的情况下，矿浆浓度越大，流动度越小。这是因为矿浆浓度的升高，砂浆的黏性增强，砂浆内部各组分的摩擦力也变大。因此，矿浆浓度的提高会导致浆体流动性的下降。此外，矿浆浓度的提高意味着含水率的降低，组分之间的润滑作用降低，这也促使了浆体流动性能的下降。通过 Origin 软件进行线性拟合，拟合方程见表 5.18（y 为流动度，x 为超细尾矿含量）。

表 5.18　拟合方程

编号	拟合方程	R^2
M-1	$y=-0.7559x+83.8221$	0.975 6
M-2	$y=-0.7706x+83.6397$	0.833 7
M-3	$y=-0.7177x+78.3912$	0.914 4
M-4	$y=-0.6441x+71.5029$	0.964 3
M-5	$y=-0.6326x+69.6338$	0.979 1
M-6	$y=-0.5882x+65.3309$	0.947 9

如表5.19所示，当矿浆浓度在72%～80%时，流动度（y）与矿浆浓度（x）存在较显著的线性相关性，决定系数普遍较高，表明拟合效果比较理想。

2. 胶砂比

关于胶砂比对坍落度的影响的研究相对较多，但是所得出的研究结论差异较大。研究以某铅锌矿的原尾矿为原料测定胶砂比对坍落度的影响，发现当矿浆浓度为78%时，胶砂比从1∶4降低到1∶16的过程中，坍落度从28.1 cm上升到28.4 cm。坍落度对胶砂比的变化有微弱响应，但是并不显著（董恒超 等，2015）。其他矿浆浓度下的测定结果也是如此。但是另一学者以全尾矿为原料研究了胶砂比变化对坍落度的影响时发现，胶砂比的升高导致了坍落度的大幅度降低。如当矿浆浓度为78%，胶砂比从1∶4变化到1∶10的过程中，坍落度从21.0 cm下降到12.0 cm（赖伟 等，2014）。坍落度对胶砂比变化的响应差异很大，因此用测量精度更好的流动度来替代坍落度来衡量充填体流动性能是比较合理的选择。

当矿浆浓度为77%时，研究4个胶砂比1∶5、1∶7、1∶9和1∶11对流动度的影响，测定结果见图5.11。由图5.11可知，在任一胶砂比下，超细尾矿含量越高，流动度越小。而在超细尾矿含量相同的情况下，胶砂比从1∶5降低到1∶11的过程中，流动度都呈现了一致性的升高的趋势，但涨幅并不大。即胶砂比的升高，会降低砂浆的流动性。原因主要有三个方面：第一，胶砂比的提高，产生的凝胶物和聚合物更多，提高了浆体的稠度，使得砂浆的整体性增强，降低了砂浆的流动性；第二，胶结料可以消耗一定量水分，并将胶结料与尾矿颗粒黏合为大颗粒物，增加内摩擦力；第三，胶结料属于细微颗粒，在新鲜浆体中可以发挥微集料作用，增大了内部的摩擦阻力，也可以在一定程度上降低砂浆的流动性。

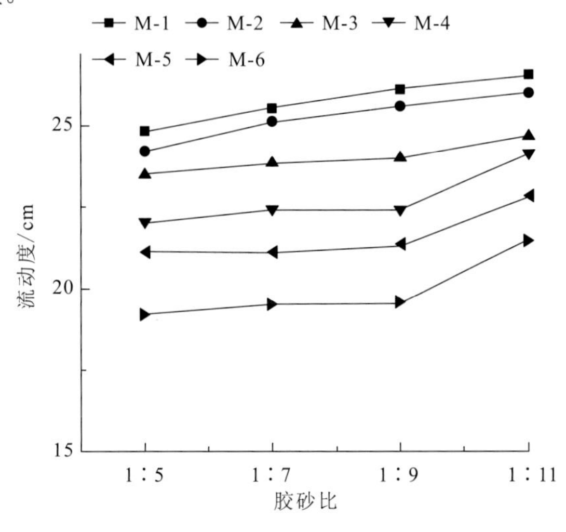

图5.11 胶砂比对流动度的影响

流动度的试验表明，胶砂比对于流动度影响是存在的。但是相对而言，胶砂比对于流动度的影响仍远不及矿浆浓度和尾矿级配对流动度的影响显著。因为在新鲜浆体中，胶结料含量的变化引起的凝胶物或是聚合物的变化较为缓慢，对于流动度的影响远不及集料级配变化等显著。

3. 超细尾矿含量

关于超细尾矿含量对充填浆体流动性的影响国内外研究很少。主要原因在于，国内充填站主要是以水力胶结充填的方式进行充填，对该问题重视不够；而国外充填站通常依据工艺需求预先设定一个坍落度指标，然后通过调节拌和水量即时测定新鲜浆体坍落度以满足该指标即可。但是超细尾矿含量对于新鲜浆体的流变形态和流动性能有重大影响，因此有必要进行深入研究。

以胶砂比对流动度的试验数据为基础，研究超细尾矿含量对流动度的影响。4 种胶砂比下超细尾矿含量对流动度影响如图 5.12 所示。观察图 5.12 可知，在任一胶砂比下，随着超细尾矿含量的升高，流动度都急剧下降，流动度与超细尾矿含量近似呈线性相关。原因在于：超细尾矿含量的升高，一方面导致内摩擦力的升高，增大了流动阻力；另一方面，超细尾矿含量的升高导致比表面积增加，限制了自由水的自由流动，导致颗粒之间润滑程度下降，也降低了砂浆流动性。线性拟合方程见表 5.19（y 为流动度，x 为超细尾矿含量）。

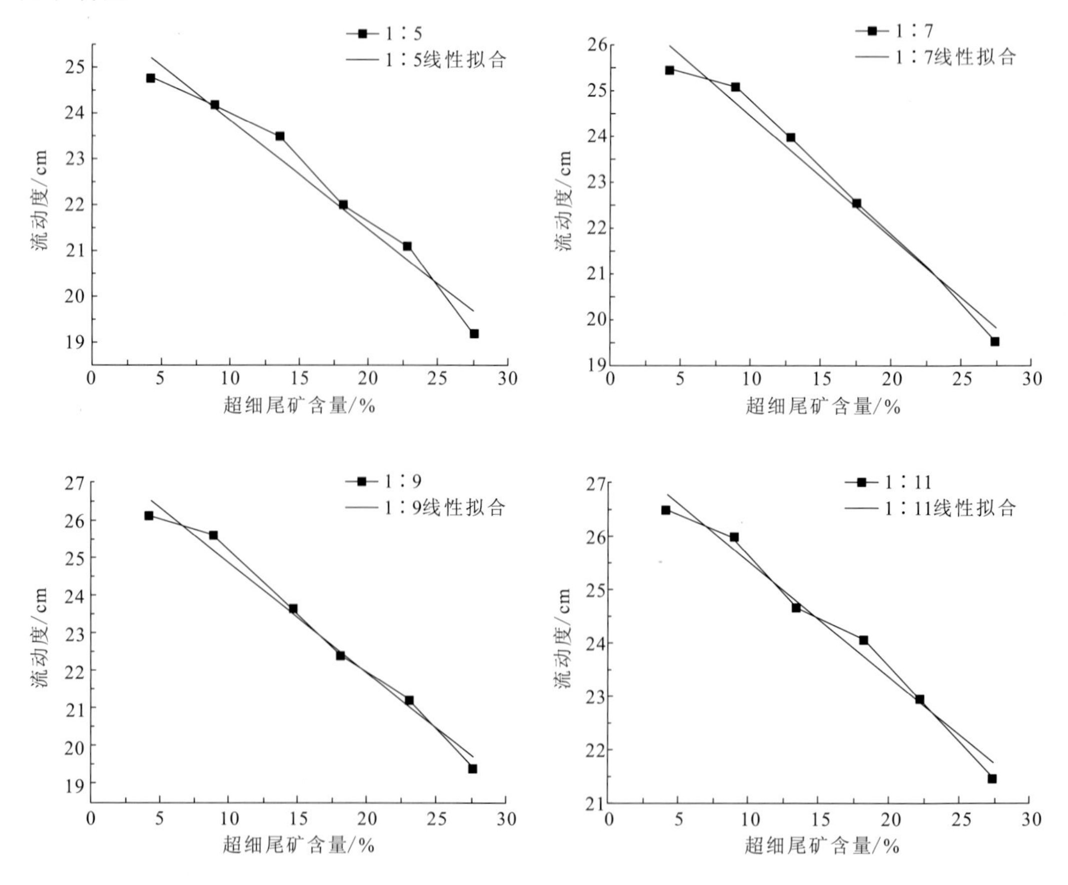

图 5.12　超细尾矿含量与流动度

表 5.19　线性拟合方程

胶砂比	拟合方程	R^2
1∶5	$y=-0.2372x+26.2297$	0.956 9
1∶7	$y=-0.2653x+27.1091$	0.974 9
1∶9	$y=-0.2903x+27.7568$	0.980 8
1∶11	$y=-0.2151x+27.6805$	0.978 3

5.3.4　尾矿浆体黏度

影响尾矿浆体在破碎岩体中下渗固化深度的最主要因素有：①塌陷坑内岩土体现状及坑内岩土体渗透性；②浆体黏度特性（浆体配比、固化时间、浆体黏度和固化时间的变异性）。上述影响因素中，浆体黏度特性属于工程控制范围，可通过工程措施调节。尾矿浆体的黏度特性与它的成分配比、含水率、固化时间等因素有密切关系。黏度测试的试验方案采用：程潮全尾矿固结充填试验，采用设计浓度为 75%，固化剂和尾矿分别选用了 1∶18、1∶20、1∶22 和 1∶28、1∶30、1∶32 这两组配比测量尾矿与固结剂不同混合比、含水率、泌水条件下黏度变化（图 5.13～图 5.16）。

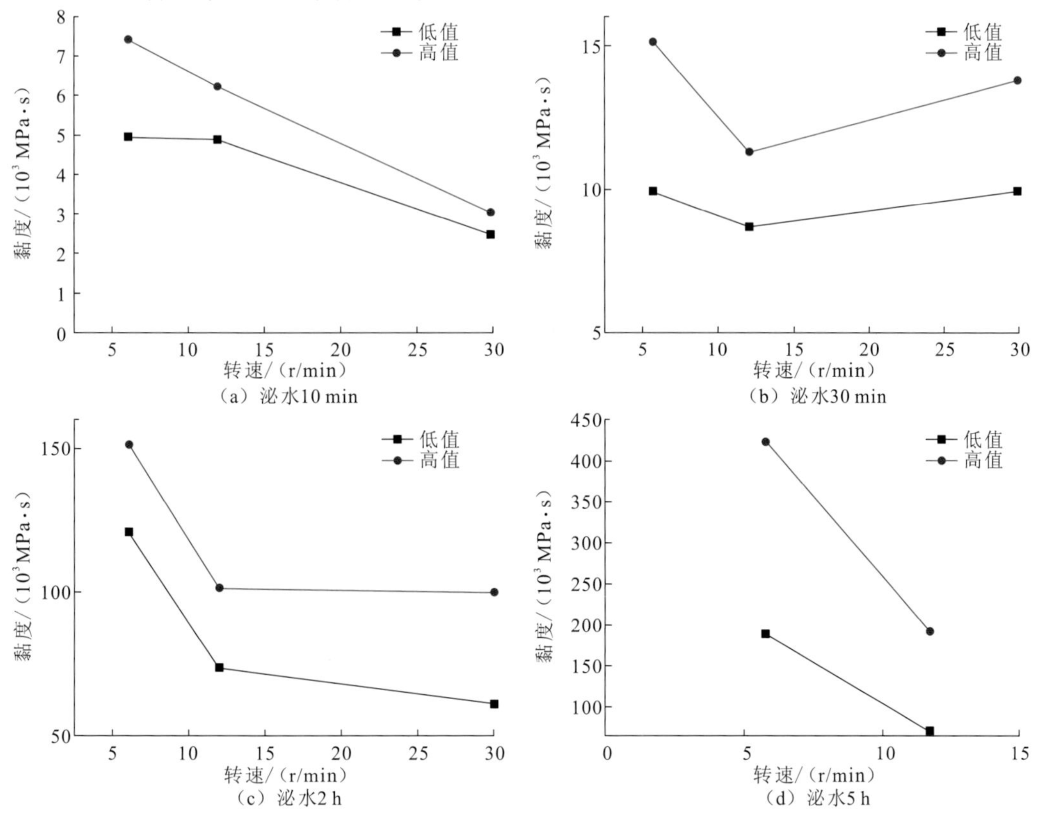

图 5.13　1∶18 时泌水状态的黏度值

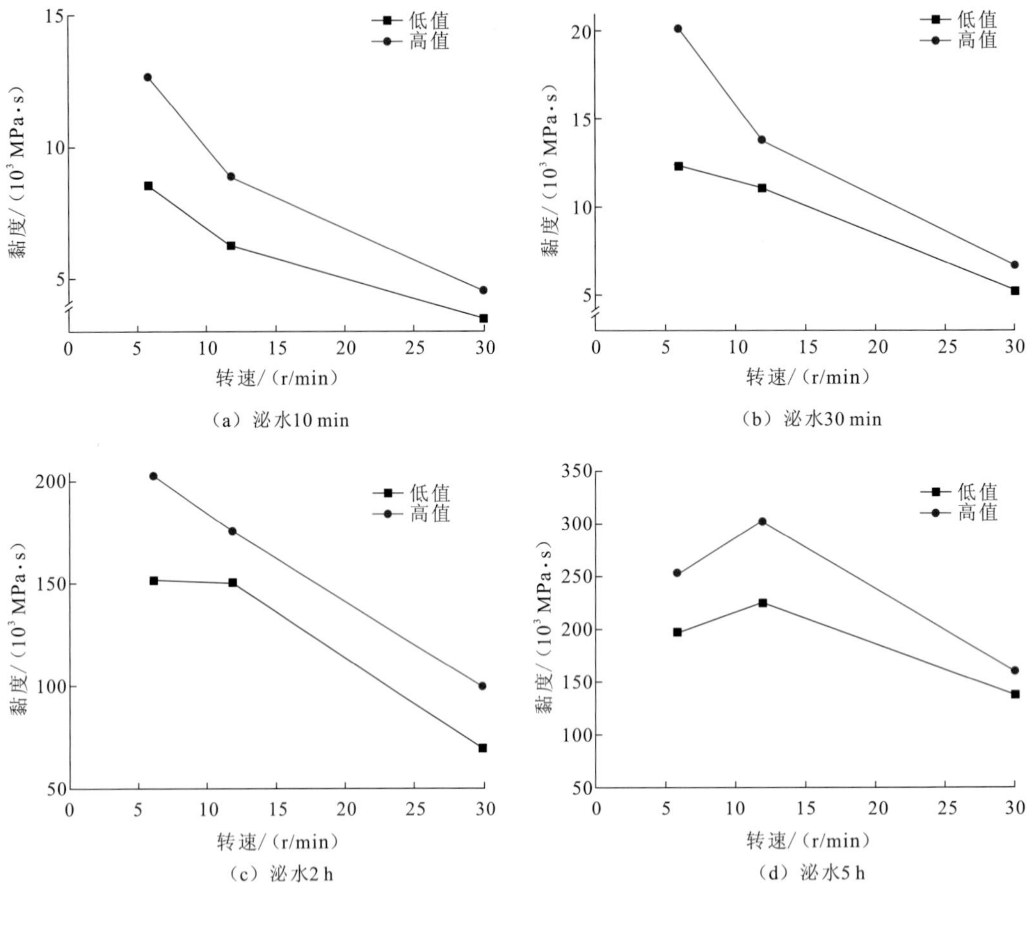

图 5.14　1∶22 时泌水状态的黏度值

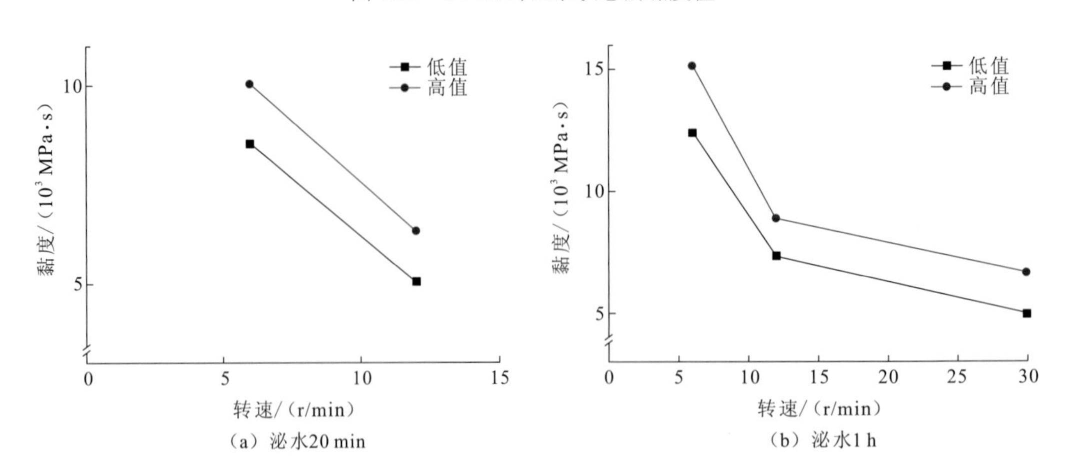

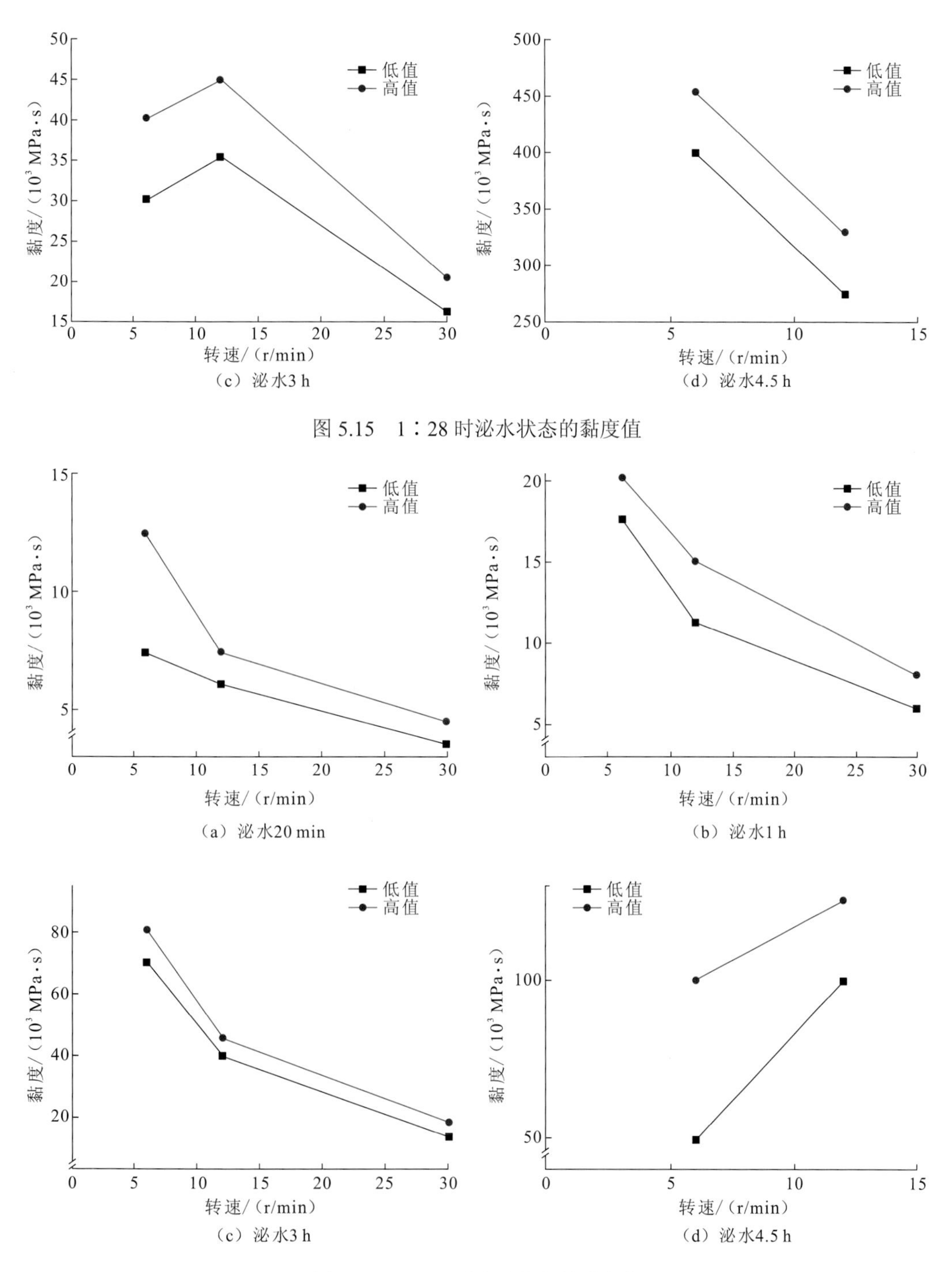

（c）泌水3 h

（d）泌水4.5 h

图 5.15 1∶28 时泌水状态的黏度值

（a）泌水20 min

（b）泌水1 h

（c）泌水3 h

（d）泌水4.5 h

图 5.16 1∶32 时泌水状态的黏度值

如图 5.17 所示，尾矿浆体的黏度随固化时间的延长迅速变大，浆体黏度随剪切速率增加而变小，呈现明显的黏塑性流体特征；浆体黏度随时间变化迅速变大，固化过程明显，得到尾矿浆体黏度随时间变化的关系式为

$$\mu(\varepsilon,T)=\mu_0(\varepsilon)\cdot\exp(kT) \tag{5.6}$$

式中：$\mu_0(\varepsilon)$为初始黏度，Pa·s；$\mu(\varepsilon, T)$为流体黏度与时间内变量的关系，Pa·s，尾矿浆体的时间内变量对流体黏度的影响占主导地位。

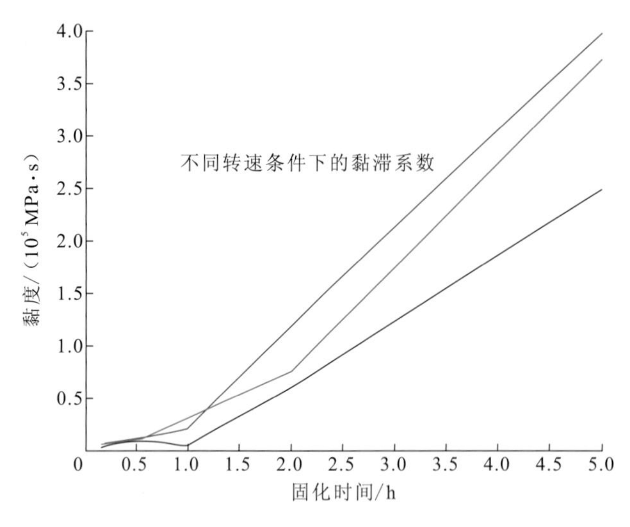

图 5.17　尾矿浆体的黏度随固化时间变化关系

不同颜色代表不同配比的黏度变化情况

5.4　不同粒度尾矿固结性能

5.4.1　不同粒度尾砂固结试验

针对试验所用的尾矿进行了基本成分分析测试，它们的主要化学成分组成见表 5.20。

表 5.20　不同尾矿的主要化学成分　（单位：%）

样品类别	SiO_2	Fe_2O_3	K_2O	Na_2O	CaO	MgO	Al_2O_3	SO_3	Mn
程潮铁尾矿	37.73	7.18	2.86	2.17	13.52	11.48	9.00	3.12	—
金山店铁尾矿	39.08	9.38	1.98	1.01	14.58	7.08	6.74	2.10	—
大冶铜尾矿	40.9	13.06	0.49	0.51	23.5	11.93	3.22	1.57	—
大信锰尾矿	29.45	12.11	0.84	—	13.00	1.94	3.48	29.83	7.89

尾矿的化学成分对充填料的物态特性和胶结性能具有影响，其中以硫化物含量对胶结充填体性能的影响最为显著。尾矿中较高的硫化物含量会增加尾矿的稠度，也会因其胶结作用而使胶结充填体获得较高的强度。但由于硫化矿物的氧化会产生硫酸盐，硫酸

盐的侵蚀可导致胶结充填体长期强度的损失。因此，对于硫化物含量较高的尾矿充填料，当采用水泥作为胶凝材料时，对充填体强度的负面影响很大。而含有火山灰质的矿渣胶凝材料可以解决硫酸盐侵蚀而使充填料强度降低的问题。

根据筛分-粒度分析仪联合对尾矿的试验结果绘制成粒径级配累积曲线如图 5.18 所示。根据粒径分布（图 5.18）的结果发现，程潮铁尾矿的中位粒径 D_{50} 为 183.9 μm；金山店铁尾矿中位粒径 D_{50} 为 47.2 μm，大冶铜尾矿中位粒径 D_{50} 为 44.3 μm，锰尾矿中位粒径 D_{50} 为 14.3 μm。按照矿山尾矿粒度分类可知，程潮尾矿属于粒度特粗尾矿，金山店铁尾矿属于粒度中粗尾矿，大冶铜尾矿属于粒度粗尾矿，锰尾矿属于细尾矿。

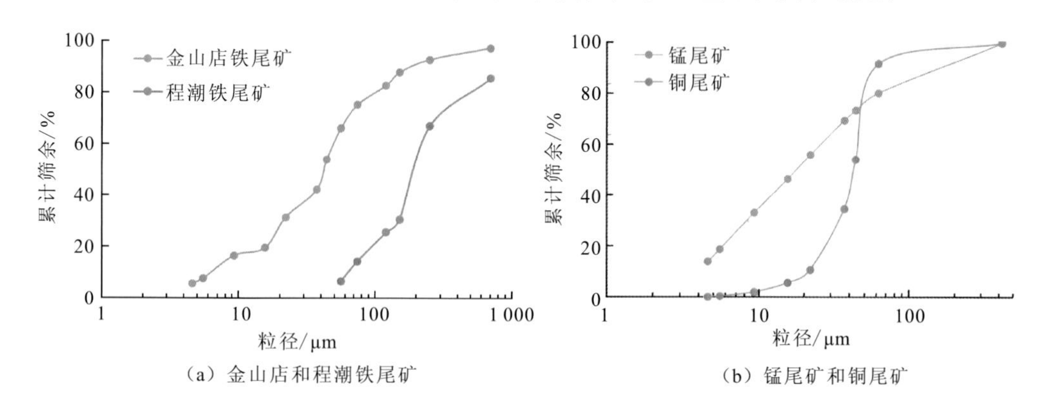

图 5.18　尾矿颗粒粒径级配曲线图

1. 特粗尾矿固结

尾矿固结材料的强度常受原材料的种类、质量、配比等因素的影响，因此需要配制不同类型的尾矿固结材料，并对其进行基本性能的测试，原料组成上主要为矿渣，并掺入水泥熟料、石膏、石灰石及活性激发剂等。其各原料配比见表 5.21～表 5.22。

表 5.21　尾矿固结材料组成配比（一）　（单位：%）

型号	矿渣	熟料	硬石膏	二水石膏	石灰石	激发剂
H1	59	25	—	8	5	3
H2	57	25	—	10	5	3
H3	55	25	—	12	5	3
H4	69	5	23	—	—	3
H5	67	5	25	—	—	3
H6	65	5	27	—	—	3

表 5.22　尾矿固结材料组成配比（二）　（单位：%）

型号	矿渣	熟料	钢渣	粉煤灰	氟石膏	激发剂（外掺）
FBP	55	5	—	—	40	1
FBSP	40	5	15	—	40	0.5
FBFP	45	5	—	10	40	0.5

尾矿固结材料的水化程度随矿渣细度的增加而提高，但粒度过小时，颗粒表面张力增大，加水成浆后趋向于成团，硬化后出现的孔隙过多反而使强度下降。因此，控制材料的粒度是一个重要的技术指标。按表5.21～表5.22中的不同配比进行配料时，将原料拌和，粉磨至比表面积为380～400 m^2/kg。

由表 5.21～表 5.22 中尾矿固结材料组成可知，H1～H3 型原料中主要以矿渣和熟料为主，还掺有少量的二水石膏和石灰石，而 H4～H6 及 FBP、FBSP 和 FBFP 型原料主要以矿渣和硬石膏（氟石膏）为主，另掺少量的水泥熟料。尾矿固结材料的组成不同，所以表现出来的基本性质也是不一样的。根据胶凝材料中硫含量的多少，可将尾矿固结材料分为高硫型和低硫型两类。通过表 5.22~表 5.23 中材料组成成分可将 H1、H2 和 H3 视为低硫型尾矿固结材料，而 H4、H5、H6、FBP、FBSP 和 FBFP 为高硫型尾矿固结材料。

机械强度性能是尾矿固结材料的重要性能之一，参照水泥的试验测定方法对不同配比制备出的胶凝材料进行强度的测试，测试结果见图 5.19。

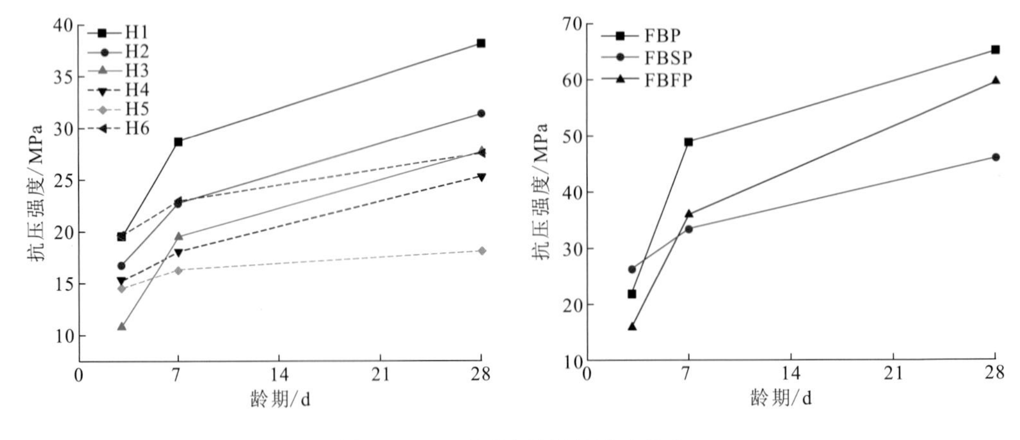

图 5.19　尾矿固结材料的胶砂强度

从图 5.19 中可以看出：随着养护龄期的增长，9 种固结剂的胶砂强度都呈现出较大的增长幅度；从中后期强度来看，FBP 的胶砂强度最大，而 H5 的胶砂强度最小（张发文，2009a）。

2. 粗尾矿固结

1）固结材料选配

对于程潮尾矿，分别采用湿法浇注成型方法进行固结。其基本参数：浆体料浆浓度为 75%；掺灰量为 4.8%（干重）。不同类型矿渣胶凝材料固结程潮尾矿抗压强度试验结果见表 5.23。

表 5.23　不同固结材料固结程潮尾矿的抗压强度试验结果

样品	料浆浓度	掺灰量（干重）	固结材料类型	抗压强度/MPa		
				7 d	28 d	60 d
C1	75%	4.8%	H1	1.02	1.94	3.70
			H2	0.85	1.58	2.93
			H3	0.68	1.32	2.56
			H4	0.37	0.65	1.23
			H5	0.34	0.69	1.07
			H6	0.51	0.98	1.75
C2	75%	4.8%	H1	0.78	1.43	2.85
			H2	0.65	1.18	2.21
			H3	0.53	0.99	1.86
			H4	0.23	0.76	1.50
			H5	0.20	0.60	1.15
			H6	0.36	0.81	1.68

从表 5.23 和图 5.20 的试验结果可以看出：在相同掺灰量和龄期的条件下，H1 低硫型固结材料固结程潮尾矿的胶结强度明显好于其他型号固结材料。

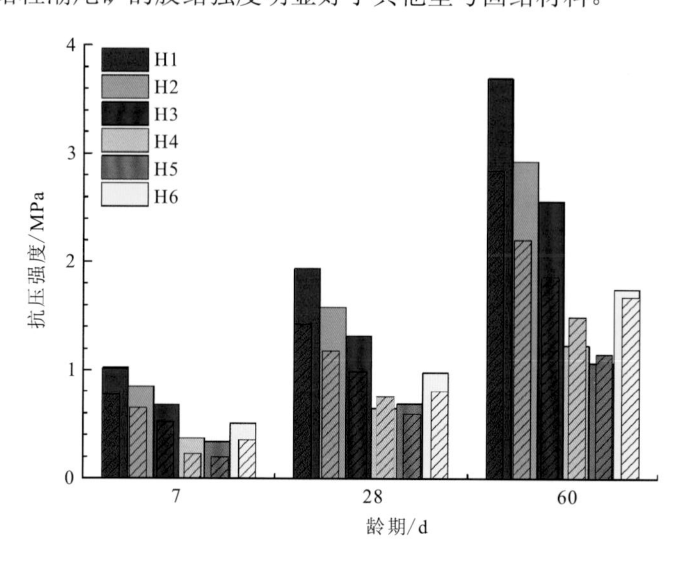

图 5.20　不同固结材料固结程潮尾矿抗压强度变化

2）固结材料固结尾矿试验

选用 H1 低硫型矿渣胶凝材料对程潮尾矿进行固结试验，试验中的掺灰量为 3.0%～5.3%，料浆浓度为 68%～75%。其试验结果见表 5.24。

表 5.24　程潮尾矿固结体试验结果

序号	料浆浓度/%	掺灰量/%	抗压强度/MPa			含水率/%		
			7 d	28 d	60 d	7 d	28 d	60 d
1	68	3.3	0.30	0.44	0.56	21.91	7.53	4.70
2	68	4.3	0.55	0.87	1.33	16.05	14.35	11.06
3	68	5.3	0.80	1.56	2.22	15.80	13.39	11.69
4	70	3.3	0.38	0.51	0.66	20.45	6.90	5.61
5	70	4.3	0.69	1.16	1.75	17.05	14.11	12.61
6	70	5.3	0.97	1.83	3.15	16.09	14.38	13.80
7	72	3.3	0.45	0.57	0.68	21.17	8.63	4.99
8	72	4.3	0.71	1.30	1.97	14.15	13.91	12.10
9	72	5.3	1.13	2.05	3.53	16.70	13.78	11.99
10	75	3.0	0.44	0.49	0.56	22.19	8.63	5.71
11	75	3.3	0.51	0.60	0.65	22.13	9.19	6.65
12	75	3.5	0.56	0.71	0.82	23.41	9.97	5.74
13	75	3.8	0.67	0.89	1.23	15.15	13.61	12.16
14	75	4.3	0.84	1.26	2.37	15.79	13.30	12.82
15	75	4.8	1.02	1.94	3.70	15.67	14.33	11.34
16	75	5.3	1.30	2.29	4.01	15.07	14.77	13.46

3）料浆浓度对充填体强度的影响

从表 5.24 和图 5.21 中可以看出，料浆浓度是影响充填体强度的主要因素之一。其总的趋势是：随着充填料浆浓度的提高，充填体强度呈上升趋势，在高浓度时尤为明显。因此，提高充填料浆浓度不仅可以降低充填成本，而且在料浆充填时，脱水带出的胶凝材料减少，从而保证充填体的强度稳定。在实际生产中，根据需要，可通过改变料浆浓度来调节充填体强度。

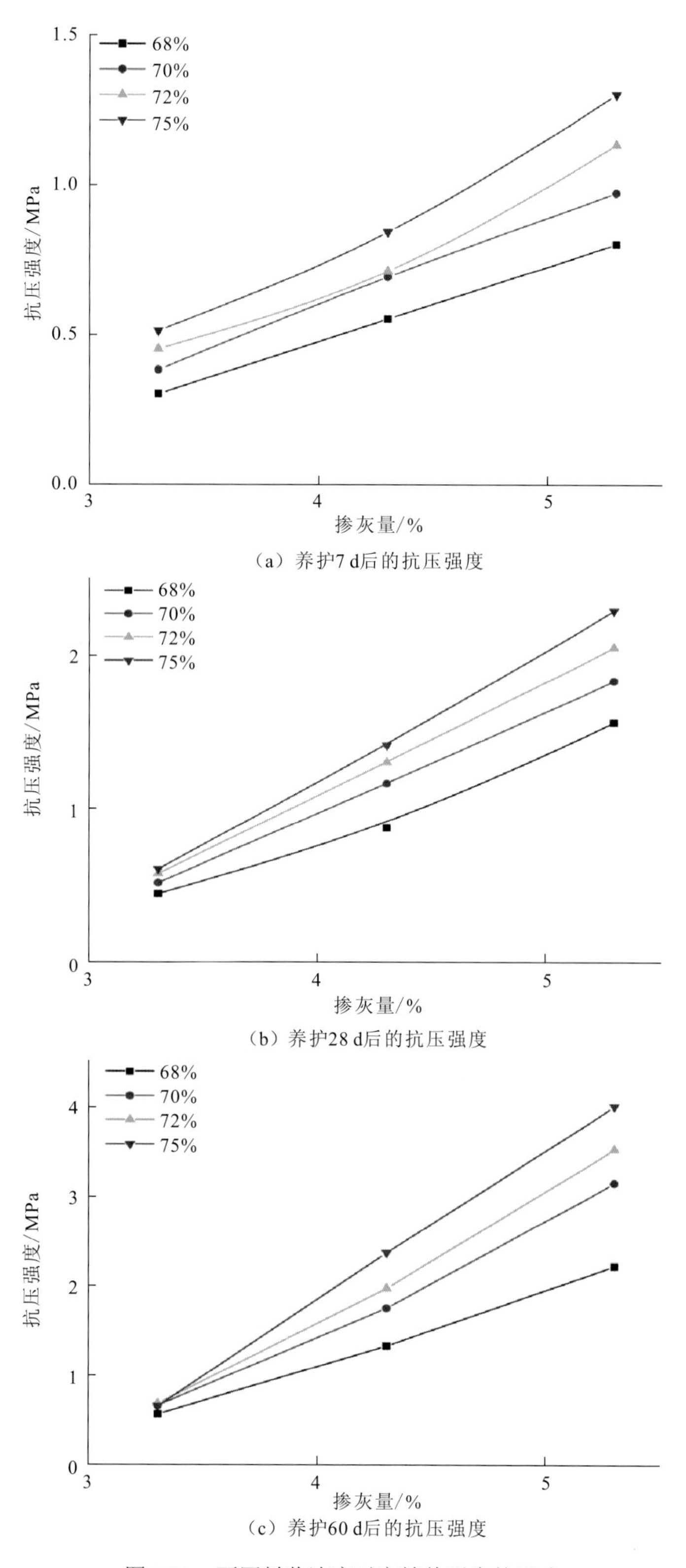

图 5.21　不同料浆浓度对充填体强度的影响

4）掺灰量和龄期对充填体强度的影响

从图 5.22 和图 5.23 可以看出，掺灰量和养护时间对尾矿固结体强度有着很明显的影响。随着掺灰量和龄期的增大，抗压强度也随之升高，尤其是后期强度（60 d）有大幅度的提高，表明胶结剂发生了比较充分的水化反应。当矿渣胶凝材料掺灰量在 3.0%～3.5%时，随着龄期的变化试件强度并没有明显的变化。而当掺灰量为 4.8%时，试件 28 d 的抗压强度已经接近 2.0 MPa，并且随着掺灰量的增大，试件强度的增长幅度随着龄期的延长不断增大（张发文，2009a）。

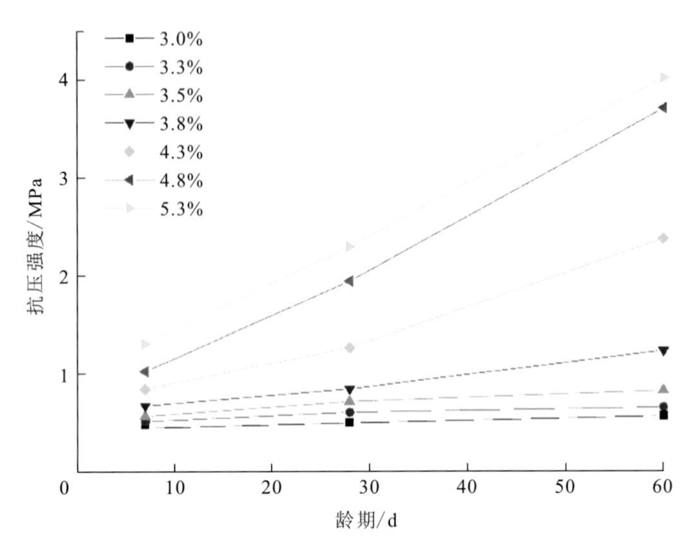

图 5.22　料浆浓度为 75%时不同龄期对充填体强度的变化曲线

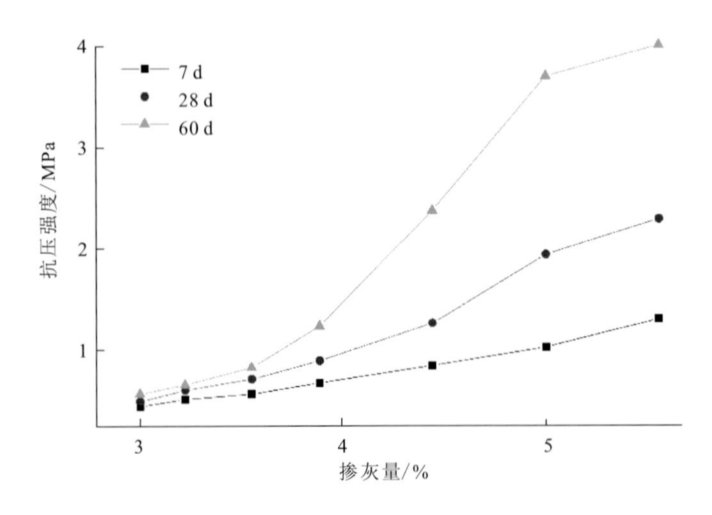

图 5.23　料浆浓度为 75%时不同掺灰量对充填体强度变化曲线

通过试验结果，可知尾矿胶结充填料的抗压强度随着胶结剂掺灰量的增加而不断提高，两者呈指数函数关系（图 5.24），可以表示为

$$y = A \times e^{bx} \tag{5.7}$$

式中：y 为充填体抗压强度，MPa；x 为掺灰量，%；A，b 为两个系数。

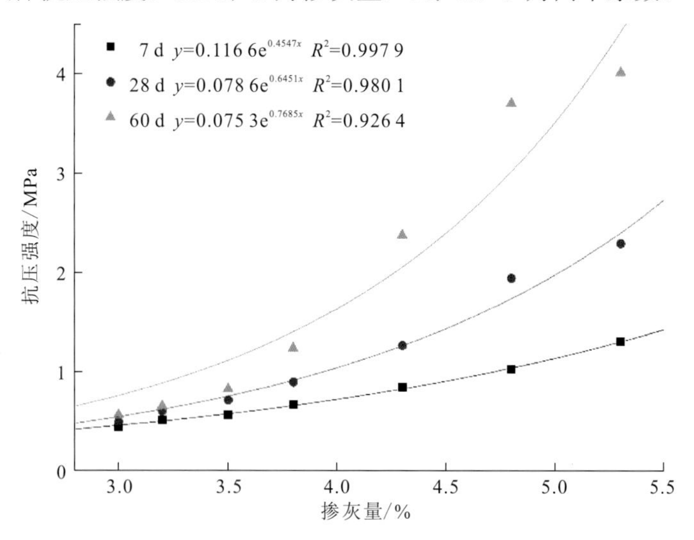

图 5.24　料浆浓度为 75%时抗压强度与掺灰量的关系

5）龄期与强度的关系

由图 5.25 和图 5.26 可以看出，两者总体上都呈线性关系，而且线性拟合程度较好。由此可以得到 H1 型矿渣胶凝材料固化尾矿的强度随时间增长的关系式：

$$q_{u28}=2.23q_{u7} \tag{5.8}$$

$$q_{u60}=4.60q_{u7} \tag{5.9}$$

$$q_{u60}=2.08q_{u28} \tag{5.10}$$

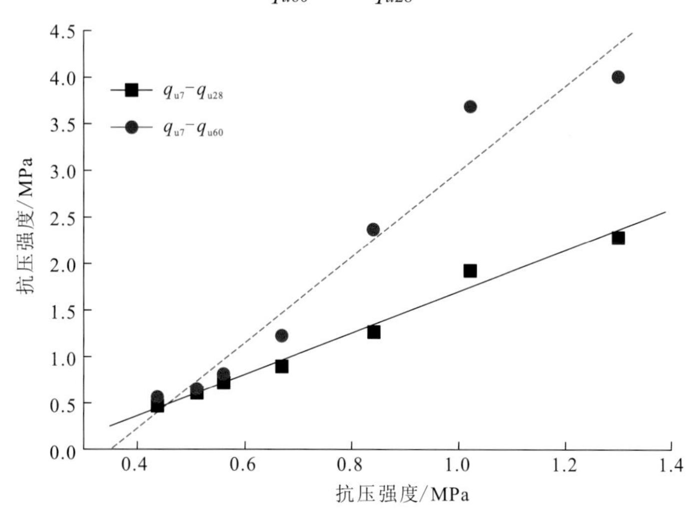

图 5.25　7 d 龄期强度与 28 d、60 d 龄期强度的比较

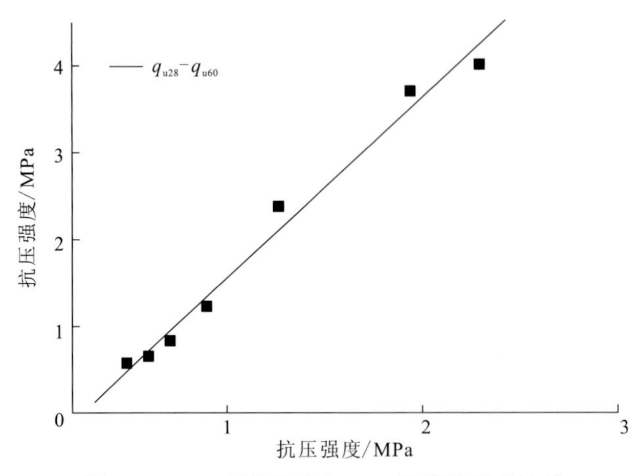

图 5.26　28 d 龄期强度与 60 d 龄期强度的比较

28 d 龄期强度约为 7 d 龄期强度的 2.2 倍，而 60 d 龄期强度约为 28 d 龄期强度的 2.0 倍。根据本次试验得到的抗压强度结果可知，强度和龄期之间变化规律明显，胶结剂用于固化尾矿的强度可以在短期内达到一定值，这不仅对了解矿渣胶凝材料固结尾矿所形成充填体的后续情况非常有利，而且说明该胶结剂是一种比较稳定的胶凝材料，随着龄期增长其强度稳步升高。

3. 细尾矿固结

1）固结材料选配

对于金山店矿区尾矿，分别采用湿法浇注成型方法进行固结。其基本参数：浆体质量浓度为 75%；掺灰量为 4.8%（干重）。不同类型矿渣胶凝材料分别固结尾矿的抗压强度试验结果见表 5.25。

表 5.25　不同矿渣胶凝材料固结金山店尾矿的抗压强度试验结果

样品	料浆浓度/%	掺灰量（干重）/%	胶结材料类型	抗压强度/MPa		
				7 d	28 d	60 d
G1	75	4.8	H1	0.75	1.31	2.59
			H2	0.53	0.96	1.51
			H3	0.55	0.89	1.36
			H4	0.89	1.45	2.75
			H5	0.67	1.09	1.78
			H6	0.46	0.71	1.13
G2	75	4.8	H1	0.61	1.09	2.23
			H2	0.59	0.91	1.64
			H3	0.47	0.77	1.13
			H4	0.76	1.25	2.37
			H5	0.52	0.96	1.65
			H6	0.51	0.81	1.07

从表 5.26 的试验结果可以看出：在相同掺灰量和龄期的条件下，对于金山店矿区尾矿来讲，H4 高硫型矿渣胶凝材料的固化效果最好。

4. 特细尾矿固结

铜尾矿为大红山铜矿采矿选矿废渣，主要是含钙、硅和镁元素的一些矿物，主要有石英、钙铁榴石、方解石、白云石、辉石、铁钠锰闪石和利蛇纹石等，根据颗粒分布计算 D_{50} 为 0.44 mm， 按照表 5.4 尾矿分类方法可知，属于特粗尾矿，铜尾矿不均匀系数 Cu 为 1.21，颗粒组成比较均匀。采用 FBP、FBSP 和 FBFP 这 3 种尾矿高氟石膏掺入系列固结剂，采用料浆浓度 70%和固结剂∶尾矿=1∶8（质量比）进行铜尾矿充填试验。

如图5.27和表5.26所示，采用高氟石膏掺量固结剂后整个水化龄期的尾矿固结体强度均逐渐增长，尾矿固结体强度与龄期的自然对数成良好的线性关系，说明强度随着龄期增长仍然会缓慢升高。

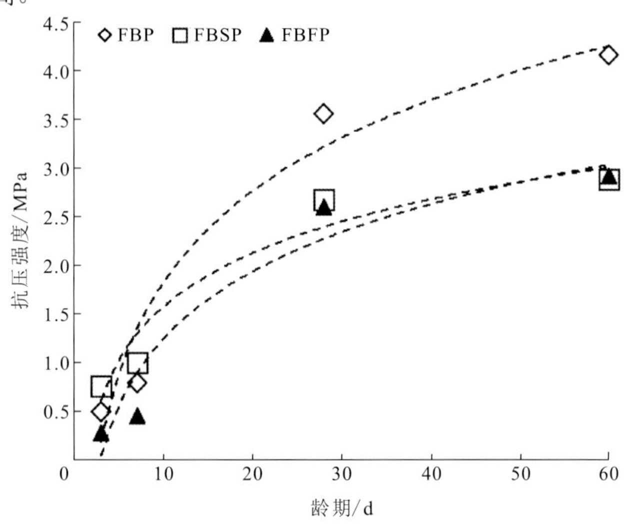

图 5.27　高氟石膏掺量固结剂胶结细尾矿固结体抗压强度变化趋势

表 5.26　高氟石膏掺量固结剂胶结细尾矿固结体抗压强度变化线性关系

序号	关系式	相关系数 R^2
FBP	$y=1.355\,8\ln x-1.294\,1$	0.951 4
FBSP	$y=0.796\,5\ln x-0.255$	0.945 0
FBFP	$y=0.997\,2\ln x-1.045\,5$	0.937 7

根据《采矿手册》，矿山回采工艺对尾矿固结体强度的不同要求，尾矿固结体强度分为强度大于或等于4 MPa的高强度等级尾矿固结体、强度在2 MPa左右的中强度等级尾矿固结体和强度小于1 MPa的低强度等级尾矿固结体。由此，FBP、FBSP和FBFP胶结尾矿用于矿山充填，以28 d抗压强度评价，至少可以达到中强度等级尾矿固结体要求，适合向上分层进路的回采，向上水平分层的铺面及房柱采矿法I步骤回采矿房后的充填，按

照强度发展趋势预测，在90 d基本可以达到高强度等级尾矿固结体要求（黄绪泉，2012）。

从图 5.28、图 5.29 和表 5.27 可知：尾矿固结浆体泌水量随静置时间延长迅速增大，在 0.5 h 后泌水量基本为一条直线，即处于不泌水状态。而通过 0.5 h 浆体泌水量深入数据分析，发现泌水量与静置时间的自然对数成典型的线性关系，从图 5.29 中还可以发现采用 FBSP 固结尾矿浆体的泌水量最大。

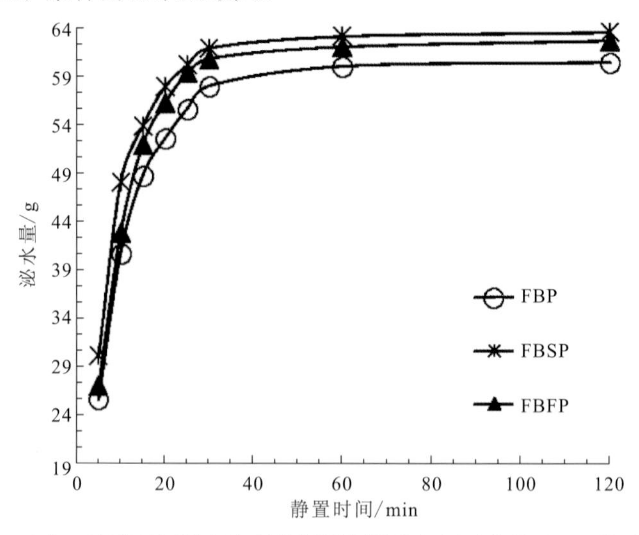

图 5.28　高氟石膏掺量固结剂和其他固结剂胶结细尾矿浆体在 1 h 泌水量变化

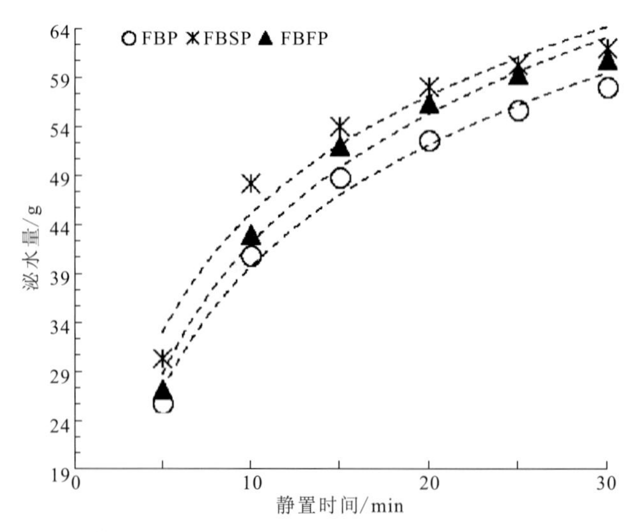

图 5.29　高氟石膏掺量固结剂胶结细尾矿浆体在 0.5 h 泌水量变化

表 5.27　高氟石膏掺量固结剂胶结细尾矿浆体在 0.5 h 泌水量变化线性关系

编号	关系式	相关系数 R^2
FBP	y=18.085ln$x$−2.007 1	0.987 1
FBSP	y=17.460ln$x$+4.865 8	0.961 4
FBFP	y=19.224ln$x$−2.264 9	0.982 4

从图 5.30 可以看出，在尾矿浆体浓度为 70%、75%和 80%时，高氟石膏掺量固结剂固结细尾矿浆体流动性均较好，在浓度为 80%时仍能保持流动度 23 cm，根据前期现场试验，浆体流动度在 15 cm 以上，就能满足整个充填流动性要求。

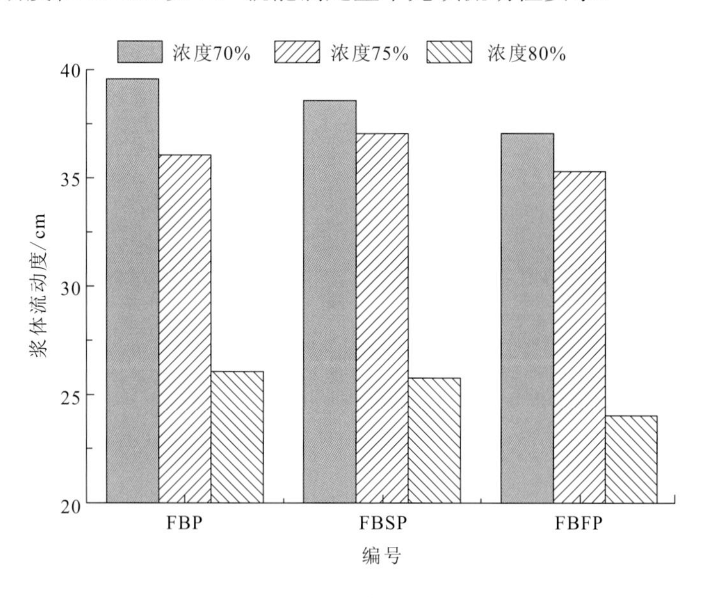

图 5.30　高氟石膏掺量固结剂胶结细尾矿浆体在不同浓度时流动度变化

5.4.2　不同固废基尾矿胶结剂的固结性能

1. 电解锰渣沉降特性

电解锰渣的沉降性能直接影响锰渣的充填料浆的配制和浆体稳定性，决定了锰渣浆的固液分离及砂仓进砂时间。为了了解电解锰渣的沉降特性，对料浆浓度分别为 40%、50%、60%的砂浆进行了沉降试验，测定了 0、5 min、10 min、20 min、30 min、40 min、60 min 和 120 min 的料浆容重。在 2 h 沉降时间内的料浆容重见表 5.28。相应的料浆沉降容重曲线见图 5.31。

表 5.28　不同料浆浓度料浆容重数据表　（单位：N/m^3）

料浆浓度/%	时间/min							
	0	5	10	20	30	40	60	120
40	1.31	1.32	1.34	1.37	1.36	1.41	1.44	1.48
50	1.48	1.49	1.50	1.51	1.51	1.53	1.54	1.56
60	1.63	1.63	1.63	1.63	1.63	1.63	1.63	1.64

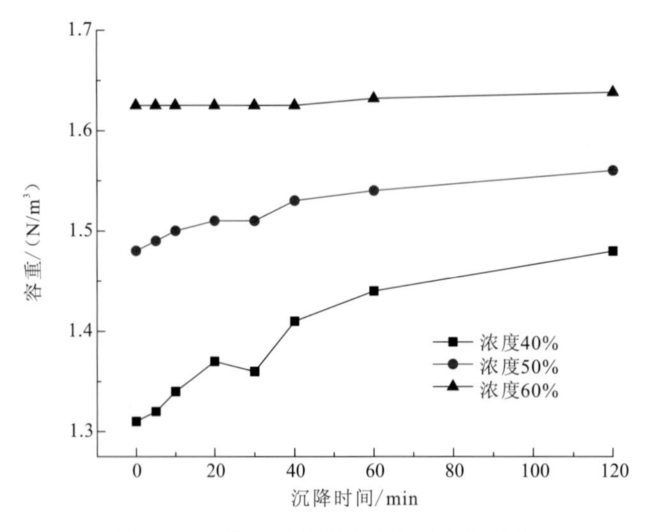

图 5.31　不同浓度锰渣拌和料浆沉降曲线

由图 5.31 可知：锰渣的沉降过程基本上持续了 120 min，锰渣浆体浓度越低，沉降过程越为明显，且锰渣浆体浓度越高，沉降后的容重越大。浓度为 40%的料浆沉降试验中，初始时间至 40 min 时锰渣沉降较为迅速，40 min 后锰渣沉降较为缓慢，上清液逐渐澄清，基本稳定，120 min 后容重稳定在 1.48 N/m^3；浓度为 50%的料浆相比于浓度 40%的料浆，沉降较为缓慢，沉降过程在 30 min 时基本达到稳定，120 min 后容重为 1.56 N/m^3；浓度为 60%的锰渣浆体整个过程基本无沉降特性，容重稳定在 1.64 N/m^3 左右（徐胜，2018）。

2. 拌和浆体流动度和流变曲线试验

试验中采用 H2 固结锰渣，将原状电解锰渣经破碎、自然风干、过 4.74 mm 方孔筛，四分法取样测定含水率，固定胶结比为 1∶5，根据含水率测试，外加水，外掺 1%萘系高效减水剂，设定浆体浓度分别为 60%、62%、64%、65%、66%、67%、68%。

不同浆体浓度的流动度如图 5.32 所示，随着充填料浆浓度的升高，流动度呈下降趋势。浓度为 60%～64%的充填料浆流动度均大于 22 cm，虽符合矿山充填的自流要求，

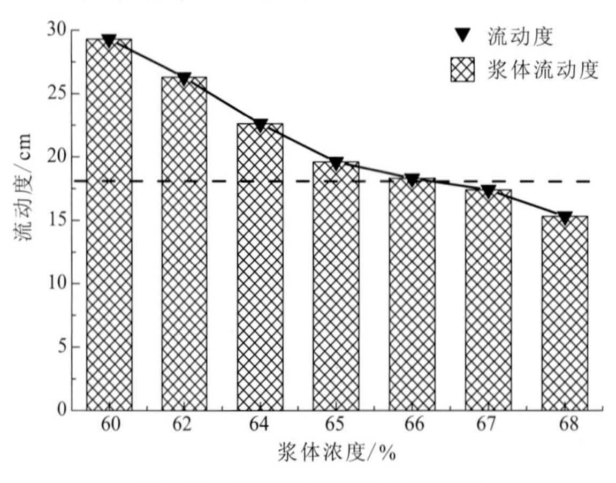

图 5.32　不同浓度浆体的流动度

但因充填料浆的浓度较低，在管道输送和井下充填时会发生程度不同的离析现象，影响固结体的强度；浓度为 65%～66%的充填料浆流动度为 18～22 cm，可形成不离析、不分层的稳定膏体，符合矿山泵压充填要求；浓度大于 67%的充填料浆流动度小于 18 cm，膏体开始向塑性固体转变，不具有良好的流动性，不符合充填要求（徐胜，2018）。

不同浓度浆体流变曲线的回归分析结果如图 5.33 所示，充填料浆的剪切速率和屈服应力回归方程的相关系数见表 5.29。可以看出，试验浓度范围内，充填料浆的剪切速率和屈服应力呈良好的相关性，相关系数 R^2 均大于 0.95，且随着充填料浆浓度的增大而增大；屈服应力均随剪切速率的增大而增大，呈现黏塑性流体形态；拟合回归方程的斜率即为充填料浆的黏度（表征了流体抵抗剪切变形的能力），截距即为充填料浆的初始屈服应力，结果见表 5.30。

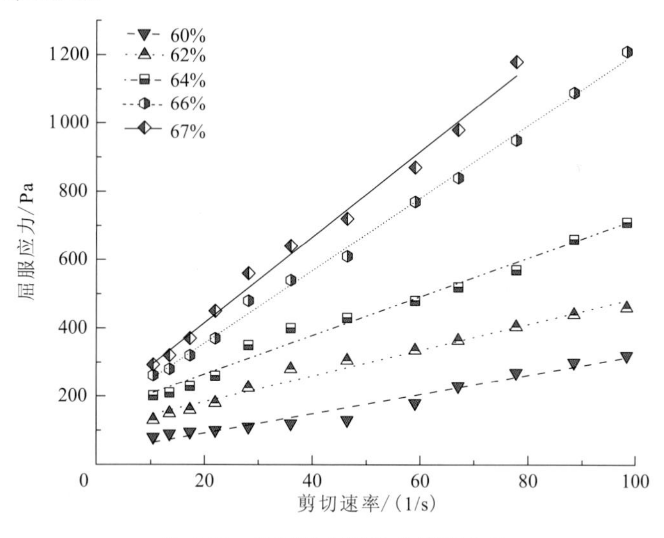

图 5.33　不同浓度浆体的流变曲线

表 5.29　充填料浆的剪切速率和屈服应力回归方程的相关系数

相关系数	充填料浆浓度/%				
	60	62	64	66	67
R^2	0.957 9	0.977 9	0.982 1	0.996 5	0.990 3

表 5.30　回归分析所得的流变参数：黏度和初始屈服应力

充填料浆浓度/%	黏度/（Pa/s）	初始屈服应力/Pa
60	2.83	35.54
62	3.79	108.04
64	5.67	143.83
66	10.62	151.65
67	12.52	165.62

从表 5.30 可以分析得出，浆体浓度越高，其初始屈服应力和黏度越大。浆体浓度为 60%时，浆体黏度和初始屈服应力均最小，分别为 2.83 Pa/s 和 35.54 Pa，是因为较低的浓度下，颗粒表面附着更多的自由水，增加了颗粒间的润滑作用；浆体浓度增加至 64%，浆体黏度和初始屈服应力，分别为 5.67 Pa/s 和 143.83 Pa，黏度和初始屈服应力相对于浆体浓度 60%时，分别增加了 1.0 倍和 3.0 倍。这是由于浆体浓度升高，颗粒表面自由水的减少，浆体的稠度和内摩擦力增大，浆体浓度增加至 67%时，黏度和初始屈服应力分别为 12.52 Pa/s 和 165.62 Pa，浆体黏度和初始屈服应力相比浆体浓度 60%时分别增加了 3.4 倍和 3.7 倍。从分析过程可以得出，浆体黏度随着浓度成倍增加，而初始屈服应力先随着浆体浓度增加较黏度增加较快，后随着浆体浓度增加较为缓慢。随着浆体浓度升高，胶凝材料产生微集料效应，在拌和水的作用下形成絮凝结团，互相连接形成网络状结构，以及超细的电解锰渣表面吸附大量自由水，导致浆体黏度增大，物料之间拌和不均匀，形成不易流动的膏体（Hu et al.，2014）。

3. 浆拌和体泌水率试验

浆体泌水是各种物料加水拌和后，混合集料中多余的水分在未硬化凝结之前产生向上运动的现象，泌水率等于泌出的水与拌和浆体中总水的质量比。参照《普通混凝土拌合物性能试验方法》（GB/T 50080—2002）开展浆体浓度为 64%、66%、67%的锰渣拌和浆体的泌水试验，固定胶结比为 1∶5，根据电解锰渣含水率，准确加入外加水将锰渣拌和浆体浓度分别调制成 64%、66%、67%，混合搅拌 4 min，将浆体倒入容量 100 mL 量筒中，静置不同时间后通过记录吸取量筒上部泌出清水量，称量量筒前后质量差，算出泌水量，最后计算泌水率。试验结果如表 5.31 所示。

表 5.31 不同浓度锰渣拌和浆体泌水率对比表 （单位：%）

浆体浓度/%	静置时间							
	10 min	20 min	30 min	1 h	1.5 h	2.5 h	4 h	6 h
64	4.2	5.1	5.7	6.4	6.7	6.9	7.3	8.5
66	2.7	3.2	4.0	4.7	5.5	6.7	6.8	6.8
67	1.3	1.7	2.5	3.4	4.2	4.8	4.8	4.8

从表 5.31 可以分析得出锰渣拌和浆体浓度越低，其泌水速率和泌水量越高，浆体浓度为 64%泌水量最多，6 h 后泌水量达 8.5%，并仍然泌水，浆体浓度为 66%时在 4 h 后不再泌水，泌水量为 6.8%，浆体浓度为 67%泌水量最少，在 2.5 h 后不再泌水，泌水量为 4.8%；并且三种浆体浓度泌水率均较低，这与超细锰渣表面易吸附结合自由水特性紧密相关。

4. 浆体浓度对固结体抗压强度的影响

在胶结比 1∶5 情况下，研究浆体浓度分别为 62%、64%、65%、66%、67%、68%抗压强度的发展规律，试验结果如图 5.34 所示。

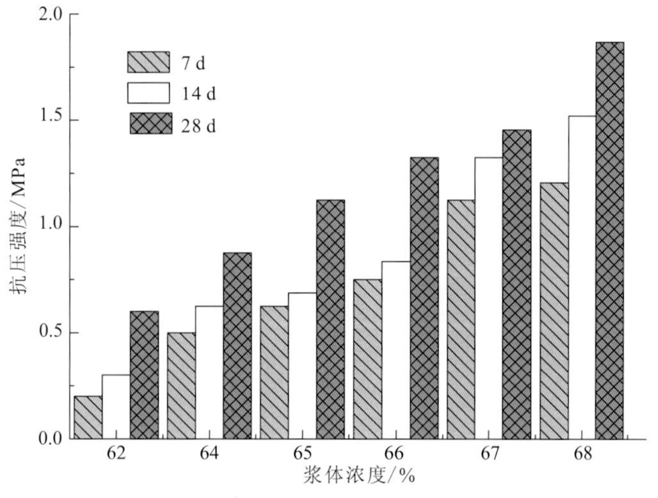

图 5.34　不同浆体对抗压强度的影响

由图 5.34 可以看出，固结体抗压强度随着浆体质量浓度升高呈明显上升趋势，浆体浓度从 62%升高到 68%，抗压强度变化越明显，浆体浓度为 62%的固结体抗压强度最低，浓度为 64%的固结体抗压强度次之，浆体浓度为 65%～68%的固结体 7 d 抗压强度均大于 0.5 MPa，14 d 抗压强度均大于 0.6 MPa，28 d 抗压强度均大于 1 MPa，并同龄期抗压强度随着浓度升高而升高，浆体浓度 68%抗压强度最大，7 d 抗压强度为 1.2 MPa，14 d 抗压强度为 1.5 MPa，28 d 抗压强度为 1.9 MPa。

5. 浆体浓度对总水孔隙率的影响

由图 5.35 可看出，充填料浆的浓度越低，固结体试件的总水孔隙率越高，这是因为

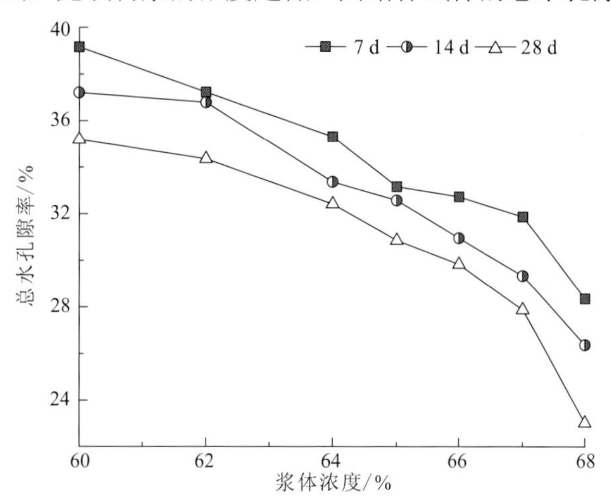

图 5.35　充填料浆浓度对总孔隙率的影响

当充填料浆的浓度较低时，固结体中胶凝材料发生水化反应能消耗掉的自由水也较少，过剩的自由水则被超细电解锰渣吸附，从而导致总水孔隙率较高。相同浓度下的充填料浆，其固结体试件的总水孔隙率随养护龄期的延长而下降，这是因为固结体试件孔隙中自由水随着水化反应的不断进行而被胶凝材料所消耗，形成的稳定的水化产物逐渐填满内部孔隙。

6. 胶结比对固结体抗压强度的影响

在浆体浓度为67%的情况下，研究了胶结比1∶3、1∶5、1∶7、1∶9的抗压强度发展规律，试验结果如图5.36所示。

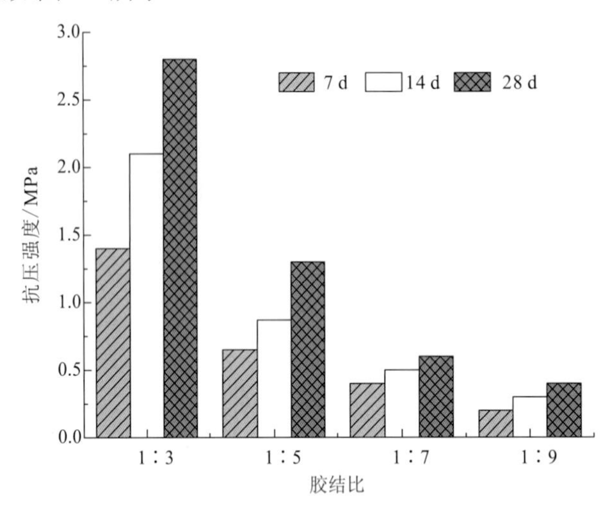

图 5.36　胶结比对固结体抗压强度的影响

结果表明，无侧限抗压强度与胶结比关系密切。在 1∶3 到 1∶9 的范围内，胶结比越高，对于抗压强度的增长越有利。胶结比为 1∶3 时，分别为 1.4 MPa、2.1 MPa、2.9 MPa 三龄期抗压强度最高；胶结比为 1∶5 时，7 d、14 d、28 d 抗压强度升高较缓慢；胶结比为 1∶7 时，三龄期抗压强度变化缓慢，分别为 0.4 MPa、0.5 MPa、0.6 MPa；胶结比为 1∶9 时，三龄期抗压强度最低，28 d 抗压强度为 0.3 MPa，且强度基本无变化，胶凝材料水化不足，没有形成足够的水化产物。

7. 颗粒级配对固结体抗压强度的影响

将电解锰渣（M）和铁尾矿（D_{50}为 209 μm，为粗铁尾矿，命名 T）按照质量比 9∶1、7∶3、5∶5、3∶7、1∶9 配置混合，两种原尾矿作为对照组。混合后的尾矿利用 H2 固化剂固结，在浆体质量浓度为 67%下，胶结比 1∶5，外掺 1%萘系高效减水剂，研究混合尾矿不同粒径分布对固结体抗压强度的影响。从图 5.37 可知，电解锰渣含量升高，混合尾矿的平均粒径逐渐向小粒径偏移，表明混合尾矿粒径分布越细，超细尾矿含量也相对升高。各种混合尾矿及两种原尾矿的 D_{10}、D_{30}、D_{50}、D_{60}、Cu、Cc 列于表 5.32。

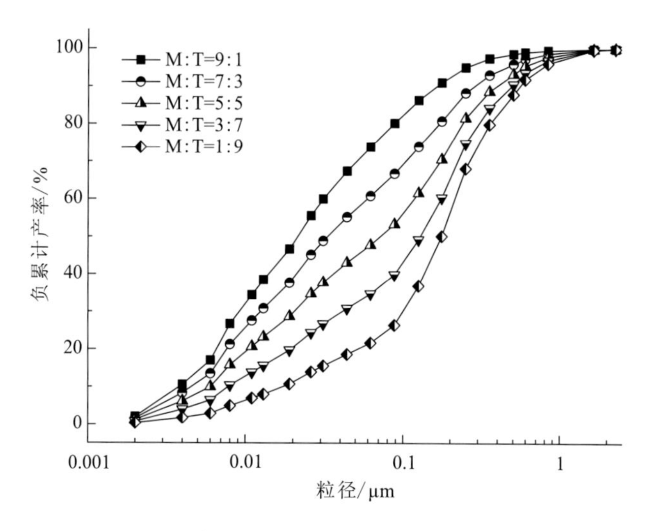

图 5.37　混合尾矿的粒径分布

表 5.32　混合尾矿的相关系数表

编号	配比	D_{10}/μm	D_{30}/μm	D_{50}/μm	D_{60}/μm	Cu	Cc
X-1	M	4	8	19	26	6.50	0.62
X-2	M∶T=9∶1	4	9	22	31	7.75	0.65
X-3	M∶T=7∶3	5	13	36	62	12.40	0.55
X-4	M∶T=5∶5	6	22	74	125	20.83	0.65
X-5	M∶T=3∶7	8	44	125	176	22.00	1.38
X-6	M∶T=1∶9	19	105	176	209	11.00	2.78
X-7	T	31	125	209	249	8.03	2.02

锰渣掺量从 100%降低到 0，其抗压强度变化规律如图 5.38 所示。

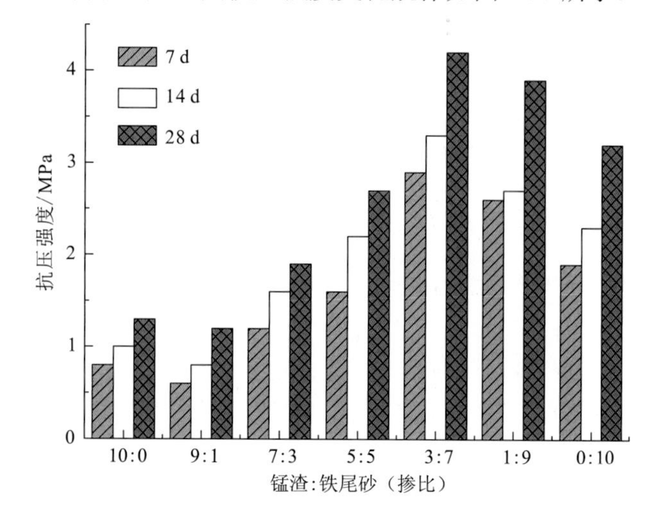

图 5.38　锰渣与铁尾矿不同掺比的抗压强度变化

从图 5.38 所示，随着锰渣掺量的降低，其三龄期抗压强度均呈现明显升高趋势，其掺量从 100%降低到 30%，7 d、14 d、28 d 抗压强度分别由 0.8 MPa 升高到 2.7 MPa、由 1.0 MPa 升高到 3.3 MPa、1.3 MPa 升高到 4.1 MPa；锰渣掺量从 30%降低到 0，其抗压强度下降。而锰渣掺量较低时其固结体抗压强度较高，锰渣硫酸盐含量较高，其掺量较低时，其中硫酸盐可激发 H2 固化剂中胶凝材料的活性，形成更多的水化产物，从而提高固结体强度。

8. H4 高硫型固结细和中粗尾矿对比

为了解矿渣胶凝材料对于不同类型尾矿的固结效果，根据矿渣胶凝材料性能测试结果来看，选用 H4 高硫型矿渣胶凝材料对金山店尾矿进行固结试验，确定料浆的浓度为 75%，试验中的掺灰量分别为 3.3%、4.3%和 5.3%，并与程潮尾矿胶结体强度试验进行对比。结果见表 5.33。

表 5.33　金山店与程潮尾矿胶结体强度对比试验结果

样品类型	浓度/%	掺灰量/%	抗压强度/MPa			含水率/%		
			7 d	28 d	60 d	7 d	28 d	60 d
金山店尾矿	75	3.3	0.45	0.58	0.69	23.57	10.89	8.87
		4.3	0.75	1.23	1.54	14.54	11.32	11.52
		5.3	1.04	2.07	3.56	14.76	12.65	10.54
程潮尾矿	75	3.3	0.51	0.60	0.65	22.13	9.19	6.65
		4.3	0.84	1.26	2.37	15.79	13.30	12.82
		5.3	1.30	2.29	4.01	15.07	14.77	13.46

根据表 5.33 和图 5.39 试验结果来看，在相同掺灰量和龄期的条件下，除了个别数据，金山店尾矿胶结体强度都要低于程潮尾矿，但强度的变化规律是一致的，随着掺灰量的增加和养护龄期的延长，胶结体的强度不断增强，这说明矿渣胶凝材料是一种性能比较稳定的胶结剂。充填体强度的差异可能是由尾矿的物理化学性质、矿物成分和颗粒分布等因素所造成的（张发文，2009）。

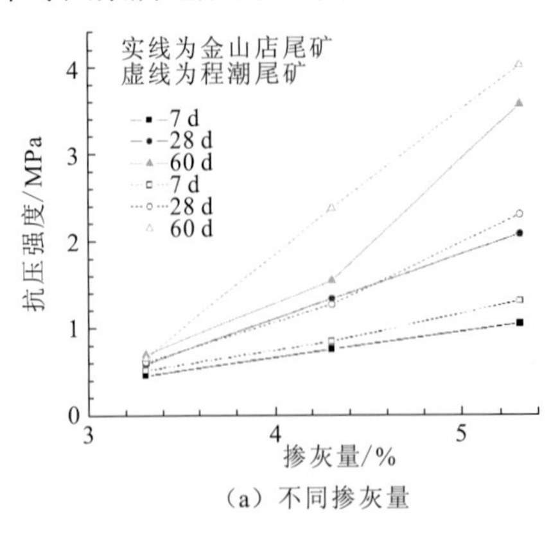

（a）不同掺灰量

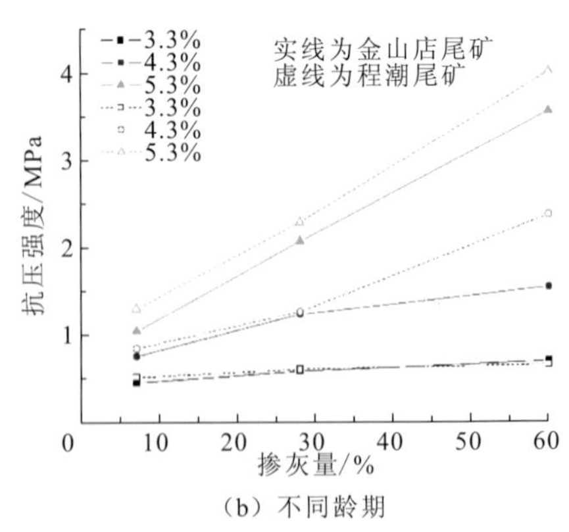

（b）不同龄期

图 5.39　掺灰量和龄期对掺不同固结剂的固结体强度影响

9. 水泥固结细和中粗尾矿对比

选用 32.5 级普通硅酸盐水泥对程潮尾矿和金山店尾矿分别进行固结试验，其中料浆浓度为 75%，掺灰量为 10%，经过标准养护，到一定龄期对其进行无侧限抗压强度测试。通过对比试验比较矿渣胶凝材料与水泥分别对尾矿胶结体的固结效果。其试验结果见表 5.34。

表 5.34　水泥固结不同尾矿胶结体强度试验结果

样品类型	浓度/%	掺灰量/%	抗压强度/MPa			含水率/%		
			7 d	28 d	60 d	7 d	28 d	60 d
程潮尾矿	75	10	0.91	1.28	2.08	17.56	14.89	12.87
金山店尾矿	75	10	0.61	0.81	1.21	19.74	16.82	15.53

通过表 5.34 中试验结果发现，同矿渣胶凝材料一样，水泥对于程潮尾矿胶结体抗压强度要高于金山店尾矿。从图 5.40 看出：对于程潮尾矿，矿渣胶凝材料掺量为 4.3%时胶结体的无侧限抗压强度与水泥掺量 10%时胶结体抗压强度相当；而对于金山店尾矿而言，当水泥掺量为 10%时胶结体的抗压强度介于矿渣胶凝材料掺量 3.3%和 4.3%胶结体抗压强度之间。试验结果表明，胶结体达到同等强度的矿渣胶凝材料掺量要明显小于水泥，不论是程潮尾矿还是金山店尾矿，5.3%掺量的矿渣胶凝材料尾矿胶结体的固结效果要好于掺量为 10%的水泥硬化体。

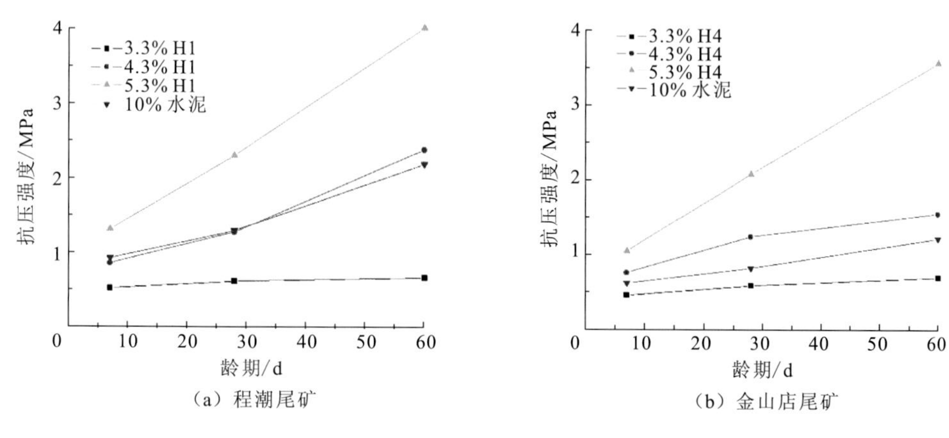

图 5.40　水泥和矿渣胶凝材料固结尾矿强度对比

10. 不同类型固结材料胶结细尾矿性能比较

采用 FBP、FBSP 和 FBFP 这 3 种高氟石膏掺量系列尾矿固结剂，采用浓度 70%和固结剂∶尾矿=1∶8（质量比）进行铜尾矿充填试验，并与国内常用矿山充填尾矿固结剂 H2、H4 和 P·O42.5 级水泥进行对比，结果如图 5.41 所示。

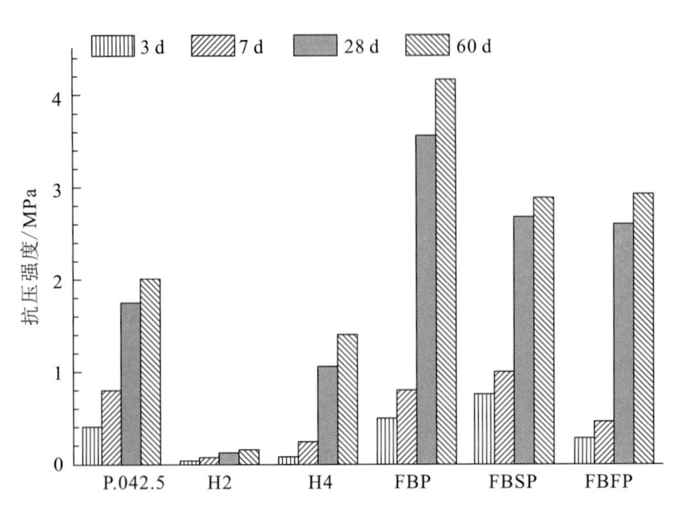

图 5.41　高氟石膏掺量固结剂和其他固结剂胶结细尾矿固结体抗压强度对比

由图 5.41 和表 5.35 可知，采用高氟石膏掺量固结剂后整个水化龄期的尾矿固结体强度均逐渐增长，60 d 强度均高于掺 H2、H4 和 P·O42.5 级水泥固结尾矿体的强度。同时也可以发现，H2 固结剂固结尾矿几乎没有效果，H4 型固结剂固结尾矿有效果，但还不如 P·O42.5 级水泥固结尾矿体的强度高。而且我们对高石膏掺量固结剂的尾矿固结体的不同龄期的抗压强度进行分析发现，尾矿固结体强度与龄期的自然对数成良好的线性关系，说明强度随着龄期增加仍然会缓慢增长（黄绪泉，2012）。

表 5.35　高氟石膏掺量固结剂和其他固结剂胶结细尾矿浆体在 0.5 h 泌水量变化线性关系

固结剂	关系式	相关系数 R^2
P·O42.5	y=15.271 ln x−1.172	0.937 6
H4	y=13.689 ln x+10.497	0.949 1
H2	y=20.265 ln x−10.271	0.993 2
FBP	y=18.085 ln x−2.0071	0.987 1
FBSP	y=17.460 ln x+4.8658	0.961 4
FBFP	y=19.224 ln x−2.2649	0.982 4

由表 5.35 和图 5.42、图 5.43 可知，尾矿固结浆体泌水量随静置时间延长迅速增加，在 0.5 h 后泌水量基本为一条直线，亦即处于不泌水状态。从图中还可以发现，P·O 42.5 级水泥固结尾矿浆体泌水量最少，高氟石膏掺量固结剂固结细尾矿浆体 0.5 h 泌水量均比 H2、H4 和 P·O 42.5 级水泥泌水量要多。说明高氟石膏掺量固结剂固结细尾矿，能在保持尾矿浆体流动性的同时迅速泌出多余水分，这有利于浆体结构形成和最终尾矿浆体浓度的提高（黄绪泉，2012）。

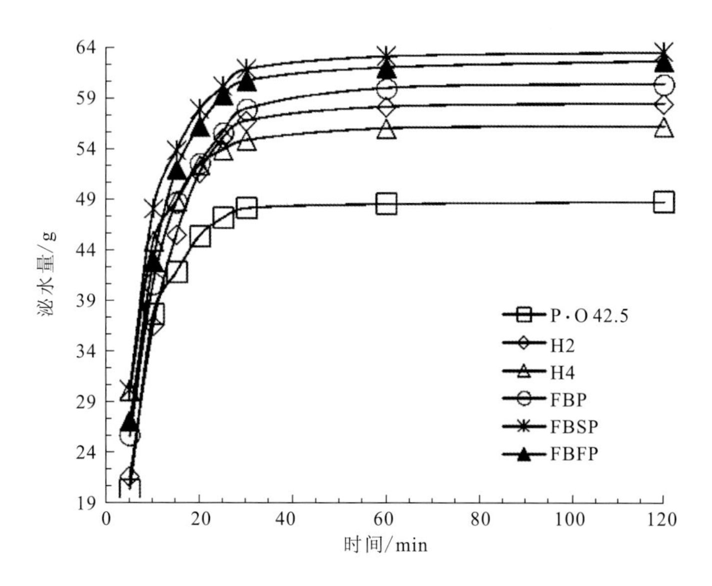

图 5.42　高氟石膏掺量固结剂和其他固结剂胶结细尾矿浆体在 1 h 泌水量变化

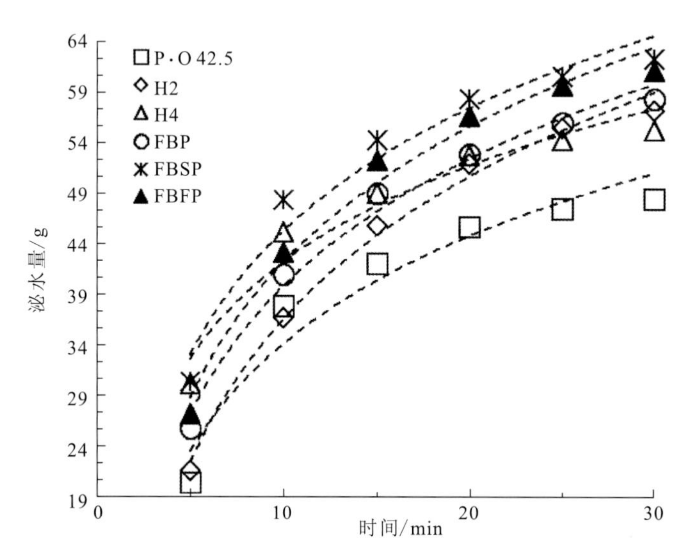

图 5.43　高氟石膏掺量固结剂和其他固结剂胶结细尾矿浆体在 0.5 h 泌水量变化

从图 5.44 可以看出，在尾矿浆体浓度为 70%、75%和 80%时，高氟石膏掺量固结剂固结细尾矿浆体流动性优于 H2、H4 和 P·O 42.5 级水泥，在浓度为 80%时仍能保持流动度 23 cm 以上，根据前期现场试验，浆体流动度在 15 cm 以上，就能满足整个充填流动性要求。因此高氟石膏掺量固结剂固结细尾矿，浆体流动性能优良。

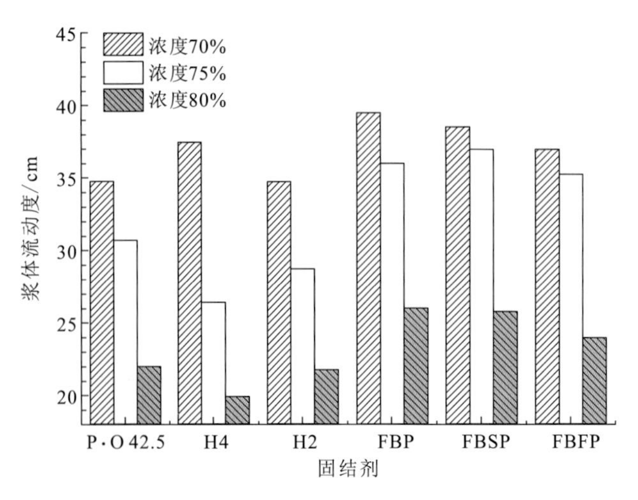

图 5.44　高氟石膏掺量固结剂和其他固结剂胶结细尾矿浆体在不同浓度时流动性变化

5.4.3　尾水对固结体强度的影响

本小节采用自来水和选矿废水进行试验对比，并对其进行简单的水质分析，其中对固结体强度有影响的 SO_4^{2-} 和 Cl^-进行测定。试验结果见表 5.36，选矿废水中的硬度、SO_4^{2-} 浓度和 Cl^-浓度均远高于自来水，且金山店矿区废水中的硬度和 SO_4^{2-} 浓度均略小于程潮矿区废水，但 Cl^-浓度却是程潮矿区废水的两倍多。采用选矿废水和自来水对两种不同矿区尾矿进行全尾矿胶结试验，并对其固化效果进行对比（表 5.37）。

表 5.36　水质分析结果　（单位：mg/L）

试验用水	pH	硬度	SO_4^{2-}浓度	Cl^-浓度
自来水	7.62	136	85.1	25.89
程潮矿区选矿废水	5.95	2 040	1 941.6	50.98
金山店矿区选矿废水	7.31	1 910	1 753.0	114.96

表 5.37　自来水与选矿废水的抗压强度对比试验结果

掺灰量/%	尾矿类型	试验用水	抗压强度/MPa		
			7 d	28 d	60 d
4.8	程潮尾矿	自来水	1.02	1.54	3.70
		尾水	0.86	1.65	3.92
4.8	金山店尾矿	自来水	0.89	1.45	2.75
		尾水	0.78	1.56	2.89

由表 5.37 中试验结果可知，采用尾水作为试验用水制成的硬化体试件早期强度较低，相比自来水，其 7 d 抗压强度分别降低 15.7%和 12.4%；而中后期抗压强度要比自来水高，

其 28 d、60 d 抗压强度分别提高了 7.1%、7.6%和 5.9%、5.1%。胶凝材料需要水以实现水化反应，而且水又是作为充填料浆的输送介质。因此尾水中的化学成分虽对胶凝材料水化反应有一定影响，但影响不大，而且后期抗压强度比用自来水的试件有所提高（张发文，2009）。

5.4.4　固结体浸出毒性特征

1. 铜尾矿固结体浸出毒性

表 5.38 中尾矿固结体不同龄期的 pH 变化表明，采用 FBP、FBSP 和 FBFP 的尾矿固结剂胶结的固结体具有较低的 pH，7 d 以上龄期固结体的 pH 均在 10 以下；而 P·O 42.5 和 H2 胶结的尾矿固结体的 pH 在 12 以上，H4 胶结的尾矿固结体的 pH 也在 11 以上，说明高氟石膏掺量固结剂胶结尾矿固结体具有较低的碱度。

表 5.38　高氟石膏掺量固结剂和其他固结剂胶结细尾矿固结体浸出液 pH 的变化

固结剂	3 d	7 d	28 d	60 d
P·O 42.5	12.13	12.16	12.22	12.53
H2	12.13	12.16	12.22	12.38
H4	11.41	11.59	11.34	11.46
FBP	10.43	9.70	8.74	9.79
FBSP	10.39	8.85	8.75	8.97
FBFP	10.32	8.86	8.94	9.48

表 5.39 为尾矿固结体不同龄期的浸出液氟离子浓度的变化情况，高氟石膏掺量固结剂胶结尾矿固结体初始浸出液氟离子浓度都比较高，随着龄期延长，固结体浸出液氟离子浓度逐渐下降。

表 5.39　高氟石膏掺量固结剂胶结细尾矿固结体浸出液氟离子浓度的变化

固结剂	3 d	7 d	28 d	60 d
FBP	0.021 0	0.013 8	0.009 5	0.002 2
FBSP	0.030 4	0.008 8	0.008 6	0.001 2
FBFP	0.029 5	0.011 5	0.009 2	0.003 1

2. 电解锰渣固结体浸出毒性

选取浆体浓度为 65%锰渣固结体，测定浸出液的 pH、浸出液中的重金属离子浓度和氨氮浓度，测试结果如图 5.45、图 5.46、图 5.47 所示。

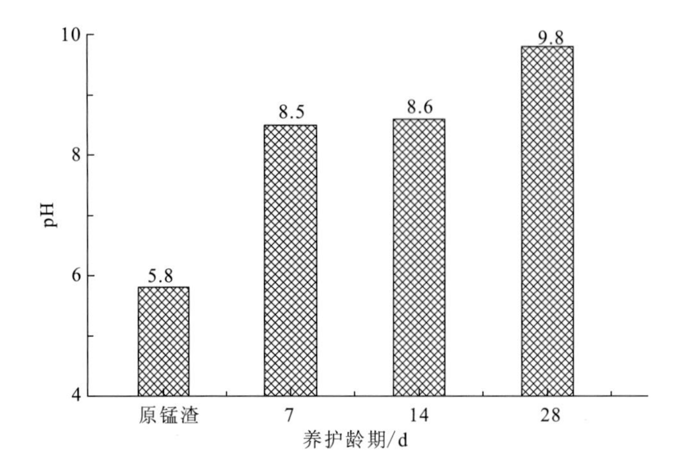

图 5.45　不同养护龄期浸出液 pH 变化

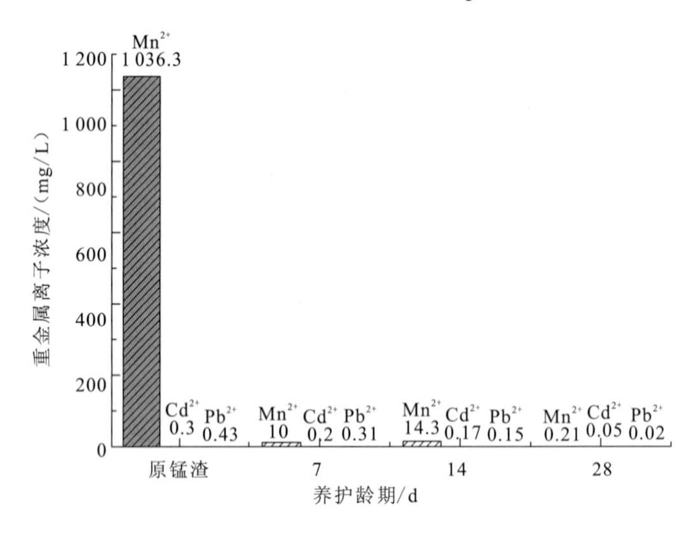

图 5.46　不同养护龄期浸出液中重金属离子浓度变化

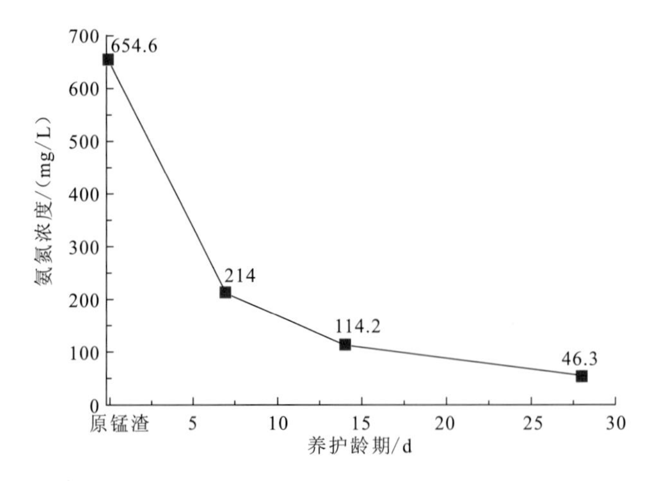

图 5.47　不同养护龄期浸出液中氨氮浓度变化

由图5.45可以看出，固结体浸出液pH均高于原锰渣，并且相对于原锰渣，固结体浸出液由酸性体系转为碱性体系，养护至14 d时固结体浸出液的pH变化小，pH从8.5增至8.6，28 d时，固结体碱度显著提高，pH上升至9.8。从图5.46和图5.47可看出，相对于原锰渣，固结体对氨氮、Mn^{2+}处理效果明显，养护至7 d时氨氮浓度降低67.3%，并且随着养护龄期的持续增加，氨氮浓度继续下降，养护至28 d时，氨氮浓度降低为46.3 mg/L，相对于原锰渣降低了92.9%。养护7 d时Mn^{2+}固结效果显著，固结效果高达99%，养护至14 d时，Mn^{2+}浓度虽有上升，但上升并不明显，养护至28 d时，Mn^{2+}下降为0.21 mg/L，氨氮和Mn^{2+} 28 d固结效果低于《污水综合排放标准》（GB 8978—2002）中III级标准的限值，说明养护龄期对Mn^{2+}的浸出有较大的影响。养护龄期对其他金属离子的浸出影响不大，均低于《危险废物鉴别标准 浸出毒性鉴别》（GB 5085.3—2007）中的限值，对环境危害很小。

5.5　固废基尾矿胶结剂与尾矿常温固结机理

5.5.1　高硫型固废基胶结剂与尾矿作用机理

高硫型固废基尾矿胶结剂固结不同类型尾矿部分现场实测强度，结果表明其对尾矿具有很好固结效果（表5.40）。

表5.40　高硫型固废基尾矿胶结剂固结尾矿部分现场实测强度

胶砂比		抗压强度/MPa				28 d强度要求值/MPa
设计	实际	3 d	7 d	14 d	28 d	
1∶9	1∶9.22	1.30	2.78	—	4.58	3.0
1∶10	1∶10.22	0.66	1.49	—	3.52	2.5
1∶5	1∶53	—	—	2.52	4.01	1.0
1∶7	1∶75	—	—	2.50	4.00	1.0
1∶9	1∶95	—	—	1.61	2.44	1.0
1∶11	1∶12	—	—	1.07	1.33	1.0

高硫型固废基尾矿胶结剂固结尾矿前后浸出液中重金属浓度，能够明显看出，尾矿固结体浸出液中重金属含量符合《污水综合排放标准》（GB/T 8978—2002），且均在地下水质量标准（GB/T 14848—2017）IV类限值以下（表5.41）。

表 5.41　高硫型固废基尾矿胶结剂固结尾矿固结体的重金属浸出浓度　（单位：mg/L）

重金属	尾矿浸出液浓度	固结体浸出液浓度	地下水环境质量标准 IV 类限值
砷(As)	0.10	0.022	0.05
铜(Cu)	25.00	0.016	1.50
铅(Pb)	0.62	0.05~12	0.10
镉(Cd)	0.15	0.005	0.01
铬(Cr)	1.21	0.017	0.1(Cr^{6+})
锌(Zn)	0.06	0.008	1.00

1. 铁尾矿固结体 XRD 分析

以掺入量 5%的高硫 H4 型固废基尾矿胶结剂固结铁尾矿为例，对龄期 7 d 和 28 d 的尾矿固结体进行 XRD 分析。试验结果见图 5.48。从图 5.48 中可以看出，其主要参与化学反应的矿物是云母、绿泥石的黏土矿物，这些都是尾矿中的活性成分，矿物晶格进行同相或类同相置换，且在 28 d 生成了十分明显的莱粒硅钙石，这说明链状的硅酸盐更容易被激发，活性 SiO_2 更容易被溶出。除此之外，石英和高岭石、长石等沸石类矿物则很难引起结构改变，是尾矿中的惰性成分（张发文，2009）。

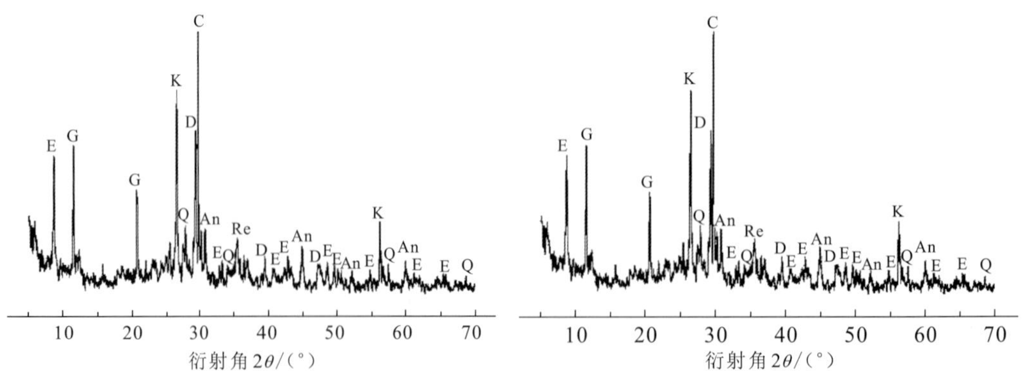

D—方解石，E—钙矾石，C—C-S-H 凝胶，Q—石英，G—石膏，Re—莱粒硅钙石，An—白云石，K—高岭石

图 5.48　铁尾矿固结体的 XRD 图

2. 铜尾矿固结体 XRD 分析

FBP 胶结尾矿固结体的 XRD 图谱见图 5.49，从整个龄期上看石英特征峰在 3 d、7 d 和 28 d 基本不变，说明其不参与反应，到 60 d 特征峰出现增强，可能新生成的水化产物斜方钙沸石特征峰叠加而成。钙矾石的三强峰变化证实，水化 3 d 即有钙矾石出现，这三个特征峰逐渐增强，到 28 d 达到最大值，到 60 d 特征峰减弱。在 28 d 有晶化的水化硅酸钙形成，并在 60 d 继续增强。整个反应过程二水石膏晶体特征峰增长到 28 d 后下降，也就是说由于无水石膏量很大，尽管生成钙矾石消耗了部分二水石膏，但二水石膏量仍然增加，只有在后期才减少，可能是参与其他化学反应激发作用生成了新的产物，也就

是说在 3 d 龄期前，二水石膏和铝酸三钙反应生成钙矾石后，而有剩余，且可能是由于二水石膏被水溶解的同时又有无水石膏转化成新的二水石膏，两者达到一种反应平衡。

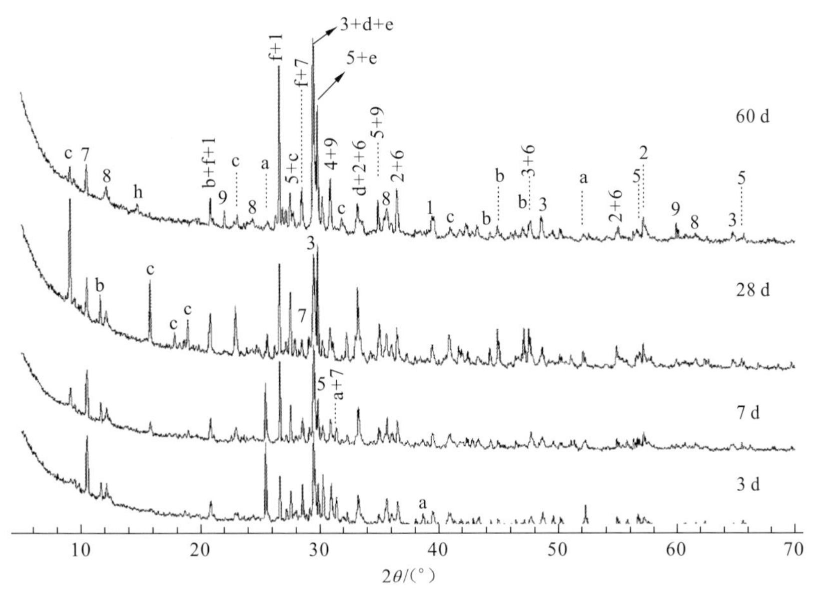

1—石英，2—钙铁榴石，3—方解石，4—白云石，5—普通辉石，6—水化硅酸钙，7—铁钠锰闪石，8—利蛇纹石，9—铁铝榴石，a—无水石膏，b—二水石膏，c—钙矾石，d—灰硅钙石，e—片柱钙石，f—斜方钙沸石，h—未知沸石

图 5.49　FBP 胶结铜尾矿固结体在不同龄期的 XRD 图谱

另外，60 d 有其他未知沸石和铁铝榴石生成。可能是有部分钙铁榴石中的钙离子和铝离子发生了阳离子类质同象置换（朱钟秀，1980），生成铁铝榴石，钙铁榴石的特征峰随着反应进行，特征峰逐渐减弱。方解石 3 d、7 d 和 28 d 时其特征峰无变化，但有灰硅钙石和片柱钙石生成，造成 60 d 特征峰增强。片柱钙石应该在 28 d 就已经开始生成，其中一个特征峰与普通辉石共用的标志特征峰在 28 d 重叠，普通辉石很难有活性，不会参与化学反应，3 d 和 7 d 特征峰基本不变，到 28 d 才增长，唯一可能就是生成新的水化产物片柱钙石（周旻 等，2008）。白云石的 3 d 特征峰很强，到 7 d 时已经下降，这是因为白云石在碱性条件下化学稳定性差，容易与碱性物质发生化学反应，产生的膨胀性物质有利于填充早期结构体的孔隙（Thomas et al.，1998），但到后期特征峰基本保持不变，说明白云石基本在 7 d 前已反应消耗一部分，仍然有剩余的原因可能是白云石过量，而碱性活性物质不够。铁钠锰闪石特征峰一直在缓慢下降，这是因为在碱性条件下，铁钠锰闪石这类链状硅酸盐具有较好活性，Si—O 容易断裂（田晓峰 等，2006）并与氟石膏基胶凝材料产生化学反应，其中特征峰到 28 d 达到最低，但 60 d 又增长，这可能是有新产物斜方钙沸石生成，两者特征峰重叠所致。无水石膏随着反应进行，不断消耗，特征峰也逐渐减弱，但能看到仍然有剩余，这是保证了钙矾石不转化单硫型水化硫铝酸钙的主要原因（黄绪泉，2012）。

3. 尾矿固结体水化硬化机理

1）高硫型固废基尾矿胶结剂水化硬化

高硫型环境材料组分除石膏外，还有矿渣、钢渣和熟料等富含固废基的组分。无水石膏在化学激发剂等作用下，水化生成 $CaSO_4 \cdot 2H_2O$；熟料水化，熟料中含有硅酸三钙（$3CaO \cdot SiO_2$）、硅酸二钙（$2CaO \cdot SiO_2$）、铝酸三钙（$3CaO \cdot Al_2O_3$）和铁铝酸四钙（$3CaO \cdot Al_2O_3 \cdot Fe_2O_3$）等矿物成分，在水的作用下，分别发生水化反应：

$$3CaO \cdot SiO_2 + nH_2O \longrightarrow xCaO \cdot SiO_2 \cdot yH_2O + (3-x)Ca(OH)_2 \tag{5.11}$$

$$2CaO \cdot SiO_2 + mH_2O \longrightarrow xCaO \cdot SiO_2 \cdot yH_2O + (2-x)Ca(OH)_2 \tag{5.12}$$

在有 $CaSO_4 \cdot 2H_2O$ 存在时会发生：

$$2(CaO \cdot Al_2O_3) + 27H_2O \longrightarrow 4CaO \cdot Al_2O_3 \cdot 19H_2O + 2CaO \cdot Al_2O_3 \cdot 8H_2O \tag{5.13}$$

其中 $4CaO \cdot Al_2O_3 \cdot 19H_2O$ 容易转化成 $4CaO \cdot Al_2O_3 \cdot 13H_2O$，会发生如下反应：

$$\begin{aligned} &4CaO \cdot Al_2O_3 \cdot 19H_2O + 3(CaSO_4 \cdot 2H_2O) + 14H_2O \longrightarrow \\ &Ca(OH)_2 + 3CaO \cdot Al_2O_3 \cdot 3CaSO_4 \cdot 32H_2O \end{aligned} \tag{5.14}$$

$$\begin{aligned} &2(4CaO \cdot Al_2O_3 \cdot Fe_2O_3) + Ca(OH)_2 + 6(CaSO_4 \cdot 2H_2O) + 50H_2O \longrightarrow \\ &3[3CaO(Al_2O_3 \cdot Fe_2O_3) \cdot 3CaSO_4 \cdot 32H_2O] \end{aligned} \tag{5.15}$$

由于 $CaSO_4 \cdot 2H_2O$ 生成量很大时候，水化产物 $CaO \cdot Al_2O_3 \cdot 3CaSO_4 \cdot 32H_2O$ 和 $3CaO(Al_2O_3 \cdot Fe_2O_3) \cdot 3CaSO_4 \cdot 32H_2O$，亦即钙矾石（AFt）晶体能稳定存在，不会向单硫型水化硫铝酸钙转化，同时 $3CaO \cdot Al_2O_3$ 也消耗殆尽。

紧接着，大量生成的 $Ca(OH)_2$，加速了矿渣、粉煤灰和钢渣的水化分解。这些工业废渣均为高温生成的固废基材料，玻璃体矿相占主要部分，其主要化学键为 Si—O 和 Al—O 键，分别以 $[SiO_4]^{4-}$ 和 $[AlO_4]^{5-}$ 四面体等形式存在，在高液相碱度条件下发生 Si—O 和 Al—O 键断裂和结构重排，玻璃体解聚，在初始阶段首先进入溶液的玻璃碱性组分 $(Si_2O_7)^{6-}$ 和 $Al(OH)_4^-$，在碱性和二水石膏激发下，能加速生成 C-S-H 水化硅酸钙凝胶和钙矾石晶体，大量的二水石膏晶体确保了钙矾石晶体稳定存在。总之，整个胶凝材料水化过程会生成数量巨大的水化硅酸钙凝胶和长棒状钙矾石晶体。

2）尾矿颗粒中活性成分发生化学反应

在高硫型固废基尾矿胶结剂生成的碱性溶液作用下，铁钠锰闪石、云母、绿泥石等链状的硅酸盐在碱性溶液中很容易分解，发生同相或类同相置换反应，并与碱性物质生成水化硅酸钙凝胶、钙铁榴石和莱粒硅钙石类矿物（图 5.50）；在碱性溶液中，尾矿中含量较少的白云石会与碱发生碱-碳酸盐反应，其反应方程式为

$$CaMg(CO_3)_2 + XOH \longrightarrow 2CaCO_3 + Mg(OH)_2 + X_2CO_3 \tag{5.16}$$

其中 X 为 Na^+、K^+ 和 Li^+ 等碱金属离子；$Mg(OH)_2$ 为絮状物，也有利于包裹固定尾矿颗粒。在尾矿固结体中早期 $Ca(OH)_2$ 大量存在的溶液中，反应生成的 X_2CO_3 继续进行化学反应：

$$X_2CO_3 + Ca(OH)_2 \longrightarrow CaCO_3 + 2XOH \tag{5.17}$$

再生的XOH与白云石继续反应，白云石被反应完。

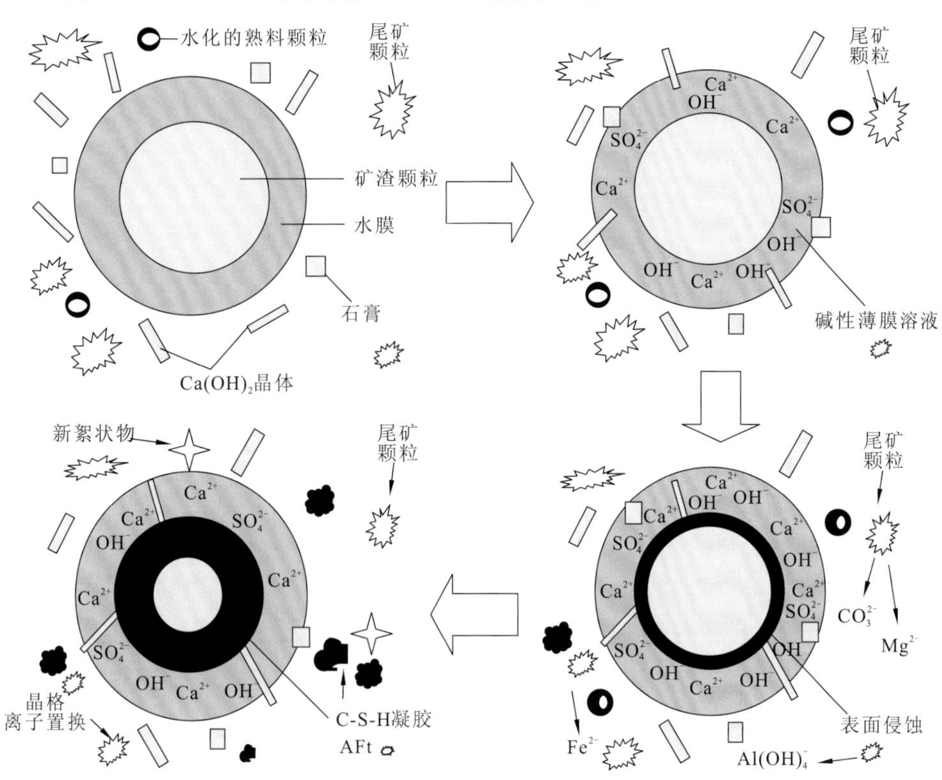

图5.50　高硫型固废基尾矿胶结剂在料浆中水化硬化反应过程模型

5.5.2　高硫型固废基胶结剂与尾矿固结体微观结构演变及架构

1. 高硫H4型固废基尾矿胶结剂固结铁尾矿

高硫H4型固废基尾矿胶结剂固结细铁尾矿的SEM图如图5.51所示，从图5.51可以看出以下三点。

（a）7 d　　（b）28 d

图5.51　尾矿固结体的SEM图

（1）从形貌上，固结体经过 28 d 养护后，其形貌较 7 d 更密实，水化产物明显增多，说明龄期越长，水化反应更充分，固结体结构类型已经发展为骨架-絮凝网络结构。

（2）由于水化产物强烈的吸附、黏附作用而使浆体-集料界面黏结牢固（张发文 等，2009），界面黏结不仅有物理作用，还有化学作用。通过扫描电镜观察尾矿固结体中尾矿与胶凝材料的界面，发现尾矿被紧密地胶结在水化产物中，有的尾矿颗粒与矿渣胶凝材料发生了一定程度化学反应，集料表面有一层受化学反应结果的侵蚀。尾矿颗粒上紧密黏附着许多尺寸约为 1 μm 的纤维状 C-S-H 凝胶，而且这些颗粒之间有针状的 AFt 晶体相连，穿插在尾矿和凝胶之间，使得结构致密、孔隙少，而且在界面上水化产物交织在一起，形成网络，对固结体内部连接起到了一定增强作用。

（3）铁尾矿固结体结构类型多片状、层状堆积结构。这可能是由尾矿的矿物成分不同所造成的。尾矿的矿物成分多为黏土类矿物，随着龄期延长，矿渣胶凝材料与这些活性成分发生了化学反应，使得水化反应生成的凝胶物质包裹在相邻团粒之外形成一定的覆盖层并将尾矿相互连接起来，形成凝胶团聚结构，团粒表面也生成了片状晶体，从而形成一种稳定的空间网状骨架结构。从 28 d 龄期的微观结构来看，凝胶物和片状晶体进一步增多并更紧密地结合在一起，互相交错，将尾矿颗粒连接成整体从而形成片状晶体结构和凝胶结构，也是固结体强度构成的原因（张发文，2009）。

2. 氟石膏胶凝材料固结铜尾矿固结体

图 5.52 为其氟石膏胶凝材料 FBP 胶结尾矿固结体试样的 SEM 图谱，尾矿颗粒为薄片颗粒状。从图中能够清晰看到网状、团絮状水化硅酸钙凝胶、长棒状钙钒石晶体和厚板状二水石膏晶体等水化产物。尾矿中的活性物质铁钠锰闪石和白云石等参与化学反应，生成的水化产物覆盖在尾矿颗粒的表面。

在整个水化固结龄期中，长棒状钙钒石交错、穿插在凝胶体中，成为整个微细结构骨架，网状水化硅酸钙凝胶大量存在，并随着养护时间延长逐渐粗化、团絮化，并将尾矿颗粒包裹、粘连填充在结构体空隙中，形成一个较高强度密实结构。从 3 d、7 d、28 d 和 60 d 的 SEM 图（×500）可以清晰看到，发散状态的针状钙钒石晶体均匀分布在结构体内部，与包裹住的尾矿颗粒一起随着水化进行，逐渐形成密实整体（黄绪泉，2012）。

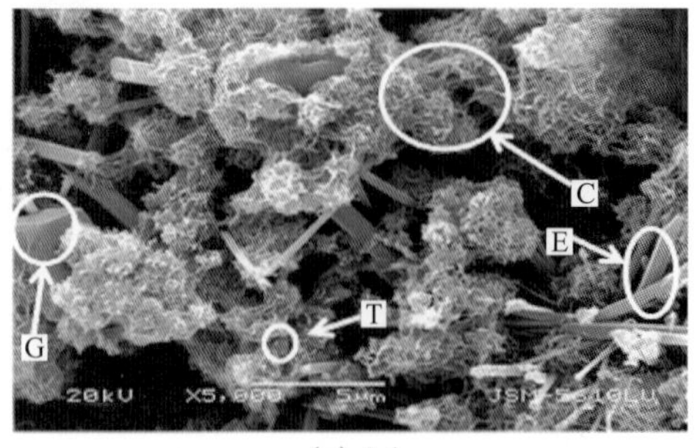

（a）3 d

C
G
E

（b）7 d

（c）28 d

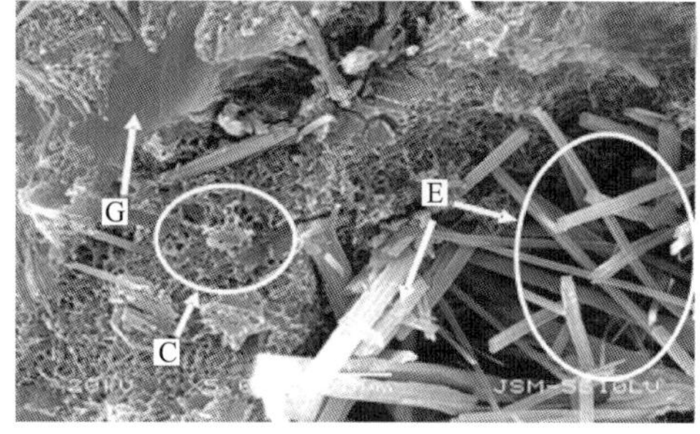

（d）60 d

G—二水石膏晶体，C—水化硅酸钙，E—钙钒石，T—尾矿颗粒

图 5.52　铜尾矿固结体在不同龄期的 SEM 图谱

3. 尾矿固结体尾矿微观结构演变及架构

如图 5.53 所示，高硫型环境材料水化过程不断进行，大量生成的水化硅酸钙凝胶包裹尾矿颗粒，长棒状钙钒石晶体在结构中穿插其中，并互相搭界，形成一个稳定的结构，后期水化硅酸钙凝胶的晶化、粗化更增加了结构体稳定性。同时钙钒石晶体微膨胀可以进一步挤密结构体，后期仍然在生成的网状、团絮的水化硅酸钙凝胶，其具有较好弹塑性能和多孔性结构，则可以大大缓冲由于钙钒石晶体过度膨胀而可能产生的压力破坏。在碱性环境下，尾矿颗粒活性物质激发生成的水化产物基本覆盖在尾矿颗粒表面，提高尾矿表面粗糙程度的同时也增加了与水化硅酸钙凝胶的胶结程度，进一步提高凝胶包裹尾矿、形成稳定尾矿固结体的能力。

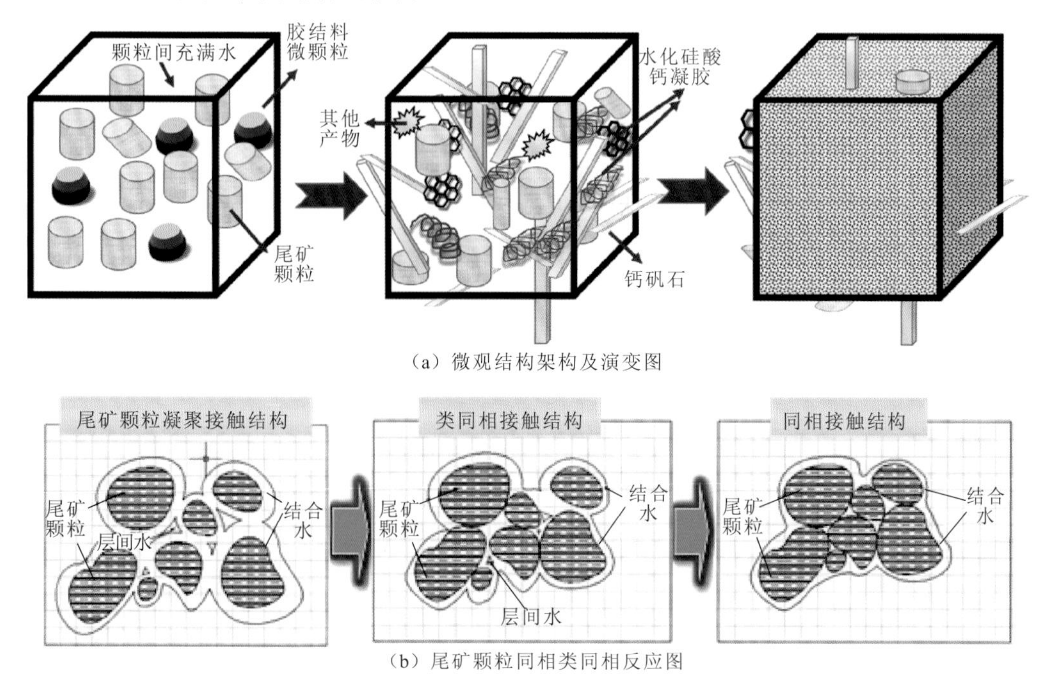

（a）微观结构架构及演变图

（b）尾矿颗粒同相类同相反应图

图 5.53　固结体尾矿微观反应及结构架构演变原理

总之，高硫型环境材料水化硬化生成的大量的具有化学稳定性的钙矾石晶体均匀穿插其中作为微结构体骨架，网络状、团絮状的水化硅酸钙凝胶包裹尾矿颗粒做主要填充物，尾矿中的活性矿物反应对水化硅酸钙凝胶的接触面积和嵌锁增强效应，这三个部分作用互相促进，最后使胶凝材料水化、尾矿固结体胶结和填充，形成一个密实、强度较高的结构体。

5.5.3 固结体强度模型构建与评价

采空区的充填作业主要起支护作用。布雷迪和布朗提出过表面支护、局部支护及总体支护三种机理：表面支护是对采场周边的关键围岩的移动施加一定的约束，预防近场块体在低应力作用下的渐进式破坏；局部支护是指周边的采矿作业造成围岩的连续性位移，迫使充填体作为被动抗体发挥作用；总体支护是指当充填体在一定的约束下，在充填区以支护构件发挥总体支护作用。

充填体的进入不仅对围岩起到支护作用，还可以改善采场围岩的应力分布，提高围岩的自我支撑的能力。尽管如此，充填体自身的高强度才能起到帮助支撑围岩的作用。各个矿山充填站对于充填体的强度要求并不一致；另外，充填体支护作用不同时，对它们的强度要求也不一致。一般的充填体支护地表时强度要求远高于充填体自立的强度的要求。材料的强度是指其不被外力破坏下的承受能力的大小，充填体的强度决定着地下作业的安全指数。国内凡口矿、金川矿及其他矿山充填站的充填实践都已经表明，砂浆的浆体浓度、胶砂比、尾矿的颗粒级配等因素都对强度有着显著影响。

1. 浆体浓度和胶砂比

目前，国内对于尾矿充填效果的影响因素侧重于胶砂比和浆体浓度等。原因在于胶砂比不仅决定充填体最终强度，还关系充填成本。已有文献显示，胶凝材料的费用可以占到充填成本的75%，甚至更高（Fall et al.，2010）；而浆体浓度与充填体强度息息相关，甚至决定了充填工艺的采用。一般来说，干尾矿和胶凝材料的质量分数会达到70%～85%，甚至可以达到88%（Fall et al.，2010，2009）。本小节分别研究浆体浓度和胶砂比对抗压强度的影响规律。尾矿T和W按照质量比8∶2、6∶4、4∶6和2∶8配制（表5.15），两种原尾矿作为对照组。

胶砂比为1∶9的情况下，研究浆体浓度分别在72%、75%、77%和80%无侧限抗压强度的发展规律，以浆体浓度为横坐标，抗压强度为纵坐标，如图5.54所示。图中的编号M-1、M-2、M-3、M-4、M-5、M-6分别代表6种超细尾矿含量的充填体，展示了在胶砂比1∶9，养护龄期分别在7 d、14 d和28 d，浆体浓度对于抗压强度的影响规律。

浆体浓度是尾矿充填中的重要控制参数之一（袁俊航 等，2015）。浆体浓度的高低不仅影响着砂浆的工作性能（包括流动性、坍落度及泌水率等），还深刻影响着充填体的变形性能及力学性能（郭晓彦，2013）。

由图 5.54 可知，浆体浓度在 72%～80%，7 d、14 d 和 28 d 的抗压强度基本上随着浆体浓度的升高而升高，说明浆体浓度对于抗压强度的影响非常显著。原因在于，浆体浓度越高，尾矿颗粒之间形成更紧密的堆积结构和更高的堆积密度，降低了的颗粒间的孔隙率，从而有利于抗压强度的发展。尾矿浆体养护龄期为 28 d，当浆体浓度从 66.7%上升到 83.3%时，抗压强度和杨氏模量分别增长了 135%和 86%（Singh et al.，2013）。

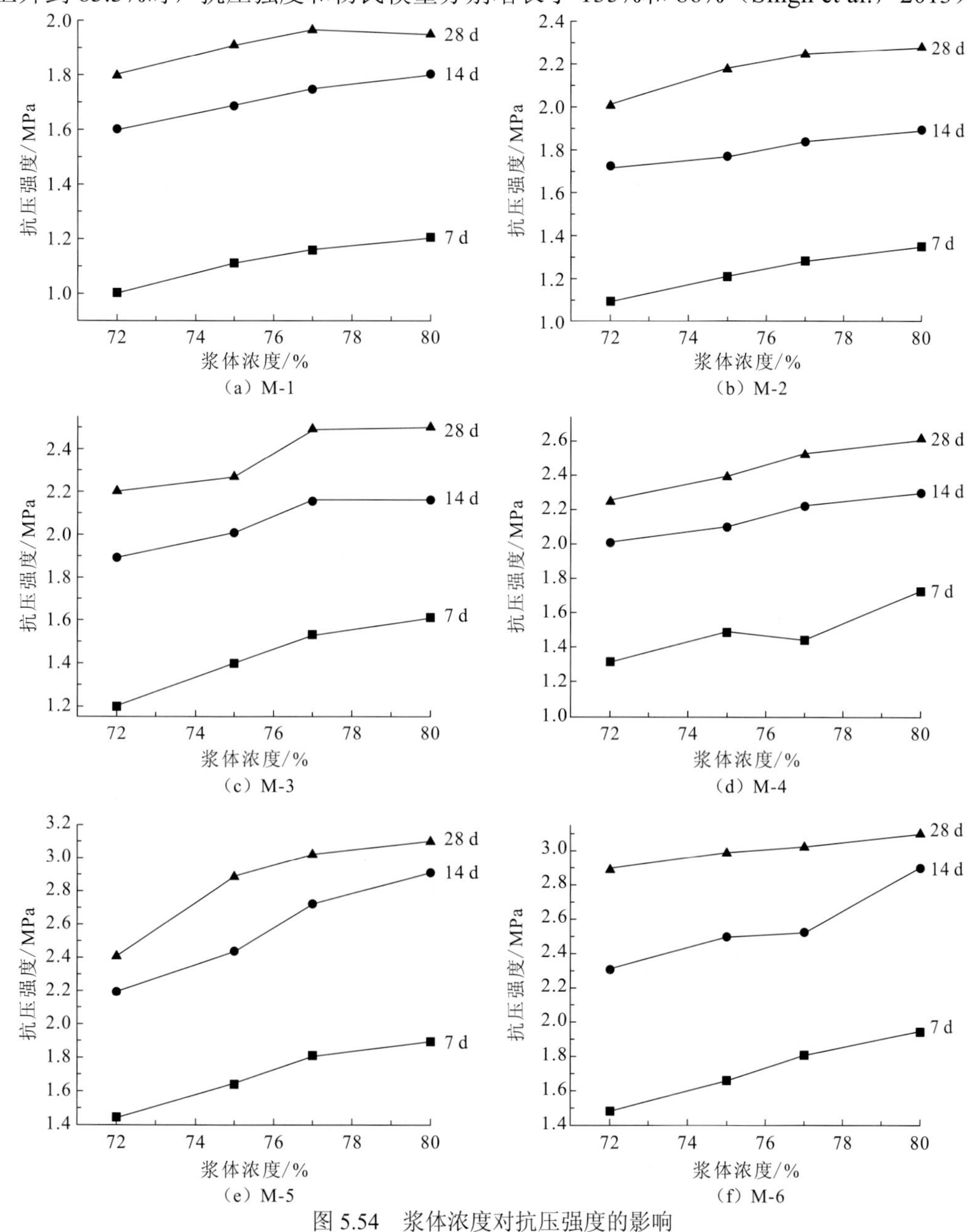

图 5.54　浆体浓度对抗压强度的影响

胶砂比实际上反映的是充填浆体中尾矿量一定时，胶结料掺量的高低。胶砂比可以对砂浆硬化后的力学性能产生很大影响。若胶砂比过大，硬化后的充填体容易产生明显收缩，且容易开裂；而胶砂比过小，则硬化体的强度难以保证（宓永宁 等，2014）。尾矿的颗粒级配与胶砂比是在影响砂浆干湿性能的众多因素中最关键的两个因素（Haach et al.，2011）。胶砂比的大小不仅决定着充填体的力学性能，还可以显著影响需水量、水化热、凝结时间、沉降时间及胶结料消耗量（Hu et al.，2014）。

研究浆体浓度为 77%时，胶砂比分别为 1∶5、1∶7、1∶9 和 1∶11 时抗压强度的发展（配比见表 5.15），由图 5.55 可知，胶砂比在 1∶5 到 1∶11 的范围内，在 6 种超细尾矿含量下，7 d、14 d 和 28 d 的抗压强度基本上随着胶砂比的升高而升高，说明胶砂比对于抗压强度的影响非常显著。

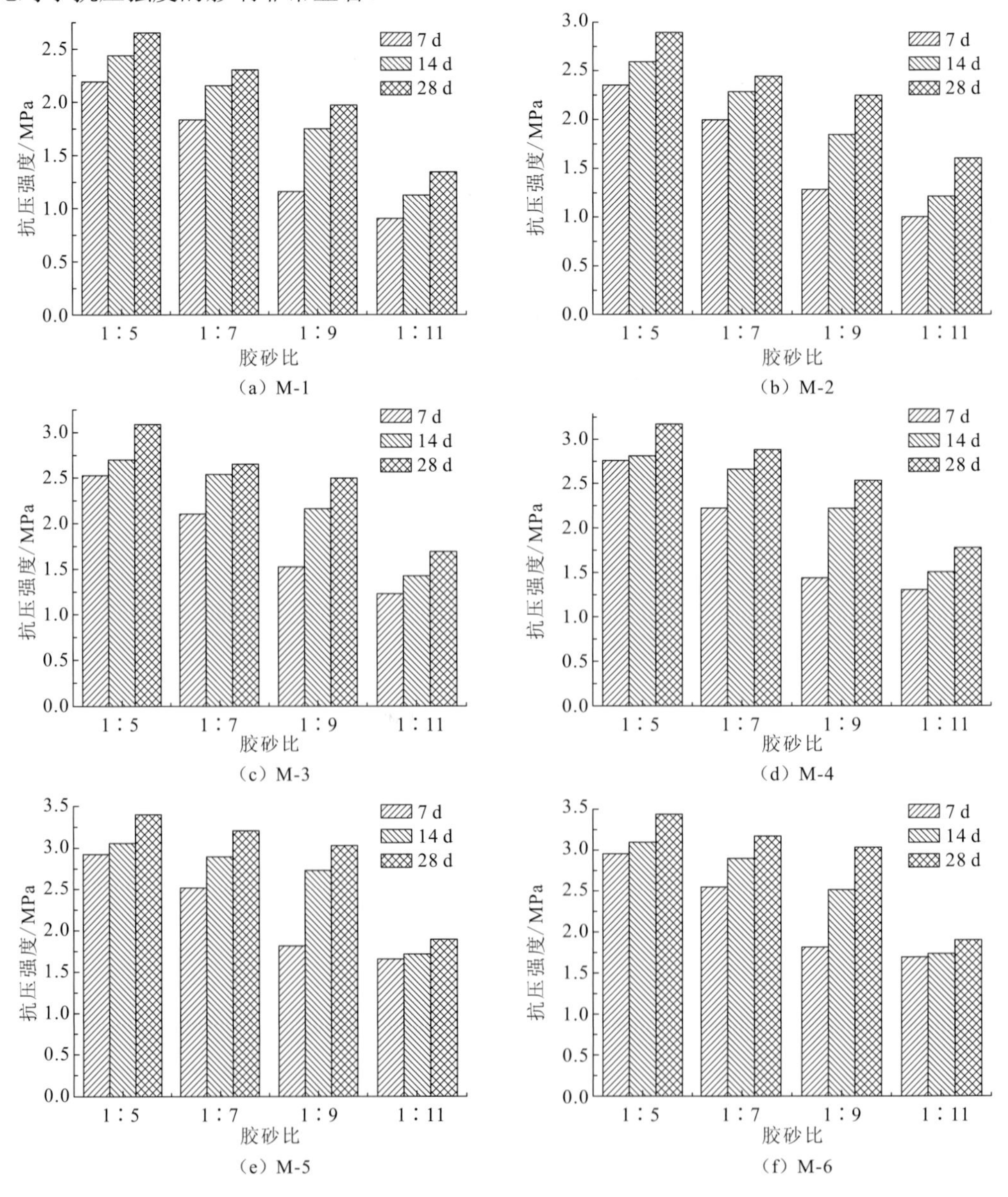

（a）M-1　（b）M-2　（c）M-3　（d）M-4　（e）M-5　（f）M-6

图 5.55　胶砂比与抗压强度

试验结果表明，无侧限抗压强度与胶砂比关系密切。在胶砂比1∶5到1∶11的范围内，胶砂比越高，对于抗压强度的增长越有利。原因在于，胶凝材料添加量越大，相同时间内，水化反应生成的水化产物越多，这意味着会有更多的水化硅酸钙（C-S-H）等凝胶生成。尾矿充填中，C-S-H凝胶的生成量是充填体强度发展的关键因素之一。因此，更多凝胶的生成可以使尾矿颗粒之间联系得更加紧密，更有利于抗压强度的增长（罗根平 等，2015）。

2. 尾矿颗粒级配参数

国内外的矿山工作者对于尾矿充填强度相关影响因素进行了很多研究工作。国内对于尾矿充填中胶砂比和浆体浓度对充填效果的研究实践，已经总结出一些参考价值较高的研究成果（李公成 等，2013；赵国彦 等，2013）。将两种粒度分布细粒废石掺入某铁矿矿山尾矿改善颗粒级配，得出当0～5 mm和0～10 mm的废石掺入量分别为40%和45%时，充填体抗压强度最高（张发文 等，2008）。掺入一定比例的粗砂可调整全尾矿颗粒级配，当粗砂的最佳添加量为13%时，混合料浆可以达到最大沉降浓度，以及最优的坍落度和抗压强度（胡亚军 等，2010）。有学者以法国数学家Mandelbrot创立的分形理论为理论依据，建立了基于尾矿的分型级配与抗压强度的知识库（刘志祥 等，2005），并得出尾矿中孔隙的分形维数越小及分形维数相关率越高，则抗压强度越高的结论。

国外一些学者对于尾矿颗粒级配对抗压强度发展的影响研究主要在于细尾矿颗粒含量对强度、孔隙结构和充填成本等的影响。采用试验室内烧杯倾析的方式分别对两种尾矿进行脱泥，结果表明，脱泥后的尾矿制备的充填体强度高出脱泥前的12%～52%（Kesimal et al. 2003）。有研究表明，超细尾矿部分的含量会对强度、孔隙结构、充填成本、需水量等有影响（Fall et al.，2005a）。脱泥作用对高硫尾矿膏体充填的短期和长期影响研究表明，在较短的养护龄期内，脱泥后的尾矿膏体强度较之原尾矿高出30%～100%（Ercikdi et al.，2010）；另外，脱泥后的尾矿相比脱泥前的尾矿能减少13.4%～23.1%的水泥消耗量。加压养护对于粗尾矿膏体充填的影响研究表明，加压养护条件下的充填体强度显著高于非加压养护条件下的充填体（Yilmaz et al.，2014）。

综合分析已有研究成果可知，关于尾矿颗粒级配对于充填体强度发展的影响，国内外已经进行过一些相关研究。但是对于尾矿颗粒级配与强度发展的内在联系研究得仍然不够充分。尤其是国内粗尾矿用于水力自流式充填，细尾矿用于地表堆积和筑坝，以及膏体充填技术仍然不够成熟。因此，研究粗尾矿膏体充填中尾矿不均匀系数（Cu）与曲率系数（Cc）及超细尾矿含量等颗粒级配参数对于充填强度发展的影响十分有必要。

1）不均匀系数与曲率系数

本小节研究在胶砂比为1∶9、浆体浓度为77%的情况下，尾矿的不均匀系数和曲率系数对固结体抗压强度的影响规律。所用尾矿T和W按照质量比8∶2、6∶4、4∶6和2∶8配制，两种原尾矿作为对照组。各组分配比见表5.15。六组级配的混合尾矿的不均匀系数（Cu）和曲率系数（Cc）见表5.42。

表 5.42　混合尾矿的不均匀系数和曲率系数

系数	M-1	M-2	M-3	M-4	M-5	M-6
Cu	5.68	8.41	12.56	14.55	13.78	13.20
Cc	1.82	1.71	1.75	1.66	1.36	1.15

将不均匀系数和曲率系数分别与 7 d、14 d 和 28 d 的抗压强度进行分析。为了量化尾矿颗粒级配参数与无侧限抗压强度的内在关系，运用 SPSS 软件，建立不均匀系数、曲率系数与抗压强度的二元线性回归方程，拟合方程见表 5.43（y 为抗压强度）。P 值为显著性水平，R^2 为决定系数。

表 5.43　质量浓度为 77%的二元线性回归方程

浆体浓度/%	龄期/d	回归方程	P	R^2
77	7	y=2.374+0.030 Cu−0.756 Cc	0.019	0.928
	14	y=3.029+0.052 Cu−0.890 Cc	0.027	0.963
	28	y=3.746+0.052 Cu−1.122 Cc	0.015	0.949

一般的，显著性水平 $P<0.05$，表示模型显著，而决定系数 R^2 越接近 1 越好。根据表 5.43 拟合方程给出的 P 值和 R^2，基本上满足上述两个条件。线性回归方程拟合的结果表明，曲率系数和不均匀系数与 7 d、14 d 和 28 d 的抗压强度存在较明显的线性相关性。两个表中的回归方程拟合结果表明，7 d、14 d 和 28 d 的抗压强度基本上呈现了随着不均匀系数的增大而升高，随着曲率系数的增大而降低的趋势。

2）超细尾矿含量

充填实践已经表明，充填体的干密度和堆积密度的高低影响着强度；而充填体的养护需要满足一定的温度和湿度条件。因此，本小节除了研究超细尾矿含量对于抗压强度的影响，还将研究超细尾矿含量对于干密度、含水率以及紧密堆密度的影响。本小节试验配比参见表 5.15。

I. 抗压强度

细尾矿含量即粒度在 20 μm 以下尾矿的含量。前文已论述过国外学者关于超细尾矿含量对充填强度影响的研究成果，但是对于超细尾矿含量的最优值或最优范围并没有公认的结论，因此需要进一步的研究。在胶砂比为 1∶9、浆体浓度为 77%时，超细尾矿含量与抗压强度的关系如图 5.56 所示。

由图 5.56 可知，超细尾矿含量对于抗压强度的影响很大。当超细尾矿含量由 4.2%上升到 27.6%时，7 d、14 d 和 28 d 的无侧限抗压强度分别由 1.175 MPa 增加到 1.88 MPa、由 1.76 MPa 增加到 2.66 MPa、1.98 MPa 增加到 3.10 MPa。试验结果表明，超细尾矿含量的升高对于抗压强度的提高有显著的促进作用。在本试验条件下，当超细尾矿含量在 27.6%时，

7 d、14 d 和 28 d 的抗压强度都是最高的。这一试验结果与一些已发表的研究结果相反。

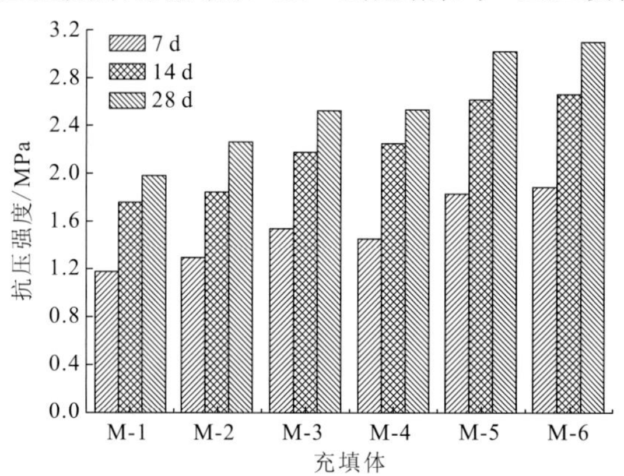

图 5.56　超细尾矿含量与抗压强度

粗中细三种尾矿的膏体充填试验对比研究发现，粗尾矿膏体（超细尾矿含量 25%）和中尾矿膏体（超细尾矿含量 40%）相对于细尾矿膏体（超细尾矿含量 70%）而言，胶结强度更高（Fall et al.，2005）。由此可见，有利于尾矿膏体充填体的强度发展的超细尾矿含量有一个最优范围。因此，可以认为当超细尾矿含量在 40%～45%时可得到最高的抗压强度。通过烧杯倾析的方式降低超细尾矿含量试图获得最优的尾矿颗粒级配的强度试验结果表明，超细尾矿含量为 25%时能获得最高的抗压强度（Kesimal et al.，2003）。综合国外学者的研究结果可知，超细尾矿含量在 25%～45%时，对于尾矿胶结体可以获得最优抗压强度。在本试验条件下，超细尾矿的最优含量为 27.6%。

II. 干密度

干密度可以在一定程度上反映水化程度，通常与抗压强度关系密切。一般的，干密度的烘干温度分为 60 ℃和 105 ℃。胶凝材料的水化产物如钙矾石和 C-S-H 凝胶等在较低温度下也容易脱水（Fall et al.，2009）。为了避免试验结果分析受到影响，因此本试验测定 60 ℃的干密度，在−0.1 MPa 下的真空干燥箱内将各组样品烘干直至恒重。研究干密度随养护龄期的演化规律，测试结果见图 5.57。由图 5.57 可知，养护龄期在 7 d 和

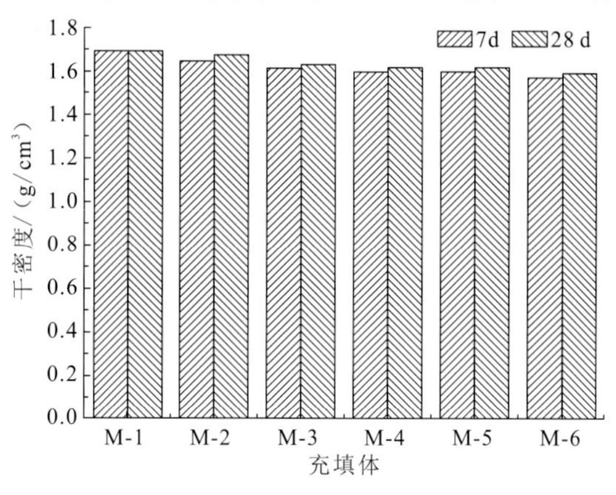

图 5.57　干密度演化图

28 d 的干密度变化呈现了良好的规律性，而且干密度的演化与细尾矿颗粒含量及养护龄期关系密切。

由图 5.57 可见，随着细尾矿含量的增加，两个龄期的干密度均呈现了较为一致的下降趋势。这种现象的原因在于，细颗粒尾矿的增多造成了内部孔隙结构的扩张，更多的孔隙由自由水等填满而不是尾矿。因此在自由水被烘干之后，充填体干密度下降。同时，养护龄期的延长促进了充填体干密度的提升。这是因为随着胶凝材料水化过程的进行，钙矾石、C-S-H 凝胶等水化产物逐渐填满了充填体的内部孔隙，从而导致干密度的上升（Rashad et al.，2012）。

III. 含水率

关于充填体含水率的变化研究较少。但是细尾矿颗粒的含量与充填体含水率关系密切，而且含水率影响着胶结体的养护效果，因此有必要研究含水率的演化规律。本试验测定了 7 d、14 d 和 28 d 的含水率，测定结果见图 5.58。

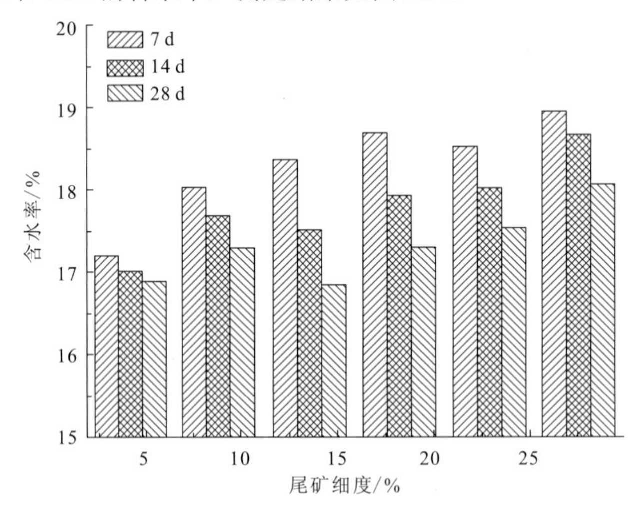

图 5.58　细尾矿颗粒含量对含水率的影响

含水率测试步骤：将试样破碎后，通过筛孔边长为 1.18 mm 的方孔筛，筛下的试样放入 105 ℃烘箱内烘干至恒重，计算烘干前后的重量差即为试样的含水率。含水率计算公式为

$$\Phi=(m_1-m_2)/m_1 \tag{5.18}$$

式中：Φ 为含水率，%；m_1 为烘干前试样重量，g；m_2 为烘干后试样重量，g。

由图 5.58 可知，养护龄期和细尾矿颗粒含量对于膏体的含水率影响非常显著。同样的细尾矿含量下，随着养护龄期的延长，含水率逐渐降低。这是因为水化过程的进行持续消耗着尾矿颗粒之间空隙中的自由水，导致了含水率的逐渐降低；而在同一养护龄期内，随着细尾矿颗粒含量的升高，含水率基本呈现了上升的趋势，表明细颗粒尾矿能提供更大的比表面积及更多的孔隙来吸附和容纳自由水（Zhao et al.，2012）。

IV. 紧密堆密度

堆密度（packing density）与堆积密度（bulk density）有本质区别。堆积密度表示的是单位容积内被测物质的质量，量纲与密度相同。但堆密度是一个无量纲的参数。国外常用堆密度的概念来衡量集料的堆积状态，用于分析混凝土或者尾矿充填体的抗压强度。一般的，堆密度越高，表示集料之间越紧凑，机械性能越好。

关于堆密度，国内学术界相近的术语有堆积密度。堆积密度分为松散堆积密度和紧密堆积密度。关于集料的松散堆积密度和紧密堆积密度，有许多国标有明确定义。比如《普通用砂石质量标准》（JGJ 52—2006）对砂和石的松散和紧密两种状态下的堆积密度的概念和测定方法有详细规定；《建筑用砂》（GB/T 14684—2011）对砂的松散和紧密两种状态下的堆积密度的定义和测定方法也有详细介绍；《粉尘物性试验方法》（GB/T 16913—2008）对于粉尘的松散堆积密度的概念和测定方法有详细说明；《普通磨料 堆积密度的测定 第 2 部分：微粉》（GB/T 20316.2—2006）对于微粉的松散堆积密度也有清晰的定义和说明。这些国标所描述的堆积密度的测定方法除测试对象不同以外，测试过程及堆积密度的计算公式基本上是一致的。

实际上，堆密度的相关研究在国外相当普遍。英国和欧盟标准化组织等对于堆密度有着详细的定义和测定步骤的相关说明（Comité Européen de Normalisation，1998；British Standards Institution，1995）。在尾矿充填和混凝土等领域，堆密度是一个非常重要的概念。

堆密度为堆积密度与真密度的比值（Kwan et al.，2009）；也有学者认为堆密度为集料体积与容器体积之比（Sebaibi et al.，2013），这两种堆密度的定义在本质上是一致的，都是在干燥的情况下（105 ℃）对粗细集料堆密度进行测定。堆密度也分松散堆密度和紧密堆密度。松散堆密度为松散堆积密度与真密度的比值，紧密堆密度为紧密堆积密度与真密度的比值。紧密堆密度的计算公式为

$$\varPhi_{cd} = \frac{\rho_{cd}}{\rho_t} \tag{5.19}$$

式中：$\varPhi_{cd}$ 为尾矿紧密堆密度，量纲一；ρ_{cd} 尾矿紧密堆积密度，g/cm^3；ρ_t 为尾矿真密度，g/cm^3。

本试验在 105 ℃烘干温度下，将尾矿 T 和 W 烘干至恒重。在六种配比情况下，首先测定紧密堆积密度（compacted bulk density，ρ_{cd}），然后通过公式（5.19）计算出紧密堆密度（compacted packing density，$\varPhi_{cd}$），研究细尾矿颗粒含量对于紧密堆密度的影响。真密度的测定方法详见国标《水泥密度测定方法》（GB/T 208—2014）。紧密堆积密度的测定方式参照国标《普通用砂质量标准》（JGJ 52—2006）中的步骤进行，堆密度的测试结果见表 5.44。

表 5.44　紧密堆积密度和紧密堆密度测试结果

编号	超细尾矿颗粒含量/%	ρ_t /（g/cm³）	ρ_{cd} /（g/cm³）	Φ_{cd}
M-1	4.2	2.910	1.552	0.53
M-2	8.9	2.914	1.610	0.55
M-3	13.5	2.918	1.654	0.57
M-4	18.2	2.922	1.691	0.58
M-5	22.9	2.926	1.711	0.59
M-6	27.6	2.930	1.725	0.59

由图 5.59 可知，超细尾矿颗粒含量对于混合尾矿的紧密堆密度影响显著，这一结果与通过增加混凝土中细集料的含量来提高堆密度的结果一致（Kwan et al.，2014）。原因在于，任何较细的集料通过填满粗颗粒之间的孔隙，都会导致堆密度的提高。但是当超细尾矿含量趋于 27.6%的过程中，紧密堆密度的增长趋势减缓。

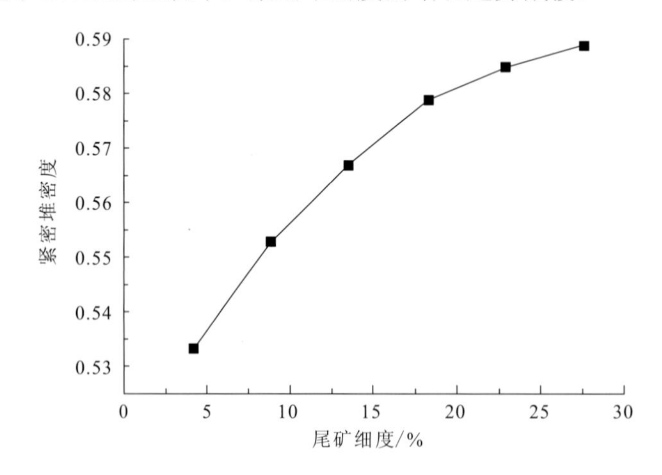

图 5.59　超细尾矿颗粒含量对紧密堆密度的影响

超细尾矿含量的提高，可以有效地填充于粗尾矿颗粒之间的孔隙，使尾矿颗粒之间以更紧密的状态堆积。惰性集料之间堆积得越密实，作为一个整体往往可以表现出更高的抗压强度。另外，超细集料的增加也可以提供更多的表面以吸附胶凝材料，减缓胶结料的流失，更有利于胶结体强度的提高。

3. 孔隙结构

大量的研究表明，材料的微观结构影响着整体性能，因此研究膏体的内部孔隙结构有助于理解膏体抗压强度变化的原因。采用压汞法测量的总孔隙率、孔隙分布及临界孔径三个指标来从结构上分析抗压强度发展的规律（具体配比见表 5.15）。由于压汞法所测孔隙率所测孔径范围有限，故引入烘干法测定的总水孔隙率与压汞法所测总孔隙率进行对比，有助于更好地理解压汞法所测总孔隙率的不足之处。但是烘干法所测定的孔结构参数只有总孔隙率，并不能给出孔隙分布及临界孔径等其他孔结构参数，因此两种测定方法各有优劣。

1）基于烘干法的总孔隙率

由于压汞法所测的孔径为 0.006～360 μm，压汞法所测的孔隙率并不能完全表征膏体的总孔隙率。因此，引入基于烘干法所测的总水孔隙率（total water porosity，Φ_w）的概念，与压汞法所测总孔隙率（mercury porosity，Φ_{Hg}）作对比，以便更好地了解膏体的内部孔隙特征。总水孔隙率（Φ_w）测量的是样品中自由水所占孔隙占总样品体积的百分比（Galle，2001）。

测量方式可简述：被测样品破碎后用公称直径 1.25 mm 过筛，筛下的样品置于 −0.1 MPa 的真空干燥箱内烘干至恒重。为避免水化产物失水及裂缝的产生，设置 60 ℃的烘干温度。总水孔隙率（Φ_w）的计算式为

$$\Phi_w = \frac{m_s - m_d}{v \times \rho} \tag{5.20}$$

式中：m_s 为烘干前破碎样品重量，kg；m_d 为烘干至恒重的样品重量，kg；v 为样品体积，m^3；ρ 为 20 ℃时水的密度，kg/m^3。测定 7 d、14 d 和 28 d 的总水孔隙率，总水孔隙率的测定结果如图 5.60 所示。

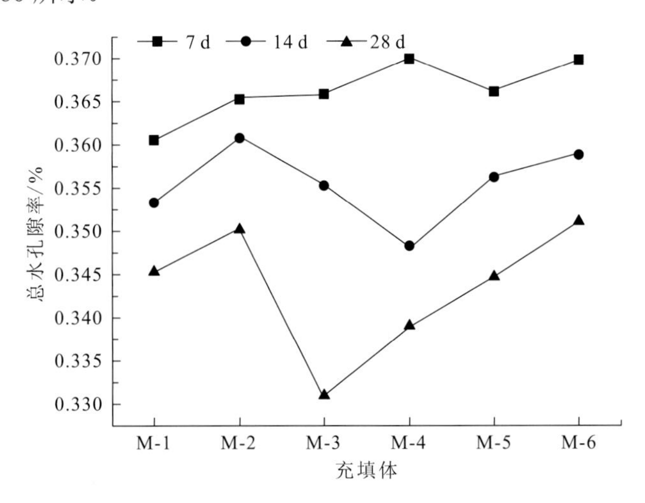

图 5.60　超细尾矿含量与总水孔隙率

由图 5.60 可知，随着养护龄期的增加，总水孔隙率稳步降低。原因在于，孔隙中的自由水随着水化过程的进行逐渐被消耗。同时，水化产物增加逐渐填满了内部空隙。此外，随着超细尾矿含量从 4.2%上升到 27.6%，7 d、14 d 和 28 d 的总水孔隙率分别从 36.07%升高到 36.99%、35.32%升高到 35.89%、34.54%升高到 35.11%。

可能是存在偶然误差，中间的 M-3 和 M-4 的孔隙率测试结果并没有严格呈现一致性的递增规律。但是总体来看，随着超细尾矿含量的升高，总水孔隙率基本呈现了逐渐升

高的趋势。这是因为细尾矿含量越高，可以提供更大的比表面积，尾矿颗粒之间孔隙更多更密集，从而导致了总水孔隙率的升高。Ercikdi 等（2010）通过压汞法测定了脱泥前后两种尾矿制备充填体的总孔隙率。研究结果表明，脱泥后的尾矿制备的充填体比脱泥前尾矿制备的膏体有更低的孔隙率和更小的空隙比。

2）基于压汞法孔隙结构

压汞法测量固体多孔材料，可以提供的测试数据种类较多。本小节将重点分析总孔隙率（total porosity，Φ_{Hg}）、孔隙分布（pore size distribution，PSD）及统计相应的分区孔隙率、临界孔径（critical pore diameter，d_{cr}），通过这三类孔结构特征参数更好地分析孔结构的演化规律。

I. 总孔隙率

根据 Aligizaki（2006）的定义，压汞法所测的总孔隙率（Φ_{Hg}）为可测范围内，分计孔隙率累加到对应最小孔径处的值。压汞法可测的孔隙率受外压所限，该参数用来评价样品的总孔隙率具有一定的局限性，但仍然是评价多孔样品孔隙结构最常用的指标之一。超细尾矿含量对总孔隙率（Φ_{Hg}）的影响如图 5.61 所示。

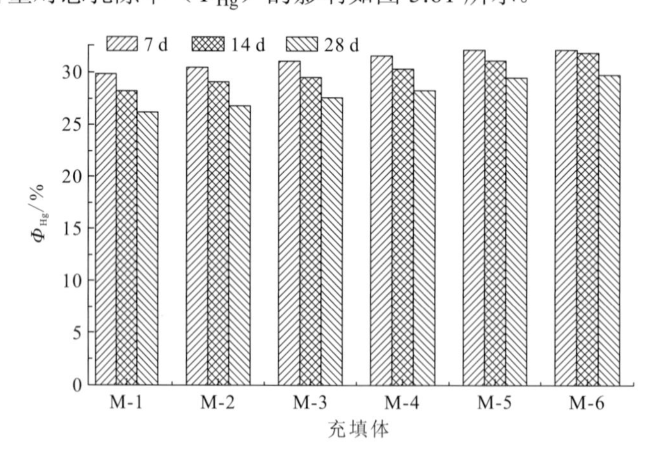

图 5.61　超细尾矿含量对总孔隙率（Φ_{Hg}）的影响

由图 5.61 可知，随着养护龄期的增长，无论超细尾矿含量是高还是低，Φ_{Hg} 均逐渐降低。Φ_{Hg} 降低的原因与总水孔隙率（Φ_w）降低的原因一致。同时，在同一养护龄期内，随着超细尾矿含量由 4.2%增加到 27.6%，7 d 的 Φ_{Hg} 由 29.86%上升到 32.13%，14 d 的由 28.20%上升到 31.80%，28 d 的由 26.10%上升到 39.70%，都呈现了逐渐升高的趋势。结果表明，超细尾矿含量的增加同样可以导致总孔隙率（Φ_{Hg}）的升高。这一现象的原因与总水孔隙率升高的原因也基本一致。

总水孔隙率（Φ_w）与压汞法所测总孔隙率（Φ_{Hg}）在对超细尾矿含量的变化时呈现了基本一致的变化规律。两个评价总孔隙率的参数既有关联，又有本质区别。因此，对两者进行对比分析很有必要。选择养护龄期为 7 d 和 28 d 的总水孔隙率（Φ_w）和压汞法所测总孔隙率（Φ_{Hg}）作图如图 5.62 所示。

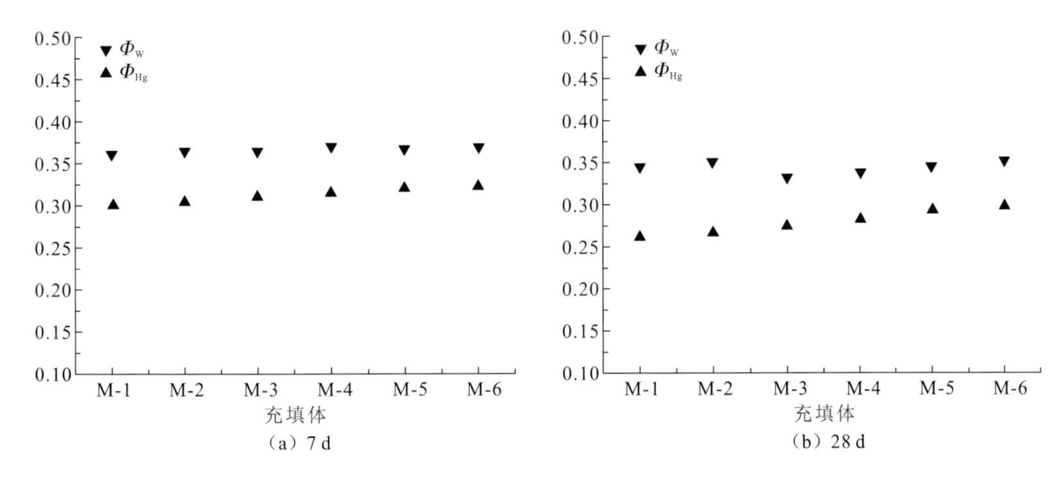

图 5.62　Φ_w 和 Φ_{Hg} 在 7 d 和 28 d 对比图

由图 5.62 可知，在两个龄期内，无论超细尾矿含量高低，Φ_w 都比 Φ_{Hg} 略高。压汞法测总孔隙率时，施加的外加压力有一定范围，因此压汞法所能测定的孔隙范围也有一定局限（一般为 6.0 nm～400 μm），并不能代表样品中所有孔隙。而总水孔隙率（Φ_w）是依据烘干法所测定，能较为完整地表征所测样品的总的孔隙率。

II. 孔隙分布

孔隙分布即为对应各处孔径处的分计孔隙率，可以直观地显示出孔隙分布状况，是压汞法所测孔结构的特征参数之一。为了便于分析，选取超细尾矿含量差异最大的 M-1 和 M-6 的孔隙率分布作对比。7 d 和 28 d 的孔隙率随孔径的分布情况如图 5.63 所示。

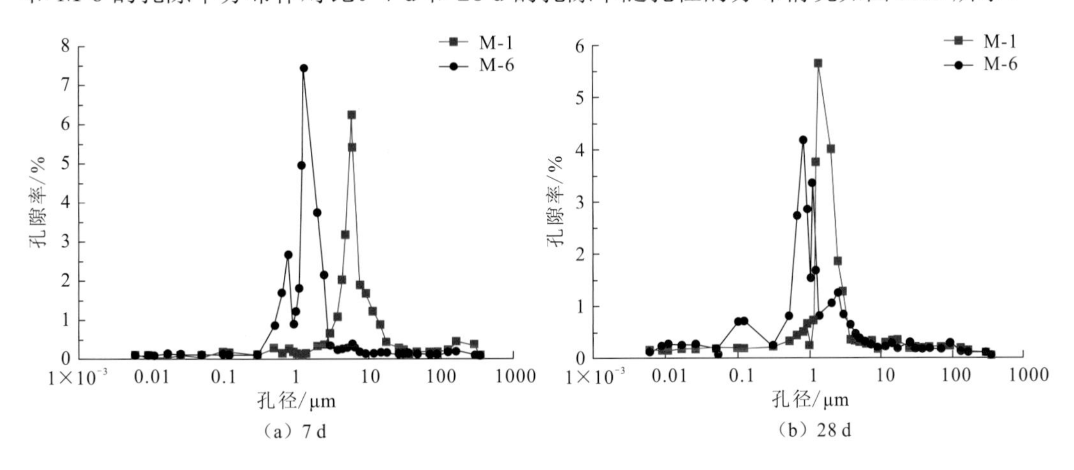

图 5.63　孔隙率分布图

孔径的可测范围为 6 nm~360 μm，作图时孔径取以 10 为底的对数。图中曲线峰值对应的孔径即为临界孔径（d_{cr}）。压汞法所测的临界孔径为分计孔隙率图中进汞率最高处所对应的孔径（Yilmaz et al.，2014）。

观察图 5.63 可知，随着超细尾矿的含量从 4.2%增加到 27.6%，两个养护龄期的临界孔径都呈现减小的趋势。7 d 时，临界孔径从 5.89 μm 减小到 1.32 μm；28 d 的临界孔径从 1.38 μm 减小到 0.80 μm。另外，图 5.63 也显示出，在超细尾矿含量上升的过程中，充填体的孔隙率分布呈现出由在较大孔径处集中向在较小孔径处集中的趋势。原因在于，超细尾矿含量越高，尾矿颗粒之间的孔隙尺寸越小。虽然总孔隙率随着超细尾矿含量的上升而升高，但是大颗粒尾矿之间的孔隙被更多的小孔隙分割和替代，即超细尾矿含量的提高，导致了固结体内部孔隙结构被细化，临界孔径减小。

图 5.64 为 M-1 和 M-6 在 7 d 和 28 d 的孔隙分布图。由图 5.64 可知，总孔隙率随着龄期增长而降低，随着养护龄期的增长，临界孔径及平均孔径也逐渐减小。原因在于，随着养护龄期的延长，水化产物逐渐填满充填体的微观孔隙结构，孔隙由集中于较大孔径处向较小孔径处转移，这可能是因为较大孔径处的孔隙结构容纳了更多的自由水和胶凝材料，相同时间内生成的水化产物更多，导致较大孔径处孔隙被水化产物填满的速度更快。有学者在养护龄期对充填固结体饱和导水率的影响的研究中发现，28 d 的临界孔径比 7 d 的明显要小（Fall et al.，2009）；其他学者用压汞法研究尾矿膏体的孔隙结构演化时也得出相似的结论，即随着养护龄期从 14 d 延长到 43 d 和 92 d，临界孔径显著减小（Ouellet et al.，2007）；但是另外一名学者用压汞法描述高掺量粉煤灰的水泥净浆的孔隙结构时，得出临界孔径与养护龄期长短关系不大的结论（Zeng et al.，2012）。

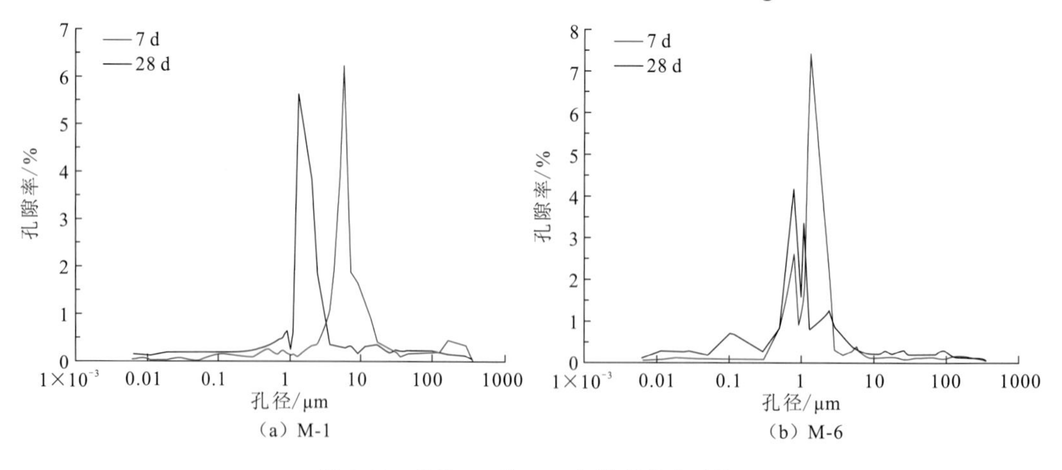

图 5.64　养护 7 d 和 28 d 孔隙率分布对比

III. 分区孔隙率

将孔隙率按孔径分布进行分区统计，并研究相关的变化规律对于研究充填尾矿膏体的孔隙结构很有意义，也较为普遍（Oltulu et al.，2014；Ouellet et al.，2007）。孔隙结构与抗压强度的相关性研究结果表明，不同孔径范围内的孔隙率对于强度的贡献是不一致的。以 10 μm 为界，将孔隙率进行分区统计，研究超细尾矿含量及养护龄期对分区孔隙率的影响（图 5.65）。

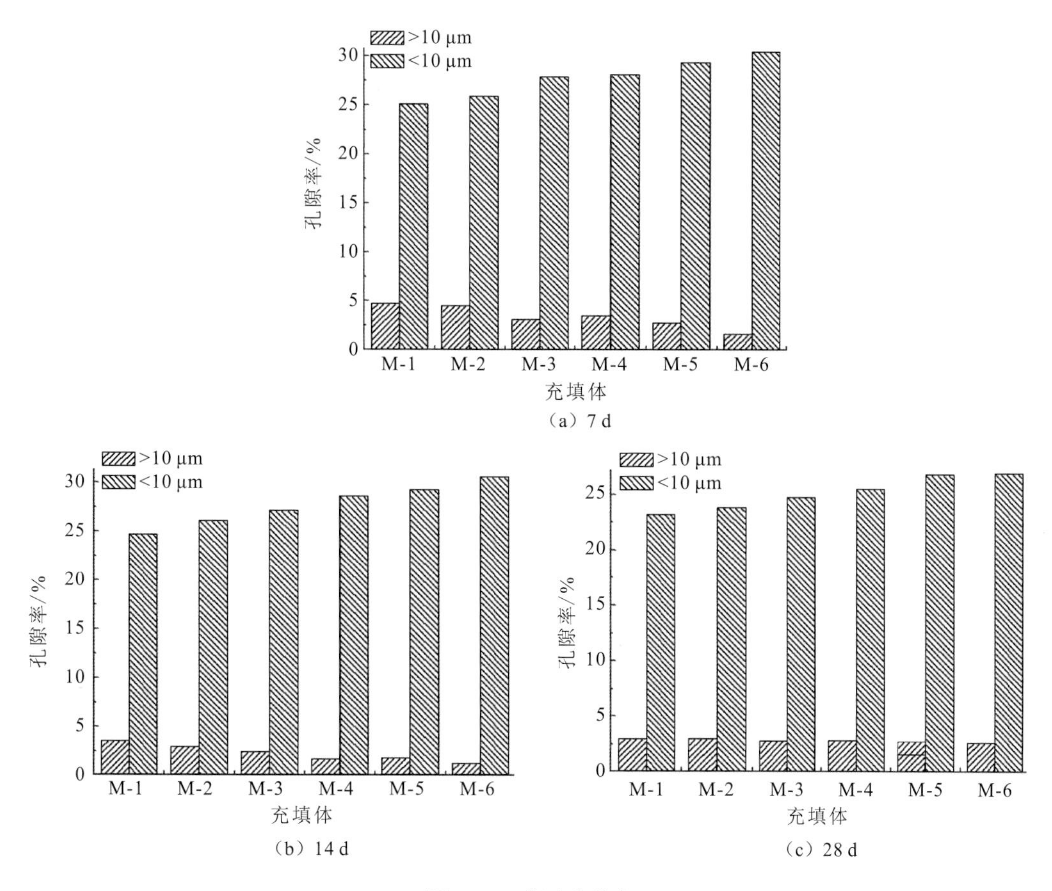

图 5.65　分区孔隙率

图 5.65 显示的是压汞法所测的 7 d、14 d 和 28 d 的孔隙率，以 10 μm 为界分区统计后，随着超细尾矿含量的变化情况。由图 5.65 可知，随着超细尾矿的含量从 4.2%升高到 27.6%，孔径＞10 μm 的孔隙率在 7 d、14 d 和 28 d 分别从 4.74%下降到 1.66%、3.51%下降到 1.20%、2.92%下降到 2.63%。发生这种现象的原因可能是，随着超细尾矿含量的升高，原本存在于大颗粒之间的空隙数目逐渐减少，导致大孔径处的孔隙率降低，因此孔径＞10 μm 处的孔隙率有下降的趋势；同时，尾矿颗粒总体变小，颗粒分布趋于集中，孔隙更多地集中于较小孔径处，因此孔径＜10 μm 的孔隙率有升高的趋势。随着超细尾矿含量的提高，＜10 μm 的孔隙率在养护龄期为 7 d、14 d 和 28 d 时分别从 25.13%升高到 30.47%、24.69%升高到 30.60%、23.18%升高到 26.93%（柯兴，2016）。

除 M-6 以外，养护龄期的增加导致了＞10 μm 处的孔隙率的降低。随着养护龄期从 14 d 增加到 92 d 的过程中，孔隙率分布的峰值显著地从较大孔径处向较小孔径处偏移，即大孔径处孔隙率随着龄期增长而降低，小孔径处随着龄期增长而增大（Ouellet et al.，2007）。总体来看，在本试验条件下，孔径＞10 μm 的孔隙率的变化规律与超细尾矿的含量和龄期变化均表现出了较好的响应关系。

IV. 临界孔径

临界孔径（d_{cr}）也是表征尾矿硬化膏体孔隙结构的重要参数之一。临界孔径随着超细尾矿含量变化情况如图 5.66 所示。

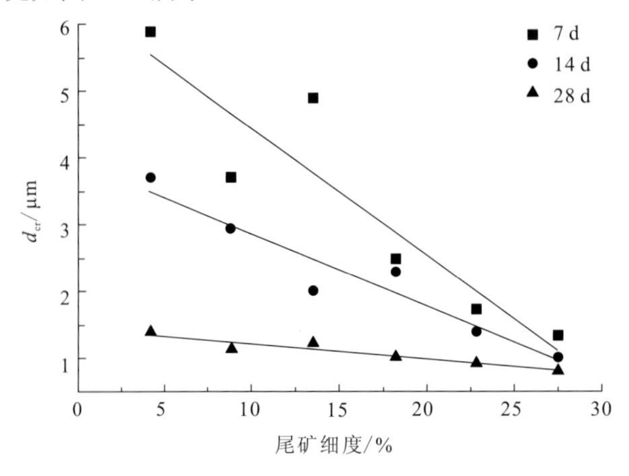

图 5.66 超细尾矿含量与临界孔径的变化情况

将测得的临界孔径分 7 d、14 d 和 28 d 进行线性拟合，拟合方程列于表 5.45。

表 5.45 临界孔径的线性拟合

龄期/d	拟合方程	R^2
7	$y=-0.190\ 6x+6.355\ 1$	0.800 0
14	$y=-0.108\ 1x+3.939\ 7$	0.897 8
28	$y=-0.022\ 0x+1.428\ 1$	0.854 2

观察图 5.66 并结合拟合结果可知，在同一养护龄期内，随着超细尾矿含量的升高，临界孔径基本呈现下降的趋势。这是因为超细尾矿含量的升高，细化了充填体内部孔隙。而且，随着养护龄期的增加，拟合方程的斜率越来越小，表明临界孔径下降的趋势变缓，说明尾矿粒径的变化对临界孔径的影响力被生成量越来越多的水化产物逐渐抵消。

而在超细尾矿含量相同的情况下，随着养护龄期的增加，临界孔径也呈现了下降趋势。原因可能在于较大孔径处的孔隙可以容纳更多的自由水和胶凝材料，被生成的水化产物填满的速度更快，进而导致了随着养护龄期的推进，临界孔径向较小孔径处偏移的现象。而且，细颗粒尾矿含量多的充填体的临界孔径随养护龄期下降的幅度比细颗粒尾矿含量少的充填体更小。这是因为细颗粒尾矿含量多的充填体内部孔隙分布更细致也更为集中，所以临界孔径变化幅度比养护龄期的影响要小一些。

4. 抗压强度模型

1）强度模型构建

以前述结果为基础进行强度模型的构建，所用的总孔隙率为压汞法所测总孔隙率。

关于孔隙率-强度的模型有很多（丁宁，2014）。其中，最为经典的模型为 Ryshkewitch 方程，用来描述多孔材料抗压强度与孔隙率的关系（Mautusinovic et al.，2003）。

$$\sigma_c = \sigma_0 e^{-kP} \tag{5.21}$$

式中：P 为孔隙率；σ_c 抗压强度，MPa；σ_0 为孔隙率为 0 时的抗压强度；k 为经验拟合参数。其中，参数 k 依赖于材料种类和孔径大小，因此需要对 Ryshkewitch 方程进行适当改进：

$$\frac{\sigma_c}{D_c} = \frac{\sigma_0 e^{-kP}}{D_0(1-P)} \tag{5.22}$$

式中：D_c 指堆积密度；D_0 为孔隙率为 0 时的堆积密度；其他参数与公式（5.18）相同。整理可得

$$\sigma_c = \sigma_0 \frac{D_c e^{-kP}}{D_0(1-P)} = B\frac{e^{-kP}}{1-P} \tag{5.23}$$

其中，$B = \sigma_0 \dfrac{D_c}{D_0}$。

总孔隙率为各分计孔隙率之和：

$$P = \sum_{i=1}^{n} P_i \tag{5.24}$$

式中：P_i 是孔径为 r_i 的分孔隙率，P 为总孔隙率。将式（5.24）代入式（5.23），可得

$$\sigma_c = B\frac{e^{-k\sum_{i=1}^{n} P_i}}{1-\sum_{i=1}^{n} P_i} \tag{5.25}$$

总孔隙率需要在成型之后才能测定，超细尾矿含量在制备充填体之前即可测定。而且孔隙率的测定是在高压条件下进行的，属于一种破坏性试验，使得孔隙率-强度模型在实际应用中受到一定限制。因此建立超细尾矿含量-强度模型比总孔隙率-强度模型在实际应用中更为便捷，而且更有意义。

将总孔隙率分为 P_1 和 P_2。其中 P_1 为孔径大于 10 μm 的分孔隙率；P_2 为孔径小于 10 μm 的分孔隙率，T 为超细尾矿质量分数。分别对 P_1 和 P_2 进行建模，得出 P_1 和 P_2 关于超细尾矿含量的回归模型：

$$P_1 = A_1 e^{B_1 T} \tag{5.26}$$

$$P_2 = A_2 e^{B_2 T} \tag{5.27}$$

即

$$P = A_1 e^{B_1 T} + A_2 e^{B_2 T} \tag{5.28}$$

将 P_1 和 P_2 代入式（5.25）有

$$\sigma_c = B\frac{e^{-k(P_1+P_2)}}{1-P_1-P_2} \tag{5.29}$$

式（5.29）即为多孔材料的分孔隙率-抗压强度模型。

将（5.28）代入式（5.25）有

$$\sigma_c = B\frac{e^{-k(A_1e^{B_1T}+A_2e^{B_2T})}}{1-A_1e^{B_1T}-A_2e^{B_2T}} \tag{5.30}$$

式（5.30）即为材料关于超细尾矿含量-抗压强度模型。7 d、14 d 和 28 d 的抗压强度模型见表 5.46。

表 5.46　不同龄期的抗压强度模型

龄期/d	总孔隙率-强度模型	超细尾矿含量-强度模型
7	$\sigma_c = 0.342\,6\frac{e^{0.183\,2P}}{1-P}$	$\sigma_c = 0.757\frac{e^{0.157\,8(5.717e^{-0.035\,63T}+24.37e^{0.008\,158T})}}{1-5.717e^{-0.035\,63T}-24.37e^{0.008\,158T}}$
14	$\sigma_c = 6.166\frac{e^{0.107\,3P}}{1-P}$	$\sigma_c = 7.097\frac{e^{0.102\,6(4.229e^{-0.043\,78T}+24e^{0.008\,934T})}}{1-4.229e^{-0.043\,78T}-24e^{0.008\,934T}}$
28	$\sigma_c = 10.37\frac{e^{0.102\,7P}}{1-P}$	$\sigma_c = 10.68\frac{e^{0.101\,7(3.011e^{-0.004\,585T}+22.51e^{0.006\,886T})}}{1-3.011e^{-0.004\,585T}-22.51e^{0.006\,886T}}$

两类强度模型的决定系数 R^2 见表 5.47。总孔隙率-强度方程中总孔隙率 $P=P_1+P_2$。R^2 为决定系数，越接近 1，表明模型越可靠。从表 5.47 中可以看出，养护龄期越长，R^2 的值越大，说明随着水化反应的进行，两个强度模型的可信程度有所提高。

表 5.47　决定系数

抗压强度模型	R^2		
	7 d	14 d	28 d
总孔隙率-强度模型	0.881 7	0.934	0.937 6
超细尾矿含量-强度模型	0.843 9	0.899 3	0.951 6

2）模型精度评价

模型的有效性用相对误差（relative error，RE）和平均相对误差绝对值（mean absolute relative error，MARE）来评价。其中，平均相对误差绝对值即相对误差绝对值的平均值。一般的，RE 和 MARE 可以较好地反应预测值的可信度。相对误差的计算公式为

$$\mathrm{RE} = \frac{\mu_{\text{predicted}} - \mu_{\text{observed}}}{\mu_{\text{observed}}} \tag{5.31}$$

式中：$\mu_{\text{predicted}}$ 为根据模型运算所得的预测值；μ_{observed} 为实测值。

平均相对误差绝对值（MARE）常用来验证模型的偏差度。一般的，MARE 越小，表示模型预测偏差值越小。其计算公式为

$$\mathrm{MARE}=\frac{1}{n}\sum_{i=1}^{n}|\mathrm{RE}| \tag{5.32}$$

从表 5.48 中可以看出，除三个值以外，总孔隙率-强度模型的相对误差的绝对值和平均相对误差绝对值都小于 0.05，表示该模型模拟精度较高。总孔隙率-强度模型的预测值与实测值对比结果见图 5.67。

表 5.48　总孔隙率-强度模型误差值

超细尾矿含量/%	总孔隙率-强度模型误差值		
	7 d	14 d	28 d
4.2	−0.010 6	0.005 7	0.034 1
8.9	0.000 7	0.058 8	−0.021 7
13.5	−0.050 1	−0.046 2	−0.041 5
18.2	0.114 5	0.005 4	0.043 2
22.9	−0.008 1	−0.035 3	0.007 7
27.6	−0.033 3	0.030 9	−0.011 4
MARE	0.036 2	0.030 4	0.026 6

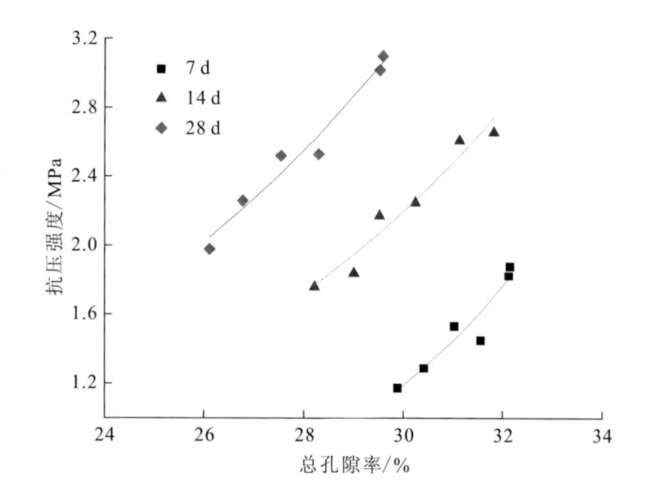

图 5.67　总孔隙率-抗压强度预测值与实际值

从图 5.67 中可以看出，抗压强度的实测值与孔隙率-强度模型所得的预测值差距较小，吻合程度较高。

超细尾矿含量-强度模型的相对误差和平均相对误差绝对值见表 5.49。

表 5.49　超细尾矿含量-强度模型误差值

超细尾矿含量/%	超细尾矿含量-强度模型误差值		
	7 d	14 d	28 d
4.2	0.072 7	0.042 0	0.040 2

续表

超细尾矿含量/%	超细尾矿含量-强度模型误差值		
	7 d	14 d	28 d
8.9	0.015 5	0.045 7	−0.012 6
13.5	−0.0879	−0.0529	−0.0376
18.2	0.0533	−0.0048	0.0452
22.9	−0.0648	−0.0522	−0.0421
27.6	0.0339	0.0417	0.0243
MARE	0.0547	0.0399	0.0337

从表 5.50 中可以看出，超细尾矿含量-强度模型的相对误差的绝对值和平均相对误差绝对值都小于 0.1，表示该模型模拟精度较高。超细尾矿含量-强度模型的预测值与实测值对比结果见图 5.68。

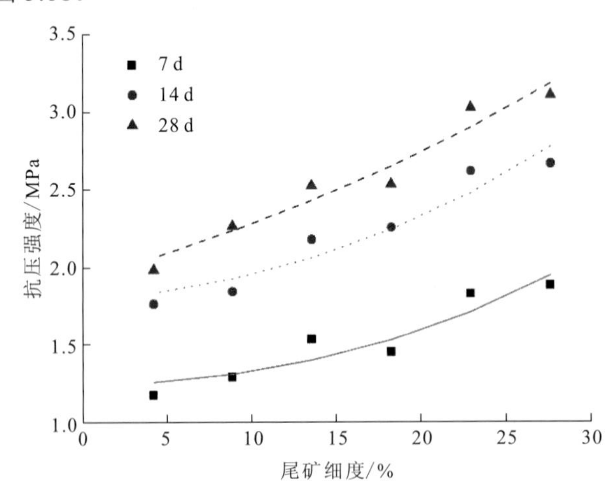

图 5.68 超细尾矿含量-强度模型预测值与实际值

从图 5.68 中也可以看出，抗压强度的实测值与基于超细尾矿含量-强度模型比较接近，吻合程度也较为理想。说明当超细尾矿含量在 4.2%～27.6%变化时，超细尾矿含量-强度模型精度较高。

5.5.4 高硫环境下固结体损伤机制

1. 损伤本构模型和特征分析

为避免原料代入硫对研究影响，采用精制石英砂来模拟粗尾矿，采用 67.5%的 32.5

复合硅酸盐水泥、30%的矿粉和 2.5%试验室自制母料（激发剂）混匀后经过机械加工而成（简称为 H）无硫固结材料，所用的拌和水均为自来水。试验配制浓度（编号）依次为 0 mg/L（F-0）、5 000 mg/L（F-5）、10 000 mg/L（F-10）、15 000 mg/L（F-15）、20 000 mg/L（F-20）、25 000 mg/L（F-25）、30 000 mg/L（F-30）、35 000 mg/L（F-35）、40 000 mg/L（F-40）、45 000 mg/L（F-45）的 10 种浓度的 $FeSO_4·7H_2O$ 拌和水，浓度 75%，胶砂比 1∶9。选用 H 型胶结料作为胶凝材料进行固结试验，以石英砂制备的固结体的无侧限抗压强度（UCS）测试结果见表 5.50。

表 5.50 三龄期抗压强度表 （单位：MPa）

龄期/d	F-0	F-5	F-10	F-15	F-20	F-25	F-30	F-35	F-40	F-45
7	1.03	1.17	0.95	0.83	0.78	0.83	1.47	1.63	0.86	0.61
14	1.76	2.00	1.75	1.59	1.56	1.30	1.97	2.34	1.66	1.45
28	2.09	2.37	2.23	2.06	2.06	1.91	2.58	2.97	2.81	2.28

由表 5.50 可知，在 28 d 的龄期内，当拌和水中硫酸根离子浓度处于 5 000 mg/L、30 000 mg/L 和 35 000 mg/L 时，有利于抗压强度的发展。同时，当拌和水中硫酸根离子浓度处于 20 000 mg/L 和 45 000 mg/L 时，对于抗压强度的发展有较大不良影响。从抗压强度结果分析可知，当水化环境中 SO_4^{2-} 浓度为 5 000 mg/L 和 35 000 mg/L 时有利于抗压强度的提高。

由图 5.69 可知，从 7 d 养护到 28 d 的过程中，F-0 和 F-5 的干密度增长幅度最大，分别增长了 3%和 2.7%。F-20 的干密度变化不明显。F-35 和 F-45 的干密度有小幅增长，分别增长了 1.4%和 1.8%。干密度增长缓慢，在其他组分配比相同的情况下，SO_4^{2-} 浓度的差异造成了干密度增长的巨大差异，表明了 SO_4^{2-} 显著影响着水化产物的生成。干密度

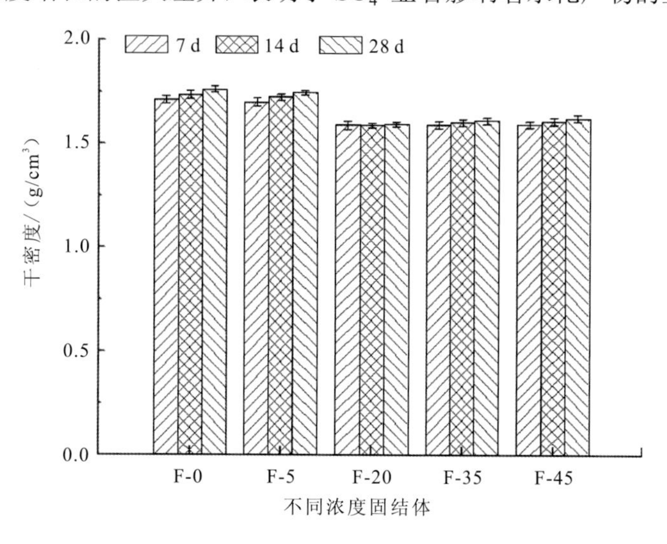

图 5.69 不同浓度固结体的干密度情况

的对比测试结果表明，水化环境中 SO_4^{2-} 浓度不宜高于 20 000 mg/L。综合抗压强度和干密度的分析结果可以得出，当拌和水中 SO_4^{2-} 浓度为 5 000 mg/L 时，可以促进固结体早期强度的发展（柯兴，2016）。

选择 F-0、F-5 和 F-20 试件用 MTS 刚性试验机进行单轴的应力-应变试验，研究硫酸盐侵蚀条件下龄期为 28 d 时的固结体的损伤演化规律。根据固结体的单轴应力-应变曲线即可求得形状参数 *m*、应变峰值及弹性模量等。F-0、F-5 和 F-20 试件实测的应力-应变曲线相关参数值见表 5.51。

表 5.51　相关参数值

编号	弹性模量/MPa	应力峰值/MPa	应变峰值	m	$1/m$	R^2
F-0	265	2.09	0.016	1.421	0.704	0.964 3
F-5	283	2.37	0.016	1.611	0.621	0.958 6
F-20	194	2.06	0.019	1.694	0.590	0.944 2

由图 5.70 可知，依据建立的损伤本构模型的预测值与实测值较为吻合，表明构建的损伤本构模型是可靠的，可以得到硫酸盐侵蚀条件下充填固结体的损伤本构方程和损伤演化方程，见表 5.52。

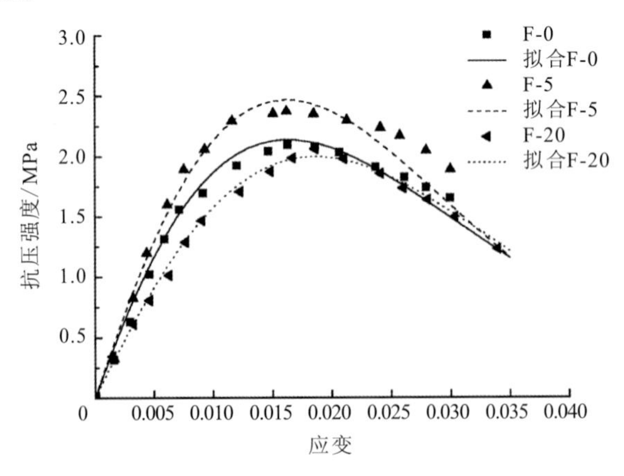

图 5.70　固结体单轴应力-应变理论与实测曲线

表 5.52　充填固结体损伤本构方程及损伤演化方程

编号	损伤本构方程	损伤演化方程
F-0	$\sigma = 265\varepsilon \exp[-0.704(\varepsilon / 0.016)^{1.421}]$	$D = 1 - \exp[-0.704(\varepsilon / 0.016)^{1.421}]$
F-5	$\sigma = 283\varepsilon \exp[-0.621(\varepsilon / 0.016)^{1.611}]$	$D = 1 - \exp[-0.621(\varepsilon / 0.016)^{1.611}]$
F-20	$\sigma = 194\varepsilon \exp[-0.590(\varepsilon / 0.019)^{1.694}]$	$D = 1 - \exp[-0.590(\varepsilon / 0.019)^{1.694}]$

假设对应应变峰值的损伤值为临界损伤值 D_p，则根据试验室前期研究公式：

$$D = 1 - \exp\left[-\frac{1}{m} \left(\frac{\varepsilon}{\varepsilon_p} \right)^m \right] \tag{5.33}$$

可得

$$D_p = 1 - \exp\left(-\frac{1}{m} \right) \tag{5.34}$$

由图 5.71 可知，在应力-应变试验初期，F-0 的损伤曲线斜率最大，而 SO_4^{2-} 浓度越高，损伤演化曲线斜率越小。表明拌和水中一定量硫酸根离子可在一定程度上减缓固结体荷载时损伤值过快增长。当 SO_4^{2-} 浓度为 0、5 000 mg/L 和 20 000 mg/L 时（即对应 F-0、F-5 和 F-20），由式（5.34）计算得到临界损伤值 D_p 分别为 0.51、0.46 和 0.45。在小于或等于 20 000 mg/L 浓度范围内，拌和水中 SO_4^{2-} 浓度越高，达到应变峰值时临界损伤值越小。

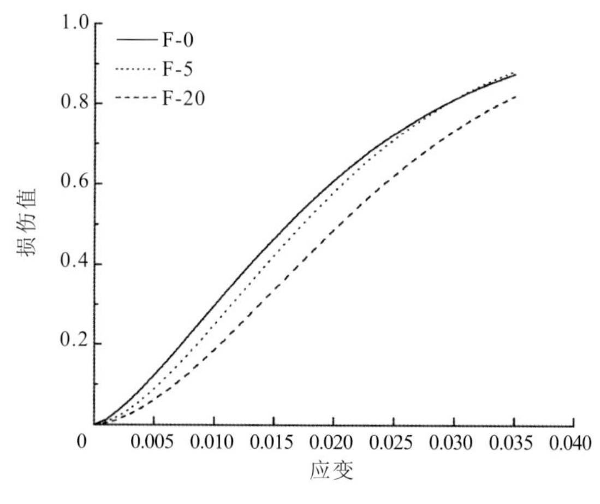

图 5.71　固结体损伤演化曲线

2. 侵蚀下尾矿固结体微观机理

以 H 胶凝材料制备“SO_4^{2-} 浓度（编号）”分别为 0（SP-0）和 5 000 mg/L（SP-5）的净浆块体，水灰比为 2.0，进行微观分析。

高浓度的硫酸盐环境对水泥水化的抑制作用主要体现在三个方面。第一，抑制水泥熟料的水化。这种抑制作用，一方面体现在熟料矿物在高浓度的 SO_4^{2-} 溶液中溶解度较低（Zhou et al.，2001）；另一方面体现在高浓度硫酸盐环境对于 C_3A 早期水化的抑制（Fall et al.，2010）；第二，促进体积膨胀型产物的生成，主要是钙矾石（Li et al.，2016）；第三，硫酸根离子对 CSH 凝胶的吸附，这种吸附作用会降低 C-S-H 凝胶的质量，进而降低胶结体的强度表现（Divet et al.，1998）。由图 5.72 可知，对于净浆试件 SP-0 和 SP-5 都没有检测到明显的熟料矿物，可能是由于已水化完全。此外，在 SO_4^{2-} 浓度为 0 和 5000 mg/L 的水化环境中，除检测出了钙矾石和凝胶外，还都检测出了 $Ca(OH)_2$、二水石膏。从 XRD 的检测结果来看，两类净浆试件所生成的水化产物种类基本相同。

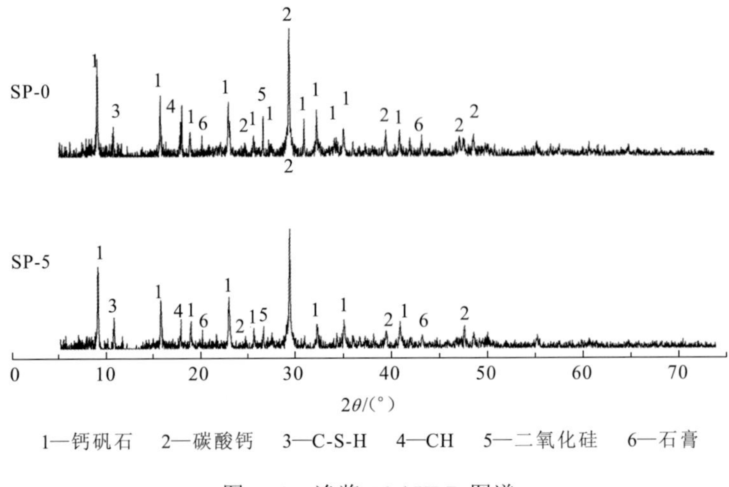

图 5.72 净浆 56 d XRD 图谱

净浆试件 SP-0 和 SP-5 的热失重情况见图 5.73，热失重主要发生在 0～200 ℃、400～500 ℃及 600～750 ℃。由于在做热失重之前，样品已在低温下烘干至恒重，可以认为发生在 0～200 ℃的热失重不包含自由水。有文献显示，在温度 0～200 ℃发生热失重的产物主要有 C-S-H 凝胶、二水石膏和钙矾石，在 400～500 ℃发生热失重的产物主要是氢氧钙石，而在 600～750 ℃发生热失重的产物主要是碳酸钙（Haha et al.，2011）。SP-0 在 400～500 ℃的热失重率为 3.2%，而 SP-5 在该温度区间热失重率为 2.1%。结果表明，SO_4^{2-} 可以与部分氢氧化钙反应转化为二水石膏。

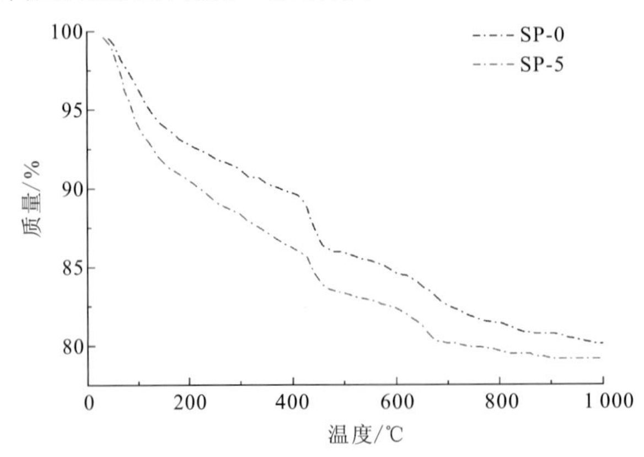

图 5.73 净浆热失重曲线图

虽然高浓度 SO_4^{2-} 的水化环境可明显抑制 C_3A 等水泥熟料的水化，但抗压强度测试结果表明，S 型抗压强度更高。原因很可能在于，尾矿固结体往往有较高空隙和较多的微型管孔（图 5.74），可以为膨胀型水化产物钙矾石和石膏提供足够的生长空间，同时其所生成的膨胀型水化产物的生成量较为适中，既有效填补了固结体内部的微观空隙，而又不会过量生成以致对固结体造成明显破坏。固结体的强度主要是由凝胶对尾矿等集料的联络包裹，以及水化产物颗粒和惰性集料的互相支撑提供的。

（a）×100　　（b）×2 000

图 5.74 扫描电镜图

5.6 固废基尾矿胶结剂工程应用与示范

5.6.1 湖北大红山矿业有限公司铜尾矿胶结充填

1. 湖北大红山矿业有限公司概况

湖北大红山矿业有限公司位于湖北省大冶市石头嘴铜铁矿，是湖北兴冶矿业有限公司的下属矿山企业，是一家联合投资、独立核算、自负盈亏、自主经营、具有独立法人资格的经济实体。大冶市石头嘴矿区-220 m 以下项目环评由湖北兴冶矿业有限公司申报，具体开采施工由湖北大红山矿业有限公司实施，矿权面积 0.654 8 km^2，深度为-220～450 m，由于是历史老矿山，该矿区总的开采深度为-220～800 m，采矿规模为 1 500 t/d，产品是铁精矿和铜精矿。

2. 充填工艺

湖北大红山已有分级尾砂胶结充填系统。充填站位于原有回风充填井旁，建有 500 m^2 砂仓和 240 t 胶固料仓各一座，Φ2 000×2 000 制浆搅拌桶一台，PF96 钢丝编织塑料复合单管输送。使用的胶凝剂由高铝水泥熟料、石膏、石灰和添加剂经破碎磨粉而成，水泥罐车风力输送至料仓。分级尾砂部分来自选厂，暂时储存在附近的卧式砂仓中矿山已有选厂尾砂由泵送至深锥浓密机内，经高效浓缩后，其底流流入卧式砂仓储存。需要充填时，从卧式砂仓通过一台抓斗桥式起重机将脱水尾砂搬运至缓冲漏斗，漏斗下部设置一台圆盘给料机，将尾砂均匀给至皮带输送机送到充填搅拌桶内搅拌。通过充填管路，将搅拌完毕的充填浆料由回风井和阶段回风井线下充填至采空区，如图 5.75 所示，在该充填过程中，原来采矿产生的废石料也可直接充填至采空区。因为采充不平衡，部分废石需通过主井提升至地表后暂时卸入废石场，等需要时再装车下放至井下充入采空区内。

图 5.75　湖北大红山充填现场图

3. 充填实施

用于充填的废石均通过 3 t 电机车牵引 0.7 m 翻转式矿车运往采空区上部的充填穿脉，倒入采空区和胶结充填料浆一起混合充填空区。由二期初步设计，二期日平均充填能力为 738.18 m^3/d，而二期全尾砂胶结充填量为 374 m^3/d。湖北大红山矿业有限公司井下充填系统于 2004 年 7 月投产，采用 PC42.5 水泥作为胶凝材料，灰砂比为 1∶7，料浆浓度 67%～74%，充填料浆出现分层现象，充填体呈“夹心饼干”状。从 2005 年改用 HAS 固化剂进行试验性充填，充填配合比为 1∶11，28 d 抗压强度达到 3.0 MPa 以上，经过一段时间的充填检验后，一直采用 HAS 固化剂充填至今。与传统水泥相比，充填料浆均匀、流动性好（现场充填浆体浓度可达 72%以上），不分层、无析水弱化现象。提高矿山回采率 15%以上，降低充填成本 10%以上。现场充填见图 5.76。

图 5.76　现场充填实施图

该尾矿中 200 目颗粒含量占 98.17%，D_{50}=83.4 μm，属于特粗尾矿；化学成分以 SiO_2、CaO、Fe_2O_3、Al_2O_3 为主。胶砂比为 1∶11，28 d 抗压强度达到 3.0 MPa 以上。

5.6.2　江西铜业武山铜矿铜尾矿胶结充填

1. 公司概况

武山铜矿为江西铜业集团的主要矿山之一，1966 年开始建设，设计生产产量为 3 000 t/d，1984 年正式投产，近几年企业得到高速发展，2002 年进入江西铜业股份有限公司，生产能力稳步上升，2002 年实现达产达标，并超设计能力，主要产品为铜精矿、标硫。现矿山分为两部分，分别是江铜股份公司武山铜矿和江西铜业集团公司武铜分公司。

武山铜矿属深部开采矿山，井筒深至-610 m，采矿工作面达-260 m，综合生产能力成功实现 3 000 t/d 向 5 000 t/d 的扩产，相当于新建了一个井下中型铜矿山，每天有大量的尾砂排出。以往武山铜矿井下采空区充填采取的是传统的进路式水砂充填，尾砂只能是直接排到尾矿库，既加大了矿山运行成本、缩短了尾矿库使用寿命，又不利于环境保护。同时，传统的水砂充填采矿法需要大量的坑木作支护，在国家加大环境保护力度的情况下，武山铜矿每年为了坑木采购总要费尽脑筋，而且不能保证采场作业安全。

2. 充填工艺

为了改变尾矿资源浪费、生产耗能较高和不利于环保的局面，武山铜矿开展充填工艺技术攻关，将进路式水砂充填法改为尾砂胶结充填法。2009 年 10 月 21 日，武山铜矿首次采用的尾砂胶结充填系统进行井下填充负荷试车，如图 5.77 所示，采用环管试验系统工艺流程（黄惟盛　等，2019）。该系统的机械部分主要是由骨料提升机、集成配料仓、骨料称重系统、皮带运输机、皮带上料机、粉料仓、螺旋上料机、水箱、搅拌机、材料输送泵和环管组成。经过两年的生产实践，科技人员不断进行技术攻关，优化、完善该工艺，使之成为成熟、可靠、有效的采矿法。目前，界面沉降比自然沉降提高 10～20 倍，充填浓度可基本稳定在 68%～70%，达到了国内同行先进水平。

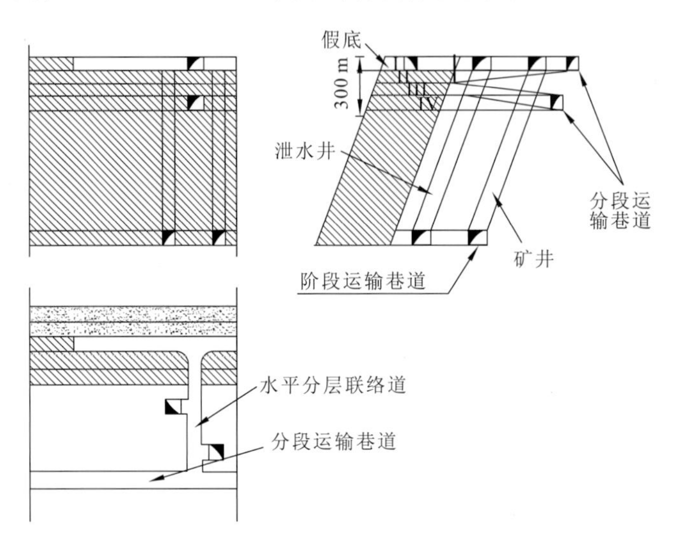

图 5.77　下向水平分层进路式充填法示意图

经过近几年的运转，武山铜矿每年减少 120 多万吨江砂用于充填，累计减少江砂成本支出 3 600 万元，有效减少了尾矿的排放，大大提升了采矿安全系数，对生态环境起到了积极的保护作用。

3. 充填实施

采用固废基尾矿胶结剂 1∶6 的充填配合比，取代水泥 1∶4 的配合比，28 d 强度超过水泥强度 25%以上。采用固废基尾矿胶结剂 1∶12 的充填配合比，取代水泥 1∶8 的配合比，28 d 强度超过水泥强度 20%以上。用量仅为水泥的 70%，性能优于水泥。

如图 5.78 所示，该充填实施工程中尾砂 200 目颗粒含量占 23.49%，D_{50}=203.8 μm，因此该尾矿属于特粗尾矿；化学成分以 SiO_2、CaO、Al_2O_3 和 Fe_2O_3 为主。胶砂比为 1∶6 的 28 d 抗压强度达到 5.17 MPa，强度、内聚力和内摩擦角随着龄期稳定增长，水化放热量仅为 42.5 级水泥 71%左右。

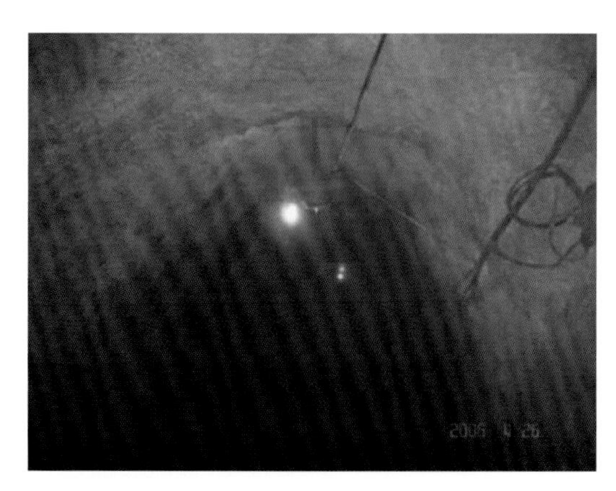

图 5.78　武山现场充填实施图

5.6.3　广西中信大锰尾矿胶结充填

1. 公司概况

中信大锰矿业有限责任公司是集采、选、冶于一体的锰系产品生产与研发大型企业集团，是全球锰系产品的重要供应商。大新锰矿分公司电解金属锰厂的电解金属锰产量为 8.3 万 t/a，电解二氧化锰产量为 3 万 t/a。电解金属锰主要固体废物为化学浸出中产生的粗滤渣和净化产生的精滤渣，1 万 t 生产规模年排出量为 6 万 t 过滤渣，按电解金属锰 8.3 万 t/a 的规模，每年产生的电解锰渣为 49.8 万 t；电解二氧化锰每年产生的电解锰渣为 12 万 t；金属锰厂每年产生的电解锰渣总量为 61.8 万 t，每年排出尾矿体积为 35 万 m^3。

大新锰矿分公司用电解法生产金属锰，是选用作者研究团队提供的碳酸锰粉作为原料，将阳极液加入化合桶中，投入碳酸锰粉、浓硫酸，经化合反应后，获得硫酸锰溶液（粗液），加入氨水中和除铁，加净化剂除重金属，经精滤净化去除杂质得到合格的电解液后放到高位池待用。高位池中合格的电解液放入电解槽进行电解，经过 24 h 电解后取出电解槽中的阴极板，放入钝化桶中进行钝化，冲洗干净后进行烘干，最后剥离、包装、入库。电解二氧化锰厂采用电解法生产，即将碳酸锰粉和硫酸化合反应，加入氧化锰粉除铁，添加石灰乳进行中和，流经压滤车间产生压滤废渣，滤液经净化进入电解槽直流电解，最后是机器剥离人工包装。大新锰矿在进行生产活动过程中，产生的固体废物主要有锰渣、无铬化渣、阳极泥、废活性炭和选矿过程中产生的尾矿等。因工艺变更，目前生产过程已不再使用活性炭，所以不再有废活性炭的固体废物。2018 年 1～9 月大新锰矿固体废物处置见表 5.53。

表 5.53　2018 年 1～9 月大新锰矿固体废物处置一览表

固体废物种类	产生量/t	利用方式	产生效益	历年累计堆存量/t	备注
无铬钝化渣	49.6	无	无	129.9	暂按危险废物管理储存
阳极泥	1 088.1	工艺利用	节省成本，避免环境污染	978	工艺回用，属临时储存
锰渣	756 000	无	无	5 796 000	渣库储存
尾矿	270 000	无	无	1 120 000	储存
废活性炭	0	无	无	0	已转移交给有资质的单位处置

电解锰渣胶结充填工艺中，胶凝材料的选取既影响充填效果，又影响充填成本。目前，中信大锰矿业有限责任公司锰渣年产量巨大，近千万吨，主要采用自然堆置处理方式，影响周边生态环境，锰渣处理迫在眉睫。因此，需要进行电解锰渣井下充填工程示范，为后续的锰渣充填至采空区提供关键技术支撑，但考虑实际工程中锰渣浆体泌水，泌出水中污染物对地下水及周边环境的污染，将井下充填改为地表充填，充填选址为大锰公司渣库，产生的污染物留在锰渣库，便于收集电解锰渣固结体渗滤液和雨水淋洗液，便于检测。电解锰渣性能特殊，具有含高硫酸盐、高氨氮及粒径超细等难处理特性，利用传统固结剂固化稳定化易产生膨胀等安全性问题，并且传统尾矿固结剂的生产消耗煤炭等资源，掺量较高，固结体长期性能易产生稳定性问题，而且充填成本偏高。故采用可以抑制高硫酸盐电解锰渣产生膨胀的固废基尾矿固结剂，既能固结电解锰渣，又能取代水泥产生更好的效益。

2. 充填工艺

现场电解锰渣充填工程示范，主要采用 1∶5、1∶7、1∶9、1∶11 四种充填配合比按不同时期进行连续自胶结充填，实时检测电解锰渣含水率和充填料浆浓度，记录充填材料和浆体差异。实时取充填料浆进行入模成型，脱模后标准养护，养护至规定龄期检测其固结强度，并比较四种配比固结体性能和充填成本，进行经济性分析，比较得出符合锰渣尾矿充填固结强度的最低充填成本。对电解锰渣固结体、固结体渗滤液和固结体雨水淋洗液进行毒性检测，为电解锰渣尾矿充填提供安全环保保障。

电解锰渣自胶结充填工程示范，地址位于大新县下雷镇布康渣库，充填工程建设位置具体位于布康渣库坝右侧，地理坐标卫星图如图 5.79 所示，锰渣库坝体右侧实景图如图 5.80 所示。

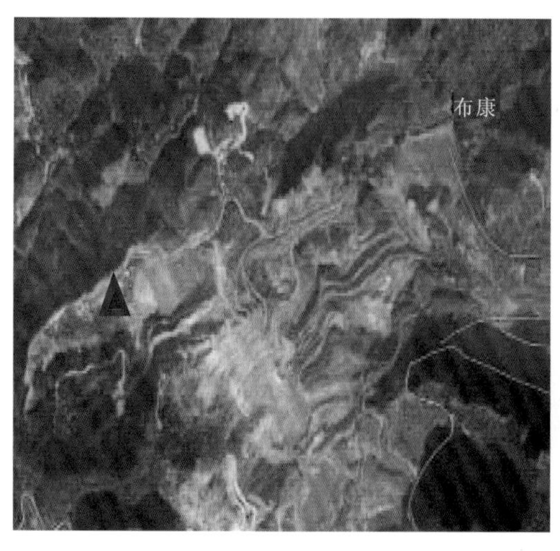

图 5.79　布康渣库坝地理坐标卫星图

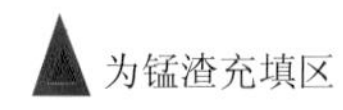
为锰渣充填区

图 5.80　锰渣库坝体右侧实景图

3. 充填实施

电解锰渣充填区三面依靠布康渣库坝地形而开挖，主要由 15 m 围堰坝及充填区组成，在锰渣浆体输送至充填区后，浆体泌水后硬化形成稳定自胶结充填体，自然养护 28 d 后，检测固结体的抗压强度和浸出毒性，为锰渣充填至采空区提供安全参数。围堰坝主要利用采矿掘进废石和选矿废石筑建而成，15 m 围堰坝由外坡、坝顶、内坡组成，围堰坝坡高为 5 m；锰渣充填区呈倒圆台状，上截面长 15×10 m，下截面 12×8.3 m，高 5 m，容积 500 m^3 左右，充填区地面利用废石铺设 30 cm 厚度，后用挖掘机压实、整平而成。锰渣充填区如图 5.81 所示。

图 5.81　锰渣实施区

从表 5.54 分析可得，利用固废基尾矿固结剂固结电解锰渣，固结体抗压强度均随着养护龄期增加而升高，充填配比为 1∶5 和 1∶7 时，固结体三龄期强度平均值分别为 2.53 MPa、4.06 MPa、5.11 MPa 和 2.14 MPa、3.41 MPa、4.22 MPa 符合矿山充填顶板和充填支柱的抗压强度要求（采矿手册·第 4 卷，冶金工业出版社，1990）；充填配比为 1∶9 时，固结体三龄期强度平均值分别为 0.91 MPa、 1.61 MPa、2.28 MPa；充填配比为 1∶11 时，固结体三龄期强度平均值分别为 0.69 MPa、1.07 MPa、1.33 MPa，充填配比 1∶9 和 1∶11，固结体 28 d 抗压强度均大于 1 MPa，符合矿山充填的充填体抗压强度要求。电解锰渣固结体容重呈现一定的规律，均随着龄期增加水分挥发或参与水化反应而有所损失，呈现逐渐降低趋势。

表 5.54　成型试块各龄期抗压强度和容重

日期	编号	充填配比	抗压强度/MPa			容重		
			14 d	28 d	60 d	14 d	28 d	60 d
第一天	10-AM-1	1∶5	2.47	3.76	4.76	2.26	2.13	2.07
	10-AM-2		2.56	4.19	5.32	2.09	2.01	1.98
	10-PM-1		2.57	4.22	5.24	2.18	2.11	2.06
	均值 1		2.53	4.06	5.11	2.18	2.08	2.04
第二天	11-AM-1	1∶7	2.32	3.62	4.54	1.98	1.94	1.89
	11-AM-2		2.22	3.55	4.32	2.04	2.01	2.00
	11-PM-1		2.14	3.41	4.22	1.96	1.92	1.87
	均值 2		2.23	3.52	4.36	1.99	1.96	1.92

续表

日期	编号	充填配比	抗压强度/MPa			容重		
			14 d	28 d	60 d	14 d	28 d	60 d
第三天	12-AM-1	1∶9	0.88	1.56	2.26	1.95	1.91	1.88
	12-AM-2		0.95	1.62	2.62	2.05	2.03	2.01
	12-PM-1		0.89	1.66	1.96	2.18	2.14	2.06
	均值 3		0.91	1.61	2.28	2.06	2.03	1.98
第四天	13-AM-1	1∶11	0.69	1.14	1.31	2.16	2.13	2.01
	13-AM-2		0.64	1.02	1.27	2.04	2.01	1.97
	13-PM-1		0.74	1.06	1.42	2.12	2.03	1.99
	均值 4		0.69	1.07	1.33	2.11	2.06	1.99
第五天	14-AM-1	1∶7	2.29	3.67	4.38	2.26	2.13	2.07
	14-AM-2		2.71	4.33	5.42	2.05	2.03	2.01
	14-PM-1		2.44	4.06	5.12	2.21	2.17	2.14
	均值 5		2.48	4.02	4.97	2.17	2.11	2.07
第六天	15-AM-1	1∶5	2.95	4.91	6.32	2.32	2.21	2.17
	15-AM-2		2.55	4.21	5.24	2.34	2.14	2.07
	15-PM-1		2.41	3.96	5.04	2.21	2.19	1.99
	均值 6		2.64	4.36	5.53	2.29	2.18	2.08

4. 长期稳定性分析

通过板框压滤试验后，电解锰渣中氨氮的浓度已降低至 281 mg/L，采用软土固化剂对电解锰渣开展自胶结固化试验，其中软土固化剂的添加量分别为 5%、7%、9%，在固结的第 7 d、第 28 d、第 180 d、第 360 d 分别利用《水质氨氮的测定 纳氏试剂分光光度法》检测上清液中氨氮浓度。具体结果如表 5.55～表 5.58 所示。

表 5.55　自胶结反应第 7 d 的软土固化剂固结电解锰渣氨氮处理率

项目	软土固化剂添加量/%		
	5	7	9
氨氮浓度/（mg/L）	46.2	30.7	18.5
氨氮综合处理效率/%	92.02	94.70	96.80

表 5.56　自胶结反应第 28 d 的软土固化剂固结电解锰渣氨氮处理率

项目	软土固化剂添加量/%		
	5	7	9
氨氮浓度/(mg/L)	34.5	26.9	20.3
氨氮综合处理效率%	94.04	95.35	96.49

表 5.57　自胶结反应第 180 d 的软土固化剂固结电解锰渣氨氮处理率

项目	软土固化剂添加量/%		
	5	7	9
氨氮浓度/(mg/L)	32.9	25.0	18.3
氨氮综合处理效率/%	94.32	95.68	96.84

表 5.58　自胶结反应第 360 d 的软土固化剂固结电解锰渣氨氮处理率

项目	软土固化剂添加量/%		
	5	7	9
氨氮浓度/（mg/L）	30.2	25.4	17.8
氨氮综合处理效率/%	94.78	95.61	96.93

由表 5.55～表 5.58 可以看出，经过软土固化剂自胶结处理后，电解锰渣的氨氮浓度均低于《污水排放综合标准》所规定的 50 mg/L，达到国家相关技术指标，且随着软土固化剂掺量的提升，氨氮浓度进一步降低，固化 360 d 后的电解锰渣氨氮去除率已经较为恒定，处于较低水平。通过板框压滤、自胶结反应后的电解锰渣，氨氮综合处理效率能够达到 92%以上。

参 考 文 献

陈云嫩, 梁礼明, 2003. 脱硫石膏胶结尾矿充填的研究. 金属矿山, 321(3): 45-46, 51.
丁德强, 2007. 矿山地下采空区膏体充填理论与技术研究. 长沙: 中南大学.
丁宁, 2014. 混凝土孔结构与强度关系模型的综述. 低温建筑技术, 4: 19-21.
董恒超, 杨仕教, 唐自安, 2015. 某铅锌矿全尾矿膏体充填材料试验研究. 有色金属(矿山部分), 67(2): 54-57.

郭晓彦, 2013. 充填膏体性能影响因素试验研究. 太原: 太原理工大学.

侯浩波, 张发文, 魏娜, 等, 2009. 利用 HAS 固化剂固化尾矿胶结充填的研究[J]. 武汉理工大学学报, 31(4): 7-10.

胡术刚, 吕宪俊, 牛海丽, 2007. 脱硫石膏综合利用研究. 混凝土(5): 95-97.

胡亚军, 姚振巩, 南世卿, 等, 2010. 全尾矿胶结粒径配比优化研究. 采矿技术, 10(5): 17-18.

黄惟盛, 2019. 武山铜矿全尾砂胶结充填环管试验. 新疆有色金属, 42(5): 39-41.

黄绪泉, 2012. 基于氟石膏尾矿固结材料开发及机理研究. 武汉: 武汉大学.

黄玉诚, 2014. 矿山充填理论与技术. 北京: 冶金工业出版社.

柯兴, 2016. 尾砂胶结充填固结体结构与性能研究. 武汉: 武汉大学.

赖伟, 刘婉莹. 2014. 全尾矿充填料浆坍落度试验研究. 有色金属, 66(3): 26-28.

李公成, 王洪江, 吴爱祥, 等, 2013. 全尾矿戈壁集料膏体凝结性与流动性研究. 金属矿山, 447: 34-36.

刘志祥, 李夕兵, 2005. 尾矿分形级配与胶结强度的知识库研究. 岩石力学与工程学报, 24(10): 1789-1793.

罗根平, 乔登攀, 2015. 废石尾矿胶结充填体强度试验研究. 黄金, 3(36): 40-43.

宓永宁, 王振国, 孙荣华, 等. 2014. 特细砂砂浆性能及砌筑砂浆配合比研究. 人民黄河, 36(7): 121-123.

田晓峰, 张大捷, 侯浩波, 等, 2006. 矿渣胶凝材料稳定软土的微观结构. 硅酸盐学报, 34(5): 636-640.

徐胜, 2018. 固废基尾矿固结剂固结电解锰渣性能研究. 武汉: 武汉大学.

袁俊航, 隆威, 2015. 化学激发酸性矿渣粉胶结性能试验研究. 探矿工程(岩土钻掘工程), 42(8): 71-74.

张发文, 侯浩波, 魏娜, 等, 2008. 混入细粒废石对尾矿胶结充填影响的试验研究. 2008(沈阳)国际安全科学与技术学术研讨会论文集. 沈阳: 东北大学.

张发文, 2009. 矿渣胶凝材料胶结矿山尾砂充填性能及机理研究. 武汉: 武汉大学.

张茂根, 翁志学, 黄志明, 等, 2000. 颗粒统计平均粒径及其分布的表征. 高分子材料科学与工程, 16(5): 1-4.

赵才智, 2008. 煤矿新型膏体充填材料性能及其应用研究. 徐州: 中国矿业大学.

赵国彦, 马举, 彭康, 等, 2013. 基于响应面法的高寒矿山充填配比优化. 北京科技大学学报, 35(5): 559-565.

郑娟荣, 吕杉杉, 赵振波, 2013. 全尾矿膏体料浆流动性的测定方法. 采矿技术, 13(5): 23-25.

周旻, 侯浩波, 张大捷, 等, 2008. 湖泊底泥改性固结的强度特性和微观结构. 岩土力学, 29(4): 1010-1014.

朱钟秀, 1980. 钙铝榴石-钙铁榴石矿物系列红外光谱研究.长春地质学院学报(2): 58-60.

ASKEW J E, MCCARTHY P L, FITZGERALD D J, 1987. 锌公司和新布罗肯希尔联合公司所属矿山矿柱回采时的充填研究//FORD R A, 编. 王鉴, 王宗英, 王生德, 等, 译. 充填采矿(第十二届加拿大岩石力学讨论会文集). 北京: 原子能出版社: 238-266.

MCGUIRE A J, 1987. 鹰桥镍业公司用炉渣作充填料中的胶结剂//FORD R A, 编. 王鉴, 王宗英, 王生德, 等, 译. 充填采矿(第十二届加拿大岩石力学讨论会文集). 北京: 原子能出版社: 329-345.

ALIGIZAKI K , NIKOLAIDIS G, 2006. The presence of the potentially toxic genera Ostreopsis and Coolia (Dinophyceae) in the North Aegean Sea, Greece. Harmful Algae, 5(6): 717-730.

BRITISH STANDARDS INSTITUTION, 1995. BS 812 testing aggregates: part 2 - methods of determination of density. London: BSI.

COMITÉ EUROPÉEN DE NORMALISATION, 1998. EN 1097-3 tests for mechanical and physical properties of aggregates: part 3-determination of loose bulk density and voids. Brussels: CEN.

DIVET L, RANDRIAMBOLONA R, 1998. Delayed ettringite formation: the effect of temperature and basicity on the interactions of sulphate and C-S-H phase. Cement and Concrete Research, 28(3):357-363.

ERCIKDI B, CIHANGIR F, KESIMAL A, et al., 2010. Utilization of water-reducing admixtures in cemented paste backfill of sulphide-rich mill tailings. Journal of Hazardous Materials, 179: 940-946.

FALL M, BENZAAZOUA M, OUELLET S, 2005. Experimental characterization of the influence of tailings fineness and density on the quality of cemented paste backfill. Minerals Engineering, 18: 41-44.

FALL M, BENZAAZOUA M, SAA E G, 2008. Mix proportioning of underground cemented tailings backfill. Tunnelling and Underground Space Technology, 23(1): 80-90.

FALL M, ADRIEN D, CELESTIN J C, et al., 2009. Saturated hydraulic conductivity of cemented paste backfill. Minerals Engineering, 22:1307-1317.

FALL M, POKHAREL M, 2010. Coupled effects of sulphate and temperature on the strength development of cemented tailings backfills: Portland cement-paste backfill. Cement & Concrete Composites, 32(10): 819-828.

FALL M, SAMB S S, 2008. Pore structure of cemented tailings materials under natural or accidental thermal loads. Materials Characterization, 59: 598-605.

GALLE C, 2001. Effect of drying on cemented-based materials pore structure as identified by mercury intrusion porosimetry: A comparative study between oven-, vacuum-, and freeze-drying. Cement and Concrete Research, 31: 1467-1477.

HU J, GE Z, WANG K, 2014. Influence of cement fineness and water-to-cement ratio on mortar early-age heat of hydration and set times.Construction & Building Materials,50(1): 657-663.

THOMAS M D A, INNIS F A, 1998. Effect of slag on expansion due to alkali-aggregate reaction in concrete. ACI Mater J, 95(6):716-724.

HAHA M B, SAOUT G L, WINNEFELD F, et al., 2011. Influence of activator type on hydration kinetics, hydrate assemblage and microstructural development of alkali activated blast-furnace slags. Cement and Concrete Research, 41: 301-310.

HAACH V G, VASCONCELOS G, LOURENÇO P B, 2011. Influence of aggregates grading and water/cement ratio in workability and hardened properties of mortars. Construction and Building Materials, 25: 2980-2987.

KESIMAL A, ERCIKDI B, YILNAZ E, 2003. The effect of desliming by sedimentation on paste backfill performance. Minerals Engineering, 16: 1009-1011.

KESIMAL A, YILMAZ E, ERCIKDI B, 2004. Evaluation of paste backfill test results obtained from different size slumps with varying cement contents for sulphur rich mill tailings. Cement and Concrete Research, 34: 1817-1822.

KE X, HOU H B, ZHOU M, et al., 2015. Effect of particle gradation on properties of fresh and hardened cemented paste backfill. Construction and Building Materials, 96: 378-382.

KWAN A K H, FUNG W W S, 2009. Packing density measurement and modeling of fine aggregate and mortar. Cement & Concrete Composites, 31: 349-357.

KWAN A K H, NG P L, HUEN K Y, 2014. Effects of fines content on packing density of fine aggregate in Concrete. Construction and Building Materials, 61: 270-277.

LI W C, FALL M, 2016. Sulphate effect on the early age strength and self-desiccation of cemented paste backfill. Construction and Building Materials, 106: 296-304.

MAUTUSINOVIC T, SIPUSIC J, VRBOS N, 2003. Porosity-strength relation in calcium aluminate cement paste. Cement and Concrete Research, 33: 1801-1806.

OUELLET S, BUSSIERE B, AUBERTIN M, et al., 2007. Microstructural evolution of cemented paste backfill: Mercury intrusion porosimetry test results. Cement and Concrete Research, 37: 1654-1665.

OLTULU M, SAHIN R, 2014. Pore structure analysis of hardened cement mortars containing silica fume and different nano-powders. Construction and Building Materials, 53: 658-664.

PETROLITO J, ANDERSON R M, PIGDON S P, 1998. Strength of backfills stabilised with calcined gypsum//BLOSS DM. MINEFILL’98.Brisbane, Australia: Australasian Institute of Mining and Metallurgy Publication: 83-86.

RASHAD A M, ZEEDAN S R, 2012. A preliminary study of blended pastes of cement and quartz powder under the effect of elevated temperature. Construction and Building Materials, 29: 672-681.

SEBAIBI N , BENZERZOUR M , SEBAIBI Y, et al., 2013. Composition of self compacting concrete (SCC) using the compressible packing model, the Chinese method and the European standard. Construction and Building Materials, 43: 382-388.

SENAPATI P K, MISHRA B K, PARIDA A, 2013. Analysis of friction mechanism and homogeneity of suspended load for high concentration fly ash & bottom ash mixture slurry using rheological and pipeline experimental data. Powder Technology, 250: 154-163.

SINGH C B, SANTOSH K, 2013. Underground void filling by cemented mill tailings. International Journal of Mining Science and Technology, 23: 893-900.

WU D, FALL M, CAI S J, 2013. Coupling temperature, cement hydration and rheological behaviour of fresh cemented paste backfill. Minerals Engineering, 42: 76-87.

YILMAZ T, ERCIKDI B, KARAMAN K, et al., 2014. Assessment of strength properties of cemented paste backfill by ultrasonic pulse velocity test. Ultrasonics, 54: 1386-1394.

ZENG Q, LI K F, TEDDY F C, et al., 2012. Pore structure characterization of cement pastes blended with high-volume fly-ash. Cement and Concrete Research, 42: 194-204.

ZHAO H, SUN W, WU X M, et al., 2012. The effects of coarse aggregate gradation on the properties of self-compacting concrete. Materials & Design, 40: 109-116.

ZHOU Q, GLASSER F P, 2001. Thermal stability and decomposition mechanisms of ettringite at＜120 ℃. Cement and Concrete Research, 31(9): 1333-1339.

第 6 章　重金属污染土壤靶向修复技术

土壤是人类赖以生存的物质基础，是人类不可缺少的自然资源。近年来，随着现代工业的快速发展，重金属离子通过多种途径进入土壤，造成了严重的重金属污染问题。土壤中的重金属积累到一定程度，不仅会导致土壤的功能退化，以及农作物产量和品质下降，而且通过径流、淋失作用污染地表水和地下水，恶化水文环境。土壤和水体中的重金属被动植物吸收后，最终通过食物链危害人体健康。土壤系统中重金属的生态循环如图 6.1 所示。目前，重金属污染已成为一项世界性的环境问题，世界各国均表示了极大的关注并针对重金属污染的防治开展了大量的研究工作。

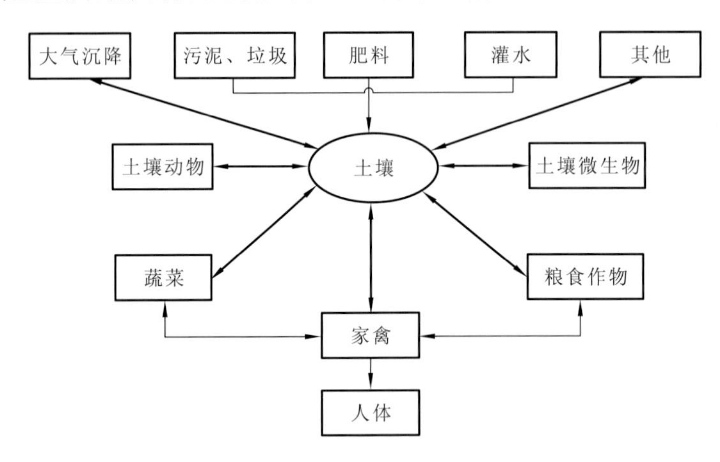

图 6.1　土壤系统中重金属的生态循环

重金属污染主要来源于采矿和冶炼等工矿企业排放的废气、废水和废渣，煤和石油等矿物燃料的燃烧，以及农药化肥的过度使用，主要包括 Hg、Cd、Pb、Cr、Zn、Cu、Ni 及类金属 As 等（Margarida et al.，2014；Seok et al.，2011）。世界各国的土壤均存在不同程度的重金属污染。据统计，全世界平均每年排放 Hg 1.5 万 t、Cu 340 万 t、Pb 500 万 t、Mn 1 500 万 t、Ni 100 万 t。当前我国区域农业环境恶化与农产品受重金属污染现象也十分严重，特别是在一些经济发达地区。据不完全统计（李广文 等，2015），我国的耕地受污染面积 2 667 万 hm^2，其中，工业/三废污染 1 000 万 hm^2，农药残留施肥污染 1 000 万 hm^2。受 Hg、Cd、Pb、Cr、As 等污染的耕地近 2 000 万 hm^2，约占总耕地面积的 20%，其中 Cd 污染耕地 1 133 万 hm^2，涉及 11 个省 25 个地区；Hg 污染耕地约为 312 万 hm^2，涉及 15 个省 21 个地区。由此可见，我国耕地土壤受重金属污染的状况十分严重。

重金属污染土壤修复的主要目的是实现去污染、恢复土壤品质，通过一定的技术措施对受污染土壤进行修复，在恢复其生产能力的同时净化生态环境。现阶段，我国的土壤修复技术得到了一定程度的发展，但在重金属污染领域依然存在作用周期长、技术设备适应性低、管理制度不完善等问题亟须解决。因此，为了缓解土壤重金属污染现状，有必要加强对修复技术尤其是环境功能材料的深度开发和利用，并进行应用推广。

6.1　重金属污染土壤修复技术现状

目前，对重金属污染土壤的修复主要有两种途径（Hong et al.，2017）：①改变重金属的赋存状态，降低其活性，使其钝化，脱离食物链，减小其毒性；②利用特殊植物吸收土壤中的重金属，然后将该植物除去或采用工程技术将重金属变为可溶态、游离态，再经过淋洗收集其中的重金属，实现污染土壤重金属的回收利用。我国的污染土壤修复技术体系主要由生物和物化修复技术组成，具体包括生物修复技术、物理修复技术、化学修复技术、固化稳定化修复技术等。

6.1.1　生物修复技术

生物修复技术包括微生物修复技术、植物修复技术和动物修复技术。微生物修复技术主要通过带电的细胞表面吸附、主动摄取有害成分富集于细胞的表面或进入细胞的内部，或者通过氧化还原反应改变重金属等有害物的存在形态以降低其毒性，如硫-铁杆菌类可氧化 As(III)，将亚砷酸盐转化为砷酸盐，从而降低砷的部分毒性。此外还可以将有机形式的重金属转化为无机物以降低毒性。植物修复技术主要是通过培植具有超强捕获能力的植物来处理土壤中的有害物质以达到去除的目的。目前国内外筛选出的重金属富集植物有大叶井口边草、蜈蚣草、粉叶蕨、井栏边草、长叶甘草蕨、白玉凤尾蕨、紫轴凤尾蕨、斜羽凤尾蕨、狭眼凤尾蕨、琉球凤尾蕨、粗蕨草等。其中蜈蚣草对 As 的富集量可高达 5 070～22 600 mg/kg。近年来一些新的耐重金属植物陆续被发现，如王海娟（2012）在云南和贵州发现了珠光香青、密蒙花、土荆芥和小米菜 4 种植物的 As 富集量分别为 702.70 mg/kg、607.68 mg/kg、369.55 mg/kg、381.65 mg/kg。虽然微生物修复和植物修复技术的研究比较多，也是研究的热点，但是微生物修复技术的应用适应性非常低，还存在对环境要求高、修复周期长、不适合重污染土壤等缺点；而植物修复中虽然一些植物富集能力非常强，但也受限于土壤的质地、修复周期过长等缺陷，往往修复好一块污染土地，需要好几年甚至数十年的时间。动物修复技术是指利用土壤中的常见动物如鼠、蚯蚓等，直接分解、吸收、转化或者是提高土壤的各项指标、增强肥力，实现微生物和植物的快速生长，从而修复土壤污染。蚯蚓是一种重要的土壤动物，可以优化土壤结构，提升土壤空气含量和水含量，增强土壤的总体肥力，最终改善土壤的各项指标。蚯蚓是动物修复土壤的代表，蚯蚓的活动、植物生长可以将土壤中的重金属富集起来，然后将重金属转移到蚯蚓和植物中，降低土壤中重金属的含量，彻底清除土壤中的重金属。方法安全有效，值得推广。

6.1.2 物理修复技术

物理修复土壤主要包含客土法、换土法、深耕翻土法、热力加热法等。客土法指的是先评估土壤的污染情况，将一定量的干净土壤加到被污染土壤中，通过混合，降低土壤中污染物含量或者减少根系与污染物的接触，降低植物根系污染的情况。客土选择时，充分掌握被污染土壤的各项指标，防止出现添加的客土增加原有土壤重金属活性等问题。这个方法效果明显、简单操作，土壤中污染物含量较少时可以使用。换土法是转移污染土壤，换上未被污染的土壤。实践发现，换土法是处理农田重金属污染非常有效的方法。某地区土壤中镉污染的56%位于土壤上部表层，将表土中15～30 cm土壤进行置换，用于种植水稻，稻米中镉含量降低了近50%。深耕翻土法是将深耕层与上层土进行混合，降低表层土壤中污染物含量的方法，这个方法适用于深层土壤污染较低的情况，需要增施肥料解决耕作层有机物含量较少的问题。热力恢复法是土壤中含有挥发性重金属，将土壤加热可以将重金属挥发出来，实现土壤的重新使用。土壤中含有汞，可以将土壤挖掘然后进行风干和破碎，加热后汞的化合物发生气化反应，然后将土壤收集起来，使用活性炭吸附残余物质，蒸发后的气体进行处理达标后就可以向大气中排放。温度270 ℃，加热土壤2 h后，可以将土壤中50%～90%的汞进行去除，损失约15%的有机质，使用热力恢复法处理时土壤耕作层有机质含量仍达标，可以继续使用。土壤汞污染严重时，可以使用该方法进行处理，同时也会有治理费用高、工程量大等问题。

6.1.3 化学修复技术

化学修复技术是向土壤中投放化学物质，将土壤的化学性质改变，间接或者直接改变土壤中的生物效能，降低生物吸收重金属量。常见的化学方法有化学改良剂法、淋洗法、化学栅法等。化学改良剂法是目前常见的化学修复方法，常见投放的物质有石灰、磷酸盐、骨粉、硅酸盐、钙镁磷肥、秸秆、禽畜粪便、泥炭等。石灰可以提高土壤的pH，降低土壤重金属富集的速度。硅酸盐和磷酸盐可以将土壤中的重金属进行固化，实现土壤中重金属形成不溶于水的沉淀物质。生物炭中含有很多疏松多孔的空隙，表面积大可以实现阳离子交换，可以将土壤中的污染物吸附，降低污染物的转化水平。生物炭具有碱性，可以将酸性土壤进行中和，降低土壤的毒性。淋洗法是用化学试剂将土壤中的重金属向液相转移，去除重金属。这项技术的核心部分是寻找恰当的提取剂，将重金属分离，同时不会对土壤结构造成破坏，也没有二次污染。螯合剂是淋洗法使用的化学试剂的一种，可使土壤溶液中重金属的离子与螯合剂产生稳定的螯合物，实现重金属可溶，增加淋洗水平。这项技术中螯合剂成功引导植物修复技术是很重要的部分，EDTA、DTPA

可以明显降低土壤重金属可给性能。表面活性剂可以减少溶剂中表面的张力。在土壤提取技术中使用得比较多，在充分思考土壤性质及类型的前提下，选取对应的表面活性剂，可以提高配体的溶解性能，形成离子吸附、络合等作用可以把土壤重金属物质从固态向液态转化，最终将重金属去除。化学栅是一种能透水还能沉淀污染物的固体材料，将化学栅放到污染物的最下面，或者是土壤第二次含水层部分，有机物在固体材料中堆积，可以将污染物收集起来，防止再污染。

6.1.4　固化稳定化修复技术

固化稳定化技术（solidification/stabilization，S/S）主要是通过将水泥、石灰、水泥窑灰、黏土、矿渣、粉煤灰等固化剂与土壤混合使土壤中污染物的迁移性降低以达到土壤修复的目的。在各类工艺中，固化稳定化技术是一种最常用的简便而有效的处理技术，是污染场地的五大常用修复技术之一（Zacco et al.，2014）。美国环境保护总署（Environmental Protection Agency，EPA）已把此技术确定为一种“最佳的示范性实用处理技术（best demonstrated available treatment technology，BDAT）”。该技术不仅能将有害污染物变成低溶解性、低毒性和低移动性的物质，而且处理后所形成的固化物还可在建筑行业内广泛用作路基、地基和建筑材料，是一种经济有效的污染土壤修复技术。

根据固化反应条件可进一步分为水泥固化和熔融固化。水泥是固化稳定化技术普遍使用的材料，在过去五十多年被广泛使用于重金属污染土壤的固化稳定化修复。然而，要达到环境对重金属的渗透要求，水泥的掺量通常高达40%～70%，由此造成固化体的增容比大幅度升高，进而影响填埋场的有效容积和处理费用。利用高温熔融固化虽然能够得到化学性质非常稳定的固化体，但是由于成本高、容易产生二次污染等问题从而实施受限。

作为目前重金属无害化处理应用最为广泛的技术，固化稳定化的首要功能就是通过改变物理性质（增加孔结构，比表面积等）、机械性质（提高抗压强度、耐久性等）和化学性质（产生惰性物质和溶解度低的沉淀物质），使污染物载体变成一种能抑制其中有毒污染物迁移的材料。

化学稳定是采用硫酸盐、磷酸盐、硫酸亚铁、碳酸盐等化学药剂（Rani et al.，2008），使土壤中的重金属通过沉淀/共沉淀，或离子交换/吸附等方式进入难溶矿物中。化学药剂处理过程简单，但是部分药剂价格较高，而且在处理后可能因为降雨等条件导致可溶性盐类溶出。采用含硫螯合剂处理土壤会导致H_2S等有害气体的产生，其和含盐的高浓度废水，还需要进一步处理。

与化学稳定相比，水泥基材料对土壤的固化稳定化能够提高最终处理产品的整体强度和耐久性，同时固化体因其力学性能还具有可利用的潜力。当重金属污染土壤和水泥基材料混合水化反应后，形成块状材料，从而降低有毒有害物质的浸出浓度，而且，其水化产物会与重金属发生离子交换/吸附、共沉淀/沉淀、物理包裹等反应（图6.2），降低重金属溶出的风险。

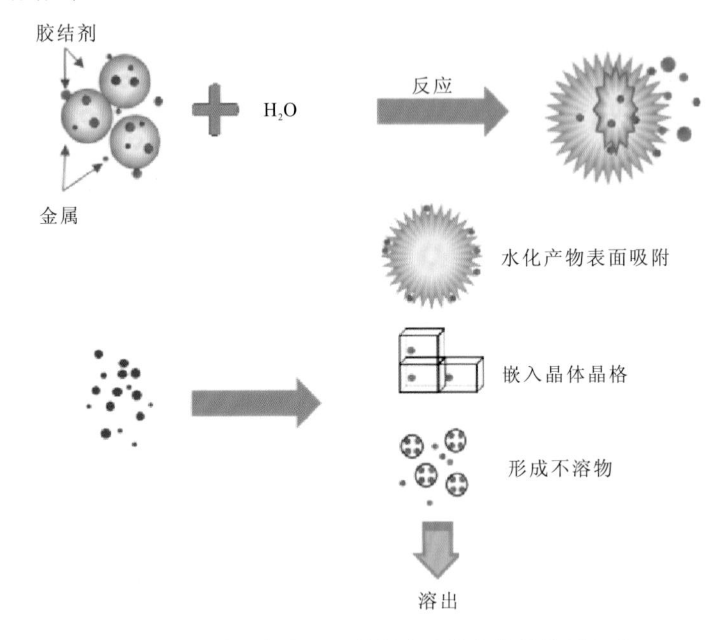

图 6.2　重金属与水泥基材料中水化产物的作用方式

6.1.5　固化稳定化修复技术评价

为评价污染物固化稳定化后是否达到相应的控制标准而不会对环境造成二次污染，需要对固化稳定化性能进行评价，如抗浸出性、抗干湿性、抗冻融性、抗碳化、强度等。而对于固化稳定化后的效果评价是一个复杂的问题，涉及固化体的物理、化学、生物、工程等相关方面的知识。需要注意的是，测试指标应根据固化稳定化采用的材料及固化后的处置方式等进行选取，测试的结果也与所采用的方法有很大关系（何品晶，2011；宁平，2007）。

为了评价废弃物的固化稳定化效果，世界各国的政府环保部门制定了一系列的测试方法及相应的标准，但目前还没有一种普适性的方法适用于评价各种环境条件下的废弃物技术，而每种方法都有其使用的目的和适用的局限（中华人民共和国环境保护部，2014；中华人民共和国国家发展和改革委员会，2014）。

目前的浸出方法主要分为静态浸出和动态浸出两种。

1）静态浸出

静态浸出一般是将固化块破碎至一定细度的颗粒，采用中性或酸性的浸提剂以一定振动的方式将试样浸泡一定时间，并测定浸出液的浓度。目前工程上包括部分科研实验中基本上都是采用该方法对固化稳定化技术的实用性进行评价（秦利玲 等，2012；国家环境保护总局，2009；国家环境保护总局，2007a；国家环境保护总局，2007b）。国内外使用较为普遍的静态浸出方法及其条件见表 6.1。

表 6.1　国内外使用较为普遍的静态浸出方法及其条件

标准方法	浸提剂	液固比	振荡方式	浸出时间/h	最大颗粒尺寸/mm
固体废物 浸出毒性浸出方法 醋酸缓冲溶液法（HJT 300—2007）	醋酸缓冲液	20∶1	翻转振荡 30 r/min	18	9.5
固体废物 浸出毒性浸出方法 硫酸硝酸法（HJT 299—2007）	硫酸硝酸混合稀释液	10∶1	翻转振荡 30 r/min	18	9.5
固体废物 浸出毒性浸出方法 水平振荡法（HJ 557—2010）	蒸馏水	10∶1	水平振荡 110 次/min	8，静置 16	3
TCLP	醋酸缓冲液	20∶1	翻转振荡 30 r/min	18	9.5
ASTM	蒸馏水	4∶1	翻转振荡 70 r/min	48	9.5
SPLP	硫酸硝酸混合稀释液，蒸馏水	20∶1	翻转振荡 30 r/min	18	9.5 或比表面积＞3 cm^2/g
CEN	蒸馏水	10∶1	翻转振荡 30 r/min	24	4
DIN3814	蒸馏水	10∶1	搅拌	24	10
Cal WET	柠檬酸钠溶液	10∶1	翻转振荡 70 r/min	48	2

注：TCLP（toxicity characteristic leaching procedure，毒性特征沥滤方法）；ASTM（American Society for Testing and Materials，美国材料与试验协会）；SPLP（synthetic precipitation leaching procedure，合成沉降浸出方法）；CEN：European Committee for Standardization，欧洲标准化委员会）；DIN3814（Deutsches Institut fur Normung，德国标准化学会）；Cal WET（California waste extraction test，加州废物提取试验）

《固体废物 浸出毒性浸出方法 醋酸缓冲溶液法》和 TCLP 主要用于垃圾卫生填埋场入场要求检验，模拟最恶劣环境条件下污染物的最大浸出量，TCLP 也是唯一被美国资源保护与回收法（Resource Conservation and Recovery Act，RCRA）认可的危险废物特性浸出程序；《固体废物 浸出毒性浸出方法 硫酸硝酸法》主要用于危险废物鉴别的评判，作为美国指定的危险废物鉴别方法；SPLP 是模拟酸雨淋溶时受影响的方法；ASTM 一般用于评估特定条件下的污染物迁移能力，而不可作为模拟特定场所条件的浸出情况。

在常用的几种标准方法中，浸提剂可分为蒸馏水、硫酸硝酸混合稀释液和醋酸缓冲液。浸提剂的种类和 pH 对金属离子的浸出效果影响很大。一般而言，测试过程中浸提剂的选取主要根据模拟的现场环境条件而定。现场情景中浸出液来自降雨、地表水或地下水时，一般选取硫酸硝酸混合溶液作为浸提剂；浸出液来源于填埋场的渗滤液时，一般采用醋酸缓冲液作为浸提剂。液固比则是一定时间内样品所接触浸提剂的量和样品之间的比值，液固比较大时，体系处于未饱和状态，浸出液的污染物浓度较低，但污染物浸出量较高；液固比较小时，体系处于过饱和状态，污染物浓度较高，但总的浸出量可能较低。振荡方式常见的为翻转振荡和水平振荡，水平振荡容易出现死角，翻转振荡过程中样品可与浸提剂进行充分的接触。研究表明，翻转振荡的重现性更好。

2）动态浸出

短期的静态浸出实验可作为筛选固化材料的参考指标，但它不能反映污染物长期的稳定性，所以不能作为环境评价的目的。长期的环境评价需要借助动态的浸出实验。

动态浸出一般是将一定几何形状的固化体于室温下浸泡在蒸馏水或酸液中，每隔一定时间后更换浸出液，一般为多次浸出。较常使用的动态浸出方法及条件见表 6.2。

表 6.2　较常使用的动态浸出方法及条件

标准方法	浸提剂	试样尺寸及形状	浸提剂更换累积时间
低、中水平放射性废物固化体标准浸出试验方法（GB/T 7023—2011）	去离子水，或地下水或模拟地下水	表面积应为 10～5 000 cm^2	2 h，7 h，24 h，48 h，72 h，4 d，5 d，14 d，28 d，43 d，90 d
ANS-16.1	醋酸溶液或去离子水	长径比为 0.2∶5.0 的圆柱体	2 h，7 h，24 h，48 h，72 h，4 d，5 d，14 d，28 d，43 d，90 d
NVN5432	去离子水	4 cm×4 cm×4 cm 正方体	2 h，8 h，24 h，48 h，72 h，102 h，384 h

动态浸出中更换浸提剂主要是为了使浸出液中污染物处于未饱和状态，浸提剂更换的时间及次数可根据实际情况进行变动。动态浸出一般应用于固化稳定化的长期稳定性评价，了解污染物长期的浸出行为，并为建立合适的浸出浓度预测模型提供基础依据。

动态浸出的结果以废物中的污染物累积浸出分数 A_n 表示，其计算式为

$$A_n = \sum a_n / a_0 \tag{6.1}$$

式中：a_0 为单位质量固化体中污染物的含量，mg/g；a_n 为第 n 个浸出周期内污染物的浸出量，mg/g。

动态浸出结果可用于研究固化体中污染物的迁移浸出规律及污染物的长期稳定性评价。污染物在浸出过程可采用扩散系数和浸出指数进行评价。

一般水泥固化体中污染物的浸出属于半无限介质，以扩散过程为主。动力学扩散模型通常被用来预测废物组分长期可浸出行为，例如基于 Fick’s 扩散理论的可描述固化废物中污染物释放的动力学方程：

$$A_n \cdot \frac{V}{S} = 2\left(\frac{D_e}{\pi}\right)^{\frac{1}{2}} \cdot t_n^{\frac{1}{2}} \tag{6.2}$$

式中：A_n为到第n个周期为止的累积浸出分数；V为试样的体积，cm^3；S为表面积，cm^2；t_n为到第n个周期为止的累积时间，s；D_e为有效扩散系数，cm^2/s。有效扩散系数D_e可通过累积浸出分数（$\sum a_n / a_0$）对浸出时间的平方根（$t_n^{1/2}$）的斜率计算得出。

此外 D_e 还可以通过以下方程式计算得出：

$$\left(\frac{a_n}{a_0}\right)\left(\frac{V}{S}\right)\left(\frac{1}{t_n - t_{n-1}}\right) = \left(\frac{D_e}{\pi}\right)^{\frac{1}{2}} t_n^{-\frac{1}{2}} \tag{6.3}$$

当 t=0 时的累积浸出分数 A_n＜0，表明污染物初始阶段浸出行为呈延时浸出特征；若 t=0 时累积浸出分数 A_n＞0，表明污染物初始阶段的浸出行为呈立即溶解特征。

如果废物中污染物的长期浸出为扩散过程控制时，固化的效果可采用浸出指数（LX）进行评价，其可以写成扩散系数的负对数，即

$$\mathrm{LX}=\frac{1}{m}\sum_{n}^{m}\log\left(\frac{\beta}{D_{\mathrm{e}}}\right) \tag{6.4}$$

式中：β 为常数，1 $\mathrm{cm^2/s}$；n 为浸出周期；m 为浸出周期数。

浸出指数（LX）经常被用来在同一范围（5～15）下比较不同污染物的迁移性，5 和 15 分别为非常易于迁移和非常不易迁移，分别对应于扩散系数 10^{-5}～10^{-15}。在加拿大等国就是以浸出指数作为是否采用固化稳定化技术处理废物的评价标准，若 LX＞9，则固化体可以进行有限的资源化利用；若 8＜LX＜9，则固化体需要卫生填埋处置；若 LX＜8，则该技术不宜采用。

我国目前经济发展主要依靠的仍是高消耗、高污染、低效率的粗放型经济发展模式。面临的现状是：①国家的基础建设需要大量的水泥，而水泥的生产需要消耗大量的原生资源和能源，并排出大量的温室气体和其他有害物质污染环境；②上百亿吨的固体废物不但占用大量土地，造成资源的极大浪费，而且成为环境的主要污染源之一，困扰人们的日常生活，危害人体健康，并造成许多长期的深层次的生态环境问题；③将大量物料加温到熔点以上，无论是采用电力或是其他燃料，需要的能源和费用都是相当高的。根据国家控制固体废物污染的政策，应对固体废物在无害化的基础上进行减量化和资源化处理。同时，无论从经济角度还是生态角度，亟须研发传统水泥的替代材料以寻求常温条件能够达到熔融效果的重金属固化稳定化技术。基于这一发展形势，固废基环境材料常温固化重金属的修复技术应运而生。工业废渣诸如矿渣、钢渣等材料具有一定的火山灰活性，但由于含有较多的惰性矿物而影响其水化活性，经过适当激发后可以合成新型水硬性胶凝材料，其水化过程与水泥表现类似，在广阔的范围内能够替代水泥，实现从源头减少污染。具有适用面广，处理处置量大、种类多、成本低，处理后的废弃物无害、无味、无毒，并可以在道路、市政、水利、电厂灰坝、淤泥处理、矿山回填等领域得到广泛的资源化利用，符合可持续发展战略和循环经济要求。

6.2　固废基靶向修复剂

6.2.1　固废基土壤修复剂的原料与技术指标

1. 固废基土壤修复剂的原料

固废基土壤修复剂是一种活性粉体材料，掺入污染土壤中，经拌和混匀与污染物质发生化学反应，能显著降低污染土壤重金属浸出毒性。其中重金属钝化率是考察土壤修

复剂效果的重要因素，其定义是基准污染土壤重金属浸出浓度与掺入土壤修复剂后检测试件土壤重金属浸出浓度的差值占基准污染土壤重金属浸出浓度的百分比。其原料主要包括活性硅铝酸盐材料和石膏。

（1）活性硅铝酸盐材料：原材料包含但不限于自制的硅铝酸盐材料、硫铝酸盐及磷酸盐活性矿物，辅掺材料包括符合 GB/T 203—2008 规定的粒化高炉矿渣，符合 GB/T 6645—2008 规定的粒化电炉磷渣，符合 YB/T 4229—2010 规定的硅锰渣粉，符合 GB/T 1596—2017 规定的粉煤灰等。

（2）石膏：天然石膏应符合 GB/T 5483—2008 中规定的 G 类和 A 类二级（含）以上的石膏或硬石膏的要求；工业副产石膏应符合 GB/T 21371—2019 中的相关要求。

2. 固废基土壤修复剂的主要技术参数

固废基土壤修复剂的技术要求主要包括细度、比表面积、凝结时间、检测试件重金属浸出浓度、检测试件无侧限抗压强度，其具体要求有以下几点。

（1）细度。80 μm 方孔筛筛余≤3%。

（2）比表面积。≥380 m^2/kg。

（3）凝结时间。初凝时间要求≥45 min，终凝时间要求≤600 min。

（4）检测试件重金属浸出浓度。满足表 6.3 的要求，土壤修复剂掺量在 3%时，检测试件的重金属浸出浓度需满足《地下水质量标准》（GB 14848—2017）中 IV 类水限值要求。

表 6.3　检测试件重金属浸出浓度

基准污染土/g	修复剂掺量/%	铅、镉、铬、铜、锌 重金属钝化率/%
100±0.1	1	≥50.0
100±0.1	3	≥99.9

（5）检测试件无侧限抗压强度。需满足≥1.0 MPa 的要求。

6.2.2　固废基土壤修复剂反应机理

固废基材料是工业上进行高炉冶炼时产生的副产品，是铁矿石中的杂质、熔剂矿物石灰石和白云石分解产生的氧化钙和氧化镁物质，以及焦炭中灰分等形成的熔融物，在未结晶前通过急冷处理得到的以玻璃态为主的具有潜在水硬性的物质。其主要化学组成一般有氧化钙、氧化铝、氧化镁、氧化硅等，这些成分占比为 90%～95%，另外还含有少量的氧化铁和硫化物。

袁润章（1996）为解释不同冷却方式得到的固废基材料的活性差异，将固废基材料结构分为三个层次，并从理论上解释其结构和水硬活性的关系：第一层，将固废基材料看作一个整体，就可以粗略地认为固废基材料就是惰性成分结晶相和活性成分玻璃相的聚合体，因此在聚合体中玻晶比越大，活性也就越高；第二层，将固废基材料的玻璃相看作一个整体，玻璃相中的离子键平均强度越高，玻璃体越容易解体，那么其水硬活性也就越高；第三层，将固废基材料玻璃相中的网络形成物作为一个整体，通过测定氧化硅和氧化铝这些玻璃网络体的平均桥氧数来评价其活性，桥氧数越少，聚合度越低，越容易解体，那么其水硬活性也就越高。

固废基材料是一种具有潜在水硬活性的材料，在一般情况下，固废基材料和水的浆体并不会主动发生反应，只有在某种条件下对其活性进行激发，其水硬性才能显现出来。因此需要对固废基材料采取适当的措施或者改变介质的环境，使其发挥自身的水硬活性，进行综合利用。目前主要的激发方法有物理激发和化学激发。

1）物理激发

物理激发一般是指通过粉磨或其他方法，使固废基材料具有一定的机械能量，然后迅速细化。通过物理激发可以大大地增加材料的比表面积及水化反应界面，从而加快反应速度。在物理激发过程中，由于其强烈的机械冲击、机械剪切和机械磨削，固废基材料颗粒之间发生猛烈的挤压和碰撞，这种强物理力可使玻璃体解聚，使分相结构得到均化，在此过程中颗粒表面和内部也产生了大量的微裂缝，这种裂缝可使极性分子或其他离子进入内部空穴中，进一步加速了固废基材料的分解和溶解及其水化进程。

2）化学激发

化学激发是指在经过筛选并且在一定粒度范围的固废基材料中，通过添加化学试剂以破坏其玻璃体的铝氧四面体、铝氧八面体和硅氧四面体网络结构，从而使硅氧键和铝氧键发生断裂，形成简单的聚合体（Balonis，2010）。由于聚合体的负离子团变小，固废基材料的潜在活性被激发出来，加速了固废基材料的水化反应进程。通过对不同 pH 条件下固废基材料的溶出性能进行研究发现，在 pH＞12 或 pH＜3 时，固废基材料无法稳定存在。由于在水溶液的 pH＜3 时，固废基材料所产生的水化产物也无法稳定存在，从胶凝材料学的角度来分析，是不符合化学激发剂要有利于固废基材料水化产物网络结构形成的要求。而在水溶液的 pH＞12 时，就很明显地显示出了固废基材料水化产物的潜在水硬性能。因此经常选用氢氧化物、水玻璃、碳酸钠等碱性物质作为化学激发剂。

与常用的水泥相比，固废基胶凝材料具有以下优点：固化体强度高，特别是早期强度比同龄期的普通硅酸盐水泥要高出很多；抗渗性强，虽然水化体系中总的孔隙率与普通硅酸盐水泥基本相当，但是在其孔隙中孔径大于 2 μm 的毛细孔仅占 0.3%，凝胶孔占比较高；水化热低，水化热仅为普通硅酸盐水泥的 1/2 左右；另外，固废基胶凝材料还具有优异的抗冻融性、抗水性和抗化学侵蚀性。

6.2.3 固废基环境功能材料稳定重金属的主导矿物相

对于几种常见水化矿物的溶解能力，有研究表明 $Ca(OH)_2$ 最易溶解，钙矾石 AFt（$3CaO\cdot Al_2O_3\cdot 3CaSO_4\cdot 32H_2O$）、AFm（$3CaO\cdot Al_2O_3\cdot CaSO_4\cdot 12H_2O$）、水化硅酸钙及水化硅铝酸钙较难溶解，这四种水化产物对重金属的固化起着主要作用。

1. 水化硅铝酸钙

水化硅铝酸钙是一种由硅氧四面体和铝氧四面体组成的硅酸盐矿物，具有较大的比表面积和孔体积，呈架状结构，属沸石类矿物，其化学组成和性质与粉煤灰相似，为一种碱土金属含水铝硅酸盐矿物为主的火山凝灰盐。水化硅铝酸钙氧化物的化学表达式为 $M_{2/n}\cdot Al_2O_3\cdot xSiO_2\cdot yH_2O$（M 为碱金属或碱土金属，$n$ 为阳离子电荷数，y/x=1−6）。

从晶体结构的角度可解释水化硅铝酸钙类沸石较强的吸附能力。因水化硅铝酸钙类沸石晶体结构中硅氧四面体的硅离子（Si^{4+}）常被铝离子（Al^{3+}）所置换，这种置换作用会使其出现多余的负电荷，而这些多余负电荷通常由碱金属或碱土金属阳离子来进行补偿，补偿的碱金属或碱土金属离子与水化硅铝酸钙类沸石晶体的结合能力相当弱，从而使阳离子具有很高的自由度，一般存在于孔道中且很活跃并具有很强的交换性能。

一些常见的重金属离子如 Cr^{6+}、Cd^{2+}、Pb^{2+}等，往往比水化硅铝酸钙类沸石中的碱金属或碱土金属离子具有更强的吸附亲和力，所以很容易发生离子交换，从而进入晶格得到稳定。但就特定的固相而言，各阳离子的吸附亲和力存在差异，一般高价离子的吸附亲和力要高于低价离子的吸附亲和力。同价离子相比较，吸附亲和力是随着离子的半径及离子的水化程度不同而有所区别，离子半径越大其亲和力越高，但是水化程度越高的其亲和力越低。吸附亲和力很弱的离子，在浓度足够大时，也可以交换吸附亲和力很强但浓度很小的离子。另外水化硅酸钙类沸石的内比表面积很大，据估计可达 500～1 000 m^2/g，其静电吸引力也很大，因此具有强烈的吸附性。因此，水化硅酸钙因具有显著的阳离子交换性能和对特殊分子及离子的吸附作用，可被用来固化处理重金属离子。

2. 水化硅酸钙

水化硅酸钙为矿渣基胶凝材料最主要的水化产物，呈低硅聚合度的层状硅酸钙结构，这种层间堆砌产生了大量较大比表面积和孔体积的纳米级微孔，因而具有很强的吸附性能。由于水化硅酸钙化学组成的不固定性，且较难精确区分，通常都被统一简称为 C-S-H。

水化硅酸钙在整个矿渣基胶凝材料水化体系中所占比例通常高达 70%，往往有四种形态存在方式。第一种是水化初期形成，主要由 2 μm 长的纤维组成；第二种是在中期形成，主要呈类似于网状或者蜂巢状的结构；第三种和第四种都是在后期形成，其尺寸较大，但是均匀统一。

水化硅酸钙的不饱和表面电位与钙硅比密切相关，高钙硅比的水化硅酸钙相呈正电位，倾向于吸附阴离子，这是因为在水化硅酸钙的孔隙溶液中含有大量的 OH^-、Cl^-及 SO_4^{2-} 等阴离子，与其他阴离子存在竞争关系。低钙硅比的水化硅酸钙相，一般钙硅比小于 1.2，则倾向于吸附阳离子，因此低钙硅比的水化硅酸钙更有利于重金属离子的吸附。除吸附作用外，Pb^{2+}、Cu^{2+}和 Zn^{2+}等重金属离子还会取代水化硅酸钙相中的 Ca^{2+}。水化硅酸钙的微孔一般只有 3～5 nm，而一般的硅酸盐水泥水化所形成的水化硅酸钙的孔隙大约为 10～100 nm，所以矿渣基胶凝材料具有更致密的孔隙结构，且其水化硅酸钙一般具有较低的钙硅比，另外矿渣基胶凝材料的固化浆体还呈现高碱性，因而利于实现对重金属离子的固化稳定化（Liu et al.，2008）。

3. AFt 相

AFt 相，即钙矾石相，为矿渣基胶凝材料水化早期产生的一种水化产物。AFt 相的结构组成为 $A_6[B_2(OH)_{12}\cdot 24H_2O][(X_3)\cdot nH_2O]$（A、B、X 分别为二价或三价金属离子）。

钙矾石的晶体结构呈针状或柱状，由八面柱体芯$\{Ca_6[Al(OH)_6]^{2-}\cdot 24H_2O\}^{6+}$和柱间通道$\{(SO_4)_3\cdot 2H_2O\}^{6-}$两个基本单元组成，属三方晶系。钙矾石具有允许其内部组分适当变动而结构基本不发生变化的能力。钙矾石的晶胞包含平行于 Ca^{2+}轴的四个柱间通道，其中含有 SO_4^{2-} 和 H_2O 分子，主要是通过电性作用和范德瓦耳斯力将柱状连接在一起，易被其他离子替代。但是其离子交换也可发生在 Ca^{2+}和 Al^{3+}的位置上，Ca^{2+}一般可以被一些二价阳离子取代，如 Pb^{2+}、Cu^{2+}、Cd^{2+}和 Zn^{2+}等，Al^{3+}一般可以被一些三价或四价的阳离子取代，如 Cr^{3+}、Ti^{3+}和 Fe^{3+}等。

研究表明晶格取代作用的类型一般可以分为同质取代和同构取代两种方式。同质取代是指具有相似半径和价态离子之间的取代。同构取代是指具有相似半径但价态不同离子之间的取代。表 6.4 为两种取代方式的综合。由表可知，多种类型重金属离子包括重金属阴离子，均可通过离子交换存于钙矾石晶体的柱状结构或柱间通道中。

表 6.4　钙矾石中可被替换的离子

被替换离子	可替换离子
Ca^{2+}	Ba^{2+}、Pb^{2+}、Cd^{2+}、Ni^{2+}、Zn^{2+}、Co^{2+}、Sr^{2+}
Al^{3+}	Cr^{3+}、Fe^{3+}、Si^{4+}、Mn^{3+}、Ti^{3+}、Ni^{3+}
SO_4^{2-}	CO_3^{2-}、Cl^-、CrO_4^{2-}、AsO_4^{3-}、VO_4^{2-}、$B(OH)_4^-$、SeO_4^{2-}、BrO_3^-、NO_3^-、IO_3^-、ClO_3^-
OH^-	O^{2-}

4. AFm 相

AFm 族化合物为矿渣基胶凝材料在有氯化物存在或者硫酸盐不足的情况下产生的一种稳定水化产物，其结构组成为 $Ca_2Al(OH)_6\cdot 0.5X\cdot H_2O$（X 为 Cl^-、SO_4^{2-}、CO_3^{2-} 等阴离子团和水分子等），与水滑石具有相似的层状结构。其结构是由正电荷主层 $\{Ca_2Al(OH)_6\}^+$ 和负电荷中间层 $\{0.5X\cdot H_2O\}^-$ 两个结构单元组成，各主层由其层间位置的阴离子通过范德瓦耳斯力和电性作用连接在一起。AFm 相包括单硫型水化铝酸钙 AFm 相（$3CaO\cdot Al_3O_2\cdot CaSO_4\cdot 12H_2O$）、水化氯铝酸钙 AFm 相（$3CaO\cdot Al_3O_2\cdot CaCl_2\cdot 10H_2O$）和水化碳铝酸钙 AFm 相（$3CaO\cdot Al_3O_2\cdot CaCO_3\cdot 10H_2O$）等。

与 AFt 相类似，AFm 相中的 Ca^{2+}、Al^{3+} 及阴离子（Cl^-、SO_4^{2-}、CO_3^{2-} 等）容易被其他离子所取代，形成一个组成和结构相似的 AFm 相族，其对重金属阳离子（Pb^{2+}、Cd^{2+}、Zn^{2+}、Mn^{3+} 等）和重金属阴离子团（CrO_4^{2-}、AsO_4^{2-}、SeO_4^{2-}、VO_4^{3-} 等）都具有较强的交换束缚能力。

综上所述，AFm 族尤其是单硫型水化铝酸钙 AFm 相和水化氯铝酸钙相为矿渣基胶凝材料固化基质形成的主要矿物相，其可通过晶体化学替代将重金属稳定束缚于 AFm 相的晶格内。

6.2.4 固废基环境功能材料对重金属污染土壤的修复

固废基环境功能材料是具有潜在水硬性的玻璃态物质，在有激发剂的情况下，可以依靠自身的化学组成发生水化反应生成胶凝物质，从而具有水硬性。其水化过程比普通硅酸盐水泥更为复杂，主要是因为所使用碱激发剂的种类不同及固废基材料成分和结构的多变性。此外，水化反应和硬化过程也不同，其水化物的组成和结构也存在很大差异，难以得到统一的规律。其大概过程为水泥熟料组分硅酸三钙（$3CaO\cdot SiO_2$，简称 C_3S）、硅酸二钙（$3CaO\cdot SiO_2$，简称 C_2S）、铝酸三钙（$3CaO\cdot Al_2O_3$，简称 C_3A）和铁铝酸四钙（$4CaO\cdot Al_2O_3\cdot Fe_2O_3$，简称 C_4AF）的水化，从而生成水化硅酸钙（简称 C-S-H）、水化铝酸钙（简称 C_4AH）、水化铁酸钙（简称 CFH）和氢氧化钙（简称 CH）等。水化反应式为

$$3CaO\cdot SiO_2+nH_2O\longrightarrow xCaO\cdot SiO_2\cdot yH_2O+(3-x)Ca(OH)_2 \tag{6.5}$$

式（6.5）表明硅酸三钙的主要产物是氢氧化钙（CH）和水化硅酸钙（C-S-H）。一般来说水泥中矿物的反应活性按照下列次序递减：$C_3A\geqslant C_3S\geqslant C_2S$。熟料中 C_3A 的水化对水泥早期水化与浆体流变性质起着重要作用，其水化过程如图 6.3 所示，水化产物受环境中石膏相（SO_4^{2-}）的含量影响较大，在适量条件下生成钙矾石 AFt（$3CaO\cdot Al_2O_3\cdot 3CaSO_4\cdot 32H_2O$），而在过量的条件下则生成 AFm（$3CaO\cdot Al_2O_3\cdot CaSO_4\cdot 12H_2O$），详见式（6.6）和式（6.7）（袁润章，1996；Breval，1977）。

$$3CaO\cdot Al_2O_3+3CaSO_4+32H_2O\longrightarrow 3CaO\cdot Al_2O_3\cdot 3CaSO_4\cdot 32H_2O \tag{6.6}$$

$$\begin{aligned}&3CaO\cdot Al_2O_3\cdot 3CaSO_4\cdot 32H_2O+2(3CaO\cdot Al_2O_3)+4H_2O\longrightarrow\\&3(3CaO\cdot Al_2O_3\cdot CaSO_4\cdot 12H_2O)\end{aligned} \tag{6.7}$$

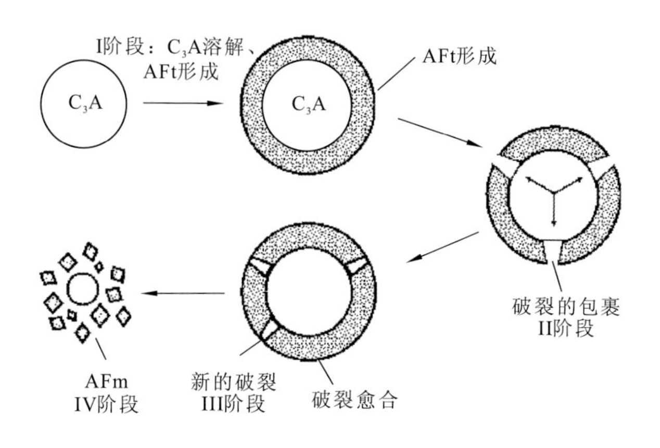

图 6.3　C_3A 在有石膏时水化示意图

C-S-H、AFt、AFm 等水化产物都具有胶结能力，在修复剂水化的过程中，首先 C_3A 水化形成棒状的钙矾石，积累到一定量形成骨架结构，而 C_3S 和 C_2S 水化产生的凝胶状 C-S-H 填充到骨架结构中，最终形成一定强度。因此固化体的强度主要来源于修复剂水化产生的水化产物。水化硅酸钙是具有低硅聚合度的层状硅酸钙结构，具有较大的比表面积和孔体积及很强的不饱和表面电位，这些电位能与水分子强烈结合。另外较高比表面积的水化硅酸钙还拥有高密度的不规则氢键，从而对重金属产生束缚作用。

研究发现，在各种水化产物中，钙矾石是修复剂净浆固化体的主要成分，在降低重金属浸出浓度的过程中发挥了重要作用。钙矾石属于三方晶系，六方柱状或针状结构，主要由两部分组成，一部分为柱状结构的$\{Ca_6[Al(OH)_6]_2\cdot 24H_2O\}^{6+}$，另一部分为通道中的$\{(SO_4)_3\cdot 2H_2O\}^{6-}$。柱状由 $Al(OH)_6$ 八面链体交替连接三个共边的 CaO_8 多面体，每个柱状单元含有 6 个 Ca 原子，柱状的方向沿三角晶系六边形单元的 *c* 轴。CaO_8 中的 8 个 O 原子，其中 4 个与$[Al(OH)_6]$八面体中的 OH^-共用，另外 4 个 O 原子来自通道配位的水分子，水分子中的 H 原子组成了圆柱体的表面。每个柱状结构单元的通道中包含 4 个位点，其中三个被 SO_4^{2-} 占据，另外一个被 2 个水分子占据，如图 6.4 所示。实际上，钙矾石柱状结构中的$[Al(OH)_6]$和通道中的 SO_4^{2-}、H_2O 都可以被类似的离子全部或部分取代，

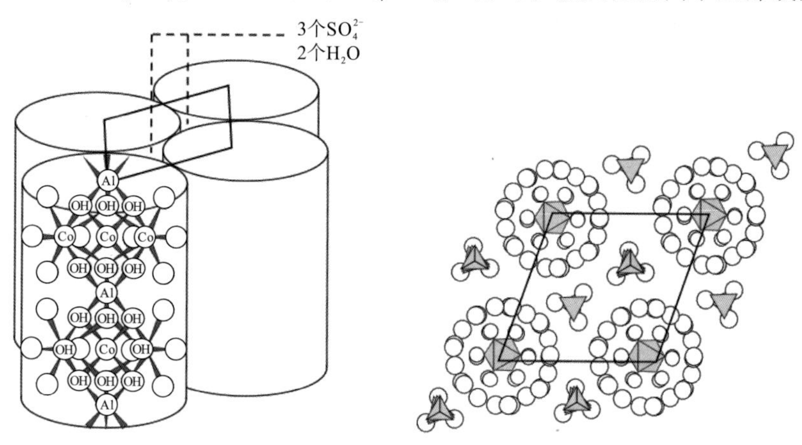

图 6.4　钙矾石分子结构示意图

形成的产物统称为 AFt 相，AFt 结构具有一定的可塑性，可以容纳不同含氧阴离子的能力，所以也常用于重金属的去除。

在自然条件下大量存在的 AsO_2^{2-} 、AsO_4^{3-} 、CO_3^{2-} 等阴离子易通过离子交换作用部分或全部取代 SO_4^{2-} ，进入钙矾石晶体结构，形成复盐体系，基于其较强的交换束缚能力实现了对重金属阳离子（Pb^{2+}、Cd^{2+}等）和阴离子团（AsO_2^{2-} 、AsO_4^{3-} 、CrO_4^{2-} 等）的有效固定。

固废基环境功能材料以工业废渣为主要原材料，能与土壤产生同相类同相效应，对重金属的迁移与浸出具有多重阻隔作用和稳定化作用，如图 6.5 所示。通过对土壤分散体系施加一定的压力，并同时使颗粒新相位接触处产生结晶或胶结，形成同类相接触，这就是常温固化法。在固废基材料体系中，重金属在常温下经矿化作用进入了晶体结构，因此具有优异的固化稳定化效果。同时体系中经水化作用产生的复盐相具有良好的长期稳定性，消除了重金属二次污染的问题。

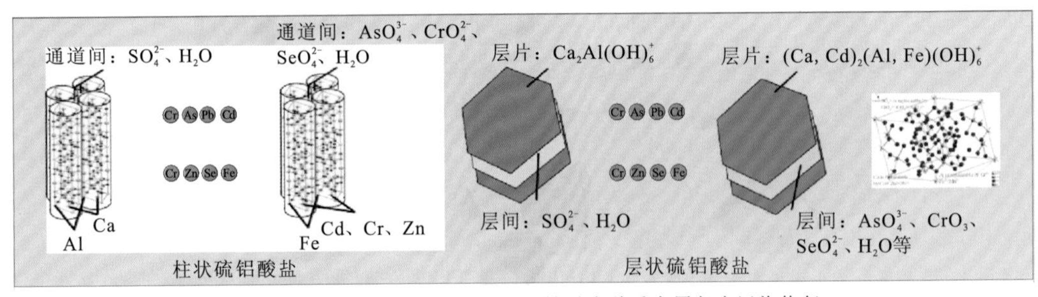

图 6.5　固废基土壤修复剂固化重金属的过程示意图

6.3　阴离子型土壤修复剂对砷污染土壤的固化稳定化

6.3.1　土壤环境中砷的来源

土壤中砷的来源主要分为自然因素和人为活动。其中，自然因素构成了土壤中砷的背景值，人为活动输入的砷直接造成了土壤砷污染。无论自然因素还是人为因素，一旦进入土壤系统都将表现出环境地球化学特性（Henke，2009）。

1. 自然因素

土壤砷自然来源主要为成土母质的分解，自然成因的砷相对于成土母质的富集效果明显，但这种富集大多数情况下都不会造成环境威胁（除土壤中含有雄黄等特殊富砷的地区外），一般都不会超过 15 mg/kg。由于各种类型的土壤形成于特定的环境条件，各类土壤具有各自的理化性质，从而使砷在土壤中的含量、分布特性等具有较大的差异。如暗棕壤中砷的含量较低，而石灰岩土中砷的含量较高。虽然沉积岩中砷的原始含量低于火成岩，但在相同的地质条件下，沉积岩的风化程度比火成岩强烈，导致发育于沉积岩的土壤中砷的含量更高，往往高于发育于火成岩土壤中砷的含量。石灰岩在风化形成土壤的过程中，无论在什么环境条件下，随着活性组分的大量风化溶出，会造成土壤中铝、铁、钙等的不断积累，这些组分对砷均有极大的富集作用，使得砷含量较低的原石灰岩经发育成土壤后的砷含量非常高。此外土壤中的有机质、某些共生元素也会影响砷的含量，如土壤中有机质含量与砷呈负相关，土壤中硫、硒、铜等与砷呈正相关。翁焕新等（2000）在全国范围内采集了 4 095 个表层土壤样品进行分析研究，并绘出了全国表层土壤中砷的分布。

2. 人为活动

1）矿产开采

在自然界中，单独的砷矿床较少，砷往往与其他有色金属矿，如硒、铜、铅、金等以硫化物的赋存形式形成共生矿、伴生矿。目前已知的含砷矿物达 300 多种（付一鸣，2002）。这些金属矿在开采冶炼的过程中，由于砷的品位较低，回收利用率低而被遗弃在露天的环境中。据统计，从 1850 年的工业时代开始到 2000 年，全球仅矿业活动向环境中释放的砷约为 329 万 t，占总砷排放量的 72.6%（Han et al.，2003）。因此，矿产开采和冶炼是导致砷污染的最主要原因之一。根据《全国各省矿产储量表》的数据统计，我国已探明的砷含量＞0.1%的砷资源储量有 138 万余吨，砷含量＜0.1%的砷资源储量约 15 万 t。据统计，我国每年进入冶炼厂的总砷量高达 6 000 t，但砷的回收率不到总砷的 10%，其余 20%以上的砷随冶炼渣排出废弃。排出的砷渣经地表风化、淋滤，被活化之后通过各种途径释放到周围环境中，而土壤又是砷的主要归宿地（Su et al.，2014）。宋书巧等（2005）通过取样调查分析，发现湖南石门县的雄黄矿附近 3 个村的土壤中砷含量为 84～296 mg/kg，广西南丹锡多金属矿下游的刁江流域沿岸土壤的砷含量为 36.1～276.1 mg/kg。

2）农业及林业活动

由于砷化物的剧毒特性，所以其可作消毒液、杀菌剂、除草剂、杀虫剂等广泛应用于农业生产中。此外，化肥中也含有一定的砷，如磷肥生产过程中使用的磷矿石含有较高含量的砷。我国市场的磷肥一般含砷 20～50 mg/kg，高的可达 $n\times100$ mg/kg。由于优异的防腐性能，铬化砷酸铜（chromated copper arsenate，CCA）是目前木材防腐中应用最广泛的防腐剂，其全球使用量每年增长率达 1%～2%，我国每年大约生产 24 000 万 m^3 的木材，如果都用 CCA 处理，需要 CCA13 万 t/a。由于砷化合物的难降解性，这些遗留在环境中的砷将长时间停留在土壤中，最终造成土壤污染。曾希柏等（2007）对山东寿光土壤中砷的累积效应进行调查研究发现，农药化肥使用较多的耕地中砷随时间的积累量与农药化肥中砷的含量及施用量具有明显的相关性。

3）燃煤等工业活动

煤中的砷可分为无机态和有机态，无机态砷分为可交换态、水溶态和矿物态，水溶态和可交换态砷一般吸附于矿物和煤的有机质表面及裂缝中。矿物砷赋存于雄黄、毒砂等矿物中、以同晶替换的形式存在于硫化矿（黄铁矿等）和黏土矿物晶格中，并以矿物包裹形式包裹于矿物中。而有机态的砷是指与煤中的氧、硫等原子或碳原子以化学键结合的砷。Ketris 等（2009）报道了中国的煤中砷含量范围广，为 0～35 037 mg/kg。根据我国的 26 个省（直辖市、自治区）收集的 297 个煤样中砷含量进行分析，揭示了我国煤以中低砷含量为主，平均含量约为 6.40 mg/kg。煤炭在开采运输燃烧的过程中，砷通过直接或间接方式进入土壤环境。每燃烧 100 万 t 煤将排放 0.32 t 砷，自 1960 年以来我国砷排放量以每年 8.4%的速度增长。Tang 等（2013）对淮南某燃煤电厂周边土壤取样分析，发现该电厂周围土壤中砷含量明显高于背景值。

6.3.2　砷在土壤中的赋存形态演变

1. 土壤中砷的赋存形态

对于土壤中砷赋存形态的认识非常重要，因为存在形态直接关系砷对生物的有效性和毒性。土壤中的砷可分为无机态砷和有机态砷，无机态砷有三氧化二砷、硫化砷、亚砷酸盐、砷酸盐等；有机态砷以一甲基胂、二甲基胂为主，含量非常低，占总砷的比例不足 5%。由于五价砷和三价砷的溶解性较强，所以砷在土壤中主要以三价和五价的无机态为主。土壤中五价砷和三价砷的变化主要受氧化还原电位 Eh 和 pH 的影响。pH 升高或 pE（pE=（F/2.303RT）·Eh，F 为法拉第常数，R 为气体常数，T 为绝对温度）降低都将提升可溶态砷的浓度。Eh-pH 图（图 6.6）通常用来作为评估土壤中砷的种类及存在形态的参考依据之一，在氧化性土壤中（即 pE+pH＞10 时），主要以五价砷为主；在还原性土壤中（即 pE+pH＜8 时），主要以三价砷为主。当土壤环境 pH 为 4～8 时，砷的最稳定状态为 H_3AsO_3、$H_2AsO_4^-$、$HAsO_4^{2-}$（Drahota et al.，2012）。砷进入土壤后会与土壤中的组分发生沉淀溶解、氧化还原、吸附解吸等一系列的反应，使砷的结合状态发生重新分配。砷进入土壤后首先吸附于土壤颗粒表面或形成外层络合物，当砷浓度较高时，也会形成沉淀物。随着时间的增加，将形成内层络合物，最后再通过固相扩散作用或类质同相置换进入土壤矿物晶格的内部形成固溶体（王亚男，2016）。这一系列过程受 pH、有机质、铁锰氧化物、竞争离子等因素的影响。

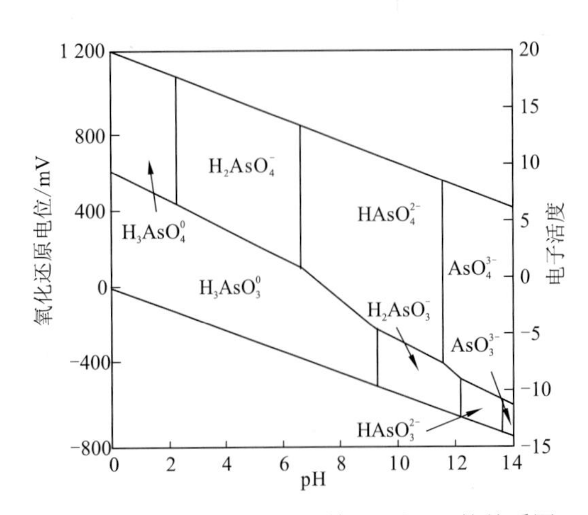

图 6.6　砷的存在形式与环境 pH 和 Eh 的关系图

化学元素在环境中的物理形态和化学形态对生物体的毒性、生物有效性及生物体的积累能力直接相关。因此，对于土壤中的砷，不能只关注其总含量，更应该关注其存在的物理和化学形态，尤其是有效态。目前有很多文献报道了砷的存在形态（图6.7），但还没有一个统一的标准，各方法针对的对象及目的也不尽相同。Tessier 提取法将重金属分为可交换态（可交换态）、碳酸盐结合态（碳酸盐态）、铁（锰）氧化物结合态（铁/锰态）、有机质及硫化物结合态（有机态）、残渣晶格结合态（残渣态）五个形态。由于Tessier法的过程繁复，经改进后的BCR连续提取法将重金属分为可溶态、弱酸提取态、可还原态、可氧化态、残渣态五个形态。还有选择性连续提取法被广泛用于提取土壤中砷结合形态的方法，其过程简单快速，但在选择性连续提取法中存在氧化铁结合态砷发生提前溶解而导致测得的溶解态砷提高的问题。有研究学者提出了一种相对合理的方法，即将砷分为非专性吸附态、专性吸附态、弱结晶铁铝氧化态、结晶铁铝氧化态、残渣态。该方法应用于提取土壤中不同结合态砷，效果很好。此外，还有一种简单的连续提取法，其将砷分为水溶态、交换态、难溶性结合态（包括铝结合砷Al-As、铁结合砷Fe-As、钙结合砷Ca-As）、蓄闭态。水溶态和交换态都为松散结合，其生物有效性较高，容易被生物吸收，因而危害也比较大。该方法曾应用于土壤磷的分级，由于砷与磷在性质上具有非常大的相似性，后进行改进并应用于土壤砷的分级提取。

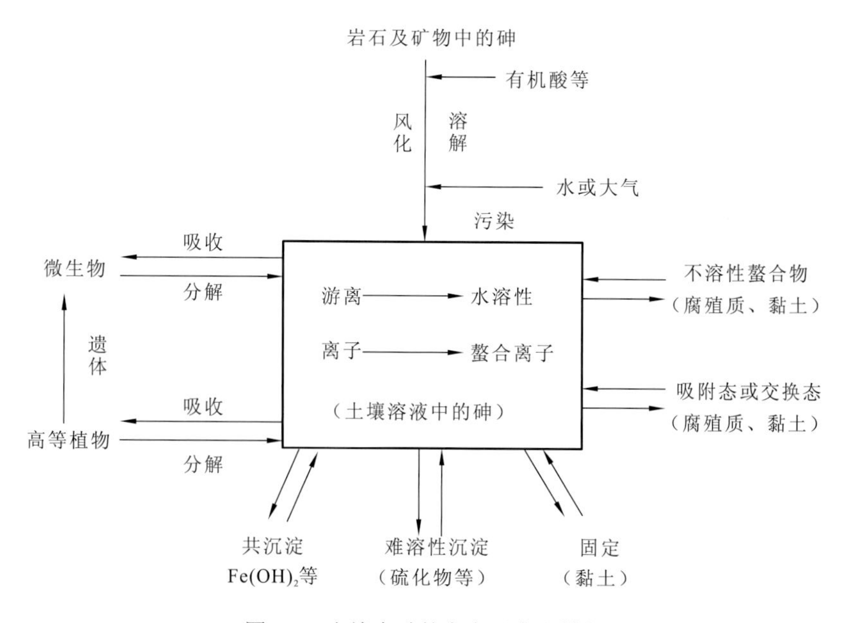

图6.7　土壤中砷的存在形态和转化

2. 砷在土壤中的赋存形态演变及修复研究中存在的问题

1）砷在土壤不同粒径颗粒间的分布特征缺乏研究

砷进入土壤后会附着于土壤颗粒表面，或与土壤中矿物反应形成络合物或新的含砷化合物，其都会以土壤颗粒为载体发生迁移转化，所以土壤颗粒的粒径分布会影响砷在土壤环境中的迁移、分布等行为（García-Sánchez et al.，2010）。此外土壤中砷（主要是细颗粒的砷）还可以通过尘土方式或通过手至嘴的途径被人体吸收，不同粒径的颗粒对人体的危害程度不尽相同，一般5～10 μm的颗粒可进入呼吸道，但容易随痰排出，粒径小于5 μm的颗粒物可进入呼吸道深部，而2.5 μm以下的颗粒物可进入肺部的支气管、肺泡、肺泡囊及端支气管（图6.8）。

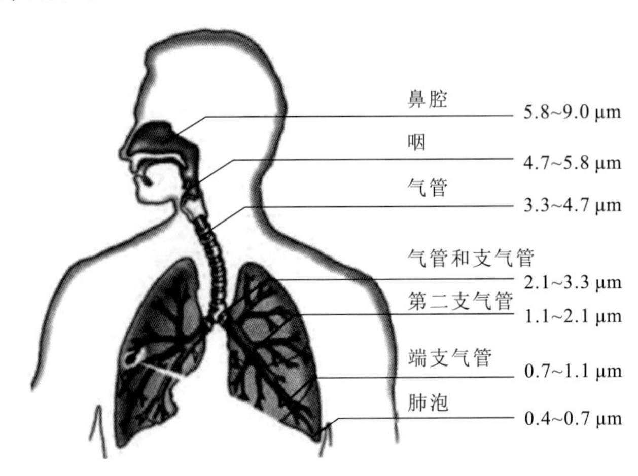

图6.8　不同粒径颗粒物对人体危害

因此，了解砷在土壤不同粒径颗粒间的分布特征对于研究砷的迁移转化行为及土壤中砷对人体的危害都很有必要。此外，在修复工程中，由于土壤不同粒级砷的富集量不同，可根据实际情况对不同砷污染程度的粒级筛分分类，分别进行有针对性的处理（Jackson，2005）。目前对于砷在土壤中的演变主要集中在砷的各种存在形态、价态转变、有机砷与无机砷的转化等方面（吴萍萍，2016），而对于砷在土壤各粒径颗粒上的富集分配鲜有报道。

2）传统高钙基材体系对砷的固化不足

目前针对砷的固化研究主要采用水泥、水泥窑灰、石灰等高钙基材，砷的固定主要是由于产生了难溶性的钙砷化合物（Choi et al.，2012）。而钙砷化合物存在两方面不足：一方面其形成条件主要为碱性环境，长期稳定性较差（Sanchez et al.，2013）；另一方面钙砷化合物的溶度积为10～20，对高浓度含砷污染土壤的处理难以满足我国日益严格的环境要求。因此，需要改善传统的高钙材料体系以便实现土壤砷治理的更高要求。

3）土壤砷固化后的耐久性缺乏系统性研究

重金属经固化稳定后长时间存在于环境中，各种环境因素复杂多变，对固化体中的重金属稳定性产生不可忽略的影响，如温度、pH、湿度等。因此，研究重金属固化后的长期稳定性十分必要。目前绝大多数的研究均是采用固化体重金属浸出浓度来评估固化稳定化技术的实用性，少数的研究考虑到长期稳定性，主要采用环境条件发生变化后固化体的力学性能和重金属的浸出浓度（静态浸出）作为长期稳定性的评价指标。由于重金属的浸出浓度与固化体的强度之间不存在对应的关系，显然将强度作为评估长期稳定性的指标是不合适的。由于环境中温度、湿度等变化主要是对固化体的结构有破坏作用，浸出浓度评价预处理需将固化体破碎，该过程不能真实地反映环境湿度变化、温度变化等对固化体的影响程度。

6.3.3　阴离子型土壤修复剂对含砷污染土壤的修复效果

1. 含砷污染土壤的固化效果

含As(III)和As(V)的污染土壤依次添加15%和20%配比的修复剂P和W后（表6.5），得到的固化体抗压强度和浸出试验后的重金属浸出浓度分别如图6.9、图6.10所示。

表6.5　土壤修复剂的复配方案　（单位：%）

修复剂	矿渣	钢渣	熟料	石膏	母料
P	30	15	20	30	3
W	30	30	20	17	3

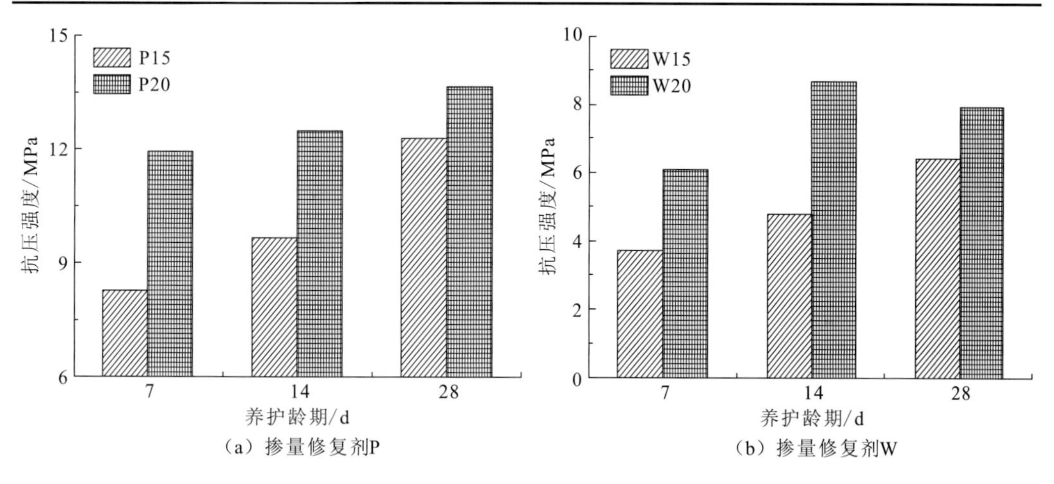

图6.9　土壤修复剂处理含砷污染土的固化体强度

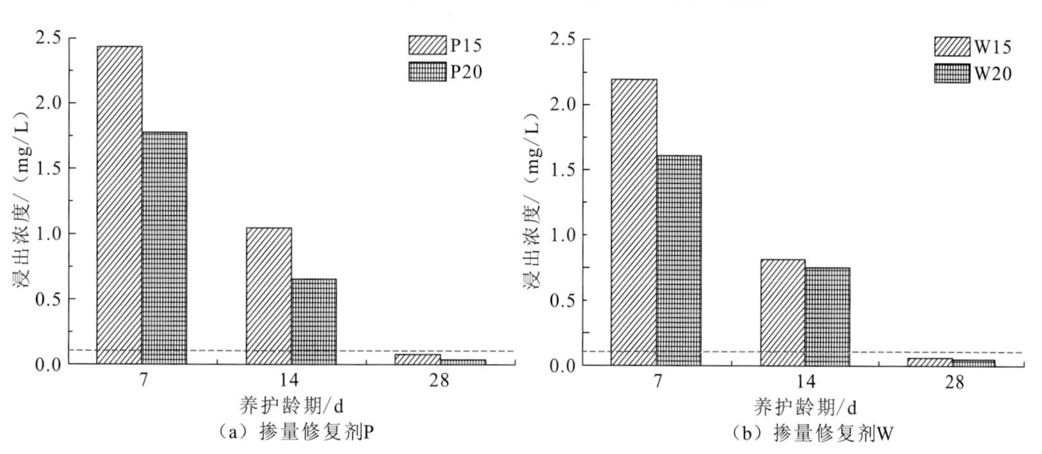

图6.10　固化体浸出液中重金属的浓度

从图 6.10 中可以看出，总体上，随着养护龄期的延长，抗压强度也随之增大。掺量 15%的修复剂 P（简称 P15，以下命名类似）处理含 As(III)污染土壤得到的固化体经养护 7 d 后其抗压强度可达到 8 MPa 以上，而 P20 处理后 7 d 的抗压强度可接近 12 MPa。随着龄期的延长，P15 固化体的抗压强度增长更快，后期两种掺量修复剂的固化体抗压强度值差距缩小，养护 28 d 后抗压强度均大于 12 MPa。固化前含 As(III)污染土壤中 As 的浸出浓度为 27.44 mg/L，经修复剂 P 固化后，固化体中 As 的浸出浓度迅速降低。经 P15 和 P20 固化处理，养护 7 d 后的浸出浓度分别降低至 2.5 mg/L 和 2 mg/L。P20 较 P15 的固化效果更好，浸出浓度更低，随着龄期的延长，固化体 As 的浸出浓度进一步降低，28 d 后降低至 0.1 mg/L 以下。

污染土中修复剂 W 添加量为 15%时，固化体养护 7 d 后的抗压强度可接近 4 MPa，20%掺量时，固化体 7 d 后的抗压强度大于 6 MPa。但图 6.9 中显示修复剂掺量为 20%时，在养护 28 d 后的强度比 14 d 低，这可能是实验过程中的偶然因素导致的。W20 比 W15 的固化体抗压强度高出 1/3 左右。对比发现，W15 和 W20 的固化体抗压强度明显低于 P15 和 P20，这主要是修复剂 W 中所含钢渣掺量较高，而钢渣的水化活性比矿渣低，导致修复剂 W 水化后的强度值稍低（Saout et al.，2011）。原始含 As(V)污染土的浸出浓度为 20.32 mg/L，经修复剂 W 固化处理后其浸出浓度显著降低。添加 15%和 20%的修复剂 W，养护 7 d 后 As 的浸出浓度分别下降为 3 mg/L 和 1.5 mg/L。随着养护时间的延长，固化体中 As 的浸出浓度进一步降低，28 d 时两种掺量的固化体中 As 的浸出浓度相近，均降至 0.1 mg/L 以下。

从图 6.9 中可以看出，污染土添加 15%以上的修复剂 P 和 W，所获得的固化体强度值远高于美国环境保护署规定的土壤修复中强度要求的 0.35 MPa 以上及法国、荷兰建议的 1 MPa 以上，因此，可满足作为填埋土体的强度要求。从两组固化体的强度结果可以看出固化体的强度随修复剂掺量的增大而升高，说明固化体的强度主要受贡献于修复剂的水化而产生具有胶结性能的水化产物。固化体的浸出液浓度经测量后发现，在投加相应修复剂的条件下，As(III)和 As(V)的浸出浓度均降低至 0.1 mg/L 以下，达到《地表水环境质量标准》（GB 3838—2002）IV 类水体的排放限值，由此也验证了以高硫固废基环境材料为主的修复技术在固化含砷废土的过程中能够发挥显著效用。

2. 固化体中 As(V)和 As(III)的溶出特性

为了进一步分析 As 固化后的浸出过程，本小节主要采用不同 pH 的浸提剂对固化体进行浸出实验，以分析浸出液的组成成分，采用水文模型 Visual MINTEQ 3.0 对 As(III)和 As(V)在土壤固化体中的存在形态及分布进行预测。Visual MINTEQ 3.0 主要是模拟水溶液（自然水体或人工配制的均可）离子平衡状态的软件，其具有非常强大的化学平衡数据库，其中涉及沉淀溶解、氧化还原、络合吸附、气-液平衡等多种平衡反应，只需输入很少的数据即可模拟出平衡状态下溶液中组分的存在形态分布。

在溶解沉淀模型中，溶液离子活度系数采用 Davies 方程计算（Allison et al.，1990），并允许平衡过程中过饱和物质沉淀，此外，铁、铝氧化物对 As(III)和 As(V)具有非常强的吸附性，因此需要考虑吸附作用的影响。不同 pH 环境条件下固化体中主要离子的浓度检测情况如图 6.11 所示。

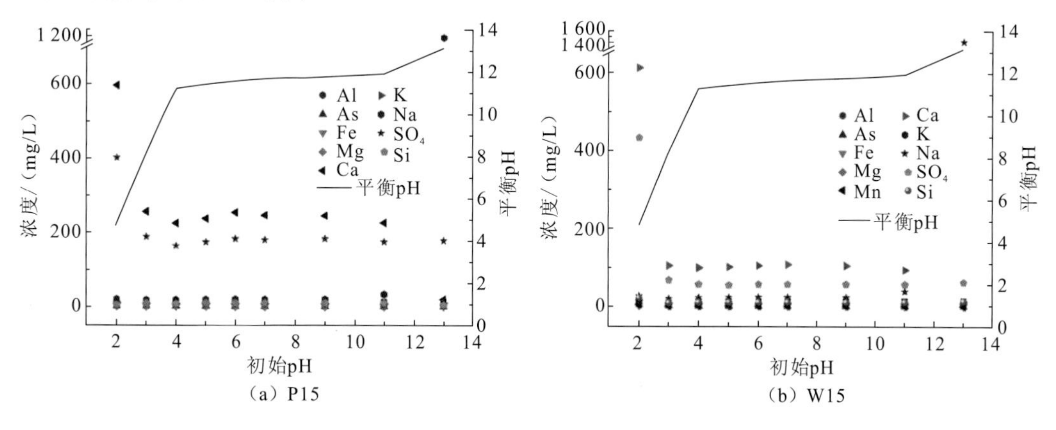

（a）P15　（b）W15

图 6.11　不同 pH 环境条件下固化体的浸出特性

由于修复剂的水化产物中会产生 $Ca(OH)_2$，固化体呈碱性，当采用酸液浸出时，最终平衡状态时溶液的 pH 均高于初始浸出液。当浸提剂初始 pH 最低时，除 Al^{3+}、Na^{+}外，其他组分的浸出浓度达到最大，最明显的就是 Ca^{2+}、SO_4^{2-}等，此时两个固化体中 As(III)和 As(V)的浸出浓度分别为 0.53 mg/L 和 0.23 mg/L。在酸性条件下，固化体中的 C-S-H、钙矾石、石膏、碳酸钙、氢氧化钙等化合物更容易溶解。当初始 pH 逐渐上升，浸出液的平衡 pH 变化较小，基本上维持在 11～12，各组分的浸出浓度变化幅度较小，趋于相对平稳。铝具有两性元素的特性，在强碱环境中含铝矿物也可溶解释放出该元素。

固化体中 As(III)、As(V)的浸出过程模拟如图 6.12 所示。在 pH 小于 4 时，As(III)的浸出浓度变化不大，此时被吸附量也很低，可能是由于 pH 小于 4 时 As(III)主要以 H_3AsO_3 存在，难以被吸附。随着 pH 进一步提高，固化体中的铁铝氧化物对 As(III)的吸附态增多，同时 As(III)的浸出浓度也降低，直到 pH 达到 7.5 时，吸附量达到最大值，浸出浓度最小，此时溶液中溶解态的 As(III)以 FeH_2AsO_3 为主。pH 继续上升，吸附态的

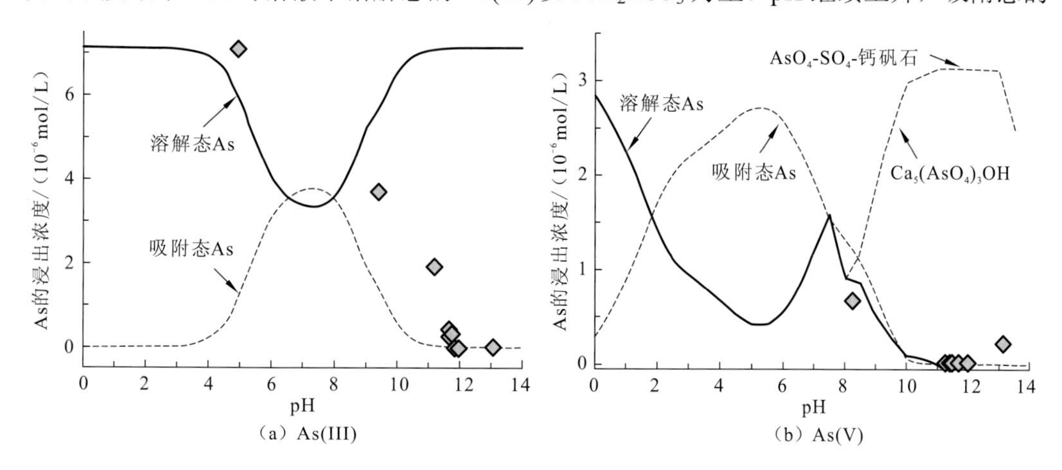

（a）As(III)　（b）As(V)

图 6.12　固化体中 As(III)、As(V)在不同 pH 条件下模拟浸出曲线

As(III)减少，溶解态的 As(III)增多。从图 6.12 可以看出，实验得出在强碱性环境的溶解态 As(III)与软件模拟值相差非常大，实验得出的溶解态 As(III)的浸出浓度值远远低于模拟值，这主要是由于目前缺乏 Ca-As-O 化合物及 AsO_3-SO_4-AFt 等化合物的热力学数据，Visual MINTEQ 3.0 软件对 As(III)在碱性环境中的浸出行为拟合性较差。

从图 6.12 中的 As(V)预测曲线可以看出在环境 pH 较低时，As(V)的浸出量较大，在中酸性条件下，其浸出过程主要受钢渣中铁铝氧化物的吸附行为所控制。当 pH 接近 5.5 时，吸附达到最大量。随后 pH 升高，吸附作用减小，As(V)的浸出量也随之上升。pH 为中酸性环境时，溶解态的 As(V)也主要是和 Fe 结合态，如 $FeHAsO_4^+$等（Masue et al., 2007）。当 pH 接近 8 时，有 $Ca_5(AsO_4)_3OH$ 沉淀出现，此时 As(V)的浸出过程受砷钙化合物的溶解过程控制。当 pH 继续上升至 10.8 时，AsO_4-SO_4-AFt 的饱和指数大于 0，此时 As(V)的浸出又受硫酸根-砷酸根钙矾石固溶体的溶解过程控制。溶解态的 As(V)以 $CaAsO_4^-$ 等结合态为主。但当 pH 升至 13 以上时，AsO_4-SO_4-AFt 的溶解度升高，As(V)浸出量增大，此时溶解态的 As(V)以 AsO_4^{3-} 为主，其次有少量的 $CaAsO_4^-$、$FeHAsO_4^-$等。

从固化体中 As(III)和 As(V)的浸出特性模拟曲线看，两者在中酸性条件下的浸出浓度的降低主要由于修复剂中铁铝氧化物的吸附作用。而在偏碱性条件下，As(III)和 As(V)的浸出浓度降低主要由于含砷钙矾石及钙砷化合物产物的作用。

6.3.4　修复剂对重金属砷的作用机理

高硫型固废基环境功能材料中的熟料水化后会产生 $Ca(OH)_2$，形成强碱性环境，OH^-侵入钢渣及矿渣网状结构的内部空穴，与活性阳离子相互作用，促进钢渣及矿渣组分解体，溶出 Fe^{3+}、Al^{3+}、Ca^{2+}等离子，并与 AsO_4^{3-}、AsO_4^{3-} 形成沉淀，如式（6.8）、式（6.9）所示。

$$Fe^{3+} + AsO_4^{3-} / AsO_3^{3-} = FeAsO_4 / FeAsO_3 \tag{6.8}$$

$$Ca^{2+} + AsO_4^{3-}/AsO_3^{3-} = Ca - As(+5/+3) - O \tag{6.9}$$

固化体的化学组成如表 6.6 所示。

表 6.6　固化体的化学组成

编号	初始溶液	固体产物消解溶液组成/（mol/L）				以 6 Ca 为标准					固体产物
	X_{is}	Ca	Al	SO_4	As	Ca	Al	SO_4	As	SO_4+As	X_s
a	0.00	2.35	0.75	1.14	0.00	6.0	1.9	2.9	0.0	2.9	0.00
b	0.03	2.35	0.74	1.09	0.05	6.0	1.9	2.8	0.1	2.9	0.04
c	0.07	2.31	0.71	1.03	0.11	6.0	1.8	2.7	0.3	2.9	0.09
d	0.10	2.31	0.71	0.99	0.14	6.0	1.8	2.6	0.4	2.9	0.12
e	0.30	2.33	0.65	0.79	0.34	6.0	1.7	2.0	0.9	2.9	0.30

续表

编号	初始溶液 X_{is}	固体产物消解溶液组成/（mol/L）				以 6Ca 为标准					固体产物 X_s
		Ca	Al	SO_4	As	Ca	Al	SO_4	As	SO_4+As	
f	0.60	2.08	0.63	0.49	0.55	6.0	1.8	1.4	1.6	3.0	0.53
g	0.80	2.30	0.66	0.43	0.80	6.0	1.7	1.1	2.1	3.2	0.65
h	1.00	2.11	0.45	0.00	1.12	6.0	1.3	0.0	3.2	3.2	1.00

对初始溶液和最终固体产物的 X_{is} 和 X_s 进行回归分析，发现两者存在如图 6.13 所示的线性关系。

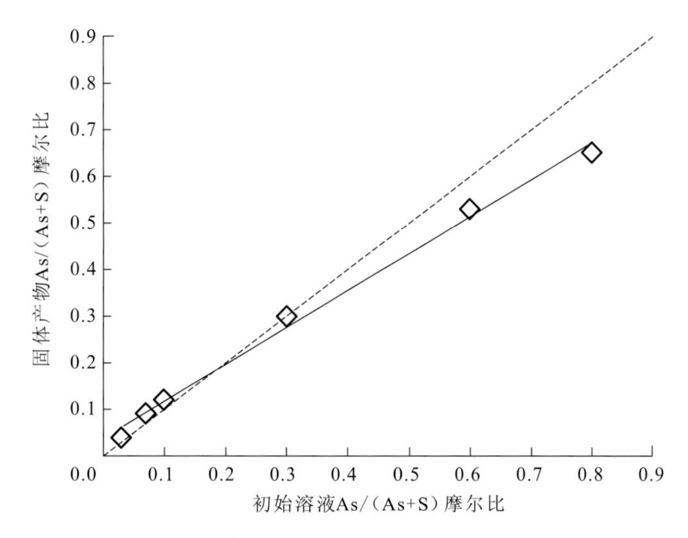

图 6.13 初始溶液和固体产物中 As/(As+S)摩尔比的线性回归分析图

根据图 6.13 中的数据可以拟合得到如式（6.10）的线性关系，这对根据初始溶液中 As 与[SO_4]的比例预测最终固相产物中两者的比例具有一定意义。

$$X_s = 0.7928X_{is} + 0.0373\ （X_{is} \neq 0,1）\qquad R^2 = 0.994 \tag{6.10}$$

当初始溶液中 As/[SO_4]的比例不同时，Ca 和 Al 的比例相对稳定，元素比例也基本上与 AFt 的元素比例（6Ca∶2Al∶3SO_4）相吻合；当初始溶液中未出现[SO_4]时，最终的固体产物中 Ca/Al 比值达到 4.7，高于理论比值 3，这可能是由于少量 Ca 与 As 或[SO_4]产生了不溶产物。从表 6.6 中还可看出最终固体产物的 As/(As+[SO_4])比例（X_s）与初始溶液两者的比例（X_{is}）不相同，当初始溶液 As/(As+[SO_4])比例<0.3（等于 0 时除外）时，产物中的 As 高于初始溶液，可能是由于部分 As 吸附在 AFt 的表面。

合成的固化体微观形貌如图 6.14 所示。从 SEM 图上均可清晰地看出有棒状物，在棒状物上取点采用 EDS 分析，表明含有 Ca、Al、S、O、As 元素，进一步证明固体产物为钙矾石，且有 As 进入钙矾石中。从 EDS 图谱中可看出，随着固体产物中 As 浓度上升，As 的相对峰值逐渐上升，S 的相对峰值不断下降。当不含 As 时，钙矾石颗粒的长度大约为 5～12 μm，随着 As 进入 AFt，其长度逐渐缩短，棒状物的长径比也逐渐减小。

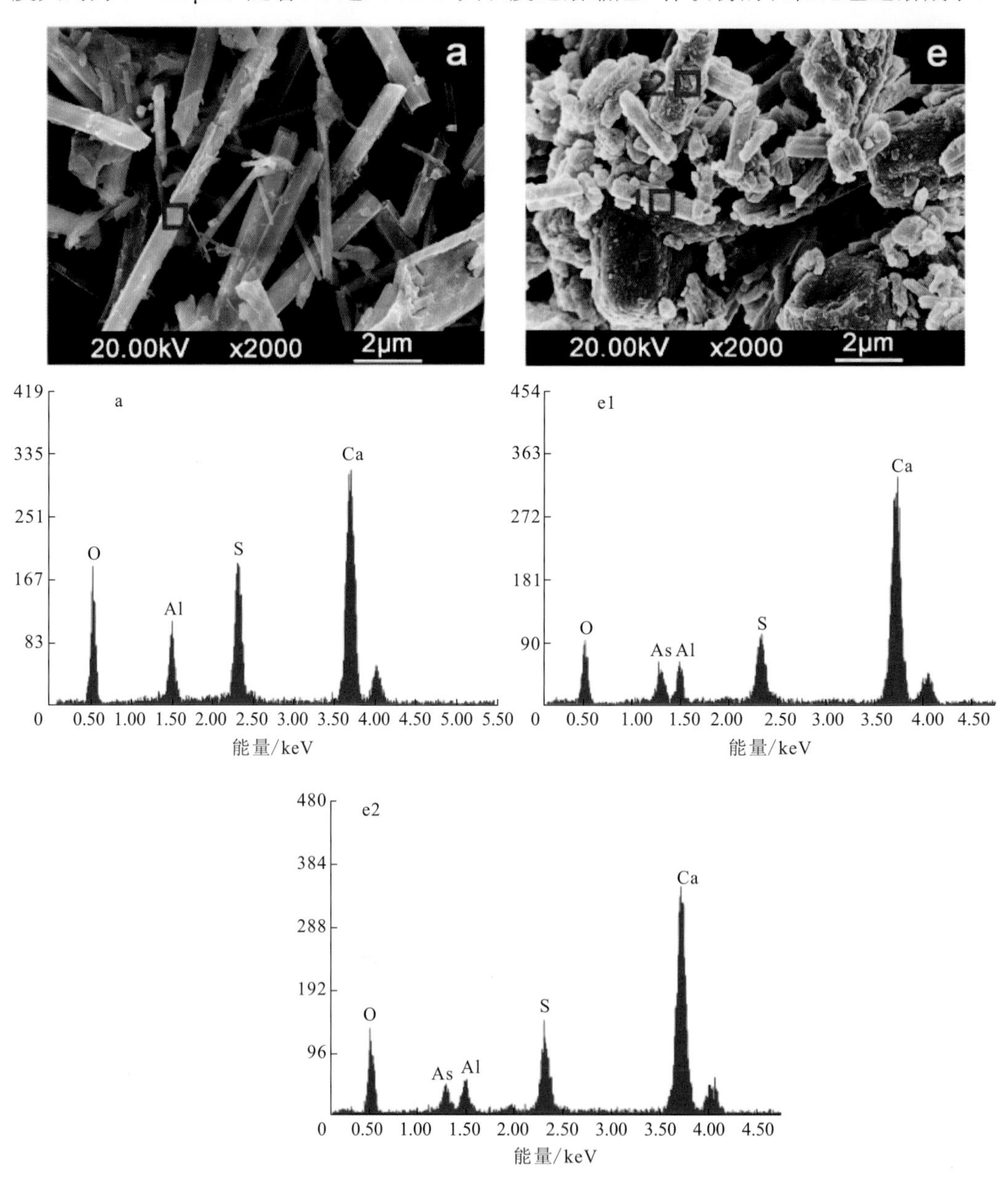

图 6.14　固体产物的 SEM 图及对应区域的 EDS 图谱分析

对于含氧阴离子的鉴别通常采用红外光谱分析，图 6.15 列出了产物固体样品的傅里叶红外图谱。从图 6.15 可看出，855 cm^{-1} 的峰归属于 As—O 的伸缩振动峰，表明确实有 AsO_4^{3-} 存在于固体产物中。此外随着钙矾石中 As 含量升高，图谱中 SO_4^{2-} 的振动峰（1 112 cm^{-1}）强度逐渐降低，AsO_4^{3-} 的振动峰（855 cm^{-1}）强度逐渐升高。AsO_4^{3-} 中 As—O 的伸缩振动峰从 810 cm^{-1} 上升到 855 cm^{-1}，表明 AsO_4 以质子化的形式被钙矾石吸收。随着钙矾石中 As 的增加，出现了新峰（2 950 cm^{-1}），可能是由于 AsO_4^{3-} 进入通道后与 OH^-或通道的 H_2O 形成了氢键。

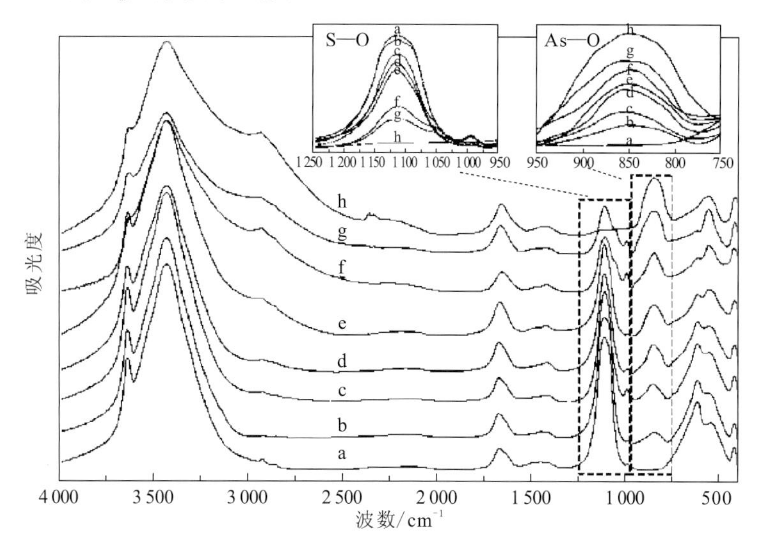

图 6.15　固体产物的 FTIR 图谱

a~h 为样品编号

通过对合成固化体的元素组成、微观形貌、微区组成元素和功能团结构进行分析，发现 As 可进入钙矾石，且存在一个拐点。当初始溶液中 As 的比例小于 0.3 时，As 以 $HAsO_4^{2-}$ 的形式替代通道中的 SO_4^{2-}，从而更容易被钙矾石吸收；当初始溶液中 As/(As+[SO_4])比例大于 0.3 时，产物中 As 的比例较低，主要是由于 AFt 对[SO_4]相较其他离子有更好的亲和力。由此可见，高硫型固废基修复剂更利于实现对污染土壤中重金属 As 的捕获与去除。

根据以上分析结果，As 以 $HAsO_4^{2-}$ 的形式被 AFt 吸收以取代 SO_4^{2-}，因此接下来将以 $HAsO_4^{2-}$ 为代表研究固化体的热力学参数，进而预测 As 在固化体系中的溶解性能。二元固溶体 $HAsO_4$-AFt 和 SO_4-AFt 的溶解性可采用李普曼图预测，李普曼图可广泛应用于二元固溶体体系，其可根据 solidus 和 solutus 两个图表，在固溶体的水溶液达到平衡状态时，预测出该固溶体的组成。

在此研究中，solidus 图表应为式（6.11）～（6.12）：

$$\sum \Pi_{eq} = \left\{Ca^{2+}\right\}^6 \left\{Al(OH)_4^-\right\}^2 \left[\left\{SO_4^{2-}\right\} + \left\{HAsO_4^{2-}\right\}\right]^3 \left\{OH^-\right\}^4 \left\{H_2O\right\}^{26} \tag{6.11}$$

$$\sum \Pi_{eq} = K_{SO_4} X_{SO_4} \gamma_{SO_4} + K_{HAsO_4} X_{HAsO_4} \gamma_{HAsO_4} \tag{6.12}$$

solutus 作图则以式（6.13）为基准：

$$\sum \Pi_{eq} = 1 \Big/ \left(X_{HAsO_4,aq} \big/ K_{HAsO_4} \gamma_{HAsO_4} + X_{SO_4,aq} \big/ K_{SO_4} \gamma_{SO_4} \right) \tag{6.13}$$

上式中：{}为组分在溶液中的活度；X_{HAsO_4}、X_{SO_4} 和 γ_{HAsO_4}、γ_{SO_4} 分别为两者在固溶体中的摩尔分数（$X_{HAsO_4} + X_{SO_4} = 1$）和活度系数；$X_{HAsO_4,aq}$ 和 $X_{SO_4,aq}$ 为两者分别在溶液中

的活度分数；K_{HAsO_4} 和 K_{SO_4} 分别为两个端元 HAsO4-AFt 和 SO4-AFt 的溶解度。利用改进的 Guggenheim 正则超额自由能模型来定义固相活度系数，得到

$$\ln\gamma_{HAsO_4}=X_{SO_4}^2\left[a_0-a_1(3X_{HAsO_4}-X_{SO_4})+a_2(X_{HAsO_4}-X_{SO_4})(5X_{HAsO_4}-X_{SO_4})+\cdots\right] \quad (6.14)$$

$$\ln\gamma_{SO_4}=X_{HAsO_4}^2\left[a_0-a_1(3X_{SO_4}-X_{HAsO_4})+a_2(X_{SO_4}-X_{HAsO_4})(5X_{SO_4}-X_{HAsO_4})+\cdots\right] \quad (6.15)$$

对于非理想固溶体来说，需要 Guggenheim 模型拟合参数 a_0，可根据 MBSSAS 得出 a_0=1.69，因此式（6.14）和式（6.15）可分别简化为

$$\ln\gamma_{HAsO_4}=X_{SO_4}^2a_0 \quad (6.16)$$

$$\ln\gamma_{SO_4}=X_{HAsO_4}^2a_0 \quad (6.17)$$

根据以上系列公式，可以绘制出 $HAsO_4/SO_4$-AFt 固溶体系列在 25 ℃下的李普曼图，具体见图 6.16，从图上可以看出拟合的李普曼曲线能与实际点基本吻合。

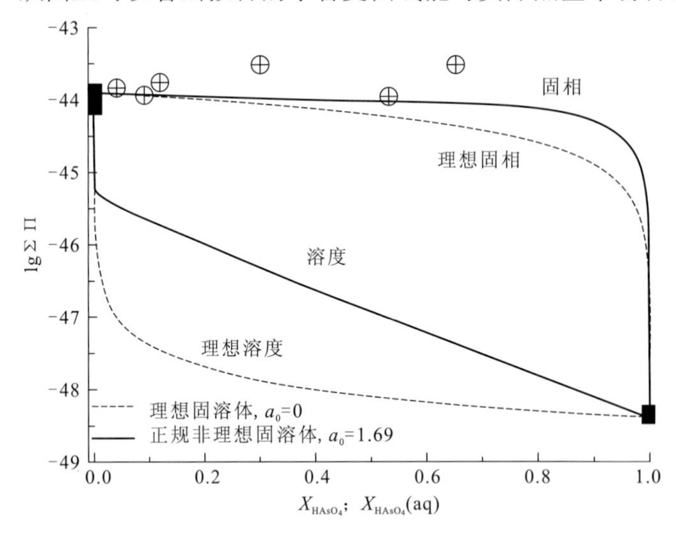

图 6.16　$HAsO_4/SO_4$-AFt 固溶体系列在 25 ℃下的李普曼图

前面已经计算出了两个端元 HAsO4-AFt 和 SO4-AFt 的溶解度，通过对比发现两者相差 4 个数量级，表示固溶体溶解后 HAsO4-AFt 端元溶解性非常低。这可以通过构建 $X_{HAsO_4,aq}$ - $X_{SO_4,aq}$ 曲线进行观察，两者的关系描述了固相和液相共存的组分，计算式为

$$X_{HAsO_4}=\frac{K_{SO_4}\gamma_{SO_4}X_{HAsO_4,aq}}{\left(K_{SO_4}\gamma_{SO_4}-K_{HAsO_4}\gamma_{HAsO_4}\right)X_{HAsO_4,aq}+K_{SO_4}\gamma_{SO_4}} \quad (6.18)$$

根据相关数据绘制出固相摩尔分数与液相活度分数的关系图（图 6.17），可以发现图 6.17 所示的是两条近似垂直的直线，由此推断富含 As 的固溶体在热力学达到平衡时 $HAsO_4^{2-}$ 浸出性非常低，也进一步证明了高硫固废基环境材料在常温条件下即能对重金属 As 发挥良好的固化效果。

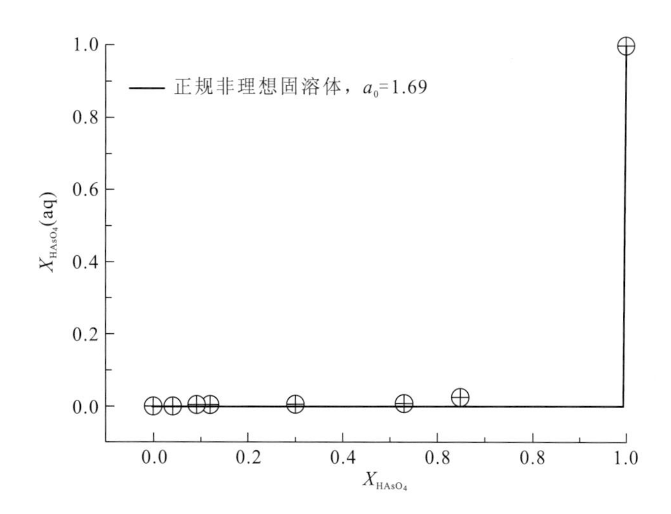

图 6.17　$HAsO_4/SO_4$-AFt 固溶体系列在 25 ℃下热力学平衡时的固相摩尔分数-液相活度分数图

6.4　阳离子型土壤修复剂对重金属铬的固化稳定化

水泥基材料作为固化剂固化稳定化有毒有害废物中的重金属已经在国内外得到广泛的应用。作为普通硅酸盐水泥的代替物，高炉矿渣因其节能和改善水化产物性能等特性备受关注。近年来，关于矿渣基低熟料材料体系在固化有毒有害固体废物的研究也日渐增多。矿渣是高炉冶炼生铁时不含铁的副产品，是冶炼生铁矿石所采用的原材料中的杂质，以及冶炼燃料焦炭灰分熔融形成的熔融物。如果冷却速度较快，则不会产生结晶物，主要由玻璃态物质构成。在碱性（pH＞12）条件下，其玻璃态物质会溶解，具有潜在的水化活性。矿渣中玻璃态物质的含量主要与降温速度有关，因此矿渣的活性还受到热历史的影响。

用矿渣取代水泥之后，其主要水化产物和水化过程都会发生变化。其中主要的水化产物为水化硅铝酸钙（Myers et al.，2013），钙矾石相和 AFm 相。水化硅铝酸钙类沸石结构，具有较强的吸附性能，可以吸附废物中的重金属离子；而钙矾石和 AFm 相因其结构特性（Haha et al.，2012），能与阴离子及+2 价和+3 价阳离子发生交换，从而起到固化稳定化固体废物中重金属阳离子和含氧阴离子的作用。

6.4.1　含铬飞灰处理现状

固化稳定化作为飞灰处理最主要的方式，然而大多数水泥基材料的固化剂对飞灰中 Cr 的处理效果明显低于其他阳离子型金属。由于水泥基材料多为强碱性体系，部分阳离子型金属在碱性条件下的浸出很低（图 6.18）。Cr 是一种氧化还原敏感元素，在碱性条件下以阴离子 CrO_4^{2-} 的形式存在，很难通过水泥基材料固化。因此，Cr 可能是飞灰中最容易浸出的元素之一（Astrup et al.，2005）。Kindness 等（1994）研究了波特兰水泥和高炉矿渣固化 5 000 mg/L 的 Cr(III)，结果表明 Cr 主要存在于 $Ca_2Cr(OH)_7·3H_2O$、$Ca_2Cr_2O_5·6H_2O$ 和 $Ca_2Cr_2O_5·8H_2O$ 中，而 C-S-H 中没有检测到 Cr 的存在。Wang 等（2000）用 Type-I 型水泥固化 K_2CrO_4，结果发现 Cr 主要存在于 $CaCrO_4$ 中，当 K_2CrO_4 添加量为 2%时，Cr(VI)的浸出浓度超过了 50 mg/L。Zhang 等（2017）用碱激发矿粉处理 Cr(VI)时，也发现 C-S-H 中没有固化任何 Cr，排除了其对 Cr 的固化能力，但是发现高炉矿渣（GGBFS）对 Cr(VI)具有还原作用。Ye 等（2016）用赤泥固化垃圾焚烧飞灰时发现，固化效果 Cr 最低。许多研究表明 Cr(VI)比 Cr(III)更容易浸出，而且毒性更高。Cr 的浸出主要依赖于飞灰中的氧化还原电位状态（Lee et al.，1998）。Fe(II)在中性条件下是 Cr(VI)的重要还原剂，然而在碱性条件下其还原能力不到中性条件下的 20%。

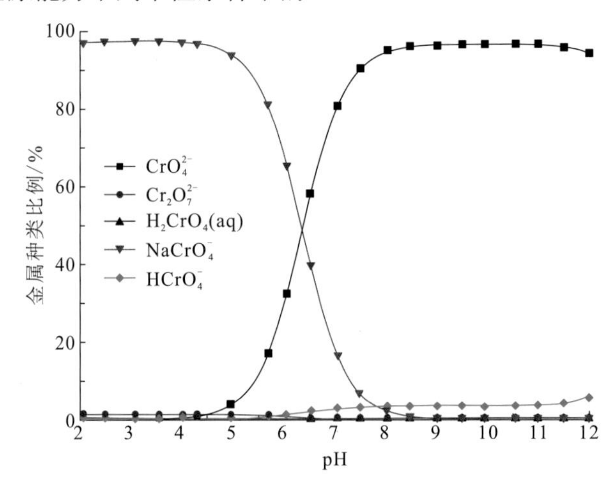

图 6.18　溶液中 Cr 的离子形式分布规律

其他形式的固化剂对 Cr 的固化作用也不尽人意。Ye 等（2016）用赤泥产生土聚物和水泥固化飞灰对比发现，与其他的重金属固化效率相比，赤泥固化体对 Cr 的固化效率最低；而飞灰中 Cr 的浸出浓度反而随着水泥掺量的增加而升高。

另一个固化 Cr 的方法是化学捕集。垃圾焚烧飞灰属于 $CaO-CaCl_2-CaSO_4-SiO_2-Al_2O_3$ 体系，体系中富集硫酸盐和氯离子。CrO_4^{2-} 可以通过与水化产物中的 SO_4^{2-} 和 Cl^-发生同质类同相取代，从而进入晶格中。这种水化产物有：①$Ca_6Al_2(OH)_{12}(SO_4)_3·26H_2O$（钙矾石或 AFt）；②$Ca_4Al_2(OH)_{12}SO_4·6H_2O$（$SO_4$-AFm）；③$Ca_4Al_2(OH)_{12}Cl_2·4H_2O$（Friedel 盐或 Cl-AFm）(Leisinger et al.，2010)。由于这些矿物相在高 pH 条件下能够稳定存在，而且其溶度积都很低，因此是比较理想的捕集飞灰中 Cr(VI)的矿物相。但是，有学者认为 CrO_4-AFt 相的稳定 pH 范围很小，SO_4-AFm 比 CrO_4-AFm 更为稳定。Cl-AFm 对 Zn 和 Pb 有很强的结合能力，Qian 等（2009）发现 80%的垃圾焚烧飞灰和 20%的铝酸盐水泥能够固化稳定飞灰中的 Cr，使其浸出浓度达标。然而，关于 Cl-AFm 和 CrO_4-AFm 之间能否形成固溶体相还没有研究，而且关于 Cl-AFm 固化稳定飞灰中的 Cr，目前还没有足够的研究和成规模的应用。

6.4.2　氯型固废基环境材料的体系组成设计

当试验所度量的响应只是各原材料配方比例或组成的函数，而与混料总量无关时，即可将试验问题归纳为混料设计问题（Kulik et al.，2013）。本试验的响应指标 Y（强度 Y3、Y7、Y14、Y28）可以表示成工业废渣（GGBFS）、水泥熟料（OPC）和污染土（MSWI FA）的函数：

$$Rc = f(\text{GGBFS, OPC, MSWI FA}) + \varepsilon \tag{6.19}$$

式中：ε 为随机误差。

GGBFS，OPC 和 MSWI FA 需要满足以下约数条件：

$$\text{GGBFS} + \text{OPC} + \text{MSWI FA} = 1 \quad 0 \leqslant \text{GGBFS, OPC, MSWI FA} \leqslant 1 \tag{6.20}$$

混料设计在诸多胶凝材料研究中都有广泛的应用（Ghafari et al.，2015；Khmiri et al.，2012；Moseson et al.，2012）。Bouziani（2013）用混料设计评价了不同类型组成对自硬混凝土抗压强度和流体力学性能的影响。Mechti 等（2014）采用混料设计分析了石英砂、水泥和黏土组成对抗压强度的影响。

单纯形格点设计用来研究混料分量在响应变量上的效应。m 个分量的单纯形格点设计由以下坐标值定义点所组成：每个分量的百分率取 0～1 的 n+1 个等距离值。例如{3, 2}单纯形格点设计的试验点分布：（x1, x2, x3）=（1, 0, 0）（0, 1, 0）（0, 0, 1）（0.5, 0.5, 0）（0.5, 0, 0.5）（0, 0.5, 0.5）。一般来说，对于{m，n}单纯形格点设计的实验总数为

$$N = \frac{(m+n-1)!}{n!(m-1)!} \tag{6.21}$$

在 Minitab 17 试验设计（DOE）混料实验，选项中 n 值通常称作格度（degree of lattice），格度越大，试验点在三角图中的分布越密集，实验结果的可靠性越好（Karen et al.，2016；Kulik et al.，2013）。在建立响应与因子的拟合模型中，通常使用该软件的混料回归选项。混料设计的响应方程拟合模型包括线性、二次、特殊立方、完全立方、特殊四方、完全四方等。对于三元组分的混料实验设计，通常选用二次、特殊立方和完全立方来进行响应的拟合，优选低阶模型以避免过度拟合而失真。本实验选用{3, 5}单纯形格点混料实验设计，不对中心点与轴点进行增强设计，以水泥熟料（OPC）、工业废渣（GGBFS）、污染土（MSWIFA）的质量分数作为分量，分量的约束范围为 0～1，以该三元固结体系的 3 d、7 d、14 d、28 d 的抗压强度作为响应指标，使用二次模型对响应进行拟合。实验点在 OPC、GGBFS 和 MSWI FA 三元组分三角图的分布如图 6.19 所示。

根据重金属在酸性条件下的稳定性，可将其分为两大类：第一类是含氧阴离子，例如 CrO_4^{2-}、AsO_2^{2-}、SeO_4^{2-}、$B(OH)_4^{-}$ 和 MoO_4^{2-} 等。它们能替换矿渣基胶凝材料-垃圾焚烧飞灰固化体系所产生的水化产物钙矾石中的 SO_4^{2-} 而进入其矿物的晶格中；第二类是简单阳离子，例如 Pb^{2+}、Cd^{2+} 和 Zn^{2+} 等，这些元素一般情况下会以简单阳离子的形式存在，但在矿渣基环境材料-重金属污染土壤的固化体系所产生的强碱环境中，其主要存在形式为氢氧化物沉淀。

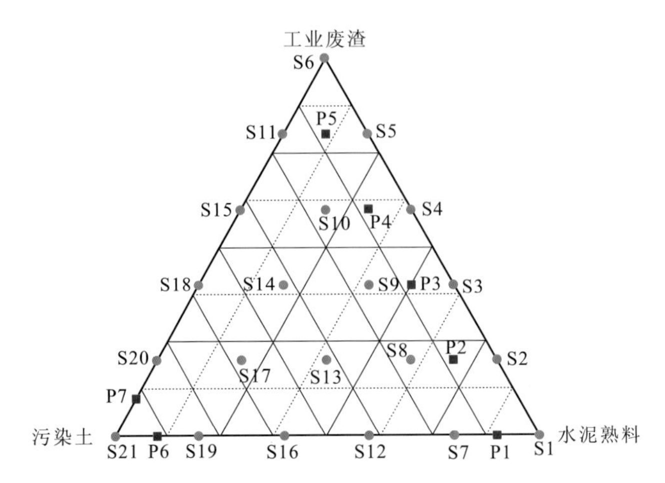

图 6.19　三元固化体{3, 5}单纯形格点设计实验点位分布

根据已有的研究成果，选取活性较高的工业废渣掺入 25%～40%，熟料主要在开始阶段水化并提供碱性环境，其掺量选取 10%～30%，氯型修复剂中硫酸盐激发剂的掺量为 3%，余下为石膏掺量。各种原材料混合后采用球磨机粉磨 50 min，细度经 80 μm 筛，余量＜5%，在土壤的最佳含水率控制水量的条件下搅拌均匀，采用 $\Phi50\times50$ mm 的铁质模具，在 40 kN 的压力下压制成型，成型后即刻脱模，固化体试块置于温度 20 ℃、湿度 90%标准条件下养护，到达预定龄期后分别测试固化体强度及重金属的浸出特性，作为考察修复剂固化性能的主要指标。

6.4.3　含铬飞灰的固化稳定效果

1. 固化体中重金属 TCLP 的浸出浓度

编号 MSWI FA、OPC、GGBFS 和矿渣-硅酸盐水泥（BFSOPC）28 d 的 TCLP 浸出浓度见图 6.20。

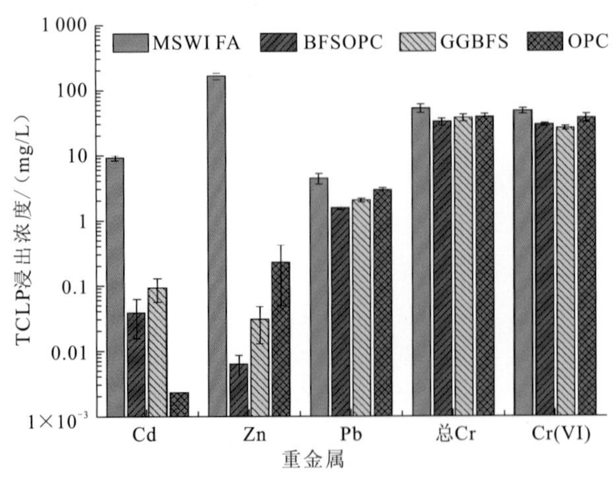

图 6.20　固化剂固化养护 28 d 后 TCLP 浸出浓度

从图6.20中可以看出，重金属Cd和Zn的TCLP浸出浓度在所有固化体中都显著降低。OPC，GGBFS和BFSOPC三种固化剂均表现出对飞灰中重金属固化效率的顺序为：Zn＞Cd＞Pb＞Cr。所有固化体中Zn、Cd和Pb的TCLP浸出浓度都低于限值，与此相反的是，所有固化体中总Cr和Cr(VI)的TCLP浸出浓度都超过其标准限值。固化剂对飞灰中Cr固化效率较低的原因是Cr(VI)的沉淀程度很低。根据6.4.2小节的结论，30.1%的矿粉能使垃圾焚烧飞灰中的总Cr和Cr(VI)达到TCLP浸出标准。但是当这一掺量降到10%时，矿粉对体系中总Cr和Cr(VI)的固化效率显著下降，而对其他重金属Cd和Zn还是拥有较高的固化效率。表明飞灰中总Cr和Cr(VI)的固化效果高度依赖于固化体产生的水化产物，而Cd和Zn的浸出浓度主要受到原始飞灰中含有这些重金属的矿物成分的影响。

由图6.20可见，GGBFS固化体总Cr和Cr(VI)的浸出浓度分别为37.24 mg/L和25.52 mg/L，比原始飞灰中的51.44 mg/L和47.50 mg/L要低。然而，其Cr(III)的TCLP浸出浓度由原始飞灰的3.94 mg/L升高到11.72 mg/L。这很有可能是因为矿渣粉具有还原能力，能够将飞灰中的Cr(VI)还原成Cr(III)。同时，在BFSOPC固化体中，其Cr(III)的TCLP浸出浓度下降到2.96 mg/L，这很可能是Cr^{3+}在水化过程中产生的C-S-H凝胶上沉淀导致的。低熟料矿渣基固化剂BFSOPC对Zn、Pb和Cr的固化效果高于单用水泥熟料作为固化剂。此外，用矿渣粉取代水泥熟料不仅环境友好，并且节能。基于以上结果和讨论，BFSOPC（8.5%矿渣粉和1.5%水泥熟料）用作固化剂进行后续的固化试验，由于Zn、Cd和Pb的TCLP浸出浓度已经低于浸出限值，因此，外加剂的效果用总Cr和Cr(VI)作为目标重金属进行评估。为了增加固化体对Cr的固化效率，偏铝酸钠（$NaAlO_2$）、三巯基均三嗪三钠盐（TMT）和维生素C（VC）作为外加剂加入8.5%矿渣粉-1.5%水泥熟料-90%垃圾焚烧飞灰的混合体中。经过28 d养护后，其总Cr和Cr(VI)的TCLP浸出浓度见图6.21。相比于BFSOPC固化体，总Cr和Cr(VI)的TCLP浸出浓度在BOSM和BOTMT中有所下降，而Cr(VI)的TCLP浸出浓度在添加VC固化体中急剧下降，并随着VC添加量的增加而降低。表明在GGBFS-OPC-MSWI FA体系中，VC能将Cr(VI)还原成Cr(III)，并在基体中产生$Cr(OH)_3$的沉淀，从而降低其TCLP浸出浓度。其反应机理为

$$2CrO_4^{2-} + 3C_6H_8O_6 + 2H_2O \longrightarrow 2Cr^{3+} + 3C_6H_6O_6 + 10OH^- \tag{6.22}$$

$$Cr^{3+} + 3OH^- \longrightarrow Cr(OH)_3 \downarrow \tag{6.23}$$

值得注意的是，总Cr的TCLP浸出浓度随着VC添加量的增加先降低后升高。这一现象很可能是因为VC的添加会阻碍水泥熟料和矿渣粉的水化反应进度，尽管添加了VC之后，飞灰中大部分能被浸出的Cr(VI)还原成Cr(III)，但是由于缺少水化产物，Cr(III)无法被沉淀下来而进入浸出液中。

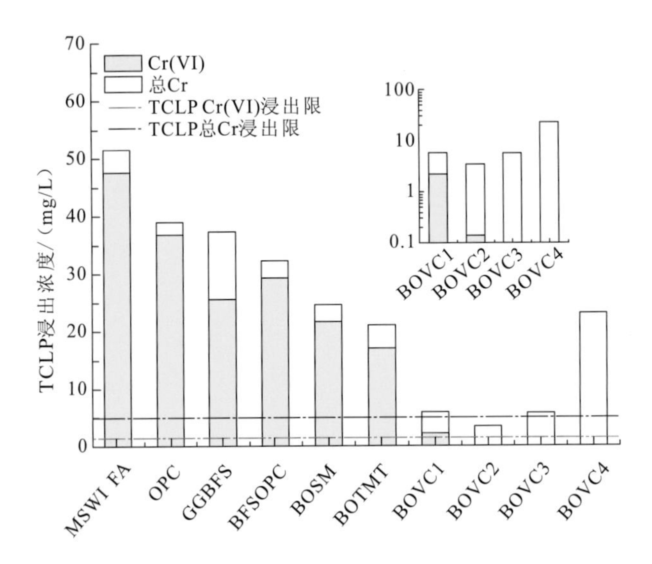

图 6.21　固化体养护 28 d 后总铬和六价铬的 TCLP 浸出浓度

图 6.21 表明，采用 VC 和低熟料矿渣胶凝材料能够成功将垃圾焚烧飞灰中的总 Cr 和 Cr(VI)固化下来。VC 的最佳添加量为 2%（质量分数）。由于 VC 是环境友好性材料，其还原 Cr(VI)后的产物为去氢抗坏血酸，不会产生有毒有害气体，采用 VC 还原固化飞灰能够避免二次污染。

2. 固化体中铬的形态分布

原始垃圾焚烧飞灰和飞灰固化体的矿物相采用 XRD 进行表征。如图 6.22（a）所示，SiO_2（石英，PDF 46-1045）、$CaSO_4$（硬石膏，PDF 37-1496）、KCl（钾盐，PDF 41-1476）、$CaCO_3$（方解石，PDF 05-0586）和 NaCl（石盐，PDF 05-0628）等结晶矿物相存在于原始飞灰中。经过水化反应后，OPC、BFSOPC 和 BOTMT 固化体中发现了 $Ca_4Al_2(OH)_{12}Cl_2·4H_2O$（Friedel 盐，PDF 54-0851）矿物相。GGBFS、BFSOPC 和 BOSM 固化体中产生了钙矾石（$Ca_6Al_2(OH)_{12}(SO_4)_3·26H_2O$，PDF 41-1451）。C-S-H（水化硅酸钙，PDF 33-0306）的主要特征峰位置（与碳酸钙重合）经过 28 d 水化后有所加强，表明体系产生了 C-S-H。无水硫酸钙的主要特征峰经过 28 d 水化后强度明显降低，表明其参与了水化。其水化产物在 OPC 固化体中为二水硫酸钙，在 GGBFS 掺入的固化体中为钙矾石。反应式为

$$CaSO_4 + 2H_2O \longrightarrow CaSO_4 \cdot 2H_2O \tag{6.24}$$

$$3Ca(OH)_2 + 3CaSO_4 \cdot 2H_2O + 2Al_2O_3 + 23H_2O \longrightarrow Ca_3Al_2O_6 \cdot 3CaSO_4 \cdot 32H_2O \tag{6.25}$$

此外，原始飞灰中 NaCl 和 KCl 的特征峰也有所降低，其降低很有可能有两种途径：一种是固化体产生了盐析，NaCl 和 KCl 等可溶性氯盐渗透到固结体表面；二是其中的 Cl^-参与了水化反应产生了 Friedel 盐，反应式为

$$4Ca(OH)^{+}+2Cl^{-}+2Al(OH)_4^{-}+4H_2O \longrightarrow Ca_3Al_2O_6 \cdot CaCl_2 \cdot 10H_2O \qquad (6.26)$$

同时，产生的 AFt 和 Friedel 盐能将飞灰中的 Cr(VI)以离子交换的方式固化到其晶格中形成固溶体（Leisinger et al.，2010；Qian et al.，2009）。其反应式为

$$Ca_3Al_2O_6 \cdot 3CaSO_4 \cdot 32H_2O+CrO_4^{2-}+nH_2O \longrightarrow Ca_3Al_2O_6 \cdot 3CrSO_4 \cdot (32+n)H_2O \qquad (6.27)$$

$$Ca_3Al_2O_6 \cdot CaCl_2 \cdot 10H_2O+CrO_4^{2-}+mH_2O \longrightarrow Ca_3Al_2O_6 \cdot CaCrO_4 \cdot (10+m)H_2O \qquad (6.28)$$

由于固化体 OPC 与 GGBFS 产生的水化产物不同，这很可能就是导致 OPC 固化 Cr 的效率低于 GGBFS 的关键因素。BOSM 固化体中产生了大量的碳酸钙的相，导致水化程度降低。而垃圾焚烧飞灰的风化也会导致其中 Cr 浸出浓度的降低(Wang et al.,2010)。随着 VC 添加量逐渐增加形成的固化体的 XRD 图谱如图 6.22（b）所示。所有固化体中都检测到了 AFt 相和 C-S-H 相，但是 Friedel 盐的特征峰随着 VC 添加量的增加而逐渐消失。表明 VC 的确阻碍了固化体中某些水化反应的进行。而 Friedel 盐的消失也是导致 VC 添加量增加对 Cr 固化效率降低的原因之一。根据以上的结果可知，固化体的水化产物中，AFt 和 Friedel 盐对 Cr 的浸出浓度降低起到重要作用。

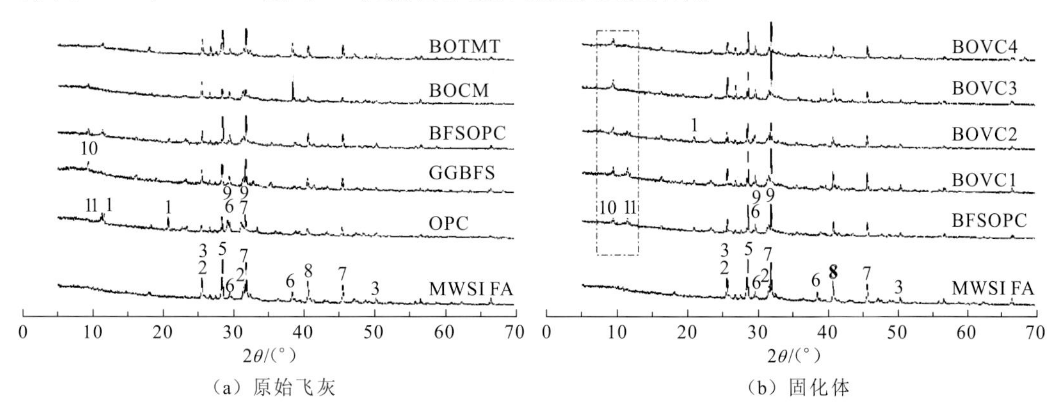

（a）原始飞灰　（b）固化体

1—石膏；2—硬石膏；3—石英；4—硬硅钙石；5—钙长石；6—方解石；7—岩盐；8—钾盐；9—C-S-H；10—钙矾石；11—Friedel 盐

图 6.22　原始飞灰和固化体养护 28 d 后 XRD 图谱

原始飞灰和各固化体 Cr 的化学形态分布见图 6.23。与原始飞灰相比，各固化体中有效态（水溶态、离子交换态和盐酸盐结合态）都有不同程度的降低。与原始飞灰一样，固化体的有效态与 TCLP 浸出浓度也呈现较高的一致性（图 6.21）。沸石飞灰中 30.6%的 Cr 为有效态，这一数值在 OPC 固化体和 GGBFS 固化体中分别降至 16.64%和 5.58%。因此，矿渣粉比水泥熟料对 Cr 的固化具有更高的效率。在所有的固化体中，BOVC2 具有最低的有效态 Cr(2.83%)，剩下的形态主要为铁锰氧化态和残渣态，占比分别为 40.05%和 43.31%，这些形态的 Cr 不易被 TCLP 浸出。在 BOVC2 固化体中，水溶态、离子交换态和碳酸盐结合态的 Cr 基本上都被转换成更加稳定的形态。

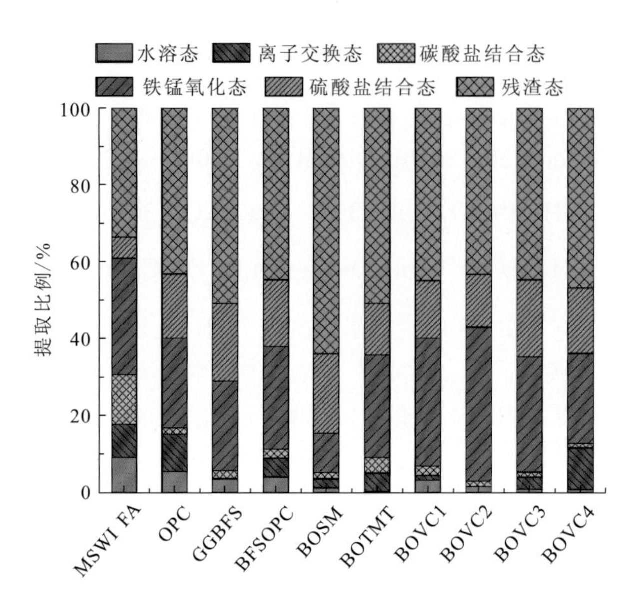

图 6.23　Cr 在原始飞灰和各固化体中的化学形态分布

图 6.24 表示的是固化体中 Cr 的有效态随着 VC 含量增加的变化。可以看出，水溶态和碳酸盐结合态的 Cr 随着 VC 的添加持续降低；而离子交换态的 Cr 随着 VC 的添加先减少后增加，在 VC 添加量为 2%（质量分数）时，达到最小值。有效态 Cr（I+II+III）与离子交换态 Cr(II)表现出相似的变化特征。根据 VC 添加的固化体 Cr 形态变化特征可以看出，当固化体中加入过量的 VC 后，对 Cr 固化效率降低的主要原因是还原后的 Cr(III)主要分布在离子交换态，由于 VC 阻碍某些水化产物，离子交换态的 Cr 无法进入铁锰氧化态和硫酸盐结合态。

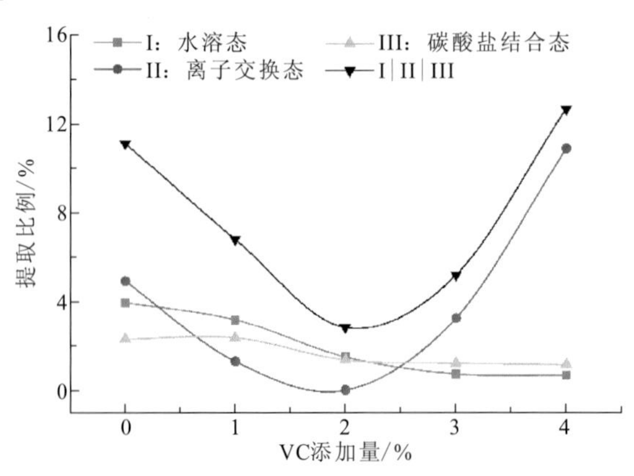

图 6.24　Cr 飞灰对 Cr 形态转变的作用

3. 铬在飞灰和固化体中 pH 浸出特性

为了研究 Cr 随着浸出液 pH 的变化，我们对原始飞灰和固化效果最好的 BOVC2 固化体进行了连续提取试验。原始飞灰 BOVC2 固化体碾磨至过 45 μm 的筛子，每个筛下的样品被分成 14 份，每份 1 g。每份分别向其中加入定量的 HNO_3 或 NaOH，保证最终加入的 H^+当量分别为 16.5 mmol/g、13.5 mmol/g、12 mmol/g、10.5 mmol/g、9 mmol/g、7.5 mmol/g、6 mmol/g、4.5 mmol/g、3 mmol/g、1.5 mmol/g、0 mmol/g、−1.5 mmol/g、−3 mmol/g（MSWI FA 或者 BOVC2），负值表示加入 OH^-（NaOH 溶液）。最终所有 28 份样品加入去离子水至液固比 10∶1，放入密封的塑料瓶中，在室温下翻转振荡 48 h。最后，样品静置至少 30 min，测其上清液的 pH，然后用 0.22 μm 滤膜过滤，测定滤液的 Cr 浓度，试验结果见图 6.25（a）。从图中可以看出，无论是原始飞灰还是 BOVC2 固化体，Cr 的浸出对 pH 高度依赖。之前有研究将垃圾焚烧飞灰和底灰的浸出行为用多项式曲线进行拟合。在本小节中，采用五次多项次来拟合原始飞灰和 BOVC2 固化体中 Cr 浸出随 pH 变化的关系。无论是原始飞灰还是 BOVC2 固化体，两者的最低 Cr 浸出都出现在 pH 6～8。从 chromium-water-oxygen 平衡图[图 6.25（b）]中可以看出，当体系处于还原状态（−Eh）下，pH=8 左右正好是无定形态和难溶 $Cr(OH)_3$ 形成的区域。在较低的

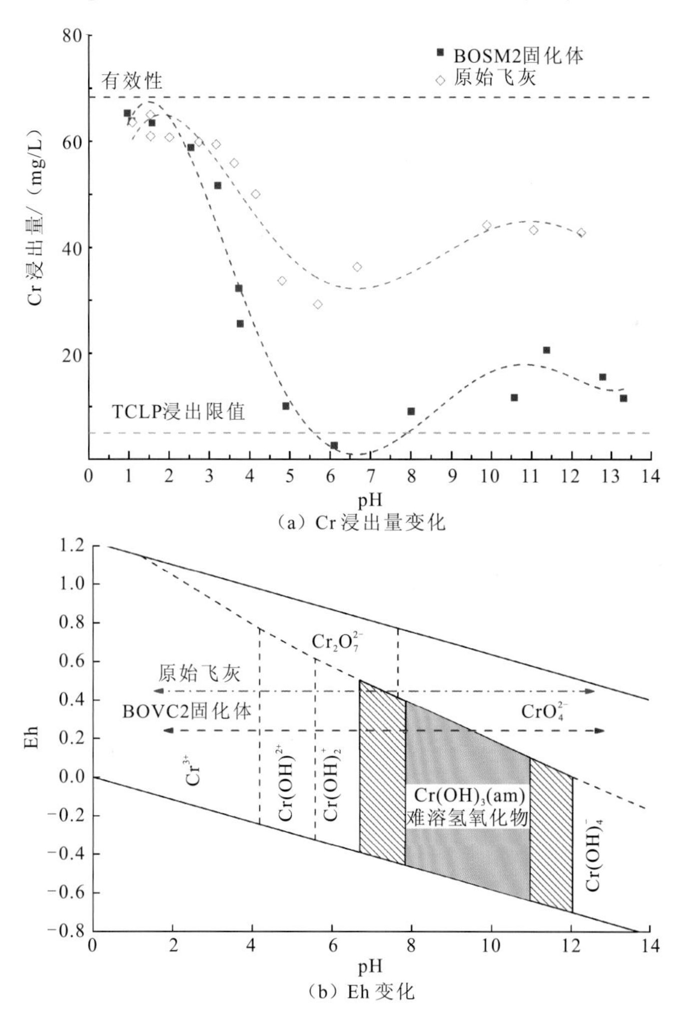

图 6.25　原始飞灰和 BOVC2 固化体中 Cr 的浸出浓度随着 pH 的变化

pH 下，Cr 浸出浓度随着 pH 降低而逐渐升高，尤其是当 pH＜6 时，这是因为无定形态 $Cr(OH)_3$ 溶解形成可溶的阳离子 $CrOH^{2+}$ 和 $Cr(OH)_4^+$。当 pH＞8 时，Cr 的可溶性会增加，在这范围内又会重新生成可溶的 CrO_4^{2-}，增加其浸出浓度。当 pH＞11 时，BOVC2 中的 Cr 浸出浓度又稍微降低，这很可能是由于部分的 Cr(VI)进入了 AFt 或 Friedel 盐等在碱性条件下（pH 10～12.5）溶解度极低又能稳定存在的矿物相中。在相同的 pH 下，BOVC2 固化体中 Cr 的浓度都要低于原始飞灰的浸出浓度，并且在 pH 为 5.5～8 条件下低于 TCLP 的浸出限值。因此，GGBFS-OPC 与 VC 复合可以成功用来固化垃圾焚烧飞灰中的 Cr。

6.4.4 氯型固废基修复剂对重金属铬的固化机理

氯型修复剂处理含 Cr 污染土壤得到的固化体在经过水化反应后，在矿物相中发现了水化氯铝酸钙 $Ca_4Al_2(OH)_{12}Cl_2·4H_2O$（F 盐），如图 6.26 所示。此外，固化体中产生了钙矾石（$Ca_6Al_2(OH)_{12}(SO_4)_3·26H_2O$），C-S-H 的主要特征峰位置（与碳酸钙重合）经过 28 d 水化后有所加强，表明体系产生了 C-S-H。无水硫酸钙的主要特征峰经过 28 d 水化后强度明显降低，表明其参与了水化，其水化产物在固化体中根据不同的掺入物质可体现为二水硫酸钙或钙矾石（图 6.22）。

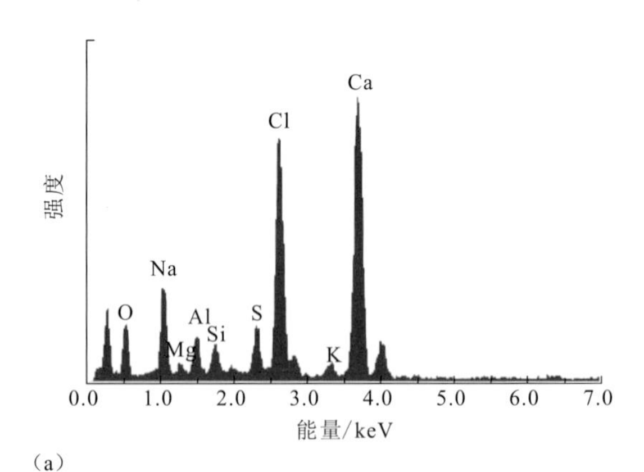

(a)

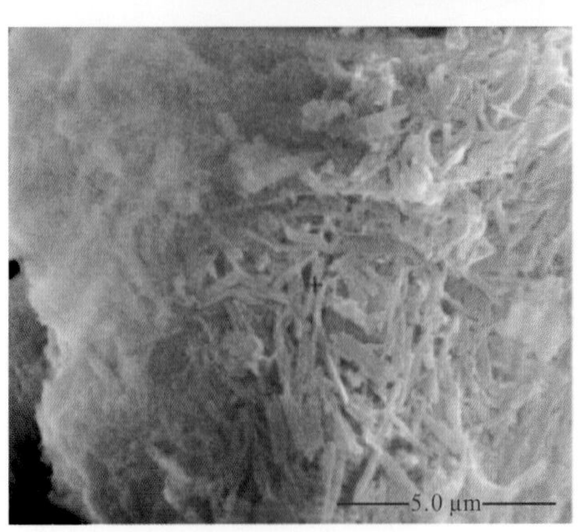

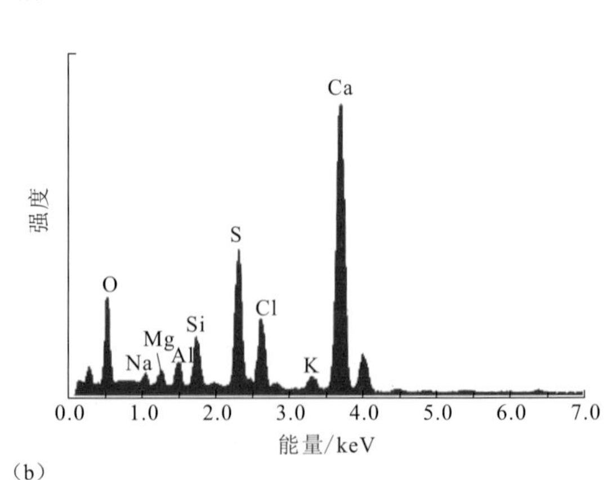

(b)

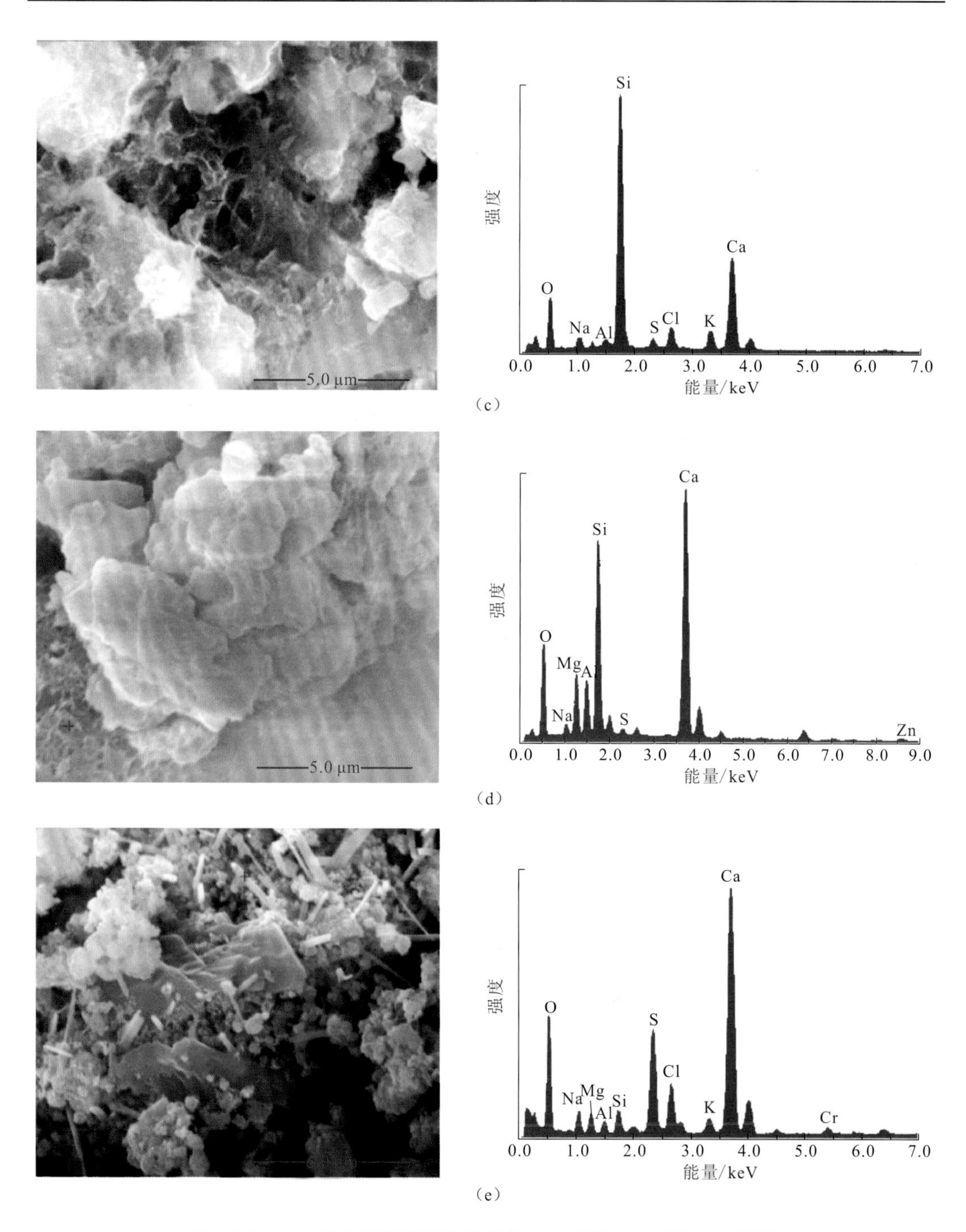

（c）

（d）

（e）

图 6.26　Cr 污染土原样和固化体养护 28 d 后的 SEM 及 EDX 图谱

图 6.26 是原始重金属污染土壤和固化体的 SEM 及 EDX 能谱图。原始污染土呈现团聚的结构[图 6.26（a）]，EDX 分析表明，颗粒表面富集 Ca、Si、Mg、Na 和 Cl 等元素，细小颗粒（粒径≤3 μm）富集在大颗粒上，表现出高度团聚的特性。固化体的 EDX 图谱[图 6.26（b）]显示产物为 $CaSO_4{\cdot}xH_2O$，这与图 6.24（b）中 XRD 图谱显示结果一致。

一些原始污染土中存在的空洞被固化体中的水化产物填满[图 6.26（b）～（e）]，土样结构表现出均一致密性。图 6.26（d）中 C-S-H 表面检测到痕量的 Zn；图 6.26（e）钙矾石表面检测到痕量的 Cr。这些现象表明，重金属和水化产物表面产生了较强的化学键合作用，因此能够促进修复材料对重金属 Cr 的固化。

当物体呈现紧密结构，拥有较小比表面积及较低渗透性能时，包含其中的污染物就越被密实包裹，很难浸出。通过扫描电镜对其形貌特征进行检测，H1、H2 和 H3 在相同龄期的 SEM 图如图 6.27 所示。可见，氯铝酸钙的存在加快了固化体的水化反应进程，改善了其微观结构及铬的浸出性能。可知，物理包裹是氯铝酸钙固化稳定化重金属铬的方式之一。

（a）H1(7 d)　　（b）H2(7 d)　　（c）H3(7 d)

图 6.27　不同固化体在相同龄期的 SEM 图

本实验根据其反应式进行化学合成，对产物进行 XRD 检测，如图 6.28 所示。除了常见水化产物衍射峰的存在，还明显可见一条不断偏移的衍射峰，这是因为在 CrO_4^{2-} 替代 Cl^-进入氯铝酸钙晶格的过程中，两者离子半径不同所致（Shaddick，2018）。CrO_4^{2-} 半径大于 Cl^-，随着固溶体中 X 的增加，即晶体层间结构中 CrO_4^{2-} 含量的不断升高，其晶体层间距不断增大，导致氯铝酸钙主峰衍射角 2θ 的不断减小。从纯物质 CrO_4^{2-} 氯铝酸钙 Cr1 至氯铝酸钙 Cr0 的过程中，可以看到，随着 CrO_4^{2-} 含量的不断降低，主峰衍射角不断增大。这种氯铝酸钙主峰衍射角的不断偏移，是 CrO_4^{2-} 替代 Cl^-进入氯铝酸钙晶格后的固溶体层间离子半径大小不同所致，由此证明了 $3CaO{\cdot}Al_2O_3{\cdot}(1-X)CaCl_2{\cdot}XCaCrO_4{\cdot}nH_2O$ 固溶体的存在。

从图 6.28 中还可看到，所有固溶体的 XRD 图谱，均存在两条衍射主峰，这表明有两种固溶体同时存在，一种是以 CrO_4^{2-} 为主，一种是以 Cl^-为主。固溶体 $3CaO{\cdot}Al_2O_3{\cdot}(1-X)CaCl_2{\cdot}XCaCrO_4{\cdot}nH_2O$ 的形成可降低固化体的溶解度，从而降低 Cr^{6+}的浸出浓度，证明离子替代形成固溶体是水化产物氯铝酸钙固化稳定化重金属铬的机理之一。

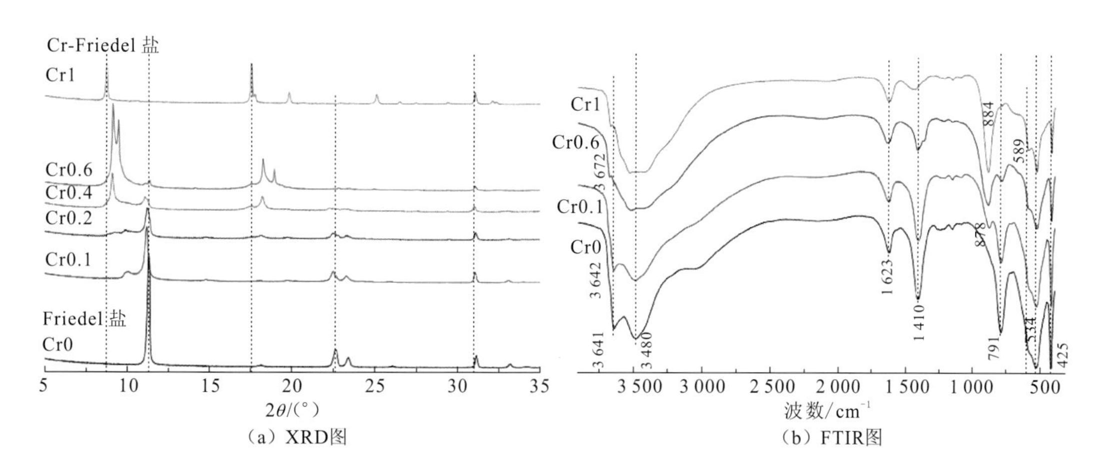

图 6.28 不同铬含量单矿物氯铝酸钙的 XRD 图和 FTIR 图

不同铬含量单矿物相氯铝酸钙的合成，同样可被 FTIR 检测，如图 6.28 所示。纯氯铝酸钙 Cr0 中，791 cm^{-1} 和 534 cm^{-1} 分别归属于氯铝酸钙中 AlO_6 八面体结构 Al—OH 的对称伸缩振动和反对称伸缩振动，随着 CrO_4^{2-} 含量的不断增大，两吸收峰不断减弱直至消失。然而在 884 cm^{-1}，对应为 CrO_4^{2-}-氯铝酸钙的峰值在不断加强。该红外光谱峰中，有原相的消失和新相的生成，进一步证实，共沉淀形成新相也是水化产物氯铝酸钙固化稳定重金属铬的方式之一。

通过研究不同 pH 条件下氯铝酸钙化合物（F 盐）的稳定性能和不同 pH 条件下氯铝酸钙化合物中 Cl^-的释放量，可为使其更有效地固化稳定重金属提供一定的科学依据。图 6.29 为不同初始 pH 下加入氯铝酸钙化合物反应 12 h 后 Cl^-释放量的变化曲线。当溶液初始 pH 在 0.55～11 时，其 Cl^-释放量随初始 pH 的升高而降低；当初始 pH 为 0.55 时，其溶液中的 Cl^-浓度为 9 553.51 mg/L；当初始 pH 升至 2.08 时，其溶液中 Cl^-浓度为 330.86 mg/L；当初始 pH 在 3～12 时，其溶液中的 Cl^-浓度基本稳定在 100～150 mg/L。但在溶液初始 pH 大于 12 时，其 Cl^-的释放量再次上升，为 321.19 mg/L。综合表明氯铝酸钙化合物在 pH 为 3～12 的条件下，其 Cl^-释放量不大，氯铝酸钙化合物可以稳定存在。

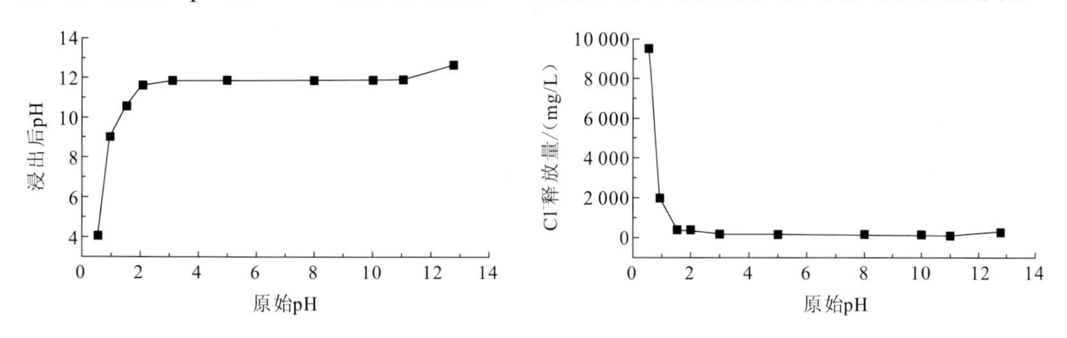

图 6.29　溶液 pH 的变化曲线和 Cl^-的释放量变化曲线

图 6.30 为氯铝酸钙在不同初始 pH 条件下固相的 XRD 和 FTIR 图谱。比较可知，当溶液初始 pH 在 0.95～12.80 时，氯铝酸钙化合物与不同初始 pH 溶液反应 12 h 后，其固

相的 X 衍射图谱和红外光谱与反应前相比并没有发生明显的谱带偏移。当溶液初始 pH 在 0.95～3.12 及大于 12 的条件下时，体系中有大量的 Cl^-释放，但对氯铝酸钙化合物的结构并没有造成明显影响。但在初始 pH 为 0.55 时，不能检测到氯铝酸钙化合物，表明氯铝酸钙在 pH 低于 1.0 的条件下不能稳定存在。

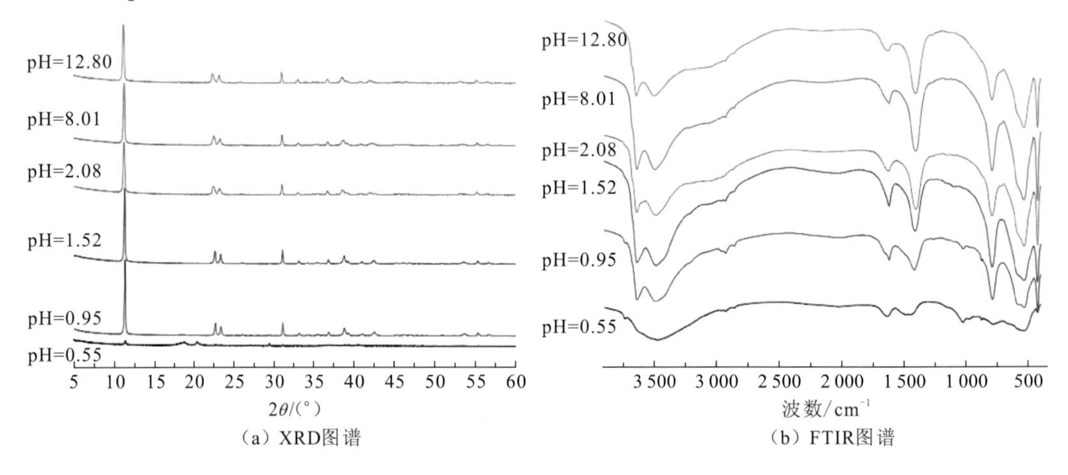

图 6.30　氯铝酸钙在不同初始 pH 条件下固相的 XRD 图谱和 FTIR 图谱

固化技术示意图见图 6.31。通过水泥熟料和矿渣粉胶凝材料体系水化反应产生 C-S-H、AFt 和 Friedel 盐，结合在碱性条件下具有还原性能的 VC，使得飞灰中的重金属进入不同的水化产物中。首先针对浓度浸出较高的 Cr(VI)，一部分通过 AFt 和 Friedel 盐的离子交换作用进入其晶格中，这些矿物相的 Cr 具有较低的溶解度；另一部分通过 VC 还原作用将 Cr(VI)还原成 Cr(III)，在 C-S-H 凝胶表面和其网络结构中沉淀下来并被捕集，这部分 Cr 因为是三价铬，具有较低的毒性，而且不容易迁移。最终固化体中的 Cr 浸出浓度低于 TCLP 限值，飞灰达到无害化要求。

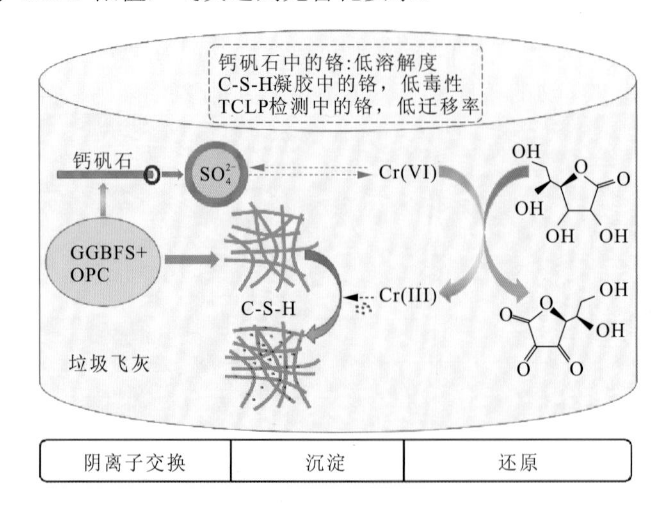

图 6.31　GGBFS+OPC+VC 还原固化机理示意图

6.5　阳离子型修复剂对铅污染土壤的修复

固废基胶凝材料对重金属的固化稳定化具有可行性和普遍性，其主要水化产物根据污染组分的不同，主要有水化氯铝酸钙、水化硅酸钙及钙矾石。根据水化产物本身的性质，结合 X 射线衍射、连续化学萃取和连续酸萃取初步论证了各水化产物对重金属主要通过物理包裹、物理吸附、化学吸附沉淀及离子交换等方式发生了作用。本节将主要讨论固废基材料对含铅污染土的修复效果与机理。

6.5.1　固废基环境功能材料对含铅污染土壤的固化稳定化

1. 早期浆体固化过程分析

铅为两性元素，其在固废基胶凝材料-含铅污染土壤这种强碱环境下的存在形式为 $Pb(OH)_3^-$（或 PbO_2^{2-}）（Matschei et al.，2007）。所以不同铅含量的单矿物氯铝酸钙可以按照以下化学反应式进行合成：

$$4CaO + 2NaAlO_2 + 2(1-x)NaCl + 2XPb(OH)_2 + 2XNaOH =\!=\!= 3CaO \cdot Al_2O_3 \cdot (1-X)CaCl_2 \cdot XCa(Pb(OH)_3)_2 \cdot nH_2O \tag{6.29}$$

首先根据反应式 $Pb(NO_3)_2 + 2NaOH =\!=\!= Pb(OH)_2 \downarrow + NaNO_3$ 制备 $Pb(OH)_2$ 沉淀。按分子式中各元素的化学计量称取相应质量的 $Pb(NO_3)_2$ 和 NaOH，用去离子水将其溶解，在烧杯中充分反应后过滤。前期实验发现 NO_3^- 的存在会干扰 $Pb(OH)_3^-$ 进入氯铝酸钙晶格，所以滤饼需用蒸馏水进行多次淋洗，以尽可能地减少 NO_3^- 的存在。所得固体在 40 ℃恒温干燥箱中干燥，研磨备用。按照表 6.7 所示配比，制备各组样品，水固比为 0.31，先用所需蒸馏水将铅溶解后，倒入净浆搅拌机与固化材料均匀混合，搅拌 3 min 后，手工注入 7.07 cm×7.07 cm×7.07 cm 的试模，振实成型，养护取样。

表 6.7　各固化体物料成分

样品编号	矿渣/%	熟料/%	$CaSO_4$/%	NaCl/%	$Pb(NO_3)_2$/（mol/kg）
H1	75	25	0	0	0.025
H2	75	25	0	0	0.05
H3	75	25	0	0	0.1
H4	65	25	0	10	0.025
H5	65	25	0	10	0.05
H6	65	25	0	10	0.1
H7	65	25	10	0	0.025
H8	65	25	10	0	0.05
H9	65	25	10	0	0.1

浆体在不同反应时间（5 min、2 h 和 5 h）的各离子浓度检测结果见表 6.8。初始 Pb^{2+} 浓度为 5 175 mg/L，拌入矿渣基胶凝材料 5 min 后，液相中的 Pb^{2+}浓度分别降至 26.27 mg/L（H1，水化硅酸钙固化体），28.44 mg/L（H4，氯铝酸钙固化体）和 0.18 mg/L（H7，钙矾石固化体）。这种较快速度的浓度下降，说明铅的化学沉淀作用在固废基胶凝材料对其固化稳定化过程中起了很大作用。

表 6.8　浆体化学成分检测结果

离子	时间/min	H1′	H1	H4′	H4	H7′	H7
Pb^{2+}/(mg/L)	5	—	26.27	—	28.44	—	0.18
	120	—	37.96	—	36.6	—	8.33
	300	—	32.64	—	32.78	—	13.98
Ca^{2+}/(mg/L)	5	1.88	33.51	1.77	6.65	637.50	912.50
	120	82.80	247.30	125.30	344.40	854.50	907.80
	300	395.20	261.50	256.20	411.60	6222.50	1153
SO_4^{2-}/(mg/L)	5	1 355.75	1 296	1 296.91	1149.82	22 722.63	1 623.10
	120	1 162.91	1 071.04	1 555.59	1 475.12	26 101.57	21 504.26
	300	754.12	643.1	1 616.91	1 510.15	24 685.5	21 936.74
Cl^-/(mg/L)	5	—	—	43 709	46 663	—	—
	120	—	—	46 255	48 287	—	—
	300	—	—	47 657	38 379	—	—
OH^-/(mol/L)	5	0.63	0.68	0.40	0.38	0.35	0.23
	120	0.98	0.89	0.63	0.54	0.47	0.38
	300	1	0.91	0.66	0.56	0.47	0.46

H7（钙矾石固化体）的固化效果优于 H1（水化硅酸钙固化体）和 H4（氯铝酸钙固化体），可推测是由于 $Pb(SO_4)_2$ 沉淀的形成，一方面可以从 H7 的 SO_4^{2-} 浓度远低于 H7′ 的 SO_4^{2-} 浓度得到证实。另一方面，在图 6.32 中，固体 H7′和 H7 在 5 min 时的水化产物中可以看出，H7 中钙矾石的生成量远低于 H7′，这说明在 H7 中有 SO_4^{2-} 被大量消耗。水化 2 h 后，浆体中的 Pb^{2+}浓度仍在随着水化的进行而持续降低。分析认为，后期固化稳定化主要依靠胶凝材料的水化产物（水化硅酸钙氯、铝酸钙、钙矾石）对 Pb^{2+}的吸附和化学俘获作用，而非 $Pb(SO_4)_2$ 的继续沉淀。因为沉淀反应是在瞬间完成的，而不是随着时间持续不断的。且在含 SO_4^{2-} 较多的 H7 浆液中 Pb^{2+}浓度下降速度比浆液 H1 和 H4 中还

要慢。图6.33为固体H1、H4和H7在5 h时水化产物的XRD衍射图谱。可以看出，浆体H1中已含有大量的水化硅酸钙，H4含有大量的氯铝酸钙，H7中有大量的钙矾石。

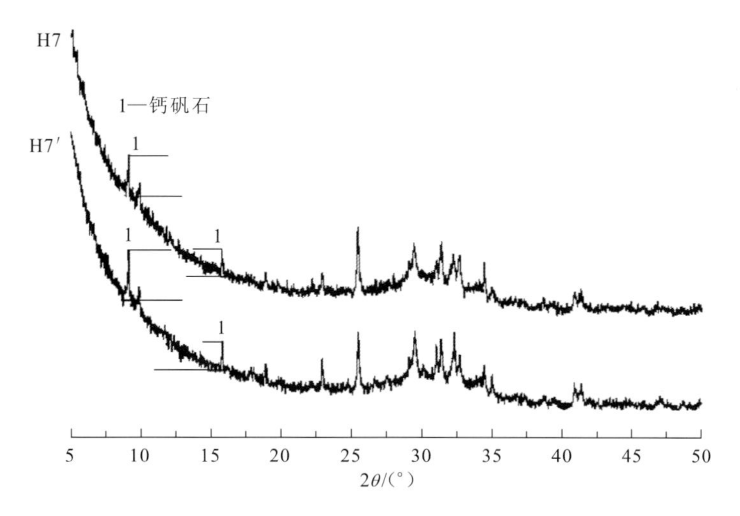

图6.32　固化体H7′和H7在龄期5 min的水化产物XRD图谱

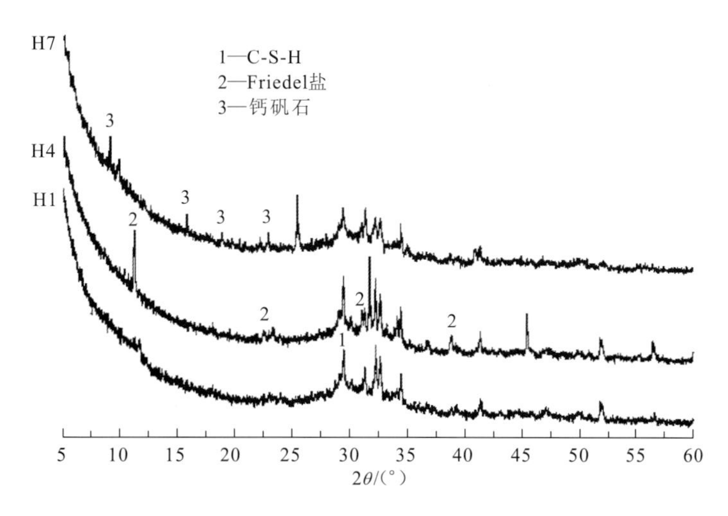

图6.33　固化体H1、H4和H7在龄期5 h的水化产物XRD图谱

2. 不同固化体的TCLP毒性浸出结果

固化体H1-H9龄期28 d TCLP的Pb^{2+}浸出浓度如图6.34所示。与早期浆体溶液固化效果不同，固化体中以钙矾石为主导相的H7、H8和H9效果最差。分析原因，早期溶液中所形成的$Pb(SO_4)_2$沉淀在后期胶凝材料水化所产生的强碱环境下溶解，沉淀反应已不是其固化稳定化Pb^{2+}的原因。由图6.34可知，以氯铝酸钙为主导相的固化体H4、H5和H6效果最好，其TCLP浓度最低，分别降至0.01 mg/L、3.79 mg/L和26.88 mg/L。

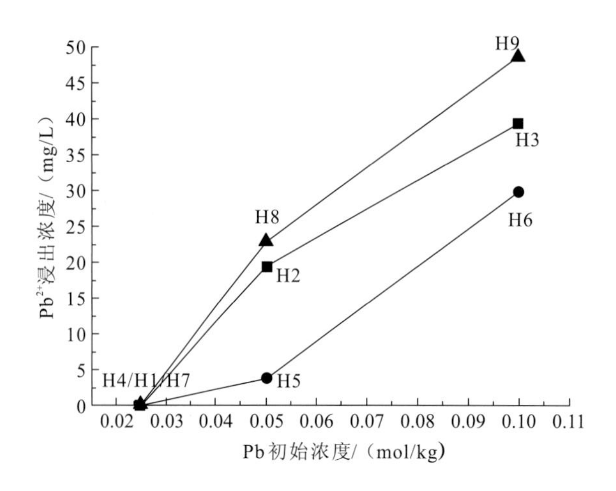

图 6.34 固化体 H1-H9 龄期 28 d 的 Pb^{2+}浸出浓度

3. 不同固化体水化产物分析

固化体中 Pb^{2+}浓度随着水化的进行而持续降低。分析认为，其固化稳定化主要依靠固废基胶凝材料的水化产物（水化硅酸钙、氯铝酸钙、钙矾石）对 Pb^{2+}的吸附和化学俘获作用。其水化产物可通过 XRD 和 FTIR 进行检测分析。

图 6.35 为固化体 H2、H5 和 H8 龄期 28 d 的 XRD 图谱。固化体 H2 的主导相为水化硅酸钙，H5 的主导相为氯铝酸钙，H8 的主导相为钙矾石，与预期结果一致。软件分析，在 29.3° 衍射角附近所形成的衍射单峰，为 C-S-H 的特征主峰；在 11.2° 、22.7° 和 31.1° 处的衍射峰，为氯铝酸钙的特征峰；在 9.1° 、15.8° 和 22.9° 处的衍射峰为钙矾石的特征峰。

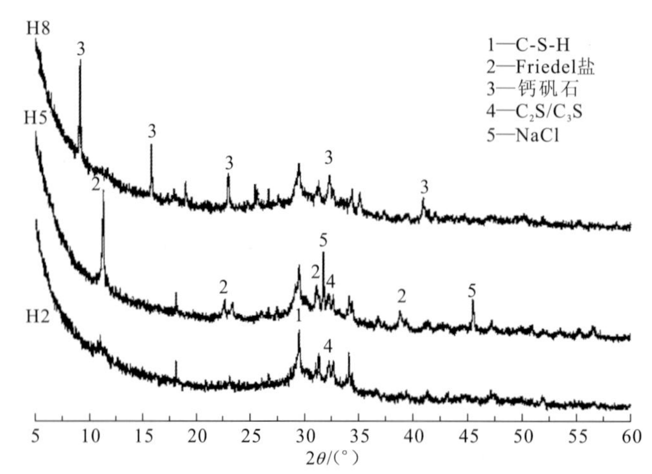

图 6.35 固化体 H2、H5 和 H8 龄期 28 d 的 XRD 图

不同固化体的微观矿物组成同样可采用傅里叶红外光谱进行表征，图 6.36 为固化体 H3、H6 和 H9 龄期 28 d 的 FTIR 图谱。由图 6.36 可知，不同固化体在 3 430～3 460 cm^{-1}有较宽的吸收峰，对应各水化产物所含结构水的 O—H（γOH）离子振动，在 1 410～

1 430 cm^{-1} 的较宽吸收带则归属于不同固化体部分碳化所含有的 CO_3^{2-} 的不对称伸缩振动（γ3）。固化体 H9 在 1 115 cm^{-1} 处的吸收谱带对应为 γ3 SO_4^{2-} 的伸缩振动，证实了其中钙矾石矿物的存在。固化体 H6 在 786 cm^{-1} 和 524 cm^{-1} 处的两个吸收谱带分别对应为 AlO_6 八面体结构中 Al—OH 的对称伸缩振动和反对称伸缩振动，证实了其中氯铝酸钙矿物的存在。H3 固化体在靠近 1 000 cm^{-1} 的吸收谱带对应为 Si—O 的不对称伸缩振动（γ3），证实了其中水化硅酸钙矿物的存在。

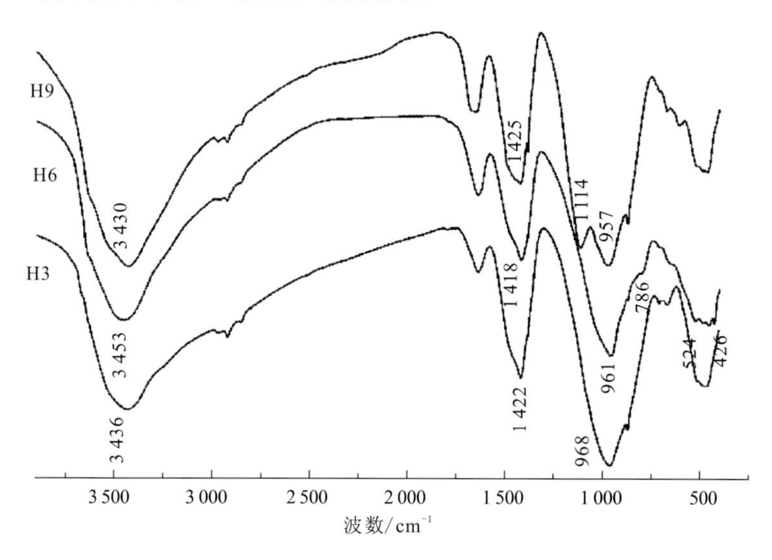

图 6.36　固化体 H3、H6 和 H9 龄期 28 d 的 FTIR 图

X 射线衍射（XRD）和傅里叶红外光谱（FTIR）均证实了不同固废基胶凝材料固化体的主导相，分别证实了各固化体中，水化硅酸钙，钙矾石和氯铝酸钙的存在，均与预期水化产物结果一致。

4. 固废基材料对 Pb/Cr 共混重金属的稳定化过程

不同水化产物稳定存在的 pH 不同，本小节实验采用连续酸萃取的方法对固化体进行水化产物分离，以期得到固废基环境材料固化稳定化重金属污染土中各水化产物分解的 pH 详细数据，并结合此过程中重金属离子的溶出情况，进而讨论重金属在各水化产物中的分布情况。

固化体在连续酸萃取过程中浸出液的 pH 变化曲线如图 6.37 所示。由图 6.37 可以看出，未投加酸时（H^+=0 mmol/g，即浸提剂为蒸馏水时），浸出液的 pH 为 11.41，该固化体属于高碱性物质。随着投加酸量的增加，浸出液的 pH 不断下降。进一步根据浸出液 pH 曲线的斜率变化可将固化体的浸出过程分为四个阶段：第一阶段，浸出液在加酸量为 0～3 mmol/g 时，曲线斜率较大；第二阶段，加酸量为 3～6 mmol/g 时，曲线斜率增大，pH 迅速下降；第三阶段，加酸量为 6～9 mmol/g 时，曲线斜率基本无变化；第四阶段，加酸量为 9～15 mmol/g 时，pH 下降速度再次加快。

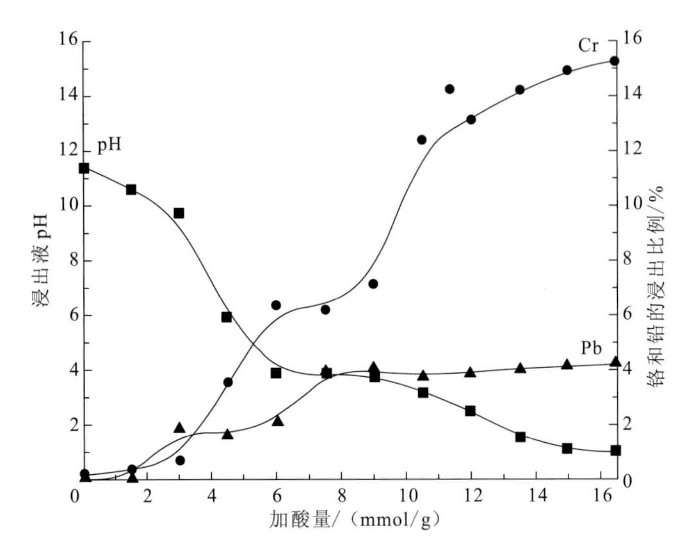

图 6.37　固化体在连续酸萃取过程中 pH 变化及 Cr^{6+}和 Pb^{2+}浸出浓度变化

在连续酸萃取过程中，对浸出液中的重金属离子浓度进行检测，pH 在 3.79～9.73 时溶出达 4.03%，且 pH 在 3.79～3.93 的阶段大量溶出；pH 在 1.54～3.79 的阶段溶出增加较少，推断 Pb^{2+}主要固化在 C-S-H 中，且主要以吸附在 Si—O 结构中的形式存在，并且随着 SiO_2 的溶出迅速释放在浸出液中。Cr^{6+}在 pH 为 11.41 时就检测出 0.2%的溶出率，这部分的溶出主要发生在萃取试验的初始阶段，且随 $Ca(OH)_2$ 的分解溶出量呈现出显微的增加趋势，因此可以推断这部分的 Cr^{6+}是从污染土中直接迁移出来。pH 在 3.93～9.73 阶段，Cr^{6+}的溶出达 6.37%，且随 pH 的下降而逐渐溶出，这部分的 Cr^{6+}主要固化在水化产物中同时以取代其他离子的形式进入了晶格，然后重新生成可溶的 CrO_4^{2-}，增加其浸出浓度。

对固化体 pH 变化四个阶段的结束点残渣进行 XRD 检测，如图 6.38 所示。第一阶

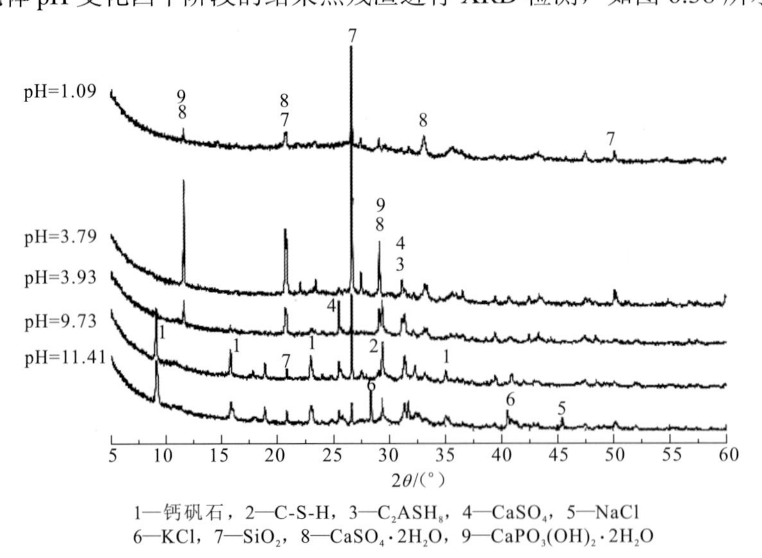

1—钙矾石，2—C-S-H，3—C_2ASH_8，4—$CaSO_4$，5—NaCl
6—KCl，7—SiO_2，8—$CaSO_4·2H_2O$，9—$CaPO_3(OH)_2·2H_2O$

图 6.38　固化体在连续酸萃取过程中其水化产物的变化

段反应结束后，部分矿物如 KCl、NaCl、$Ca(OH)_2$ 的特征峰消失；第二阶段反应结束后，AFt、C-S-H、C-A-S-H 的特征峰消失，$CaSO_4$ 和 SiO_2 特征峰增强，并且出现了 $CaSO_4·2H_2O$ 和 $CaPO_3(OH)_2·2H_2O$ 新的特征峰；第三阶段反应结束后，$CaSO_4·2H_2O$ 和 $CaPO_3(OH)_2·2H_2O$ 特征峰增强，$CaSO_4$ 特征峰消失；第四阶段，$CaSO_4·2H_2O$ 和 $CaPO_3(OH)_2·2H_2O$ 特征峰减弱至基本消失，仅剩下 SiO_2。

随着投加酸量的增加，pH 降低，在此过程中固化体中的组分也在不断溶解和变化。由于固化体的组成复杂，XRD 分析时，含量较少的物质或结晶程度不高的物质其特征峰不容易辨别。固化体在连续酸萃取各阶段主要发生如下反应。第一阶段（pH=9.73～11.41）主要是碱性物质如 $Ca(OH)_2$ 等与酸的反应，随着酸的加入，其能够不断电离出 OH^-，因此浸出液的 pH 受 H^+增加的影响不大。第二阶段（pH=3.93～9.73）中 AFt、C-S-H、C-A-S-H 等强碱弱酸相开始溶解，由于该反应是强酸置换弱酸，对 H^+的消耗不大，pH 迅速下降。同时由于第二阶段中期 pH 降到 7 以下，一些较难溶解的 MgO 和 CaO 等氧化物，以及一些两性氧化物如 $A1_2O_3$ 和水化硅酸钙分解产生的 SiO_2，也在这个阶段开始发生反应。随着酸量的继续增加，这些物质在第三阶段（pH=3.79～3.93）开始和 H^+发生大量溶解反应，消耗了部分的 H^+，pH 缓慢下降。C-S-H 为钙硅比不同的一系列固溶体，主要分解发生在 pH=3.79～9.73 阶段。第四阶段（pH＜3.79）时，$A1_2O_3$ 和 Fe_2O_3 等物质溶解完全，样品中没有物质可用于消耗 H^+，因此溶液的 pH 随着酸的增加进一步下降。

6.5.2　土壤修复剂对重金属铅的固化机理

铅为两性元素，其在固废基环境材料体系这种强碱环境下的存在形式为 $Pb(OH)_3^-$ 或 PbO_2^{2-}，固化体中 Pb^{2+}浓度随着水化的进行而持续降低，分析认为，其固化稳定化主要依靠固废基材料的水化产物（水化硅酸钙、氯铝酸钙、钙矾石）对 Pb^{2+}的吸附和化学俘获作用。水化产物氯铝酸钙固化稳定化重金属铅的作用过程通过三条路径进行：①共沉淀形成新相；②离子替代形成固溶体；③物理包裹。

由于 $Pb(OH)_3^-$ 和 Cl^-具有相同电荷和相近离子半径，$Pb(OH)_3^-$ 很容易替代 Cl^-而进入氯铝酸钙晶格，从而形成 $3CaO·Al_2O_3·(1-x)CaCl_2·xCa(Pb(OH)_3)_2·nH_2O$ 固溶体，以降低固化体的溶解度，减少 Pb^{2+}的浸出浓度。本实验根据其反应式进行化学合成，对产物进行 XRD 检测，如图 6.39 所示。不同铅含量的单矿物氯铝酸钙的合成，同样可被 FTIR 检测，如图 6.40 所示。除了常见水化产物衍射峰的存在，并未出现由于离子替代而应该产生的氯铝酸钙主峰的偏移。固溶体中随着 X 的增加，即 $Pb(OH)_3^-$ 含量比例的增加，可见纯物质 $Pb(OH)_3^-$-氯铝酸钙的衍射峰出现且不断加强，而氯铝酸钙的主峰在不断减弱，直至消失。这种原相的消失和新相的生成，证实了通过共沉淀形成新相是水化产物氯铝酸钙固化稳定化重金属铅的机理之一。

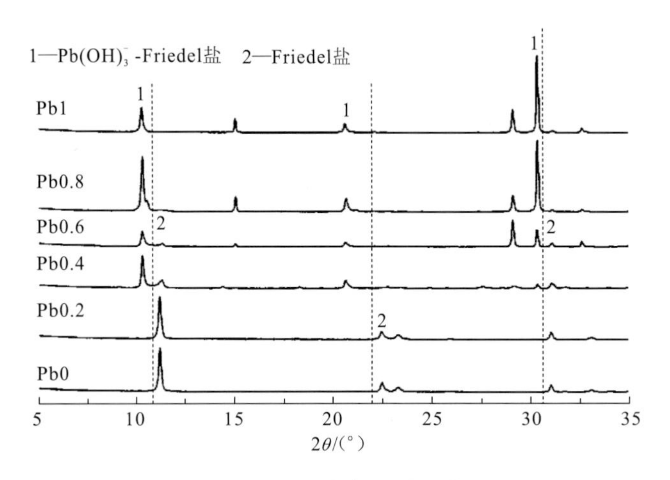

图 6.39　不同铅含量单矿物氯铝酸钙的 XRD 图

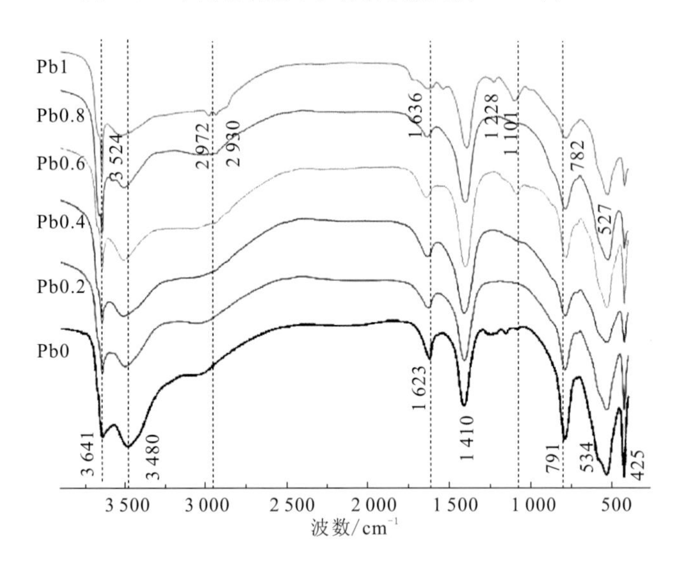

图 6.40　不同铅含量单矿物氯铝酸钙的 FTIR 图

除几个常见的特征吸收峰外，可以看到在 3 641 cm^{-1} 和 1 623 cm^{-1} 处的吸收峰，分别对应为氯铝酸钙中结构水的 O—H（γOH）离子振动和层间水的 H—O—H（γ_2H_2O）振动，随着 X 的增加，即 $Pb(OH)_3^-$ 含量比例的增加，发生了逐步偏移。这是因为 $Pb(OH)_3^-$ 替代 Cl^- 进入氯铝酸钙晶格，离子半径差异导致层间距的变化，其分子结构周围环境发生改变。在 791 cm^{-1} 和 534 cm^{-1} 处的两个吸收峰，分别对应为 $Al(OH)_6$ 正八面体结构中 Al—OH 的对称伸缩振动和反对称伸缩振动，证明了固溶体 $3CaO·Al_2O_3·(1-x)CaCl_2·xCa(Pb(OH)_3)_2·nH_2O$ 的存在，表明离子替代形成固溶体也是水化产物氯铝酸钙固化稳定化重金属铅的另外一种形式。

在微观水平上，氯铝酸钙和钙矾石的存在均会对固化体的形貌特征产生很大影响，图 6.41 为固化体龄期 28 d 的扫描电镜图。在水化硅酸钙为主导相的材料表面明显存在大量蜂窝状的 C-S-H（H3）。在钙矾石为主导相的 H9 中，结构疏松，明显存在大量孔隙和未参与反应物质。然而以氯铝酸钙为主导相的固化体 H6 中，呈现相对密实均匀水化体系，拥有较小的比表面积和较低的渗透性能，从而减小其中铅的浸出浓度。此物理包裹也是水化产物氯铝酸钙固化稳定化重金属铅的方式之一。

（a）H3　（b）H6　（c）H9

图 6.41　固化体 H3、H6 和 H9 龄期 28 d 的 SEM 图

6.6　固废基土壤修复剂工程应用与示范

6.6.1　原武汉染料厂遗留场地重金属复合污染土壤修复治理工程

武汉染料厂前身为 1959 年的国营武汉新康化工厂，主要生产硫化碱和硫化黑染料等产品。1965 年由武汉香料厂、武汉扬子化工厂、武汉新康化工厂北部厂区合并建立武汉染料厂。1990 年后，因江浙沿海地区民营染料企业崛起，市场竞争加剧，化工原材料价格上涨，加之企业经营不善，产品结构调整缓慢，该厂生产经营日渐滑坡，到 1996 年处于停产、半停产状态，而且连年亏损，成为武汉市特困企业。此后，该厂厂区改建成化工工业园，有近 50 家小型化工厂在工业园内从事生产经营和 20 多家企业租赁厂房从事工业活动。工业园于 2009 年停产，其遗留场地由武汉中央商务区投资控股集团有限公司收购。该地块厂区占地面积 17.5 万 m^2（约 262.5 亩），濒临汉江，环境风险大。根据现场调查，原厂界范围以内以大门口垂直解放大道的水泥路为界，西边地块空气中有苦杏仁味，地面有不同颜色的粉末状物质，在西北边，地面土壤呈紫色，地面积水和围墙也呈紫色，东边地块空气中有香味，长时间在此区域工作时眼睛有刺痛感。修复之前的场地污染状况如图 6.42 所示。

图 6.42　原武汉染料厂生产场地状况图

根据中国地质大学（武汉）出具的《南洋·金谷建设项目场地土壤环境质量调查报告》，重金属污染面积为 27 261 m^2，挥发性有机物污染面积 24 829 m^2，半挥发性有机物污染面积 33 279 m^2，总石油类污染面积 20 763 m^2，硫酸盐污染面积 8 030 m^2。重金属污染土壤总量为 26.45 万 m^3。

由于该地块紧邻汉江、地势低、降水量大，可能带走土壤中的污染物而造成汉江下游水域的污染。为配合该项目的建设，采用作者研究团队开发的土壤修复剂对场地内重金属污染土壤进行固化稳定化修复，以期达到设计标准并满足住宅用地开发利用需要。

为确定土壤修复的药剂投加比等参数并确保土壤修复效果，项目组于 2012 年 10 月 3 日针对场地内重金属污染区域现场取样，进行室内配比试验，为现场施工提供有效依据，所取土样中重金属含量经测试如表 6.9 所示。

表 6.9　原样污染土壤中重金属含量　　（单位：mg/L）

样品	pH	铅	总砷	总镉	总铬	汞
样品一	10.5	0.31	0.33	0.11	1.35	0.05
样品二	11.2	0.27	0.19	0.15	1.15	0.09
样品三	11.2	0.39	0.28	0.21	2.92	0.10
标准*	6～9	0.05	0.1	0.005	0.05	0.001

*《地表水环境质量标准》（GB 3838—2002）中 IV 类水体限值

具体修复过程如图 6.43 所示，现场施工时，用大型反铲挖掘机挖掘地表层以下至 3 m，挖方量约 264 525 m^3，将该项目污染土壤四个点中的两个集中到西南角附近的两个污染点进行集中修复，按照设计配合比 10%，即每立方米压实土样中修复剂的掺量为 170 kg，按压实后厚度为 30 cm 计算，每立方米固化剂摊铺量为 51 kg，共需修复剂 44 969 t。按照如图 6.44 所示的处理流程，经固定龄期的自然养护，对集中修复的两个点进行现场取样检测，实测结果列入表 6.10，可知修复后的土壤达到国家规定的环境质量标准，对重金属污染土壤进行了有效修复，避免了环境污染。

图 6.43　固废基胶凝材料对污染土壤的修复过程

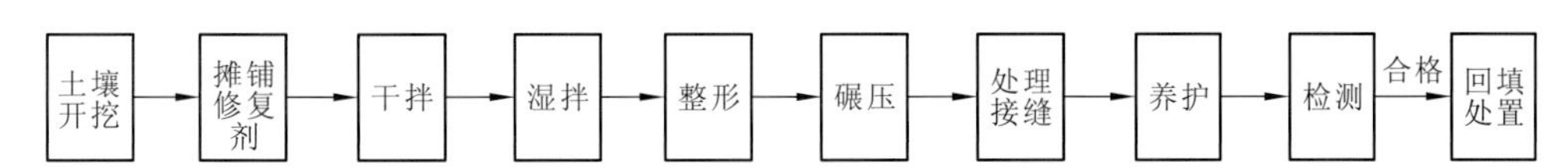

图 6.44　固化修复技术流程图

表 6.10　经修复后的土壤中重金属含量　（单位：mg/L）

样品	pH	铅	总砷	总镉	总铬	汞
样品一	7.6	0.05	0.02	0.005	0.03	0.000 6
样品二	8.9	0.03	0.01	0.003	0.03	0.000 6
样品三	8.6	0.04	0.03	未检出	0.04	未检出
标准*	6～9	0.05	0.1	0.005	0.05	0.001

*《地表水环境质量标准》（GB 3838—2002）中 IV 类水体限值

6.6.2　浙江嘉兴某集团电镀污泥处理工程

嘉兴市某金属表面处理有限公司是当地规模很大的电镀加工企业，具有镀锌、镀铜、镀镍、镀铬、镀仿金、电泳、铝氧化等十多个电镀品种。根据该企业的生产工艺及处理工艺，金属表面处理之后的废水经中和沉淀、板框压滤后产生的电镀污泥中含水率仍较高，达 50%以上，部分电镀污泥含水率高达 75%～80%，同时电镀污泥的化学组分相当复杂，主要含有铬、铁、镍、铜、锌等重金属化合物及可溶性盐类，以致进一步的无害化处理和综合利用较为困难，如不合理处置会造成严重的环境污染。对原样电镀污泥进行成分分析（表 6.11），结果显示污泥主要受 Cr 污染，远超过《地表水环境质量标准》IV 类水体限值，因此必须进行无害化处理。厂址分布与电镀污泥的现场堆积状况如图 6.45 和图 6.46 所示。

表 6.11　原样污染土壤中的重金属含量　（单位：mg/L）

样点	Cr	Cu	Ni	Zn	Cd
A	0.364	0.492	0.147	4.583	0.095
B	0.305	0.455	0.055	4.749	0.087
标准*	0.05	1.0	1.0	2.0	0.2

*《地表水环境质量标准》（GB 3838—2002）中 IV 类水体限值

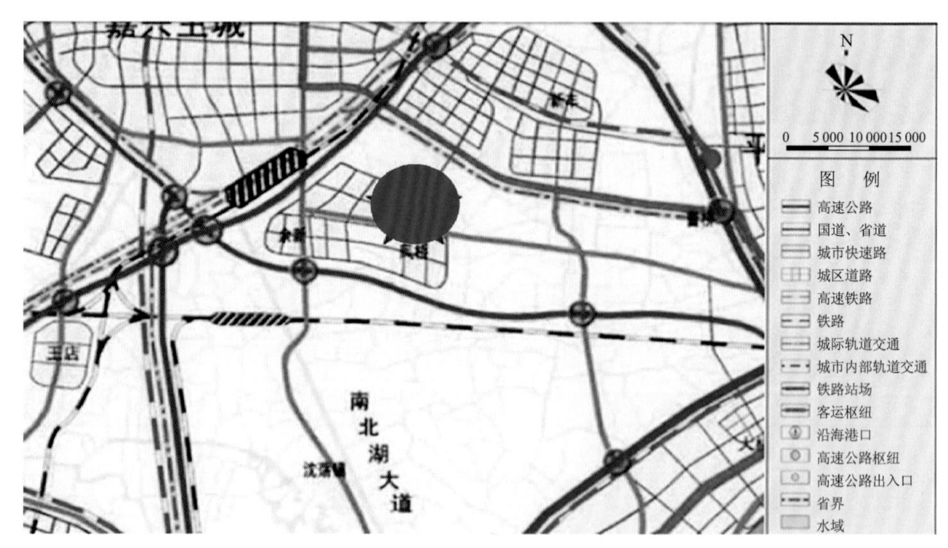

图 6.45　厂址分布

图 6.46　电镀污泥的现场堆积状况

2013 年 3 月起，项目方根据现场堆放电镀污泥的含水率，进行了系列的固化试验，从而确定了混合料的最佳水灰比。按照设计配合比 15%，即每立方米固化电镀污泥中固化剂的掺量为 170 kg（1.7 t/m^3），按压实后厚度为 30 cm 计算，每平方米修复剂摊铺量为 51 kg。经固化碾压后，以每层中的每 2 000 m^2 取一个样，经室内养护 7 d、14 d、28 d 和 120 d 后，检测无侧限抗压强度，按照国家标准《固体废物 浸出毒性浸出方法——硫酸硝酸法》以硫酸硝酸混合酸为浸提剂，经翻转式振荡 18 h 得到的浸出液采用分光光度法测定其中的重金属成分。电镀污泥现场试验工艺流程如图 6.47 所示。该修复工程累计使用 400 t HAS 土壤固化剂，处理电镀污泥近 2 000 m^3。

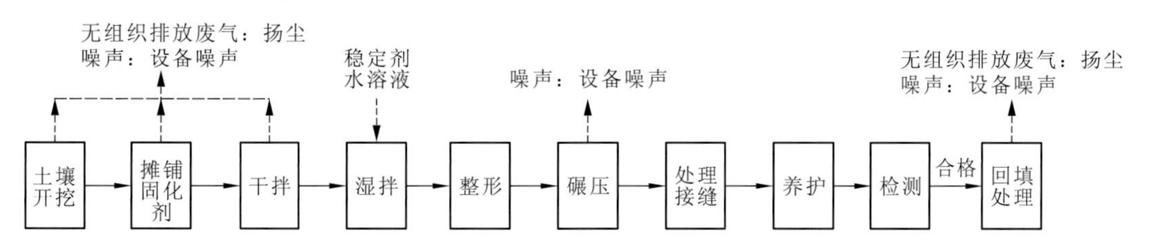

图 6.47　电镀污泥现场试验工艺流程图

表 6.12 为各时间节点取样的固化污泥浸出液中六价铬和总铬的实测浓度。可以看出，固化处理后电镀污泥浸出液中总铬浓度＜0.1 mg/L，六价铬浓度＜0.05 mg/L，已达到《城镇污水处理厂污染物排放标准》(GB 18918—2002)最高允许排放浓度（日均值）的要求，远小于《污水综合排放标准》(GB 8978—1996)中第一类污染物最高允许排放浓度（日均值）的要求，如按照《危险废物鉴别标准 浸出毒性鉴别》(GB 5085.3—2007)，电镀污泥固化体已不属于危险废物管理的范畴。固化处理后的电镀污泥可以用作工程回填土，制备道板砖、承重砖和非承重砖，达到《非烧结垃圾尾矿砖》(JC/T 422—2007)的技术标准，从而形成真正能够大量消纳污泥而且能够得以维持的电镀污泥处置和利用技术与工程产业链。

表 6.12　固化污泥浸出液中铬的浸出浓度　（单位：mg/L）

试样	7 d		14 d		28 d		120 d	
	六价铬	总铬	六价铬	总铬	六价铬	总铬	六价铬	总铬
固化污泥样 1	0.026	0.234	0.038	0.173	0.016	0.085	0.007	0.041
固化污泥样 2	0.023	0.206	0.042	0.108	0.013	0.036	0.012	0.023
标准*	0.05	—	0.05	—	0.05	—	0.05	—

*《地表水环境质量标准》（GB 3838—2002）中 IV 类水体限值

6.6.3　肇庆高新区独水河生态修复工程

肇庆高新区独水河生态修复污泥堆放点位于龙王庙大道与康泰街交汇处。2018 年 1 月 22 日，肇庆高新区环境保护局收到居民投诉，反映独水河生态修复淤泥堆放点异味明显。2018 年 2 月受肇庆高新区环境保护局委托，生态环境部华南环境研究所对偷倒废液事件开展环境损害鉴定评估，确认事件造成的环境影响及其损害程度。经鉴定，事件已造成污染区域面积为 2 466.84 m^2，污染平均深度为 4 m，污染土方量为 9 867.36 m^3；污染区域堆存污泥中总铬含量在 1 375～2 300 mg/kg，镍含量在 550～746 mg/kg。评估方建议优先选择固化/稳定化技术对堆存污泥进行修复。污泥修复后六价铬污染物浸出浓度必须满足《地表水环境质量标准》（GB 3838—2002）III 类标准限值要求（≤0.05 mg/L），重金属镍满足《地下水质量标准》（GB/T 14848—2017）III 类标准限值要求（≤0.02 mg/L），其他重金属指标参考《地表水环境质量标准》（GB 3838—2002）III 类标准限值执行。2018 年 11 月经公开招标，确定肇庆市武大环境技术研究院和肇庆泉兴生态科技有限公司为受污染污泥修复单位。修复施工前场地状况如图 6.48 所示。

图 6.48　修复施工前场地状况图

2019 年 11 月 20 日，肇庆市武大环境技术研究院和肇庆泉兴生态科技有限公司成立“肇庆高新区独水河生态修复淤泥堆放点废液倾倒案件修复服务项目部”，并于 11 月 23 日组织进场，开始独水河生态修复淤泥堆放点废液倾倒案件修复项目的施工。施工单位采用固化/稳定+安全填埋处理的工艺进行处置。使用自主生产的软土固化剂（型号 QXW-S01）搭配专用稳定剂对污泥进行修复处理后，进行安全填埋处置。主要施工工艺如图 6.49 所示。

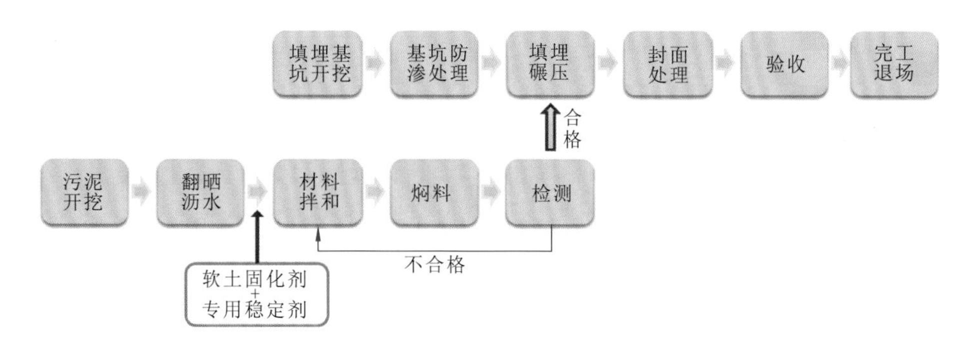

图 6.49 主要施工工艺流程图

项目主要施工流程如下：

（1）测量定位：采用水准仪确定污染区边界点坐标值，放出坐标拐点，用木桩做出拐点标志，据此确定修复区域的平面范围，并在施工过程中，对控制点进行保护，定期进行复测，做到准确无误。

（2）填埋区防渗处理：①基坑开挖：在接到同意开工通知后，项目方于 2019 年 11 月 23 日开始在原独水河淤泥堆放场地北侧开挖长度 300 m，截面为上宽 12 m、底部宽 9 m，深度 1.5 m 的填埋基坑，1.5 m 的填埋坑。现有地面往下挖 1.3 m，垫高 0.2 m；②基坑防渗处理：采用履带式挖掘机对填埋区底部进行原位碾压，对两岸的侧壁进行夯实处理，形成良好的自然防渗层，在夯实过程中将底部碎石、树枝等坚硬物块清理。夯实后，在基坑底部和侧壁铺设复合土工膜（700 g/m^2），形成人工防渗层。

（3）污泥开挖、翻晒：2019 年 11 月 23 日，开始污染污泥挖掘工作。采用 2～3 台挖掘机同时开始作业，开挖顺序为先高后低，先上后下，分层开挖，首先分别从靠近河道两侧开始清挖，然后通过垫钢板、挖掘机倒运的方式向纵深推进。将挖出的污泥堆至岸边进行翻晒，并在施工过程中对翻晒好的污泥进行破碎。在施工过程中及施工结束后，采用水准仪，进行多次复核，确保基坑挖掘深度正确。

（4）污泥修复：2019 年 12 月 21 日，开始污染土壤修复工作，分批进行处置；固化剂添加比例为 7%，每吨干污泥添加 70 kg 固化剂；稳定剂添加比例为 5%，即每吨干污泥添加 50 kg 稳定剂，利用挖掘机搅拌均匀，使得药剂与污染物充分反应；搅拌均匀的土壤焖料 3～4 d 后，含水量降至 30%左右后进行检测，检测不合格的土壤，继续添加固化剂/稳定剂，重新处置，检测合格的土壤，转运至安全填埋基坑进行填埋。

（5）安全填埋：①用挖掘机将污泥摊铺均匀，分层式回填、碾压，每层淤泥厚度约 400 mm，摊铺均匀后先用履带式挖掘机来回碾压 5 遍，放置 24 h 后，使用重型压实机（18 t）来回碾压 3 遍，保证压实度在 85%以上；②填埋完毕后，取填埋区原先开挖的黏土，在填埋场顶面铺填一层厚 0.2 m 的黏土层，夯实后作为封场覆盖层，并播撒草籽，进行绿化处理。

截至 2020 年 1 月底，项目部已完成全部合同要求工作量。项目由中国科学院生态环境研究中心开展效果评估和主持验收工作，主要针对土壤清挖效果和处置后污泥修复效果开展评估和验收，包括土壤清挖效果评估验收和处置后污泥修复效果评估。针对工作内容，评估单位进行了现场采样、检测和分析。评估单位于 2020 年 1 月 16 日进行基坑的验收采样，共设置了 17 个土壤采样点，其中 15 个为污泥清挖后土壤（A1～A15），2 个为生态修复未污染区土壤（即未污染的对照土壤，D1 和 D3），采样点如图 6.50 所示。样品委托中国科学院广州化学研究所分析测试中心（广州中科检测技术服务有限公司）完成，结果显示固化之后土壤的重金属（镉、铜、锌、铬和镍）浓度与独水河生态修复污泥堆放点未污染土壤基本保持一致。根据评估单位编制的《肇庆市高新区独水河生态修复污泥堆放点污泥修复后的重金属浸出评估报告》《肇庆市高新区独水河生态修复污泥堆放点污泥清挖基坑土壤的重金属评估报告》，该项目的修复达到修复目标要求。

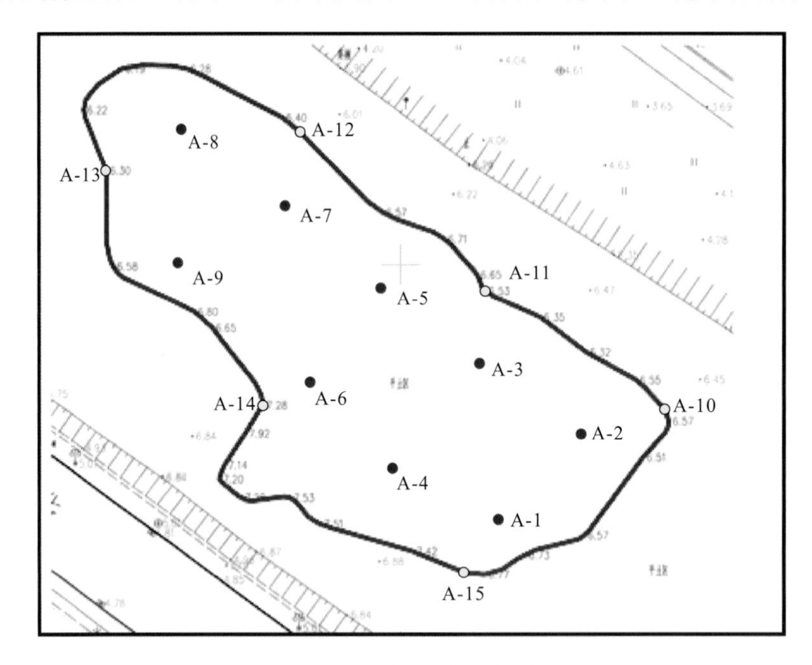

图 6.50　采样点位布设图

参 考 文 献

付一鸣, 王德全, 姜澜, 等. 2002. 固体含砷废料的稳定性及处理方法. 有色矿冶, 18(4) : 42-45.

国家环境保护总局, 2007a. HJ/T 300—2007 固体废物 浸出毒性浸出方法 醋酸缓冲溶液法. 北京: 中国标准出版社.

国家环境保护总局, 2007b. HJ/T 299—2007 固体废物 浸出毒性浸出方法 硫酸硝酸法. 北京: 中国标准出版社.

国家环境保护总局, 2009. HJ/T 557—2009 固体废物 浸出毒性浸出方法 水平振荡法. 北京: 中国标准出版社.
何品晶, 2011. 固体废物处理与资源化技术. 北京: 高等教育出版社.
李广文, 张福平, 冯起, 等, 2015. 西咸地区土壤重金属特征及土壤性质关系分析. 土壤通报, 46(5): 1259-1263.
廖国权, 李华, 2011. 土壤砷污染的淋洗修复研究进展. 科技情报开发与经济, 21(34): 172-174.
宁平, 2007. 固体废物处理与处置. 北京: 高等教育出版社.
秦利玲, 李强, 王天贵, 2012. 铬渣中六价铬浸出方法对比实验研究. 无机盐工业, 44(2): 51-52.
水志良, 陈起超, 水浩东, 2014. 砷化学与工艺学. 北京: 化学工业出版社.
宋书巧, 吴欢, 黄钊, 等, 2005. 刁江沿岸土壤重金属污染特征研究. 生态环境, 14(1): 34-37.
王海娟, 2012. 西南含砷金矿区砷富集植物筛选及其除砷应用研究. 昆明: 昆明理工大学.
王亚男, 2016. 外源砷在土壤中的老化及其对土壤微生物影响的机理研究. 北京: 中国农业大学.
翁焕新, 张霄宇, 邹乐君, 等, 2000. 中国土壤中砷的自然存在状况及其成因分析. 浙江大学学报(工学报), 34(1): 88-93.
吴萍萍, 2016. 不同类型矿物和土壤对砷的吸附-解吸研究. 北京: 中国农业科学院.
杨南如, 1996a. 碱胶凝材料形成的物理化学基础(I). 硅酸盐学报, 24(2): 209-215.
杨南如, 1996b. 碱胶凝材料形成的物理化学基础(II). 硅酸盐学报, 24(4): 459-465.
袁润章, 1996. 胶凝材料学. 2 版. 武汉: 武汉工业大学出版社.
曾希柏, 李莲芳, 白玲玉, 等, 2007. 山东寿光农业利用方式对土壤砷累积的影响. 应用生态学报, 18(2): 310-316.
中华人民共和国国家发展和改革委员会, 2014. 生活垃圾焚烧污染控制标准（GB 18485—2014）. 北京: 中国环境科学出版社.
中华人民共和国环境保护部, 2014. 危险废物污染防治技术政策. [6-20]. http://kjs.mep.gov.cn/hjbhbz/bzwb/wrfzjszc/200607/t20060725_91281.htm.
KIANG Y H, METRY A A, 1993.有害废物的处理技术. 承伯兴 译. 北京: 中国环境科学出版社.
ALLISON J D, BROWN D S, NOVO-GRADAC K J, 1990. MINTEQA2\ PRODEFA2, a geochemical assessment model for environmental systems: Version 3.0 user's manual. US Environmental Protection Agency. Environmental Research Laboratory, Athens, Georgia.
ASTRUP T, ROSENBLAD C, TRAPP S, et al., 2005. Chromium release from waste incineration air-pollution-control residues. Environmental Science & Technology, 39(9): 3321-3329.
BALONIS M, 2010. The influence of inorganic chemical accelerators and corrosion inhibitors on the mineralogy of hydrated Portland Cement Systems. Aberdeen: University of Aberdeen.
BOUZIANI T, 2013. Assessment of fresh properties and compressive strength of self-compacting concrete made with different sand types by mixture design modelling approach. Construction and Building Materials, 49(12): 308-314.
BREVAL E, 1977. Gas-phase and liquid-phase hydration of C_3A. Cement and Concrete Research, 7: 297.
CHOI W H, GHORPADE P A, KIM K B, et al., 2012. Properties of synthetic monosulfate as a novel material for arsenic removal. Journal of Hazardous Materials, 227-228(16): 402-409.
DRAHOTA P, FILIPPI M, ETTLER V, et al., 2012. Natural attenuation of arsenic in soils near a highly

contaminated historical mine waste dump. Science of the Total Environment, 414: 546-555.

GARCÍA-SÁNCHEZ A, ALONSO-ROJO P, SANTOS-FRANCÉS F, 2010. Distribution and mobility of arsenic in soils of a mining area (Western Spain). Science of the Total Environment, 408(19): 4194-4201.

GHAFARI E, COSTA H, JULIO E, 2015. Statistical mixture design approach for eco-efficient UHPC. Cement & Concrete Composites, 55: 17-25.

HAHA M B , LOTHENBACH B , SAOUT G L, et al., 2012. Influence of slag chemistry on the hydration of alkali-activated blast-furnace slag—Part II: Effect of Al_2O_3. Cement & Concrete Research, 42(1): 74-83.

HAN F X, SU Y, M ONTS D L, et al., 2003. Assessment of global industrial-age anthropogenic arsenic contamination. The Science of Nature, 90(9): 395-401.

HENKE K, 2009. Arsenic Environmental chemistry, health threats and waste treatment. Berlin: Wiley.

HONG J, CHEN Y, WANG M, et al., 2017. Intensification of municipal solid waste disposal in China. Renewable & Sustainable Energy Reviews, 69: 168-176.

JACKSON M L R, 2005. Soil chemical analysis: Advanced course. Madison: UW-Madison Libraries Parallel Press.

KAREN L S, RUBEN S, BARBARA L, 2016. A practical guide to microstructural analysis of cementitious materials. Boca Raton: CRC Press.

KETRIS M P, YUDOVICH Y E, 2009. Estimations of clarkes for carbonaceous biolithes: World averages for trace element contents in black shales and coals. International Journal of Coal Geology, 78(2): 135-148.

KHMIRI A, SAMET B, CHAABOUNI M, 2012. A cross mixture design to optimise the formulation of a ground waste glass blended cement. Construction & Building Materials, 28(1): 680-686.

KINDNESS A, MACIAS A, GLASSER F P, 1994. Immobilization of chromium in cement matrices. Waste Management, 14(1): 3-11.

KULIK D A, WAGNER T, DMYTRIEVA S V, et al., 2013. GEM-Selektor geochemical modeling package: Revised algorithm and GEMS3K numerical kernel for coupled simulation codes. Computational Geosciences, 17(1): 1-24.

LEE P H, DELAY I, NASSERZADEH V, et al., 1998. Characterization, decontamination and health effects of fly ash from waste incinerators. Environmental Progress & Sustainable Energy, 17(4): 261-269.

LEISINGER S M, LOTHENBACH B, GWENN L S, et al., 2010. Solid solutions between CrO_4^- and SO_4^- ettringite $Ca_6(Al(OH)_6)_2[(CrO_4)_x(SO_4)_{(1-x)}]_3*26H_2O$. Environmental Science & Technology, 44(23): 8983-8988.

LIU Z, QIAN G, ZHOU J, et al., 2008. Improvement of ground granulated blast furnace slag on stabilization/solidification of simulated mercury-doped wastes in chemically bonded phosphate ceramics. Journal of Hazardous Materials, 157(1): 146-153.

MARGARIDA J Q, JOAO M B, ROSA M Q F, 2014. Recycling of air pollution control residues from municipal solid waste incineration into lightweight aggregates. Waste Management, 34(2): 430-438.

MARGARIDA J Q, JOÃO CM B, ROSA M Q, 2009. The influence of pH on the leaching behaviour of inorganic components from municipal solid waste APC residues. Waste Management, 29(9): 2483-2493.

MASUE Y, LOEPPERT R H, KRAMER T A, 2007. Arsenate and arsenite adsorption and desorption behavior on co-precipitated aluminum: Iron hydroxides. Environmental Science & Technology, 41(3): 837-842.

MATSCHEI T, LOTHENBACH B, GLASSER F P, 2007. Thermodynamic properties of Portland cement hydrates in the system $CaO-Al_2O_3-SiO_2-CaSO_4-CaCO_3-H_2O$. Cement and Concrete Research, 37(10): 1379-1410.

MECHTI W, MNIF T, CHAABOUNI M, et al., 2014. Formulation of blended cement by the combination of two pozzolans: Calcined clay and finely ground sand. Construction & Building Materials, 50(1): 609-616.

MOSESON A J, MOSESON D E, BARSOUM M W, 2012. High volume limestone alkali-activated cement developed by design of experiment. Cement & Concrete Composites, 34(3): 328-336.

MYERS R J, BERNAL S A, SANNICOLAS R, et al., 2013. Generalized structural description of calcium-sodium aluminosilicate hydrate gels: the cross-linked substituted tobermorite model. Langmuir, 29(17): 5294-5306.

QIAN G, YANG X, DONG S, et al., 2009. Stabilization of chromium-bearing electroplating sludge with MSWI fly ash-based Friedel matrices. Journal of Hazardous Materials, 165(1-3): 955-960.

RANI D A, BOCCACCINI A R, DEEGAN D, et al., 2008. Air pollution control residues from waste incineration: Current UK situation and assessment of alternative technologies. Waste Management, 28(11): 2279-2292.

SABINE M L, 2011. Indentification of chromate binding mechanisms in a hydrated cement paste. Dipl or Geol: University of Bern.

SANCHEZ H M J, FERNANDEZ J A F, PALOMO A, 2013. C(4)A(3)S hydration in different alkaline media. Cement and Concrete Research, 46: 41-49.

SAOUT G L, HAHA M B, WINNEFELD F, et al., 2011. Hydration Degree of Alkali-Activated Slags: A 29Si NMR Study[J]. Journal of the American Ceramic Society, 94(12): 4541-4547.

SEOK Y O, MYONG K Y, ICK H K, et al., 2011. Chemical extraction of arsenic from contaminated soil under subcritical conditions. Science of The Total Environment, 409(19): 3066-3072.

SHADDICK L R, 2018. The geochemistry of chromium in the supergene environment : chromium (VI) and related species. molecular biology & evolution, 23(6):1324-1338.

SU C, JIANG L Q, ZHANG W J, 2014. A review on heavy metal contamination in the soil worldwide: Situation, impact and remediation techniques. Environmental Skeptics & Critics, 3(2):24-38.

TANG Q, LIU G, ZHOU C, et al., 2013. Distribution of environmentally sensitive elements in residential soils near a coal-fired power plant: Potential risks to ecology and children’ s health. Chemosphere, 93(10): 2473-2479.

WANG L, JIN Y, NIE Y, 2010. Investigation of accelerated and natural carbonation of MSWI fly ash with a high content of Ca. Journal of Hazardous Materials, 174(1-3):334-343.

YE N, CHEN Y, YANG J, et al., 2016. Co-disposal of MSWI fly ash and Bayer red mud using an one-part geopolymeric system. Journal of Hazardous Materials, 318: 70-78.

ZHANG M, YANG C, ZHAO M, et al., 2017. Immobilization potential of Cr(VI) in sodium hydroxide activated slag pastes. Journal of Hazardous Materials, 321(5): 281-289.

ZACCO A, BORGESE L, GIANONCELLI A, et al., 2014. Review of fly ash inertisation treatments and recycling. Environmental Chemistry Letters, 12(1): 153-175.

索　　引